Abaqus 用户手册大系

Abaqus 分析用户手册

—— 介绍、空间建模、执行与输出卷

王鹰宇　编著

机 械 工 业 出 版 社

本书共5章，内容包括介绍、空间建模、作业执行、输出及文件输出格式。第1章详细介绍了Abaqus的语法和约定，其中的参数化建模对于进一步的优化计算非常有用。第2章介绍了在Abaqus中定义节点、单元、面、刚体、积分输出截面、质量调整、非结构质量、分布、显示体、装配、矩阵和概率密度方程的方法。第3章详细介绍了如何执行作业，输入文件如何在不同分析软件之间进行转换，如何设置环境文件，如何管理内存和磁盘空间，如何在三种求解器之间进行并行执行，以及Abaqus如何使用Fortran单元号。第4章介绍了输出数据文件和结果文件，以方便用户对计算结果进行调用和分析。第5章介绍了结果文件的格式和内容。本书对Abaqus从建模到计算结束进行后处理的过程中生成的文件，以及文件的转换处理做了详细说明，可以最终体现分析工作的成果。附录中列出了三个求解器的输出变量索引，以便于用户查阅。

本书对于使用Abaqus进行计算仿真分析的各领域技术人员都有极大的参考价值。

图书在版编目（CIP）数据

Abaqus分析用户手册：介绍、空间建模、执行与输出卷/王鹰宇编著. —北京：机械工业出版社，2020.10
（Abaqus用户手册大系）
ISBN 978-7-111-66342-3

Ⅰ.①A…　Ⅱ.①王…　Ⅲ.①有限元分析-应用软件-手册
Ⅳ.①O241.82-39

中国版本图书馆CIP数据核字（2020）第156489号

机械工业出版社（北京市百万庄大街22号　邮政编码100037）
策划编辑：孔　劲　责任编辑：孔　劲　王海霞
责任校对：王　延　封面设计：张　静
责任印制：李　昂
北京汇林印务有限公司印刷
2021年1月第1版第1次印刷
184mm×260mm · 38.5印张 · 2插页 · 953千字
0001—2500册
标准书号：ISBN 978-7-111-66342-3
定价：149.00元

电话服务	网络服务
客服电话：010-88361066	机　工　官　网：www.cmpbook.com
010-88379833	机　工　官　博：weibo.com/cmp1952
010-68326294	金　　书　　网：www.golden-book.com
封底无防伪标均为盗版	机工教育服务网：www.cmpedu.com

作者简介

王鹰宇，男，江苏南通人。毕业于四川大学机械制造学院机械设计及理论方向，硕士研究生学历。毕业后进入上海飞机设计研究所，从事飞机结构设计与优化计算工作，参加了 ARJ21 新支线喷气客机的研制。后在 3M 中国有限责任公司从事固体力学、计算流体动力学、NVH 仿真、设计优化和自动化设备设计工作至今。期间有一年时间（2016—2017）在中国航发商用航空发动机有限责任公司从事航空发动机短舱结构研制工作。

前　言

本书共5章，内容包括介绍、空间建模、作业执行、输出和文件输出格式。第1章详细介绍了Abaqus的语法和约定。第2章介绍了在Abaqus中定义节点、单元、面、刚体、积分输出截面、质量调整、非结构质量、分布、显示体、装配、矩阵和概率密度方程的方法。第3章详细介绍了如何执行作业，输入文件如何在不同分析软件之间进行转换，如何设置环境文件，如何管理内存和磁盘空间，如何在三种求解器之间进行并行执行，Abaqus如何使用Fortran单元号。第4章介绍了输出数据文件和结果文件。第5章介绍了结果文件的格式和内容。总之，本书对Abaqus从建模到计算结束进行后处理的过程中生成的文件，以及文件的转换处理做了详细的说明，可以最终体现分析工作的成果。

"Abaqus分析用户手册"系列中的五本与分析相关的书都专注于各自的不同方面。但是，各本之间内容关联、知识关联，因此是有机的整体。这五本书的核心是《Abaqus分析用户手册——分析卷》，因此读者可以首先阅读《Abaqus分析用户手册——分析卷》，将Abaqus分析的知识串联起来，然后再针对不同的主题阅读其他分册：《材料卷》《单元卷》《指定条件、约束与相互作用卷》及本书，从而成体系地获取知识和技能。

本书对于建立分析、完成分析和获取结果是非常重要的，是使用Abaqus从事分析计算仿真工作的各工程领域的工程技术人员的得力"助手"。

整个系列手册的编写工作量非常巨大，我付出了艰辛的劳动，牺牲了大量业余时间，不可避免地影响到家人的生活。在此，向我的夫人和孩子表示由衷的感谢，没有他们的理解与支持，这些成果是难以取得的。谨以此书献给他们。

感谢SIMULIA中国区总经理白锐先生、用户支持经理高祎临女士和SIMULIA中国南方区资深经理及技术销售高绍武博士在编写过程中给予我的鼓励和支持！

感谢机械工业出版社的编辑孔劲博士在本书出版过程中给予的莫大帮助！

感谢3M中国的总经理熊海锟、主任专家工程师徐志勇，以及金舟、周杰、唐博等资深技术经理给予的支持！

感谢3M亚太中心工程部的朱笛经理在我职业发展中给予的关键帮助！

虽然已尽最大努力，并力求行文流畅，但由于语言能力和技术能力所限，书中难免存在不当之处。无论是技术问题还是语言问题，都希望读者和同仁不吝赐教，共同促进本系列手册的完善。意见和建议可以发送至邮箱wayiyu110@ sohu. com。

王鹰宇

目录

第 2 部分 输 出

第1部分　介绍、空间建模和执行

1 介绍

1.1 介绍：概览

Abaqus 有限元系统概览

Abaqus 有限元系统包括：

- Abaqus/Standard，通用目的的有限元程序。
- Abaqus/Explicit，显式动力学有限元程序。
- Abaqus/CFD，通用目的的计算流体动力学程序。
- Abaqus/CAE，用来创建有限元模型、递交 Abaqus 分析、监控并调试作业，以及评估结果的交互环境。
- Abaqus/Viewer，仅包含 Visualization 模块后处理功能的 Abaqus/CAE 子程序集。

可以使用一些进一步扩展 Abaqus/Standard 和 Abaqus/Explicit 功能的附加选项。Abaqus/Aqua 选项与 Abaqus/Standard 和 Abaqus/Explicit 一起使用；Abaqus/Design 和 Abaqus/AMS 选项与 Abaqus/Standard 一起使用。用户可以使用 Abaqus/Aqua 选项对在水下安装的、用来承受水流和浪载荷作用的梁结构进行设计；使用 Abaqus/Design 执行设计灵敏度分析（DSA）；Abaqus/AMS 是 Abaqus/Standard 中一个可选的特征求解器，用于大型对称特征值问题的快速求解。Abaqus 协同-仿真技术使用一些单独的功能，为 Abaqus 与第三方分析程序之间的耦合提供一些应用。Abaqus/Foundation 是 Abaqus/Standard 的可选子程序，为 Abaqus/Standard 提供了成本更低的线性稳态和动态分析方法。这些选项仅在用户允许时才能使用。

Abaqus 产品、工具和附加选项的综合列表见“Abaqus 产品”，《Abaqus 版本说明》的 1.2 节。

手册概览

此手册是使用 Abaqus/Standard（包括 Abaqus/Aqua、Abaqus/Design 和 Abaqus/Foundation）、Abaqus/Explicit（包括 Abaqus/Aqua），以及 Abaqus/CFD 的参考。Abaqus/Standard 在每一个求解“增量”上隐式地求解方程组。与之相反，Abaqus/Explicit 在小的时间增量上推进时间上向前的解，而不需要在每一个增量上求解一个耦合的方程组（乃至建立整体刚度矩阵）。Abaqus/CFD 使用 Abaqus/CAE 中的前处理、仿真和后处理的扩展支持来实现计算流体动力学的功能。

在手册中，“Abaqus”一词通常是 Abaqus/Standard 和 Abaqus/Explicit 的统称，有时也指 Abaqus/CFD；当信息仅适用于某一产品时，才使用单独的产品名称。手册中每一节开始处

出现的产品名称（包括概览部分），说明本节中的信息适用于该产品。

手册可分成以下几个部分：

• 第Ⅰ部分为“介绍、空间建模和执行”，讨论 Abaqus 中基本的建模概念，如定义节点、单元和面；使用 Abaqus 时应当遵循的协议和输入格式；以及 Abaqus/Standard、Abaqus/Explicit、Abaqus/CFD、Abaqus/CAE 和 Abaqus 系统所提供的一些工具的执行规程。

• 第Ⅱ部分为“输出”，描述如何从 Abaqus 中得到输出和结果（.fil）文件的格式，以及可以使用的输出变量标识符。

• 第Ⅲ部分为“分析过程、求解和控制”，描述可以使用的分析类型（静态应力分析、动力学、特征值提取等）；详细讨论了 Abaqus/Standard 与 Abaqus/Explicit 求解有限元分析之间的差异。

• 第Ⅳ部分为“分析技术”，讨论 Abaqus 中可以使用的不同分析技术，如子模型、删除单元或者面，以及用前面的仿真导入结果来为当前模型定义初始条件。

• 第Ⅴ部分为“材料”，描述材料建模选项以及如何校准一些更加高级的材料模型。

• 第Ⅵ部分为“单元”，描述 Abaqus 中可以使用的单元。

• 第Ⅶ部分为“指定的条件”，描述如何使用指定条件，如分布载荷和节点速度。

• 第Ⅷ部分为“约束”，描述如何使用约束，如多点约束。

• 第Ⅸ部分为“相互作用”，讨论 Abaqus 中可以使用的接触和相互作用模型。

本手册也包括 Abaqus/Standard、Abaqus/Explicit 和 Abaqus/CFD 中可以使用的所有输出变量和单元的索引。

使用 Abaqus

Abaqus/Standard、Abaqus/Explicit 和 Abaqus/CFD 可以作为批处理来运行（详细内容见“Abaqus/Standard、Abaqus/Explicit 和 Abaqus/CFD 执行”，3.2.2 节）或者通过交互的 Abaqus/CAE 环境来运行（关于如何启动 Abaqus/CAE 的详细内容，见“Abaqus/CAE 执行”，3.2.7 节）。Abaqus/Standard、Abaqus/Explicit 和 Abaqus/CFD 分析产品的主要输入是包含仿真要求的选项以及与这些选项相关联的数据文件；也可以有补充文件，如来自之前分析的重启动或者结果文件，或者辅助数据文件（如包含用于动态分析的加速度记录或者地震记录的文件）。输入文件通常是通过 Abaqus/CAE 或者其他前处理器来创建的。本手册既提供了输入文件用法，也提供了 Abaqus/CAE 用法。

如“在 Abaqus 中定义模型”（1.3 节）中所描述的那样，主要的输入文件由两部分组成：模型输入和历史输入。输入是围绕一些基本概念和约定来组织的，这意味着即使复杂仿真的输入文件非常大，也可以毫无困难地对其进行管理。在“输入语法规则”（1.2.1 节）中，讨论了 Abaqus 输入文件的基本语法规则。《Abaqus 关键词参考手册》详细描述了 Abaqus/Standard、Abaqus/Explicit 和 Abaqus/CFD 中可以使用的所有输入选项。对于使用 Abaqus 进行分析的详细说明，建议参考《Abaqus 帮助文件》中的自学教程；Abaqus/CAE 的详细使用说明可参考《Abaqus/CAE 用户手册》。

此外，《Abaqus 例题手册》《Abaqus 基准手册》和《Abaqus 验证手册》中讨论了许多展示 Abaqus 众多功能的分析。作为《Abaqus 分析用户手册》的补充，这些例题可以帮助用户熟悉 Abaqus 的功能和 Abaqus 输入文件的结构。例如，“圆柱体上的梁冲击”（《Abaqus 验证手册》的 1.6.12 节）讨论了分析悬臂梁动态响应的不同模拟技术。

检查 Abaqus 仿真结果

Abaqus 仿真的输出信息在“输出：概览”（4.1.1 节）中进行了讨论。通过 Abaqus/CAE 中的 Visualization 模块来显示 Abaqus 仿真结果（也可由 Abaqus/Viewer 单独显示）。通过 Abaqus/CAE 中的 Visualization 模块读取输出数据库来创建云图显示、动画、*X-Y* 图以及 Abaqus 结果的表格输出。使用 Abaqus/CAE 中的 Visualization 模块的详细说明见“显示结果”（《Abaqus/CAE 用户手册》的第Ⅴ部分）。

1.2 Abaqus 输入语法规则和约定

1.2.1 输入语法规则

产品：Abaqus/Standard　　Abaqus/Explicit

参考

- “在 Abaqus 中定义模型”，1.3 节

概览

本部分描述了 Abaqus 输入文件的语法规则。

Abaqus 中的所有数据定义是使用选项块——描述问题定义的一部分数据集合来完成的。用户选择与具体应用相关的选项。选项是通过输入文件中的行来定义的。Abaqus 输入文件中使用三种类型的输入行：关键字行、数据行和注释行。只支持 7 位的 ASCII 字符串，并且在输入文件中每一行的末尾要按“Enter”键。

- 关键字行用来引入选项并且通常含有参数，在关键字行中通过由逗号分开的单词或者短语来表达这些参数。使用参数来定义选项的行为。参数可以是单独的，也可以使用一个值，它们是必选的或者可选的。
- 数据行用来输入数值或者字符，通常位于关键字行之后。
- 以列 1 和列 2 中的星号（* *）开始的行是注释行，注释行可以置于文件中的任何地方。Abaqus 将忽略注释行，而仅在文件最初进行打印。文件中出现多少数据行以及在哪里出现没有限制。

在《Abaqus 关键词参考手册》介绍各选项的部分描述了相关参数和数据行（包括每个数据行的输入数量），所有关键词和数据行的一般规则应符合该部分的描述。

关键词行

输入关键词行时应遵循以下规则：

- 每个关键字行的第一个非空字符必须是一个星号（*）。

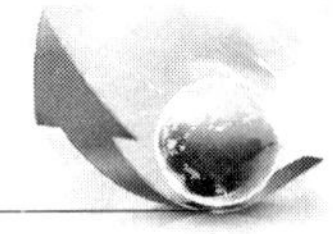

- 输入参数时，关键字后面必须跟随一个逗号（,）。
- 参数必须通过逗号来分隔。
- 忽略关键字行中的空格。
- 一行至多包含 256 个字符，包括空格。
- 关键字和参数不区分大小写。
- 参数值通常不区分大小写，除非是外部强加给 Abaqus 的规则，如区分大小写的操作系统中的文件名。
- 不需要将关键字、参数和参数值（在绝大部分情况中）完整地写出来，但是必须给出足够的字符，以便将它们与其他采用相同方式开始的关键字、参数和参数值区分开来。Abaqus 首先为了完全匹配而搜索每一个相关的字符串；如果没有找到完全匹配的结果，则根据情况，以每一个关键字、参数，或者参数值中的最小值的特有字符为基础进行搜索。可以省略关键字行中任何项中的空格。如果使用一个参数值来指定几个或者一个文件名，则应当提供完整的值。
- 如果参数是一个值，则使用等号（=）。值可以是整数、浮点数或者字符串，这取决于上下文。例如：

  *ELASTIC，TYPE=ISOTROPIC，DEPENDENCIES=1
- 当参数值代表一个条目名称的字符串时，用户不应当使用大小写区分值，除非在引用符号内包含值。例如，Abaqus 不区分下面的定义：

  *MATERIAL，NAME=STEEL

  *MATERIAL，NAME=Steel
- 在一个单独的关键字行中，相同的参数至多出现一次。如果一个参数在某个单独的关键字行中出现多次，则 Abaqus 只保留其中一个而忽略其他参数。
- 关键字行的行间连续有时候是必要的，如含有大量参数时。如果关键字行的最后一个字符是逗号，则下一行是此行的连续。例如，上面的 *ELASTIC 关键字行也可以指定成

  *ELASTIC，TYPE=ISOTROPIC，

  DEPENDENCIES=1
- 某些关键字必须与其他关键字联合使用，例如，关键字 *ELASTIC 和 *DENSITY 必须与关键字 *MATERIAL 联合使用。必须在输入文件的一个块中将这些关联的关键字定义成组，不能在此块中指定非关联的关键字。
- 一些选项允许设置 INPUT 或者 FILE 参数等于另一个文件的名称。这样的文件名称可以包含一个完整的路径名或者一个相对的路径名。相对的路径名必须与提交作业的目录关联。如果没有指定路径，则默认文件在提交作业的目录中。子结构库必须在同一个提交作业的目录中；不能使用完整的路径名来指定子结构库名称。

对于由 INPUT 参数指定的文件，文件名必须包括扩展名（如 elem.inp）。对于由 FILE 参数指定的文件，在大多数情况下，文件名没有扩展名，因为 Abaqus 默认文件是采用与选项的文件类型相关的正确扩展名读取的：重启动文件的 .res（“重启动一个分析”，《Abaqus 分析用户手册——分析卷》的 4.1.1 节）和结果文件的 .fil（“输出”，4.1.1 节）。然而，当结果文件（.fil）或输出数据库文件（.odb）与选项相关联时，可以应用特殊的规则（详细内容见“Abaqus/Standard 和 Abaqus/Explicit 中的初始条件”，《Abaqus 分析用户手册——

指定条件、约束与相互作用卷》的 1.2.1 节，以及“顺序耦合的热-应力分析”，《Abaqus 分析用户手册——分析卷》的 11.1.2 节）。

在区分大小写的操作系统中，文件名或者子结构库名必须具有正确的大小写。无论用户是仅指定一个文件名，还是同时指定相对的路径名或完整的路径名，包括路径在内的完整名称最多可以有 256 个字符。

数据行

使用数据行可为选项提供比参数形式更加容易给出的列表形式数据。大部分的选项需要一个或者更多的数据行；如果使用数据行，则数据行必须紧随引入选项的关键字之后。输入数据行时应遵循以下规则：

- 一个数据行最多可以包含 256 个字符，包括空格（结尾的空格除外）。
- 所有数据项必须由逗号（,）分隔。一个空的数据域是通过逗号间的省略数据来指定的。Abaqus 将对任何需要省略的数据使用零值，除非指定了一个默认值。
- 一个数据行必须仅包含指定数量的项。
- 可以忽略数据行末尾的空数据域。
- 浮点数可以采用指数或者非指数形式给出。如果以指数形式输入，则之前必须有字母 E 或者 D，还可以有（-）或者（+）。下面的行显示了输入相同浮点数的四种可接受方式：

-12.345　-1234.5E-2　-1234.5D-2　-1.2345E1

- 整数数据项最多为 9 位。
- 字符串最多可以有 80 个字符，不区分大小写。
- 在特定的实例中允许使用连续行（见“单元定义”，2.2.1 节），此时，前面行的结尾为逗号。一个单独的数据项不能多行输入。

在许多情况中，与选项一起使用的参数的选择决定了所需数据行的类型。例如，由五种不同的方式来定义一种线弹性材料（“弹性行为：概览”，《Abaqus 分析用户手册——材料卷》的 2.1.1 节）。用户指定的数据行必须由 * ELASTIC 选项中给出的 TYPE 参数值组成。

集合

Abaqus 数据定义方法最有用的特点之一是使用集合。集合可以是一组节点或者一组单元。用户为每一个集合命名（1~80 个字符，第一个字符必须是字母），此名称提供了引用集合中所有成员的方法。例如，对于图 1-1 所示的结构，希望在集合 MIDDLE 中的节点上施加对称边界条件，并且边 SUPPORT 是铰接的。将相关联的节点纳入集合中，并通过以下数据行来指定边界条件：

```
* BOUNDARY
MIDDLE, ZSYMM
SUPPORT, PINNED
```

集合是贯穿 Abaqus 的基本参照，并且推荐使用集合。应选择有意义的集合名称，以便于辨别某个数据属于模型的哪个部分。对集合的进一步讨论见“节点定义”（2.1.1 节），以及“单元定义”（2.2.1 节）。

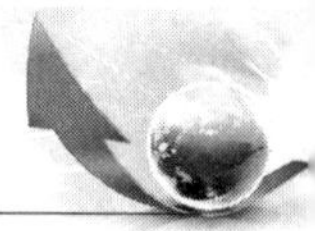

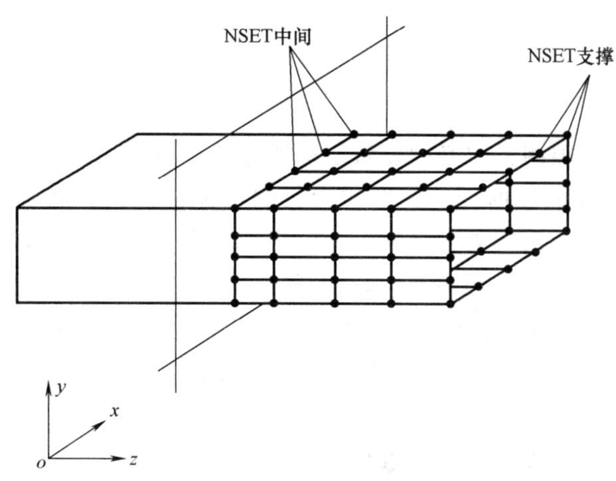

图 1-1 集合应用实例

标签

集合名称、面名称和加强筋名称之类的标签不区分大小写，除非是在引号内（除了从用户子程序访问它们时；见“用户子程序：概览”，《Abaqus 分析用户手册——分析卷》的 13.1.1 节）。标签至多可以包含 80 个字符。忽略标签中的所有空格，除非引号内包含该标签，此时保留标签中的所有空格。没有包含在引号中的标签必须由字母开始，不可以包含句点（.），并且不应当包含逗号和等号等字符。这些限制不适用于引号中的标签，除非标签为材料名称。材料名称必须总是以字母开始，即使名称包含在引号内。

标签不能以双下划线来开始和结束（如__STEEL__）。此标签格式是为 Abaqus 内部使用保留的。

下面是使用和不使用引号的标签的输入实例：

```
*ELEMENT, TYPE=SPRINGA, ELSET="One element"
1, 1, 2
*SPRING, ELSET="One element"
1.0E-5,
*NSET, ELSET="One element", NSET=NODESET
*BOUNDARY
nodeset, 1, 2
```

重复数据行

一些选项仅列出单独的数据行。在仅允许输入一个数据行的情况下，是通过数据行标题“第一（且是仅有的）行”来说明的，如 *DYNAMIC 选项。在许多情况下，可以通过重复单独的数据行来将一个变量定义成另一个变量的函数；通过数据行后面的注释来说明这一情况。例如，可以通过双轴测试数据表来定义一种超弹性的材料：

*BIAXIAL TEST DATA

T_B^1, $\in_B^1$

T_B^2， $\in_B^2$

T_B^3， $\in_B^3$

Etc.

对数据行的数量没有限制，但必须以特定的顺序给出数据，如下面所解释的那样。

许多选项需要使用多个数据行，其形式为数据行标题“第一行:”“第二行:”等。例如，必须使用两个明确的数据行来定义壳单元的局部方向（＊ORIENTATION），并且至少需要使用三个数据行来定义各向异性弹性（＊ELASTIC）。

在许多情况中可以重复使用数据行，通过数据行后面的注释加以说明。重复使用某个数据行时，以正确的顺序给出数据行的集合是很重要的，这样 Abaqus 才可以正确地插值数据。

例子：由于场变量相关性产生的多个数据行

任何情况下，均可以将一个选项定义成场变量的函数，用户必须确定定义完整选项的数据行数量。(更多内容见“材料数据定义”中的“指定场变量相关性”，《Abaqus 分析用户手册——材料卷》的 1.1.2 节)。例如，如果将基于应力的失效规则（＊FAIL STRESS）定义成两个场变量的函数，则需要使用两个数据行。根据需求重复这两个数据行来完整地定义失效规则：

＊FAIL STRESS，DEPENDENCIES＝2

第一对 $\begin{cases} X_t^1,\ X_c^1,\ Y_t^1,\ Y_c^1,\ S^1,\quad ,\ \sigma_{biax}^1 \\ fv_1^1,\ fv_2^1 \end{cases}$

第二对 $\begin{cases} X_t^2,\ X_c^2,\ Y_t^2,\ Y_c^2,\ S^2,\quad ,\ \sigma_{biax}^2 \\ fv_1^2,\ fv_2^2 \end{cases}$

第三对 $\begin{cases} X_t^3,\ X_c^3,\ Y_t^3,\ Y_c^3,\ S^3,\quad ,\ \sigma_{biax}^3 \\ fv_1^3,\ fv_2^3 \end{cases}$

Etc.

(在此例中，省略了每一对第一个数据行最后的域，这说明基于应力的失效规则不是温度相关的。)

如果基于应力的失效规则是九个场变量的函数，则根据需求重复具有三个数据行的集合：

＊FAIL STRESS，DEPENDENCIES＝9

第一个集合 $\begin{cases} X_t^1,\ X_c^1,\ Y_t^1,\ Y_c^1,\ S^1,\quad ,\ \sigma_{biax}^1 \\ fv_1^1,\ fv_2^1,\ fv_3^1,\ fv_4^1,\ fv_5^1,\ fv_6^1,\ fv_7^1,\ fv_8^1 \\ fv_9^1 \end{cases}$

第二个集合 $\begin{cases} X_t^2,\ X_c^2,\ Y_t^2,\ Y_c^2,\ S^2,\quad ,\ \sigma_{biax}^2 \\ fv_1^2,\ fv_2^2,\ fv_3^2,\ fv_4^2,\ fv_5^2,\ fv_6^2,\ fv_7^2,\ fv_8^2 \\ fv_9^2 \end{cases}$

Etc.

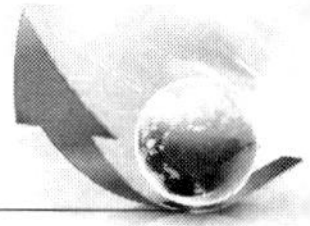

数据行排序

无论何时，要将一个变量定义成另一个变量的函数，都必须以正确的顺序来给出数据，这样 Abaqus 才可以正确地为中间值插值。所定义的变量在给出的独立变量范围之外是默认不变的，除了包含损伤的非线性弹性垫片厚度行为，其数据是基于由用户指定的数据所计算得到的最后斜率来外推的。

如果所定义的属性仅是一个变量的函数（如上面提到的 * BIAXIAL TEST DATA），则数据应当以独立变量的递增值顺序给出。

如果所定义的属性是多个独立变量的函数，则给出与第一个变量的属性有关的变量时，其他变量应保持不变，同时第二个变量以升序排列，然后是第三个变量以升序排列，依此类推。数据行也必须总是排序的，这样独立变量是以递增值给出的。此过程可确保材料属性的值在任何与属性相关的独立变量下都是完整且唯一定义的。

例如，将各向同性弹性定义成三个场变量（温度除外）的函数：

* ELASTIC，DEPENDENCIES=3

E_1，ν_1，，1，1，1
E_2，ν_2，，2，1，1
E_3，ν_3，，1，2，1
E_4，ν_4，，2，2，1
E_5，ν_5，，1，3，1
E_6，ν_6，，2，3，1
E_7，ν_7，，1，1，2
E_8，ν_8，，2，1，2
E_9，ν_9，，1，2，2
E_{10}，ν_{10}，，2，2，2
E_{11}，ν_{11}，，1，3，2
E_{12}，ν_{12}，，2，3，2
E_{13}，ν_{13}，，1，1，3
E_{14}，ν_{14}，，2，1，3
E_{15}，ν_{15}，，1，2，3
E_{16}，ν_{16}，，2，2，3
E_{17}，ν_{17}，，1，3，3
E_{18}，ν_{18}，，2，3，3

1.2.2 约定

产品：Abaqus/Standard　　Abaqus/Explicit　　Abaqus/CFD　　Abaqus/CAE

参考

- 2，“空间建模”

- 第 2 部分，“输出”
- “Abaqus/Standard 和 Abaqus/Explicit 中的边界条件”，《Abaqus 分析用户手册——指定条件、约束与相互作用卷》的 1.3.1 节
- “Abaqus/CFD 中的边界条件”，《Abaqus 分析用户手册——指定条件、约束与相互作用卷》的 1.3.2 节

概览

本节阐明了 Abaqus 中使用的所有约定，包括以下主题：

- 自由度
- 坐标系
- 自身兼容一致的单位
- 时间度量
- 空间中面上的局部方向
- 应力和应变的约定
- 几何非线性分析中的应力和应变度量
- 有限转动的约定
- 表数据输入的约定

自由度

除了轴对称单元、流体连续单元和电磁单元，自由度包括以下内容：

1：x 方向的位移。

2：y 方向的位移。

3：z 方向的位移。

4：关于 x 轴的转动，以弧度为单位。

5：关于 y 轴的转动，以弧度为单位。

6：关于 z 轴的转动，以弧度为单位。

7：翘曲幅度（对于开口截面型梁单元）。

8：孔隙压力、流体静压力或者声压。

9：电动势。

10：连接器材料流动（单位长度）。

11：温度（或者质量扩散分析中的归一化浓度）。

12：第二温度（壳或者梁的）。

13：第三温度（壳或者梁的）。

14：其他。

这里的 x、y 和 z 方向分别与整体的 X、Y 和 Z 方向重合；然而，如果在节点处定义了局

部变换（见“坐标系变换”，2.1.5 节），则 x、y 和 z 方向与变换所定义的局部方向重合。

在 Abaqus/Standard 中，最多可以为壳单元或者梁单元定义 20 个温度值（自由度 11～自由度 30）。

轴对称单元

轴对称单元中的位移和转动自由度如下：

1：r 方向的位移。

2：z 方向的位移。

5：关于 z 轴的转动（对于具有翘曲的轴对称单元），以弧度为单位。

6：r-z 平面中的转动（对于轴对称的壳），以弧度为单位。

此处的 r 方向和 z 方向分别与整体的 X 方向和 Y 方向重合；然而，如果在节点处定义了局部变换（见“坐标系变换”，2.1.5 节），则 r 方向和 z 方向与变换定义的局部方向重合。

流体连续单元

Abaqus/CFD 中使用流体连续单元来定义单元形状，并且将连续体离散。流体流动分析中的自由度不是通过单元类型来确定的，而是通过分析过程和所指定的选项来确定的（如湍流模型和辅助传输方程）。

电磁单元

Abaqus/Standard 中使用电磁单元来定义单元形状，并且离散连续体。涡流和静磁分析公式使用磁矢势作为自由度（见“涡流分析”中的“边界条件”，《Abaqus 分析用户手册——分析卷》的 1.7.5 节，以及“静磁分析”中的“边界条件”，《Abaqus 分析用户手册——分析卷》的 1.7.6 节）。

自由度的激活

Abaqus/Standard 和 Abaqus/Explicit 仅在节点上激活那些需要的自由度。这样，并非模型中的所有节点都使用上面列出的自由度，因为每种单元类型仅适用那些相关的自由度。例如，二维实体（连续）应力/位移单元仅适用自由度 1 和 2。节点上的自由度实际上是共享节点的每个单元所需自由度的总和。

在 Abaqus/CFD 中，由分析过程和指定的选项决定流动流体分析中激活的自由度。例如，使用能量方程与不可压缩的流动过程激活速度、压力和温度自由度。更多内容见“Abaqus/CFD 中的边界条件”中的”激活自由度”（《Abaqus 分析用户手册——指定条件、约束与相互作用卷》的 1.3.2 节）。

Abaqus/Standard 的内部变量

除了上面列出的自由度，Abaqus/Standard 为一些单元使用内部变量（如用拉格朗日乘子来强加约束）。正常情况下用户不需要关心这些变量，但在迭代过程中，这些内部变量会导致错误和警告信息，并且检查是否满足非线性约束的条件。内部变量总是与内部节点相关联，内部节点使用负编号，以便与用户定义的节点进行区分。

坐标系

Abaqus 中的基本坐标系是右手直角（笛卡儿）坐标系。用户可以为输入（见“节点定义”，2.1.1 节）、节点变量的输出（位移、速度等）、点载荷或者边界条件（见“坐标系变换”，2.1.5 节），以及材料或者运动连接指定其他局部坐标系（见“方向”，2.2.5 节）。所有坐标系必须都是右手坐标系。

单位

Abaqus 中没有单位，转动和角度除外。因此，所选单位必须是前后一致的，也就是说，可以采用基本单位表示所选系统的导出单位，而不需要转换因子。

转动和角度度量

在 Abaqus 中，转动自由度是以弧度表示的，其他角度（如相位角）则是以度表示的。

国际单位制（SI）

国际单位制（SI）是一套前后一致的单位。在 SI 的基本单位中，长度以米（m）为单位，质量以千克（kg）为单位，时间以秒（s）为单位，温度以开尔文（K）为单位，电流以安培（A）为单位。二级单位或者导出单位以这些基本单位为基础。例如，SI 中力的单位是导出单位，即牛顿（N）：

$$1\mathrm{N}=1\mathrm{kg}\cdot\mathrm{m/s^2}$$

又如，SI 中电荷的单位为库仑（C）：

$$1\mathrm{C}=1\mathrm{A}\cdot\mathrm{s}$$

另一个例子是能量的单位焦耳（J）：

$$1\mathrm{J}=1\mathrm{N}\cdot\mathrm{m}=1\mathrm{A}\cdot\mathrm{V}\cdot\mathrm{s}(\text{安伏特秒})=1\mathrm{kg}\cdot\mathrm{m^2/s^2}$$

有时候，标准单位并不方便工作。例如，杨氏模量通常是以兆帕（MPa，$1\mathrm{MPa}=1\mathrm{N/mm^2}$）为单位，其中 $1\mathrm{Pa}=1\mathrm{N/m^2}$。在此情况中，基本单位可以是 t（1t=1000kg）、mm 和 s。

美制或者英制单位

美制或者英制单位容易混淆，因为其命名约定不如 SI 那么清晰。例如，1 磅力（lbf）是指使 1 磅的质量（lbm）达到加速度 g（$\mathrm{ft/s^2}$）的力，其中 g 是重力加速度。如果将磅力、英尺（ft）和秒作为基本单位，则导出质量单位是 $\mathrm{lbf\cdot s^2/ft}$。手册中密度的单位通常为 $\mathrm{lbm/in^3}$，必须按下式将其转化成 $\mathrm{lbf\cdot s^2/ft^4}$

$$1\ \mathrm{lbm/in^3}=\frac{12^3}{g}\mathrm{lbf\cdot s^2/ft^4}$$

手册中经常出现无法确定 lb 是代表 lbm 还是 lbf 的情况。用户需要检查所用的值，以确定单位前后一致。

另外两个容易混淆的单位是斯（slug），其定义为可以通过 1lbf 的力加速到 1ft/s^2 的质量；以及磅达（poundal），其定义为 1lbm 获取 1ft/s^2 加速度所需要的力。常用的转换公式为

$$1\mathrm{slug}=g\mathrm{lbm}$$

和

$$1\mathrm{lbf}=g\mathrm{poundal}$$

式中，g 是以 ft/s^2 为单位的重力产生的加速度幅值。

Abaqus 中用于单位的符号

载荷和流体方面的值使用的单位见表 1-1。

表 1-1 载荷和流体方面的值使用的单位

物理量	字母	例子(SI 单位)
长度	L	米(m)
质量	M	千克(kg)
时间	T	秒(s)
温度	θ	摄氏度(℃)
电流	A	安培(A)
力	F	牛顿(N)
能量	J	焦耳(J)
电荷	C	库仑(C)
电动势	ϕ	瓦特(W)
质量浓度	P	百万分之几(ppm)

时间

Abaqus 中有两个时间量——步时间和总时间。除了特定的线性摄动过程，步时间是从每一个步的开始计算的。总时间从零开始，是所有分析步的总时间（包括重启动步；见“重启动一个分析”，《Abaqus 分析用户手册——分析卷》的 4.1.1 节）。总时间在线性摄动步上不进行累积。

空间中面上的局部切向方向

对于涉及空间中面的问题，需要用到局部切向方向。例如，为在以单元为基础的接触面上描述滑动的分量提供约定，或为壳中应力和应变的分量提供约定时。Abaqus 中定义这类方向的约定如下。

默认局部 1 方向是整体 x 轴在面上的投影；如果整体 x 轴与面的垂线的夹角在 0.1°以内，则局部 1 方向是整体 z 轴在面上的投影。局部 2 方向与局部 1 方向成直角，这样，局部 1 方向、局部 2 方向和面的正法向形成右手坐标系（图 1-2）。在一个单元中，正法向是通过右手定则围

绕单元节点来定义的。用户可以重新定义局部面方向（见“方向”，2.2.5 节）。

对于垫片单元、与积分输出截面相关联的局部坐标系（“积分输出截面定义”，2.5 节）或者用户定义的截面（“输出到数据和结果文件”中的“Abaqus/Standard 的截面输出”，4.1.2 节），局部 1 方向和局部 2 方向分别变成局部 2 方向和局部 3 方向。

对于在空间中的梁、管或者杆单元上定义的“线”类型的面，默认的局部 1 方向和 2 方向是单元的切向和横向。在此情况中，可以如“方向”（2.2.5 节）中所描述的那样重新定义局部面方向。

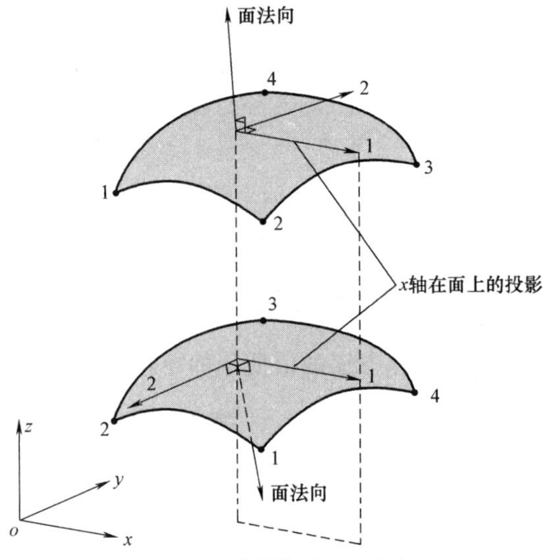

图 1-2　默认的局部面方向

局部方向的转动

对于几何线性分析，默认在参考（最初）构型中的材料方向上给出应力和应变分量。

对于几何非线性分析，Abaqus/Standard 中的小应变壳单元（S4R5、S8R、S8R5、S8RT、S9R5、STRI3 和 STRI65）使用总的拉格朗日应变，相对于参考构型的材料方向给出应力和应变分量。垫片单元是小应变小位移单元，默认在参考构型的行为方向上输出分量。

对于有限的膜应变单元（所有膜单元、S3/S3R、S4、S4R、SAX 和 SAXA 单元）和 Abaqus/Explicit 中的小应变壳单元，材料方向随着面的平均刚体运动而转动，来形成当前构型中的材料方向。相对于当前构型中的这些材料方向给出单元中的应力和应变分量。

关于膜单元（S3/S3R、S4 和 S4R 单元；S3RS、S4RS 和 S4RSW 单元；SAXA 单元）中转动坐标方向定义的更详细的讨论见：

- “膜单元”，《Abaqus 理论手册》的 3.4.1 节。
- “有限应变壳单元公式”，《Abaqus 理论手册》的 3.6.5 节。
- “Abaqus/Explicit 中的小应变壳单元”，《Abaqus 理论手册》的 3.6.6 节。
- “允许非对称加载的轴对称壳单元”，《Abaqus 理论手册》的 3.6.7 节。

用户可以决定与其定义的截面相关联的局部坐标系是固定的，还是随着平均刚体运动发生转动；详细内容见“输出到数据文件和结果文件”中的“Abaqus/Standard 的截面输出”（4.1.2 节）。

用户可以决定与积分输出截面相关联的局部坐标系是固定的、随着平均刚体运动平动，还是随着平均刚体运动平动和转动；详细内容见“积分输出截面定义”（2.5）节。

关于局部切向方向在 Abaqus/Standard 接触分析过程中如何演化的内容，见“Abaqus/Standard 中的接触方程”（《Abaqus 分析用户手册——指定条件、约束与相互作用卷》的 5.1.1 节）。

用于应力和应变分量的约定

定义材料属性时，Abaqus 中对应力和应变分量的约定是它们应按以下顺序排列：

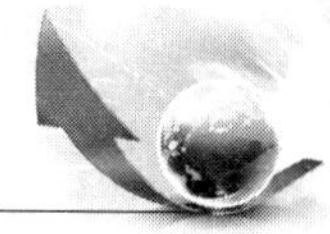

σ_{11}　　1 方向上的正应力

σ_{22}　　2 方向上的正应力

σ_{33}　　3 方向上的正应力

τ_{12}　　1-2 平面上的剪应力

τ_{13}　　1-3 平面上的剪应力

τ_{23}　　2-3 平面上的剪应力

例如，一个完全各向异性的线弹性的矩阵是

$$\begin{pmatrix}\sigma_{11}\\\sigma_{22}\\\sigma_{33}\\\sigma_{12}\\\sigma_{13}\\\sigma_{23}\end{pmatrix}=\begin{bmatrix}D_{1111} & D_{1122} & D_{1133} & D_{1112} & D_{1113} & D_{1123}\\ & D_{2222} & D_{2233} & D_{2212} & D_{2213} & D_{2223}\\ & & D_{3333} & D_{3312} & D_{3313} & D_{3323}\\ & & & D_{1212} & D_{1213} & D_{1223}\\ & \mathrm{symM} & & & D_{1313} & D_{1323}\\ & & & & & D_{2323}\end{bmatrix}\begin{pmatrix}\varepsilon_{11}\\\varepsilon_{22}\\\varepsilon_{33}\\\gamma_{12}\\\gamma_{13}\\\gamma_{23}\end{pmatrix}$$

1 方向、2 方向和 3 方向取决于所选的单元类型。对于实体单元，默认这些方向是整体空间方向。对于壳和膜单元，默认 1 方向和 2 方向是壳或者膜的面中的局部方向，如《Abaqus 用户分析手册——单元卷》中所定义的那样。在两种情况中，1 方向、2 方向和 3 方向可以如“方向”（2.2.5 节）中所描述的那样进行变化。

对于使用实体单元的几何非线性分析，默认（整体）方向不随着材料转动。然而，用户定义的方向是随着材料转动的。

Abaqus/Explicit 中以不同的顺序存储应力和应变分量：σ_{11}、σ_{22}、σ_{33}、τ_{12}、τ_{23}、τ_{13}。对于几何非线性分析，不管是否使用了用户定义的方向，内部存储的分量随着材料转动。当使用用户子程序（如 VUMAT）时，此区别很重要。

各向异性的材料行为

在连续单元中定义各向异性的材料行为时，用户需要为与材料方向相关的各向异性行为定义方向。关于材料方向如何转动的描述见“状态存储”（《Abaqus 理论手册》的 1.5.4 节）。

零值应力分量

省略恒等于零的应力分量。例如，在平面应力中，Abaqus 仅存储平面中非零应力值的应力和应变的两个方向分量及一个剪切分量。

切应变

Abaqus 总是将切应变看作工程剪切应变 γ

$$\gamma_{ij}=\varepsilon_{ij}+\varepsilon_{ji}$$

应力和应变度量

Abaqus 中使用的应力度量是 Cauchy 或者“真”应力，它对应于当前单位面积上的力。应力度量的更多内容见“应力度量，”（《Abaqus 理论手册》的 1.5.2 节）和“应力比”

(《Abaqus 理论手册》的 1.5.3 节)。

对于几何非线性分析，存在许多不同的应变度量。与"真"应力不同，这里没有明确的优先"真"应变。在大应变分析中，对于相同的物理变形，采用不同的应变度量将得到不同的值。优先选择的应变度量取决于分析类型、材料行为和用户的个人喜好（在一定程度上)。关于应变度量的更多内容见"应变度量"（《Abaqus 理论手册》的 1.4.2 节)。

默认情况下，Abaqus/Standard 中的应变输出是"积分"总应变（输出变量 E)。对于 Abaqus/Standard 中的大应变壳、膜和实体单元，可以使用总应变的其他两个度量：对数应变（输出变量 LE）和名义应变（输出变量 NE)。

对数应变（输出变量 LE）是 Abaqus/Explicit 中的默认应变输出，也可以使用名义应变（输出变量 NE)。在 Abaqus/Explicit 中，无法得到"积分"总应变。

总（积分）应变

对于所有可以处理有限应变的单元，Abaqus/Standard 输出到数据（.dat）文件和结果（.fil）文件的默认的"积分"应变度量 E，是通过在材料参考坐标系中对应变率进行数值积分得到的，即

$$\varepsilon^{n+1}=\Delta\mathbf{R}\varepsilon^{n}\Delta\mathbf{R}^{T}+\Delta\varepsilon$$

式中，ε^{n+1} 和 ε^{n} 分别是增量 $n+1$ 和 n 时的总应变；$\Delta\mathbf{R}$ 是增量转动张量；$\Delta\varepsilon$ 是从增量 n 到 $n+1$ 的总应变增量。对于使用随动坐标系的单元（由用户定义方向的有限应变壳、膜和实体单元)，上面的方程简化成

$$\varepsilon^{n+1}=\varepsilon^{n}+\Delta\varepsilon$$

应变增量是通过在时间增量上对变形率 **D** 进行积分得到的

$$\Delta\varepsilon=\int_{t^{n}}^{t^{n+1}}\mathbf{D}\mathrm{d}t$$

此应变度量适用于弹性（黏）塑性或者弹性蠕变材料，因为塑性应变和蠕变应变是通过相同的积分过程得到的。在这样的材料中，弹性应变很小（因为与弹性模量相比，屈服应力较小)，并且总应变可以与塑性应变和蠕变应变直接对比。

如果应变的主方向随材料轴转动，则产生的应变度量与总变形无关，不管是使用空间坐标系还是随动坐标系。如果主方向在材料轴上保持固定，则应变度量是变形率的积分

$$\varepsilon^{n+1}=\int_{0}^{t^{n+1}}\mathbf{D}\mathrm{d}t$$

这与后面讨论的对数应变相等。

格林应变

对于 Abaqus/Standard 中的小应变壳和梁，默认的应变度量 E 是格林应变

$$\varepsilon^{G}=\frac{1}{2}(\mathbf{F}^{T}\mathbf{F}-\mathbf{I})$$

式中，**F** 是变形梯度；**I** 是单位张量。此应变度量对于用于这些单元的小应变、大转动基本合适。ε^{G} 的分量代表沿原始构型中方向的应变。涉及弹塑性或者超弹性材料行为的有限应变分析中，不应当使用小应变壳和梁，否则将得到不正确的分析结果或者会导致程序失效。

名义应变

名义应变 NE 是

$$\varepsilon^N = \mathbf{V} - \mathbf{I} = \sum_{i=1}^{3} (\lambda_i - 1)\mathbf{n}_i\mathbf{n}_i^T$$

式中，$\mathbf{V}=\sqrt{\mathbf{F}\cdot\mathbf{F}^T}$是左拉伸张量；$\lambda_i$ 是主拉伸；$\mathbf{n}_i$ 是当前构型中的主拉伸方向。因此，名义应变的主值是主方向上参考构型中长度对长度的变化比，从而给出变形的直接度量。

对数应变

对数应变 LE 是

$$\varepsilon^L = \ln\mathbf{V} = \sum_{i=1}^{3} \ln\lambda_i\mathbf{n}_i\mathbf{n}_i^T$$

式中各变量与名义应变中的定义相同。这也是超弹性材料的应变输出。对于超黏弹性材料，对数弹性应变 EE 是由当前的（松弛的）应力状态计算得到的，而黏弹性应变 CE 等于 LE-EE。

应力不变量

Abaqus 中的很多本构模型是以应力不变量的形式构成的。将这些不变量定义成等效压应力

$$p=-\frac{1}{3}\text{trace}(\sigma)$$

密塞斯（Mises）等效应力为

$$q=\sqrt{\frac{3}{2}(\mathbf{S}:\mathbf{S})}$$

偏应力的第三不变量为

$$r=\left(\frac{9}{2}\mathbf{S}\cdot\mathbf{S}:\mathbf{S}\right)^{\frac{1}{3}}$$

式中，**S** 是偏应力，其定义为

$$\mathbf{S}=\sigma+p\mathbf{I}$$

有限转动

下面的约定用于空间中的有限转动：将 ϕ_x、ϕ_y、ϕ_z 分别定义成关于 X 轴、Y 轴和 Z 轴的转动（即节点处的 4、5 和 6 自由度）。然后定义

$$p_x=\phi_x/\phi,p_y=\phi_y/\phi,p_z=\phi_z/\phi$$

其中

$$\phi=\sqrt{\phi_x^2+\phi_y^2+\phi_z^2}$$

方向 **p** 是转动轴，ϕ 是根据右手定则随轴 **p** 转过的角度（以弧度为单位），如图 1-3 所示。

ϕ 值不是唯一的。在总转动超过 2π 的大转动问题中，ϕ 值可以加上或者减去 2π 的任意倍数，这将导致转动分量的输出值不连续。Abaqus/Standard 中如果关于一根轴的大于 2π 的转动发生在正（负）方向上，则转动输出在 $0\sim2\pi$（-2π）之间不连续地变化。在 Abaqus/Explicit 中，所有情况下，转动输出在 $-2\pi\sim2\pi$ 之间变化。

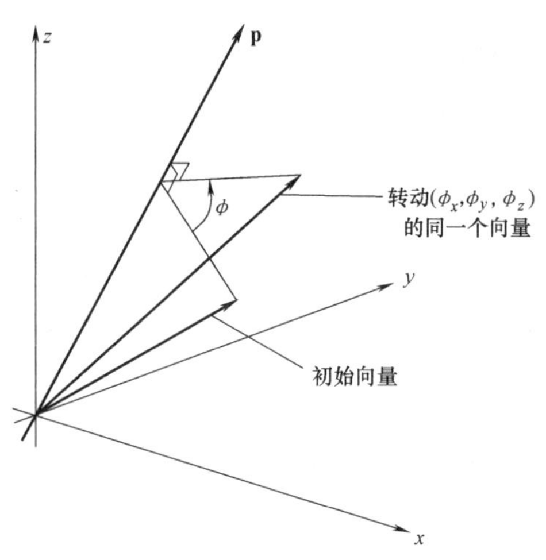

图 1-3　有限转动的定义

此约定在绝大部分情况下提供运动边界条件和力矩的直接输出，以及关于输出的简单说明。Abaqus 输出的转动表示关于一根固定轴，从参考构型到当前构型的某个转动。节点处的转动历史之后不存在输出。此外，即使是在小转动叠加在初始有限转动上的情况下（如关于预变形状态的小振动研究），此约定也将简化成小转动的常规约定。

复合转动

因为有限转动是不可相加的，所以其指定方法与其他边界条件的指定方法有所不同：在一个步上指定的转动增量，必须是转动步开始时构型的节点到步结束时期望的节点所需的转动。如果在节点上应用的最终构型采用其他构型，则在此步上将节点转动到其他构型的总转动向量是不够的。如果通过转动增量（$\Delta\phi_x$，$\Delta\phi_y$，$\Delta\phi_z$）从步开始时的（之前步的结束处）转动边界条件（ϕ_x，ϕ_y，ϕ_z）^{t} 旋转到步结束时的最终位置，则必须将边界条件指定成步结束时的转动向量（$\phi_x^t+\Delta\phi_x$，$\phi_y^t+\Delta\phi_y$，$\phi_z^t+\Delta\phi_z$）。如果转动向量的方向是不变的，则此指定转动边界条件的方法和指定总转动向量的方法是一致的。

例子

下面以梁的转动为例，来说明如何指定复合有限转动并解释有限转动输出。

梁最初沿着 x 轴放置，现需要执行复合转动。首先，梁随 z 轴转动 60°（步 1）；然后随其自身转动 90°（步 2）；接着在 x-y 平面中随垂直于梁的轴转动 90°（步 3），最终梁位于 z 轴上。

在此复合转动的三个步中，转动向量分别为 $\boldsymbol{\phi}_1$、$\boldsymbol{\phi}_2$ 和 $\boldsymbol{\phi}_3$，其中

$$\boldsymbol{\phi}_1=\phi_1\mathbf{e}_z=\{0\quad 0\quad 1.047198\}^T$$

$$\boldsymbol{\phi}_2=\phi_2(\cos\phi_1\mathbf{e}_x+\sin\phi_1\mathbf{e}_y)=\{0.785398\quad 1.360350\quad 0\}^T$$

$$\boldsymbol{\phi}_3=\phi_3(\sin\phi_1\mathbf{e}_x-\cos\phi_1\mathbf{e}_y)=\{1.360350\quad -0.785398\quad 0\}^T$$

在此例中，$\phi_1=\pi/3$，$\phi_2=\pi/2$，$\phi_3=\pi/2$。这里，ϕ_i 表示关于（单位长度）转动轴的有限转动的大小。上面的转动向量是应用于三个步中每一个步开始时的构型上的。使用速度类型的边界条件来规定这些转动是最直接的。为了方便，Abaqus 中速度类型的边界条件的默认幅值参照恒等于 1。

此例子的一个典型 Abaqus 步定义如下，其中节点 1 固定在原点处，在节点 2 上施加转动：

```
*STEP, NLGEOM
Step 1: Rotate 60 degrees about the z-axis (关于 z 轴转动 60°)
*STATIC
*BOUNDARY, TYPE=VELOCITY
2, 4, 5
2, 6, 6, 1.047198
*END STEP
**
*STEP, NLGEOM
Step 2: Rotate 90 degrees about the beam axis (关于梁轴转动 90°)
*STATIC
*BOUNDARY, TYPE=VELOCITY
2, 4, 4, 0.785398
2, 5, 5, 1.36035
2, 6, 6
*END STEP
**
*STEP, NLGEOM
Step 3: Rotate beam onto z-axis (将梁转动到 z 轴上)
*STATIC
*BOUNDARY, TYPE=VELOCITY
2, 4, 4, 1.36035
2, 5, 5, -0.785398
2, 6, 6
*END STEP
```

强烈建议采用上述指定有限转动边界条件的方法（即采用具有默认不变幅值定义的速度类型的边界条件）。然而，如果转动条件是作为位移类型的边界条件来施加的，则输入语句将发生变化。

一个步中指定边界条件的 Abaqus/Standard 约定是指定总的或者最终的边界状态。在这种情况下，必须将所有之前的步中指定的边界条件添加到连续转动向量分量中。上面的 Abaqus/Standard 步定义变成：

```
*STEP, NLGEOM
Step 1: Rotate 60 degrees about the z-axis (关于 z 轴转动 60°)
*STATIC
*BOUNDARY
2, 4, 5
2, 6, 6, 1.047198
```

```
*END STEP
**
*STEP, NLGEOM
Step 2: Rotate 90 degrees about the beam axis (关于梁轴转动 90°)
*STATIC
*BOUNDARY
2, 4, 4, 0.785398
2, 5, 5, 1.36035
2, 6, 6, 1.047198
*END STEP
**
*STEP, NLGEOM
Step 3: Rotate beam onto z-axis (将梁转动到 z 轴上)
*STATIC
*BOUNDARY
2, 4, 4, 2.145748
2, 5, 5, 0.574952
2, 6, 6, 1.047198
*END STEP
```

步 2 和步 3 中的边界条件是增量转动分量加上之前步中指定的转动边界条件的总和。

在 Abaqus/Explicit 中，应当使用幅值参照来定义，这样在分析步上没有阶跃的位移。为了达到此目的，使用以总时间的形式给出的幅值定义是比较方便的。位移边界条件将基于幅值曲线中的增量对时间增量来逐渐施加。这样，步开始时位移的突然跳跃将导致没有幅值曲线，或者产生两条幅值曲线，Abaqus 将忽略这样的步（见“Abaqus/Standard 和 Abaqus/Explicit 中的边界条件”，《Abaqus 分析用户手册——指定条件、约束与相互作用卷》的 1.3.1 节）。上述例子的 Abaqus/Explicit 步定义将变成：

```
*AMPLITUDE, TIME=TOTAL TIME, NAME=RAMPUR1
0., 0., 0.001, 0., 0.002, 0.785398, 0.003, 2.145748
*AMPLITUDE, TIME=TOTAL TIME, NAME=RAMPUR2
0., 0., 0.001, 0., 0.002, 1.36035, 0.003, 0.574952
*AMPLITUDE, TIME=TOTAL TIME, NAME=RAMPUR3
0., 0., 0.001, 1.047198, 0.002, 1.047198, 0.003, 1.047198
*STEP
Step 1: Rotate 60 degrees about the z-axis (关于 z 轴转动 60°)
*DYNAMIC, EXPLICIT
, 0.001
*BOUNDARY, AMP=RAMPUR1
2, 4, 4, 1.0
*BOUNDARY, AMP=RAMPUR2
```

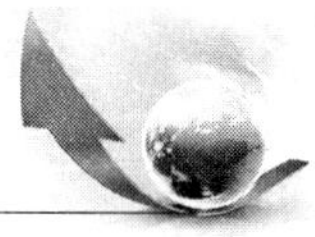

```
2, 5, 5, 1.0
*BOUNDARY, AMP=RAMPUR3
2, 6, 6, 1.0
*END STEP
**
*STEP
Step 2: Rotate 90 degrees about the beam axis (关于梁轴转动90°)
*DYNAMIC, EXPLICIT
, 0.001
*END STEP
**
*STEP
Step 3: Rotate beam onto z-axis (将梁转动到z轴上)
*DYNAMIC, EXPLICIT
, 0.001
*END STEP
```

步 2 和步 3 中的边界条件是增量转动分量加之前步中指定的转动边界条件的总和。

在步 3 的结束时转动场的 Abaqus 输出是

$$UR1=1.927, UR2=-0.5163, UR3=1.927$$

可见，未指定边界条件的单个分量出现在了最终的转动输出中。最终的转动输出表示得到某个步的最终方向所需要的转动向量。

假设在之前例子的步 3 中，要在节点 1 处施加转动向量 ϕ_3，而非在节点 2 处。如果转动是逐渐施加的，则 Abaqus/Standard 步定义如下：

```
*STEP, NLGEOM
Step 3: Rotate beam onto z-axis (将梁转动到z轴上)
*STATIC
*BOUNDARY, TYPE=VELOCITY, OP=NEW
1, 1, 3
1, 4, 4, 1.36035
1, 5, 5, -0.785398
1, 6, 6
*END STEP
```

Abaqus/Explicit 中的步定义是类似的。此处需删除作用在节点 2 上的转动边界条件。

如前所述，应优先采用速度类型的边界条件来施加有限转动。如果转动边界条件是以位移类型的边界条件施加的，则必须首先恢复在步 2 结束时节点 1 处的转动场。此转动场的 Abaqus 输出是

$$UR1=1.412, UR2=0.8155, UR3=0.8155$$

然后必须将这些转动向量分量添加到希望在步 3 中规定的增量转动向量分量中。Abaqus/Standard 步定义将变成：

```
*STEP
Step 3: Rotate beam onto z-axis (将梁转动到 z 轴上)
*STATIC
*BOUNDARY, OP=NEW
1, 1, 3
1, 4, 4, 2.772
1, 5, 5, 0.0301
1, 6, 6, 0.8155
*END STEP
```

Abaqus/Explicit 步定义将变成：

```
*STEP
Step 3: Rotate beam onto z-axis (将梁转动到 z 轴上)
*DYNAMIC, EXPLICIT
, 0.001
*AMPLITUDE, TIME=STEP TIME, NAME=NODE1UR1
0., 1.412, 0.001, 2.772
*AMPLITUDE, TIME=STEP TIME, NAME=NODE1UR2
0., 0.8155, 0.001, 0.0301
*AMPLITUDE, TIME=STEP TIME, NAME=NODE1UR3
0., 0.8155, 0.001, 0.8155
*BOUNDARY, OP=NEW
1, 1, 3
*BOUNDARY, OP=NEW, AMP=NODE1UR1
1, 4, 4, 1
*BOUNDARY, OP=NEW, AMP=NODE1UR2
1, 5, 5, 1
*BOUNDARY, OP=NEW, AMP=NODE1UR3
1, 6, 6, 1
*END STEP
```

在使用幅值曲线来避免步开始时幅值突然跳跃的 Abaqus/Explicit 输入中，需要再次指定边界条件。如前述和“Abaqus/Standard 和 Abaqus/Explicit 中的边界条件”（《Abaqus 分析用户手册——指定条件、约束与相互作用卷》的 1.3.1 节）中所阐明的那样，Abaqus 将忽略任何位移值中的跳跃，并使边界条件保持为之前的值。

最后一个步定义清楚地表明，将有限转动边界条件施加成速度类型的边界条件，比施加成位移类型的边界条件要简单。“Abaqus/Standard 和 Abaqus/Explicit 中的边界条件”（《Abaqus 分析用户手册——指定条件、约束与相互作用卷》的 1.3.1 节）介绍了指定有限转动边界条件的推荐方法。关于有限转动是如何累积的进一步讨论见“转动变量”（《Abaqus 理论手册》的 1.3.1 节）。

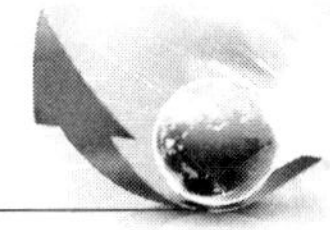

1.3 在 Abaqus 中定义模型

产品：Abaqus/Standard　　Abaqus/Explicit　　Abaqus/CFD

参考

- “输入语法规则”，1.2.1 节
- Abaqus 关键字参考手册
- Abaqus/CAE 用户手册

概览

Abaqus 中由输入文件定义的分析：
- 包含关键字行和数据行。
- 分为模型数据和历史数据。

输入文件

Abaqus 输入文件是 ASCII 数据文件，可以使用文本编辑器或者图像化前处理器（如 Abaqus/CAE）来创建文件。输入文件含有一系列包含 Abaqus 选项（关键字行）和数据（数据行）的行。关键字行和数据行的输入语法在“输入语法规则”（1.2.1 节）中进行了描述。

大部分输入文件具有相同的基本结构。使用以下输入文件来定义有限元模型：

1）输入文件通常以 * HEADING 选项开始，用来定义分析的标题。可以使用任意数量的数据行给出标题；它们将在输出文件（“输出”，4.1.1 节）的开始处出现。第一个标题行将作为输出的每个页面顶部的标题出现。

当包含一个标题时，便于用户检查其输入文件，* HEADING 选项不是必需的。

2）在标题之后，输入文件通常包含一个模型数据部分来定义节点、单元、材料、初始条件等。模型数据部分将在下文中介绍。

3）如果模型是由零件实例组成的装配，则必须将模型数据进一步分类至合适的水平：零件、组件、实例或者模型。以零件实例的装配形式定义的模型在“装配定义”（2.10.1 节）中进行了讨论。

4）输入文件包括历史数据，用来定义分析类型、载荷、输出要求等。步定义将模型数

据与输入文件的历史数据分开：出现在第一步定义之前的是模型数据，出现在第一步定义之中的和紧跟第一步定义的所有数据是历史数据。历史数据部分将在下文中进行介绍。

在执行合适的分析产品、Abaqus/Standard、Abaqus/Explicit 或 Abaqus/CFD 之前，由“分析输入文件处理器”来处理输入文件。分析输入文件处理器的功能是解释 Abaqus 选项，执行必要的一致性检查，并为产品分析准备数据。

在 Abaqus/Standard 和 Abaqus/Explicit 中，大部分计算力学模拟选项（单元类型、加载类型等）都是可以使用的，但一些选项仅可用于其中一种分析产品。一个输入文件中使用的步类型必须来自相同的分析产品；然而，可以将 Abaqus/Standard 的解导入 Abaqus/Explicit 中，反之亦然（见“导入和传递结果”，《Abaqus 分析用户手册——分析卷》的 9.2 节）。因此，允许在分析的不同阶段使用最适合此阶段的分析产品（例如，Abaqus/Standard 中的静态预加载后面跟随着 Abaqus/Explicit 中的动态分析）。

模型数据

模型数据用于定义节点、单元、材料、初始条件等。

必选模型数据

输入文件中必须包含下面的模型数据来定义有限元模型。

- 几何形体：用单元及其节点来描述模型的几何形体。定义节点和单元的规则和方法见“节点定义”（2.1.1 节）、“单元定义”（2.2.1 节）和“装配定义”（2.10 节）。必须定义结构单元（如梁）的横截面。可以使用弹簧、缓冲器、点质量等空间单元来定义空间特征。建模时可以使用的单元类型以及如何定义单元见《Abaqus 分析用户手册——单元卷》。用户可以在 Abaqus/CAE 的 Visualization 模块中显示初始过闭合调整之后的初始网格和构型（见“Abaqus/Standard、Abaqus/Explicit 和 Abaqus/CFD 执行”，3.2.2 节）。
- 材料定义：一种材料类型必须与几何形体的绝大部分相关联。关于材料库的内容见《Abaqus 分析用户手册——材料卷》。弹簧或者缓冲器之类的空间单元不与材料相关联，但是必须定义它们的属性。

可选模型数据

可以根据需要使用以下模型数据：

- 零件和组件：模型的几何形体可以通过组装多个零件来定义，这些零件在组件中必须相对于彼此进行定位（“装配定义”，2.10 节）。
- 初始条件：可以指定非零的应力、温度或者速度等初始条件（“初始条件”，《Abaqus 分析用户手册——指定条件、约束与相互作用卷》的 1.2 节）。
- 边界条件：赋值为零的边界条件（包括对称条件）可以强加在位移或者转动等独立的解变量上（“Abaqus/Standard 和 Abaqus/Explicit 中的边界条件”，《Abaqus 分析用户手册——指定条件、约束与相互作用卷》的 1.3.1 节）。
- 运动约束：可以定义包含模型中几个基础解变量的方程（“线性约束方程”，《Abaqus 分析用户手册——指定条件、约束与相互作用卷》的 2.2.1 节）或者多点约束（“通用多点

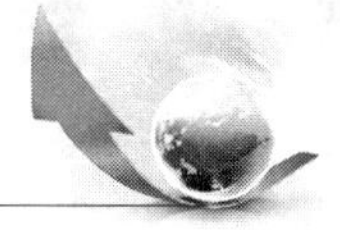

约束”，《Abaqus 分析用户手册——指定条件、约束与相互作用卷》的 2.2.2 节）。

- 相互作用：可以定义接触和零件之间的其他相互作用（“接触相互作用分析：概览”，《Abaqus 分析用户手册——指定条件、约束与相互作用卷》的 3.1.1 节）。
- 幅值定义：可以定义幅值曲线来指定以后随时间变化的载荷或者边界条件（“幅值曲线”，《Abaqus 分析用户手册——指定条件、约束与相互作用卷》的 1.1.2 节）。
- 输出控制：用户可以控制输出到数据文件的模型定义（见“输出”，4.1.1 节）。
- 环境属性：有时必须定义环境属性，例如模型周围流体的属性。
- 分析连续性：可以写入重启动数据或者使用以前分析的结果，并使用新模型或者历史数据（“重启动一个分析”，《Abaqus 分析用户手册——分析卷》的 4.1 节）、新网格（“子模型模拟：概览”，《Abaqus 分析用户手册——分析卷》的 5.2.1 节；“网格替换后的分析连续性”，《Abaqus 分析用户手册——分析卷》的 7.4 节；“对称模型生成”，《Abaqus 分析用户手册——分析卷》的 5.4.1 节），或者相同或不同的 Abaqus 程序（“在 Abaqus 分析之间传递结果：概览”，《Abaqus 分析用户手册——分析卷》的 4.2.1 节）来继续分析。

历史数据

分析的目的是预测模型对一些形式的外部载荷或者非平衡初始条件的响应。Abaqus 分析是基于步的概念，这在输入文件的历史数据部分进行了介绍。关于步的更多内容，见“定义一个分析”（《Abaqus 分析用户手册——分析卷》的 1.1.2 节）。在一个步中，按照需要组合历史输入数据来定义分析历史。

在一个分析中可以定义多个步。可以简单地引入步来改变输出内容，或者改变载荷、边界条件、分析过程等。一个分析中步的数量没有限制。

Abaqus 中有两种步：通用响应分析步，可以是线性的或者非线性的；以及 Abaqus/Standard 中的线性摄动步（见“通用和线性摄动过程”，《Abaqus 分析用户手册——分析卷》的 1.1.3 节）。通用分析步对系统的历史响应有贡献；线性摄动步允许在响应历史的任何阶段研究系统的线性化响应。

通用步结束处的状态即为下一个步的初始条件，这样便于下一个步仿真模型的连续加载。例如，静态预加载之后的动态响应，或者产品制造工艺仿真后使用过程中的载荷。

下述规定了载荷、边界条件、输出控制、辅助控制，以及接触条件（在 Abaqus/Explicit 中）的可选历史数据，从一个通用分析步沿用到下一个通用分析步，除非修改了接触条件。例如，在 Abaqus/Standard 中一个通用分析步中规定的求解控制（见“收敛准则和时间积分准则：概览”，《Abaqus 分析用户手册——分析卷》的 2.2.1 节），在后续通用分析步中保持有效，除非对其进行了更改或者重新设置。对于线性摄动步，如果没有中间通用分析步，并且没有重新定义输出控制（见“输出”，4.1.1 节），只有输出控制是从一个线性摄动步沿用到下一个线性摄动步。类似的，在 Abaqus/CFD 分析中指定的条件，从一个步沿用到下一个步，除非对其进行了修改。

输入文件用法：使用下面的选项来开始一个步定义：

```
*STEP
```

使用下面的选项来结束一个步定义：

* END STEP

要求的历史数据

在输入文件中定义分析过程时，必须包含下面的历史数据：

• 响应类型：定义分析过程类型的选项必须在步定义开始后立即出现。

Abaqus 可以执行多种类型的分析——线性或者非线性、静态或者动态等（见“定义一个分析”，《Abaqus 分析用户手册——分析卷》的 1.1.2 节）。分析类型在不同的步之间可以改变。例如，在 Abaqus/Standard 中，可以首先分析一个静态预加载，然后将响应类型改为瞬态动态的。这样，一些线性或者非线性动态分析可以基于静态解结束时的条件来执行。

可选历史数据

可选历史数据包括：

• 载荷：通常用于定义一些形式的外部载荷。例如，可用于施加集中或者分布载荷（“施加载荷：概览”，《Abaqus 分析用户手册——指定条件、约束与相互作用卷》的 1.4.1 节），指定由温度变化导致的热膨胀（“热膨胀”，《Abaqus 分析用户手册——材料卷》的 6.1.2 节），或者指定载荷的接触条件（“接触相互作用分析：概览”，《Abaqus 分析用户手册——指定条件、约束与相互作用卷》的 3.1 节）。

可以将载荷指定成时间的函数（“幅值曲线”，《Abaqus 分析用户手册——指定条件、约束与相互作用卷》的 1.1.2 节）。此功能可用于描述地震过程中地面的运动、已知加速度，或者瞬态过程中发动机的温度和压力历史等载荷。如果没有定义幅值曲线，则 Abaqus 默认载荷变量在步上是线性变化的，或者在步开始时即施加了载荷，取决于所选的响应类型（见“定义一个分析”，《Abaqus 分析用户手册——分析卷》的 1.1.2 节）。

• 边界条件：在分析过程中，可以添加、修改或者删除边界条件（“边界条件”，《Abaqus 分析用户手册——指定条件、约束与相互作用卷》的 1.3 节）。

• 输出控制：Abaqus 可以输出应力、应变、反作用力、温度和能量之类的量。关于输出选项的内容见“输出到数据和结果文件”（4.1.2 节）和“输出到输出数据库”（4.1.3 节）；“输出变量”（4.2 节）中列出了全部输出变量。可以使用的输出文件见“输出”（4.1.1 节）。

• 接触：Abaqus/Explicit 分析过程中，允许添加、修改或者删除接触面和接触相互作用（见“接触相互作用分析：概览”，《Abaqus 分析用户手册——指定条件、约束与相互作用卷》的 3.1 节）。

• 辅助控制：用户可以覆盖 Abaqus 中内置的求解控制。在一些过程中，在过程定义中给出这些值。在 Abaqus/Standard 中，更常见的情况是通过定义求解控制来给出这些值（“常用的控制参数”，《Abaqus 分析用户手册——分析卷》的 2.2.2 节）。也可以定义接触问题的求解控制（“在 Abaqus/Standard 中调整接触控制”，《Abaqus 分析用户手册——指定条件、约束与相互作用卷》的 3.3.6 节；“Abaqus/Explicit 中与使用接触对的接触模型相关

的常见困难”，《Abaqus 分析用户手册——指定条件、约束与相互作用卷》的 6.2.2 节；或者“Abaqus/Explicit 中通用接触的接触控制”，《Abaqus 分析用户手册——指定条件、约束与相互作用卷》的 3.4.5 节）。

• 删除/再激活单元和面：在 Abaqus/Standard 中，可以在步之间删除或者重新激活部分模型，见“单元和接触对的删除和重新激活”（《Abaqus 分析用户手册——分析卷》的 6.2.1 节。

• 协同仿真：必须定义 Abaqus 模型中的步，以保证协同仿真能够完全适合单个 Abaqus 步。另外，在 Abaqus 作业中仅能有一个协同仿真。

包含来自外部文件的模型或者历史数据

用户可以指定一个包含部分 Abaqus 输入文件的外部文件。此文件可以包含模型和历史定义数据、注释行，以及外部文件的其他引用内容。当引用外部文件时，Abaqus 将立即执行所指定文件中的数据。到达文件末尾时，Abaqus 将返回执行原始的文件。

最多可以引用五级嵌套文件。用户可以使用 UNIX 环境变量指定文件名称。

输入文件用法：*INCLUDE，INPUT=文件名

包含加密数据文件

用户可以在 Abaqus 输入文件或者其他数据文件中引用加密文件。当使用加密文件时，必须输入文件的密码。如果密码正确，则 Abaqus 像执行未加密的外部文件中的数据那样执行加密文件中的数据。加密的输入文件中的材料和连接器行为定义不写入输出数据库。此外，如果模型的某一部分使用加密文件作为输入，则输出到数据文件的材料和连接器行为定义将禁用。关于加密工具的详细内容，见“加密和解密 Abaqus 输入数据”（3.2.42 节）。

一些加密文件仅供具有特定 Abaqus 功能（如 Abaqus/Explicit）许可证的用户，或者特定地点的用户使用。如果用户试图使用超过其权限的加密文件，Abaqus 将发出一个错误信息。

用户不能包含具有参数输入的加密输入文件。

输入文件用法：*INCLUDE，INPUT=文件名，PASSWORD=密码

1.4 参数化建模

产品：Abaqus/Standard　　Abaqus/Explicit

参考

- “参数化研究”，《Abaqus 分析用户手册——分析卷》的第 15 章
- “参数化形状变量”，2.1.2 节
- *PARAMETER
- *PARAMETER DEPENDENCE
- *PARAMETER SHAPE VARIATION
- “Python 简介”，《Abaqus 脚本用户手册》的第 4 章

概览

参数化输入功能允许用户创建 Abaqus 输入文件，在其中：

- 通过为每个参数赋值来定义任意数量的输入参数。
- 使用输入文件中定义的参数来代替输入量。
- 根据参数定义对其进行评估，并且在分析开始之前用来代替参数化的输入量。

参数化输入允许更加灵活地建立和处理模型。本部分讨论了参数的不同类型和参数化 Abaqus 输入量的不同方法。

介绍

用户必须通过为分析中需要使用的所有参数赋值的方法来定义它们。使用 Python 语言（Lutz，1999）进行参数评估和替换；因此，参数定义应遵循此部分后面讨论的 Python 语法规则。然后就可以用这些参数代替输入量。

输入文件用法：使用下面的选项定义参数：

*PARAMETER

将这些参数置于<>中来代替输入量

例如，下面的输入定义了参数 width 和 height，然后使用这两个参数定义梁截面属性：

*PARAMETER

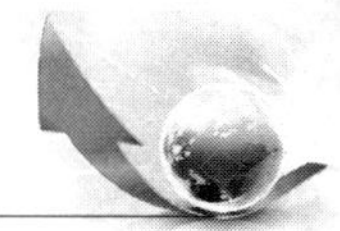

```
width = 2.5
height = width * 2
*BEAM SECTION, SECTION = RECT, ELSET = 名称,
MATERIAL = 名称
<width>, <height>
```

在这个涉及梁的简单例子中，改变参数值，即可得到不同的横截面。

参数

参数是用户赋值的用户命名的变量。当使用参数来替代一个值时，将替换该参数的值。有两种基本类型的参数：独立参数和关联参数。

独立参数

独立参数是那些与其他参数无关联的参数，例如：

```
thickness = 10.0
area = 5.0 * * 2
length = 3.0 * sin (45 * pi/180.0)    #将度转化成弧度
```

使用数字和数值运算（如加、乘和求幂）的 Python 表达式可以用来定义独立参数。本部分的后面讨论了 Python 中支持的运算。

关联参数

关联参数是那些取决于其他参数（独立的或者关联的）的参数。可以采用以下两种方法之一来定义关联参数：使用显式型相关或者使用表格化相关。

显式型相关

使用包含数字与参数运算的 Python 参数表达式来显式地定义相关参数。在下面的例子中，area 和 mon_inertia 是相关参数：

```
width = 2.0
height = 5.0
area = width * height
mom_inertia = area * height * * 2/12.0
```

表格化相关

表格化相关是指通过指定独立的或者关联的参数，用关联表来定义参数。定义参数之间关系的关联表，每行包含的值数量与关联参数的个数加上将要使用的独立参数的个数之和是一样的。表中必须仅包含实数值；首先给出关联参数，然后给出关联参数值。表中不能使用参数名称和字符串。

通过在表格中的值之间进行插值，得到与表格关联的参数评估实数，将这些参数评估实数赋予参数。如果要求表格化的关联参数为整数，则必须如后面的 Python 语言部分中描述的那样，将实数转化成整数。

当表格化的关联参数仅是一个独立参数的函数时，必须以独立参数值的升序来给出表格化数据。Abaqus 将对这些给定值之间的值进行线性插值。假定表中使用的独立参数范围之外的关联参数是不变的。当表格化的关联参数取决于几个独立参数时，则必须在其他独立参数的值固定的条件下，给出关联参数关于第一个独立参数进行的变化，同时第二个独立参数以升序排列，接着第三个独立参数以升序排列，依此类推。表中的行必须以独立参数值递增的形式排序，以保证由这些独立参数定义的关联参数具有完全的、唯一的值。

关联表格的定义与特定参数关联性的赋予是分离的，这意味着同样的表格可以用于多组关联参数/独立参数。当不同实例使用同样类型的输入数据时，非常适用；例如，使用相同关联，但是不同参数集合的多材料定义。

因为参数的评估是程序化的（见下文中的“参数评估”），必须在指定表参数关联性之前定义参数关联表。

为了定义关联性，将表格关联性定义中的独立参数视为独立的；然而，可以将这些“独立的”参数定义成与前面参数定义中的其他参数相关联。

输入文件用法：使用下面的选项定义参数关联表：

*PARAMETER DEPENDENCE，TABLE=名称，NUMBER VALUES=n

每行包含 n 个值的表

使用下面的选项定义关联表中的关联参数和独立参数：

*PARAMETER，TABLE=名称，DEPENDENT=（参数列表），INDEPENDENT=（参数列表）

参数的规则

一些通用规则适用于 Abaqus 输入文件中的所有参数（见下文）。

参数赋值评估

按照参数定义在输入文件中出现的顺序来评估参数。例如，输入

```
*PARAMETER
x=2
y=x+3
x=4
```

结果为 x=4 和 y=5，而不是 x=4 和 y=7。输入

```
*PARAMETER
y=x + 3
x=4
```

则标记成一个错误，因为无法通过输入顺序计算 y 值。换言之，参数定义无法延迟执行。

用户可以在输入文件的任意位置定义参数，甚至是在使用参数代替了输入量之后，因为总是在执行其他输入选项之前处理参数定义。

在用于重启动分析的输入文件中，可以定义并使用参数来代替输入量。然而，在重启动分析中不可以使用原始分析（从此处继续重启动运行）的输入文件中定义的参数。

参数替换

处理参数化数据时，Abaqus 给参数赋予参数评估结束时确定的值。如果没有为代替输入量的参数赋值，则报告一个错误。随后，分析输入文件处理器将检查参数值相对于使用其

选项的有效性。

为定义参数、参数关联表或者参数形状变量给出的值不能进行参数化。例如，输入

```
*PARAMETER SHAPE VARIATION
<x>
```

是无效的；然而，分析输入文件处理器此时不会报告一个错误。

数据类型

参数的数据类型是根据其定义推导出的。整数型参数是通过把整数值赋给参数得到的。类似地，为参数赋予一个实数值，则可得到实数型参数。如果在包含实数的运算中使用整数，则整数型将提升为实数型。为参数赋予字符串值，可得到字符串型参数。

使用参数的输入选项环境决定了参数必须具有的数据类型。应当使用实数型参数代替 Abaqus 实数输入量。应用整数型（或者字符串型）参数代替整数型（或者字符串型）输入量。在一些实例中，输入环境与被替换参数类型之间不匹配将导致分析输入文件处理器将这些实例标记成输入错误。例如，输入

```
*PARAMETER
int_pts=5.0
*SHELL SECTION
10.0, <int_pts>
```

将造成分析输入文件处理器报告一个错误，因为为壳截面指定的积分点数量必须是整数。然而，输入

```
*PARAMETER
thick=5/4
*SHELL SECTION
<thick>,
```

将被分析输入文件处理器接受，不标记成一个错误。整除的结果是，此输入得到的壳厚度为 1（不是 1.25）。总之，用户通过分析输入文件处理器只能发现一些数据类型的错误。

连续参数和离散参数

从设计活动的角度（敏感性分析、参数化研究等），参数可以连续赋值或者离散赋值。连续赋值参数是可微的，因此可以用于设计敏感性分析。离散赋值参数是不可微的，因此不能用于敏感性分析，但可以用于参数化研究。连续赋值参数的例子有壳厚度或者材料属性。离散赋值参数的例子有壳厚度上的积分点数量，或者单元类型。连续赋值参数通常与物理（设计）输入量一致，而离散赋值参数通常与有限元（数值逼近）输入量一致。

辅助输入文件

可以在 *INCLUDE 输入文件中定义参数，而不能在其他赋值输入文件中进行定义。辅助输入文件名称可以是参数化的，用于 *INCLUDE 选项的除外。

输入量的参数化

Abaqus 参数化处理“尺寸”和“形状”输入量时有所不同。形状输入量的参数化将在单独的章节中进行讨论（见“参数化形状变量”，2.1.2 节）。

将尺寸输入量理解成除了与形状相关的输入量之外所有的 Abaqus 输入量，尺寸输入量包括截面属性、材料属性、方向属性、指定的条件、相互作用定义和属性，以及分析过程数据。

参数化单个输入量

下例是使用三个具有不同数据类型的独立参数，对壳截面输入进行参数化的方法：

```
*ELSET, ELSET=<shell_ set>,GEN
1, 111, 10
*PARAMETER
shell_set='lining'
shell_thick=1.E2
num_int_pts=5
*SHELL SECTION, ELSET=<shell_set>, MATERIAL=名称
<shell_thick>, <num_int_pts>
```

参数化成组输入量（显式型相关）

下例是使用显式型相关参数的三层复合材料壳截面的参数化过程。在此例中，可以使用 thickness 参数均匀地改变复合截面层的厚度。

```
*PARAMETER
thickness=10.
layer1_thick=0.15*thickness
layer2_thick=0.6*thickness
layer3_thick=0.25*thickness
*SHELL SECTION, ELSET=, COMPOSITE
<layer1_thick>, 积分点数量, 材料名称, 方向
<layer2_thick>, 积分点数量, 材料名称, 方向
<layer3_thick>, 积分点数量, 材料名称, 方向
```

此参数化过程要求为与独立参数（thickness）相关的三个输入量（layer1_thick、layer2_thick、layer3_thick）创建关联变量。

参数化成组输入量（表格型相关）

下例为盒形梁截面属性的参数化过程。梁截面的高和壁厚是与截面宽度相关联的表格型参数。

```
*PARAMETER
a=60.
*PARAMETER DEPENDENCE, TABLE=sectprop, NUMBER VALUES=6
25.0, 1.04, 1.04, 1.04, 1.04, 50.0
```

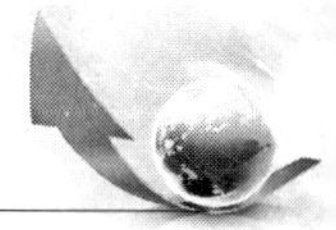

50.0，4.17，3.13，2.08，2.50，100.0

75.0，9.38，6.24，3.13，4.90，150.0

* PARAMETER，TABLE=sectprop，DEPENDENT=（b，t1，t2，t3，t4），

INDEPENDENT=(a)

* BEAM SECTION，SECTION=BOX，ELSET=beams，MATERIAL=steel

<a>，<b>，<t1>，<t2>，<t3>，<t4>

通过上面的参数化创建了关联参数（b，t1，t2，t3，t4），每个参数均取决于独立参数(a)。使用表格关联性允许将参数输入量的关联性定义限制在参数定义中；即与完成输入量参数化的选项分开。这种参数化方法的优点是不同输入选项中的不同参数可以使用同一个参数关联表。例如，用户可能希望在正在建模的结构的不同部分中使用不同横截面尺寸的梁。参数关联表可以与新的关联参数（bb、tt1、tt2、tt3、tt4）和独立参数（aa）一起重用。

* PARAMETER

aa=65.

* PARAMETER，TABLE=sectprop，DEPENDENT=(bb，tt1，tt2，tt3，tt4)，

INDEPENDENT=(aa)

* BEAM SECTION，SECTION=BOX，ELSET=columns，MATERIAL=steel

<aa>，<bb>，<tt1>，<tt2>，<tt3>，<tt4>

在支持预定义场变量关联性的选项中，此参数化方法可以清楚地区分预定义场变量关联性与参数关联性；这样，便不会混淆场变量和参数关联性。以金属的完美塑性属性为例，其中屈服应力取决于场变量，并且以合金的含碳量为基础进行了表格型参数化。

* PARAMETER

carbon=0.01

* PARAMETER DEPENDENCE，TABLE=yield_data，NUMBER=4

ys_fv1 val 1，ys_fv2 val 1，ys_fv3 val 1，carbon val 1

ys_fv1 val 2，ys_fv2 val 2，ys_fv3 val 2，carbon val 2

ys_fv1 val 3，ys_fv2 val 3，ys_fv3 val 3，carbon val 3

ys_fv1 val 4，ys_fv2 val 4，ys_fv3 val 4，carbon val 4

* PARAMETER，TABLE=yield_data，DEPENDENT=(ys_fv1，ys_fv2，ys_fv3)，

INDEPENDENT=(carbon)

* MATERIAL，NAME=alloy

* PLASTIC，DEPENDENCIES=1

<ys_fv1>,,, fv val 1

<ys_fv2>,,, fv val 2

<ys_fv3>,,, fv val 3

又如，金属的蠕变属性，其中蠕变材料数据是与合金的碳含量进行表格化关联的参数。此外，蠕变参数 A 也与预定义场变量相关联。

* PARAMETER

```
carbon = 0.01
*PARAMETER DEPENDENCE, TABLE = creepdata, NUMBER = 6
A_fv1 val 1, A_fv2 val 1, A_fv3 val 1, n val 1, m val 1, carbon val 1
A_fv1 val 2, A_fv2 val 2, A_fv3 val 2, n val 2, m val 2, carbon val 2
A_fv1 val 3, A_fv2 val 3, A_fv3 val 3, n val 3, m val 3, carbon val 3
A_fv1 val 4, A_fv2 val 4, A_fv3 val 4, n val 4, m val 4, carbon val 4
*PARAMETER, TABLE = creepdata, DEPENDENT = (A_fv1, A_fv2, A_fv3,
n, m), INDEPENDENT = (carbon)
*MATERIAL, NAME = alloy
*CREEP, DEPENDENCIES = 1
<A_fv1>, <n>, <m>,, fv val 1
<A_fv2>, <n>, <m>,, fv val 2
<A_fv3>, <n>, <m>,, fv val 3
```

此例说明，可以定义任意预定义场变量和/或关联参数的关联组合。

Python 语言

参数定义中的参数语句应遵循 Python 语言的句法和语法（注意参数关联表和参数形状变量定义遵循常用的 Abaqus 输入语法规则）。可使用的 Python 语言的子集如下。

声明的长度和连续行

参数定义中的 Python 语句可以通过使用反斜杠符号（\）结束每一行，来实现许多行的连续。*PARAMETER 关键字行可以采用逗号结尾来与下一行连续，因为 Abaqus 将像其他关键字行那样对其进行处理。

注释

参数定义中的注释以数值字符（#）开始，并延续到行的结尾。然而，参数关联表或者参数形状变量定义中的注释采用的是常用的 Abaqus 输入语法约定（**）。

参数名称

参数名称必须以字母开始，可以包含下划线符号（_）和数字。参数名称应区分大小写。

数据类型

数据类型限制为字符串、整数型和实数型。

字符串应置于单引号（’’）或者双引号（””）内。不允许使用反向的单引号（‘‘）。字符串中不应当包含反斜杠（\）。

整数型是通过赋予整数值来创建的（如 aInt = 2）。

实数型是通过赋予实数值来创建的（如 aReal=1.0）。实数可以指数或非指数形式给出。指数之前必须有 E 或者 e。同一个实数的五种允许输入方法如下：

-12.345，-1234.5E-2，-0.12345E+2，-0.12345E2，-0.12345e2

句法

-0.12345D+2

（在 Abaqus 输入文件的其他地方允许使用）在 Python 中是无效的。

类型转换

如果表达式中同时含有整数型和实数型，则将整数型自动升级成实数型。可以使用下面的语句来得到明确的类型约定：

int（aReal）	aReal 转换成整数型
float（anInt）	anInt 转换成实数型（浮点与实数型相同）
str（anIntOrReal）	anIntOrReal 转换成字符串型
' anIntOrReal'	anIntOrReal 转换成字符串型

数值运算符

Abaqus 提供以下标准运算符：

-x	x 取负
+x	x 不变
x+y	x 加 y
x-y	x 减 y
x * y	x 乘 y
x/y	x 除以 y
x * * y	x 的 y 次方

函数

Abaqus 支持下面的工具函数：

abs（x）	x 的绝对值
acos（x）	x 的反余弦（结果以弧度表示）
asin（x）	x 的反正弦（结果以弧度表示）
atan（x）	x 的反正切（结果以弧度表示）
cos（x）	x 的余弦（x 以弧度表示）
log（x）	x 的自然对数
log10（x）	x 以 10 为底的对数
pow（x，y）	x 的 y 次方（相当于 x * * y）
sin（x）	x 的正弦（x 以弧度表示）
sqrt（x）	x 的平方根
tan（x）	x 的正切（x 以弧度表示）

字符串运算符

'abc'+'def'　　字符串'abc'和字符串'def'相关联

参数化输入的运行

使用参数化输入文件的作业以通常的方式传递给 Abaqus，例如：

abaqus job=作业名称 input=input-file

其中假定存在一个名为 input-file. inp 的输入文件。

Abaqus 搜索 input-file. inp 和任何 * INCLUDE 输入文件的参数、参数关联表和参数形状变量（“参数化形状变量”，2.1.2 节）定义，以及<>中替代输入量的参数名。如果找到上述内容，则 Abaqus 将解释参数化输入文件并执行参数评估和替换任务。

结果是生成了一个不含参数、参数关联表定义和<parameter>实例的修改后的输入文件。将此文件命名成 job-name. pes 并用于执行后续分析。除了需要分析输入文件处理器中的参数形状变量定义以外，参数化输入文件的执行过程与非参数化输入文件基本相同，使用参数化输入作业生成的所有文件都将被命名为作业名称，并附加合适的扩展名。

参数检查工作

用户可以指定一种仅执行参数处理（评估和替换）的运行模式。参数检查执行与其他执行模式相排斥，如完全分析、数据检查、数据检查延续、结果转换或者恢复（见“Abaqus/Standard、Abaqus/Explicit 和 Abaqus/CFD 执行”，3.2.2 节）。

如果用户在输入中定义了复杂的参数，则参数检查运行是有用的。在此情况中，用户可能希望在进一步执行之前研究参数评估和替换的结果。

参数检查运行不允许在后续运行中的继续执行；作业必须从开始处重新运行。

输入文件用法：在命令行中输入下面的内容：

abaqus job=作业名称 input=input-file parametercheck

参数化输入的显示

本部分介绍了数据文件中参数评估和替代结果的显示。“参数化形状变量”（2.1.2 节）中介绍了参数形状变量的可视化。

数据文件显示

由分析输入文件处理器生成包含模型定义信息的数据（. dat）文件。用户可以控制分析输出文件处理器生成的输出量，详细内容见“输出”中的“控制写入数据文件的分析输入文件处理器信息的量”（4.1.1 节）。特别地，用户可以指定原始输入（. inp）文件是否重复数据文件（默认为不重复）。

在参数化输入情况下，该文件通常包含许多参数、参数关联表和参数形状变量定义，以及许多<参数>实例。如需验证参数化输入定义，用户可以创建显示参数及其值的原始输入

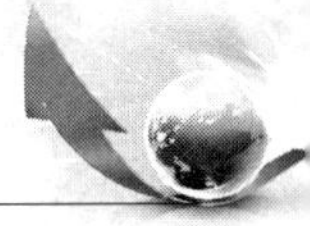

文件（文件命名为 job-name. par）的更改版本。用户也可以创建 job-name. pes 文件，它是原始输入文件的更改版本，其中不含参数、参数关联表定义以及<参数>实例。

输入文件用法：使用下面的选项将 job-name. par 文件的内容打印到数据文件：

*PREPRINT，PARVALUES=YES

使用下面的选项将 job-name. pes 文件的内容打印到数据文件：

*PREPRINT，PARSUBSTITUTION=YES

附加参考

- Lutz，M.，and D. Ascher，Learning Python，O'Reilly & Associates，Inc.，1999.

2 空间建模

2.1 节点定义及操作

2.1.1 节点定义

产品：Abaqus/Standard　　Abaqus/Explicit

参考

- * NCOPY
- * NFILL
- * NGEN
- * NMAP
- * NODE
- * NSET
- * SYSTEM

概览

本部分介绍了在 Abaqus 输入文件中定义节点的方法。在 Abaqus/CAE 那样的前处理器中，用户定义模型几何形状而不是节点和单元；当用户以网格划分几何形状时，前处理器自动创建分析需要的节点和单元。虽然本部分讨论的概念通常适用于由 Abaqus/CAE 创建的输入文件中的节点定义，但如果用户手动地创建输入文件，则也可以使用这里描述的方法和技术。

节点定义包含：

- 给节点赋予一个节点编号。
- 指定在其中定义节点的局部坐标系（可选的）。
- 通过指定坐标来定义单个节点。
- 将节点归入节点集合中。
- 通过增量生成现有节点、复制现有节点或者在区域边界之间填充节点的方式，从现有节点创建节点。
- 将一组节点从一个坐标系映射到另一个坐标系。

如果多次指定了某个节点，则使用最后的指定。

在执行分析之前，Abaqus 将删除所有非必要的节点。此功能是有用的，因为它允许将点定义成仅用于网格生成的节点。

给节点赋予一个节点编号

每个单独的节点都必须具有一个称为编号的数值标签，在定义节点的时候赋予此编号。节点编号必须是正整数，允许的最大节点编号是 999999999（关于整数输入的内容见“输入语法规则”，1.2.1 节）。不需要对节点进行连续编号。

Abaqus 模型可以采用零件实例装配的形式来定义（见“装配定义”，2.10 节）。在这样的模型中，节点必须属于一个零件、零件实例，或者在引用节点时属于装配。节点编号在一个零件、零件实例或者装配体中必须是唯一的，但在不同零件或者零件实例中允许重复。

指定在其中定义节点的局部坐标系

有时在局部坐标系中定义节点坐标是比较方便的，然后将这些坐标变换到整体坐标系。用户可以定义一个节点坐标系，Abaqus 将平移并转动局部坐标的值（X^1，Y^1，Z^1）到整体坐标系。该转换在输入坐标后立即完成，并且将应用于定义节点坐标系后输入或生成的所有节点坐标。

转换仅影响节点定义中节点坐标的输入。节点坐标系定义不能用于：

- 施加载荷和边界条件——代之于见“坐标系变换”（2.1.5 节）。
- 应力、应变和单元截面力的分量输出——代之于见“方向”（2.2.5 节）。

除了定义节点坐标系外，用户还可以在局部直角、圆柱或者球坐标系中定义单个节点或者节点集合（见“为节点坐标指定局部坐标系”）。如果节点坐标系有效，并且用户为特定节点或者节点集合定义指定了局部坐标系，则输入坐标首先依据节点定义中指定的局部坐标系进行转换，然后依据节点坐标系进行转换。

定义节点坐标系

用户通过在局部坐标系中指定三点的整体坐标来建立坐标系指定：局部坐标系的原点（图 2-1 中的点 a）、局部 X^1 轴上的一点（图 2-1 中的点 b）、局部坐标系的（X^1，Y^1）平面中局部 Y^1 轴上（或者靠近）的一个点（图 2-1 中的点 c）。

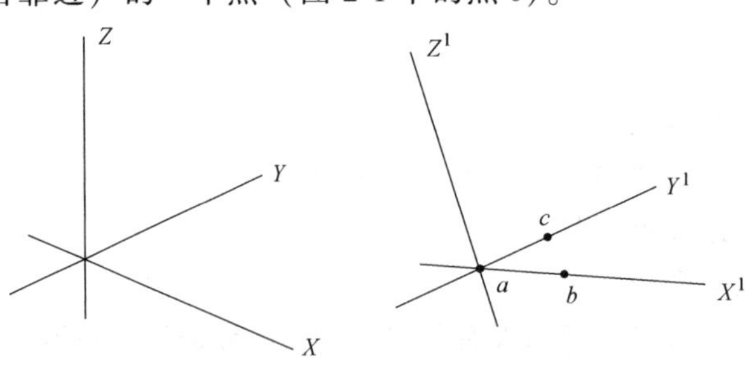

图 2-1　节点坐标系

如果仅给出一个点（原点），则 Abaqus 假定用户仅需要进行平动。如果仅给出两个点，则 Z^1 轴的方向将与 Z 轴的方向相同，即 X^1 轴将投射到（X，Y）平面上。

要改变起作用的节点坐标系，应定义另一个节点坐标系；要恢复整体坐标系中的输入，则应使用没有任何相关数据的节点坐标系定义。

输入文件用法：使用下面的选项定义节点坐标系：

*SYSTEM

X_a，Y_a，Z_a，X_b，Y_b，Z_b

X_c，Y_c，Z_c

例如，在下面的输入中，节点 1～3 是在第一个节点坐标系中定义的，节点 4 和 5 是在第二个节点坐标系中定义的，节点 6 和 7 是在整体坐标系中定义的：

```
*SYSTEM
0, 0, 0, 5, 5, 5
*NODE
1, 0, 0, 1
2, 0, 0, 2
3, 0, 1, 2
*SYSTEM
2, 3, 4
*NODE
4, 0, 0, 1
5, 1, 4, 0
*SYSTEM
*NODE
6, 1, 0, 1
7, 0, 4, 2
```

在零件实例中定义节点坐标系

用户在零件（或者零件实例）定义中定义节点坐标系时，此坐标系仅在那个零件（或者零件实例）定义中起作用，在其他零件中定义的节点不受影响。

用户指定相对于零件坐标系的局部（X^1，Y^1，Z^1）坐标值，此局部坐标值后续可以根据给定的实例位置数据进行平动和/或转动（见“装配定义”，2.10 节）。

通过指定坐标来定义单个节点

用户可以通过指定节点编号和坐标来定义单个节点。Abaqus 为所有节点使用右手直角坐标系，轴对称模型除外，此时的节点坐标必须给成径向位置和轴向位置。关于方向定义的更多内容见“约定”（1.2.2 节）。

在以零件实例装配的形式定义的模型中，应给出零件（或者零件实例）局部坐标系中的节点坐标，见“装配定义”（2.10 节）。

输入文件用法：*NODE

从文件中读取节点定义

可以从其他文件中将节点定义读到 Abaqus 中，这类文件名的语法见“输入语法规则”(1.2.1 节)。

输入文件用法：* NODE，INPUT=文件名

为节点坐标指定局部坐标系

用户可以指定将局部直角、圆柱或者球坐标系用于特定节点，如图 2-2 所示。

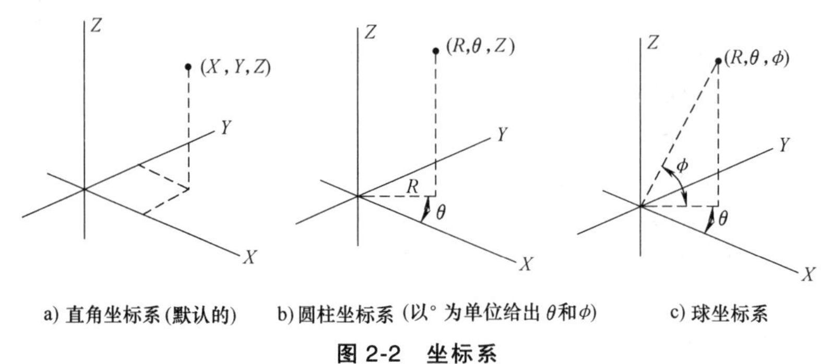

图 2-2 坐标系

此坐标系指定完全局限于节点定义。随着节点数据的读取，该坐标立即转换成直角坐标系。如果节点坐标系也起作用（见“指定在其中定义节点的局部坐标系”），则这些坐标系是节点坐标系定义的局部直角坐标系，随后转换为整体笛卡儿坐标系。

输入文件用法：使用下面的选项指定直角坐标系中的节点坐标（默认的）：

* NODE，SYSTEM=R

使用下面的选项在圆柱坐标系中指定节点坐标：

* NODE，SYSTEM=C

使用下面的选项在球坐标系中指定节点坐标：

* NODE，SYSTEM=S

例如，下面的行是使用坐标（10cos20°，10sin20°，5）在局部圆柱坐标系（R，θ，Z）中定义节点 1：

* NODE，NSET=DISC，SYSTEM=C

1，10，20，5

如果下面的行在输入文件中出现在节点定义之前，则节点 1 的坐标首先转换成由 * SYSTEM 选项定义的节点坐标系中的直角坐标，然后转换成整体坐标系中的坐标：

* SYSTEM

2，0，2

将节点归入节点集合中

定义载荷、约束、属性等时，可以将节点集合用作方便的交叉引用。节点集合是模型的

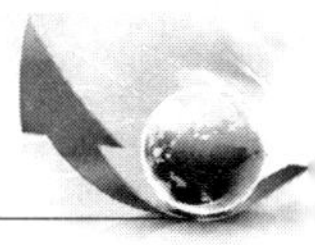

基本参考，并且应当用来辅助输入定义。节点集合的成员可以是多个单独的节点或者其他节点集合。单个节点可以属于多个节点集合。

创建节点时，就可以将其归入节点集合内，或者在定义节点之后再将其归入节点集合内。在任何情况下，都应给节点集合赋予一个名称。节点集合名称至多可以有 80 个字符。

相同的名称可以用于节点集合和单元集合。

默认情况下，节点集合中的节点以升序排列，并且将删除重复的节点。这样的集合称为分类节点集合。用户可以选择创建如下面所述的未分类节点集合，它对于匹配两个或者更多节点集合的功能通常是有用的。例如，如果用户定义两个节点集合之间的多点约束（“通用多点约束”，《Abaqus 分析用户手册——指定条件、约束与相互作用卷》的 2.2.2 节），则将在集合 1 中的第一个节点与集合 2 中的第一个节点之间创建约束，然后在集合 1 的第二个节点与集合 2 的第二个节点之间创建约束，以此类推。确保节点以期望的方式进行组合是重要的。因此，有时指定节点集合以未分类的顺序储存更为合适。

一旦将节点赋予一个节点集合，可以为该节点集合添加其他节点，但不能从节点集合中删除节点。

创建未分类节点集合

用户可以选择以给出的节点顺序将节点归入新的节点集合中（或者将节点添加到现有节点集合中）。Abaqus 不会重新安排节点编号，并且不删除重复的节点。

未分类节点集合将影响节点复制、节点填充、线性约束方程、多点约束，以及与保留自由度相关联的子结构节点。只能通过直接将节点集合定义成这里描述的未分类节点集合，或者复制一个未分类节点集合来创建未分类节点集合。采用其他方法对节点集合进行添加或者更改，都将生成分类节点集合。

输入文件用法：* NSET，NSET=名称，UNSORTED

在创建节点时将其赋予节点集合

创建节点时将其赋予节点集合的方法如下。

输入文件用法：使用下面的任意选项：

* NODE，NSET=名称
* NCOPY，NEW SET=名称
* NFILL，NSET=名称
* NGEN，NSET=名称
* NMAP，NSET=名称

将之前定义的节点赋予节点集合

用户可以通过直接列出组成集合的节点、生成节点集合或者从单元集合生成节点集合，来将用户之前定义的节点（通过指定节点坐标、在两个边界之间填充节点或者增量生成节点）赋予节点集合。

直接列出所定义集合的节点

用户可以直接列出组成节点集合的节点。之前定义的节点集合以及单个节点，均可以赋

予节点集合。

输入文件用法：* NSET，NSET=名称

例如，下面的行是将节点 1、3、10、11 和集合 A11 中的所有节点添加到集合 A12 中：

```
* NSET, NSET=A12
1, 3
10, 11,
A11
```

只有在 A11 的定义创建在 A12 的定义之前时，才可将节点集合 A11 添加到节点集合 A12 中。

节点集合 A12 中的所有节点将以升序的编号顺序来分类。如果 * NSET 选项中包含 UNSORTED 参数，节点集合 A12 将以数据行中指定的节点顺序来包含这些节点。

生成节点集合

要生成一个节点集合，必须指定第一个节点 n_1、最后一个节点 n_2，以及这两个节点之间节点编号的增量 i。n_1 与 n_2 之间以 i 为增量的所有节点将被添加到集合中。其中，i 必须是整数，$(n_2-n_1)/i$ 是整数（而不是分数）。默认 $i=1$。

输入文件用法：* NSET，NSET=名称，GENERATE

例如，下面的行是将 100~120 之间，以 10 为增量的所有节点添加到集合 A13 中：

```
* NSET, NSET=A13, GENERATE
100, 120, 10
```

从单元集合生成节点集合

用户可以指定之前定义的单元集合的名称（“单元定义”，2.2.1 节），此时，该单元集合中包含的定义单元的节点将被赋给指定的节点集合。此方法仅能用来定义分类节点集合。

输入文件用法：* NSET，NSET=名称，ELSET=名称

例如，下面的行是将定义单元 50 和单元 100 的所有节点（节点 1、2、3 和 4）添加到节点集合 A14 中：

```
* ELEMENT, TYPE=B21
50, 1, 2
100, 3, 4
* ELSET, ELSET=B1
50, 100
* NSET, NSET=A14, ELSET=B1
```

单元集合 B1 可以赋给节点集合 A14，因为 B1 的定义发生在 A14 的定义之前。

对用来定义其他节点集合的节点集合进行更新时的限制

如果由之前定义的多个节点集合来建立一个节点集合，则不考虑后续对这些集合的更新。

输入文件用法：* NSET，NSET=名称

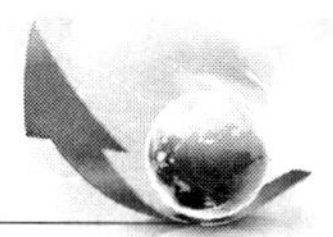

例如，将节点 1 和节点 3 添加到集合 SET-A 中时，下面的行会将节点 1 和 2 而不是 3，添加到集合 SET-AB 中：

```
*NSET, NSET=SET-A
1,
*NSET, NSET=SET-B
2,
*NSET, NSET=SET-AB
SET-A, SET-B
*NSET, NSET=SET-A
3,
```

定义零件和装配集合

在以零件实例装配的形式定义的模型中，所有节点集合必须在一个零件、零件实例或者装配定义中进行定义。如果在零件（或者零件实例）定义中定义了节点集合，则用户可以直接引用节点编号。要定义装配层级的节点集合，必须在每个节点编号之前加零件实例名称前缀和“.”符号来确定要添加到集合中的节点（如“装配定义”，2.10 节中所解释的那样）。装配层级的节点集合可以使用与零件层级的节点集合相同的名称。

例子

下面的输入定义节点集合 set1 属于零件 PartA，并且 PartA 的每个实例将继承此节点集合：

```
*PART, NAME=PartA
  ...
  *NSET, NSET=set1
   1, 3, 26, 500
*END PART
```

下例为在装配层级定义一个使用相同名称的节点集合：

```
*ASSEMBLY, NAME=Assembly-1
  *INSTANCE, NAME=PartA-1, PART=PartA
  ...
  *END INSTANCE
  *INSTANCE, NAME=PartA-2, PART=PartA
  ...
  *END INSTANCE
  *NSET, NSET=set1
   PartA-1.1, PartA-1.3, PartA-1.26, PartA-1.500
   PartA-2.1, PartA-2.3, PartA-2.26, PartA-2.500
*END ASSEMBLY
```

装配层级的节点集合 set1 包含所有来自节点集合 set1 的节点，节点集合 set1 属于零件实例 PartA-1 和 PartA-2。这样，将节点赋予两个单独的节点集合：一个处于零件实例层级，另一个处于装配层级。可以使用与属于零件集合的节点完全不同的节点来创建名为 set1 的装配层级的节点集合；零件层级和装配层级的节点集合是独立的。然而，在此例中，由于将同样的节点同时赋予零件层级和装配层级的节点集合 set1，因此还可以按以下方法定义装配层级的集合

```
*ASSEMBLY, NAME=Assembly-1
  *INSTANCE, NAME=PartA-1, PART=PartA
  ...
  *END INSTANCE
  *INSTANCE, NAME=PartA-2, PART=PartA
  ...
  *END INSTANCE
  *NSET, NSET=set1
   PartA-1.set1, PartA-2.set1
*END ASSEMBLY
```

此节点集合定义与前述方法等效，其中节点是单独列出的。

定义装配层级的节点集合的其他方法

有时不便于通过引用零件层级的节点集合来定义装配层级的节点集合。在这种情况下，包含许多节点的集合定义将变得很长。因而，Abaqus 提供了另一种方法。

输入文件用法：*NSET，NSET=节点集合名称，INSTANCE=实例名称

下面的例子是采用两种等效的方法来定义装配层级的节点集合：一种方法是在每个节点编号前加零件实例名称作为前缀（如上文介绍的那样）；另一种方法是使用更加简练的 INSTANCE 标注：

```
*ASSEMBLY, NAME=Assembly-1
  *INSTANCE, NAME=PartA-1, PART=PartA
 ...
*END INSTANCE
*INSTANCE, NAME=PartA-2, PART=PartA
  ...
*END INSTANCE
*NSET, NSET=set2
 PartA-1.11, PartA-1.12, PartA-1.13, PartA-1.14,
 PartA-2.21, PartA-2.22, PartA-2.23, PartA-2.24
*NSET, NSET=set3, INSTANCE=PartA-1
 11, 12, 13, 14
*NSET, NSET=set3, INSTANCE=PartA-2
 21, 22, 23, 24
*END ASSEMBLY
```

当以相同的名称多次使用 *NSET 选项时，如本例中的 set3，在第二次使用 *NSET 时的节点会被添加到由第一次使用 *NSET 时所创建的集合中。

Abaqus/CAE 创建的内部节点集合

在 Abaqus/CAE 中，许多建模操作是通过使用鼠标拾取几何形体来执行的。例如，可以通过拾取几何零件实例上的一个点来施加集中载荷。因为 * CLOAD 选项引用了一个节点集合，因此，必须将“拾取的”几何体转换成输入文件中的节点集合。Abaqus/CAE 为这类节点集合赋予一个名称，并将其标记成内部节点集合。用户可以使用 Abaqus/CAE 的 Visualization 模块中的显示组来显示这些内部节点集合（见“使用显示组来显示用户模型的子集合”，《Abaqus/CAE 用户手册》的第 78 章）。

输入文件用法：* NSET，NSET=节点集合名称，INTERNAL

节点集合的传递

如果在 Abaqus/Standard 分析中导入 Abaqus/Explicit 分析的结果（或相反），或者将一个 Abaqus/Standard 分析的结果导入到另一个 Abaqus/Standard 分析中（见“在 Abaqus 分析之间传递结果：概览”，《Abaqus 分析用户手册——分析卷》的 4.2.1 节），则默认导入原始分析中的所有节点集合定义。另外，用户可以仅导入所选的节点集合定义；详细内容见“在 Abaqus 分析之间传递结果：概览”中的“导入单元集合和节点集合定义”，《Abaqus 分析用户手册——分析卷》的 4.2.1 节。

如果一个三维模型是由一个对称模型生成的（见“对称模型生成”，《Abaqus 分析用户手册——分析卷》的 5.4.1 节），则将在生成的模型中使用（和扩展）原始模型中的所有节点集合。

通过增量生成节点的方式从现有节点创建节点

用户可以从现有节点增量地生成节点。通过给出两个端部节点的坐标并定义曲线类型，可以生成直线或者曲线上的所有节点。此时，必须定义了两个端部节点，通常通过指定坐标来生成节点，也可以通过之前的定义生成节点。

在两个端部节点之间定义直线

在两个端部节点之间定义直线时，需要指定一个端部节点的编号 n_1、另一个端部节点的编号 n_2，以及直线上每个节点之间的节点编号增量 i。其中，i 必须是整数，这样 $(n_2-n_1)/i$ 也是整数（而不是分数）。默认 $i=1$。

输入文件用法：* NGEN

例如，下面的输入中定义了坐标值为（0，0，0）的节点 1，以及坐标值为（10，0，0）的节点 6，并自动生成坐标值分别为（2，0，0），（4，0，0）、（6，0，0）和（8，0，0）的节点 2、3、4 和 5。

```
* NODE
```

```
1, 0. , 0. , 0.
6, 10. , 0. , 0.
*NGEN
1, 6, 1
```

在两个端部节点之间定义一圆弧

在两个端部节点之间定义圆弧时，需要指定一个端节点的编号 n_1，另一个端节点的编号 n_2，以及圆弧上每个节点之间的节点编号增量 i。其中，i 必须是整数，这样 $(n_2-n_1)/i$ 也是整数（而不是分数）。默认 $i=1$。

此外，用户必须通过给出一个已经定义的节点编号，或者直接给出节点坐标来指定一个附加点，即圆弧的中心。如果同时提供了两种方法，则节点编号方法优先于坐标方法。

如果直接定义坐标，则如后文所述，可以在局部坐标系中指定坐标。

如果圆不能通过这两个点，则对端部节点坐标进行径向调整。180°~360°的圆弧将需要更多的定义。此时，用户必须通过给出圆盘的法向来定义圆盘平面，然后关于此法向按右手定则对节点进行编号。

输入文件用法：*NGEN，LINE=C

在两个端部节点之间定义抛物线

在两个端部节点之间定义抛物线时，需要指定一个端节点的编号 n_1、另一个端节点的编号 n_2，以及抛物线上每个节点之间的节点编号增量 i。其中，i 必须是整数，这样 $(n_2-n_1)/i$ 也是整数（而不是分数）。默认 $i=1$。

此外，用户必须通过给出一个已经定义的节点编号，或者直接给出节点坐标来指定另一个附加点，即两个端部节点之间的中点。如果同时提供两种方法，则节点编号方法优先于坐标方法。

如果直接定义坐标，则如后文所述，可以在局部坐标系中指定坐标。

输入文件用法：*NGEN，LINE=P

在局部坐标系中定义附加点和法向

用户可以在局部直角坐标系、圆柱坐标系或者球坐标系中，指定圆或者抛物线上的附加点坐标。

如果节点坐标系有效（见“指定在其中定义节点的局部坐标系”），则默认节点定义中指定的坐标和法向位于节点坐标系中。如果节点坐标系有效，并且用户在局部坐标系中为圆弧或者抛物线指定附加点，则输入首先依据节点定义中指定的坐标系进行转换，然后依据节点坐标系进行后续的转换。

输入文件用法：使用下面的选项在一个直角坐标系中指定附加点（默认的）：

*NGEN，SYSTEM=RC

使用下面的选项在圆柱坐标系中指定附加点：

*NGEN, SYSTEM=C

使用下面的选项在球坐标系中指定附加点：

*NGEN, SYSTEM=S

通过复制现有节点来创建节点

用户可以通过复制现有节点来创建新的节点。新节点的坐标可以进行平动和转动、从复制的节点镜像，或者通过使用相对于极节点的极投影来从复制节点投射。

用户必须确定要复制的现有节点集合，并指定一个添加到现有节点编号中的整数常数 n，来定义要创建节点的节点编号。

用户可以为节点集合赋予新创建的节点。如果用户不为新创建的节点指定节点集合名称，则不将它们赋予节点集合。

输入文件用法：*NCOPY, OLD SET=名称, CHANGE NUMBER=n, NEW SET=新名称

平动和转动旧节点的坐标

用户可以通过平动和/或转动旧节点集合中的节点来创建新的节点，如图 2-3 所示。用户需要指定节点在 X 方向、Y 方向和 Z 方向上的平动值。

此外，还应指定定义转动轴的第一个点的坐标（图 2-3 中的点 a）、定义转动轴的第二个点的坐标（图 2-3 中的点 b），以及关于 a-b 轴的转角（以°为单位）。如后文所述，可以实施多次转动。

如果用户同时指定了平动和转动，则在转动之前实施一次平动。

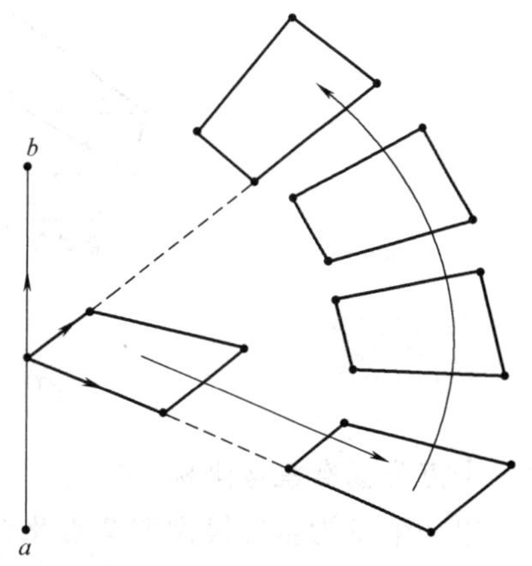

图 2-3 平动和转动现有节点

输入文件用法：*NCOPY, OLD SET=名称, CHANGE NUMBER=n, SHIFT

实施多次转动

用户可以指定要实施的转动次数 m。例如，如果节点是在 30°、60°和 90°上创建的，则 $m=3$。如上文所述，所创建的节点编号是以 n 顺序递增的。

输入文件用法：*NCOPY, OLD SET=名称, CHANGE NUMBER=n, SHIFT, MULTIPLE=m

镜像旧节点的坐标

用户可以采用以一条线、一个面或者一个点为基准来镜像旧节点坐标的方法来创建新节点。

以一条线为基准镜像坐标

以一条线为基准镜像旧节点的坐标时，需要指定点 a 和 b 的坐标（图 2-4）。

输入文件用法：*NCOPY，OLD SET=名称，CHANGE NUMBER=n，REFLECT=LINE

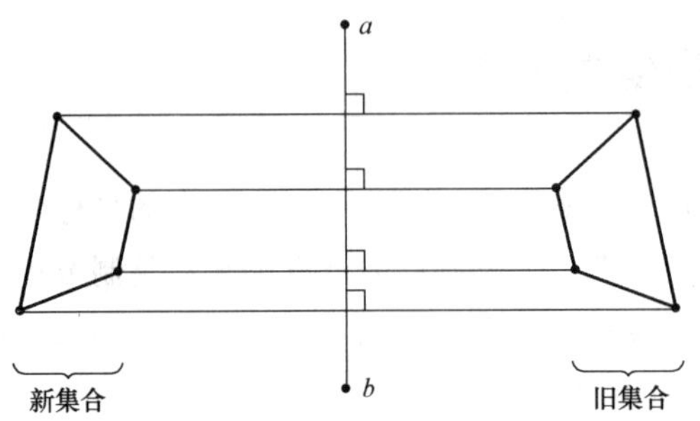

图 2-4　以一条线为基准镜像坐标

以一个面为基准镜像坐标

以一个面为基准镜像旧节点坐标时，需要指定点 a、b 和 c 的坐标（图 2-5）。

输入文件用法：*NCOPY，OLD SET=名称，CHANGE NUMBER=n，REFLECT=MIRROR

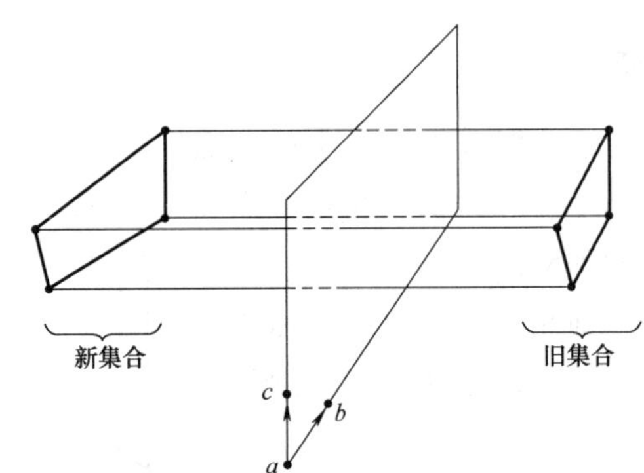

图 2-5　以一个面为基准镜像坐标

以一个点为基准镜像坐标

以一个点为基准镜像旧节点坐标时，需要指定点 a 的坐标（图 2-6）。

输入文件用法：*NCOPY，OLD SET=名称，CHANGE NUMBER=n，REFLECT=POINT

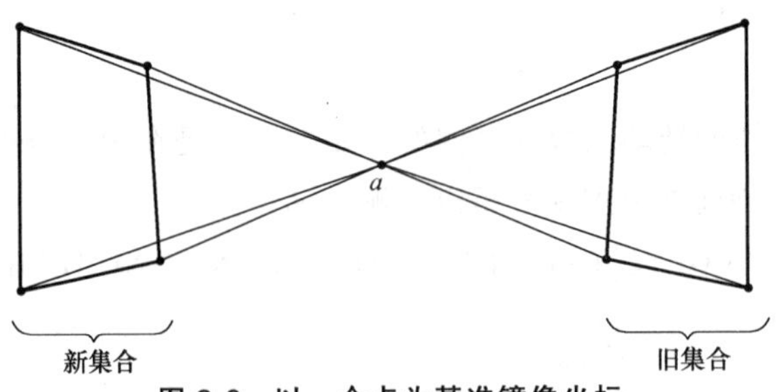

图 2-6　以一个点为基准镜像坐标

从一个极节点投射旧集合中的节点

用户可以通过从一个极节点投射旧集合中的节点来创建新的节点（图 2-7）。每个新节点的位置应使相应的旧节点在极节点与新节点之间是等分的。通过给出节点编号，或者给出坐标来确定极节点。

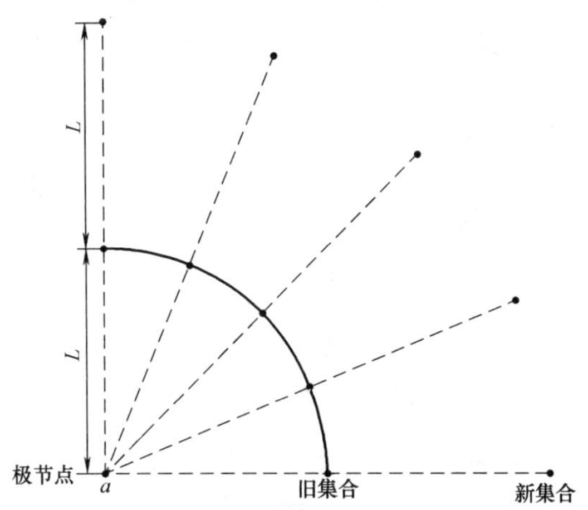

图 2-7 从一个极节点投射现有节点

此方法对于创建与无限元相关的节点特别有效（“无限元”，《Abaqus 分析用户手册——单元卷》的 2.3.1 节）。在这种情况下，极节点应位于远场解的中心。

输入文件用法：* NCOPY，OLD SET=名称，CHANGE NUMBER=n，POLE

通过在两个边界之间填充节点来创建节点

用户可以通过在两个边界之间填充节点来创建节点。在这种情况下，用户指定两个节点集合（其成员构成边界），指定边界节点之间每条线上的间隔数量，以及从第一个边界集合端部的节点编号开始的节点编号增量。

令 l 等于两个边界节点集合之间要创建的线数量，则边界节点之间每条线上的间隔数量等于 l+1。

令 n 等于从第一个边界集合端部的节点编号开始的节点编号增量，则第一个边界节点集合中的节点（n_{A_i}）和另一个边界节点集合中的相应节点（n_{B_i}）必须编号成使（$n_{B_i}-n_{A_i}$）/n 为整数。

当输入文件中出现节点填充定义时，将使用定义区域边界的节点集合（如果存在）：只使用那些在进行节点填充定义之前就添加到集合中的节点。可以使用分类节点和未分类节点。默认未给出坐标的节点在原点（0，0，0）上。

采用此方法创建的节点位于两个集合中对应节点之间的直线上。如果集合中的节点数量不同，则忽略较长集合中的额外节点。默认情况下，线上节点间距是均匀的。

输入文件用法：* NFILL

例子

例如，图 2-8 所示为简单的四分之一圆柱模型。

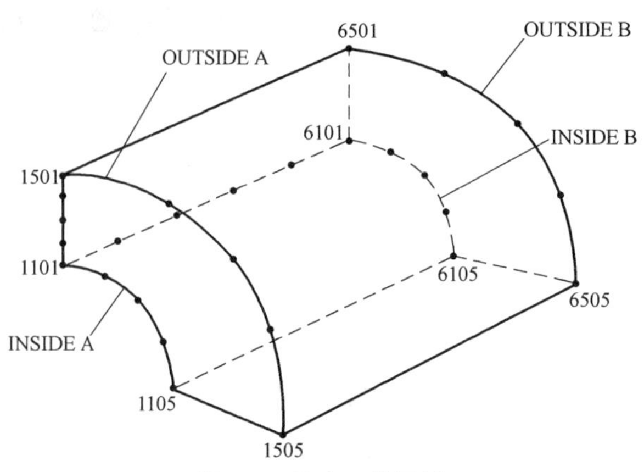

图 2-8　填充三维区域

通过直接指定节点坐标或者增量生成节点定义了四分之一圆 INSIDEA（节点 1101 - 1105）、OUTSIDEA（节点 1501 - 1505）、INSIDEB（节点 6101 - 6105）和 OUTSIDEB（6501 - 6505）。首先填充端平面，并将这些平面上的节点置于集合 A 和集合 B 中，然后使用下面的选项来填充集合之间的区域：

```
*NFILL, NSET=A
INSIDEA, OUTSIDEA, 4, 100

*NFILL, NSET=B
INSIDEB, OUTSIDEB, 4, 100
*NFILL
A, B, 5, 1000
```

向一个边界或者另一个边界聚集节点

当节点从第一个边界节点集合向第二个边界节点集合集中时，通过指定 b（每条线上节点之间的相邻距离之比），可以沿着生成节点的每条线，向一个边界或者另一个边界聚集节点。

如果 $b<1$，则节点向第一个边界节点集合聚集；如果 $b>1$，则节点向第二个边界集合聚集。b 必须是正值。

从第一个边界节点开始的沿线的偏置间隔是 L、L/b、L/b^2、L/b^3、L/b^4、L/b^5、...（其中 L 是第一个间隔值）。在 Abaqus/Standard 中，偏置值可以沿着线施加在每个间隔上，或者如后文所述沿着线施加在每两个间隔上。

输入文件用法：　　*NFILL, BIAS=b

例子

例如，假设采用其他方法生成了图 2-9 所示的节点线，并将其置于节点集合 INSIDE 和 OUTSIDE 中。下面的选项将如图 2-10 所示那样填充区域：

```
*NFILL, BIAS=0.6
INSIDE, OUTSIDE, 5, 100
```

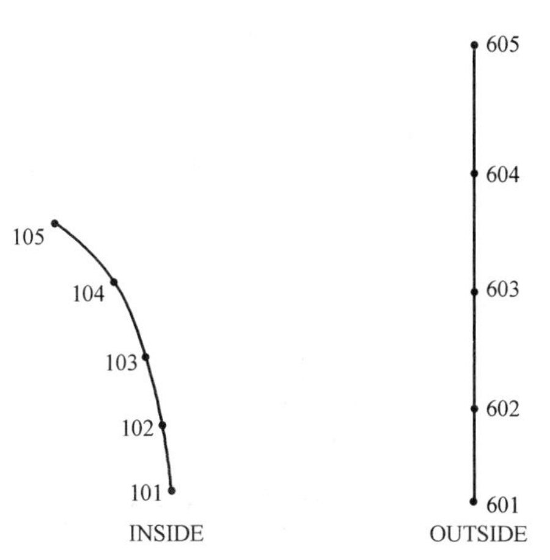

图 2-9　定义偏置例子的节点集合

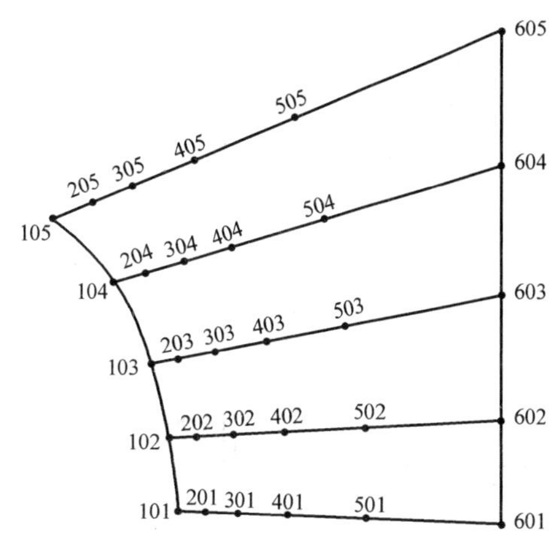

图 2-10　定义偏置例子的结果

沿着线在每两个间隔上施加偏置

在 Abaqus/Standard 中，用户可以沿着线在每两个间隔上施加偏置。在这种情况下，对于二阶单元，节点将沿着线正确定位，这样中节点将位于单元角节点之间的间隔中间。

从第一个边界节点开始的沿着线的偏置间隔是 L、L/b、L/b、L/b^2、L/b^2、...（其中 L 是第一个间隔值）。

输入文件用法：＊NFILL，BIAS=b，TWO STEP

创建 1/4 点间距

在 Abaqus/Standard 中，用户可以使用二阶等参数单元为断裂力学计算创建四分之一点间距（见“断裂力学：概览”，《Abaqus 分析用户手册——分析卷》的 6.4.1 节）。此间距通过使第一个节点远离第二个节点四分之一的距离，在裂纹尖端处的应变场中给出一个平方根奇异。每条线上的剩余节点排布使得单元的大小按照节点到奇异点距离的平方增长，并且中节点恰好在单元的中点处。此间距可为这类问题生成一个合适的网格密度；然而，使裂纹单元的尺寸小于四分之一点间距技术产生的尺寸，可以为粗网格得到更好的结果。

输入文件用法：＊NFILL，SINGULAR

例子

图 2-11 所示为一个简单的断裂力学例子。

图 2-11 中的网格是非常粗糙的，在实际情况中使用的是更加细致的网格。上部边界的节点放置在节点集合 TOP 中，聚集区域上端水平线上的节点在节点集合 MID 中，聚集区域周围的节点在节点集合 OUTER 中，裂纹尖端处的节点在节点集合 TIP 中。使用下面的选项来填充图 2-12 所示的区域（注意：四分之一节点靠近裂纹尖端）：

```
＊NFILL，BIAS=0.8
MID，TOP，4，100
＊NFILL，SINGULAR=1
TIP，OUTER，5，20
```

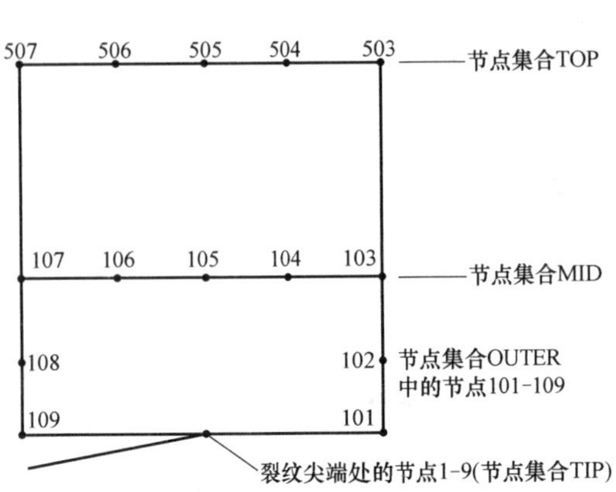

图 2-11　在奇异问题中应用的节点填充

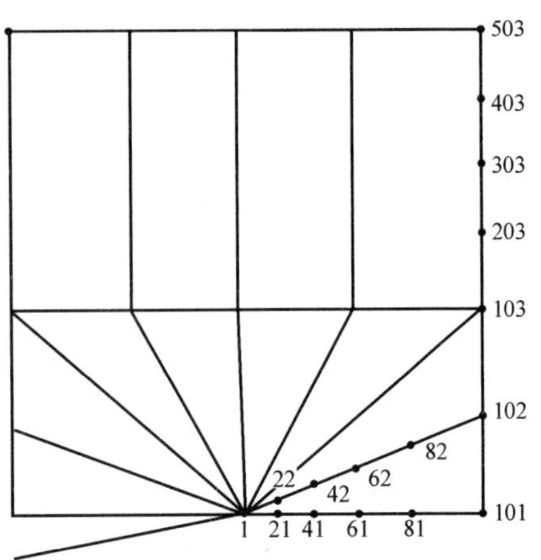

图 2-12　在奇异问题中应用节点填充的结果

将一组节点从一个坐标系映射到另一个坐标系

可以将一组节点从一个坐标系映射到另一个坐标系。也可以采用更加直接的方法转动、平动或者缩放集合中的节点，来替代坐标系映射。对于许多几何问题，这些功能是有用的：可以先采用其他方法在局部坐标系中（如在圆柱表面上）生成网格，然后将其映射到全局（X，Y，Z）坐标系中。在其他情况下，用户模型的一部分需要沿着给定的轴平动或转动，或者关于一个点缩放。

在以零件实例的装配形式定义的模型中不能使用映射功能。

Abaqus 具有以下类型的映射功能：简单的缩放、简单的移动和/或转动、倾斜的笛卡儿、圆柱、球、环以及混合二次型（仅用于 Abaqus/Standard）。前五种映射功能如图 2-13 所示。图 2-14 所示为混合二次映射。

在所有情况中，默认节点集合中的节点坐标是在局部坐标系中定义的，通过映射，使用整体笛卡儿（X，Y，Z）坐标系替代每个节点处的局部坐标系。以°为单位给出所有的角度坐标。

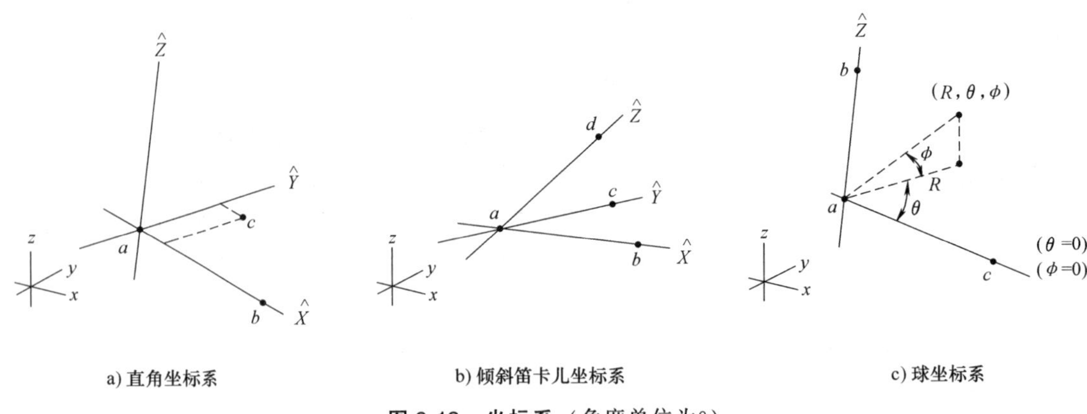

图 2-13　坐标系（角度单位为°）

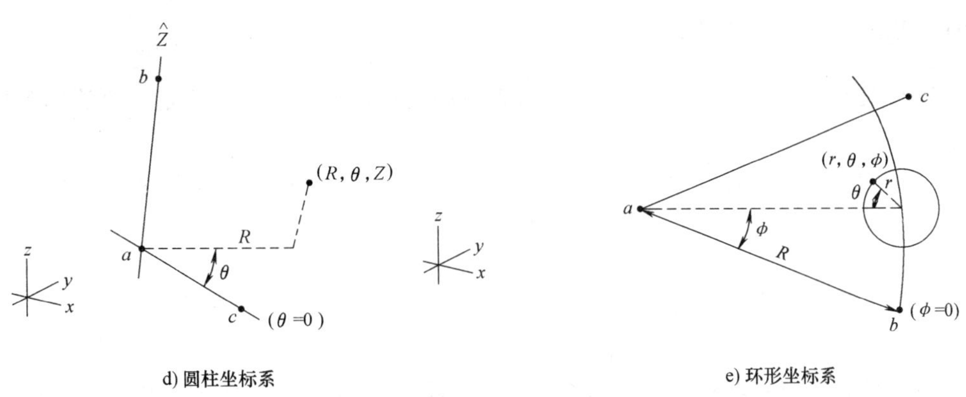

d) 圆柱坐标系

e) 环形坐标系

图 2-13 坐标系（角度单位为°）（续）

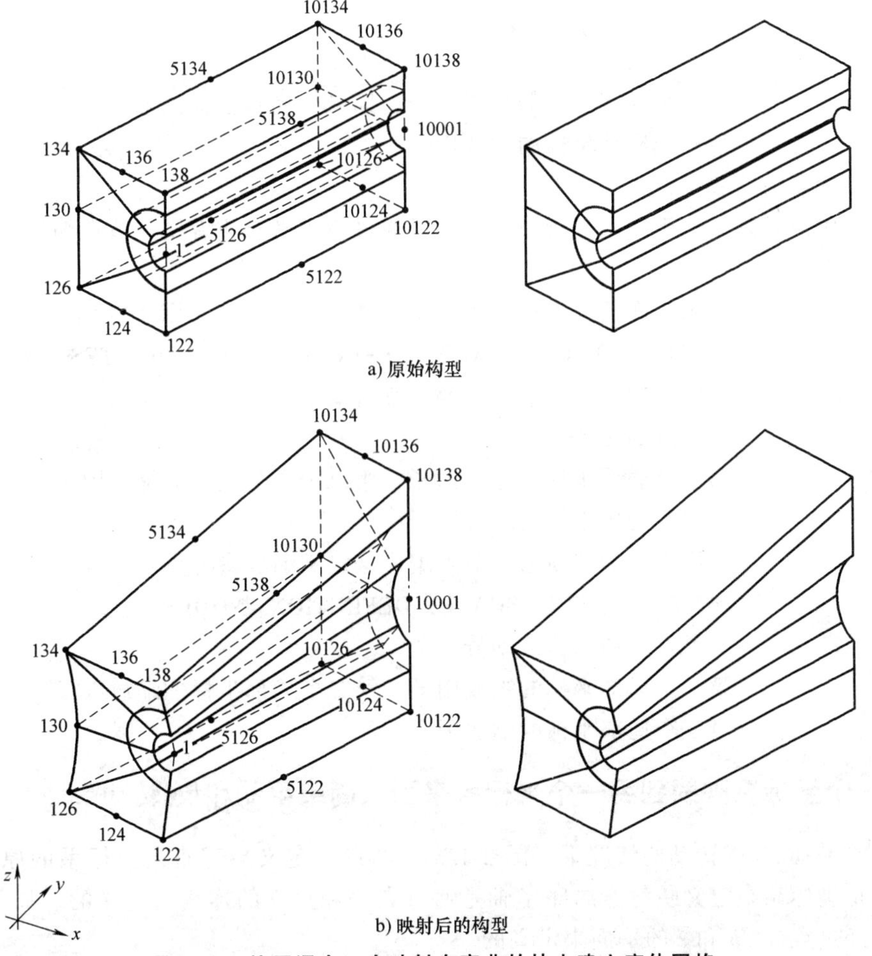

a) 原始构型

b) 映射后的构型

图 2-14 使用混合二次映射在弯曲的块上建立实体网格

用户可以使用坐标或者节点编号来定义新的坐标系、转动和平动轴，或者用于缩放的参考节点。

如果需要的话，在同一个节点上可以多次使用映射功能。

在映射局部坐标前缩放它们

对于所有映射（混合二次映射除外），可以在映射局部坐标之前，指定一个施加到局部坐标的缩放因子。

对于“拉伸”一些给定的坐标，此功能是有用的。例如，在局部坐标系使用角度坐标和距离坐标（圆柱、球等）的情况中，可能更愿意在一根坐标轴上，以某个角度方向使用距离度量来生成网格，然后再缩放角度坐标系以完成映射。

可以采用以下两种缩放方法。

直接指定缩放因子

关于局部坐标系的原点对节点进行缩放的第一种方法是直接指定缩放因子。在此情况中，缩放是与从一个坐标系映射到另一个坐标系时同时完成的。

输入文件用法：＊NMAP，NSET＝名称
第一数据行
第二数据行
第一个局部坐标的缩放因子，第二个局部坐标的缩放因子，
第三个局部坐标的缩放因子

指定关于参考点的缩放

另外，用户可以不关于原点进行缩放。可以通过使用坐标或者用户节点编号来定义用于缩放的参考点。

输入文件用法：使用下面的选项通过坐标来定义缩放参考点（默认的）：
＊NMAP，TYPE＝SCALE，DEFINITION＝COORDINATES
参考点的 X 坐标，参考点的 Y 坐标，
参考点的 Z 坐标
第一个局部坐标的缩放因子，第二个局部坐标的缩放因子，
第三个局部坐标的缩放因子
使用下面的选项通过节点编号来定义缩放参考点：
＊NMAP，TYPE＝SCALE，DEFINITION＝NODES
参考点的局部节点编号
第一个局部坐标的缩放因子，第二个局部坐标的缩放因子，
第三个局部坐标的缩放因子

通过从一个坐标系映射到另一个坐标系来引入简单平动和/或转动

在简单平动和/或转动的情况下，图 2-13a 中的点 a 定义局部直角坐标系的原点，使用此局部直角坐标系来定义映射。局部 $\hat{X}$ 轴是通过点 a 和点 b 的连线来定义的。局部 $\hat{X}$-$\hat{Y}$ 平面是通过经过点 a、b 和 c 的平面来定义的。

输入文件用法：＊NMAP，NSET＝名称，TYPE＝RECTANGULAR

通过指定平动的轴和大小来引入纯平动

用户可以通过指定一个纯平动（或者移动）来沿所需轴以指定值移动节点集合。必须

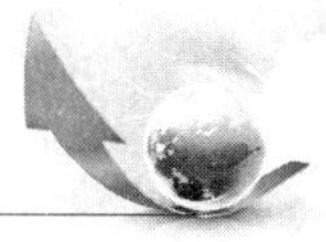

通过提供坐标或者确定此轴的两个节点编号来指定平动的轴，并且必须指定平动值的大小。

输入文件用法：使用下面的选项指定使用坐标方法的平动轴（默认的）：

*NMAP，NSET=名称，TYPE=TRANSLATION，DEFINITION=COORDINATES

使用下面的选项指定使用节点编号方法的平动轴：

*NMAP，NSET=名称，TYPE=TRANSLATION，DEFINITION=NODES

通过指定轴、原点和转动角来引入纯转动

用户可以通过指定转动轴、转动原点和转动角来定义节点集合的转动。必须通过提供定义轴的坐标或者两个节点编号来指定转动的轴，通过提供转动原点处的坐标或者节点编号来指定转动原点，而且必须指定以°为单位的转动角。

使用文件用法：使用下面的选项指定使用坐标方法的转动轴（默认的）：

*NMAP，NSET=名称，TYPE=ROTATION，DEFINITION=COORDINATES

使用下面的选项指定使用节点编号方法的转动轴：

*NMAP，NSET=名称，TYPE=ROTATION，DEFINITION=NODES

从圆柱坐标映射

对于从圆柱坐标映射，由图 2-13d 中的点 a 定义局部圆柱坐标系的原点，然后用此圆柱坐标系定义映射。由通过点 a 和点 b 的线定义局部圆柱坐标系的 $\hat{Z}$ 轴。$\theta=0°$的局部 $\hat{R}$-$\hat{Z}$ 平面是由通过点 a、b 和 c 的平面来定义的。

输入文件用法：*NMAP，NSET=名称，TYPE=CYLINDRICAL

从倾斜笛卡儿坐标映射

对于从倾斜笛卡儿坐标映射，由图 2-13b 中的点 a 定义局部倾斜坐标系的原点，然后用此倾斜坐标系定义映射。由通过点 a 和点 b 的线定义局部圆柱坐标系的 $\hat{X}$ 轴，由通过点 a 和点 c 的线定义局部坐标系的 $\hat{Y}$ 轴，由通过点 a 和点 d 的线定义局部倾斜坐标系的 $\hat{Z}$ 轴。

输入文件用法：*NMAP，NSET=名称，TYPE=DIAMOND

从球坐标映射

对于从球坐标映射，由图 2-13c 中的点 a 定义局部球坐标系的原点，然后用此球坐标系定义映射。由通过点 a 和点 b 的线定义局部球坐标系的极轴。由通过点 a 并垂直于极轴的平面定义 $\phi=0°$的面。由通过点 a、b 和 c 的平面定义 $\theta=0°$的局部平面。

输入文件用法：*NMAP，NSET=名称，TYPE=SPHERICAL

从环形坐标映射

对于从环形坐标映射，由图 2-13e 中的点 a 定义局部环形坐标系的原点，然后用此环形坐标系定义映射。局部环形坐标系的轴位于通过点 a、b 和 c 定义的平面中。环形坐标系的 R 坐标是通过点 a 和点 b 之间的距离来定义的。由点 a 和点 b 之间的直线定义 $\phi=0°$的位置。

对于 ϕ 的每一个值，θ 坐标是在一个与通过点 a、b 和 c 定义的平面垂直，并垂直环形坐标系的轴的平面中定义的。$\theta=0°$的位置位于通过点 a、b 和 c 定义的平面中。

输入文件用法：* NMAP，NSET=名称，TYPE=TOROIDAL

混合二次映射

采用 Abaqus/Standard 中的混合二次映射，最多可以定义 20 个“控制点”的新（映射的）坐标，它们是被映射节点块的角节点和中边节点。这种映射类似于 20 节点块等参单元的映射。可以省略中边节点，因此允许沿块边进行线性插值。Abaqus/Standard 不检查集合中的节点是否位于由角节点和中边节点定义的块物理空间中：这些控制节点只定义施加到集合中所有节点的映射函数。

控制节点应当定义一个形状“良好”的块，例如，中边节点应靠近边的中点。否则，映射可能会非常扭曲。例如，包含中节点的裂纹尖端的 20 节点单元的节点将无法正确地映射，从而不能用作控制节点。

混合映射仅适用于三维分析。

输入文件用法：* NMAP，NSET=名称，TYPE=BLENDED

2.1.2 参数化形状变量

产品：Abaqus/Standard　　Abaqus/Explicit

参考

- “参数化建模”，1.4 节
- * PARAMETER SHAPE VARIATION

概览

可以采用以下方法在 Abaqus 输入文件中完成形状参数化：

- 参数化节点坐标。
- 使用形状变量来关联节点坐标的形状参数。

本节介绍了形状参数化的不同方法。

节点坐标的参数化

可以直接对单个节点坐标进行参数化。这种方法的应用有限，因为它经常会导致设计具有不规则的形状而不容易制造。此外，单个节点坐标的参数化通常需要大量的参数来定义参数化的形状。

节点坐标参数化与 Abaqus 中的节点生成功能相结合，得到了一种更可行的形状参数化

方法。然而，该方法的可行性仍然是有限的，因为 Abaqus 中可用的简单节点生成功能不能描述复杂的形状。

单个节点坐标的直接参数化

节点坐标参数化的最简单形式是定义单个参数并应用到参数化节点坐标中，如“参数化建模”（1.4 节）中所述。例如：

```
*PARAMETER
x_coord_node_1 = 10.
y_coord_node_1 = 20.
*NODE
1, <x_coord_node_1>, <y_coord_node_1>
```

使用节点生成的节点坐标参数化

可以通过参数化一些节点的坐标，然后使用这些节点生成其他节点及其坐标来实现形状参数化，例如：

```
*PARAMETER
x_coord_node_1 = 10.
x_coord_node_11 = 20.
*NODE
1, <x_coord_node_1>, 50.
11, <x_coord_node_11>, 50.
*NGEN
1, 11, 1
```

这种形状参数化方法，通过隐式地使所生成的节点坐标与形状参数相关，来减少形状参数用户定义中参数的数量。

通过形状变量的线性组合来改变形状

Abaqus 中的形状定义包括基本形状和一定数量的附加形状变量，附加形状变量是以线性组合方式添加到基本形状中的。在数学上，可以将节点坐标 x 表达成

$$x = x_0 + \sum_{i=1}^{N} s_i p_i$$

式中，x_0 是基本形状；s_i 是第 i 个形状变量；p_i 是第 i 个形状参数的值。此计算是在整体直角坐标系中完成的。虽然并非必要，但通常将形状变量的输入定义成所取基本形状 x_0 关于相应形状参数的梯度。

在 Abaqus 输入文件中，可以通过直接提供节点定义或者生成节点来指定模型的基本形状，见“节点定义”（2.1.1 节）。

用户可以指定形状变量和相关的形状参数，如文中描述的那样。

此外，用户可以指定形状扰动成其他形状（如屈曲模式形状）的组合（见“在一个模

型中引入一个几何缺陷”,《Abaqus 分析用户手册——分析卷》的 6.3 节)。

Abaqus 输入文件中模型节点坐标的定义可以使用以下四种方法的组合:

- 直接定义单个节点及其坐标,这些坐标是基本形状 x_0 定义的一部分,并且可以进行参数化。
- 依靠现有节点定义,以简单几何映射方式,使用节点生成功能创建节点及其坐标,生成的坐标也是基本形状 x_0 定义的一部分。如果有必要,节点生成输入也可以参数化。
- 使用参数形状变量对使用上述方法定义的节点坐标进行转换。
- 使用几何缺陷扰动之前,使用以上三种方法的组合来定义的节点坐标。

使用形状变量的形状参数化

除了可以直接参数化节点坐标,还可以指定形状变量。每个形状变量都必须与一个单独的形状参数相关联。必须正确选择与形状变量相关联的参数名称,以保证在以不区分大小写的方式解释时,其名称是唯一的。使用参数定义为形状参数赋值。

可以为同一参数多次定义参数形状变量,这样便可以分别指定形状变量的不同部分。在这种情况下,如果在多个参数形状变量定义中指定了相同的节点,则节点的最后定义有效。

在参数形状变量定义中指定的节点,如果尚未直接定义或通过节点生成进行定义,则被忽略。

用户可以使用三种方法的组合来指定形状变量:直接指定、从备用输入文件中读取,以及从辅助分析的结果文件中读取。下文对这些方法进行了介绍。

直接定义形状变量或者从备用输入文件中读取形状变量

用户可以通过指定节点编号和相应的坐标分量变量来直接定义形状变量。另外,可以在 ASCII 文件中给出数据。

输入文件用法:使用下面的选项直接指定形状变量数据:

*PARAMETER SHAPE VARIATION, PARAMETER=名称

使用下面的选项在其他的输入文件中指定形状变量数据:

*PARAMETER SHAPE VARIATION, PARAMETER=名称, INPUT=输入文件

在其他坐标系中定义形状变量

默认情况下,在整体直角坐标系中说明形状变量数据,也可以在圆柱坐标系或者球坐标系中指定形状变量数据(直接或者在备用输入文件中)。在这种情况下,按以下步骤计算形状变量:首先将定义基本形状的节点坐标分量从存储它们的整体直角坐标系转换到所指定的坐标系;然后加上形状变量坐标分量得到更新后的坐标分量,并传递回整体直角坐标系中;最后,使用整体直角坐标系表达的分量,将形状变量取成更新后的坐标分量与原始坐标分量的差。在形状变量计算中的点上,不使用与形状变量相关的形状参数值。

输入文件用法:使用下面的选项指定直角坐标系中的形状变量数据(默认的):

*PARAMETER SHAPE VARIATION, PARAMETER=名称, SYSTEM=R

使用下面的选项指定圆柱坐标系中的形状变量数据：

＊PARAMETER SHAPE VARIATION，PARAMETER=名称，SYSTEM=C

使用下面的选项指定球坐标系中的形状变量数据：

＊PARAMETER SHAPE VARIATION，PARAMETER=名称，SYSTEM=S

使用辅助分析生成形状变量

辅助分析是附加的有限元模型，用来为主模型生成形状变量。Abaqus 不是在一个节点到节点的基础上直接定义形状变量，而是使用辅助模型来简化此过程。辅助分析是对这些辅助模型的有限元分析。

辅助模型通常具有与主模型相同的几何形体、单元连接和材料类型。然而，它们的边界条件通常是不同的。对辅助模型施加载荷将导致其产生一定的位移，可将其看作形状变量。例如，研究结构的非线性屈曲行为对结构缺陷的敏感性时，可以执行一个辅助特征值线性屈曲分析，然后将产生的模态形状作为形状变量添加到主模型的基本几何形状中（也可以使用几何缺陷来解决此问题）。

Abaqus 通过用户节点标签来从辅助分析中读取形状变量数据。Abaqus 不在两个分析运行之间检查模型的一致性。不允许从采用零件实例装配的形式定义的模型（“装配定义”2.10 节）结果中读取形状变量数据。

从静态分析结果文件中读取形状变量

要基于之前的静态分析的变形几何体定义形状变量，应从之前的静态分析指定结果文件和步。另外，用户可以指定读取位移数据的增量编号（默认情况下，Abaqus 将从结果文件中的指定步的最后一个增量上读取数据）。此外，用户可以为指定的节点集合读取形状变量数据。

输入文件用法：＊PARAMETER SHAPE VARIATION，PARAMETER=名称，
FILE=结果文件，STEP=步，INC=inc，NSET=名称

从特征值分析结果文件中读取形状变量

要从之前的特征值分析中定义基于模态形状的形状变量，应从之前的特征频率提取分析或者从特征值屈曲预测分析中指定结果文件和步。另外，用户可以指定从中读取特征向量数据的模态编号（默认情况下，Abaqus 将从结果文件中指定步的第一个可用特征向量处读取数据）。此外，用户可以为指定的节点集合读取特征模型。

输入文件用法：＊PARAMETER SHAPE VARIATION，PARAMETER=名称，
FILE=结果文件，STEP=步，MODE=模态，NSET=名称

形状参数化和设计敏感性分析

为了使用 Abaqus/Design 进行设计敏感性分析（“设计敏感性分析”，《Abaqus 分析用户手册——分析卷》的第 14 章），如果把为参数形状变量指定的参数也指定成设计变量，则使用形状变量来定义节点坐标和节点法向关于设计变量的设计梯度。如果用户希望为基本形状执行设计敏感性分析，则必须将所有形状参数赋成零值。此外，如果把参数形状变量定义中指定的 any 参数也指定成设计参数，则必须将 all 参数形状变量的参数指定成设计参数。

在 DSA 计算中，对于壳和梁单元，Abaqus 总是使用节点坐标的设计梯度来计算节点法向上的设计梯度。要覆盖 Abaqus 计算的梯度，必须提供作为节点定义一部分的节点法向，以及使用参数形状变量的法向设计梯度。要规定一个与设计无关的法向，则必须明确指出设计梯度为零。对于从结果文件中读取的形状变量，Abaqus 基于位移来计算法向梯度，并忽略节点转动。

对于梁单元，Abaqus 使用节点坐标的梯度来计算梁横截面在 $\mathbf{n}_1$ 方向的设计梯度，并且使用参数形状变量来计算指定的 $\mathbf{n}_2$ 方向的向量。用户不能提供 $\mathbf{n}_1$ 方向的形状变量。Abaqus 将忽略在梁截面定义中，或者作为梁单元连接中附加节点，隐式提供的此类设计梯度。

在圆柱或者球坐标系中给出定义形状变量的数据时，重要的是要理解如何根据数据计算形状变量。前面的章节中对该计算进行了介绍。

形状变量的可视化

只有在参数化输入文件经过分析输入文件处理器处理之后，才可以进行形视变量的可视化。因此，在使用 Abaqus/CAE 可视化参数形状变量之前，必须至少执行一项数据检查运行。

与每个形状参数相关的形状变量可以可视化成分析中零步处的位移形状图。把基本形状表达成未变形的形状，把通过对基本形状添加第 i^{th} 个形状变量而生成的形状，表达成第 i^{th} 个位移形状。

添加到基本形状的所有形状变量组合代表分析的未变形的真实形状。

使用 Abaqus/CAE 计算形状变量

Abaqus 脚本交互命令_computeShapeVariations（ ）具有计算形状变量的功能。使用该命令需要对 Abaqus/CAE 中的 Abaqus 脚本交互和脚本执行有一定的了解。必须遵循的程序见“设计敏感性分析：概览”（《Abaqus 例题手册》的 14.1.1 节）。

2.1.3 节点厚度

产品：Abaqus/Standard　　Abaqus/Explicit　　Abaqus/CAE

参考

- “膜单元”，《Abaqus 分析用户手册——单元卷》的 3.1.1 节。
- “在分析中使用一个集成的壳截面来定义截面行为”，《Abaqus 分析用户手册——单元卷》的 3.6.5 节。
- “使用一个通用的壳截面来定义截面行为”，《Abaqus 分析用户手册——单元卷》的

3.6.6 节。

- * NODAL THICKNESS
- * MEMBRANE SECTION
- * RIGID BODY
- * SHELL GENERAL SECTION
- * SHELL SECTION

概览

使用节点厚度定义以下连续变化的厚度：

- 壳结构。
- 膜结构。
- Abaqus/Explicit 中的刚体单元。

定义节点厚度

用户可以指定一个特定节点或者节点集合处的壳、膜或者刚体单元的厚度。

输入文件用法：* NODAL THICKNESS
节点编号或者节点集合名称，厚度

Abaqus/CAE 用法：下面的选项用于传统壳复合叠层：
Property module：composite layup editor：Shell Parameters：Nodal distribution：选择一个分析场或者一个基于节点的离散场
使用下面的选项用于均质壳截面：
Property module：shell section editor：Basic：Nodal distribution：选择一个分析场或者一个基于节点的离散场
下面的选项用于复合壳截面：
Property module：shell section editor：Advanced：Nodal distribution：选择一个分析场或者一个基于节点的离散场

从备用文件中读取节点厚度

可以在一个单独的文件中存储节点厚度数据，并在分析开始时从中读取数据。关于这类文件名语法的详细内容见“输入语法规则”（1.2.1 节）。

输入文件用法：* NODAL THICKNESS，INPUT=文件名

Abaqus/CAE 用法：Abaqus/CAE 中不支持从备用文件中读取节点厚度。

在两个节点或者节点集合之间生成连续变化的厚度

Abaqus 可以在两个边界节点或者节点集合之间线性地插值。必须首先定义边界节点处的厚度。

输入文件用法：使用下面的选项：

* NODAL THICKNESS
第一个边界节点或者节点集合，厚度
另一个边界节点或者节点集合，厚度
* NODAL THICKNESS，GENERATE
第一个边界节点或者节点集合，另一个边界节点或者节点集合，间隔数量，节点编号增量

Abaqus/CAE 用法：Abaqus/CAE 中不支持在边界节点或者多个节点集合之间生成厚度。

为壳、膜和刚体单元指定一个连续变化的厚度

定义单元截面时，必须指定壳或者膜单元具有连续变化的厚度，而不是均质的厚度（详细内容见“膜单元”，《Abaqus 分析用户手册——单元卷》的 3.1.1 节；“在分析过程中使用一个集成的壳截面来定义截面行为”，《Abaqus 分析用户手册——单元卷》的 3.6.5 节；“使用一个一般的壳截面来定义截面行为”，《Abaqus 分析用户手册——单元卷》的 3.6.6 节）。

在 Abaqus/Explicit 中，定义单元所属的刚体时，必须指定刚体单元具有连续变化的厚度（见“刚体单元”，《Abaqus 分析用户手册——单元卷》的 4.3.1 节）。在 Abaqus/Standard 中，刚体单元不能具有连续变化的厚度。

对于每个属于具有连续变化厚度的壳、膜或者刚体单元的节点，都必须定义节点厚度。如果在具有连续变化厚度的单元中存在一个没有节点厚度的节点，则 Abaqus 将发出错误信息。

为复合壳指定连续变化的厚度

当复合壳结构具有连续变化的厚度时，通过节点厚度值来定义节点处的壳总厚度。积分点处的总厚度是从节点厚度内插得到的。壳截面定义中给出的层厚度用作相对厚度，并且按比例缩放，使层厚度之和等于积分点处的总厚度。

例子

例如，使用下面的输入定义复合壳截面：

* SHELL SECTION，COMPOSITE，NODAL THICKNESS，ELSET=名称
1.5，3，STEEL
2.5，3，FOAM
1.0，3，STEEL

如果一个点处的总厚度仅为 1.0，则该点处第一个钢层的单层厚度为 0.3，泡沫层为 0.5，第二个钢层为 0.2。

在壳、膜或者刚性单元厚度中创建不连续性

在每个节点处仅能指定一个厚度。因此，在厚度不连续的壳、膜或者刚性单元上，沿着截面使用独立的节点，并为每组节点赋予合适的厚度。对于不属于刚体的单元，必须使用多点约束使相应节点的位移（对于壳为转动）相同。

2.1.4 节点处的法向定义

产品：Abaqus/Standard　　Abaqus/Explicit

参考

- ＊NORMAL
- ＊NODE

概览

可以在节点处定义法向的情况如下：

- 具有用户指定的法向定义。
- 在节点坐标之后，作为梁和壳单元节点定义的一部分。
- 在 Abaqus/Standard 接触对中的刚性主面上。
- 在梁和壳单元中。
- 对于线弹簧单元，给出与结构中裂纹方向垂直的方向。
- 给出垫片单元的单元厚度方向。
- 给出围线积分评估。

在节点处定义的法向不影响单元面法向，单元面法向是通过单元连通性定义的。节点处定义的法向不需要是单位长度的。

Abaqus/Standard 中的接触面

只有在使用小滑动接触方法，或者有限滑动接触方法与组成主面的刚性单元一起使用时，Abaqus/Standard 中接触面的用户指定面法向才是有意义的。当使用有限滑动时，Abaqus 将忽略在接触对中可变形主面上定义的用户指定面法向。

小滑动接触方程使用主面上每个节点处的面法向来定义面上从点到点平顺变化的法向向量。关于如何为使用面法向的每个从属节点构建“主平面”的详细内容，见“Abaqus/Standard 中的接触方程”（《Abaqus 分析用户手册——指定条件、约束与相互作用卷》的 5.1.1 节）。

对于由刚性单元组成的主面，Abaqus/Standard 平顺刚性单元之间的不连续面法向过渡。使用节点处的面法向来控制面法向内插值。对这类主面进行平顺的详细内容见“分析型刚性面定义”（2.3.4 节）。

要定义法向，应在整体坐标系中指定法向分量。

输入文件用法：＊NORMAL，TYPE＝CONTACT SURFACE

单元

用户指定的法向对于梁和壳单元、线弹簧单元、垫片单元或者包含在围线积分评估中的单元可能是必要的。在这样的情况中，在整体坐标系中指定法向分量。

输入文件用法：*NORMAL，TYPE=ELEMENT

梁单元和壳单元

可能需要用户指定的法向来定义壳面相交处或者梁相交处的期望法向方向，在这些相交处，Abaqus 自动确定的法向对于模型可能是不正确的（见“梁单元横截面方向”，《Abaqus 分析用户手册——单元卷》的 3.3.4 节；或者“定义传统壳单元的初始几何形体”，《Abaqus 分析用户手册——单元卷》的 3.6.3 节）。

节点法向也可以是节点定义的一部分。虽然可以为连接到节点的所有单元单独定义法向作为节点定义的一部分，但用户指定的法向定义为节点上的特定单元定义一个法向，从而允许为连接到节点的每个单元定义单独的法向。用户指定的法向定义将取代作为节点定义一部分的法向。

输入文件用法：*NODE

在数据行的第五、六和七位置指定法向。

例如，下面的数据行将法向定义成节点定义的一部分；单元 2 中节点 7 上的法向则使用用户指定的法向定义重新定义：

```
*NODE
6, 5., 5.,, -0.5, .8
7, 10., 8.,, -0.5, .8
9, 14., 4.,, .6, .6
*NORMAL
2, 7, .6, .6
```

线弹簧单元

对于线弹簧单元，可以使用用户指定的法向给出与结构中缺陷裂纹垂直的方向。对这些单元的介绍见“模拟壳当中部分穿过的裂纹的线弹簧单元”（《Abaqus 分析用户手册——单元卷》的 6.9.1 节）。

垫片单元

对于垫片单元，可以使用用户指定的法向来指定单元的厚度方向，也可以将节点厚度方向定义成垫片截面定义的一部分。由用户指定的法向所定义的厚度方向取代定义成垫片截面定义一部分的厚度方向。定义这些单元的厚度方向的介绍见“定义垫片单元的初始几何形体”（《Abaqus 分析用户手册——单元卷》的 6.6.4 节）。

围线积分评估

对于围线积分评估（“围线积分评估”，《Abaqus 分析用户手册——分析卷》的 6.4.2

节)，应在要求围线边界内的所有面节点处指定面法向。这些节点打印在数据（.dat）文件中的“围线积分”信息之后。对于精确的围线积分评估，在下面的情况中，虚拟裂纹扩展方向必须位于面的平面上：裂纹前端与三维实体的外表面相交时、裂纹前端与材料不连续的面相交时，或者裂纹位于弯曲的壳中时。如果没有指定法向，Abaqus 将自动计算法向。

除非在模型中使用了用户指定的法向定义，否则不会为实体单元激活作为节点定义一部分来指定的节点法向。仅为一个节点包含用户指定的法向定义，就足以激活指定成节点定义一部分的节点法向数据。

在其中定义了法向的坐标系

可以采用零件实例装配的形式来定义 Abaqus 模型（见“装配定义”，2.10 节）。相对于零件坐标系来定义零件（或者零件实例）中的节点处的法向。每个零件实例给出的位置数据是关于这些法向进行转动的。如果有必要，可以在装配层级的参考节点处定义法向。在装配层级定义的法向是在全局坐标系中定义的。

对于不是以零件实例装配的形式定义的模型，法向是在全局坐标系中定义的。

2.1.5 坐标系变换

产品：Abaqus/Standard　　Abaqus/Explicit　　Abaqus/CAE

参考

- “指定条件：概览”，《Abaqus 分析用户手册——指定条件、约束与相互作用卷》的 1.1.1 节
- *TRANSFORM
- “将结果变换到新的坐标系中”，《Abaqus/CAE 用户手册》的 42.6.8 节
- “创建基准坐标系方法概览”，《Abaqus/CAE 用户手册》的 62.5.4 节

概览

节点变换可为以下情况定义局部坐标系：

- 集中力和力矩的定义。
- 位移和转动边界条件的定义。
- 线性约束方程的定义。
- 输出向量值的量。

以下情况中不能使用节点变换定义局部坐标系：

- 节点坐标（见“节点定义”中的“指定在其中定义节点的局部坐标系”，2.1.1 节；

或者“节点定义”中的“为节点坐标指定局部坐标系”，2.1.1）。

- 材料属性或者加强筋（见“方向”，2.2.5 节）。

定义局部坐标系

位移和转动分量通常是与整体直角轴坐标系相关联的。当变换后的坐标系与节点相关联时，在局部坐标系中给出集中力和力矩，以及节点处的位移和转动边界条件的所有输入数据。可以使用下面的变换：

- 直角坐标系。
- 圆柱坐标系。
- 球坐标系。

在节点处定义的坐标变换必须与节点上具有的自由度相符。例如，在一个仅连接到 SPRING1 或者 SPRING2 单元的节点上不应当定义坐标系变换，因为这些单元的每个节点仅具有一个自由度。

输入文件用法：用户必须确定要定义局部变换坐标系的节点集合。

*TRANSFORM, NSET=名称

Abaqus/CAE 用法：在 Abaqus/CAE 中，用户定义独立使用的局部坐标系，并在节点上施加载荷或者边界条件时参考它。

Any module：Tools→Datum：Type：CSYS

Interaction module：load or boundary condition editor：

CSYS：Edit：选择局部坐标系

在包含零件实例装配体的模型中定义局部坐标系

在以零件实例的装配体形式定义的模型中，可以在零件、零件实例或者装配层级上定义节点变换。在零件或者零件实例层级上定义的节点变换，将根据为此零件（或者零件实例）的每个实例给出的定位数据进行转动（见“装配定义”2.10 节）。不允许在节点上应用多个变换定义，即使其中一个定义属于零件层级，而其他定义属于装配层级。

大位移分析

变换后的坐标系始终是节点上的一组固定笛卡儿轴（对于圆柱变换或者球变换也是如此）。变换后的方向在空间中是固定的，不随节点的移动而旋转。因此，即使是在大位移分析中，位移分量也必须始终相对于空间中的这些固定方向给出。

定义一个直角坐标变换

在直角坐标变换中，变换后的方向在集合的所有节点处是平行的。必须给定两点的坐标，如图 2-15 所示。

第一个点 a 必须在通过整体原点的一条线上，此点定义变换后的 X^1 方向。第二个点 b 必须在包含整体原点以及变换后的 X^1 方向和 Y^1 方向的平面中，这个点应当在 Y^1 正轴上或

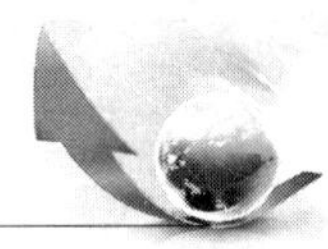

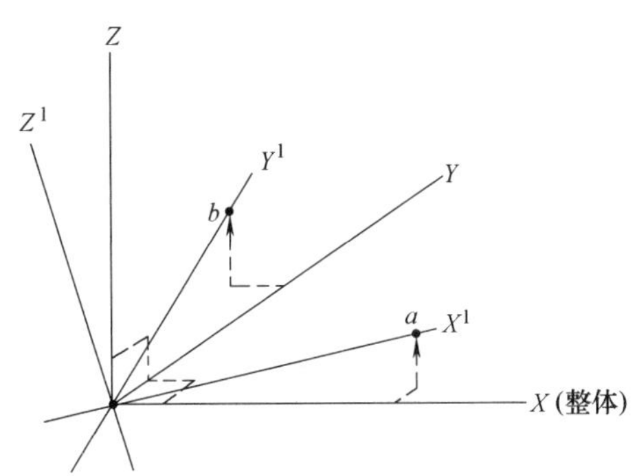

图 2-15 直角坐标变换

者靠近 Y^1 正轴。

输入文件用法：*TRANSFORM，NSET=名称，TYPE=R（默认的）

Abaqus/CAE 用法：Any module：Tools→Datum：Type：CSYS：选择任意方法并单击 OK：Rectangular

定义一个圆柱坐标变换

定义径向、切向和轴向时，必须以调用变换的节点集合中每个节点的原始坐标为基础。必须给出定义圆柱坐标系轴的两个点的整体（X，Y，Z）坐标（图 2-16 中的点 a 和点 b）。

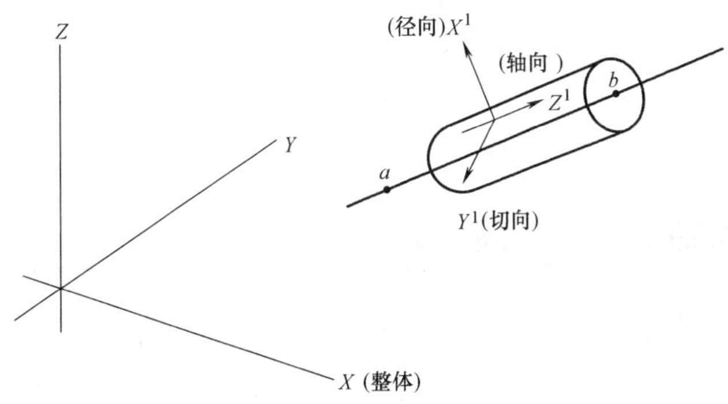

图 2-16 圆柱坐标变换

局部坐标系的原点设置在感兴趣的节点上。局部 X^1 轴是由一条通过节点的线来定义的，并且与通过点 a 和点 b 的线垂直。局部 Z^1 轴是由一条与通过点 a 和点 b 的线平行的线来定义的。局部 Y^1 轴与 X^1 轴和 Z^1 轴形成一个右手坐标系。

连接点 a 和点 b 的线上的节点不能用于定义圆柱坐标系。

输入文件用法：*TRANSFORM，NSET=名称，TYPE=C

Abaqus/CAE 用法：Any module：Tools→Datum：Type：CSYS：选择任意方法并单击 OK：Cylindrical

定义球坐标变换

径向、周向和子午线的方向定义必须以调用变换的节点集合中每个节点的原始坐标为基础。必须给出球坐标系中心 a 的整体坐标（X，Y，Z），以及极轴上点 b 的坐标，如图 2-17 所示。

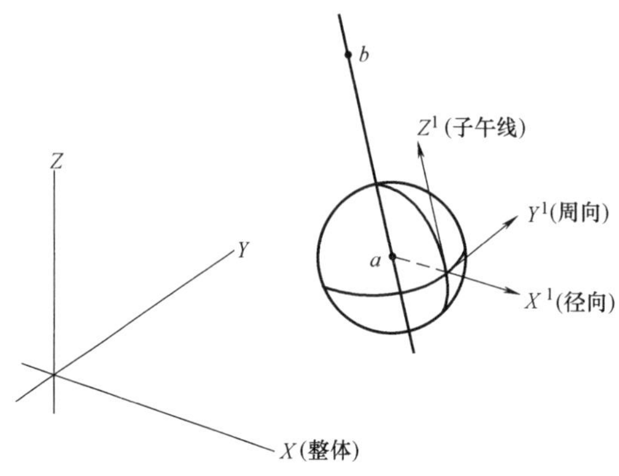

图 2-17　球坐标变换

局部坐标系的原点设置在感兴趣的节点上。局部 X^1 轴是由一条通过节点和点 a 的线来定义的。局部 Z^1 轴位于包含极轴（点 a 和点 b 之间的线）并与局部 X^1 轴垂直的平面中。局部 Y^1 轴与 X^1 轴和 Z^1 轴形成一个右手坐标系。

连接点 a 和点 b 的线上的节点不能用于定义球坐标系。

输入文件用法：*TRANSFORM，NSET=名称，TYPE=S

Abaqus/CAE 用法：Any module：Tools→Datum：Type：CSYS：选择任意方法并单击 OK：Spherical

与坐标变换相关的节点上的输出

在 Abaqus/Standard 中，变换后节点上的赋向量值的量，可以在局部坐标系或者整体坐标系中打印和输出（见“输出到数据和结果文件”中的“为节点输出指定方向”，4.1.2 节）。默认情况下，在局部坐标系中将值写入数据文件，而在整体坐标系中将值写入结果文件（因为这样更便于进行后处理）。因此，使用默认打印输出的反作用力将不等于施加在整体坐标系中的载荷。然而，如果用户在整体坐标系中将反作用力输出到数据文件，则这些反作用力和载荷应相等。

在 Abaqus/Explicit 中，总是在整体坐标系中进行文件输出。

在整体坐标系中输出变换节点上的向量值的输出数据库。局部变换也写入输出数据库。用户可以在 Abaqus/CAE 的 Visualization 模块中施加这些变换来显示变换坐标系中的向量分量。

可以在局部坐标系或者整体坐标系中输出变换后节点处的历史向量值的输出数据库（见“输出到输出数据库”，4.1.3 节）。默认情况下，值是在整体坐标系中写出的（因为这样更便于进行后处理）。

2.1.6 节点坐标调整

产品：Abaqus/Standard　　Abaqus/Explicit　　Abaqus/CAE

参考

- ＊ADJUST
- “定义调整点约束”，《Abaqus/CAE 用户手册》的 15.15.5 节

概览

节点调整用于：

- 调整用户指定的节点坐标，使节点位于一个给定的面上。
- 指定节点的移动方向。

调整节点坐标

通常，用户指定的节点坐标在输入文件执行过程中是不变的。然而，有一些情况下，仅以一般的方式已知网格坐标，并且不便于确定其实际使用的坐标。例如，使用紧固件时，所指定的参考节点应当定位在与其相关联面的投影点上。因为该位置只是近似已知，用户可以使用节点调整自动将参考节点移动到该位置。关于节点调整功能的典型用法见“关于装配后的紧固件”（《Abaqus/CAE 用户手册》的 29.1.3 节）。

使用此功能时，将节点调整至位于指定的面上，不需要关注壳厚度或者壳偏置。因此，不建议将此功能用作矫正接触或者绑定约束中初始过闭合的方法。此外，在选择要调整的节点时应小心，因为该功能不考虑与被调整节点和其他节点的相对位置相关的任何约束（如刚体定义）。

输入文件用法：使用下面的选项确定要移动的节点和节点要移动到其上的面：

＊ADJUST，NODE SET=*名称*，SURFACE=*名称*

Abaqus/CAE 用法：使用下面的选项将耦合约束的控制点移动到耦合面上：

Interaction module：Constraint→Create：Coupling；Adjust control point to lie on surface

使用下面的选项将任意点或者多个点移动到面上：

Interaction module：Constraint→Create：Adjust points

指定节点调整方向

使用法向调整或者直接调整，可以将节点移动到面上。默认情况下，沿着面的法向将节点调整到所指定面上的最近点处。用户可以指定一个方向，使节点沿该方向移动到面上，而

不是沿着面的法向移动。使用方向定义中沿局部 Z 方向的向量，将节点移动到面（见“方向”，2.2.5 节）。如果没有找到投影，则节点坐标保持不变。

输入文件用法：* ADJUST，ORIENTATION = 名称

Abaqus/CAE 用法：Abaqus/CAE 中不支持方向投影选项。

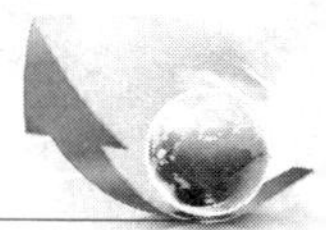

2.2 单元定义及操作

2.2.1 单元定义

产品：Abaqus/Standard　Abaqus/Explicit

参考

- * ELCOPY
- * ELEMENT
- * ELGEN
- * ELSET

概览

本部分介绍了在 Abaqus 输入文件中定义单元的方法。在类似于 Abaqus/CAE 的前处理器中，用户定义模型几何形体而不是节点和单元；当用户以网格划分几何形体时，前处理器将自动创建分析所需的节点和单元。虽然本部分中讨论的概念通常适用于由 Abaqus/CAE 创建的输入文件中的单元定义，但此处介绍的方法和技术仅适用于手动创建的输入文件。

单元定义由以下内容组成：

- 给单元赋予一个单元编号。
- 通过指定单元的节点来定义单个单元。
- 将单元分组成单元集合。
- 通过从现有单元增量生成单元或者复制现有单元来创建单元。

如果多次指定了某个单元，则使用最后给出的指定。

给单元赋予一个单元编号

每个单独的单元都必须具有一个名为单元编号的数字标签，定义单元时即为其赋予了此标签。单元编号必须是正整数，所允许的最大单元编号是 999999999（关于整数输入的内容见“输入语法规则”，1.2.1 节）。单元的编号不要求连续。

可以采用零件实例装配体的形式来定义 Abaqus 模型（见“装配定义”，2.10 节）。在这样的模型中，几乎所有单元都必须属于一个零件或者零件实例。质量、转动惯量、电容、连接器、弹簧和阻尼器单元除外，它们可以属于一个零件或者属于装配体。单元编号在一个零件、零件实例或者装配体中必须是唯一的，但可以在不同的零件或者零件实例中重复。

通过指定单元的节点来定义单个单元

用户可以通过指定单元编号和定义单元的节点来定义单个单元。此外，用户必须指定单元类型。单元必须是《Abaqus 分析用户手册——单元卷》中指定的一种单元类型；在 Abaqus/Standard 中，可以是用户定义的单元（“用户定义的单元”，《Abaqus 分析用户手册——单元卷》的 6.15.1 节）或者子结构（“使用子结构”，《Abaqus 分析用户手册——分析卷》的 5.1.1 节）。

输入文件用法：* ELEMENT，TYPE=*名称*

例如，下面的数据行通过定义单元中的节点（2，3，9，7，5，8，12，16），创建了 C3D8R 类型的单元 11：

* ELEMENT，TYPE=C3D8R

11，2，3，9，7，5，8，12，16

将大节点编号用于使用许多节点的单元

当定义单元时应使用下面的法则：

- 将每个单元的连通性考虑成逻辑记录，并且可以使用任意数量的数据行对其进行指定。Abaqus 将为单元读取第一行，如果此数据行末尾为逗号，则认为下一数据行是该数据行的延续，单元定义还没有结束。
- 可以使用任意数量的连续行。
- 对于使用不同节点编号的 C3D27 那样的单元（见“实体（连续）单元”，《Abaqus 分析用户手册——单元卷》的 2.1.1 节），不允许使用逗号作为最后一行的结尾，否则 Abaqus 会将下一个单元定义解释成当前单元的延续。

例如：

* EEMENT，TYPE=C3D20

10001，100001，100002，100003，100004，100005，100006，100007

100008，100009，100010，100011，100012，100013，100014，100015，

100016，100017，100018，100019，100020

从文件中读取单元定义

可以从其他文件中将单元定义读入 Abaqus。在“输入语法规则”（1.2.1 节）中对这样的文件名称语法进行了介绍。

输入文件用法：* ELEMENT，INPUT=*文件名*

从子结构库中读取子结构定义

可以从具有子结构的子结构库中读取子结构定义（“使用子结构”，《Abaqus 分析用户手册——分析卷》的 5.1.1 节）。

输入文件用法：* ELEMENT, FILE = 子结构库名称

如果使用了未赋值的 FILE 参数，则使用默认的子结构库名称。

定义具有非对称变形的轴对称单元

用户可以指定非对称变形的轴对称单元节点的正偏移值（关于非对称变形的轴对称单元的更多内容见“选择单元的维度”，《Abaqus 分析用户手册——单元卷》的 1.1.2 节；“具有非线性、非对称变形的轴对称实体单元”，《Abaqus 分析用户手册——单元卷》的 2.1.7 节；以及“具有非线性、非对称变形的轴对称壳单元”，《Abaqus 分析用户手册——单元卷》的 3.6.10；它们仅用于 Abaqus/Standard）。默认偏移是 100000。

输入文件用法：* ELEMENT, OFFSET = 数字

定义垫片单元

可以使用以下几种方法定义垫片单元（关于垫片单元的更多内容，见“垫片单元：概览”，《Abaqus 分析用户手册——单元卷》的 6.6.1 节；“在一个模型中包括垫片单元”，《Abaqus 分析用户手册——单元卷》的 6.6.3 节；以及“定义垫片单元的初始几何形状”，《Abaqus 分析用户手册——单元卷》的 6.6.4 节；它们仅用于 Abaqus/Standard）。

第一种方法是通过指定单元编号和定义单元的节点来定义单个单元。

第二种方法是仅指定垫片单元底面上的节点和将用来定义顶面上相应节点的一个正偏移值。例如，对于 18 节点的垫片单元，应给出最初的八个节点，然后是中面节点，即节点 17 完全在节点连通性中得到定义。

如果单元面都是接触面的一部分，则 Abaqus/Standard 可以自动生成 18 节点垫片单元的中面节点。要使用此功能，可输入一个空格来替代上述输入方法中的实际节点编号。随后，Abaqus/Standard 将自动生成节点编号和中面节点的坐标。

输入文件用法：使用下面的选项指定单元编号和定义单元的节点：

* ELEMENT, TYPE = 名称

使用下面的选项指定单元底面上的节点并为顶面指定一个正偏置值：

* ELEMENT, TYPE = 名称, OFFSET = 偏移值

使用实体单元连通性定义垫片单元

垫片单元的节点编号方法与实体单元的节点编号方法不同，如果所使用的网格生成器不直接支持垫片单元，或者是在使用连续单元模拟垫片中热传导的热应力分析中，则是很麻烦的。对于这样的情况，用户可以指定使用实体单元连通性来定义垫片单元。默认情况下，假定实体单元的第一个（S1）面与垫片单元的第一个（SNEG）面重合。如果等效的实体单元取向不同，则指定相应垫片单元第一个面的实体单元上的面编号。实体单元的每个面上必须具有与相应垫片单元相同的节点编号。Abaqus 将忽略面之间的节点，18 节点垫片单元除外。如果两个单元面都是接触面的一部分，则可以使用 20 节点块单元的连通性，Abaqus/Standard 将自动生成节点编号和中面节点的坐标。

Abaqus/Standard 读取数据后，便立即将实体单元连通性转换为法向垫片单元连通性。因此，所有数据（.dat）、结果（.fil）和输出数据库（.odb）文件的输出都使用法向垫片单元连通性。

输入文件用法：使用下面的选项为垫片单元指定实体单元连通性，其中实体单元的第一个面对应于垫片单元的第一个面：

*ELEMENT, TYPE=名称, SOLID ELEMENT NUMBERING

使用下面的选项为垫片单元指定实体单元连通性和对应于垫片单元的第一个面的实体单元面：

*ELEMENT, TYPE=名称, SOLID ELEMENT NUMBERING=面编号

例子

下面的数据行用于创建包含节点 1、2、3、4、5、6、1001、1002、1003、1004、1005 和 1006 的编号为 11 的 GK3D12M 单元：

```
*ELEMENT, TYPE=GK3D12M
11, 1, 2, 3, 4, 5, 6, 1001, 1002, 1003, 1004, 1005, 1006
```

下面的数据行创建了相同的单元连通性：

```
*ELEMENT, TYPE=GK3D12M, OFFSET=1000
11, 1, 2, 3, 4, 5, 6
```

使用下面的输入时，等效实体单元为 C3D15：

```
*ELEMENT, TYPE=GK3D12M, SOLID ELEMENT NUMBERING
11, 1, 2, 3, 1001, 1002, 1003, 4, 5, 6, 1004, 1005, 1006, 501, 502, 503
```

不使用其中的节点 501、502 和 503。

定义粘结单元

定义粘结单元的方法有以下三种（关于粘结单元的更多内容，见“粘结单元：概览”，《Abaqus 分析用户手册——单元卷》的 6.5.1 节；“使用粘结单元建模”，《Abaqus 分析用户手册——单元卷》的 6.5.3 节；“定义粘结单元的初始几何形状”，《Abaqus 分析用户手册——单元卷》的 6.5.4 节）。

- 第一种方法是指定单元编号并定义单元的所有节点。
- 第二种方法是仅指定粘结单元底面上的节点，Abaqus 将创建其他节点，并根据用户指定的偏置值对所创建的其他节点进行编号。
- 第三种方法是指定底面和顶面上的节点，这种方法只能用于孔隙压力粘结单元。Abaqus 将依据用户指定的偏置值来创建其他中面节点。

通过指定所有节点来定义粘结单元

使用这种方法时，需要指定所有定义粘结单元的节点（关于单元节点编号定义的内容），见“二维粘结单元库”，《Abaqus 分析用户手册——单元卷》的 6.5.8 节；“三维粘结单元库”，《Abaqus 分析用户手册——单元卷》的 6.5.9 节；“轴对称粘结库”，《Abaqus 分析用户手册——单元卷》的 6.5.10 节。

输入文件用法：使用下面的选项指定单元编号并定义单元的节点：

* ELEMENT, TYPE=名称

例如，下面的数据行创建具有节点编号 1、2、3、4、1001、1002、1003 和 1004 的编号为 11 的 COH3D8 单元：

* ELEMENT, TYPE=COH3D8

11, 1, 2, 3, 4, 1001, 1002, 1003, 1004

通过仅指定底面节点来定义粘结单元

使用这种方法时，只需要指定粘结单元底面上的节点和一个正的节点编号偏移值。对于位移粘结剂单元，用底面节点编号加偏置值来创建顶面上的相应节点。对于孔隙压力粘结单元，首先用底面节点编号加偏置值来创建顶面上的相应节点，然后用顶面节点编号加偏置值来创建中面上的相应节点。

输入文件用法：使用下面的选项指定单元底面上的节点以及剩余单个面或者多个面上节点的正偏置值：

* ELEMENT, TYPE=名称, OFFSET=偏置值

例如，下面的数据行创建了具有节点编号 1、2、3、4、1001、1002、1003 和 1004 的单元编号为 11 的 COH3D8：

* ELEMENT, TYPE=COH3D8, OFFSET=1000

11, 1, 2, 3, 4

下面的数据行创建了单元编号为 11 的孔隙压力粘结单元 COH3D8P，此单元具有节点编号 1、2、3、4、1001、1002、1003、1004、2001、2002、2003 和 2004（节点 1、2、3 和 4 定义底面；节点 1001、1002、1003 和 1004 定义顶面；节点 2001、2002、2003 和 2004 定义中面）：

* ELEMENT, TYPE=COH3D8P, OFFSET=1000

11, 1, 2, 3, 4

通过仅指定底面节点和顶面节点来定义孔隙压力粘结单元

使用这种方法时，只需要指定孔隙压力粘结单元的底面和顶面上的节点以及一个正偏置值。用底面节点编号加偏置值来创建中面上的相应节点。

输入文件用法：使用下面的选项指定孔隙压力粘结单元的底面和顶面上的节点，以及剩余中面节点的正偏置值：

* ELEMENT, TYPE=名称, OFFSET=偏置值

例如，下面的数据行创建了单元编号为 11 的孔隙压力粘结单元 COH3D8P，它具有节点编号 1、2、3、4、1001、1002、103、1004、2001、2002、2003 和 2004（节点 1、2、3 和 4 定义底面；节点 1001、1002、1003 和 1004 定义顶面；节点 2001、2002、2003 和 2004 定义中面）：

* ELEMENT, TYPE=COH3D8P, OFFSET=2000

11, 1, 2, 3, 4, 1001, 1002, 1003, 1004

将单元分组成单元集

单元集用作定义载荷、属性等的方便交叉引用。单元集是模型的基本参考，并且用来辅

助输入定义。单元集的成员可以是单个单元或者其他单元集。单个单元可以属于几个单元集。

在创建单元时，或者在定义了单元之后，可以将单元分组为单元集。在任何情况下，都必须给每个单元集赋予名称。单元集名称至多可以包含 80 个字符。

节点集和单元集可以使用相同的名称。

单元集中的所有单元将以单元编号的升序来排列，并删除重复的单元编号。

将单元赋予一个单元集后，可以对同一个单元集添加其他单元，但不能从单元集中删除单元。

创建单元时，将单元赋予一个单元集

创建单元时，将单元赋予单元集的途径如下。

输入文件用法：使用下面任意一个选项：

*ELEMENT，ELSET=名称

*ELGEN，ELSET=名称

*ELCOPY，NEW SET=名称

将先前定义的单元赋予一个单元集

通过列出组成单元集的单元或者通过生成单元集，可以将用户先前定义的单元（通过指定单元节点、增量生成或者复制现有单元）赋予一个单元集。

直接列出组成单元集的单元

用户可以直接列出组成单元集的单元。可以将先前定义的单元集和单个单元赋予单元集。

输入文件用法：*ELSET，ELSET=名称

例如，下面的数据行是将单元 3、13 和 20 添加到单元集 LEFT 中：

```
*ELSET，ELSET=LEFT
20
3，13
```

下面的数据行是将单元 5 和 16 添加到现有单元集 LEFT 中：

```
*ELSET，ELSET=LEFT
5，16
** 上面的数据行等效于
specifying 5，16，LEFT
```

下面的数据行是将单元 22、14 和单元集 LEFT 中的所有单元添加到单元集 B 中：

```
*ELSET，ELSET=B
22，14，LEFT
```

这样，单元集 B 包含下面的单元：3、5、13、14、16、20 和 22。可以将单元集 LEFT 赋予单元集 B，因为 LEFT 的定义创建在 B 的定义之前。

生成单元集

要生成一个单元集，必须指定第一个单元 e_1、最后一个单元 e_2 和单元之间单元编号的增量 i。Abaqus 将以 i 为增量，将 $e_1 \sim e_2$ 之间的单元添加到该单元集中。其中，i 必须是整数，$(e_2-e_1)/i$ 也是整数（而不是分数）。默认 $i=1$。

输入文件用法：＊ELSET，ELSET=名称，GENERATE

例如，下面的数据行是将单元 1、3、5、…、19、21 和单元 39、49、59、…、129、139 添加到单元集 UP 中：

```
*ELSET, ELSET=UP, GENERATE
1, 21, 2
39, 139, 10
```

更新用来定义其他单元集的单元集所具有的限制

如果一个单元集是由先前定义的多个单元集构建的，则不对这类单元集进行后续的更新。

输入文件用法：＊ELSET，ELSET=名称

例如，下面的数据行将单元 1 和 2 添加到集合 SET-AB 中，但不添加单元 3；将单元 1 和 3 添加到集合 SET-A 中：

```
*ELSET, ELSET=SET-A
1,
*ELSET, ELSET=SET-B
2,
*ELSET, ELSET=SET-AB
SET-A, SET-B
*ELSET, ELSET=SET-A
3,
```

定义零件和装配集

在以零件实例装配的形式定义的模型中，必须在零件、零件实例或者装配定义中定义单元集。如果单元集是在零件（或者零件实例）中定义的，则可以直接引用单元编号。要定义装配层级的单元集，必须使用零件实例名称和符号“.”作为每个单元编号的前缀，以此来标识加入单元集中的单元（如“装配定义”（2.10 节）中解释的那样）。装配层级的单元集名称可以与零件层级的单元集名称相同。

例子

下面的输入定义了属于零件 PartA 的单元集 set1，并且 PartA 的每个实例将延用此单元集：

```
*PART, NAME=PartA
 …
 *ELSET, ELSET=set1
  1, 3, 26, 500
 *END PART
```

下面的输入定义了具有相同名称的装配层级的单元集：

```
*ASSEMBLY, NAME=Assembly-1
```

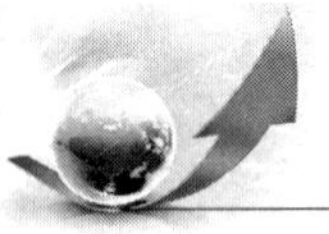


```
 *INSTANCE, NAME=PartA-1, PART=PartA
 ...
*END INSTANCE
 *INSTANCE, NAME=PartA-2, PART=PartA
 ...
 *END INSTANCE
 *ELSET, ELSET=set1
PartA-1.1, PartA-1.3, PartA-1.26, PartA-1.500
PartA-2.1, PartA-2.3, PartA-2.26, PartA-2.500
*END ASSEMBLY
```

装配层级的单元集 set1 中包含属于零件实例 PartA-1 和 PartA-2 的单元集 set1 的所有单元。因此，将单元赋予两个不同的单元集：一个属于零件实例层级，另一个属于装配层级。可以使用与零件集中的单元完全不同的单元创建名为 set1 的装配层级的单元集；零件层级和装配层级的单元集是彼此独立的。然而，因为此例中将相同的单元同时赋予了零件层级和装配层级的单元 set1，所以也可用下面的输入来定义装配层级的集合：

```
*ASSEMBLY, NAME=Assembly-1
 *INSTANCE, NAME=PartA-1, PART=PartA
 ……
 *END INSTANCE
 *INSTANCE, NAME=PartA-2, PART=PartA
 ...
 *END INSTANCE
 *ELSET, ELSET=set1
PartA-1.set1, PartA-2.set1
*END ASSEMBLY
```

此单元集定义等效于前面的例子，其中单元是单独列出的。

定义装配层级的单元集的其他方法

有时不便于通过参考零件层级的单元集来定义一个装配层级的单元集。在这种情况下，包含许多单元的单元集定义将非常长。因而，Abaqus 提供了另一种方法。

输入文件用法：*ELSET, ELSET=*单元集名称*, INSTANCE=*实例名称*

下面的例子显示了定义装配层级单元集的两种等效途径：一种途径是使用零件实例名称（如上文所述）预先固定每个单元的编号；另一种途径是使用更加简练的 INSTANCE 标注：

```
*ASSEMBLY, NAME=Assembly-1
 *INSTANCE, NAME=PartA-1, PART=PartA
 ...
 *END INSTANCE
 *INSTANCE, NAME=PartA-2, PART=PartA
 ...
```

```
 * END INSTANCE
 * ELSET, ELSET=set2
PartA-1.11, PartA-1.12, PartA-1.13, PartA-1.14,
PartA-2.21, PartA-2.22, PartA-2.23, PartA-2.24
 * ELSET, ELSET=set3, INSTANCE=PartA-1
11, 12, 13, 14
 * ELSET, ELSET=set3, INSTANCE=PartA-2
21, 22, 23, 24
* END ASSEMBLY
```

当多次以相同的名称使用 * ELSET 选项时，如 set3，第二次使用 * ELSET 时的单元将被添加到第一次使用 * ELSET 时创建的集合中。

Abaqus/CAE 创建的内部单元集

在 Abaqus/CAE 中，许多建模操作是通过使用鼠标拾取几何形体来执行的。例如，可以通过拾取几何形体实例上的面来创建一个面。由于 * SURFACE 选项参考一个单元集，必须将“拾取的”几何形体转换成输入文件中的一个单元集。由 Abaqus/CAE 为这类集合赋予一个名称，并将其标识成内部集合。用户可以在 Abaqus/CAE 的 Visualization 模块中通过使用显示组来显示这些内部单元集（见“使用显示组来显示用户模型的显示子集”，《Abaqus/CAE 用户手册》的第 78 章）。

单元集的传递

如果在一个 Abaqus/Standard 分析中导入了一个 Abaqus/Explicit 分析的结果（或者相反），或者是将一个 Abaqus/Standard 分析的结果导入另一个 Abaqus/Standard 分析中（见“在 Abaqus 分析之间传递结果：概览”，《Abaqus 分析用户手册——分析卷》的 4.2.1 节），默认情况下导入原始分析中的所有单元集定义。另外，也可以只导入选中的单元集定义（详细内容见“在 Abaqus 分析之间传递结果”中的“导入单元集和节点集定义”，《Abaqus 分析用户手册——分析卷》的 4.2.1 节）。

如果由一个对称模型生成三维模型（见“对称模型生成”，《Abaqus 分析用户手册——分析卷》的 5.4.1 节），则在生成的模型中使用（并进行扩展）所有先前模型中的单元集。

通过从现有单元增量生成单元来创建单元

用户可以从现有单元增量地生成单元。新生成的单元总是具有与主单元相同的类型。

Abaqus 首先通过使用指定的节点和单元编号增量，复制给定单元的节点类型来生成一行单元；然后可以重复此行来形成一个层，也可以重复此层来形成一个块。

要生成一行单元，必须指定下面的信息：

- 主单元编号。在指定生成单元时必须存在主单元，主单元可以是该生成单元中刚刚定

义的一个单元。

- 在生成的第一行中定义单元数量，包括主单元。
- 行中从单元到单元的相应节点编号的增量。默认增量为 1。所有单元节点编号（特殊作用的节点除外，将在下文中讨论）将以相同的值递增。
- 行中单元编号的增量。默认值为 1。

通过复制此新创建的主行来创建单元层时，必须指定下面的附加信息：

- 要定义的行数量，包括主行。
- 行到行的相应节点编号增量。
- 行到行的相应单元编号增量。

通过复制此新创建的主层来创建块单元时，必须指定下面的附加信息：

- 要定义的层数量，包括主层。
- 层到层的相应节点编号的增量。
- 层到层的相应单元编号的增量。

输入文件用法：＊ELGEN

例如，可以通过下面的数据行来生成图 2-18 所示的四分之一圆柱单元：

＊ELGEN

1，3，1，1，5，10，10，6，100，100

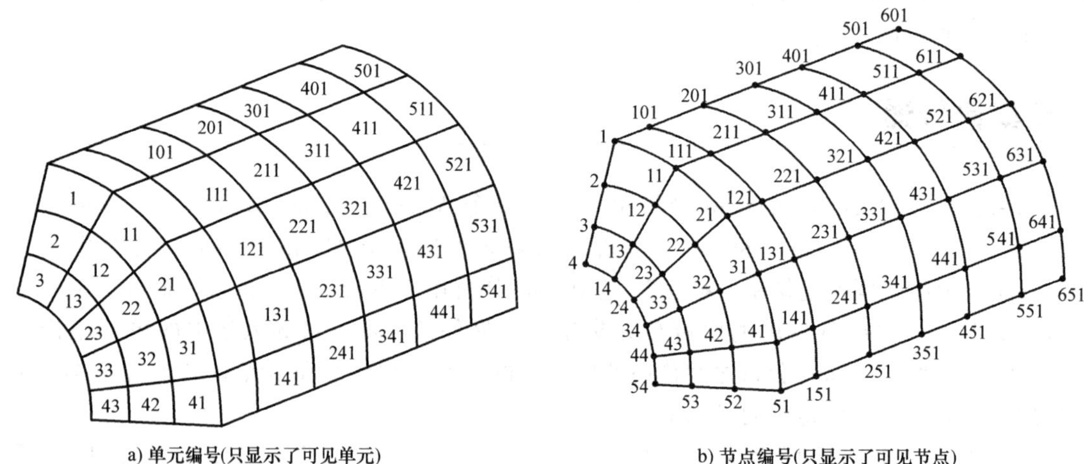

a) 单元编号(只显示了可见单元)　　b) 节点编号(只显示了可见节点)

图 2-18　单元生成例子

递增特殊目的的节点

默认情况下，下面的节点是不递增的：

- IRS 类型的刚体参考节点和拖拽链单元。
- 用来定义空间中梁或者框架的第一个横截面轴的方向节点。

用户可以指定所有的节点应递增，并按上文所述定义节点编号之间的增量。通常所有节点增量只用来定义空间中梁的第一个横截面轴的方向节点。

输入文件用法：＊ELGEN，ALL NODES

通过复制现有单元来创建单元

用户可以通过复制现有单元来创建新的单元。此时，必须标识要复制的现有单元集，并指定一个整数常数，将其与现有节点编号相加来定义新单元的节点编号。同样地，必须指定一个整数常数，将其与现有单元的单元编号相加来定义要创建单元的单元编号。

用户可以将新生成的单元赋予一个单元集。如果没有为新创建的单元指定单元集名称，则不将新创建的单元赋予单元集。

输入文件用法：＊ELCOPY，OLD SET＝*名称*，NEW SET＝*新名称*，
SHIFT NODES＝*数字*，ELEMENT SHIFT＝*数字*

例如，下面的数据行将在集合 B 中生成新的单元，这些单元是执行此选项时通过复制集合 A 中的所有单元得到的，新单元定义中每个单元编号和每个节点的编号都加 1000。形成定义行时集合 A 中的成员，是通过输入文件＊ELCOPY 选项之前出现的所有单元生成行和单元集合定义行定义到集合 A 中的那些单元。

＊ELCOPY，OLD SET＝A，NEW SET＝B，ELEMENT SHIFT＝1000，
SHIFT NODES＝1000

连续单元的特殊考虑

复制现有单元时，用户可以选择为创建的单元更改节点编号顺序，从而避免创建的连续单元违反 Abaqus 的逆时针单元编号约定。当通过复制现有节点生成节点时，通常需要进行此更改（见“节点定义”中的“通过复制现有节点创建节点”，2.1.1 节）。

输入文件用法：＊ELCOPY，REFLECT

例如，假设单元 1 属于单元集 A，并且是通过节点 1、2、3、4 来定义的。下面的数据行将生成编号为 11 的单元，该单元也在集合 A 中，并包含节点 11、14、13 和 12：

＊ELCOPY，OLD SET＝A，NEW SET＝A，ELEMENT SHIFT＝10，
SHIFT NODES＝10，REFLECT

如果不使用 REFLECT 参数，则按 11、12、13、14 的节点顺序来定义新单元，这将违反连续单元逆时针单元编号的约定（图 2-19）。

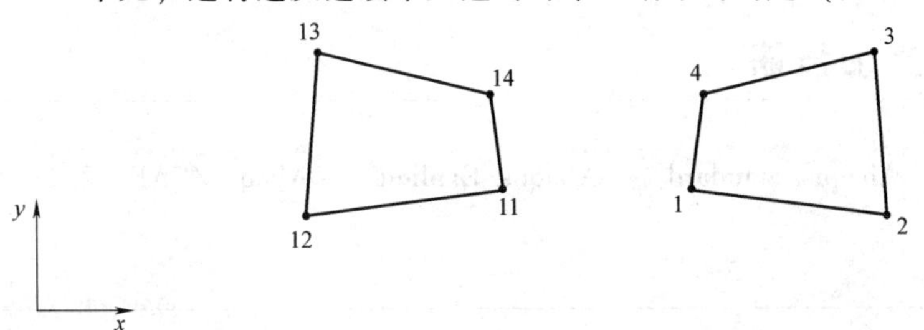

图 2-19 更改节点编号顺序的例子

2.2.2 单元基础

产品：Abaqus/Standard　Abaqus/CAE

参考

- ＊FOUNDATION
- “定义原理”，《Abaqus/CAE 用户手册》的 15.13.20 节

概览

弹性单元基础：

- 在 Abaqus/Standard 中，可以按照《Abaqus 分析用户手册——单元卷》中的载荷标识符定义应力/位移单元。
- 像接地弹簧那样作用。
- 是包含支撑刚度效应的简化方法（如建筑物下面的土壤），不需要模拟支撑的详细情况。

定义单元基础行为

基础压力垂直作用在压力所施加的单元面上。在大位移分析中，基础作用的方向是以变形后的构型为基础的；基础随着单元边转动。

大变形问题可能产生收敛困难，因为在单元刚度矩阵中没有包含相应的基础载荷刚度项。

定义基础行为时，需要指定单位面积上的基础刚度（单位长度梁上的基础刚度）。

输入文件用法：在输入文件的模型定义部分使用下面的选项：

＊FOUNDATION

Abaqus/CAE 用法：Interaction module：Create Interaction：Step：Initial，Elastic Foundation

2.2.3 定义加强筋

产品：　Abaqus/Standard　Abaqus/Explicit　Abaqus/CAE

参考

- ＊EMBEDDED ELEMENT

- ＊MEMBRANE SECTION
- ＊PRESTRESS HOLD
- ＊REBAR
- ＊REBAR LAYER
- ＊SHELL SECTION
- ＊SURFACE SECTION
- “定义加强筋层”,《Abaqus/CAE 用户手册》的 12.13.19 节

概览

加强筋：

- 用来定义膜、壳和面单元中的单轴加强层（将这些层视为厚度等于每根加强筋的面积除以加强筋间距的等厚涂层）。
- 可用来通过在“主体”实体单元中嵌入加强面或者膜单元来添加加强层，如“嵌入的单元”（《Abaqus 分析用户手册——指定条件、约束与相互作用卷》的 2.4.1 节）中所介绍的那样。
- 可用来为模型添加刚度、体积和质量。
- 在 Abaqus/Standard 中可以用来在梁单元中添加离散的轴向加强。
- 可以用于温度-位移耦合分析，但不影响热导率和比热容。
- 可以用于热-电-结构耦合分析，但不影响电导率、热导率和比热容。
- 不能用于热传导或者质量扩展分析。
- 具有与基材或者主体单元完全不同的材料属性。
- 不包含基材单元的质量或者体积。

定义加强筋层

用户可以在膜、壳或者面单元中指定一个或者多个加强层。应该为每一层指定包含加强筋层名称的加强筋属性；每根加强筋的横截面积；膜、壳或者面单元的平面中加强筋的间距；厚度方向上的加强筋位置（仅对于壳单元），从壳的中面开始测量（壳的正方向上为正）；加强筋材料的名称；初始角度方向，以度（°）为单位，相对于局部 1 方向测量；等参数方向，将依此方向来测量加强筋的角度输出。

用户可以通过在一组主体连续单元中，使用上述定义的加强筋层，将一组面或者膜单元嵌入实体（连续）单元中来模拟加强筋层。

输入文件用法：使用下面的选项在膜单元中定义一个或者多个加强筋层：

＊MEMBRANE SECTION, ELSET＝膜集合名称

＊REBAR LAYER

使用下面的选项在壳单元中定义一个或者多个加强筋层：

＊SHELL SECTION, ELSET＝壳集合名称

＊REBAR LAYER

使用下面的选项在面单元中定义一个或者多个加强筋层：
* SURFACE SECTION，ELSET=面集合名称
* REBAR LAYER
使用下面的选项在实体（连续）单元中模拟加强筋层：
* EMBEDDED ELEMENT，HOST ELSET=实体集合名称
膜集合名称 或者面集合名称

Abaqus/CAE 用法：Property module：membrane，shell，or surface section editor：Rebar Layers
Interaction module：Create Constraint：Embedded region

为加强筋层赋予名称

用户必须为特定单元或者单元集中的每个加强筋层赋予一个单独的名称。可以使用此名称来定义加强筋预应力和输出要求。

输入文件用法：* REBAR LAYER
加强筋层名称

Abaqus/CAE 用法：Property module：membrane，shell，or surface section editor：Rebar Layers：Layer Name 加强筋层名称

指定加强筋的几何形状

总是在局部坐标系中定义加强筋的几何形状。下一节将介绍如何定义合适的局部坐标系。几何形状可以是不变的，也可以在圆柱坐标系中作为径向位置的函数而变化，或者依据轮胎“提升”方程而变化。在每种情况中，用户都必须指定间距 s 和面积 A，以确定等效加强筋层的厚度 $t=A/s$，以及加强筋在该局部坐标系中的角度方向 α。

此外，对于壳单元，必须指定加强筋在壳厚度上的位置，从壳的中面开始测量（壳的正方向为正）。如果壳的厚度是通过节点厚度定义的（“节点厚度”，2.1.3 节），则根据由节点厚度定义得到的厚度与由截面厚度定义得到的厚度之比对该厚度进行折算。如果壳的厚度是分布定义的（“分布定义”，2.8 节），则根据分布定义的单元厚度与默认厚度之比对该厚度进行折算。

定义等间距加强筋

用户可以指定在局部加强筋坐标系中几何形状是不变的。在此情况中，将间距 s 指定成一个长度度量。

输入文件用法：* REBAR LAYER，GEOMETRY=CONSTANT

Abaqus/CAE 用法：Property module：membrane，shell，或者 surface section editor：Rebar Layers：Rebar geometry：Constant

定义间距为径向位置函数的加强筋

如图 2-20 所示，用户可以以度（°）为单位，采用角度间距的方式指定间距 s。

非径向加强筋和从子午平面度量具有非零方向角的加强筋也可以使用角度间距值。在这些情况中，加强筋的方向角不会改变。角度间距选项仅用于计算以长度为单位的加强筋之间的间距，此间距等于角度间距乘以加强筋上相关点到对称轴的径向距离。如果加强筋是与三

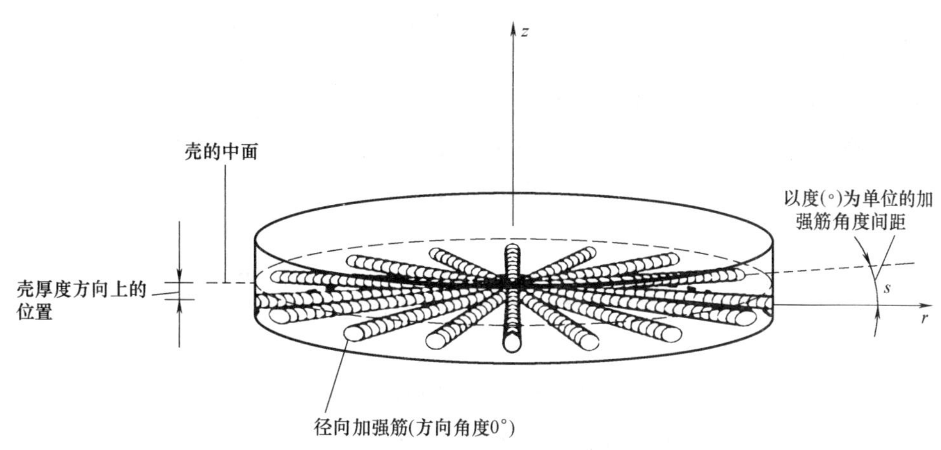

图 2-20　轴对称壳单元中的径向加强筋例子

维单元相关联的，则必须为其定义局部圆柱坐标系。

输入文件用法：＊REBAR LAYER，GEOMETRY＝ANGULAR

Abaqus/CAE 用法：Property module：membrane，shell，或者 surface section editor：Rebar Layers：Rebar geometry：Angular

定义使用轮胎“提升”方程的加强筋

轮胎的结构分析通常使用硫化轮胎的几何形体作为有限元模型的参考构型。然而，相对于“绿色”，或未硫化的轮胎构型，可以更方便地指定帘线层的几何形体。轮胎提升方程式实现了从未硫化的几何形体到硫化的几何形体的映射（图 2-21）。

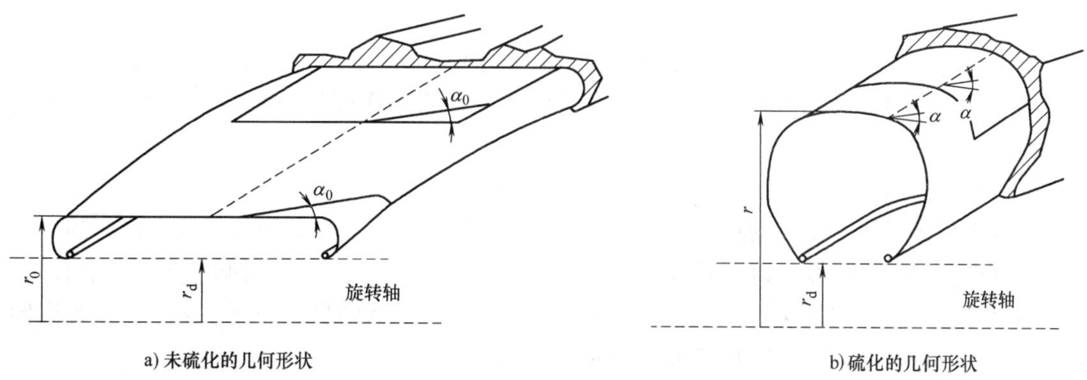

图 2-21　未硫化的与硫化轮胎几何构型之间的映射

用户可以指定相对于未硫化构型的加强筋的间距和方向，并且让 Abaqus 映射这些属性到硫化轮胎的参考构型上。使用圆柱坐标系，由以下公式计算在硫化轮胎中的间距 s 和角度方向 α

$$\sin\alpha=\frac{r\sin\alpha_0}{r_0\ (1+e)},\quad s=s_0\ \frac{r\cos\alpha}{r_0\cos\alpha_0}$$

式中，r 是加强筋在硫化几何形体上沿径向的位置；r_0 是加强筋在未硫化几何形体上的位置；s_0 是未硫化几何形体的间距；α_0 是在未硫化几何形体中关于投射后的 1 方向测得的角度；e 是帘线延伸率。在轮胎中，e 代表硫化过程中产生的预应变；$e=1$ 意味着延伸率为 100%。当 $\alpha_0=90°$时，默认加强筋具有不变的间距 s_0。

如果加强筋与三维单元相关联，则必须为加强筋定义一个局部圆柱坐标系。

输入文件用法：* REBAR LAYER，GEOMETRY=LIFT EQUATION

Abaqus/CAE 用法：Property module：membrane，shell，或者 surface section editor：Rebar Layers：Rebar geometry：Lift equation - based

局部加强筋方向坐标系

加强筋几何参数，如加强筋的方向和间距，是相对于局部坐标系来定义的。此加强筋的局部坐标系完全独立于用于基底赋予的局部坐标系。

如图 2-22 所示，总是关于局部 1 方向定义加强筋角度。

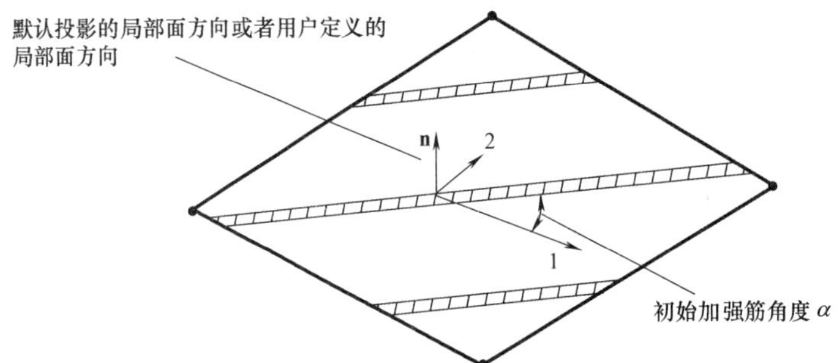

图 2-22　三维壳、膜或者面中的加强筋

使用角度间距定义的加强筋，或者由轮胎提升方程定义的间距来定义的加强筋，都是相对于圆柱坐标系而言的。对于轴对称分析，将整体坐标系用作圆柱坐标系。对于三维分析，必须提供一个用户定义的圆柱坐标系。

三维单元的局部坐标系

可以通过参考用户定义的局部坐标系来定义局部坐标系。关于如何根据用户定义的方向通过计算得到局部坐标系，以此定义壳、膜和面单元中的加强筋见“方向”（2.2.5 节）。

如果没有指定用户定义的方向，则局部 1 方向是基于默认的投影局部坐标系。关于空间中面上的默认投影局部方向的定义见“约定”（1.2.2 节）。

正角度 α 定义了围绕单元的法向或者用户定义的法向从局部坐标系中的方向 1 到方向 2 的转动。如果壳、膜或者面单元在空间中是弯曲的，则局部坐标系中的方向 1 将在单元上变化，初始加强筋方向将也随之发生变化。可以选择与壳或者膜单元截面定义相关联的方向定义，对加强筋角度方向定义没有影响。例如，在膜单元截面、壳单元截面或者面单元截面中，以下数据可得出图 2-23 所示的加强筋层定义：$A=0.01$；$s=0.1$；加强筋与壳中面的距离=0.0；$\alpha=30°$；加强筋定义参考局部坐标系中的矩形方向，将此矩形方向定义为 X 轴通过点（-0.7071，0.7071，0.0），其 X-Y 平面包含点（-0.7071，-0.7071，0.0），并关于方向 3 附加转动 0°。

以下数据可得出图 2-24 所示的加强筋层定义：$A=0.01$；$s=0.1$；加强筋到壳单元中面的距

离=0.0；α=45°。

输入文件用法：使用下面的选项来定义加强筋层的局部1方向：

* ORIENTATION, NAME=名称

* REBAR LAYER, ORIENTATION=名称

Abaqus/CAE用法：Property module：

Tools→Datum：Type：CSYS

Assign→Rebar Reference Orientation

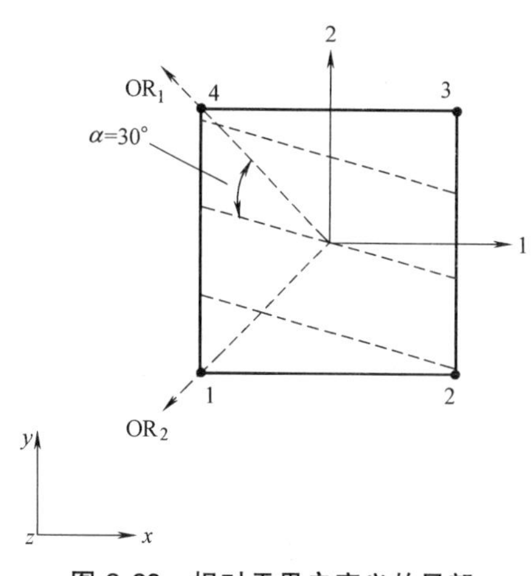

图2-23 相对于用户定义的局部坐标方向来定义的加强筋

OR_n—用户定义的局部方向

1、2—默认的局部方向

对称单元的局部坐标系

轴对称膜单元或者轴对称面单元中的加强筋必须位于单元的参考面中，而轴对称壳单元中的加强筋既可以位于壳的参考面中，也可以偏离中面。轴对称膜、壳和面单元中的加强筋可以定义成相对于r-z平面具有任意的角度方向。周向加强筋的例子如图2-25所示，轴对称壳中径向加强筋的例子如图2-20所示。

用户不能在轴对称膜、壳和面单元中为加强筋层指定用户定义的方向。相反，在加强筋层定义中，用户可以指定加强筋层相对于r-z平面的角度方向（以度为单位），此方向是相对于膜、壳或者面单元的正法向测量的。

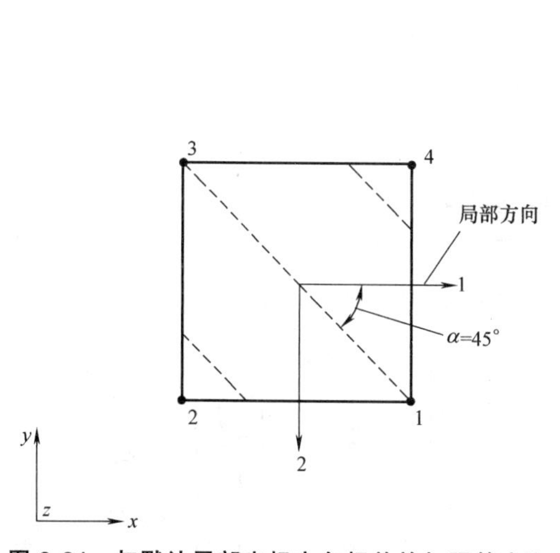

图2-24 与默认局部坐标方向相关的加强筋定义

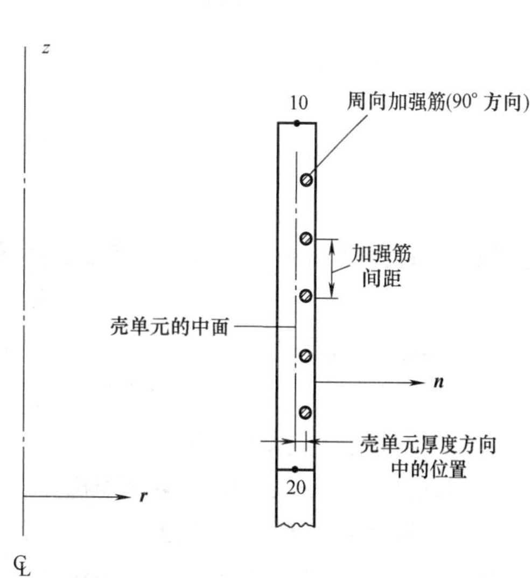

图2-25 轴对称壳单元中周向加强筋的例子

如果为没有翘曲的轴对称膜、轴对称壳或轴对称面中的加强筋指定了一个0°或者90°以外的方向角，则Abaqus会假定加强筋是平衡的（即加强筋的一半具有指定的角度α，另一半具有$-\alpha$的角度），并据此处理内部计算。这样的加强筋定义不允许与对称模型生成功能一起使用（“对称模型的生成”，《Abaqus分析用户手册——分析卷》的5.4.1节）。推荐的建模技术是在具有翘曲的轴对称单元中定义不平衡的加强筋。另一方面，平衡的加强筋可以在

常规的轴对称单元或者翘曲的轴对称单元中定义，并且应通过指定加强筋的一半在角度 α 上，另一半在角度 $-\alpha$ 上来进行定义。

大位移考虑

在几何非线性分析中当，加强筋加强单元变形时，最初定义的加强筋层的几何属性和方向会因有限应变效应而改变。加强筋层的变形是由基础单元、膜单元或者面单元的变形梯度来确定的。加强筋随着实际变形发生转动，而不是随着基底单元中材料点的平均刚体转动来转动的。详细内容见“壳、膜和面单元中的加强筋模拟”（《Abaqus 理论手册》的 3.7.3 节）。

例如，考虑图 2-26 所示发生纯剪切大变形的用一阶单元模拟的平板，其中加强筋最初与单元的等参方向对齐。由于有限应变效应，加强筋发生转动，但仍保持与单元各向等参方向对齐。如果使用各向异性材料属性来模拟相同的问题，而不是使用加强筋和材料方向（1 和 2）最初与单元等参数方向对齐，则在这种大剪切变形下，材料方向将发生转动，不再与单元等参方向对齐。其中的材料方向是以材料点的平均刚体转动为基础来确定的。因此，如果材料不是真正连续的，则最好使用加强筋来模拟各向异性行为。

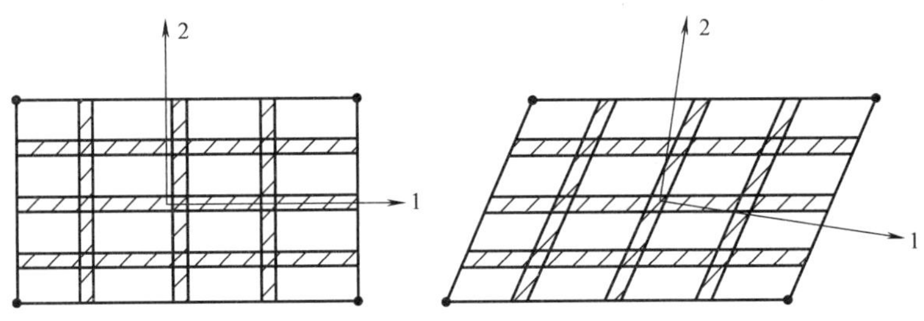

图 2-26　几何非线性分析中的加强筋方向

在 Abaqus/Standard 梁单元中定义加强筋

在 Abaqus/Standard 中，用户必须使用基于单元的加强筋来模拟梁单元中的离散加强筋，见“将加强筋定义成单元属性”（2.2.4 节）。用户需要指定包含加强筋的单元、每根加强筋的横截面积，以及关于局部梁截面轴的每根加强筋位置（图 2-27）。

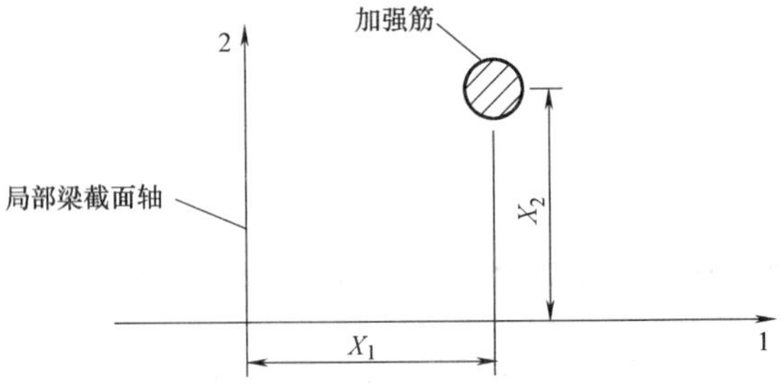

图 2-27　梁截面中的加强筋位置

在特定的单元或者单元集中，必须为每根加强筋赋予一个单独的名称。可以使用该名称来定义加强筋预压力和输出请求。

输入文件用法：*REBAR，ELEMENT=BEAM，MATERIAL=材料，NAME=名称

Abaqus/CAE 用法：　Abaqus/CAE 中不支持 Abaqus/Standard 梁中的加强筋。

定义加强筋材料

加强筋的材料属性与基底单元的材料截然不同，并且需要通过单独的材料定义来定义（“材料数据定义”，《Abaqus 分析用户手册——材料卷》的 1.1.2 节）。用户必须为每个加强筋层（对于 Abaqus/Standard 中的梁单元，为每个加强筋定义）关联一个材料属性集。

在 Abaqus/Standard 中，不能使用下面的材料行为定义加强筋材料：

- “多孔材料塑性”（《Abaqus 分析用户手册——材料卷》的 3.2.9 节）。

在 Abaqus/Explicit 中，不能使用下面的材料行为定义加强筋材料：

- “线弹性行为”中的“定义完全各向异性弹性”（《Abaqus 分析用户手册——材料卷》的 2.2.1 节）。
- “线弹性行为”中的“通过指定弹性刚度矩阵中的项来定义正交异性弹性”（《Abaqus 分析用户手册——材料卷》的 2.2.1 节）。
- “状态方程”（《Abaqus 分析用户手册——材料卷》的 5.2.1 节）。
- “各向异性屈服/蠕变”（《Abaqus 分析用户手册——材料卷》的 3.2.6 节）。
- “多孔金属塑性”（《Abaqus 分析用户手册——材料卷》的 3.2.9 节）。
- “扩展的 Drucker-Prager 模型”（《Abaqus 分析用户手册——材料卷》的 3.3.1 节）。
- “改进的 Drucker-Prager/Cap 模型”（《Abaqus 分析用户手册——材料卷》的 3.3.2 节）。
- “可压碎泡沫塑性模型”（《Abaqus 分析用户手册——材料卷》的 3.3.5 节）。
- “混凝土的开裂模型”（《Abaqus 分析用户手册——材料卷》的 3.6.2 节）。

虽然 Abaqus/Standard 允许使用正交弹性（“线弹性行为”中的“通过指定弹性刚度矩阵中的项来定义正交异性弹性”，《Abaqus 分析用户手册——材料卷》的 2.2.1 节）或者各向异性弹性（“线弹性行为”中的“定义完全各向异性弹性”，《Abaqus 分析用户手册——材料卷》的 2.2.1 节）定义加强筋材料，但 D_{1111} 是这些定义中唯一有意义的材料常数。使用 D_{1111} 和相应的应力分量 σ_{11} 来计算加强筋方向上的应变 ε_{11}，如“线弹性行为，”（《Abaqus 分析用户手册——材料卷》的 2.2.1 节）中所讨论的那样；在加强筋中不存在其他应变或者应力。

如果为加强筋层中的材料指定了非零密度，则在动态分析，以及重力载荷、离心载荷和转动加速度的分布载荷时应考虑加强筋的质量。

梁单元中加强筋的质量（仅在 Abaqus/Standard 中可用），用户应调整梁材料的密度以考虑加强筋的质量。

输入文件用法：＊REBAR LAYER

加强筋层名称，A，s，加强筋与中面的距离，加强筋材料名称

Abaqus/CAE 用法：Property module：membrane，shell，or surface section editor：

Rebar Layers：Material *加强筋材料名称*

初始条件

可以使用初始条件（“Abaqus/Standard 和 Abaqus/Explicit 中的初始条件”，《Abaqus 分

析用户手册——指定条件、约束与相互作用卷》的 1.2.1 节）来定义加强筋的预应力或者求解相关的值。

在加强筋中定义预应力

对于定义了增强的结构（如增强的混凝土结构），用户可以使用初始条件来定义加强筋指定预应力。

在这种情况下，在 Abaqus/Standard 中，在结构实际加载之前，必须通过初始静态分析步（“静应力分析”，《Abaqus 分析用户手册——分析卷》的 1.2.2 节）在不施加外部载荷的情况下，使其达到平衡状态（或只有恒定载荷）（见“Abaqus/Standard 和 Abaqus/Explicit 中的初始条件”，《Abaqus 分析用户手册——指定条件、约束与相互作用卷》的 1.2.1 节）。

输入文件用法：* INITIAL CONDITIONS，TYPE=STRESS，REBAR

单元编号或者单元集名称，加强筋名称，预应力值

Abaqus/CAE 用法：Abaqus/CAE 中不支持加强筋预应力。

在 Abaqus/Standard 中保持加强筋中的预应力

如果在加强筋中定义了预应力，除非预应力是固定的，否则在平衡静态分析步过程中将允许其改变，这是结构自身建立应力平衡过程中结构应变的结果。例如混凝土预应力的预拉伸类型，在此例中，在被混凝土覆盖之前，加强筋最初拉伸到一个所需的张力。在混凝土固化并与加强筋粘结后，初始加强筋张力的释放将载荷传递给混凝土，在混凝土中产生压应力。混凝土中产生的变形降低了加强筋中的应力。

此外，在此初始平衡求解过程中，用户可以指定部分或者所有加强筋中的初始应力保持不变。例如混凝土预应力的后拉伸类型，允许加强筋在混凝土中滑动（通常是在导管中），并通过一些外部途径（预应力千斤顶）保持预应力载荷。加强筋中预应力的大小通常是设计要求的一部分，不能随着混凝土在预应力载荷下的压缩而减小。通常，预应力仅在分析的第一步中保持不变。这对于预应力通常是更常见的假设。

如果在预应力保持不变的步之后，分析步中的预应力发生变化，则加强筋中的应力将随混凝土的附加变形而变化。如果没有附加的变形，则加强筋中的应力将保持初始条件所设定的水平。如果加载历史是在保持预应力不变步的后续步中，则混凝土或者加强筋中不产生塑性变形，则一旦去除了这些步中的载荷，加强筋中的应力将恢复到由初始条件设定的水平。

输入文件用法：* PRESTRESS HOLD

Abaqus/CAE 用法：Abaqus/CAE 中不支持加强筋预应力。

定义与加强筋的求解相关的状态变量的初始值

用户可以为单元中的加强筋定义与求解相关的状态变量的初始值（见“Abaqus /Standard 和 Abaqus/Explicit 中的初始条件”，《Abaqus 分析用户手册——指定条件、约束与相互作用卷》的 1.2.1 节）。

输入文件用法：* INITIAL CONDITIONS，TYPE=SOLUTION，REBAR

Abaqus/CAE 用法：Abaqus/CAE 中不支持对求解相关的状态变量进行初始化。

输出

使用输出变量 RBFOR 可以得到加强筋积分点位置上的加强筋力输出。加强筋力等于加强筋应力乘以当前的加强筋横截面积。假设加强筋材料是不可压缩的，由此计算当前的加强筋横截面积，而不管实际的材料定义如何。对于膜、壳或者面单元中的加强筋，输出变量 RBANG 和 RBROT 分别标识单元中加强筋的当前方向，以及由有限变形引起的加强筋的相对转动。这些量是关于单元中用户指定的等参方向来测量的，而不是关于默认的局部单元坐标系或者方向定义的坐标系测量的（见“壳、膜和面单元中的加强筋模拟”，《Abaqus 理论手册》的 3.7.3 节）。

有关额外输出量（如应力和应变）的内容见“Abaqus/Standard 输出变量标识符”（4.2.1 节）和“Abaqus/Explicit 输出变量标识符”（4.2.2 节）。对于具有多个积分点的膜、壳或者面单元中的加强筋，可以得到积分点和单元中心处的输出量。

为加强筋角度输出指定方向

可以从膜、壳或者面单元平面中的任意等参方向上测量输出量 RBANG 和 RBROT。用户可以指定所需的等参方向，Abaqus 将在该方向上（1 或者 2）测量加强筋角度。加强筋角度是从等参方向到加强筋来测量的，将正的加强筋角度定义成围绕单元的法向逆时针转动。默认方向是第一等参方向。

在轴对称壳、面和膜单元中，第一等参方向与子午线方向重合，第二等参方向与周向重合。在三角形单元中，Abaqus 如下定义等参方向：对于 3 节点的三角形，第一等参方向是从节点 1 到第二个单元边中点的直线，第二等参方向是从第一个单元边中点到第三个单元边中点的直线；对于 6 节点的三角形，第一等参方向是从节点 1 到节点 5 的直线，第二等参方向是从节点 4 到节点 6 的直线（关于单元的节点排序，见“单元库：概览”，《Abaqus 分析用户手册——单元卷》的 1.1.1 节）。

输入文件用法：* REBAR LAYER

加强筋层名称，A，s，加强筋与壳中面的距离，加强筋材料名称，加强筋的角度方向，等参方向

Abaqus/CAE 用法：用户不能在 Abaqus/CAE 中为加强筋角度输出指定方向；总是使用第一等参方向。

例子

使用用户定义的局部坐标系定义壳单元中的加强筋（$\alpha=30°$），RBANG 的输出值是 75°，如图 2-28 所示：

```
* REBAR LAYER, ORIENTATION=ORIENT
Rbname, 0.01, 0.1, 0.0, Rbmat, 30., 2
```

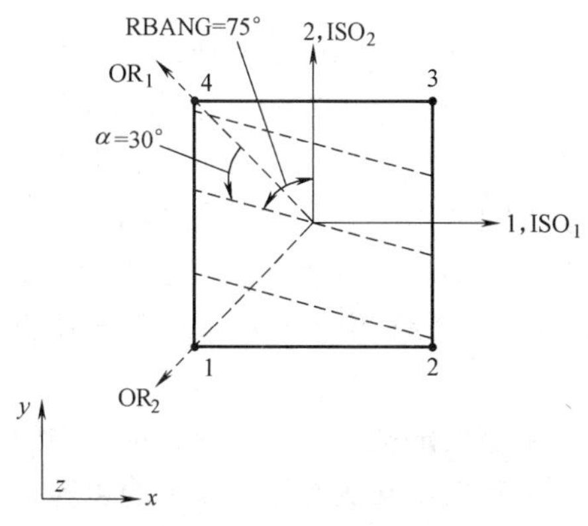

图 2-28 相对于用户定义的局部坐标方向所定义的加强筋的 RBANG 变量

ISO_n—等参方向 OR_n—用户定义的局部坐标方向 1、2—默认的局部坐标方向

```
*ORIENTATION, SYSTEM=RECTANGULAR, NAME=ORIENT
-0.7071, 0.7071, 0.0, -0.7071, -0.7071, 0.0
3, 0.0
```

加强筋位于壳中面上。输出变量 RBANG 是从加强筋的第二等参方向测量的。如果选择第一等参方向代替第二等参方向，则输出变量 RBANG 将输出角度 165°。

加强筋方向和加强筋中结果的可视化

Abaqus/CAE 支持加强筋方向和加强筋层中结果的可视化。只有在要求加强筋的单元输出时，才显示加强筋图（见“输出到输出数据库”中的“单元输出”，4.1.3 节）。在 Visualization 模块中，加强筋的单元变量可以云图显示成场输出或者历史输出。每个加强筋层将具有唯一的名称，并代表膜、壳或者面单元中的附加截面点。用户可以选择在 Visualization 模块中显示膜、壳或者面单元中已命名的加强筋层的结果。Abaqus/CAE 目前还不支持梁中的加强筋。

2.2.4 将加强筋定义成单元属性

产品： Abaqus/Standard Abaqus/Explicit

参考

- *PRESTRESS HOLD
- *REBAR

概览

在壳和膜单元中定义加强筋的首选方法是将强化层定义成单元截面定义的一部分（见“定义加强筋”，2.2.3）。在实体中定义加强筋的首选方法，是在“主体”实体中嵌入加强的面或者膜单元，如“嵌入单元”（《Abaqus 分析用户手册——指定条件、约束与相互作用卷》的 2.4 节）中所描述的那样。本部分将介绍在壳、膜和连续单元中将加强筋定义成单元属性的另一种方法。该方法比“定义加强筋”（2.2.3 节）中所介绍的方法更复杂，并且在 Abaqus/CAE 中不允许可视化加强筋和加强筋的结果。

基于单元的加强筋：

- 用来定义实体、膜和壳单元中的单轴强化。
- 可以定义成实体单元中的单独强化梁。
- 可以定义成壳、膜和实体单元中具有均匀间距加强梁的层（将这种层视为厚度等于每根强化梁的面积除以强化梁间距的涂层）。
- 可以与耦合的温度-位移单元一起使用，但不影响热导率和比热容。
- 可以与耦合的热-电结构单元一起使用，但不影响电导率、热导率和比热容。
- 在 Abaqus/Standard 中不影响模型的质量。

- 不能用于要进行热传导或者质量扩散分析的单元。
- 不能与三角形壳和膜单元一起使用，也不能与三角形、三角形棱柱和四面体实体单元一起使用。
- 材料属性完全不同于基底单元。

给加强筋集合赋予名称

用户必须给加强筋集合赋予名称。可以在定义加强筋预应力和输出要求时使用此名称。在特定的单元或者单元集中，必须给加强筋的每个层赋予一个单独的名称。

输入文件用法：＊REBAR，ELEMENT=*单元*，MATERIAL=*材料*，NAME=*名称*

在三维壳和膜单元中定义加强筋

在三维壳和膜单元中，可以定义等参和斜加强筋。加强筋不能与三角形壳或者膜一起使用。

如果需要使用三角形壳或者膜单元，可以使用退化的四边形壳或者膜单元。所产生的加强筋方向将取决于所用的加强筋（等参的或者斜的）。必须谨慎定义加强筋，因为单元是扭曲的。该技术只能用于结果不重要且应力梯度不高的网格区域。

加强筋刚度计算使用的积分点与基底壳或者膜单元计算中使用的积分点一样。有关壳和膜单元的更多内容，见“壳单元：概览”（《Abaqus 分析用户手册——单元卷》的 3.6.1 节）和“膜单元”（《Abaqus 分析用户手册——单元卷》的 3.1.1 节）。

在三维壳和膜单元中定义等参加强筋

等参加强筋与单元中的不变等参线的映射对齐（图 2-29）。

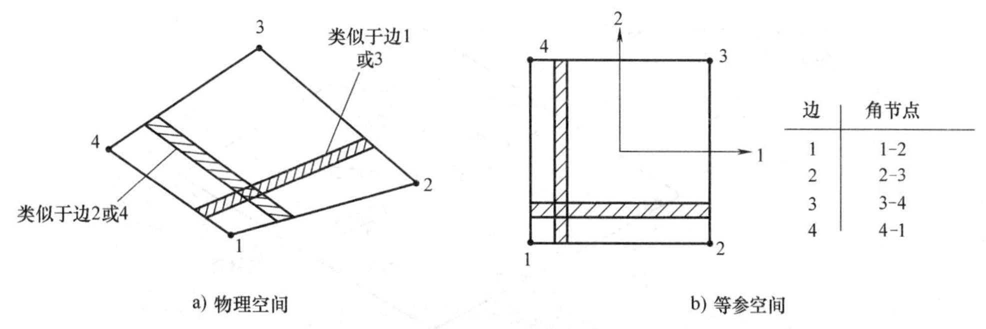

边	角节点
1	1-2
2	2-3
3	3-4
4	4-1

图 2-29　未扭曲的三维壳或者膜单元中的等参加强筋

如果包含加强筋的单元的对边不平行，则单元中每个积分点上的加强筋方向将不同（图 2-30）。

在物理空间中，加强筋的间距将是固定的。根据间距 s 和加强筋的横截面积 A 来确定等效涂层的厚度 $t=A/s$。如果包含加强筋的单元边是不平行的，则在该间距下，通过一条边的实际加强筋数量将不同于通过对边加强筋的数量（在等参空间中为对面）。

用户需要指定包含加强筋的单元、每根加强筋的横截面积 A、壳单元面中的加强筋间距 s，以及在等参空间中绘制平行加强筋的边的编号（图 2-29）。此外，对于壳单元，还可以

指定在壳厚度方向上，从壳单元的中面测量的加强筋位置（在壳单元的正法线方向上为正）。如果壳单元的厚度是由节点厚度定义的（“节点厚度”，2.1.3 节），则此间距将由节点厚度定义的厚度与截面定义所定义的厚度之比来折算。如果壳的厚度是用分布定义的（“分布定义”，2.8 节），则此间距是通过分布定义的单元厚度与默认厚度之比来折算的。如果壳单元的复合截面的层厚是用分布定义的（“分布定义”，2.8 节），则该间距通过分布定义的单元层厚度的总和与默认层厚的总和之比来折算此距离。

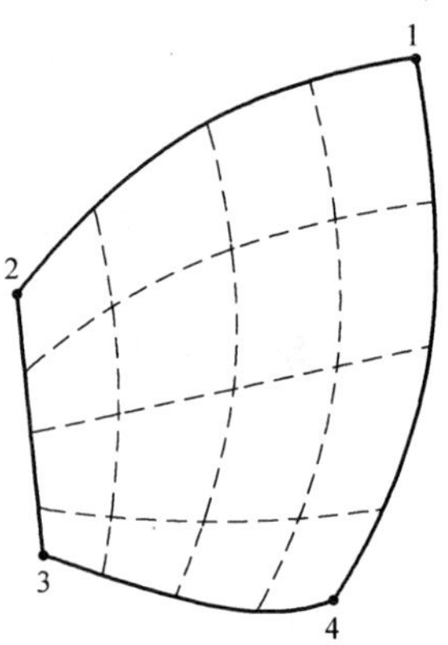

图 2-30 扭曲的三维壳或者膜单元中的等参加强筋方向（虚线表示加强筋方向）

输入文件用法：使用下面的选项定义三维壳单元中的等参加强筋：

* REBAR，ELEMENT = SHELL，MATERIAL = 材料，
GEOMETRY = ISOPARAMETRIC

使用下面的选项定义一般膜单元中的等参加强筋：

* REBAR，ELEMENT = MEMBRANE，MATERIAL = 材料，
GEOMETRY = ISOPARAMETRIC

在三维壳和膜单元中定义斜加强筋

斜加强筋不需要像单元边那样，它们可以与局部坐标轴的轴 1 成任意指定角度。必须以下面两种方式中的一种来定义加强筋的方向，如图 2-31 所示：

- 可以相对于默认的投影局部坐标系来定义加强筋（见“约定”，1.2.2 节）。
- 可以相对于用户定义的局部坐标系来定义加强筋（见“方向”，2.2.5 节）。

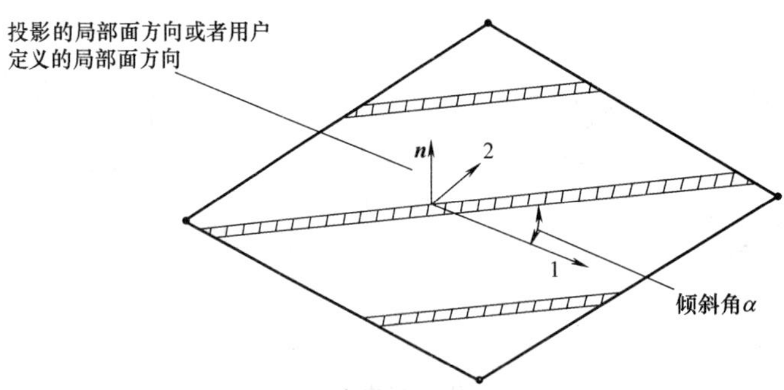

图 2-31 三维壳或者膜单元中的“斜”加强筋

可以选择与壳或者膜单元截面定义相关联的方向来定义，对加强筋角度方向定义没有影响。如果壳或者膜单元在空间中是弯曲的，则局部坐标系中方向 1 将在单元上变化，并且斜加强筋也会发生相应的变化。

对于壳单元，使用分布定义（“分布定义”，2.8 节）的局部坐标系定义，对加强筋角度方向定义没有影响。

如果加强筋的横截面积是 A，应当给出加强筋间距 s，则强化的等效涂层厚度是 $t=A/s$。

相对于默认投影局部坐标系来定义斜加强筋

当相对于默认投影局部坐标系来定义斜加强筋时，需要指定包含加强筋的单元、每根加强筋的横截面面积 A、壳单元面中的加强筋间距 s、厚度方向上的加强筋位置（仅用于壳单元，从壳单元的中面测量，在壳的正法线方向上为正），以及默认的 1 方向与加强筋之间的角度（以度为单位）。关于空间中面上的默认投影局部坐标方向的定义，见“约定”（1.2.2 节）。如果壳单元的厚度是通过节点厚度来定义的（“节点厚度”，2.1.3 节），则厚度方向上的加强筋位置是通过节点厚度定义的厚度与截面定义的厚度之比来折算的。如果壳单元的厚度是使用分布定义定义的（“分布定义”，2.8 节），则厚度方向上的加强筋位置是通过分布定义的单元厚度与默认厚度之比来折算的。正的角度 α 定义是从局部坐标系中方向 1 到方向 2 围绕单元的法向发生的转动。例如在一个膜单元中，下面的数据将产生图 2-32 所示的加强筋定义：$A=0.05$，$s=0.1$，$\alpha=45°$。

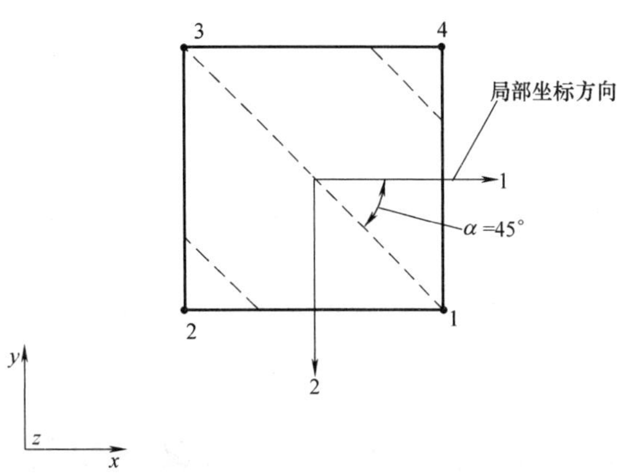

图 2-32　相对于默认局部坐标系来定义斜加强筋

当不使用用户定义的局部方向定义来定义加强筋角度方向时，并且壳单元的方向近似平行于整体 1 轴时，局部坐标轴的轴 1 可能在单元中，或者从一个单元到下一个单元发生极大的变化（见“约定”，1.2.2 节）。

输入文件用法：使用下面的选项在三维壳单元中相对于默认的投影局部坐标系来定义斜加强筋：

```
* REBAR, ELEMENT = SHELL, MATERIAL = 材料, GEOMETRY =SKEW
```

使用下面的选项在一般膜单元中相对于默认投影局部坐标系定义斜加强筋：

```
* REBAR, ELEMENT = MEMBRANE, MATERIAL=材料, GEOMETRY=SKEW
```

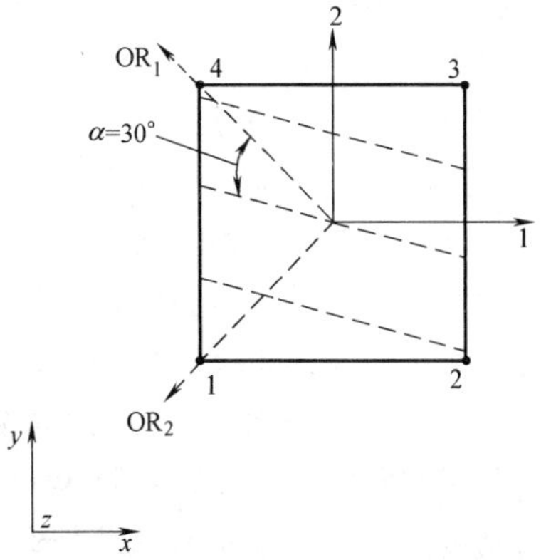

图 2-33　相对于用户定义的局部坐标系方向定义的斜加强筋

OR_n—用户定义的局部坐标方向

1、2—默认的局部坐标方向

相对于用户定义的局部坐标系来定义斜加强筋

当相对于用户定义的局部坐标系来定义斜加强筋时，需要指定包含加强筋的单元、每根加强筋的横截面积 A、壳单元面中的加强筋间距 s、厚度方向上的加强筋位置（仅用于壳单元，从壳单元的中面测量，在壳单元的正法线方向上为正），以及默认的方向 1 与加强筋之间的角度（以度

为单位）。关于如何根据用户定义的方向计算局部坐标系来定义壳和膜中的加强筋，见“方向”（2.2.5节）。正的角度 α 定义了从局部方向1到局部方向2围绕用户定义的法向方向的转动。例如在壳中，下面的数据将产生图2-33所示的斜加强筋定义：$A=0.01$，$s=0.1$；加强筋到壳单元中面的距离=0.0；$\alpha=30°$；加强筋定义参考局部坐标系中的矩形方向，将此矩形方向定义为 X 轴通过点（-0.7071，0.7071，0.0），$X-Y$ 平面包含点（-0.7071，-0.7071，0.0），并关于方向3额外转动0°。

输入文件用法：使用下面的选项在三维壳单元中，相对于用户定义的局部坐标系定义斜加强筋：

*REBAR，ELEMENT = SHELL，MATERIAL = 材料，GEOMETRY = SKEW，ORIENTATION = 名称

使用下面的选项在一般膜单元中，相对于用户定义的局部坐标系定义斜加强筋：

*REBAR，ELEMENT = MEMBRANE，MATERIAL = 材料，GEOMETRY = SKEW，ORIENTATION = 名称

在轴对称壳和膜单元中定义加强筋

轴对称膜单元中的加强筋必须位于膜单元的参考面上，而轴对称壳单元中的加强筋既可以位于壳单元的参考面，也可以偏离中面。可以将轴对称壳和膜单元中的加强筋定义为相对于 $r-z$ 平面的任意方向。轴对称壳单元中环形加强筋的例子如图2-34所示，轴对称壳单元中的径向加强筋的例子如图2-35所示。

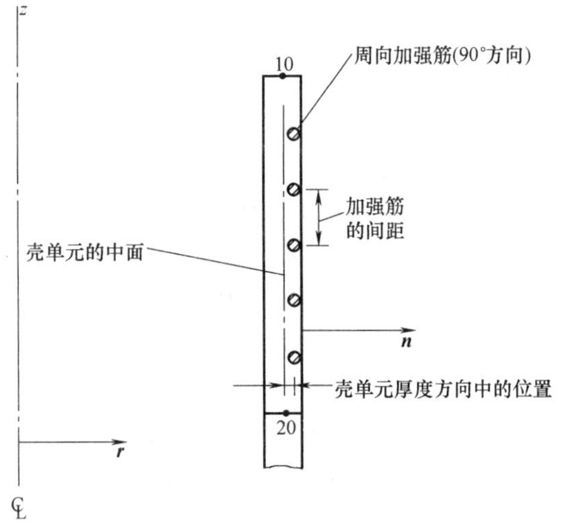

图2-34 轴对称壳单元中的环形加强筋例子

用户指定每一个加强筋的横截面积 A；加强筋间距 s；对于壳单元，加强筋在壳单元厚度方向的位置，从壳单元的中面进行度量（沿壳单元正法线方向为正）；相对于 $r-z$ 平面的角度方向 α，以度为单位；并且加强筋间距是沿径向位置测量的。角度方向相对于壳或者膜单元正法向正向测量。如果壳单元的厚度是通过节点厚度定义的（“节点厚度”，2.1.3节），则到中面的距离将通过节点厚度定义的厚度与截面定义的厚度之比来进行折算。如果壳单元的厚度是用分布定义的（“分布定义”，2.8节），则到中面的距离将通过分布定义的单元厚度与默认厚度之比来进行折算。

如果在没有扭曲的轴对称壳或者膜单元中为加强筋指定了非0°或者90°的方向角，则Abaqus假定加强筋是平衡的（即加强筋的一半位于指定的角度 α 上，而另一半位于角度 $-\alpha$ 上），并且内部计算依此进行。详细内容见“二维中的加强筋模拟”（《Abaqus理论手册》

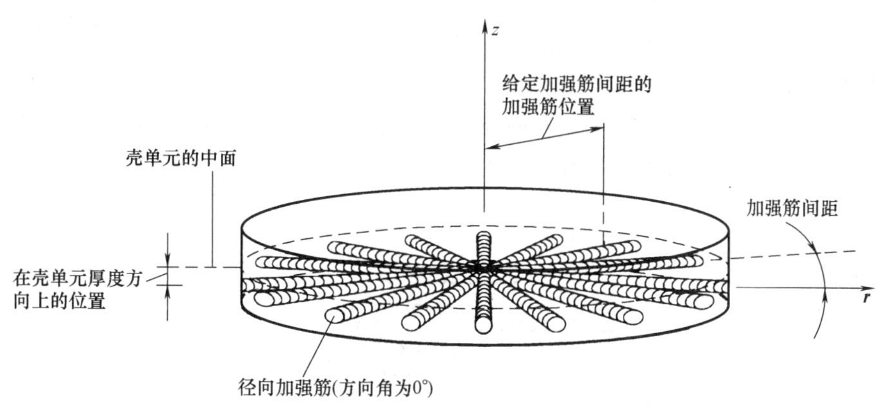

图 2-35　轴对称壳单元中的径向加强筋例子

的 3.7.1 节）。如果使用对称模型生成功能（“对称模型生成”，《Abaqus 分析用户手册——分析卷》的 5.4.1 节）从轴对称壳单元或者膜单元模型创建三维模型，则只能正确地转换平衡加强筋。轴对称模型中的平衡加强筋定义将产生三维模型中的平衡加强筋，无法对非平衡加强筋进行转换。可以正确转换具有扭曲的一般轴对称膜单元中的非平衡加强筋。

如果给出了加强筋间距的径向位置，则加强筋的总横截面积将随着径向位置的变化而保持不变。此行为对应于周向上的加强筋数量保持不变，并说明加强筋的涂层厚度减小，以及加强筋的间距随着 r 的增加而增加（图 2-35）。如果没有指定加强筋间距的径向位置（或者设置成零），则 Abaqus 默认加强筋的间距保持不变，相应涂层的厚度也保持不变（$t=A/s$）。

输入文件用法：使用下面的选项在轴对称壳单元中定义加强筋：

* REBAR，ELEMENT=AXISHELL，MATERIAL=材料

使用下面的选项在轴对称膜单元中定义加强筋：

* REBAR，ELEMENT=AXIMEMBRANE，MATERIAL=材料

在连续单元中定义加强筋

二维或者三维连续（实体）单元中可以包含加强筋；不能在三角形、棱柱、四面体单元或者无限单元中定义加强筋。如果需要使用三角形或者楔形单元，则可以使用退化的四边形或者长方体单元。当退化单元包含加强筋时要谨慎。检查加强筋的位置和方向是否正确是非常重要的。

将加强筋定义成单独的梁或者定义在层中。在后一种情况中，层是每个单元中的面；用户提供面中的加强筋方向。

在平面或者轴对称连续单元中定义加强筋的层

默认情况下，加强筋形成一个层，此层位于垂直于膜平面的面上。用户定义此加强筋面与模型平面相交的线，如下文所述。

加强筋面中的加强筋方向是通过模型平面中的交线与加强筋之间的角度（以度为单位）来定义的。在物理三维空间中测量该角度，而不是在等参空间中测量，详细内容见“二维

空间中的加强筋模拟”(《Abaqus 理论手册》的 3.7.1 节)。沿交线的正方向是从相交单元边的较低编号单元边到较高编号单元边，正角度表示加强筋定向为向下进入模型平面(其中平面与平面应变分析中的 z 轴平行，而对于轴对称分析则是 θ 轴)，如图 2-36 所示。

如果在没有扭曲的轴对称单元中为加强筋指定了一个不是 0°或者 90°的角，则默认单元中的加强筋是平衡的(即加强筋具有指定的角度 α，另一半具有 $-\alpha$ 的角度)。

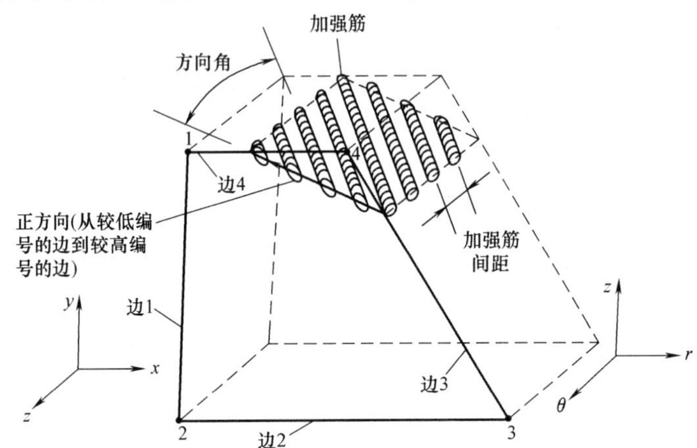

图 2-36 平面和轴对称实体单元中的加强筋方向

定义等参加强筋

对于等参加强筋，加强筋层与模型平面的交线将沿着单元中不变的等参线的映射来布置。用户指定包含加强筋的单元、每根加强筋的横截面积 A、加强筋间距 s、加强筋方向 α(如上文所述)、到边的分数距离 f(边与加强筋之间的距离与单元之间距离之比)，以及用来定义加强筋的边编号。此外，对于轴对称单元，还应指定测量加强筋间距的径向位置。

如果为轴对称单元中的加强筋指定了加强筋间距的径向位置，则随着径向位置的变化，加强筋的总横截面积将保持不变。此行为对应于随着 r 的增加，加强筋的数量保持不变，即加强筋的涂层厚度随着 r 的增加而减小。如果未指定加强筋间距的径向位置(或者设置成零)，则 Abaqus 默认加强筋的间距保持不变，相应涂层的厚度也保持不变($t=A/s$)。

图 2-37 所示为一个等参加强筋的例子。在单元的等参映射中，加强筋的线平行于单元的一条边。在该图中，可以使用边 1 或者边 3 来定义加强筋层 A 的线，并使用边 2 或者边 4 定义加强筋层 B。加强筋层 A 到边 1 的分数距离 $f_1=L_{A2}/L_2=L_{A4}/L_4$。此外，可以用边 3 定义层 A，则 $f_3=1-L_{A2}/L_2=1-L_{A4}/L_4$。

输入文件用法：使用下面的选项定义平面和轴对称连续单元中的等参加强筋：

*REBAR, ELEMENT=CONTINUUM, MATERIAL=材料,
GEOMETRY=ISOPARAMETRIC

定义斜加强筋

对于斜加强筋，加强筋层与模型平面的相交可以与单元的任意两条边相交。用户指定包含加强筋的单元、每根加强筋的横截面积 A、加强筋间距 s、加强筋方向 α(如上文所述)；

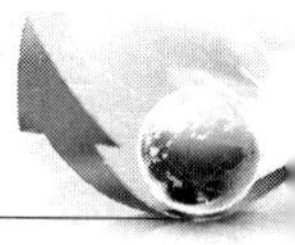

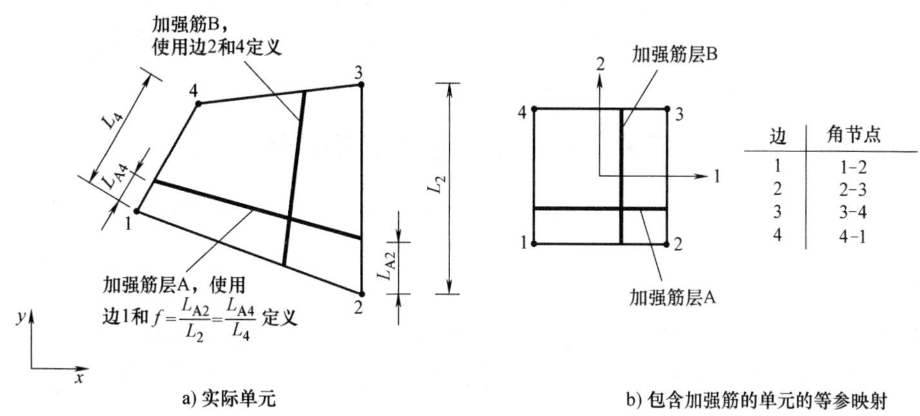

图 2-37 实体单元中的等参加强筋层定义

此外，对于轴对称单元，还应指定用于测量加强筋间距的径向位置。用户也为所有的边指定沿着单元边的分数距离，从边的第一个节点（图 2-38）到加强筋与边相交的位置。只有对应于加强筋相交的两条边的两个值可以是非零的。

图 2-38 所示为斜加强筋的例子。在单元的等参映射中，加强筋的线与单元的两条边相交。通过沿着每条相交边定义分数距离来定位交点。在图 2-38 中，加强筋层 A 是通过沿着边 1 的比 $f_1=L_{A1}/L_1$ 和沿着边 2 的比 $f_2=L_{A2}/L_2$ 来定义的。加强筋层 B 是通过沿着边 3 的比 $f_3=L_{B3}/L_3$ 和沿着边 4 的比 $f_4=L_{B4}/L_4$ 来定义的。

在连续单元中定义斜加强筋将显著增加 Abaqus/Explicit 分析的运行时间。在绝大部分情况下，单元的稳定时间增量由加强筋的稳定时间增量决定，而稳定时间增量与加强筋长度成比例。加强筋长度是通过包含单元中的加强筋面位置、加强筋间距、加强筋横截面积和加强筋面内的加强筋方向这些因素来确定的。如果将连续单元中的斜加强筋定义成与两个相邻的单元边缘相交，则生成的加强筋长度将远小于平均单元边长度，从而会导致产生非常小的单元稳定时间增量。

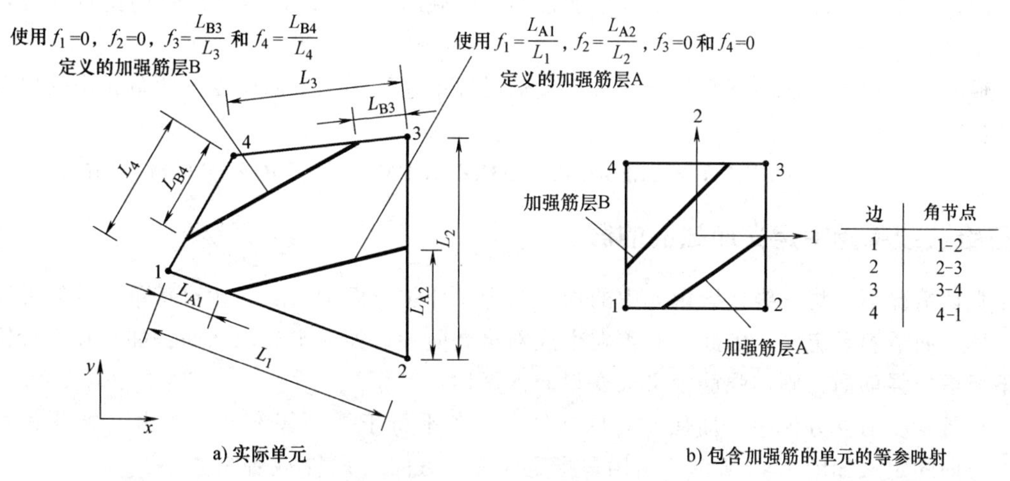

图 2-38 实体单元中的斜加强筋层定义

输入文件用法：使用下面的选项来定义平面和轴对称连续单元中的斜加强筋层：

* REBAR，ELEMENT = CONTINUUM，MATERIAL = 材料，GEOMETRY = SKEW

在二维轴对称单元和广义平面应变连续单元中定义单个加强筋

用户可以在轴对称单元和广义平面应变连续单元中定义单个加强筋。在这种情况下，默认加强筋垂直于模型平面——对于广义平面应变连续单元是在厚度方向上，对于轴对称单元是在周向上。

通过沿常数等参线的相交边 1 和边 2 的分数距离来定义加强筋与模型平面的相交，同时常数等参线通过加强筋的位置（图 2-39）。分数距离是从图 2-39 中所示的第一个边界节点开始测量的。

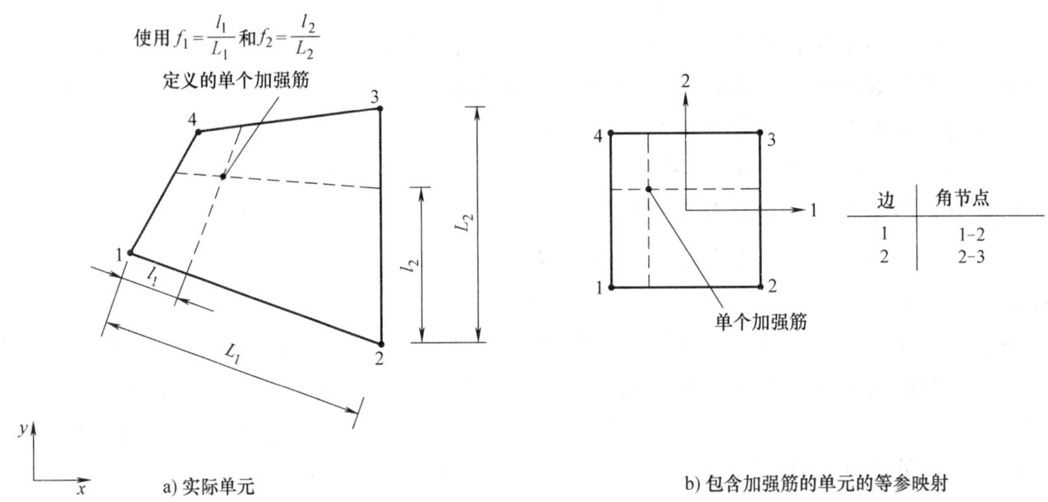

图 2-39　实体单元中的单个加强筋

用户指定包含加强筋的单元、每根加强筋的横截面积 A，以及定义加强筋位置的分数距离 f_1 和 f_2。

输入文件用法：使用下面的选项来定义轴对称单元和广义平面应变连续单元中的单个加强筋：

* REBAR，ELEMENT = CONTINUUM，MATERIAL = 材料，SINGLE

在三维连续单元中定义加强筋的层

默认情况下，将三维连续单元中的加强筋定义成位于面中的层。相对于单元的等参映射立方体，面最容易定义。因此，必须在生成网格之前考虑如何定义加强筋；如果在设计网格时不考虑加强筋面，则加强筋定义会变得非常繁琐。

在等参映射立方体中，加强筋面总是具有两条平行于一个等参方向的边（彼此相对）。等参方向的定义如图 2-40 所示，由用户指定此等参方向（1、2 或者 3）。

在等参映射立方体中，用垂直于此等参方向的单元特定面来定义面的另外两条边的位置。图 2-40 中定义了面及其边。

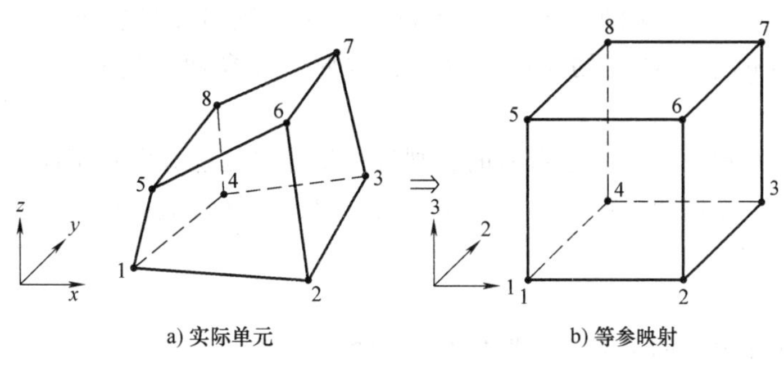

a) 实际单元　　b) 等参映射

边	角节点
1	1-4
2	4-8
3	8-5
4	5-1

c) 等参方向1(平行于单元的1-2边并与面1-4-8-5相交)

边	角节点
1	1-5
2	5-6
3	6-2
4	2-1

d) 等参方向2(平行于单元的1-4边并与面1-5-6-2相交)

边	角节点
1	1-2
2	2-3
3	3-4
4	4-1

e) 等参方向3(平行于单元的1-4边并与面1-2-3-4相交)

图 2-40　三维单元中的等参数方向和边定义

如果定义了等参加强筋，则与用户指定的等参方向不平行的加强筋面的两条边，将平行于另外两个等参方向中的一个；在等参映射立方体中，等参坐标在加强筋面上是不变的。图 2-41 使用包含两个等参加强筋层的单元说明了此概念。每个面的位置是通过分数距离 f 来定义的，f 是图 2-40 中为所选等参方向定义面的边，用户必须指定度量分数距离的边。

如果定义了斜加强筋，则与用户指定等参方向的加强筋面不平行的两条边，通常也不平行另一个等参方向。此加强筋面的两条边的位置由所选等参方向的加强筋面与相交面的边的交点来指定，见图 2-40 中的定义面相交边；交点是由沿着面的每条边的分数距离 f 给出的（注意：对于斜加强筋，分数距离是沿着边测量的；对于等参加强筋，分数距离是从一条边缘开始测量的。）沿着边的分数距离是从该边的第一个节点开始测量的。必须给出四个分数距离，其中仅两个是非零的。

加强筋层中的加强筋方向角 α 是在等参映射立方体中定义的（单位为度），它是加强筋面与所选等参方向的面交线与加强筋之间的角度。交线的正方向是从较低编号的边到较高编

号的边；加强筋的正方向指向单元内。图 2-42 所示为三维斜加强筋建模方向示例。方向角是在等参映射立方体中的加强筋层中定义的，因此，等参加强筋和斜加强筋的定义是一样的。

如果加强筋层在物理空间中是弯曲的，则每个积分点处的方向角可能是不同的。因为每个单元只能定义一个方向角，所有必须使用单元方向角的平均值；对于合适的网格，此近似不会显著影响结果。

定义等参加强筋

用户指定包含加强筋的单元、每根加强筋的横截面积 A、加强筋间距 s、加强筋方向角 α（如上文所述）、到边的分数距离 f、度量分数距离的边编号、加强筋面的等参方向。

输入文件用法：使用下面的选项来定义三维连续单元中等参加强筋的层：

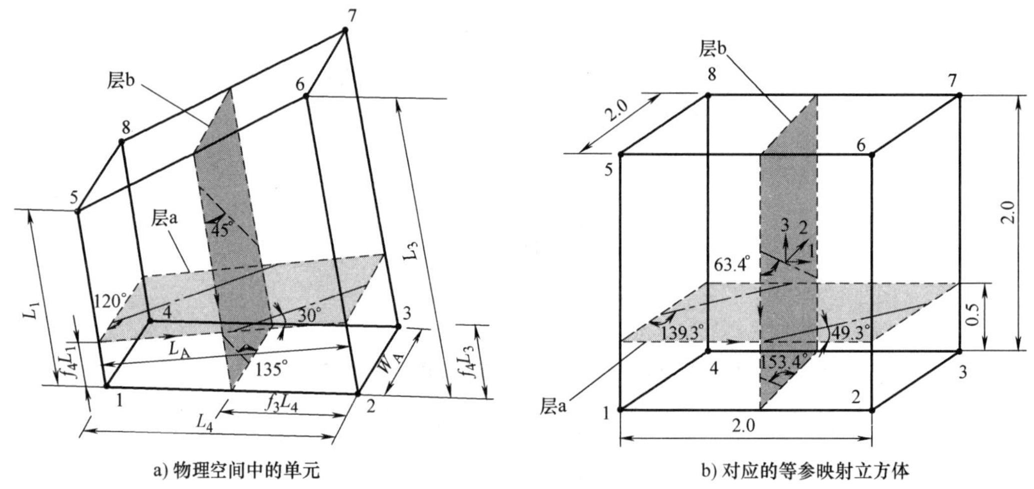

a) 物理空间中的单元　　b) 对应的等参映射立方体

图 2-41　具有两个等参加强筋层的单元

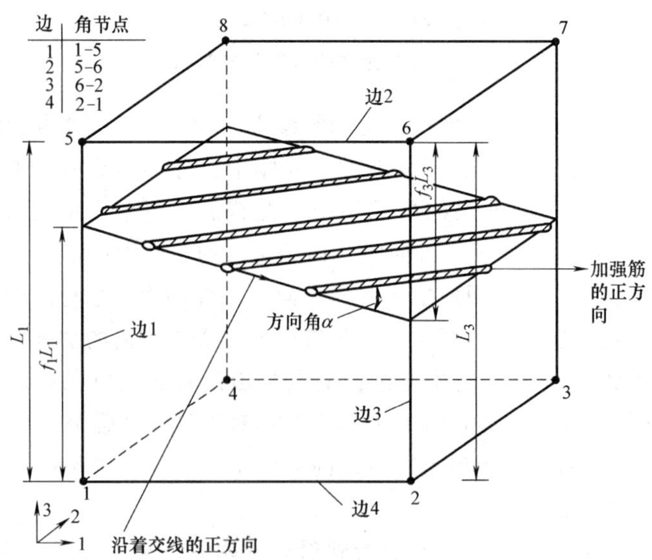

图 2-42　三维斜加强筋建模方向示例（等参方向 2，在映射等参单元中显示）

```
* REBAR, ELEMENT=CONTINUUM, MATERIAL=材料,
GEOMETRY=ISOPARAMETRIC
```

例子：等参加强筋

例如，下面的输入定义了图 2-41 所示的等参加强筋：

```
* HEADING
ISOPARAMETRIC REBAR
* NODE
 1, 0. , 0.
 2, 10. , 0.
 3, 10. , 5.
 4, 0. , 5.
 5, 0. , 0. , 7.5
 6, 10. , 0. , 12.5
 7, 10. , 5. , 12.5
 8, 0. , 5. , 7.5
* ELEMENT, TYPE=C3D8R, ELSET=ONE
 1, 1, 2, 3, 4, 5, 6, 7, 8
* REBAR, ELEMENT=CONTINUUM, MATERIAL=STEEL,
 GEOMETRY=ISOPARAMETRIC, NAME=LAYER_ A
 ONE, .04, 2.5, 49.32628, 0.25, 4, 2
* REBAR, ELEMENT=CONTINUUM, MATERIAL=STEEL,
 GEOMETRY=ISOPARAMETRIC, NAME=LAYER_ B
 ONE, .04, 1. , 63.43494, 0.5, 3, 2
* MATERIAL, NAME=STEEL
* ELASTIC
 30.E6,
 …
```

加强筋层 A 和 B 采用等参方向 2 定义。由图 2-40 可知，必须给出各层相对于具有节点 1-5-6-2 的面的位置。

定义层 A 与此面相交位置的分数距离可以从边 4（具有节点 2-1 的边）沿着边 3（具有节点 6-2 的边）来测量，如图 2-41 所示。对于层 A，$f_4=0.25$。它也可以从边 2 给出（具有节点 5-6 的边），则 $f_2=1.0-f_4=0.75$。

物理空间中层 *A* 的加强筋方向是通过角度 β 来定义的，对于层 A，$\beta=30°$。该角度必须转换成等参映射立方体中的相应角。可以如下完成此转换：考虑与交线（如上文所述）和相邻边相交的单个加强筋（图 2-43）。

从图中可见，$\tan\beta=X/S$。加强筋层沿着交线的长度是 L，对边的长度是 W。在等参映射立方体中的加强筋层中使用同一根加强筋。方向角 α 是由 $\tan\alpha=x/s$ 给出的，其中 $x=2X/W$，$s=2S/L$（公式中的 2 是因为等参映射立方体是一个 2×2×2 的立方体。）此表达式可以简化为

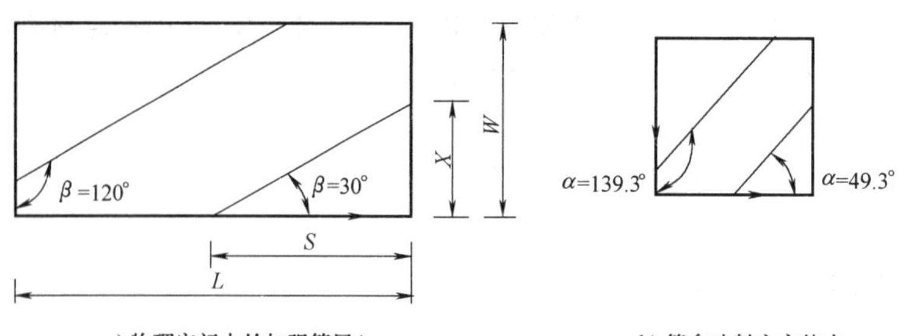

a) 物理空间中的加强筋层A

b) 等参映射立方体中的加强筋层A

图 2-43　定义等参加强筋示例

$$\tan\alpha=\frac{X}{W}\cdot\frac{L}{S}=\frac{L}{W}\tan\beta$$

对于层 A，$L=10.0778$，$W=5.0$，$\beta=30°$，$\alpha=49.33°$，其中必须指定方向角 α。

定义层 β 与此面相交位置的分数距离可以从边 3 测量（具有节点 6-2 的边），$f_3=0.5$；也可以从边 1（具有节点 1-5 的边）测量，则 $f_1=1.0-f_3$。加强筋层中层 B 的方向角是 45°。在等参映射立方体中，$L=10.0$，$W=5.0$，$\beta=45°$，$\alpha=63.43°$。

因为等参加强筋层总是位于两个等参方向上，所以可以给出另一个等效定义。例如，层 A 也位于等参方向 1 上，使用具有节点 1-4-8-5 的相交面。从边 1（具有节点 1-4 的边）测量层 A 的分数距离时，$f_1=0.25$。交线的正方向是从边 2（具有 4-8 节点的边）到边 4（具有 5-1 节点的边），则 $\beta=120°$，$L=5.0$，$W=10.077$，$\alpha=139.32°$。

层 B 也位于等参方向 3 上，使用具有节点 1-2-3-4 的相交面。从边 2（具有节点 2-3 的边）测量层 B 的分数距离时，$f_2=0.5$。交线的正方向是从边 1（具有节点 1-2 的边）到边 3（具有节点 3-4 的边），则物理空间中加强筋的方向角 $\beta=135°$，$L=5.0$，$W=10.0$，等参映射立方体中 $\alpha=153.43°$。

定义斜加强筋

用户需要指定包含加强筋的单元、每根加强筋的横截面积 A、加强筋间距 s、加强筋方向角 α（如上文所述）、等参数方向。此外，还应为图 2-40 中定义的相交面的每条边指定沿着单元边的分数距离 f。只有与加强筋相交的两条边的值可以是非零的。

输入文件用法：使用下面的选项在三维连续单元中定义斜加强筋的层：

```
*REBAR, ELEMENT=CONTINUUM, MATERIAL=材料,
GEOMETRY=SKEW
```

例子：斜加强筋

例如，下面的输入定义了图 2-44 所示的斜加强筋：

```
*HEADING
*NODE
 1, 0., 0.
 2, 10., 0.
 3, 10., 5.
 4, 0., 5.
```

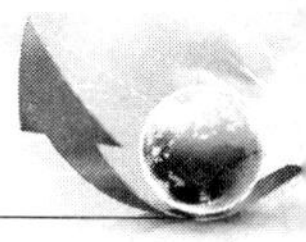


```
  5, 0., 0., 7.5
  6, 10., 0., 12.5
  7, 10., 5., 12.5
  8, 0., 5., 7.5
*ELEMENT, TYPE=C3D8R, ELSET=ONE
  1, 1, 2, 3, 4, 5, 6, 7, 8
*REBAR, ELEMENT=CONTINUUM, MATERIAL=STEEL, GEOMETRY=SKEW,
  NAME=LAYER_ A
  ONE, .04, 2.5, 55.28,, 2
  .2, 0., .4, .0
*MATERIAL, NAME=STEEL
*ELASTIC
  30.E6,
  …
```

使用等参方向 2 定义加强筋。在图 2-40 中定义了相交面，它包含节点 1-5-6-2。加强筋层的位置是通过它与此面的边的交点来指定的，分数距离 f_1 和 f_3 见图 2-44。物理空间中加强筋方向角 $\beta=30°$。与等参加强筋计算 α 过程相同，$L=12.5$，$W=5.0$，并且等参映射立方体中的方向角 $\alpha=55.28°$。

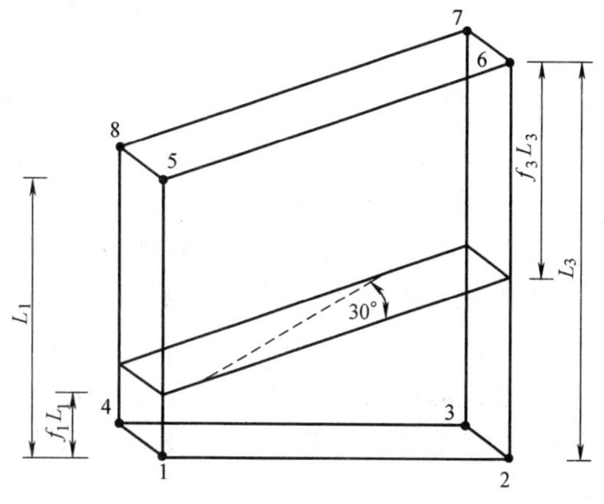

图 2-44　定义斜加强筋示例

在三维连续单元中定义单个加强筋

用户可以在三维连续单元中定义单个加强筋。在这种情况下，假定加强筋是沿着单元的一个等参方向放置的，然后通过其与相交面（见图 2-40）的交点进行定位。通过沿着边 1 和边 2 的分数距离给出不变等参线与相交面的边 1 和边 2 的交点，从每条边的第一个节点开始测量，如图 2-39 所示。

用户需要指定包含加强筋的单元、每根加强筋的横截面积 A、在单元中定位加强筋位置的分数距离 f_1 和 f_2、等参数方向。另外，还应为所选等参方向给出关于边 1 和边 2 的分数距离（见图 2-40）。

输入文件用法：使用下面的选项在三维连续单元中定义单个加强筋：

*REBAR, ELEMENT=CONTINUUM, MATERIAL=材料, SINGLE

定义加强筋材料

加强筋的材料属性与基底单元的材料截然不同，它是通过一个单独的材料定义来定义的（见“材料数据定义”，《Abaqus 分析用户手册——材料卷》的 1.1.2 节）。用户必须将每个加强筋定义关联一组材料属性。

在 Abaqus/Standard 中，不能使用下面的材料行为定义加强筋材料：

- “多孔金属塑性”（《Abaqus 分析用户手册——材料卷》的 3.2.9 节）。

在 Abaqus/Explicit 中，不能使用下面的材料行为定义加强筋材料：

- “线弹性行为”中的“定义完全各向异性弹性”（《Abaqus 分析用户手册——材料卷》的 2.2.1 节）。
- “线弹性行为”中的“通过指定弹性刚度矩阵中的项来定义正交异性弹性”（《Abaqus 分析用户手册——材料卷》的 2.2.1 节）。
- “状态方程”（《Abaqus 分析用户手册——材料卷》的 5.2 节）。
- “各向异性屈服/蠕变”（《Abaqus 分析用户手册——材料卷》的 3.2.6 节）。
- “多孔金属塑性”（《Abaqus 分析用户手册——材料卷》的 3.2.9 节）。
- “扩展的 Drucker-Prager 模型”（《Abaqus 分析用户手册——材料卷》的 3.3.1 节）。
- “改进的 Drucker-Prager 模型”（《Abaqus 分析用户手册——材料卷》的 3.3.2 节）。
- “可压碎泡沫塑性模型”（《Abaqus 分析用户手册——材料卷》的 3.3.5 节）。
- “混凝土的开裂模型”（《Abaqus 分析用户手册——材料卷》的 3.6.2 节）。

虽然 Abaqus/Standard 允许使用正交异性弹性来定义加强筋材料（“线弹性行为”中的“通过指定弹性刚度矩阵中的项来定义正交异性弹性”，《Abaqus 分析用户手册——材料卷》的 2.2.1 节）或者各向异性弹性（“线弹性行为”中的“定义完全各向异性弹性”，《Abaqus 分析用户手册——材料卷》的 2.2.1 节），但在这些定义中，D_{1111} 是唯一有意义的材料常数。使用相应的应力分量 σ_{11}，通过 D_{1111} 来计算加强筋方向上的应变 ε_{11}（见“线弹性行为”，《Abaqus 分析用户手册——材料卷》的 2.2.1 节）。在加强筋中，不存在其他应变分量或者应力分量。

在 Abaqus/Standard 中，对于加强筋材料属性，密度可以忽略不计。因此，在特征值提取和隐式动态过程中，以及对于重力、离心力和转动加速度分布载荷，忽略加强筋的质量。

输入文件用法：使用下面的选项为加强筋定义关联材料定义：

*REBAR，ELEMENT=单元，MATERIAL=材料

初始条件

初始条件（“Abaqus/Standard 和 Abaqus/Explicit 中的初始条件”，《Abaqus 分析用户手册——指定条件、约束与相互作用卷》的 1.2.1 节）可以用来定义加强筋预应力或者为加强筋定义求解相关的值。

定义加强筋中的预应力

对于定义了加强的结构（如加强的混凝土结构），用户可以使用初始条件定义加强筋中的预应力。

在这种情况下，在 Abaqus/Standard 中，结构在主动加载之前，必须通过初始稳态分析步（“静应力分析，”《Abaqus 分析用户手册——分析卷》的 1.2.2 节），使其达到平衡状

态，同时不施加外部载荷（或可以只施加“静”载荷）（见“Abaqus/Standard 和 Abaqus/Explicit 中的初始条件”中的“定义初始应力”，《Abaqus 分析用户手册——指定条件、约束与相互作用卷》的 1.2.1 节）。

输入文件用法：* INITIAL CONDITIONS, TYPE=STRESS, REBAR
单元编号或者单元集名称，加强筋名称，预应力值

在 Abaqus/Standard 中保持加强筋中的预应力

如果在加强筋中定义了预应力，除非保持预应力固定不变，否则允许其在平衡静分析步过程中发生改变，这是结构自身建立自平衡应力状态而进行结构应变的结果。例如混凝土预应力的预拉伸类型，在被混凝土覆盖之前，最初将混凝土中的加强筋拉伸到所需张力。在混凝土固化并与加强筋粘结后，释放初始加强筋张力会将载荷传递给混凝土，在混凝土中产生压应力。混凝土中产生的变形降低了加强筋中的应力。

此外，在此初始平衡求解过程中，用户可以指定部分或者所有加强筋中的初始应力保持不变。例如加强筋预应力的后拉伸类型，允许加强筋在混凝土中滑动（通常是在导管中），并通过一些外部途径（预应力千斤顶）保持预应力载荷。加强筋中预应力的大小通常是设计要求的一部分，它应随着预应力载荷下混凝土的压缩而保持不变。通常，预应力仅在分析的第一步中保持不变。这对于预应力通常是更常见的假设。

如果在预应力保持不变的步之后，分析步中的预应力发生改变，则加强筋中的应力将随混凝土的额外变形而变化。如果没有额外的变形，则加强筋中的应力将保持初始条件所设定的水平。如果加载历史是在预应力保持不变的步的后续步中，混凝土或者加强筋中不产生塑性变形，则一旦去除了这些步中的载荷，加强筋中的应力将恢复到初始条件中施加的载荷水平。

输入文件用法：* PRESTRESS HOLD

定义加强筋的求解相关的状态，变量的初始值

用户可以为单元中的加强筋定义求解相关的状态变量的初始值（见“Abaqus/Standard 和 Abaqus/Explicit 中的初始条件”，《Abaqus 分析用户手册——指定条件、约束与相互作用卷》的 1.2.1 节）。

输入文件用法：* INITIAL CONDITIONS, TYPE=SOLUTION, REBAR

输出

使用输出变量 RBFOR 来得到加强筋积分点处的加强筋力输出。加强筋力等于加强筋应力乘以当前的加强筋横截面积。假设加强筋是不可压缩的材料，由此计算当前的加强筋横截面积，而不管实际的材料定义如何。对于膜或者壳单元中的加强筋，输出变量 RBANG 和 RBROT 分别标识单元中等参加强筋或者斜加强筋的当前方向，以及由有限变形引起的加强筋的相对转动。这些量是相对于用户指定的单元中的等参方向来测量的，而不是相对于默认的局部单元坐标系或者方向定义的坐标系测量的（见“壳、膜和面单元中的加强筋模拟”，《Abaqus 理论手册》的 3.7.3 节）。

有关额外输出量（如应力和应变）的内容信息，见“Abaqus/Standard 输出变量标识符”（4.2.1 节）和“Abaqus/Explicit 输出变量标识符”（4.2.2 节）。对于具有多个积分点的膜或者壳单元中的加强筋，可以得到积分点和单元中心处的输出量。

为壳和膜单元中的加强筋角度输出指定方向

输出量 RBANG 和 RBROT 可以从壳或者膜单元面中的任意等参方向上测量。用户可以指定测量加强筋角度所需的等参方向（1 或者 2），在轴对称壳和膜单元中，第一个等参方向与子午线方向一致，第二个等参方向与周向一致。加强筋角度是从等参方向到加强筋来测量的，将正的加强筋角度定义为绕单元的法线方向逆时针转动，默认的方向是第一等参方向。

输入文件用法：使用下面的任意选项：

*REBAR，ELEMENT=SHELL，MATERIAL=材料，ISODIRECTION=n

*REBAR，ELEMENT=AXISHELL，MATERIAL=材料，ISODIRECTION=n

*REBAR，ELEMENT = MEMBRANE，MATERIAL = 材料，ISODIRECTION=n

*REBAR，ELEMENT=AXIMEMBRANE，MATERIAL=材料，ISODIRECTION=n

例子

例如，使用用户定义的局部坐标系来定义壳单元中的斜加强筋（斜角 $\alpha=30°$），RBANG 的输出值是 75°，如图 2-45 所示。

```
*REBAR, ELEMENT = SHELL, MATERIAL = MAT1, NAME=REBARB,
    GEOMETRY = SKEW, ORIENTATION = ORIENT, ISODIRECTION=2
    ELSET1, 0.01, 0.1, 0.0, 30.
*ORIENTATION, SYSTEM = RECTANGULAR, NAME=ORIENT
    -0.7071, 0.7071, 0.0, -0.7071, -0.7071, 0.03, 0.0
```

加强筋位于壳单元的中面处。输出变量 RBANG 是从加强筋的第二等参方向上测量的。如果用第一等参方向代替第二等参方向，则输出变量 RBANG 将输出角度 165°。

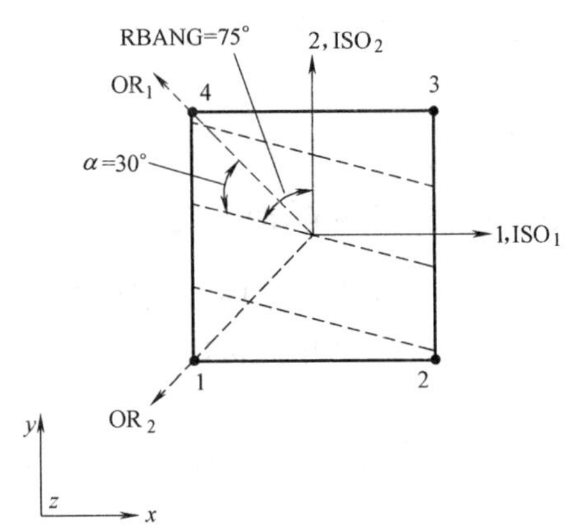

图 2-45 相对于用户定义的局部坐标方向定义的斜加强筋的 RBANG 变量

ISO_n—等参方向 OR_n—用户定义的局部方向 1、2—默认的局部方向

加强筋中方向和加强筋中结果的可视化

Abaqus/CAE 不支持基于单元的加强筋或者加强筋结果的可视化。Abaqus/CAE 不支持如“定义加强筋”（2.2.3 节）中所描述的那样定义加强筋的可视化。

2.2.5 方向

产品：Abaqus/Standard Abaqus/Explicit Abaqus/CAE

参考

- “分布定义”，2.8 节
- “材料库：概览”，《Abaqus 分析用户手册——材料卷》的 1.1.1 节
- “材料数据定义”，《Abaqus 分析用户手册——材料卷》的 1.1.2 节
- “织物材料”，《Abaqus 分析用户手册——材料卷》的 3.4 节
- “分布载荷”，《Abaqus 分析用户手册——指定条件、约束与相互作用卷》的 1.4.3 节
- “运动耦合约束”，《Abaqus 分析用户手册——指定条件、约束与相互作用卷》的 2.2.3 节
- “耦合约束”，《Abaqus 分析用户手册——指定条件、约束与相互作用卷》的 2.3.2 节
- “惯性释放”，《Abaqus 分析用户手册——分析卷》的 6.1 节
- *ORIENTATION
- “创建基准坐标系”，《Abaqus/CAE 用户手册》的 62.9 节

概览

可以使用用户定义的方向为下面的情况定义局部坐标系：

- 定义材料属性，如各向异性材料或者结理材料（如果为实体单元定义各向异性的材料属性，则必须定义局部坐标系）。
- 定义局部材料方向，如织物材料的平面内填充方向和经纱方向，或者各向异性超弹性材料的纤维方向。
- 壳、膜和面单元中的加强筋方向。
- 转动惯量和连接器单元的方向。
- 耦合约束的方向。
- 定义分布的一般拉伸、剪切拉伸和一般边载荷的加载方向。
- 定义 Abaqus/Standard 中接触的局部切向方向。
- 积分点处的材料计算。
- 输出应力分量、应变分量和单元截面力分量。
- 在 Abaqus/Standard 中为惯性释放定义刚体运动方向的局部坐标系。

用户定义的方向不能用于以下情况：

- 在 Abaqus/Standard 中使用弥散开裂混凝土材料行为的点处（“混凝土弥散开裂”，《Abaqus 分析用户手册——材料卷》的 3.6.1 节）。
- 为定义节点坐标而指定局部坐标系时（见“节点定义”中的“指定在其中定义节点

的局部坐标系”或者“为节点坐标指定局部坐标系”，2.1.1节）。

- 为施加载荷和边界条件指定局部坐标系时(见“坐标系变换”，2.1.5节)。

定义局部坐标系的方法应具有相当大的普遍性，由于所建模的形状和构型，此系统必须经常从点到点发生变化。用户可以直接定义局部方向。Abaqus中的直接数据方法旨在提供足够的通用性，以便在大多数情况下可以轻松建模，这种方法对于规则的几何形体是特别有用的。可以直接使用分布定义（“分布定义”，2.8节）为任意几何形体的实体连续、壳和膜单元（在Abaqus/Standard中）定义空间变化局部坐标系。

在Abaqus/Standard中，用户也可以在用户子程序ORIENT中定义局部方向。

给方向赋予名称

用户必须给每个方向定义赋予名称。不同的特征使用此名称来引用方向定义。

输入文件用法：*ORIENTATION, NAME=名称

Abaqus/CAE用法：Any module：Tools→Datum：Type：CSYS：选择任意方法并单击OK键：Name：名称

在包含零件实例的装配模型中定义局部坐标系

在以零件实例的装配形式定义的模型中，用户可以在零件、零件实例或者装配件层级上定义局部方向。在零件或者零件实例层级上定义的方向，是关于该零件（或者零件实例）的每个实例给出的位置数据转动的，包括使用分布定义方向的情况，见“装配定义”（2.10节）和“分布定义”（2.8节）。

直接定义局部坐标系

使用二阶段过程直接定义坐标系。

- 用户在需要使用局部坐标系的特定位置定义局部坐标系。可以选择定义直角坐标系、圆柱坐标系或者球坐标系。按图2-46所示的方法，由点a、b和c定义坐标系。用户可以选择定义点a、b和c的方法，如下所述。

- 另外，用户可以通过将这些局部坐标方向（X'、Y'或者Z'）之一作为转动轴，并围绕该轴进行转动（以度为单位）来指定附加转动，局部坐标系将相对于指定轴转动这一角度。对于Abaqus/Standard中的接触面、壳单元、膜单元、垫片单元，以及当方向与复合实体截面相关联的时候，需要采用这种定义局部坐标系的方法。图2-47所示为指定附加转动的方法。

复合实体的局部坐标系由X'、Y'或者Z'表示。其他类型单元的局部坐标系由1、2和3表示；括号中的轴代号是垫片单元的方向。

可用坐标系

直角、圆柱和球坐标系是可用的。

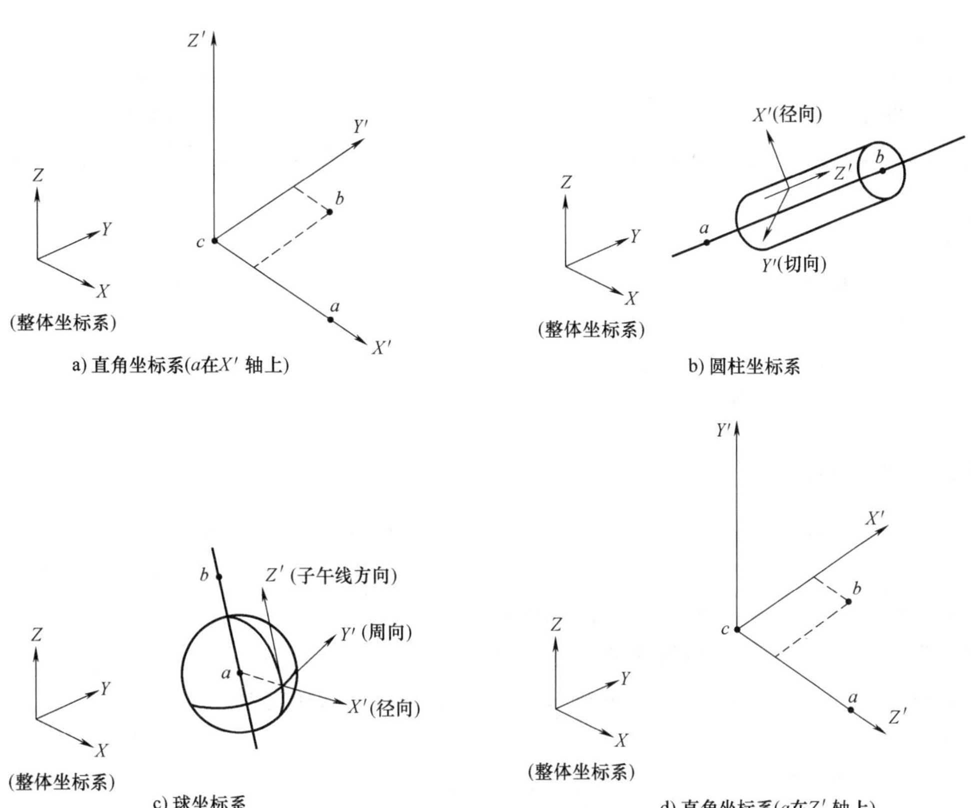

图 2-46　不同的坐标系

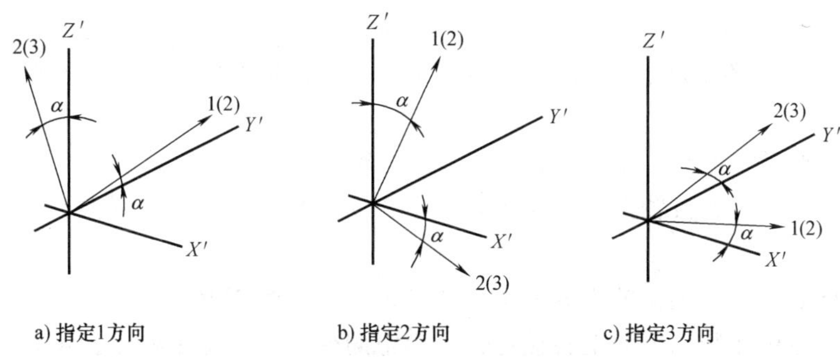

图 2-47　为壳单元、膜单元、垫片单元（括号中）、复合实体（括号中），以及 Abaqus/Standard 中的接触面指定相对于局部坐标轴的转动

定义直角坐标系

图 2-46a 所示为直角坐标系。直角坐标系是默认选项。另外，用户还可以定义如图 2-46d 所示的直角坐标系。

输入文件用法：* ORIENTATION，NAME = 名称，SYSTEM = RECTANGULAR

* ORIENTATION，NAME = 名称，SYSTEM = Z RECTANGULAR

Abaqus/CAE 用法：Any module：Tools→Datum：Type：CSYS：选择任意方法并单击 OK 键：Rectangular

定义圆柱坐标系

图 2-46b 所示为圆柱坐标系。局部坐标轴是 X'=径向，Y'=切向，Z'=轴向。

输入文件用法：*ORIENTATION，NAME=名称，SYSTEM=CYLINDRICAL

Abaqus/CAE 用法：Any module：Tools→Datum：Type：CSYS：选择任意方法并单击 OK 键：Cylindrical

定义球坐标系

图 2-46c 所示为一个球坐标系。局部坐标轴是 X'=径向，Y'=周向，Z'=子午线方向。

输入文件用法：*ORIENTATION，NAME=名称，SYSTEM=SPHERICAL

Abaqus/CAE 用法：Any module：Tools→Datum：Type：CSYS：选择任意方法并单击 OK 键：Spherical

定义坐标系的方法

用户可以通过以下方式定义坐标系：直接指定 *a*、*b*、*c* 三点的位置；指定 *a*、*b*、*c* 三点相对于整体节点编号的位置；指定 *a*、*b*、*c* 三点相对于局部坐标系中节点编号的位置；指定其他坐标系的偏移量；或者指定坐标系中的两条线。

通过直接指定点 *a*、*b* 和 *c* 的位置来定义坐标系

用户可以直接指定点 *a*、*b* 和 *c* 的坐标。这些坐标应该与所选择的坐标系相适应。此方法是默认的。

用户可以通过指定位于 $X'-Y'$平面上的三个点（*a*、*b* 和 *c*）来定义直角坐标系（X'，Y'，Z'），如图 2-46a 所示。点 *c* 是坐标系的原点，点 *a* 必须位于 X'轴上，点 *b* 必须位于 $X'-Y'$平面上。虽然不是必须如此，但选择 *b* 点位于或者靠近局部 Y'轴较为简便。

另外，在 Abaqus/Standard 中，用户还可以通过指定位于 $X'-Z'$平面上的三个点（*a*、*b* 和 *c*）来定义直角坐标系（X'，Y'，Z'），如图 2-46d 所示。点 *c* 是该坐标系的原点，点 *a* 必须位于 Z'轴上，点 *b* 必须位于 $X'-Z'$平面上。虽然不是必须如此，但选择 *b* 点位于或者靠近局部 X'轴较为简便。

对于矩形坐标系，原点（点 *c*）的默认位置是整体坐标系的原点。

通过在圆柱坐标系的极轴上给出两个点（*a* 和 *b*）来定义圆柱坐标系，如图 2-46b 所示的那样。

通过给出球心 *a* 和极轴上的点 *b* 来定义球坐标系，如图 2-46c 所示。

要在连续实体单元和壳单元上直接定义一个空间变化的局部坐标系，可以一个单元一个单元地使用分布来指定点 *a* 和点 *b* 的坐标。当前并不支持使用分布来定义点 *c*（可选的）的坐标。(见“分布定义”，2.8 节)。

输入文件用法：*ORIENTATION，NAME=名称，DEFINITION=COORDINATES

Abaqus/CAE 用法：Any module：Tools→Datum：Type：CSYS，Method：3 points

通过给出点 *a*、*b* 和 *c* 的整体节点编号来定义坐标系

用户可以通过指定三个整体节点编号来定位点 *a*、*b* 和 *c*。对于直角坐标系，默认原点（点 *c*）位置是整体坐标系的原点。

入文件用法：*ORIENTATION，NAME=名称，DEFINITION=NODES

Abaqus/CAE 用法：在 Abaqus/CAE 中，不允许通过给出整体节点编号来定义坐标系。

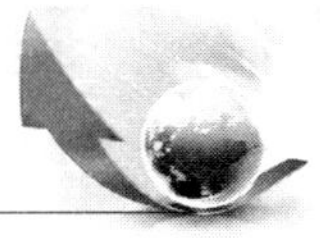

通过给出点 a、b 和 c 的局部节点编号来定义坐标系

用户可以通过指定一个单元的局部节点编号来定位点 a、b 和 c。局部节点编号参考节点在单元连通性中指定的顺序。例如，局部节点编号 2 对应于单元定义中的第二个指定节点。这种定义方法允许具有单独方向定义的局部坐标系逐个单元地发生变化。例如，如果将局部节点编号 2 给成点 c 的位置，并将局部节点编号 3 给成点 a 的位置，则将局部 X'方向定义成与单元的（2，3）边平行。默认情况下，局部坐标系的原点（点 c）是单元的第一个节点（局部节点编号 1）。

输入文件用法：*ORIENTATION，NAME=名称，DEFINITION=OFFSET TO NODES

Abaqus/CAE 用法：在 Abaqus/CAE 中，不允许通过给出局部节点编号来定义坐标系。

通过给出相对于其他坐标系的偏移来定义坐标系

用户可以通过指定相对于现有坐标系的偏移来定义坐标系。

输入文件用法：在输入文件中，不允许通过给出相对于其他坐标系的偏移来定义坐标系。

Abaqus/CAE 用法：Any module：Tools→Datum：Type：CSYS：Offset from CSYS

通过给出两条边来定义坐标系

用户可以通过指定两条边来定义坐标系。第一条边定义 X 轴或者 R 轴，并且 X-Y 或者 R-θ 平面通过第二条边。

输入文件用法：在输入文件中，不允许通过给定两条边来定义坐标系。

Abaqus/CAE 用法：Any module：Tools→Datum：Type：CSYS：2 lines

为各向异性超弹性材料定义局部材料方向

当使用基于不变量的公式模拟各向异性超弹性材料时（“各向异性超弹性行为”中的“基于不变量的公式”，《Abaqus 分析用户手册——材料卷》的 2.5.3 节），用户必须定义表征每个纤维族的局部方向。不要求这些方向在初始构型中正交。用户可以相对于材料点处的正交方向坐标系指定这些局部坐标方向。至多可以将三个局部坐标方向指定成局部坐标方向坐标系定义的一部分。可以将局部坐标方向作为输出数据库的场变量来输出（见“各向异性超弹性行为”中的“输出”，《Abaqus 分析用户手册——材料卷》的 2.5.3 节）。

输入文件用法：使用下面的选项定义正交坐标系和该坐标系的 N 局部坐标方向，以确定各向异性超弹性材料的首先方向：

*ORIENTATION，LOCAL DIRECTIONS=N

Abaqus/CAE 用法：在 Abaqus/CAE 中不允许定义局部材料方向。

为织物材料定义参考构型中的纱线方向

通常，织物材料中的纱线方向在参考构型中可能彼此不垂直（“织物材料”，《Abaqus 分析用户手册——材料卷》的 3.4 节）。用户可以相对于材料点上正交方向坐标系的平面内轴指定这些方向。将局部坐标方向和正交坐标系一起定义成一个单独的方向定义。如果没有指定局部坐标方向，则假定这些方向与所定义正交坐标系的平面内轴相匹配。局部坐标方向随着变形可以不保持正交。Abaqus 随着变形更新局部坐标方向，并计算沿着这些方向的名义应变和它们（织物切应变）之间的角度。织物的本构行为以织物应变的形式定义局部坐标系中的名义应力。局部坐标方向可以作为输出数据库的场变量来输出（见“织物材料行为”中的“输出”，《Abaqus 分析用户手册——材料卷》的 3.4 节）。

输入文件用法：使用下面的选项来定义正交坐标系，并相对于该坐标系中的局部坐标方向来确定参考构型中的纱线方向：

*ORIENTATION，LOCAL DIRECTIONS=2

Abaqus/CAE 用法：在 Abaqus/CAE 中，不允许定义织物材料的纱线方向。

在 Abaqus/Standard 中使用用户子程序定义局部坐标系

在一些情况中，指定局部坐标系的最简单方法是使用用户子程序。在 Abaqus/Standard 中提供用户子程序 ORIENT。在这种情况下，每次需要定义方向时都调用用户子程序。在以零件实例的装配方式定义的模型中，必须相对于装配件的坐标系定义通过用户子程序 ORIENT 来定义的局部方向。

输入文件用法：*ORIENTATION，NAME=名称，SYSTEM=USER

Abaqus/CAE 用法：在允许使用用户定义的子程序时，可以输入在用户子程序 ORIENT 中定义的方向名称。

方向定义的多个参考

因为方向独立于材料定义，并且在任何单元属性定义中都可以参考方向和材料定义，因此其描述复杂结构构件（如分层的复合壳）的能力是非常通用的并且可直接使用。

可以根据需要，对多个不同的材料或者单元类型定义使用一个方向定义，例如，可以对方向相同的壳的不同层使用同一个方向。

大变形考虑

在大变形分析中，用户定义的方向，随着材料点的平均刚体运动、方向与 ROTARYI 单元一起使用时的刚体运动、JOINTC 单元中连接的第一个节点的运动、管-土壤相互作用单元的管道边缘的运动、Abaqus/Standard 中接触的合适的面运动，或者当方向与耦合约束一起使用时参考节点的运动而发生转动。然而，当在 Abaqus/Standard 中为弹簧、阻尼器或者垫片单元定义方向时，局部坐标方向总是在空间中保持固定。

因为材料方向随着材料点的平均刚体运动而转动，因此，如果剪切变形较大，则使用各向异性弹性来模拟一种并非真正连续的材料，可能会产生显著的误差。例如，轮胎加强带中的单个纤维相对于其他方向上的纤维可以相对容易地发生剪切。纤维随着材料点的实际变形而转动，而不是随着平均刚体运动发生转动。在这种情况下，使用加强筋或者织物材料可以更好地模拟这种各向异性行为。Abaqus/Explicit 中的织物材料模型将当前的纱线方向作为相对于正交坐标系的局部坐标方向进行追踪。

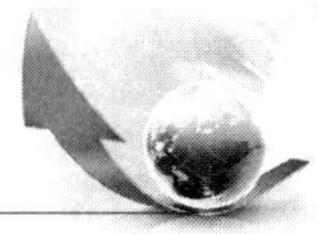

与二维实体单元一起使用

当用户定义的方向与平面应力单元、平面应变单元或者无扭曲的轴对称单元等二维实体单元一起使用时，只能重新定义 X 方向和 Y 方向，第三个方向必须保持不变（平面应变单元和平面应力单元的 Z 方向、轴对称单元的 θ 方向）。当用户定义的方向与有扭曲的轴对称单元一起使用时，可以重新定义所有的三个方向。对于轴对称单元，包括 CGAX 族和 CAXA 族单元，整体坐标系下的 1 方向、2 方向和 3 方向分别是径向、轴向和周向。只有当局部 Z' 方向是整体坐标系下的方向 3 或者为周向时，圆柱坐标系或者球坐标系才适用于轴对称单元。

与壳、膜、垫片单元或者接触面一起使用

当用户定义的方向与壳、膜、垫片单元或者接触面一起使用时，Abaqus 首先转动用户定义的方向，然后采用下文所述的算法将坐标系投影到单元或者接触面上。

Abaqus 首先绕指定的转动轴转动（转过附加转动角）用户定义的局部坐标系。如果用户没有指定转动轴或者附加角，则 Abaqus 默认使用局部坐标轴 1 轴和 0°的转动。转动后，Abaqus 遵循轴的循环排列（1，2，3）并且并将附加转动轴之后的轴投影到接触面上或者单元面上，以形成局部材料 1 方向（或对垫片单元为局部材料 2 方向）。随后通过单元法向和投影方向的叉积来定义其余的材料方向。例如：

- 如果选择用户定义的 1 轴作为附加转动轴，则 Abaqus 将 2 轴投影到单元面或者接触面上，它将是接触面、壳和膜单元的局部 1 方向，以及垫片单元的局部 2 方向。
- Abaqus 取单元或者接触面的正法向作为接触面、壳和膜单元的局部 3 方向，以及垫片单元的局部 1 方向。
- Abaqus 通过单元或者接触面的法线方向与局部 1 方向（垫片单元的 2 方向）的叉积来计算局部 2 方向，这样三个局部坐标轴将形成正交的右手局部坐标系。

当附加转动轴指向与单元或者接触面正法向相反的方向时，局部 2 方向（垫片单元的 3 方向）相对于相应的用户定义轴线是反向的，如图 2-48 所示。这对用来定义加强筋方向的情况不适用。

例如，图 2-49 所示螺旋形圆柱壳层的方向可以通过定义圆柱坐标系，然后指定 1 轴为转动轴，并给出转动角 α（以度为单位）来确定。材料属性指定的和材料计算的局部 1 方向和局部 2 方向如图所示。

当附加转动轴大致与单元或者单元面垂直时，最容易理解投影方向。

要为了直接定义空间变化的局部坐标系，用户可以逐个单元地使用分布定义（见“分布定义”，2.8 节）来指定附加转动角。

在壳、膜和面单元中定义加强筋

可以相对于用户定义的方向来定义壳、膜和面单元中的斜加强筋方向（见“定义加强筋”，2.2.3 节）。在此情况中，按以下步骤计算局部坐标系：

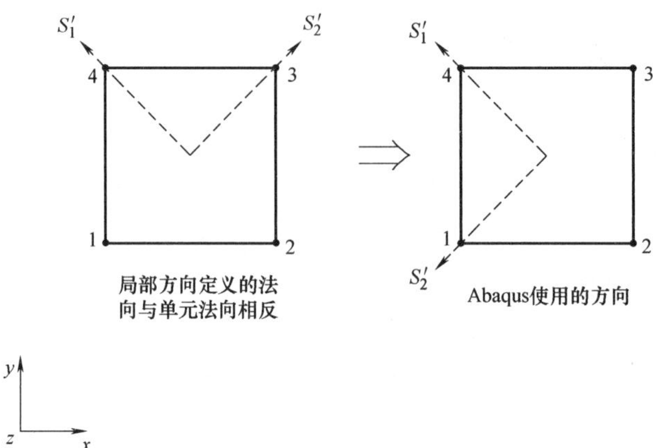

图 2-48　局部 3 方向（垫片单元的局部 1 方向）与单元或者接触面法向同向

S_n'—用户定义的方向

- 局部 1 方向遵循附加转动方向的循环排序。例如，如果选择用户定义的 1 轴为附加转动轴，则 Abaqus 将 2 轴投影到单元中，以此作为局部 1 方向。
- 通过使附加转动轴垂直于单元来创建局部 3 方向。此局部 3 方向不需要与单元法向相同。实际上，当附加转动轴与单元法向的点积为负时，局部 3 方向将在相反的方向上。
- Abaqus 通过取局部 3 方向和局部 1 方向的叉积来计算局部 2 方向，这样三个局部轴将形成正交的右手局部坐标系。

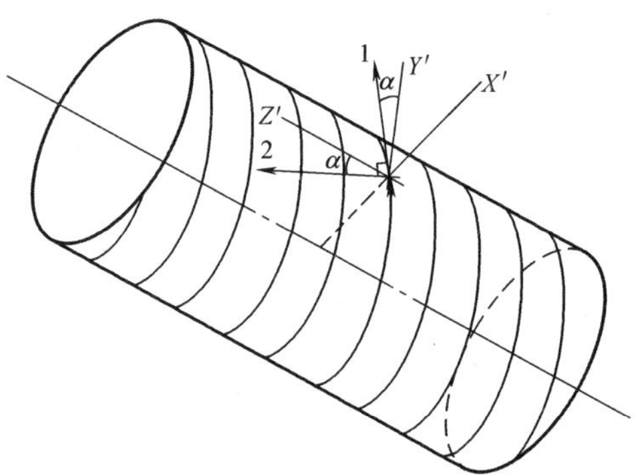

图 2-49　螺旋形圆柱形壳层：材料方向示例

因为局部 3 方向可能与单元法向相反，所以加强筋的定义独立于单元连通性。

在 Abaqus/Standard 中的接触面上定义方向时的特殊考虑

当在 Abaqus/Standard 中使用用户定义的方向来定义三维接触对表面上的局部切线方向时（见“Abaqus/Standard 中的接触方程”，《Abaqus 分析用户手册——指定条件、约束与相互作用卷》的 5.1.1 节），不允许通过给出局部节点编号来定义点 a 和点 b。

对于几何非线性分析，接触对的局部切线方向随着最初定义有方向的面而发生转动。这些旋转后的切线方向被进一步转动以确保法向向量（使用转动后的局部切线方向的叉积计算得到），在与从节点接触时的主面点的法向向量一致。

可以为三维梁、杆或者管单元上定义的“线”型从面定义任意的局部切向。在大位移分析中，当此面与主面接触时，会将局部切线方向投射到主面上。

与层合壳一起使用

有两个方法可以在层合壳的截面定义中使用用户定义的方向。在每一种方法中，壳单元

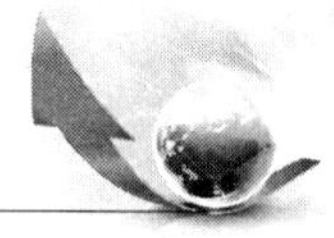

截面定义中参考的名称是用户定义的方向名称。

第一种方法是将用户定义的方向与整个复合壳截面定义相关联，然后相对于此截面方向（在没有使用截面方向时，是默认的壳坐标方向）给出每个壳的方向角。在将方向定义投影到壳面上之后，将角度给成关于壳法线方向的一个附加转角。在为截面指定的局部坐标系中给出截面力（仅在 Abaqus/Standard 中可用）。

第二种方法是单独指定每个壳方向的名称，此方法允许不同的层参考不同的方向定义。截面力和应变仍然是在为整体截面（在未使用截面方向时，是默认的壳坐标系方向）定义的局部方向中得到的。材料计算以及应力和应变的输出使用单独的层方向。

更多内容见“在分析中使用整体的壳截面来定义截面行为”（《Abaqus 分析用户手册——单元卷》的 3.6.5 节），以及“使用一般的壳截面来定义截面行为”（《Abaqus 分析用户手册——单元卷》的 3.6.6 节）。

与层合三维实体单元一起使用

当用户定义的方向与层合实体单元（仅在 Abaqus/Standard 中可用）一起使用时，必须将局部方向之一指定成转动轴。此用户定义的方向可以与层合实体截面定义一起使用，采用两种方法来指定单个层的材料方向。在每一种方法中，在实体截面定义中参照的名称是用户定义的方向名称。

第一种方法是将用户定义的方向与整个层合实体截面定义相关联，然后相对于截面方向给出每个层的方向角。将角度给成关于局部方向的附加转动，将此局部方向定义成附加转动轴。

第二种方法是分别指定每个层方向的名称，此方法允许不同的层参考不同的方向定义（在此情况中，将忽略任何与整个实体截面相关联的用户定义方向。）

更多内容见“实体（连续）单元”中的“定义单元的截面属性”（《Abaqus 分析用户手册——单元卷》的 2.1.1 节）。

与管-土壤相互作用单元一起使用

可以为管-土壤相互作用单元定义任意的用户定义方向（仅用于 Abaqus/Standard）。在大位移分析中，局部方向坐标系随基底管线的刚体运动而转动。在小位移分析中，局部坐标系是通过 PSI 单元的初始几何来定义的，并且在分析过程中，在空间中保持固定。

与梁、框和杆单元一起使用

关于定义梁、框或者杆的局部材料方向的详细内容，见“梁单元横截面方向”（《Abaqus 分析用户手册——单元卷》的 3.3.4 节）。

与织物材料模型一起使用

在剪切变形的情况下，允许织物平面中的纬纱和经纱方向彼此相对转动（见“织物材

料”，《Abaqus 分析用户手册——材料卷》的 3.4 节）。相对于也随材料转动的正交坐标系跟踪当前纱线方向。

与结理材料模型一起使用

当使用用户定义的方向来为 Abaqus/Standard 中可用的结理材料模型（“结理材料”，《Abaqus 分析用户手册——材料卷》的 3.5 节）定义连接坐标系方向时，只需要定义局部坐标系。假定第一方向是连接平面的法线方向，其他方向在连接平面内。不允许使用附加转动轴。

与转动惯量和连接器单元一起使用

必须使用用户定义的方向来定义用来定义连接器单元的某些连接类型的局部方向（见“连接器类型库”，《Abaqus 分析用户手册——单元卷》5.1.5 节）。

用户定义的方向可以与 SPRING1、SPRING2、DASHPOT1、DASHPOT2、JOINTC、JOINT2D、JOINT3D 和 ROTARYI 单元一起使用，来提供定义这些单元行动方向的局部坐标系。当这些单元使用方向时，不能通过给出局部节点编号的方法来定义点 *a*、*b* 和 *c*（图 2-46）。如果用户不为附加转动指定一根轴，则默认选择没有附加转动的 1 方向。

与运动耦合约束一起使用

在 Abaqus/Standard 中，可以使用用户定义的方向来定义局部坐标系，在此局部坐标系中，为运动耦合约束指定原始方向（见“运动耦合约束”，《Abaqus 分析用户手册——单元卷》的 2.2.1 节）。在此情况中，用户不能通过给出局部节点编号来定义点 *a*、*b* 和 *c*（图 2-46）。

与基于面的耦合约束一起使用

可以使用用户定义的方向来定义局部坐标系，在此局部坐标系中，指定了基于面的耦合约束方向（见“耦合约束”，《Abaqus 分析用户手册——指定条件、约束与相互作用卷》的 2.3.2 节）。在此情况中，用户不能通过给出局部节点编号来定义点 *a*、*b* 和 *c*（图 2-46）。

与惯性释放一起使用

在 Abaqus/Standard 中，可以使用用户定义的方向来定义一个局部坐标系，在此局部坐标系中计算惯性释放载荷（见“惯性释放”，《Abaqus 分析用户手册——分析卷》的 6.1 节）。在此情况中，用户不能通过给出局部节点编号来定义点 *a*、*b* 和 *c*（图 2-46）。

与分布的一般拉伸、剪切拉伸和一般边载荷一起使用

在 Abaqus 中，可以使用用户定义的方向来定义一个局部坐标系，在此局部坐标系中，指定分布一般拉伸、剪切拉伸和一般边载荷的加载方向（见“分布载荷”，《Abaqus 分析用户手册——指定条件、约束与相互作用卷》的 1.4.3 节）。

使用分布定义的方向

使用分布定义空间变化的局部坐标系（对于材料定义、材料技算和输出），只能用于实体连续、膜（在 Abaqus/Standard 中）和壳单元（见“实体（连续）单元”，《Abaqus 分析用户手册——单元卷》的 2.1.1 节；“膜单元，”《Abaqus 分析用户手册——单元卷》的 3.1.1 节；“在分析过程中使用集成壳截面定义截面行为”，《Abaqus 分析用户手册——单元卷》的 3.6.5 节；“使用通用壳截面定义截面行为”，《Abaqus 分析用户手册——单元卷》的 3.6.6 节）。

输出

当在单元截面定义中使用了用户定义的方向时，应力、应变和单元截面力分量是在局部坐标系中输出的。

对于织物材料，正常的材料点张量的输出，如应力和应变，是在正交坐标系中给出的，即使是在局部纱线方向非正交时。然而，法向织物应力 SFABRIC 和法向织物应变 EFABRIC 也可用于输出（见“织物材料”，《Abaqus 分析用户手册——材料卷》的 3.4 节）。

此局部坐标系的使用是通过来自 Abaqus/Standard 的打印输出表的脚注来说明的。与结理材料模型一起使用的方向不影响输出。

在 Abaqus/Standard 中，当用户定义的方向与运动耦合约束或者分布耦合约束一起使用时，局部坐标系在分析输入文件处理器输出表中进行了说明。

局部坐标系是自动写入输出数据库中的，除了通过指定相对于局部或者整体节点编号的点 a 和点 b 定义的坐标系，或者通过用户子程序定义的坐标系。忽略指定的任意附加转动。

材料定义是自动写入输出数据库中的。它们也能写入 Abaqus/Standard 结果文件中（至少具有一个指定的输出变量；见“输出到数据和结果文件”中的“结果文件的局部方向输出”，4.1.2 节）。在 Abaqus/CAE 中，可以通过在 Visualization 模块中选择 Plot→Material Orientations 来显示材料方向。

2.3 面定义

2.3.1 面：概览

产品：Abaqus/Standard Abaqus/Explicit Abaqus/CAE

参考

- “基于单元的面定义”，2.3.2 节
- “基于节点的面定义”，2.3.3 节
- “分析型刚性面定义”，2.3.4 节
- “欧拉面定义”，2.3.5 节
- “面的操作”，2.3.6 节
- “积分输出截面定义”，2.5 节
- “声学、冲击和耦合的声学-结构分析”，《Abaqus 分析用户手册——分析卷》的 1.10 节
- “分布载荷”，《Abaqus 分析用户手册——指定条件、约束与相互作用卷》的 1.4.3 节
- “指定装配载荷”，《Abaqus 分析用户手册——指定条件、约束与相互作用卷》的 1.5 节
- “网格绑定约束”，《Abaqus 分析用户手册——指定条件、约束与相互作用卷》的 2.3.1 节
- “耦合约束”，《Abaqus 分析用户手册——指定条件、约束与相互作用卷》的 2.3.2 节
- “壳-实体耦合”，《Abaqus 分析用户手册——指定条件、约束与相互作用卷》的 2.3.3 节
- “接触相互作用分析：概览”，《Abaqus 分析用户手册——指定条件、约束与相互作用卷》的 3.1 节
- “在 Abaqus/Standard 中定义绑定接触”，《Abaqus 分析用户手册——指定条件、约束与相互作用卷》的 3.3.7 节
- “在 Abaqus 中定义腔辐射”，《Abaqus 分析用户手册——指定条件、约束与相互作用卷》的 8.1 节

概览

在 Abaqus 中，面：

- 可以用来定义接触和相互作用，包括声学-结构相互作用。
- 可以定义用来指定分布面载荷的区域。
- 可以用来将非类似的网格绑定到一起。
- 可以在 Abaqus/Standard 中定义描述装配载荷的预拉伸截面。
- 可以在 Abaqus/Explicit 中定义追踪面的平均运动的截面。
- 可以为输出量（如在面上传递的总力）定义截面。
- 是与其自身相关联的几何实体，但体积为零。
- 具有用面法向定义的可识别方向。
- 是通过指定节点或者节点集，分析型曲线或者面，欧拉材料实例，或者单元面、边、或端来定义的。
- 可以是可变形的、刚性的，或者部分可变形的和部分刚性的。

本部分介绍了在 Abaqus 中创建面时应遵循的一般准则。

为何要使用面

可以在力学、声学、声学-结构耦合、热-电-结构耦合、热、热电耦合或者腔辐射分析中，用面来模拟两个或者更多单个物体之间的相互作用。在力学或者热力耦合分析中，可以使用刚性面代表比模型中其他部分硬得多的体，前提条件是没有热传递给刚体。在声学-结构分析中，可以使用面来定义阻抗边界条件，包括模拟声辐射的一阶条件。

可以使用面来定义一个区域，在此区域上指定分布的面载荷，这便于用户输入复杂模型的分布面载荷。此外，可以使用面来定义多点约束或者耦合约束。在 Abaqus/Standard 中，也可以使用面定义指定装配载荷中使用的预拉伸截面。

最后，可以使用面定义截面来得到累计量的输出。这提供了一种“自由体表”输出，允许分析通过静不定结构的“力流”。

在 Abaqus 中可以定义以下类型的面：

- 基于单元的面是在面、边或者单元端部上定义的。单元可以是可变形的或者刚性的，导致面也是可变形的或者刚性的。当面下的一些可变形单元是刚体的一部分时，面将变成部分可变形、部分刚性的。

在 Abaqus/Explicit 中，为通用接触算法的使用提供一个包含模型中所有体的默认的基于单元的面。

- 基于节点的面是在节点上定义的，因此，根据定义，面就是不连续的。用户定义的区域可以与面上的每个节点相关联。
- 分析型面是直接以几何形式定义的，并且总是刚性的。
- 欧拉材料面是在欧拉截面中在材料实例上定义的。在 Abaqus/Explicit 中，这些面可以与通用接触算法一起使用。

基于单元的面比基于节点的面或者分析型刚性面包含更多的内在信息。在力学接触分析中使用基于单元的面时，Abaqus 可以将一个面的面积与每个节点相关联，并且可以计算作用在面上的接触应力。相反，当使用基于节点的面时（“基于节点的面定义”，2.3.3 节），

Abaqus 不能计算精确的接触应力，因为与每个节点相关联的实际面积可能不正确。此外，当使用由壳、膜或者刚性单元形成的面时，在某些涉及面的应用中，Abaqus 可以考虑厚度，以及这些单元参考面的可能偏置。例如，在 Abaqus/Explicit 中为可以使用接触算法的情况考虑这些厚度；在 Abaqus/Standard 中，为面-面、小滑动接触算法考虑这些厚度。

不允许两个基于节点的面相互接触，或者基于节点的面与其自身接触；不允许两个分析型刚性面相互接触。在 Abaqus/Standard 中，不允许两个使用刚性单元定义的刚性面相互接触；在 Abaqus/Explicit 中，只有在使用罚接触时，才允许两个使用刚性单元定义的刚性面相互接触。

面定义不能从步到步地发生变化；然而，在重启动时可以定义新的面。

由 Abaqus/CAE 创建的内部面

在 Abaqus/CAE 中，许多模拟操作是通过使用鼠标拾取几何形体来完成的。例如，可以通过拾取几何零件实例上的面来定义接触对。必须将每一个这样的面转化成输入文件中的面。由 Abaqus/CAE 为这类面赋予一个名称，并将其标识成内部面。这些内部面可以在 Abaqus/CAE 的 Visualization 模块中通过使用显示组来显示（见“使用显示组来显示用户模型的子集”，《Abaqus/CAE 用户手册》的第 78 章）。

输入文件用法：*SURFACE，NAME=面名称，INTERNAL

面的限制

有关适用于给定类型面定义的一般限制的详细内容，参考 Abaqus 中可以使用的不同面类型的后续章节。此外，Abaqus 中一些使用面的特征会对面特征添加其他约束。这些限制在下面的部分中进行了讨论：

- “积分输出截面定义”（2.5 节）。
- “分布载荷”（《Abaqus 分析用户手册——指定条件、约束与相互作用卷》的 1.4.3 节）。
- “网格绑定约束”（《Abaqus 分析用户手册——指定条件、约束与相互作用卷》的 2.3.1 节）。
- “耦合约束”（《Abaqus 分析用户手册——指定条件、约束与相互作用卷》的 2.3.2 节）。
- “壳-实体耦合”（《Abaqus 分析用户手册——指定条件、约束与相互作用卷》的 2.3.3 节）。
- “接触相互作用分析：概览”（《Abaqus 分析用户手册——指定条件、约束与相互作用卷》的 3.1 节）。
- “在 Abaqus/Standard 中定义接触对”（《Abaqus 分析用户手册——指定条件、约束与相互作用卷》的 3.3.1 节）。
- “在 Abaqus/Explicit 中定义通用接触相互作用”（《Abaqus 分析用户手册——指定条

件、约束与相互作用卷》的 3.4.1 节）。

• “在 Abaqus/Explicit 中定义接触对”（《Abaqus 分析用户手册——指定条件、约束与相互作用卷》的 3.5.1 节）。

在以零件实例的装配形式定义的模型中，所有的面必须属于零件、零件实例或者装配件。关于面的所有一般限制仍然适用于这样的模型。其他规则见“装配定义”（2.10 节）。

2.3.2 基于单元的面定义

产品：Abaqus/Standard　　Abaqus/Explicit　　Abaqus/CAE

参考

• “面：概览”，2.3.1 节
• “积分输入截面定义”，2.5 节
• “分布载荷”，《Abaqus 分析用户手册——指定条件、约束与相互作用卷》的 1.4.3 节
• “指定装配载荷”，《Abaqus 分析用户手册——指定条件、约束与相互作用卷》的 1.5 节
• “网格绑定约束”，《Abaqus 分析用户手册——指定条件、约束与相互作用卷》的 2.3.1 节
• “耦合约束”，《Abaqus 分析用户手册——指定条件、约束与相互作用卷》的 2.3.2 节
• “壳-壳耦合”，《Abaqus 分析用户手册——指定条件、约束与相互作用卷》的 2.3.3 节
• “接触相互作用分析：概览”，《Abaqus 分析用户手册——指定条件、约束与相互作用卷》的 3.1 节
• 在 Abaqus/Standard 中定义“腔辐射”，《Abaqus 分析用户手册——指定条件、约束与相互作用卷》的 8.1 节
• *SURFACE
• “面是什么?”，《Abaqus/CAE 用户手册》的 73.2.3 节

概览

基于单元的面：

• 可以在实体、结构、刚体、面、垫片或者声学单元中定义。
• 可以是可变形的或者刚性的。
• 在许多情况下，可以在任意单元的组合上定义。
• 可以在任何体的外表面上定义。
• 可以在使用连续、壳、膜、面、梁、管、杆或者刚性单元（如定义穿过一个物体的横

截面）模拟的任何体的内部，通过使用一个面来简单地切开体，或者通过标识单元和相应的内部面片来定义。

关于定义基于节点的面的详细内容，见“基于节点的面定义”（2.3.3 节）。关于定义分析型刚性面的详细内容，见“分析型刚性面定义”（2.3.4 节）。关于使用现有面的布尔组合定义面的详细内容，见“面的操作，”（2.3.6 节）。

定义基于单元的面

用户必须为所有基于单元的面指定一个名称，可以使用此名称与不同的特征一起来定义接触模型、基于面的载荷或者基于面的约束。此外，用户必须指定定义面的用户模型区域。在输入文件中，用户可以在单元面、边或者端部上定义基于单元的面。在 Abaqus/CAE 中，用户可以在几何的面或者单元面、边或端部上定义基于单元的面。定义面的方法取决于基底单元的类型，这将在下文中进行讨论。

在输入文件中，用户仅需要指定单元编号或者单元集名称，这些单元的所有暴露的单元面（或者梁、管和杆单元的“接触边”）将包含在此面中。另外，用户可以指定单独的面、边或者端部，从而允许直接控制面中包含哪些面、边或者端部（在 Abaqus/CAE 中只允许使用这种方法）。

对于 Abaqus/Explicit 中的通用接触，为了在边-边约束中使用，自动从面片生成面的周围边；用户也可以指定应当包含几何特征边（更多内容见“在 Abaqus/Explicit 中定义通用接触相互作用”和“在 Abaqus/Explicit 中为通用接触赋予面属性”，《Abaqus 分析用户手册——指定条件、约束与相互作用卷》的 3.4.2 节）。

输入文件用法：*SURFACE，NAME=面名称，TYPE=ELEMENT（默认的）

应指定每个数据行的第一个输入是单元编号或者单元集名称。另外，单元面、边或者端部标识符可以作为数据行中的第二个输入来指定。Abaqus 中使用的面和边标识符在本节的后面进行了讨论。

可以使用多个数据行来定义一个面。例如，可以通过下面的输入来指定 SURF_1：

```
*SURFACE, NAME=SURF_1, TYPE=ELEMENT
ELSET_1,
ELSET_2, S2
```

Abaqus/CAE 用法：除了 Sketch、Job 和 Visualization 以外的其他模块：Tools→Surface→Create：Name：面名称

基于单元的面的一般限制

定义单个面的单元必须遵循下面的规则，无论在 Abaqus 中如何使用面：

- 二维单元、轴对称单元和三维单元不能在同一个面定义中混合使用。
- 在 Abaqus/Standard 中，可变形单元不能与刚性单元组合来定义单个面，但是可以与

其他刚体（见“刚体定义”，2.4节）的部分可变形单元组合来定义单个面。

- 在同一个面定义中，下面类型的单元不能与其他单元类型混合使用：
- 耦合的热-电-结构单元

  -耦合的温度-位移单元

  -热传导单元

  -孔隙压力单元

  -耦合的热-电单元

  -声学有限单元或者无限单元

- 具有非线性、非对称变形的轴对称实体傅里叶单元（CAXA单元）不能形成基于单元的面。

面离散

对于基于单元的面，Abaqus使用通过有限元网格定义的面片化几何形体作为面定义。如果物理面是弯曲的，则粗糙有限元模型中的面可能不能非常好地近似模拟接触。因此，必须使用足够细化的网格以确保面片化的面合理地近似弯曲的物理面。另外，使用分析型刚性面模拟一些弯曲的面几何形体可能更加有效（见“分析型刚性面定义”，2.3.4节）。

在实体、连续壳和粘结单元上创建面

可以使用以下三种方法在实体、连续壳和粘结单元上定义基于单元的面片：

- 指示Abaqus从单元的暴露面来生成“自由面”，
- 通过为每个单元指定特定的面。
- 在Abaqus/Explicit中，通过指示Abaqus从非暴露的单元面生成内部面（即不是模型“自由面”的一部分）。

在实体单元上定义外部面的最简单的方法是自动生成自由面。指定单元面使用户精确地控制构成面的单元面（外部面与内部面的任意组合）。自动生成内部面是在实体单元中定义内部面的最简单方法（对于模拟由于单元失效而产生的面侵蚀，内部面是有用的）。

在创建单个面时，可以在同一个面定义中使用所有三种方法。

自动生成自由面

用户可以通过指定一系列的单元来定义一个面的面片。面定义中包含位于模型外部（自由）面上的单元面片。

当使用自由面生成方法定义面时，所指定的单元可以是连续的单元和结构单元的混合。

在自由面生成过程中，不考虑包含暴露面上节点的多点约束（“通用多点约束”，《Abaqus分析用户手册——指定条件、约束与相互作用卷》的2.2.2节），这可能会导致面定义中包含不在体外部上的面。例如，图2-50所示的单元集REFINED中的单元节点用于线性的、网格细化的约束中，图中显示了使用和未使用多点约束生成的面。

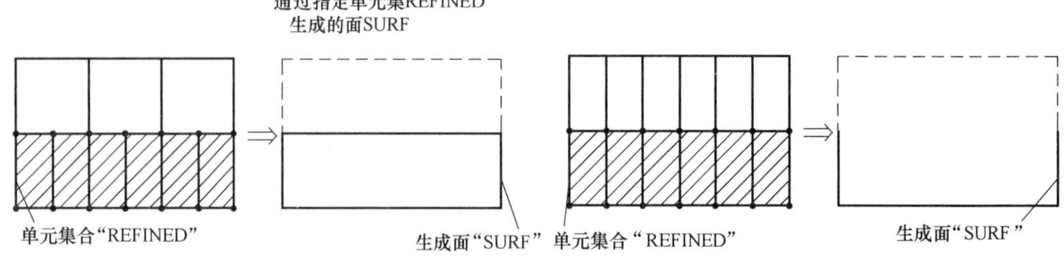

图 2-50 自动面生成中的多点约束效果

输入文件用法：＊SURFACE，NAME＝面名称，TYPE＝ELEMENT

单元编号或者单元集，

例如，如果图 2-51 中阴影单元集的名称是 ESETA，则命名成 ASURF 的面是由以下数据行指定的：

＊SURFACE，NAME＝ASURF，TYPE＝ELEMENT

ESETA，

Abaqus/CAE 用法：Abaqus/CAE 中不支持自动生成自由面的方法。

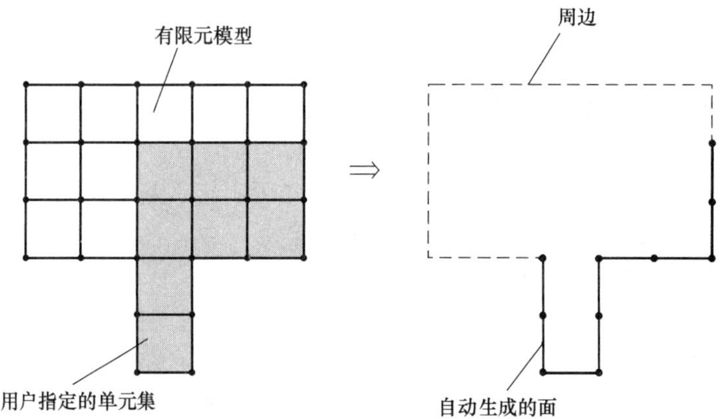

图 2-51 自动生成自由面

自动生成自由面的粘结单元的特殊处理

为了自动生成自由面，对于粘结单元，单元暴露面的定义具有以下独特方面：

- 将界面上与粘结单元共享节点的非粘结单元的面考虑成暴露的。
- 将所有粘结单元的顶面和底面考虑成暴露的；在任何情况下，都不将粘结单元的侧面考虑成暴露的。

粘结单元上或者附近的面例子见“使用粘结单元模拟”（《Abaqus 分析用户手册——单元卷》的 6.5.3 节）。

通过指定实体、连续壳和粘结单元面创建面片

用户可以通过确定在面定义中应当包含的单元面来定义一个面的面片。

输入文件用法：*SURFACE，NAME=面名称，TYPE=ELEMENT
单元编号或者集、面标识符
《Abaqus分析用户手册——单元卷》中定义了单元面编号。表2-1为所有实体、连续壳和粘结单元的有效面标识符列表。面标识符可以指向单个单元，或者指向整个单元集。当用户指定单元面来定义面时，所指定的单元不能是连续单元和结构单元的组合；然而，面定义的每个数据行可以指向不同的单元类型。

Abaqus/CAE用法：除了Sketch、Job、和Visualization以外的模块：Tools→Surface→Create：Name：面名称，从视口拾取面

自动生成内部面

在Abaqus/Explicit中，用户可以在实体单元网格的内部定义一个面的面片。面定义中将包含不在模型外（自由）表面上的指定单元面。例如，在Abaqus/Explicit中，内部面将与通用接触算法一起使用来模拟由于单元失效引起的面侵蚀（见“在Abaqus/Explicit中定义通用接触相互作用”，《Abaqus分析用户手册——指定条件、约束与相互作用卷》的3.4.1节）。

表2-1 实体、连续壳和粘结单元的面定义单元面标识符

单元		面标识符
DCCAX2(D)		SPOS,SNEG
CPEG3(H)(T) CPS3(T) CPE3(H)(T) CAX3(H)(T) CGAX3(H) AC2D3 ACAX3 DC2D3(E) DCAX3(E)	CPEG6(M)(H)(T) CPS6M(T) CPE6(M)(H)(T) CAX6(M)(H)(T) CGAX6(M)(H)(T) AC2D6 ACAX6 DC2D6(E) DCAX6(E)	S1、S2、S3
CGAX4(R)(H)(T) CPEG4(H)(I)(R)(T) CPS4(I)(R)(T) CPE4(H)(I)(R)(T)(P) CAX4(H)(I)(R)(T)(P) C3D4(H)(T) AC2D4(R) ACAX4(R) AC3D4 DC2D4(E) DCAX4(E) DC3D4(E) DCC2D4(D) COH2D4	CGAX8(R)(H) CPEG8(R)(H)(T) CPS8(R)(T) CPE8(H)(R)(T)(P) CAX8(R)(H)(T)(P) C3D10(M)(H)(I)(T) AC2D8 ACAX8 AC3D10 DC2D8(E) DCAX8(E) DC3D10(E) DCCAX4(D) COHAX4	S1、S2、S3、S4
C3D6(H)(T) AC3D6 CCL9(H) DC3D6(E) SC6R	C3D15(H)(V) AC3D15 CCL18(H) DC3D15(E) COH3D6	S1、S2、S3、S4、S5

（续）

单　　元		面标识符
C3D8(H)(I)(R)(T)(P)		
C3D27(R)(H)	C3D20(H)(R)(T)(P)	
AC3D8(R)	AC3D20	
CCL12(H)	CCL24(R)(H)	S1、S2、S3、S4、S5、S6
DC3D8(E)	DC3D20(E)	
DCC3D8(D)	COH3D8	
SC8R		

自动生成一个内部面等效于构建一个由所有单元面构成的面，然后减去这些单元的自由面。忽略壳单元、梁单元、管单元、膜单元等，因为其定义决定它们没有任何内部面。

生成内部面的时候不考虑多点约束，这可能会导致从面定义中排除了体内部的面。

输入文件用法：＊SURFACE，NAME＝*面名称*，TYPE＝ELEMENT

单元编号或者单元集，INTERIOR

例如，如果图2-52中阴影所示的单元名称是ESETA，则通过下面的数据行来指定命名为ASURFINTR的面（图中单元的大小已减小，以区分共享相同节点的面）

＊SURFACE，NAME＝ASURFINTR，TYPE＝ELEMENT

ESETA，INTERIOR

Abaqus/CAE用法：除了Sketch、Job和Visualization以外的模块：Tools→Surface→Create：Name：*面名称*，Type：Mesh；从内部上面拾取单元面或者边

用户可以使用拾取工具从模型的内部实体中进行拾取（见“选取内部面”，《Abaqus/CAE用户手册》的6.2.12节）。

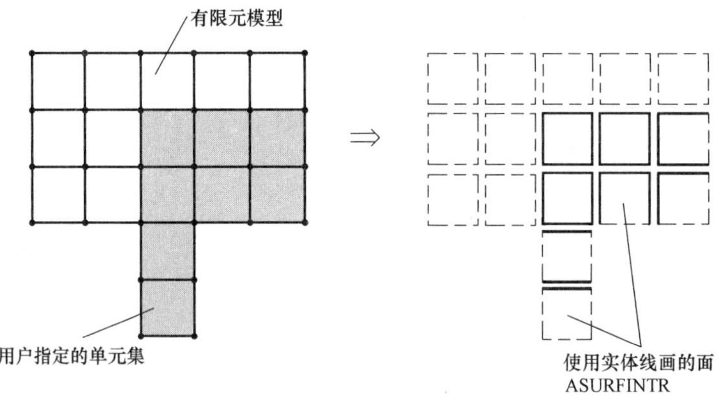

图2-52　自动生成内部面

在结构、面和刚性单元上创建面

在结构、面和刚性单元上定义面的方法有五种：

- 通过指示每个指定单元的顶面或者底面来创建具有定义方向明确的单侧面。

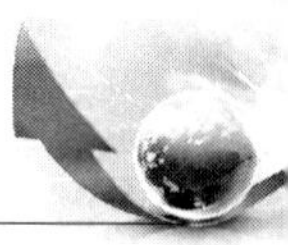

- 通过仅指定单元，使 Abaqus 从暴露面生成“自由面”来创建双侧面。
- 创建基于边的面。
- 在梁、管和杆单元的端部创建横截面。
- 通过仅指定单元，使 Abaqus 生成“自由面”的方式沿着梁、管和杆单元创建三维弯曲类型的面。

可以在同一个面定义中使用以上任意一种方法或者所有方法，只要在 Abaqus 中，面与其他特征一起使用是合理的。表 2-2 为结构、面和刚性单元的有效表面和边标识符列表。

表 2-2　结构、面和刚性单元的面定义表面和边标识符

单元		面和边标识符
SAX1 MAX1 MGAX1 M3D6 M3D9(R) MCL9 DS8 DSAX2 SFMAX2 SFMGAX2 SFM3D4(R) SFM3D8(R) SFMCL6	SAX2(T) MAX2 MGAX2 M3D8(R) MCL6 DS4 DSAX1 SFMAX1 SFMGAX1 SFM3D3 SFM3D6 SFMCL9 RAX2	SPOS、SNEG
B21(H) B23(H) PIPE21(H) T2D2(H)(T)	B22(H)（Abaqus/Standard） PIPE22(H) T2D3(H)(T)	SPOS、SNEG
B22（Abaqus/Explicit） B32(H)(OS) ELBOW31(B)(C) PIPE31(H) T3D2(H)(T)	B31(H)(OS) B33(H) ELBOW32 PIPE32(H) T3D3(H)(T)	END1、END2；必须在 Abaqus/Explicit 中使用基于节点的面和接触对算法
STRI3 S3(R)(S) M3D3	STRI65 R3D3	SPOS、SNEG、E1、E2、E3
ACIN2D2 ACINAX2	ACIN2D3 ACINAX3	SPOS E1、E2
S4(R)(S)(W)(5) S9R5 M3D4(R)	S8R5(T) R3D4	SPOS、SNEG、E1、E2、E3、E4
ACIN3D3	ACIN3D6	SPOS E1、E2、E3
ACIN3D4	ACIN3D8	SPOS E1、E2、E3、E4

定义单侧面

用户可以在结构、面或者刚性单元的正表面或者负表面上定义单侧面。正表面定义在正单元的法线方向上的面，而负表面是定义在单元正法线相反方向上的面。在《Abaqus 分析用户手册——单元卷》中给出了所有单元的单元法向定义。

用户必须确保所有指定的单元具有一致的法线方向。如果如图 2-53 所示那样定向，则面法向将随面的回转而发生方向倒转，并且当面与需要方向的特征（如分布面载荷）一起使用时，可能会产生不正确的结果，进而将发出一个错误信息。在 Abaqus/Standard 中，如果发现与网格绑定约束或者接触对一起使用的面，则终止分析。要纠正图 2-53 中的面方向，应当使用两个具有不同面标识符的单独单元集。

输入文件用法：使用下面的选项在结构、面或者刚性单元的正表面上定义一个面：

*SURFACE，NAME=面名称，TYPE=ELEMENT

单元编号或者单元集，SPOS

使用下面的选项在结构、面或者刚性单元的负表面上定义一个面：

*SURFACE，NAME=面名称，TYPE=ELEMENT

单元编号或者单元集，SNEG

例如，可以使用下面的输入来定义单元集 SHELL 中单元正表面上的单侧面：

*SURFACE，NAME=BSURF，TYPE=ELEMENT

SHELL，SPOS

Abaqus/CAE 用法：除了 Sketch、Job 和 Visulization 以外的模块：Tools→Surface→Create：Name：面名称，在视口中拾取面，单击鼠标右键，指定所选表面的侧

定义双侧面

用户可以在三维壳单元、膜单元、面单元和使用自动面片生成方法的刚性单元（即仅指定单元编号或者集）中创建双侧面的面片。有些与面相关的应用不允许使用双侧面，包括 Abaqus/Standard 中的接触对和需要使用定向面的功能，如分布面载荷。当可以使用双侧面时，双侧面通常比单侧面优先。在一些应用中，如定义通用接触的接触域时，使用单侧面还是双侧面并不重要。

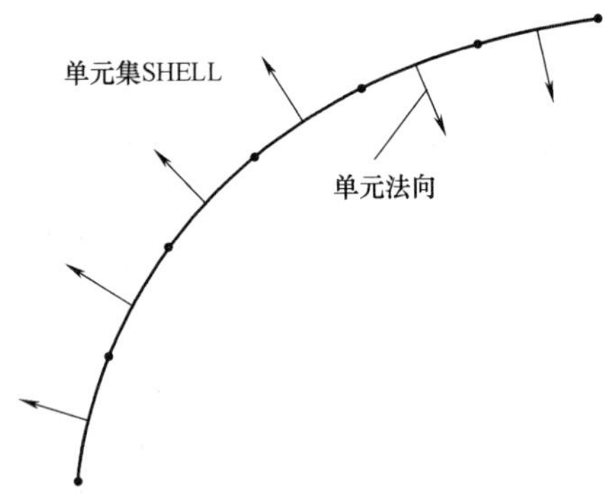

图 2-53　节点单元法向的定向不一致将产生一个无效的面

在 Abaqus/Explicit 中，当双侧面与接触对一起使用时，所有基底单元的法向不需要具有一致的正方向，即使基底单元不具有一致的法向，Abaqus/Explicit 也会将接触面定义成具有一致的法向。如果单元法向都是一致的，则面片法向将与单元法向相同；否则，为面选择任意的正方向。正方向仅关于接触对算法的接触压力输出变量，CPRESS 的方向具有重要的意义（见“在 Abaqus/Explicit 中定义接触对”中的“输出”，《Abaqus 分析用户手册——指定条件、

约束与相互作用卷》的 3.5.1 节)。

当接触对与自接触一起使用时，虽然在一个面的两侧无条件地施加接触，但是仅当两物体接触中所使用的一个面是双侧面（如果允许的话）时，才在一个面的两侧都施加接触。有时候希望单侧面与接触对一起使用：对接触对中大初始过闭合的求解，使用单侧面比使用双侧面更加稳定、可靠（见“调整 Abaqus/Explicit 中接触对的初始面位置并指定初始间隙”,《Abaqus 分析用户手册——指定条件、约束与相互作用卷》的 3.5.4 节)。但是，单侧接触通常比双侧接触更受限制；它可能会由于过度的单元扭曲，或者从节点意外地移动到主面之后而施加不切实际的接触条件，而造成分析失败。例如，当存在大变形或者刚体运动时，或者成形分析中由于模具形状复杂，会发生这样的情形。

输入文件用法：使用下面的选项在 Abaqus/Explicit 中，在三维壳、膜、面或者刚性单元中定义双侧面：

*SURFACE，NAME=面名称，TYPE=ELEMENT

单元编号或者单元集，

例如，可以使用类似于下面的输入来定义单元集 SHELL 中单元上的双侧面：

*SURFACE，NAME=BSURF，TYPE=ELEMENT

SHELL，

Abaqus/CAE 用法：除了 Sketch、Job 和 Visualization 以外的模块：Tools→Surface→Create：Name：面名称，从视口中拾取面，单击鼠标右键，选择 Both sides

定义基于边的面

用户可以在三维壳、膜、面或者刚性单元中，通过指定单独的边来定义基于边的面。另外，还可以指定使用模型外（自由）表面上单元的所有边来形成面。不能使用此方法定义模型内部的基于边的面。创建一个单独的面时，在同一个面定义中可以同时使用这两种方法。

输入文件用法：使用下面的选项指定形成面的单独的边：

*SURFACE，NAME=面名称，TYPE=ELEMENT

单元编号或者单元集，单元标识符

表 2-2 中列出了 Abaqus 中使用的单独边的标识符。

使用下面的选项指定使用模型外（自由）表面上单元的所有边来形成面：

*SURFACE，NAME=面名称，TYPE=ELEMENT

单元编号或者单元集，EDGE

例如，如果图 2-51 中阴影所示的单元是由三维壳单元组成的，并且命名成 ESETA，则可以通过下面的输入来指定名为 ESURF 的面：

*SURFACE，NAME=ESURF，TYPE=ELEMENT

ESETA，EDGE

Abaqus/CAE 用法：除了 Sketch、Job 和 Visualization 以外的模块：Tools→Surface→Create：Name：面名称，在视口中拾取

在 Abaqus/CAE 中，用户可以通过直接在视口中拾取所有的自由边，来指定使用模型外（自由）表面上单元的所有边来形成面。

在梁、管和杆单元端部的横截面上定义面

要在梁、管或者杆单元的横截面上定义面，用户必须指定定义了面的端部。在这些单元的端部上定义的面仅可以用于基本的输出要求（见“输出到输出数据库”中的“Abaqus/Explicit 中的积分输出”，4.1.3 节）和积分输出截面定义（见“积分输出截面定义”，2.5 节）。

输入文件用法：使用下面的选项在梁、管或者杆单元的端部定义一个面：

*SURFACE，NAME=面名称，TYPE=ELEMENT

单元编号或者单元集，END1 或者 END2

Abaqus/CAE 用法：除了 Sketch、Job 和 Visualization 以外的模块：Tools→Surface→Create：Name：面名称，在视口中拾取三维线框区域，单击鼠标右键并选择 End（Magenta）或者 End（Yellow）

沿着三维梁、边和杆单元的长度定义面

用户不能通过指定面片来定义沿着三维梁、管或者杆长度的面，因为它们的单元连通性不能定义唯一的单元或者面法向。代之于，用户必须指定 Abaqus 应当为这些单元生成一个面。因此，使用沿着这些单元长度的面将受到限制。

在 Abaqus/Standard 中，沿着三维梁、管或者杆单元的长度创建的基于单元的面，可以用于绑定约束，但仅能用作接触相互作用中的从面。然而，当在 Abaqus/Standard 中使用三维梁、管或者杆模拟接触时，使用基于单元的面比使用基于节点的面具有一些优势：

- 默认的局部切线方向是与单元轴平行或者垂直的。
- Abaqus/Standard 将接触结果计算成单位长度上的接触力，而不仅仅是接触力。
- 定义基于单元的面比定义基于节点的面更容易。

在 Abaqus/Standard 中，对于三个或者更多的三维梁、管或者杆单元在一个公共节点上连接的情况，不允许使用面定义，因为缺少唯一的单元切向定义。

在 Abaqus/Explicit 中，沿着三维梁、管或者杆单元的长度创建的基于单元的面，仅可以与通用接触算法或者绑定约束一起使用。为使用接触对算法的单元定义接触时，在基于节点的面定义中也可以包含形成梁、管或者杆单元的节点（“基于节点的面定义”，2.3.3 节），并且可以为基于节点的面和不基于节点的面定义一个接触对。

不能使用沿着三维梁、管或者杆单元的面来描述分布面载荷，因为加载方向不是唯一的。

输入文件用法：使用下面的选项定义沿着三维梁、管或者杆单元长度的面：

*SURFACE，NAME=面名称，TYPE=ELEMENT

单元编号或者单元集，

Abaqus/CAE 用法：除了 Sketch、Job 和 Visualization 以外的模块：Tools→Surface→Create：Name：面名称，在视口中拾取三维框架区域，单击鼠标右键并选择 Circumferential

沿着二维梁、管和杆单元长度的面

可以使用沿着二维梁、管和杆单元长度创建的面作为接触对仿真中的主面，因为基底单元具有位于模型平面中的唯一单元法向。也可以使用这些面描述分布面载荷。

壳、膜或者刚性单元厚度和壳偏置

一些涉及面的应用将考虑基底单元厚度，以及中面相对于以壳、膜或者刚性单元为基础的面的参考面偏置。例如，Abaqus/Explicit 中的所有接触算法都需要考虑这种偏置。对于 Abaqus/Standard 中可以使用的接触算法，只有面-面小滑动接触公式需要考虑这种影响。关于需要考虑面厚度和偏置的应用的详细内容，见下面的部分：

- “网格绑定约束”（《Abaqus 分析用户手册——指定条件、约束与相互作用卷》的 2.3.1 节）
- “Abaqus/Standard 中的接触方程”（《Abaqus 分析用户手册——指定条件、约束与相互作用卷》的 5.1.1 节）
- “在 Abaqus/Explicit 中为通用接触赋予面属性”（《Abaqus 分析用户手册——指定条件、约束与相互作用卷》的 3.4.2 节）
- “在 Abaqus/Explicit 中为接触对赋予面属性”（《Abaqus 分析用户手册——指定条件、约束与相互作用卷》的 3.5.2 节）

在垫片单元上创建面

在垫片单元上定义面时，不能使用自动面片生成功能，因为只能使用顶单元面和底单元面来创建面（见“垫片单元：概览”，《Abaqus 分析用户手册——单元卷》的 6.6.1 节）。Abaqus/Standard 不能在垫片链接单元上创建面，因为每个顶面和底面都退化成一个单独的节点。对于其他垫片单元，用户必须直接指定顶面和底面。单元的正面在单元的厚度方向上。所有垫片单元的厚度方向定义在“定义垫片单元的初始几何形体”（《Abaqus 分析用户手册——单元卷》的 6.6.4 节）中给出。负面定义成单元厚度方向的反方向上的面。

输入文件用法：使用下面的选项定义垫片单元正面上的面：

*SURFACE, NAME=面名称, TYPE=ELEMENT

单元编号或者单元集, SPOS

使用下面的选项定义垫片单元负面上的面：

*SURFACE, NAME=面名称, TYPE=ELEMENT

单元编号或者单元集, SNEG

例如，可以使用类似下面的输入来定义单元集 GASKET 中单元正面上的单侧面：

*SURFACE, NAME=BSURF, TYPE=ELEMENT

GASKET, SPOS

Abaqus/CAE 用法：除了 Sketch、Job 和 Visualization 以外的模块：Tools→Surface→Create：Name：面名称，在视口中拾取顶面或者底面

三维垫片线单元上的面

在 Abaqus/Standard 中使用三维垫片线单元模拟接触时，使用基于单元的面而不是基于节点面具有以下好处：

- 局部切线方向与垫片线单元平行或者垂直，这对于输出目的以及各向异性摩擦定义是有用的。
- Abaqus/Standard 将接触结果计算成单位长度上的接触力，而不仅仅是接触力。

在三维垫片线单元上创建的面只能作为从面使用，因为 Abaqus/Standard 不能为这些面形成唯一的法向。

创建内部横截面

要研究通过模型中不同路径的“力流”，必须创建内部面来剖切一个或者更多构件（类似于横截面），以便得到通过这些面传递的总力的积分输出（见“输出到输出数据库”，4.1.3 节）。Abaqus 提供一种简单的方法在单元面片、边或者端部，通过用平面剖切模型的一个区域来创建这样的内部面。此区域可以使用一个或者多个单元集来确定。如果没有指定单元集，则该区域由整个模型构成。剖切平面是通过指定平面上一个点的坐标和垂直于平面的一个向量来定义的。或者，剖切平面可以通过指定平面上的点 a 和位于剖切平面外点 b 的整体节点编号来定义，该面的法向确定成从点 a 到点 b 的向量。Abaqus 通过选取所选区域内的连续实体、壳、膜、面、梁、管、杆或者刚性单元的单元面片、边或端部来自动形成一个接近指定剖切平面的面。

当基于剖切平面生成内部面的时候，忽略多点网格约束。因此，如果剖切平面剖切的区域包含由约束缝合的不连接的网格，则结果可以产生一个不连续的面。当剖切平面与梁、管或者杆单元相交时，在 Abaqus/CAE 的 Visualization 模块中将整个单元显示成面的一部分。然而，如果将面用于积分输出，则积分输出中仅包括来自位于正侧面（定义为垂直于剖切平面）的单元端部产生的单元节点力。点质量和转动单元、连接器单元、点焊和弹簧单元不是所生成面的一部分，即使它们被剖切平面剖切。

输入文件用法：使用下面的选项通过指定平面上一个点的坐标和垂直于平面的一个向量来定义剖切平面：

*SURFACE, NAME=*面名称*, TYPE=CUTTING SURFACE, DEFINITION=COORDINATES

使用下面的选项通过指定点 a 和点 b 的整体节点编号来定义剖切面：

*SURFACE, NAME=*面名称*, TYPE=CUTTING SURFACE, DEFINITION=NODES

Abaqus/CAE 用法：Abaqus/CAE 中不支持内部横截面。

Abaqus/Explicit 输出文件中的完整模型的自由面

在 Abaqus/Explicit 输入文件中，可以通过指定一个空的单元集名称和一个空的面标识符来创建一个包含模型中所有单元暴露面（以及梁、管和杆单元的“接触边”）的面，除了粘接单元。模型的“自由”面可以用作修剪和组合操作的基础面；如果不进行修改，则此面类似于通用接触中常用的默认全包含面（见“在 Abaqus /CAE 中定义通用接触相互作用”，《Abaqus 分析用户手册——指定条件、约束与相互作用卷》的 3.4.1 节）。

输入文件用法：* SURFACE，NAME = *面名称*，TYPE = ELEMENT，

Abaqus/CAE 用法：Abaqus/CAE 中不支持完整模型自由面的自动生成方法。

修剪开放面的周边

“开放”面是二维中具有端部或者三维中具有外部边的面。将二维面的端部和三维面的边称为面的“周边”。因为 Abaqus 允许将面定义成一个体所拥有的面的一部分，所以即使是在封闭的体上定义的面也具有周边。Abaqus 自动执行体单元网格上的面“修剪”。创建面时，用户可以改变默认的设置，对面的范围提供一些基本的限制。

面修剪：

- 是删除开放面周边附近不需要的顶角的递归过程（详细内容见下面的例子）。
- 对封闭的面（没有端或者边的面）没有影响。
- 是自动执行的，除非在 Abaqus/Standard 中将面作为有限滑动仿真中的主面来使用，或者在 Abaqus/Explicit 中与接触对算法一起使用。
- 仅可以用于实体单元网格的外表面（指定的面或者自动生成的自由面）。
- 在 Abaqus/Explicit 中，对于与接触对算法一起使用的面没有影响。

输入文件用法：使用下面的选项抑制自动面修剪：

* SURFACE，TYPE = ELEMENT，NAME = *面名称*，TRIM = NO

Abaqus/CAE 用法：在 Abaqus/CAE 中不能抑制自动面修剪。

面修剪的效果

面修剪的效果通过以下例子得到了最好的解释。图 2-54 所示为在同一个简单的二维网格上定义的两个不同面的修剪效果。

在情况 1 中，面定义由模型周边上的单个单元层组成。使用自动面片生成功能，生成的默认面（弯曲的）包括垂直单元面 A 和 B，因为它们位于模型的周边上。情况 1 中默认面的修剪删除了面 A 和 B，因为它们的存在导致曲线周边附近产生了两个伪拐角。

Abaqus 在决定是否从原始开放曲线中删除面 A 和 B 时使用一个特别的准则。如果面的一个端节点是端点，并且以下条件之一成立时则删除此面：另一个面节点是曲线单元拐角上的节点，或者面的法向与该曲线上相邻面的面法向之间的夹角大于 30°。一个节点如果是曲线的单元拐角上的节点，则说明该节点在同一个单元的两个不同面上，这两个面都是曲线的一部分。面删除准则在曲线定义中是递归应用的，直到删除所有曲线周边上或者附近的拐角。此过程可以推广到三维面定义。

在情况 2 中，图 2-54 中的修剪将不会删除面 A 和 B，因为这两个面的端点都不符合上面所描述的准则。

为什么默认情况下 Abaqus 将修剪绝大部分的面

通常希望得到用来施加分布载荷的面修剪，因为载荷是垂直施加到指定侧的。默认情况下，对用来施加分布载荷的任何面进行修剪。

在 Abaqus/Standard 中，在接触或者相互作用仿真中修剪从面，可更加精确地估算沿着面周边的接触压力、热通量和电流密度。因此，在接触或者相互作用仿真中，在默认情况下，将对用作从面的面进行修剪。如果未对从面进行修剪，则面拐角处的节点会从拐角周围的单元面处得到额外的接触面积，而这些单元面可能永远不会参与到面之间的相互作用中。此额外的接触面积会给这些节点处的接触输出变量评估引入误差。在默认情况下，对小滑动仿真中的主面进行修剪；Abaqus/Standard 将正常地形成一个更好的近似面。然而，在默认情况下，不对有限滑动接触仿真中的主面进行修剪，并且应当使它们尽可能地远离所有期望的接触区域。此行为可能会导致从面节点滑出主面（见"Abaqus/Standard 中与接触模拟相关联的常见困难"，《Abaqus 分析用户手册——指定条件、约束与相互作用卷》的 6.1.2 节）。

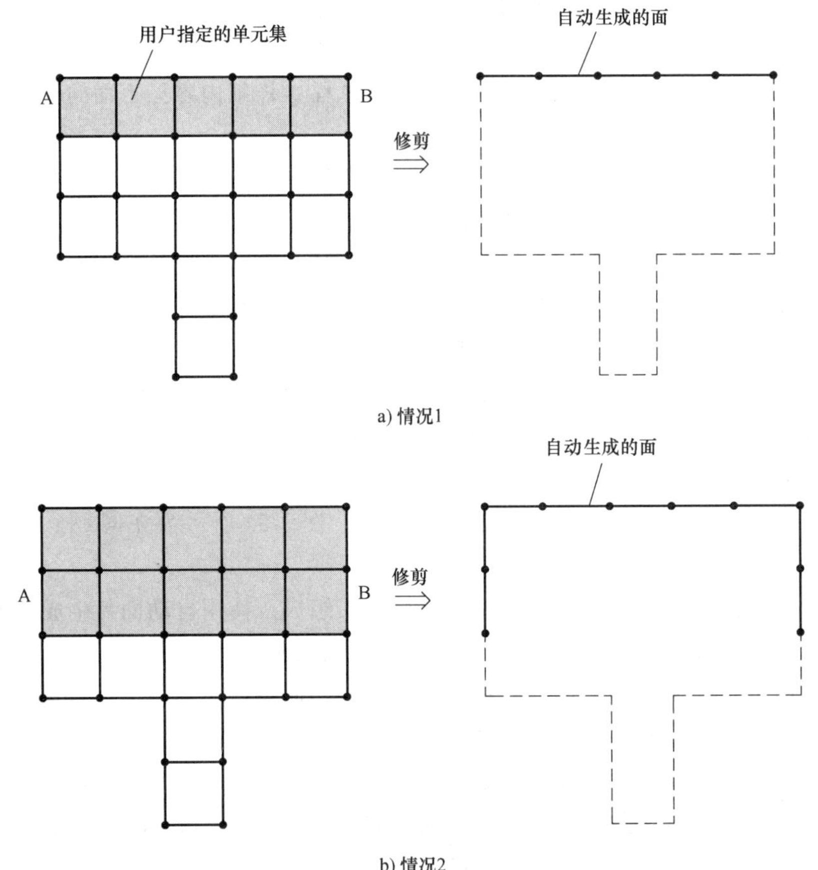

图 2-54　修剪效果对比

注：情况 1 中，完成修剪后删除面 A 和 B，因为每个面的一个节点是端节点，另一个节点是拐角节点；情况 2 中，完成修剪后未删除面 A 和 B，因为每个面的一个节点是端节点，而另一个节点不是拐角节点。

2.3.3 基于节点的面定义

产品：Abaqus/Standard　Abaqus/Explicit

参考

- “面：概览”，2.3.1 节
- “网格绑定约束”，《Abaqus 分析用户手册——指定条件、约束与相互作用卷》的 2.3.1 节
- “接触相互作用分析：概览”，《Abaqus 分析用户手册——指定条件、约束与相互作用卷》的 3.1 节
- *SURFACE

概览

基于节点的“面”：

- 仅可以用作接触计算中的“从面”。
- 在基于面的绑定约束中可以用作“从面”或者“主面”。
- 在 Abaqus 不能在单元上构建唯一物理面的三维情况中是方便的，如使用接触海床的管单元模拟的管，或者使用在折断后接触地面的杆来模拟的电缆。
- 如果需要精确的接触应力或者两个面之间将发生热交换，则应当谨慎使用或者完全不使用。
- 在 Abaqus/Explicit 中与通用接触算法一起使用时，可以赋予一个非零的厚度。
- 如果在问题中必须考虑厚度和中面偏移，则不能用来模拟壳或者膜表面。
- 如果要在 Abaqus/Explicit 中的罚接触对中使用基于节点的面，则必须包含属于同一个刚体的所有节点，或者不包含任何属于刚体的节点。
- 在 Abaqus/Standard 中，不用来规定完全耦合的温度-位移分析中的热传导，或者耦合的孔隙压力-位移分析中面之间的孔隙流体流动。
- 在 Abaqus/Standard 中，不用来规定完全耦合的热-电结构分析中面之间的热传导和电传导。
- 在与具有扭曲的轴对称单元（CGAX、MGAX 单元）一起使用时，不包括圆周摩擦。

在刚性面和分析型刚性面（见“分析型刚性面定义”，2.3.4 节）中，用基于节点的面代替基于单元的面（见“基于单元的面定义”，2.3.2 节）。关于使用现有面的布尔组合来定义面的内容，见“面的操作”（2.3.6 节）。

创建基于节点的面

用户可以通过指定形成面的节点或者节点集来创建基于节点的面。用户必须为基于节点的面赋予一个名称，当定义涉及面的接触相互作用时将使用此名称。

可以为每个节点定义与面相关联的选项。如果没有为节点定义面积，并且面是在一个接触对中定义的，则使用接触属性定义中的面积。如果接触属性定义中没有指定面积，则使用单位面积。

在 Abaqus/Explicit 中，一个基于节点的面中的节点，在接触对计算中使用的面积总是 1.0，而不管用户指定的值如何。因此，在 Abaqus/Explicit 中，当将一个基于节点的面用于接触对时，应当将 Abaqus/CAE 中的接触压力输出变量解释为接触力。

在以零件实例的装配形式定义的模型中，所有的面必须属于零件、零件实例或者装配件。在“装配定义”（2.10 节）中给出了其他规则。

当壳和膜单元的节点用于基于节点的面中时，不考虑每个节点处壳或者膜的厚度和中面偏移。然而在 Abaqus/Explicit 中，当与通用接触算法一起使用时，可以为基于节点的面赋予一个非零的厚度（见“在 Abaqus/Explicit 中为通用接触赋予面属性”，《Abaqus 分析用户手册——指定条件、约束与相互作用卷》的 3.4.2 节）。

输入文件用法：* SURFACE，NAME = 名称，TYPE = NODE
　　　　　　　节点编号或者节点集，面积

2.3.4 分析型刚性面定义

产品：Abaqus/Standard　　Abaqus/Explicit　　Abaqus/CAE

参考

- “面：概览”，2.3.1 节
- “接触相互作用分析：概览”，《Abaqus 分析用户手册——指定条件、约束与相互作用卷》的 3.1 节
- “RSURFU”，《Abaqus 用户子程序参考手册》的 1.1.16 节
- * RIGID BODY
- * SURFACE

概览

分析型刚性面：

- 可以是二维的或者三维的。
- 必须定义成模型数据。
- 可以与极微小滑动、小滑动，或者有限滑动的机械接触公式一起使用。
- 应定向成使得分析型刚性面的外法向指向它可能接触的任何体。
- 与刚性体参考节点相关联，此参考节点的运动控制此面的运动。

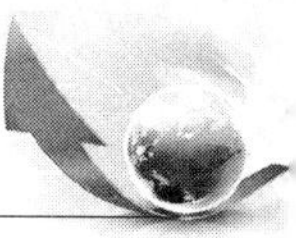

什么是分析型刚性面以及为什么使用它们?

分析型刚性面是可以使用直线和曲线段描述其轮廓的几何面。这些轮廓可以沿着生成向量扫掠或者相对于轴旋转以形成三维面。分析型刚性面是与刚性体参考节点相关联的，此刚性体参考节点的运动控制面的运动。分析型刚性面不影响刚体的质量或者惯量属性（见“刚体定义”，2.4 节）。仅当接触相互作用中使用分析型面，或者单元（如弹簧单元或者质量单元）与刚体参考节点相连接时，刚体参考节点的自由度才起作用。

分析型刚性面总是单侧的，通过它们的定义指定方向。因此，认为接触相互作用仅发生在分析型刚性面的外边界上。要模拟薄结构两侧的接触，可使用围绕薄结构边界的分析型刚性面。

优势

使用分析型刚性面替代基于单元的刚性面，在接触模拟中具有以下两个重要优势。

- 因为能够使用曲线段对曲面进行参数化，所以可以使用分析型刚性面精确地模拟许多弯曲的几何形体。其结果是获得更加平顺的表面描述，可以降低接触噪声，并提供更好的物理接触约束的近似。
- 使用分析型刚性面替代通过单元面形成的刚性面，可以降低接触算法所消耗的计算成本。

使用弯曲线段替代许多线性面片，将减少在接触跟踪操作上所花费的时间。因为分析型面固有的二维描述，可以在三维中额外地节约计算时间。

劣势

对于接触模拟，使用分析型刚性面也存在一些劣势。

- 分析型刚性面必须总是在接触相互作用中作为主面。因此，不能在两个分析面之间模拟接触。
- 在分析型刚性面上不能以云图显示接触力和压力。然而，可以在从面上显示接触力和压力。
- 使用非常大量（成千的）的片段定义分析刚性面可能会降低性能。因为允许弯曲的片段类型，所以在大部分情况下没有必要使用大量的片段来定义分析型刚性面。在极少数情况下，才需要使用大量的片段，如果代之以使用基于单元的刚性面，分析可能更有效率（见“基于单元的面定义”，2.3.2 节）。
- 分析型刚性面不影响其所关联的刚性体的质量和转动惯量。因此，如果需要考虑分析型刚性面上的质量分布，则必须使用 MASS 和 ROTARYI 单元为刚性体定义等效质量和转动惯量属性，或者使用面的有限单元离散化来替代分析型刚性面（见“刚体定义”，2.4 节）。
- 在 Abaqus/Explicit 中，只有在参考节点处的约束有效时（如指定成边界条件的约束），才计算包含分析型刚性面的刚体反作用力输出。如果需要与未约束自由度相对应的刚体上的净接触力，则必须根据刚体的加速度和质量进行计算。

创建分析型刚性面

用户可以定义以下类型的简单的、二维或者三维的、几何分析型面：

- 平面（二维）
- 三维圆柱（扫掠）面
- 旋转体的三维面。

在 Abaqus/Standard 中，如果这些面无法满足要求，则可以使用用户子程序 RSURFU 定义更加通用的分析面。

当可以通过直线段和曲线段描述面的横截面时，分析型刚性面是有用的。曲线段可以是圆弧或者抛物线弧。在二维仿真中，线段是在可变形模型的整体坐标系中定义的。在三维仿真中，必须创建一个局部的二维坐标系，并且在此坐标系中定义线段。可用的三维分析型刚性面的两个标准类型如图 2-55 所示。

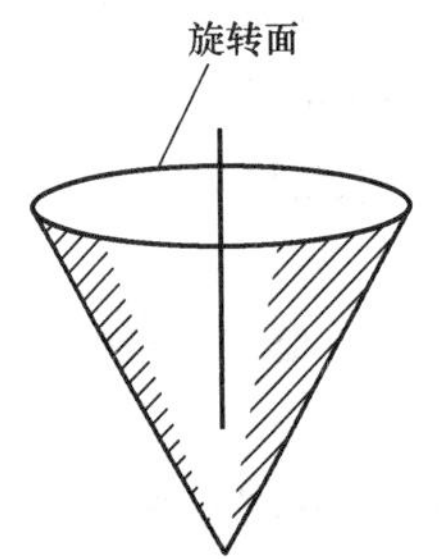

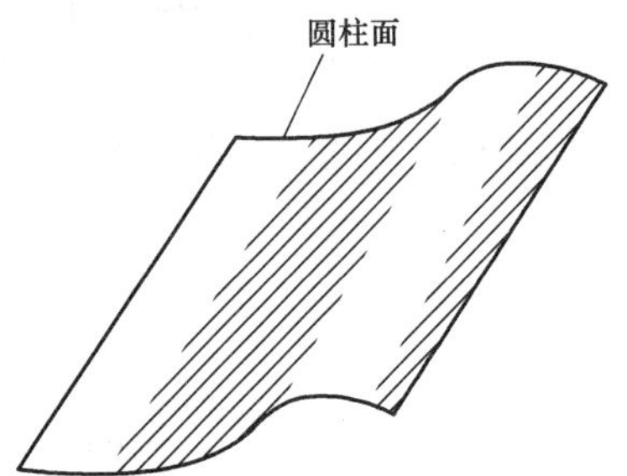

图 2-55　三维刚性面示例

用户必须说明所创建分析型面的类型（平面型、柱面型或者回转型）。并为这些面赋予名称。此外，在刚体定义中，还必须通过指定分析型面的名称来将分析型面定义成刚体的一部分，并定义用于控制面运动的刚体参考节点。

可以采用零件实例装配的形式定义 Abaqus 模型（见“装配定义”，2.10 节）。一个零件仅可以包含一个分析型面。包含分析型面定义的零件不能同时包含单元。

输入文件用法：同时使用下面的两个选项来创建分析型刚性面：

*SURFACE，TYPE=分析型面类型，NAME=名称

*RIGID BODY，ANALYTICAL SURFACE=名称，REF NODE=n

Abaqus/CAE 用法：Part module：Create Part：Name：analytical_rigid_part：选择 Type 为 Analytical rigid

然后执行以下选项中的一个：

除了 Sketch、Job 和 Visualization 以外的模块：Tools→Surface→Create：选择分析型刚性零件

Interaction module：Create Constraint：Rigid body：Analytical Surface：Edit：选择分析型刚性零件

Interaction module：Create Interaction：任何有效的类型：选择分析型刚性零件作为接触中的一个区域

定义面轮廓

面轮廓是定义面横截面的线段集合。面类型确定轮廓是扫掠的（圆柱型面）、回转的（回转面），还是在二维情况中用作平面的（平面）。

通过提供轮廓中每条线的端点来构建一个轮廓。起点总是之前段的终点，在第一段中，则将该点指定成起点。必须给出圆弧的中心点，Abaqus 仅可以定义小于 179.74°的圆弧。因此，将使用通过所提供数据定义的较短的圆弧（使用两个相邻的圆弧定义更长的圆弧）。对于抛物线圆弧，用户必须给出位于抛物线上且在弧内的第三个点。

二维刚性面

要定义平面刚性面，需要在整体坐标系中指定形成刚性面轮廓的线段。如果分析型面是在零件内部定义的，则在局部零件坐标系中指定线段。

输入文件用法：＊SURFACE，TYPE=SEGMENTS，NAME=名称

定义组成面的线段的数据行

例如，图 2-56 所示的二维刚性面定义是

＊SURFACE，TYPE=SEGMENTS，NAME=BSURF

START，x_a，y_a

CIRCL，x_b，y_b，x_c，y_c

LINE，x_d，y_d

CIRCL，x_e，y_e，x_f，y_f

＊RIGID BODY，ANALYTICAL SURFACE=BSURF，REF NODE=101

其中 x_i 和 y_i 是图 2-54 中点的整体坐标。

Abaqus/CAE 用法：Part module：Create Part：Name：分析型刚体零件：将 Modeling Space 选择成 2D Planar 或者 Axisymmetric 并将 Type 选择成 Analytical rigid

三维圆柱型刚性面

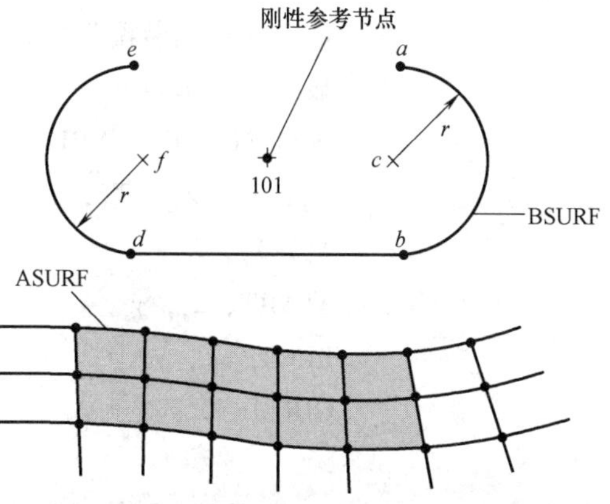

图 2-56　接触可变形体的二维分析型刚性面

在不是以零件实例的装配形式定义的模型中定义圆柱型刚性面时，需要指定图 2-57 所示的定义局部坐标系的点 a、点 b 和点 c。在默认的整体坐标系中给出这些点的坐标（X_a，Y_a，Z_a）、（X_b，Y_b，Z_b）、（X_c，Y_c，Z_c）。如图 2-57 所示，点 a 定义局部坐标系的原点；点 b 定义局部 x 轴；点 c 定义生成向量（负向局部 z 轴）。如果线段 ac 不垂直于线段 ab，Abaqus 将自动在通过点 a、点 b 和点 c 定义的平面内调整点 c，使其垂直。形成刚性面轮廓的线段是在局部 x-y 平面内定义的。三维面是通过沿着生成向量扫掠此轮廓形成的。生成的面在生成向量的正方向和负方向上都延伸到无穷远处。

要在零件中定义圆柱型刚性面，需要在零件坐标系中指定形成刚性面轮廓的线段。对于

在零件（或者零件实例）中定义的分析型面，点 a 位于零件坐标系的原点，点 b 位于零件坐标系的 x 轴上，点 c 位于零件坐标系的负 z 轴上。如果线段 ac 不垂直于 ab，Abaqus 将自动在通过点 a、点 b 和点 c 定义的平面内调整点 c，使线段 ac 垂直于 ab。用户不能重新定义此分析型面的坐标系；当实例化零件时，可以通过给出定位数据在模型中定位面（见“装配定义”，2.10 节）。

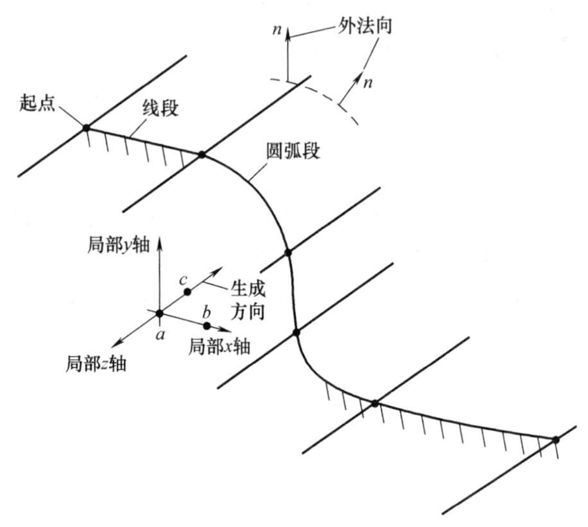

图 2-57　圆柱型刚性面

输入文件用法：*SURFACE，TYPE=CYLINDER，NAME=名称

X_a，Y_a，Z_a，X_b，Y_b，Z_b

X_c，Y_c，Z_c

定义形成面的线段的数据行

例如，当 x_i 和 y_i 是局部坐标系中的点时，使用下面的输入，在不是以零件实例的装配形式定义的模型中定义图 2-57 所示的刚性面（图中未显示参考节点）：

*SURFACE，TYPE=CYLINDER，NAME=CSURF

X_a，Y_a，Z_a，X_b，Y_b，Z_b

X_c，Y_c，Z_c

START，x_s，y_s

LINE，x_1，y_1

CIRCL，...

...

*RIGID BODY，ANALYTICAL SURFACE=CSURF，REF NODE=n

使前两个数据行为空行，以定义零件中的圆柱型刚性面。

Abaqus/CAE 用法：Part module：Create Part：Name：分析型刚性零件：将 Modeling Space 选择成 3D，将 Type 选择成 Analytical rigid，将 Base Feature 选择成 Extruded shell

回转的三维面

要在模型中定义一个不是以零件实例装配的形式定义的回转刚性面，需要指定图 2-58 所示的定义局部坐标系的两个点，点 a 和点 b。在默认的整体坐标系中给出这两个点的坐标（X_a，Y_a，Z_a）和（X_b，Y_b，Z_b）。如图 2-58 所示，点 a 定义了局部坐标系的原点，从点 a 到点 b 的向量定义了局部坐标系的 z 轴，也就是圆柱坐标系的轴。形成回转面轮廓的线段是在局部 r-z 平面中定义的，其中局部坐标系的 r 轴与圆柱坐标系的径向轴对齐。将此回转面轮廓绕圆柱坐标系的轴，即局部坐标系的 z 轴回转形成三维曲面。

在零件内定义回转的刚性面时，需要在零件的局部坐标系中指定形成刚性面横截面的线段。对于在零件（或者零件实例）中定义的分析型面，点 a 位于零件局部坐标系的原点处，零件局部坐标系的 x 轴与圆柱坐标系的径向轴对齐，点 b 位于零件坐标系的 y 轴上。用户不能重新定义此局部坐标轴；当实例化零件时，用户可以通过给出定位数据在零件中定位面（见“装配定义”，2.10 节）。

输入文件用法：＊SURFACE，TYPE=REVOLUTION，NAME=名称

X_a，Y_a，Z_a，X_b，Y_b，Z_b

定义形成面的线段的数据行

例如，下面的输入定义了图 2-58 所示的刚性面（图中未显示参考节点）：

＊SURFACE，TYPE=REVOLUTION，NAME=REVSURF

X_a，Y_a，Z_a，X_b，Y_b，Z_b

START，x_s，y_s

LINE，...

CIRCL，...

...

＊RIGID BODY，ANALYTICAL SURFACE=REVSURF，

REF NODE=999

使第一个数据行为空行，以定义零件中的回转刚性面。

Abaqus/CAE 用法：Part module：Create Part：Name：分析型刚性零件：将 Modeling Space 选择成 3D，将 Type 选择成 Analytical rigid，将 Base Feature 选择成 Revolved shell

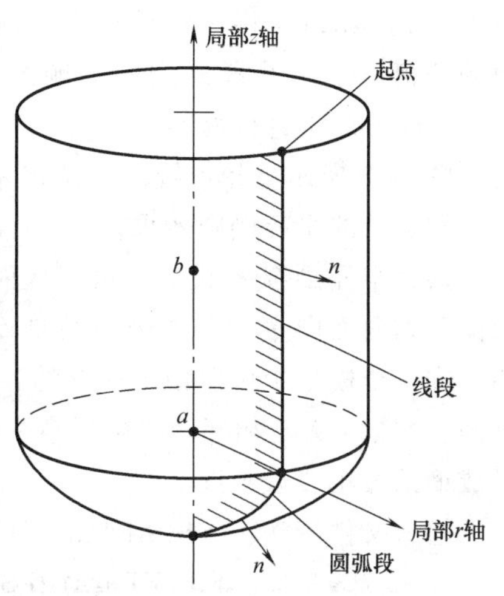

图 2-58　回转体的刚性面

定义面法向

分析型刚性面的外向面法向是由形成面轮廓的线段方向来确定的。线段的序列定义了一个沿着刚性面的向量 $\mathbf{s}$，从第一条线段的起点到最后一条线段的终点。外法向等于所定义面中平面的单位法向向量 $\mathbf{e}_3$，与切向于面的向量 $\mathbf{s}$ 的叉积，即 $\mathbf{n}=\mathbf{e}_3\times\mathbf{s}$。图 2-59 所示

为分析型刚性面定义平面中的向量 **s**。

单位向量 $\mathbf{e}_3$ 的定义是使 $\mathbf{e}_1$、$\mathbf{e}_2$ 和 $\mathbf{e}_3$ 形成一个右手正交坐标系。平面内坐标方向 $\mathbf{e}_1$ 和 $\mathbf{e}_2$ 取决于所定义分析型刚性面的类型。对于二维分析型刚性面，它们对应于平面模型中整体坐标系下的 X 轴和 Y 轴，以及轴对称模型中的 r 轴和 z 轴；对于圆柱型刚性面，它们对应于局部坐标系下的 x 轴和 y 轴；对于回转刚性面，它们对应于局部坐标系下的 r 轴和 z 轴。圆柱型刚性面和回转刚性面的外法向分别如图 2-57 和图 2-58 所示。

如果以错误的顺序指定线段，则刚性面的面法向将与所需方向完全相反。以相反的顺序指定线段即可纠正这一错误。

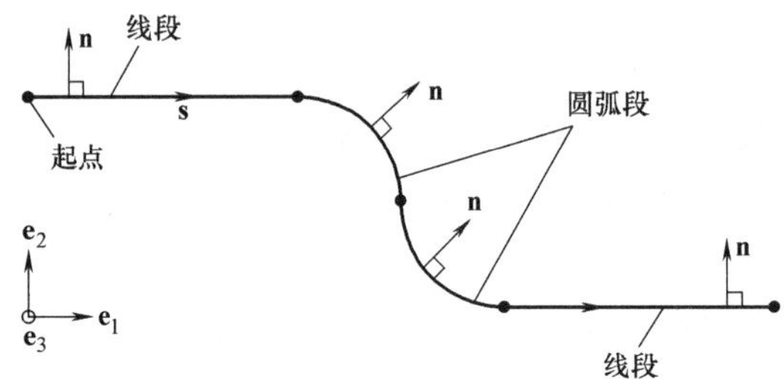

图 2-59 刚性面的面法向

平顺分析型刚性面

在许多情况中，对面进行平顺以更加精确地表示面几何是有益的。尤其是在主面没有连续的法向和面切向向量时，在有限滑动的 Abaqus/Standard 仿真中，要得到收敛的解是非常困难的（见“Abaqus/Standard 中的接触方程”，《Abaqus 分析用户手册——指定条件、约束与相互作用卷》的 5.1.1 节）。因此，平顺主面上的所有尖角，以去除这些向量中的不连续是重要的。

默认情况下，Abaqus 不对分析型刚性面的主面进行平顺。总是可以通过手动插入附加的弯曲线段来创建相邻线段之间的平顺过渡。另外，Abaqus 也可以自动生成平顺面。以 Abaqus 中的长度单位指定曲率半径 r，Abaqus 将用它构建形成刚性面的任何不连续线段之间的平顺过渡。默认 $r=0$，即不进行面的平顺。

图 2-60 所示为相连线段以及相邻的线和圆弧段的半径倒圆效果。

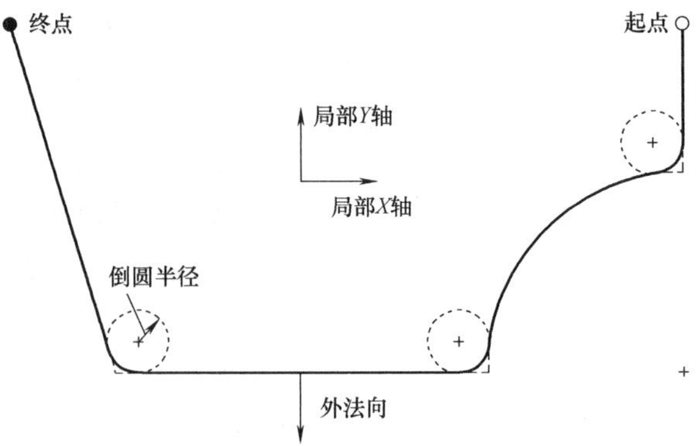

图 2-60 分析型刚性面上的半径倒圆效果

通过半径倒圆平顺了尖角，从而使法向和切向面向量沿着整个主面是连续的。在一个模型中可以使用任意的 r 值。然而，如果 r 大于相邻两段中任意一段的长度，将无法平顺。这样，对 r 的特定限制是小于形成面的最小线段长度。

输入文件用法：*SURFACE，TYPE=分析型面类型，NAME=名称，
　　　　　　　FILLET RADIUS=r

Abaqus/CAE 用法：在 Abaqus/CAE 中创建分析型刚性零件时，可以创建段之间的半径

倒圆，或者使用圆弧连接段（见“用草图绘制简单的物体”，《Abaqus/CAE 用户手册》的 20.10 节，此手册的 HTML 版本中）。

面切向约定

Abaqus 形成的分析型刚性面，总是使得面的第一切向 $\boldsymbol{t}_1$ 沿着形成曲面 $\boldsymbol{s}$ 的线段的方向。第二曲面切向 $\boldsymbol{t}_2$，定义成使外法线和两个面切向形成右手正交坐标系，如图 2-61 所示。

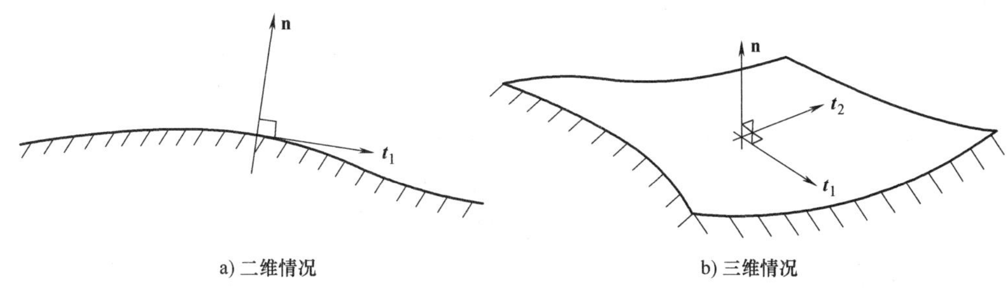

图 2-61　分析型刚性面的面切向和外法线定义

在用户子程序中创建分析型刚性面

在 Abaqus/Standard 中，可以通过用户子程序 RSURFU 来定义更加复杂的分析型刚性面。通过写入子程序 RSURFU 来创建平顺的面通常是困难的，并且此子程序中的不充分的面定义通常会造成收敛问题。使用 RSURFU 时，应确保外向面法向和两个面切向形成一个右手正交坐标系。在二维情况中，第二个面切向总是（0，0，-1）。必须确保在有限滑动仿真中面也是平顺的，并且刚性面的方向相对于可变形面是合理的（即刚性面不能在可变形面的内部）。

输入文件用法：＊SURFACE，TYPE＝USER，NAME＝名称

Abaqus/CAE 用法：在 Abaqus/CAE 中不支持用户子程序 RSURFU。

在使用拖拽链或者刚性面单元时定义分析型刚性面

当使用三维拖拽链单元时（仅用于 Abaqus/Standard），必须使用分析型刚性面的另一种定义方法来定义海床的面。当使用刚性面单元时，也必须使用这种方法。仅当 CAXA 或者 SAXA 单元接触刚性面时，才会使用这些单元。使用此方法时，刚性面必须是平的，并且与 x-y 平面平行。

在以零件实例的装配形式定义的模型中，刚性面定义必须出现在与拖拽链单元或者刚性面单元相同的零件定义中。

用户必须说明创建了何种类型的分析型面（平面的、圆柱型的或者用户定义的）。圆柱型刚性面与 CAXA 或者 SAXA 单元一起使用时无效。此外，用户必须为面赋予一个名称，并且确定控制面运动的刚体参考节点。

输入文件用法：＊RIGID SURFACE，TYPE＝面类型，NAME＝名称，REF NODE＝n

Abaqus/CAE 用法：Abaqus/CAE 中不支持拖拽链和刚性面单元。

二维刚性面

要定义平面刚性面，应在整体坐标系中定义形成刚性面的横截面线段。用户必须提供每条线段的终点；起点总是之前线段的终点，对于第一条线段，则是指定成起始点的点。必须给出图 2-56 中圆弧的圆心、点 c 和点 f。Abaqus 仅能定义小于 179.74°的圆弧，因此，将使用由所提供的数据来定义的较短的圆弧（使用两个相邻的圆弧来定义一个较长的圆弧）。对于抛物线圆弧，用户必须给出位于抛物线上且在圆弧之内的第三个点。

输入文件用法：* RIGID SURFACE，TYPE=SEGMENTS，NAME=名称，REF NODE=*n*
START，起始点的 X 坐标或者 r 坐标，起始点的 X 坐标或者 z 坐标
定义组成面的线段的终点的数据行，以单词 LINE（对于直线段）、CIRCL（对于圆弧线段）或者 PARAB（对于抛物线圆弧线段）开始

Abaqus/CAE 用法：Abaqus/CAE 中不支持拖拽链和刚性面单元。

三维圆柱型刚性面

定义圆柱型刚性面时，需要指定图 2-57 中所示的用于定义局部坐标系的点 a、点 b 和点 c。在默认的整体坐标系中给出这些点的坐标（X_a，Y_a，Z_a）、（X_b，Y_b，Z_b）和（X_c，Y_c，Z_c）。如图 2-57 所示，点 a 定义局部坐标系的原点；点 b 定义局部 x 轴；点 c 定义生成向量，它是局部 z 轴的负向。形成刚性面横截面的线段是在局部 x-y 平面中定义的。通过沿着生成向量扫掠此横截面来形成三维面。生成的面在生成向量的正向和负向上都延伸到无穷远处。

输入文件用法：* RIGID SURFACE，TYPE=CYLINDER，NAME=名称，REF NODE=*n*
X_a，Y_a，Z_a，X_b，Y_b，Z_b
X_c，Y_c，Z_c
START，起始点的 x 坐标，起始点的 y 坐标或者 z 坐标
定义组成面的线段的终点的数据行，以单词 LINE（对于直线段）、CIRCL（对于圆弧线段）或者 PARAB（对于抛物线弧线段）开始

Abaqus/CAE 用法：Abaqus/CAE 中不支持拖拽链和刚性面单元。

2.3.5 欧拉面定义

产品：Abaqus/Explicit

参考

- “面：概览”，2.3.1 节
- “欧拉分析：概览”，《Abaqus 分析用户手册——分析卷》的 9.1 节
- “接触相互作用分析：概览”，《Abaqus 分析用户手册——指定条件、约束与相互作用卷》的 3.1 节
- * EULERIAN SECTION

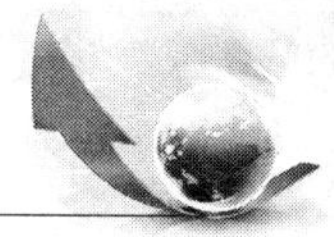

- ＊SURFACE

概览

欧拉面：

- 必须是三维的。
- 必须定义成模型数据。
- 在 Abaqus/Explicit 中可以与通用接触算法一起使用。
- 是通过指定欧拉材料实例的名称来创建的。

什么是欧拉面以及为什么使用它们?

欧拉面表示 Abaqus/Explicit 分析中特定欧拉材料实例的外表面。因为欧拉材料流动通过欧拉网格，所以不能通过单元面的简单列表来定义它们的面。这些面通常位于欧拉单元内，并且必须在每个时间增量上使用单元体积分数数据进行计算。

用户可以在 Abaqus/Explicit 的通用接触算法中使用欧拉面来定义与拉格朗日面的特定相互作用。一旦进行了定义，便可以在包含物、排除物和相互作用定义中引用欧拉面。用户不能组合或者修剪欧拉面。

使用欧拉-拉格朗日接触时不需要欧拉面定义。如果用户为整个模型指定“自动”接触，则将自动为接触应用所有欧拉材料的外表面。

创建欧拉面的优势

可以使用欧拉面：

- 为涉及具体欧拉材料实例的接触相互作用赋予接触属性。
- 排除不太可能接触的欧拉材料与拉格朗日体之间的相互作用，简化接触问题并降低计算成本。

创建欧拉面

要创建欧拉面，必须指定出现在模型中的材料名称。将材料实例名称定义成欧拉截面的一部分（见“欧拉单元”，《Abaqus 分析用户手册——单元卷》的 6.14.1 节）。Abaqus/Explicit 计算所指定材料实例的外部边界，并且定义与该边界相对应的面。随着材料的变形，在每一个时间增量上重新计算面。

输入文件用法：＊SURFACE，TYPE=EULERIAN MATERIAL，NAME=名称
材料实例名称，

2.3.6 面的操作

产品：Abaqus/Standard　　Abaqus/Explicit

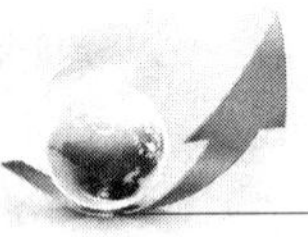

参考

- “面：概览”，2.3.1 节
- “耦合约束”，《Abaqus 分析用户手册——指定条件、约束与相互作用卷》的 2.3.2 节
- “网格无关的紧固件”，《Abaqus 分析用户手册——指定条件、约束与相互作用卷》的 2.3.4 节
- “在 Abaqus/Explicit 中定义通用接触相互作用”，《Abaqus 分析用户手册——指定条件、约束与相互作用卷》的 3.4.1 节
- *SURFACE

概览

组合面：

- 是通过执行现有面的布尔操作（加、相交或者减）来创建的。
- 可以由基于单元的面或者基于节点的面形成。
- 可以由欧拉面形成。
- 可以与 Abaqus/Standard 中其他基于单元的面或者基于节点的面一样使用。
- 在 Abaqus/Explicit 中不能与接触对一起使用（但在 Abaqus/Explicit 中可以与通用接触一起使用）。

剪裁面：

- 是通过修剪现有的面来创建的，并且仅保留指定矩形框中包含的面部分。
- 可以由基于单元的面或者基于节点的面来形成。
- 不能由欧拉面形成。
- 可以与 Abaqus/Standard 中其他基于单元的面或者基于节点的面一样使用。
- 在 Abaqus/Explicit 中不能与接触对一起使用（但在 Abaqus/Explicit 中可以与通用接触一起使用）。

创建组合面

用户必须给组合面赋予一个名称，此名称可以与其他参考面的功能一起使用。

在以零件实例的装配形式定义的模型中，所有的面必须属于零件、零件实例或者装配件。可以在零件层级创建面，然后在装配层级对其进行组合。在“装配定义”（2.10 节）中给出了附加规则。

被组合的面必须具有相同的类型，即基于单元的面可以与其他基于单元的面组合，但不能与基于节点的面组合。可以使用组合面来创建其他组合面。

现有面的相加

可以组合任何数量的现有面来创建一个新的面。如果被组合的面是基于单元的面，则新

面也是基于单元的面，并且合并重叠的部分。类似的，如果被组合的面是基于节点的面，则新面也是基于节点的面，并且合并重叠的部分。

输入文件用法：* SURFACE，NAME=名称，COMBINE=UNION
面名称列表

现有面的相交或者相减

可以通过两个现有面的相交或者相减来创建一个新的面。相减是从第一个面中减去第二个面。在基于单元的面上执行相交或者相减操作时，它们仅作用在面片上。如果相交操作产生了一个空的面，则发出一个警告信息。

输入文件用法：使用下面的选项通过两个现有面的相交来创建一个新的面：
* SURFACE，NAME=名称，COMBINE=INTERSECTION
第一个面的名称，第二个面的名称
使用下面的选项通过两个现有面的相减操作来创建一个新的面：
* SURFACE，NAME=名称，COMBINE=DIFFERENCE
第一个面的名称，第二个面的名称

创建裁剪面

用户可以创建面片仅在现有面上，并且节点位于指定修剪框内的新面。对于基于节点的面，新面将仅包含剪切框内部的那些节点。如果面片至少有一个节点在剪切框内，则认为整个面是有效面。用户必须给新面赋予一个名称，并且指定从其中生成新面的现有面的名称。只可以指定一个面。

要定义剪切框的位置，需要指定剪切框底角的坐标（X_{min}，Y_{min}，Z_{min}）及其对角（顶角）的坐标（X_{max}，Y_{max}，Z_{max}）。如果定义了一个可选的转动，则剪切框可以关于底角（X_{min}，Y_{min}，Z_{min}）转动。定义转动的两点 a 和 b 的坐标是在未转动的坐标系中给出的，其中点 a 应位于转动的 X 轴上，点 b 位于 X-Y 平面上并靠近 Y 轴。

输入文件用法：* SURFACE，NAME=名称，CROP
旧面名称
X_{min}，Y_{min}，Z_{min}，X_{max}，Y_{max}，Z_{max}
X_a，Y_a，Z_a，X_b，Y_b，Z_b
例如，要修剪包含模型中所有暴露面的面，可使用下面的输入：
* SURFACE，TYPE=ELEMENT，NAME=整个面，
* SURFACE，NAME=名称，CROP
整个面
X_{min}，Y_{min}，Z_{min}，X_{max}，Y_{max}，Z_{max}
X_a，Y_a，Z_a，X_b，Y_b，Z_b

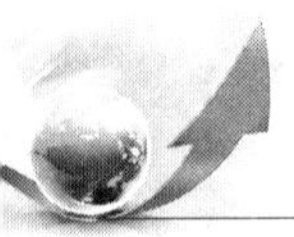

2.4 刚体定义

产品：Abaqus/Standard　Abaqus/Explicit　Abaqus/CAE

参考

- “面：概览”，2.3.1 节
- “基于单元的面定义”，2.3.2 节
- “分析型刚性面定义”，2.3.4 节
- “刚性单元”，《Abaqus 分析用户手册——单元卷》的 4.3.1 节
- *RIGID BODY
- “定义刚体约束”，《Abaqus/CAE 用户手册》的 15.15.2 节

概览

刚体：

- 可以是二维平面的、轴对称的或者三维的。
- 与一个刚体参考节点相关联，此参考节点的运动控制整个刚体的运动。
- 可以由节点、单元和面组成。
- 可以作为一种约束的方法。
- 可以在多体动力学仿真中与连接器单元一起使用。
- 可以用来为接触模拟规定刚性面的运动。
- 计算高效，而且在 Abaqus/Explicit 中不影响整体时间增量。
- 可以具有温度梯度，或者在考虑热相互作用的完全耦合的温度-位移分析中是各向等温的。

什么是刚体？

刚体是节点、单元和（或者）面的集合，它们的运动是由一个名为刚体参考节点的单独节点控制的。作为刚体一部分的节点和单元的相对位置在整个仿真中保持不变。因此，组成单元不变形，但是可以承受大的刚体运动。可以基于刚体单元的贡献来计算刚体的质量和惯量，或者进行明确的赋予。分析面也可以作为刚体的一部分，而基于刚体的节点或者单元的任何面是与刚体自动关联的。

可以通过在刚体参考节点处施加边界条件来规定刚体的运动。施加在节点处的集中载荷，以及施加到属于刚体一部分单元的分布载荷生成刚体上的载荷。刚体以几种不同途径与模型的剩余部分发生相互作用。可以在可变形单元的节点处连接刚体，并且在刚体上定义的面可以与这些可变形单元连续，前提是使用协调单元类型。也可以通过连接器单元将刚体连接到其他刚体（见“连接器：概览”，《Abaqus 分析用户手册——单元卷》的 5.1.1 节）。在刚体上定义的面可以与模型中其他体上定义的面接触。

确定何时使用刚体

可以使用刚体来模拟非常刚硬的构件，这些构件可以是固定的或者承受大的运动。例如，刚体非常适合模拟模具（即冲模、压模、拉深筋、防皱压板、滚轴等）。也可以使用刚体模拟可变形构件之间的约束，并且它们提供了指定特定接触相互作用的便利方法。刚体可以与连接器单元一起使用来模拟多种多体动力学问题。

为了进行模型验证，使模型的一部分变硬是有用的。例如，在复杂的模型中，可以在刚体之中包含远离感兴趣特定区域的单元，从而在模型建立阶段缩短运行时间。当模型满足要求时，可以删除刚体定义并包含代表全部模型的精确可变形单元。

在多体动力学仿真中，由于许多原因，刚体是有用的。虽然刚体的运动是通过参考节点处的六个自由度来控制的，但是刚体允许刚体的几何形体、质量和转动惯量的精确表示。此外，刚体提供模型的精确可视化和后处理。

使用刚体表述模型的一部分，而不是使用可变形有限元单元的主要好处是计算效率高。刚体中的单元不做单元层级的计算。虽然需要通过一些计算来更新刚体节点的运动，并施加集中载荷和分布载荷，但是刚体的运动完全是通过参考节点处的至多六个自由度来确定的。

对于 Abaqus/Explicit 中追踪波和应力分布并非十分重要的情况，将相对刚硬的模型部分模拟成刚体是特别有效的。刚性区域中的单元稳定时间增量评估会产生一个非常小的整体时间增量。由于作为刚体和作为刚体一部分的单元不影响整体时间增量，在刚性区域中使用刚体来替代可变形有限元的表示，可以产生一个更大的整体时间增量，而不会显著影响解的整体精确性。

创建刚体

用户必须给刚体赋予一个刚体参考节点。

输入文件用法：*RIGID BODY，REF NODE=n

Abaqus/CAE 用法：Interaction module：

Tools→Reference Point：选择一个点作为参考点

Create Constraint：Rigid body：Point：Edit：选择参考节点区域

刚体参考节点

刚体参考节点同时具有平动和转动自由度，并且必须为每个刚体定义参考节点。如果没

有给参考节点赋予坐标，Abaqus 将默认地给参考节点赋予整体原点的坐标。另外，用户可以指定参考节点应当置于刚体的质心处。在将刚体视为等温的完全耦合温度-位移分析中，描述刚体温度的温度自由度存在于刚体参考节点处。刚体参考节点：

- 可以与质量、转动惯量、电容或者可变形的单元相连接。
- 不能是其他刚体的刚体参考节点。
- 如果是等温刚体，则可以具有一个温度自由度。

将参考节点设置在质心处

如果对刚体施加了非零的边界条件，或者在参考节点处施加了集中载荷，则刚体参考节点相对于刚体余下部分或者质心的确切位置将变得重要。在许多刚体动力学问题中，可能期望在刚体质心处施加载荷和边界条件。此外，出于输出的目的，监控刚体在其质心处的构型是有用的。然而，当刚体质量和惯量属性（在下面进行讨论）包含有限离散化或者 MASS 和 ROTARYI 单元的复杂安排时，则很难预先确定质心的位置。

默认情况下，不会对刚体参考节点进行重新布置。用户可以指定参考节点在计算后的质心处进行重新布置。在此情况中，如果在刚体参考节点处定义了 MASS 单元，则用于重新定位的计算质心将包括除参考节点处质量之外的所有质量贡献，然后将 MASS 单元重新定位在质心处，并且在刚体的质量属性中包含它。如果刚体的唯一质量贡献来自在刚体参考节点处定义的 MASS 单元，则不会重新定位参考节点。

输入文件用法：使用下面的选项说明不重新定位参考节点（默认的）：

*RIGID BODY, REF NODE=n, POSITION=INPUT

使用下面的选项指定刚体参考节点应重新定位在计算质心处：

*RIGID BODY, REF NODE=n, POSITION=CENTER OF MASS

Abaqus/CAE 用法：Interaction module：Create Constraint：Rigid body：选中 Adjust point to center of mass at start of analysis

组成刚体的节点集合

除了刚体参考点，还可以通过对刚体赋予单元和节点来生成由节点的集合构成的刚体。这些节点与单元连通。作为刚体一部分的节点有以下两种类型：

- 销节点，仅具有与刚体相关联的平动自由度。
- 绑定节点，同时具有与刚体相关联的平动自由度和转动自由度。

节点附着的刚体上的单元类型决定了刚体节点的类型。当用户对刚体直接赋予节点时，也可以指定节点类型。对于销节点，仅平动自由度是刚体的一部分，并且这些自由度的运动由刚体参考节点的运动所约束。对于绑定节点，平动自由度和转动自由度都是刚体的一部分，并且由刚体参考节点的运动进行约束。

当节点连接到转动惯量单元、可变形结构单元或者连接器单元时，或者在节点上施加了集中力矩或跟随载荷时，节点类型具有重要影响。仅当转动惯量单元和所施加的集中力矩与绑定节点相关联时，才影响刚体。与可变形单元的刚体连接总是涉及平动自由度；如果连接

位于绑定节点处，则与可变形单元、梁、管和连接器单元的刚体连接总是涉及转动自由度。两种类型的连接行为如图 2-62 所示，图中为通过两端的节点连接到两个可变形壳单元的八边形刚体，对其施加一个转动速度。

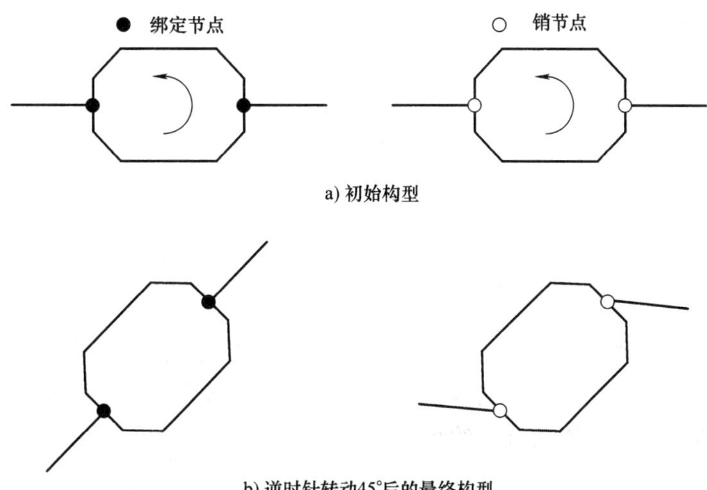

图 2-62 具有绑定节点和销节点连接的刚体

假定壳单元是刚性的（图中显示了可忽略的弯曲）。当刚体与壳单元的公共节点是绑定节点时，施加给刚体的转动将直接传递给壳单元。当两者的公共节点是销节点时，刚体转动不直接传递到壳单元，从而导致刚体和相邻的壳结构之间产生大的相对运动。

为刚体赋予单元

若要在刚体定义中包含单元，应指定包含所有作为刚体一部分的单元模型区域。此区域中的单元或者连接到此区域中单元的节点不能是任何其他刚体的一部分。表 2-3 列出了可以包含在刚体中的连续、结构和刚体单元类型，以及刚体中生成的各自节点类型。

表 2-3 刚体中可以包含的有效单元

刚性几何体	单元		节点自由度	
	生成销节点	生成绑定节点	销节点	绑定节点
平面	CPE3*、CPE4*、CPE6*、CPE8*、CPS3，CPS4*、CPS6*、CPS8*、GK2D2、GKPS*、GKPE*、R2D2、T2D2*	B21*、B22*、B23*、FRAME2D、PIPE2*、RB2D2	u_x、u_y	u_x、u_y，ϕ_z
轴对称	CAX3、CAX4*、CAX6*、CAX8*、GKAX*、MAX*、RAX2	CGAX*、MGAX*、SAX1、SAX2*	u_r、u_z	u_r、u_z，ϕ

（续）

刚性几何体	单元		节点自由度	
	生成销节点	生成绑定节点	销节点	绑定节点
三维	C3D4*、C3D6*、C3D8*、C3D10*、C3D15*、C3D20*、C3D27*、GK3D*、M3D3、M3D4*、M3D6、M3D8*、M3D9*、SFM3D*、SFMAX*、SFMGAX*、R3D3、R3D4、T3D2*、CCL*、MCL*、SFMCL*	B31*、B32*、B33*、FRAME3D、PIPE*、RB3D2、S3*、S4*、S8*、S9*	u_x、u_y、u_z	u_x、u_y、u_z ϕ_x、ϕ_y、ϕ_z

注：*表示以前缀标签开始的单元。

当刚体中包含连接器单元时，连接类型的转动自由度是否被激活决定了生成节点的类型。如果在刚体内包含了激活节点处材料流动自由度的连接器单元，则刚体的运动将对材料和作为自由度的通过刚体的流动进行约束。

下面的单元不能是刚性的：

- 声学单元
- 轴对称-非对称连续单元和壳单元
- 耦合的热-电单元
- 扩散热传导/质量扩散单元和强制对流/扩散单元
- 欧拉单元
- 一般的平面应变单元
- 具有厚度方向行为的垫片单元
- 热容单元
- 惯量单元（质量惯量和转动惯量）
- 无限单元
- 压电单元
- 特殊用途单元
- 子结构
- 热-电结构单元
- 用户定义的单元

如果刚体包含多种单元或者截面定义，则所指定区域将包含具有不同截面定义的单元。将连续单元或者结构单元赋予刚体后，这些单元将不再可变形，并且它们的运动是通过刚体参考节点的运动来控制的。不对这些单元进行单元刚度计算，并且它们不影响 Abaqus/Explicit 中的整体时间增量。然而，刚体的质量和惯量包括来自这些单元的，由它们的截面和材料密度定义计算得到的贡献（见《Abaqus 分析用户手册——单元卷》）。所指定的区域内不应当包括质量、转动惯量单元和点热容单元。当这些单元与刚体的部分节点连接时，为刚体自动考虑来自质量、转动惯量和热容单元的贡献。

对刚体赋予单元时，将自动生成作为刚体一部分的节点的列表。将此列表构建成包括

连接到指定区域中单元的所有节点的唯一列表。此列表中的节点不能是任何其他刚体的一部分。节点的类型（销接节点或者绑定）是由节点所连接的刚体单元的类型决定的。壳、梁、管和刚体梁单元生成绑定节点；实体、膜、杆和刚性（梁除外）单元生成销节点（见表 2-3）。对于与生成销接节点和绑定节点的单元同时连接的节点，将公共节点定义成绑定类型。

作为刚体一部分的所有单元必须具有类似的几何形状。因此，包含在指定区域中的单元必须是平面的、轴对称或者三维的。单元的几何形状决定了刚体的几何形状，见表 2-3。

输入文件用法：使用下面的选项给刚体赋予单元：

*RIGID BODY，REF NODE=n，ELSET=名称

Abaqus/CAE 用法：Interaction module：Create Constraint：Rigid body：Body (elements)：Edit：选择体区域

给刚体赋予节点

直接给刚体赋予节点时，应分别指定所需的销接节点和绑定节点。除了给刚体赋予单元时所生成的节点之外，这些节点也成为刚体的一部分。当直接给刚体赋予节点时，应用下面的规则：

- 销接节点集或者绑定节点集中不能包含刚体参考节点。
- 绑定节点集中也不能包含作为销接节点集一部分的节点。
- 销接节点集或者绑定节点集中包含的节点不能是任何其他刚体定义的一部分。
- 由赋予刚体的单元自动生成的，同时属于销接节点集的节点，将被归类成销接节点，而不管它们的单元连接性如何。
- 由赋予刚体的单元自动生成的，同时属于在绑定节点集的节点，将被归类成绑定节点，而不管它们的单元连接性如何。

因此，可以通过将节点直接赋予刚体，来覆盖由刚体中包括的单元生成的节点类型，从而允许用户通过简单地指定刚体与可变形有限单元的连接类型，更加灵活地定义与刚体的约束。

输入文件用法：使用下面的选项将节点赋予刚体：

*RIGID BODY，REF NODE=n，PIN NSET=名称，TIE NSET=名称

Abaqus/CAE 用法：Interaction module：Create Constraint：Rigid body：Pin (nodes)：Edit：选择销接区域，Tie (nodes)：Edit：选择绑定区域

给刚体赋予分析型面

用户可以为刚体赋予分析型面。创建和命名分析型刚性面的过程见“分析型刚性面定义”(2.3.4 节)。只可以将一个分析型面定义成刚体定义的一部分。

输入文件用法：使用下面的选项给刚体赋予一个分析型刚性面：

*RIGID BODY，REF NODE=n 或者名称，ANALYTICAL SURFACE=名称

Abaqus/CAE 用法：Interaction module：Create Constraint：Rigid body：Analytical Surface：Edit：选择分析型面区域

在以零件实例的装配形式定义的模型中定义刚体

可以采用零件实例的装配形式定义 Abaqus 模型（见“装配定义”，2.10 节）。这种模型中的刚体，可以由零件层级或者装配层级的可变形单元创建。在任何一种情况中，所有的节点和单元定义必须属于一个或者多个零件。如果所有组成刚体的节点属于相同的零件，则通过在零件层级定义刚体来创建刚性零件。

通过创建一个装配层级的跨越多个零件实例的节点集或者单元集，然后在装配层级定义中引用此集合的刚体，可以将多个可变形零件实例组合成单个刚体。如果有必要的话，也可以在装配层级定义刚体参考节点。

刚体的质量和惯量属性

当刚体没有被完全约束时，其质量和惯性属性对刚体的动力学响应来说是重要的。在 Abaqus/Explicit 中，如果未约束自由度没有对应的质量（或者转动惯量），则将发出一个错误信息。Abaqus 自动计算每个刚体的质量、质心和转动惯量，并在需要模型定义数据时将结果打印到数据（.dat）文件中（见“输出”中的“控制写入数据文件的分析输入文件处理器信息的量”，4.1.1 节）。使用下面的规则来确定刚体的质量和惯量：

- 每个连续的、结构的和作为刚体一部分的刚性单元的质量，对刚体的质量、质心和转动惯量属性有贡献。
- 连接到刚体所包括的节点的点质量单元，或者连接到刚体参考节点的质量单元，对刚体的质量、质心和转动惯量属性有贡献。
- 连接到绑定节点或者刚体参考节点的转动惯量单元，对刚体的转动惯量属性有贡献。

因为销接节点处的转动自由度不是刚体的一部分，所以连接到销接节点的转动惯量单元对刚体的惯量没有贡献，但在一定程度上与节点的相关转动有关。

通过离散化来定义质量和惯量属性

在许多情况中，不容易得到所需模拟的刚性构件的质量、质心和转动惯量。在 Abaqus 中，不需要直接定义刚体的质量和惯量属性。而是可以使用有限元离散化来模拟刚体构件，Abaqus 将自动计算离散化后的属性。具有一维杆或者梁几何形体的刚性结构可以使用梁或者杆单元来模拟，包含二维面几何形体的结构可以使用壳或者膜单元来模拟，实体几何形体可以使用实体单元来模拟。这些单元对刚体的质量贡献是以单元的截面属性（见《Abaqus 分析用户手册——单元卷》）和材料密度（见“通用属性：密度”，《Abaqus 分析用户手册——材料卷》的 1.2 节）为基础的。虽然在给予类似的截面定义和密度定义的情况下，刚体中的壳单元和膜单元会产生类似的质量贡献，但是它们所产生的节点类型（对于壳是绑定节点，对于膜是销接节点）是不同的，这将影响整个结果。对于梁和杆单元也是如此。

在刚性构件的一部分可以使用有限元离散化来建模，而其他部分不方便使用有限元离散化建模的情况下，可以使用点质量和转动惯量单元来表示不方便建模部分的质量分布。这样，刚体的质量、质心和转动惯量将包括来自有限元、点质量和转动惯量单元的贡献。

Abaqus 为低阶单元使用集总质量方程。因此，第二质量惯性力矩可能会偏离理论值，特别是对于粗糙的网格。可以通过添加点质量和具有正确惯性属性的转动惯量单元，并消除

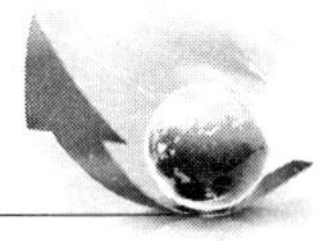

实体单元中的质量贡献来避免此误差。另外，在 Abaqus/Standard 中可以使用二阶单元。

直接定义质量和惯量属性

当已知或者近似知道实际刚体构件的质量、质心和转动惯量属性时，没有必要使用有限元离散或者点质量矩阵来生成刚体属性。用户可以通过在质心处设置刚体参考节点（见“在质心处布置参考节点”）并在参考节点处指定刚体质量和转动惯量来直接赋予这些属性（见“点质量”，《Abaqus 分析用户手册——单元卷》的 4.1.1 节；“转动惯量”，《Abaqus 分析用户手册——单元卷》的 4.2.1 节）。

有时也可能希望在质心处直接输入质量属性，但在质心以外的位置指定边界条件。在此情形中，用户应当将刚体参考节点设置在所需的边界条件位置。此外，必须通过正确地指定节点坐标使其与刚体质心重合，在刚体质心处定义一个绑定节点，然后在刚体定义中将此绑定节点赋予绑定节点集。用户可以在绑定节点处定义刚体质量和转动惯量。

对于绝大部分直接输入质量属性的应用，可能需要给刚体赋予额外的单元或者节点，以便刚体可以与模型的其余部分相互作用。例如，接触对定义可能需要使用刚体上的单元面形成的刚性面，并且可能需要额外的销接节点或者绑定节点，以便对连接到刚体上的可变形单元给予所需的约束。Abaqus 将考虑来自刚体的所有单元的质量和转动惯量贡献，因此，如果想要直接给刚体赋予质量属性，则应确认来自刚体包括的其他单元类型的贡献不会影响所需的输入质量属性。如果刚性单元类型是刚体定义的一部分，则可以通过不在刚体定义中为这些单元指定密度来将它们的质量贡献设置为零。如果使用其他单元类型定义刚体，则应将它们的密度设置为零。

刚体的运动

刚体的运动完全由参考节点的运动来定义。参考节点处激活的自由度取决于刚体的几何形体（见“约定”，1.2.2 节）。刚体的几何形体可能是平面的、轴对称的或者三维的，由赋予刚体的单元类型来决定。在没有将单元赋予刚体的情况中，假定刚体的几何形体是三维的。

如果需要使用模型定义数据，则将所有刚体的每个有效自由度计算得到的质量和转动惯量打印到数据（.dat）文件（见“输出”中的“控制写入数据文件的分析输入文件处理器信息的量”，4.1.1 节）。这些属性包括来自刚体所包含单元的贡献，以及来自刚体节点处的点质量单元和转动惯量单元属性的贡献。

虽然计算得到的质量代表了刚体的真实质量，但 Abaqus/Explicit 实际上在运动方程的积分中使用一个增广的质量，这在概念上类似于添加了质量的方程。本质上，刚体的计算所得质量和转动惯量是使用所有附加到刚体上的可变形单元的质量贡献来增广的，产生了一个更大的、增广的质量和转动惯量。如果节点连接是在绑定节点处，则在增广的转动惯量中也包括来自相邻可变形单元的转动惯量的贡献。

刚体运动

刚体可以在它的每一个有效平动自由度和有效转动自由度上做自由刚体运动。

边界条件

必须在刚体的参考节点处，按“Abaqus/Standard 和 Abaqus/Explicit 中的边界条件”(《Abaqus 分析用户手册——指定条件、约束与相互作用卷》的 1.3.1 节）中所介绍的方法定义刚体的边界条件。可以为所有在参考节点受到约束的自由度恢复反作用力和力矩。如果在刚体参考节点处定义节点变换，则在局部坐标系中施加边界条件（见“坐标系变换”，2.1.5 节）。

在 Abaqus/Standard 中，如果在刚体参考节点以外的刚体节点处施加边界条件，则 Abaqus 会将这些边界条件转换到参考节点处。如果转换成功，则会警示用户进行了此转换，否则将产生一个错误信息（更多内容见“过约束检查”，《Abaqus 分析用户手册——指定条件、约束与相互作用卷》的 2.6 节）。

在 Abaqus/Explicit 中，如果在刚体参考节点以外的刚体节点处施加边界条件，则忽略这些边界条件，对称类型的边界条件除外，因为它可以影响 Abaqus/Explicit 接触对算法中的面周边处的接触逻辑（见“Abaqus/Explicit 中接触对的接触方程”，《Abaqus 分析用户手册——指定条件、约束与相互作用卷》的 5.2.2 节；“Abaqus/Explicit 中与使用接触对的接触模型相关的常见困难”，《Abaqus 分析用户手册——指定条件、约束与相互作用卷》的 6.2.2 节）。

约束

在 Abaqus/Standard 中，不能在多点约束或者线性约束方程定义中使用刚体上的节点，不包括刚体参考节点。

在 Abaqus/Explicit 中，可以为刚体上的任何节点定义多点约束或者线性约束方程，包括参考节点。

连接器单元

可以在刚体的任何节点（包括参考节点）处使用连接器单元，来定义刚体之间、刚体与可变形体之间或者刚体与大地之间的连接。对于提供刚体上的多点连接，模拟复杂的非线性运动约束，在刚体参考节点以外的刚体点处指定零或者非零的边界条件，施加力激励，以及模拟离散的相互作用（如弹簧、阻尼、节点-节点接触、摩擦、锁定机构和失效节点），连接器单元是方便的。与多点约束或者线性约束方程不同，连接器单元保留连接中的自由度，从而允许与连接相关联的信息输出（如约束力和力矩、相对位移、速度、加速度等）。关于连接器单元的详细内容，见“连接器单元”，(《Abaqus 分析用户手册——单元卷》的 5.1.2 节)。

平面刚体

具有平面几何形体的刚体具有三个有效自由度：1、2 和 6（u_x、u_y 和 ϕ_z）。这里，x 方向和 y 方向分别与整体 X 方向和 Y 方向重合。如果在刚体参考节点处定义了一个节点转换，则 x 方向和 y 方向与用户定义的局部方向重合。在参考节点处定义的坐标转换必须与几何形体一致；局部方向必须保留在整体 X-Y 平面上。平面刚体包括的所有节点和单元应当位于整

体 X-Y 平面内。

平面刚体应当仅连接到平面可变形单元。要模拟将具有平面几何形体的刚性构件连接到三维可变形单元，应将平面刚性构件模拟成由合适的三维单元组成的三维刚体。

轴对称刚体

在 Abaqus 中，具有轴对称几何形状的刚体具有三个有效自由度：1、2 和 6（u_r、u_z、ϕ）。经典的轴对称理论仅接受一种刚体模式，即 z 方向上的位移。为了使利用刚体进行轴对称分析的灵活性最大化，Abaqus 允许有三个有效自由度，虽然仅轴向位移是刚体模式。

r 方向和 z 方向分别与整体 X 方向和 Y 方向重合。如果在刚体参考节点处定义了节点变换，则 r 方向和 z 方向与用户定义的局部方向重合。在参考节点处定义的坐标变换必须与几何形状一致；局部方向必须保留在整体 X-Y 平面内。轴对称刚体包括的所有节点和单元应位于整体 X-Y 平面内。

r 方向上的转换与径向模式相关联，r-z 平面的转动与转动模式相关联（图 2-63）。对于 Abaqus 中的轴对称刚体，这些模式都不会产生环向应力，但是为这些自由度计算的质量和惯量代表与它们的模态运动相关联的模态质量。因此，轴对称刚体的质量属性是基于以下假定的初始构型计算得到的：

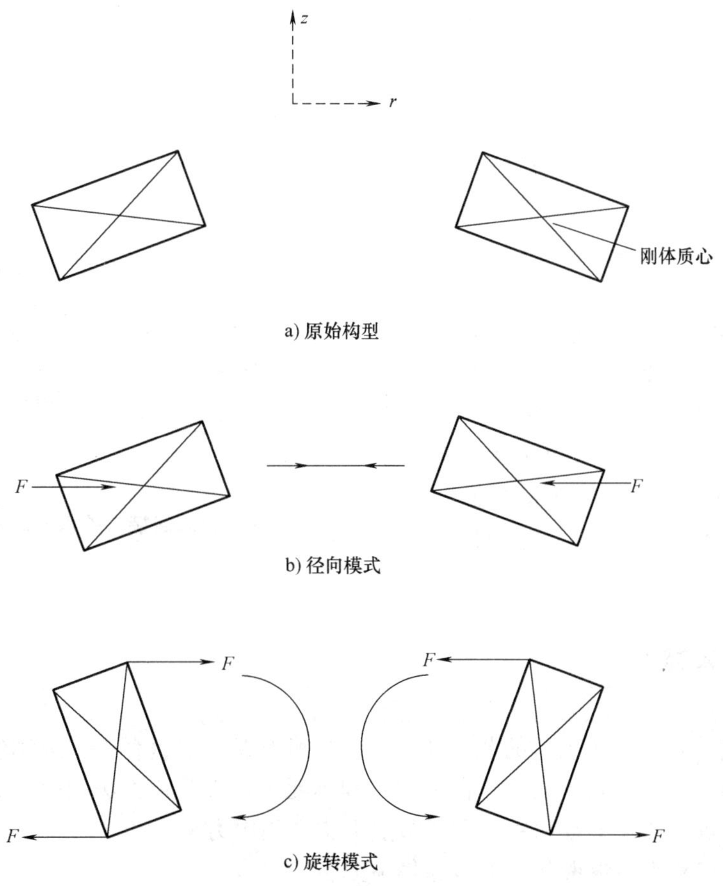

图 2-63　轴对称刚体模式

- 假定在刚体节点上定义的点质量（见“点质量”，《Abaqus 分析用户手册——单元卷》4.1.1 节）是考虑了刚体周边的整个质量。
- 赋予刚体的来自轴对称单元的质量贡献包含周边的积分值。
- 刚体的质心位于圆周切片的质心处，如图 2-63 所示。

如果将刚体参考节点设置在质心处，则轴对称刚体的参考节点将会重新定位在圆周切片的质心处。

这些假设与 Abaqus 处理其他轴对称功能的方式是一致的，但由于偏离了经典的刚体理论而在这里进行说明。

轴对称刚体只能与轴对称可变形单元相连。要模拟具有轴对称几何形状的刚性构件与三维可变形单元的连接，应将轴对称刚性构件模拟成由合适的三维单元组成的三维刚体。

三维刚体

具有三维几何形状的刚体具有六个自由度：1、2、3、4、5 和 6（μ_x、μ_y、μ_z、ϕ_x、ϕ_y、ϕ_z）。其中，x 方向、y 方向和 z 方向分别与整体 X 方向、Y 方向和 Z 方向重合。如果在刚体的参考节点处定义了节点转换，则 x 方向、y 方向和 z 方向与用户定义的局部方向重合。

通常，三维刚体具有一个完全各向异性的惯性张量，并且当它们围绕一根非主惯性轴旋转时，可采用一种非直观的方式表示出来。可以在 Abaqus 中使用三维刚体来仿真刚体动力学的经典现象（如旋进、回转力矩等）。

在绝大部分情况中，三维刚体只能与三维可变形单元连接。如果它是物理关联的，则三维刚体可以连接到二维平面应力、平面应变或者轴对称单元，但应始终约束刚体的 z 向位移、x 轴转动和 y 轴转动。当在模型的一个区域中使用二维平面应变近似，并在另一个区域中使用三维离散化时，上述过程是有用的。如图 2-64 所示，可以用刚体约束两个有限元几何形体的界面。应在沿界面的平面中的每个节点处使用一个唯一的刚体来正确地处理约束。

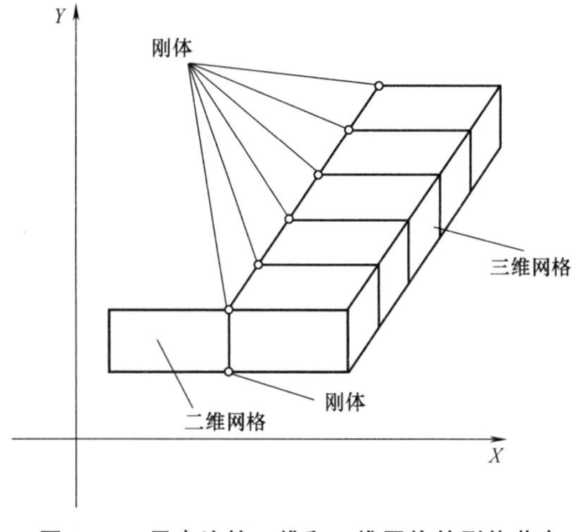

图 2-64　用来连接二维和三维网格的刚体节点

在刚体上定义载荷

刚体上的载荷是刚体所包括的节点和单元上的所有载荷的组合。在刚体包括的节点和单元上定义载荷的方法，与在不属于刚体的节点和单元上定义载荷方法相同。贡献包括：

- 在销接节点、绑定节点和刚体参考节点上施加集中力。
- 在绑定节点和刚体参考节点上施加集中力矩。
- 在刚体包括的所有单元和面上施加分布载荷。

除非作用点通过刚体的质心，否则每一个载荷都会在质心上同时产生一个力和一个力矩，从而使未受约束的刚体产生转动。如果在任何刚体节点上定义了节点转换，则在这些节点处定义的集中载荷是在局部坐标系中指定的。通过节点转换定义的局部坐标系不随刚体而转动。

在刚体销接节点上定义的集中力矩不会对刚体施加载荷，但是在一定程度上与该节点的独立转动有关。仅在销接节点与具有转动自由度的可变形单元或者转动惯量单元相连时，才存在销接节点的独立转动。如果存在独立转动，则可以在销接节点处定义跟随力（见“集中载荷”中的“指定集中的跟随力”，《Abaqus 分析用户手册——指定条件、约束与相互作用卷》的 1.4.2 节）。然而，由于力的方向是由独立转动决定的，即使跟随力作用在刚体上，结果也可能是非直观的。

具有温度自由度的刚体

只有包含耦合的温度-位移单元的刚体具有温度自由度。如果假设在完全耦合的温度-位移分析中使用的刚体具有均匀温度是合理的，则可以将刚体定义成等温的。涉及等温刚体的瞬态热传导过程假定物体对热的内阻与外阻相比可以忽略。这样，体的温度可以是时间的函数，但不是位置的函数。在刚体参考节点处创建的温度自由度描述了体的温度。

仅在 Abaqus/Explicit 中可以使用具有分析型刚性面的刚体热相互作用，通过指定刚体是等温的来激活这一选项。

默认情况下，不将刚体考虑成等温的，并且连接到耦合的温度-位移单元的刚体上的所有节点将具有独立的温度自由度。刚体包括节点这一事实不影响耦合单元传导刚体内部热的能力。然而，力学响应仍旧是刚性的。

如果刚体是由耦合的温度-位移单元组成的，并且定义了比热容和密度属性，Abaqus 将自动计算与等温体的刚体参考节点相关联的集总比热容。否则，用户应为刚体指定一个点比热容（见“点容”，《Abaqus 分析用户手册——单元卷》的 4.4.1 节）。如果参考节点处未指定温度的等温刚体没有相关联的比热容，则 Abaqus/Explicit 将发出一个错误信息。

- 刚体包括的每个耦合的温度-位移单元的比热容对等温刚体的比热容有贡献。对于轴对称等温刚体，赋予刚体的轴对称单元的比热容贡献包括沿圆周的积分值。
- 与刚体所包括的任何节点或者刚体参考节点相连接的 HEATCAP 单元，对等温刚体的比热容有贡献。

对于轴对称等温刚体，假定在刚体节点上定义的点容是体圆周上的积分容值。

作用在等温体的参考节点上的热载荷，是由刚体所包括的节点和单元上的所有热载荷的贡献组合得到的。可变形体与等温刚体之间的热传导可以发生在接触过程中，如果定义了间隙传导和间隙辐射，则可以发生在体没有接触的时候（见“热接触属性”，《Abaqus 分析用户手册——指定条件、约束与相互作用卷》的 4.2 节）。两个等温刚体之间的热传导只能通过间隙传导和间隙辐射来实现。

输入文件用法：* RIGID BODY，ISOTHERMAL=YES

Abaqus/CAE 用法：Interaction module：Create Constraint：Rigid body：切换选中 Constrain selected regions to be isothermal

模拟与刚体的接触

通过指定接触相互作用来模拟与刚体的接触，此接触相互作用是由一个刚性面和一个在其他体上定义的面形成的（见“在 Abaqus/Standard 中定义接触对”，《Abaqus 分析用户手册——指定条件、约束与相互作用卷》的 3.3.1 节；“在 Abaqus /Explicit 中定义通用接触相互作用”，《Abaqus 分析用户手册——指定条件、约束与相互作用卷》的 3.4.1 节“在 Abaqus/Explicit 中定义接触对”，《Abaqus 分析用户手册——指定条件、约束与相互作用卷》的 3.5.1 节）。刚性面可以由节点、单元面或者分析型刚性面组成（见“基于节点的面定义”，2.3.3 节；“基于单元的面定义”，2.3.2 节；“分析型刚性面定义”，2.3.4 节）。

选择合适的刚体几何形状时，接触模拟是主要因素。接触相互作用应该产生在具有相似几何形状的面之间。例如，应当使用平面刚体来模拟与二维平面应力或者平面应变单元形成的可变形面的接触，或者与具有二维梁、管或杆单元的基于节点的面的接触。类似地，应当使用轴对称刚体来模拟与轴对称单元形成的面之间的接触；使用三维刚体来模拟与三维单元面形成的面，或者具有三维梁、管或者杆单元的基于节点的面之间的接触。

一个刚体必须仅包含二维单元，或者仅包含三维单元。两个刚体之间不能共享节点。不能模拟两个分析型刚体面之间的接触，或者一个分析型刚体面与其自身之间的接触。

Abaqus/Standard 中的限制

如果从面属于已指定成刚性的弹性体，则允许刚体之间的接触。在此情况中，应指定为软接触来避免可能产生的过约束。

两个使用刚性单元定义的刚性面之间的接触是不允许的。

接触对定义中不能包括刚性梁和杆，因为刚性梁和杆的面只能是基于节点的。基于节点的面只能是从面，并且在接触对中，属于刚体一部分的单元应是主面的一部分。

Abaqus/Explicit 中的限制

可以在 Abaqus/Explicit 中模拟两个刚性面之间的接触，前提是使用了罚接触对算法或者通用接触算法；刚体-刚体接触不能使用运动接触对。因此，出于建模的目的，将一个模型的两个可变形区域转换成两个不同的刚体时，必须使用罚接触对或者通用接触来定义这些刚体之间的任何接触相互作用。

对于涉及分析型刚性面的刚体-刚体接触，至少应有一个刚性面是由单元面组成的，因为不能在 Abaqus 中模拟两个分析型刚性面之间的接触。

如果为刚体上的节点定义了方程约束、多点约束、绑定约束或者连接器单元，则对涉及刚体的所有接触相互作用必须使用罚接触算法（通过使用罚弹簧对接触执行引入数值软化）或者通用接触算法。

在运动接触对定义中不能包括刚性梁和杆，因为梁和杆的面仅可以是基于节点的。基于节点的面只能是从面，并且刚体包括的单元必须是运动接触对中主面的一部分。

当刚性面在罚接触对或者通用接触中作为从面时，初始穿透进入主面的刚性从节点将不随着无应变纠正而得到纠正（见“调整 Abaqus/Explicit 中接触对的初始面位置并指定初始

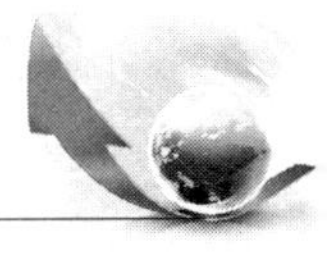

间隙”，《Abaqus 分析用户手册——指定条件、约束与相互作用卷》的 3.5.4 节；“在 Abaqus/Explicit 中为通用接触控制初始接触状态”，《Abaqus 分析用户手册——指定条件、约束与相互作用卷》的 3.4.4 节)。对于接触对，这种类型的初始穿透可能在初始增量中造成人为的接触力。对于通用接触，将这些初始穿透作为接触偏置进行存储。

在几何线性 Abaqus/Standard 分析中使用刚体

如果在几何线性 Abaqus/Standard 分析中使用了刚体（见“通用和线性摄动过程”，《Abaqus 分析用户手册——分析卷》的 1.1.3 节)，则将刚体约束线性化。因此，除了分析型刚性面，如果转动幅度较大，则任何两个属于刚体的节点之间的距离将在分析过程中发生变化。

2.5 积分输出截面定义

产品：Abaqus/Explicit　　Abaqus/CAE

参考

- “输出到输出数据库”，4.1.3 节
- * INTEGRATED OUTPUT SECTION
- * INTEGRATED OUTPUT
- * SURFACE
- “定义积分输出截面”，《Abaqus/CAE 用户手册》的 14.13.1 节

概览

积分输出截面：

- 可以是二维的或者三维的。
- 可以用来追踪一个面的平均运动。
- 可以与积分输出要求相关联，以研究模型中的“力流”。
- 不在面的运动上强加任何约束。

介绍

为了达到以下一个或者两个目的，采用积分输出截面的方法将面与坐标系和/或参考节点相关联：

- 追踪面的平均运动。
- 在局部坐标系中表达通过面传递的力和力矩，该力矩是在一个随面运动的点上产生的。

积分输出截面定义中参考节点处的位移和/或转动历史可以作为面的平均运动。必须定义一个没有连接到任何其他有限元模型零件上的参考节点，并且选择参考节点是只跟随面的平均平动，还是同时跟随面的平动和转动。因为参考节点不连接到模型的剩余部分，所以用来追踪平均面运动的积分输出截面定义不在模型中的任何节点运动上产生约束。

可以使用在多个内部横截面（通过剖切模型的不同部分而得）上定义的积分输出截面

来研究复杂模型中的“力流”。对接触中的外表面上的力求和，或者对通过面之间的绑定约束传递的力求和都是有用的，通过将积分输出截面定义与积分输出请求相关联来求和。通过指定积分输出截面定义的方向，在所选坐标系中表达向量输出量。通过给出参考节点处的转动自由度大小来转动此坐标系。此外，可以在一个位置上（通过给出平动参考节点处的平动自由度大小来确定）得到横截面的积分力矩输出。可以使用不同的坐标系和参考节点，通过在同一个面上使用多个积分输出截面定义，来得到给定面上的积分输出。

创建积分输出截面

用户必须给每个积分输出截面赋予名称。使用此名称与要求积分输出的截面进行关联。此外，用户必须确定定义了截面的面（见“基于单元的面定义”，2.3.2 节）。

输入文件用法：* INTEGRATED OUTPUT SECTION，NAME=面名称，
SURFACE=面名称

Abaqus/CAE 用法：Step module：Output→Integrated Output Sections→Create：
Name：截面名称：选择面区域

创建内部横截面

要研究通过模型中不同路径的“力流”，必须创建切开一个或者多个区域的内部面（类似于横截面），以便得到通过这些面传递的总力和力矩的积分输出。用户可以在单元面片、边或者端部，通过使用一个平面来简单地剖切模型的一个或者多个区域来创建这样的内部面（见“基于单元的面定义”中的“创建内部横截面”，2.3.2 节）。

积分输出截面的参考节点

出于以下一个或者两个目的，可以将参考节点与积分输出截面相关联：

- 追踪面的平均运动。
- 在随着参考节点的运动而变化的坐标系中，通过积分输出来请求计算变量。

如果必须追踪平均面运动，则必须定义一个不连接到任何其他有限元模型零件上的参考节点，并且选择参考节点是仅跟随面的平均平动，还是跟随面的平动和转动。如果选择参考节点跟随面的平均转动，则除了参考节点处的平动自由度之外，也将激活转动自由度。并自动将参考节点的初始位置调整至位于面的中心。

当具有参考节点的积分输出截面与积分输出要求相关联时，在截面上传递的总力矩是关于参考节点的当前位置计算得到的。如果参考节点具有有效的转动自由度，则用来表达积分输出变量转动的坐标系随着参考节点的转动而转动。

在面的中心处定位参考节点

当参考节点没有与模型的其余部分相连接时，参考节点在初始构架中可以自动重新定位在面的中心处。

默认将参考节点固定在其指定位置。

输入文件用法：使用下面的选项定位面中心处的参考节点：
* INTEGRATED OUTPUT SECTION，REF NODE=n，POSITION=CENTER

Abaqus/CAE 用法：Step module：integrated output section editor：Anchor at reference point：Edit：选择参考点：Move point to center of surface

设置参考节点来追踪面的平均运动

在使用坐标系的面以及随着平均面运动移动的点上得到积分输出通常是有意义的。当参考节点没有与模型的其余部分相连接时，可以指定参考节点随着面的平均平动而平动（没有任何转动），或者随着面的平均运动而平动和转动。平均运动是以面上不属于任何刚体的单个节点为基础的质量加权运动。

默认情况下，参考节点不追踪面的平均运动。

输入文件用法：如果参考节点必须随着面的平均平动而平动，则使用下面的选项：

*INTEGRATED OUTPUT SECTION，REF NODE=n，
REF NODE MOTION=AVERAGE TRANSLATION

如果参考节点必须随着面的平均转动而同时平动和转动，则使用下面的选项：

*INTEGRATED OUTPUT SECTION，REF NODE=n，
REF NODE MOTION=AVERAGE

Abaqus/CAE 用法：Step module：integrated output section editor：Anchor at reference point：Edit：选择参考点：Point motion：Average translation and rotation 或者 Average translation

积分输出截面的局部坐标系

用户可以在积分输出截面上定义局部坐标系，并且将此截面与积分输出要求相关联，以便在局部坐标系中表达积分输出变量。用户可以将方向指定成局部坐标系，并可以进一步将其投射到面上。另外，还可以通过根据 Abaqus 约定（见“约定”，1.2.2 节）在面上投射整体坐标系来形成局部坐标系。如果没有明确地定义局部坐标系，则将局部坐标系初始化成整体坐标系。

如果指定了一个参考节点，并且该参考节点具有有效的转动自由度，则无论是明确定义还是初始化成整体坐标系，初始坐标系都将随着变形而转动。如果参考节点不与模型的其余部分相连接，并且其运动是以面的平均平动和转动为基础的，则转动和平动自由度在参考节点处是有效的。

输入文件用法：使用下面的选项为截面定义初始坐标系：

*INTEGRATED OUTPUT SECTION，ORIENTATION=方向名称

Abaqus/CAE 用法：Step module：integrated output section editor：CSYS：Edit：选择方向

将坐标系投射到截面表面

可以将通过由方向定义的坐标系或者整体坐标系投射到截面表面来得到局部坐标系。面上的投影是基于面的平均法向；局部 1 方向与面垂直（图 2-65）。

输入文件用法：使用下面的选项将坐标系投射到截面表面：

*INTEGRATED OUTPUT SECTION，PROJECT ORIENTATION=YES

Abaqus/CAE 用法：Step module：integrated output section editor：Project orientation onto surface

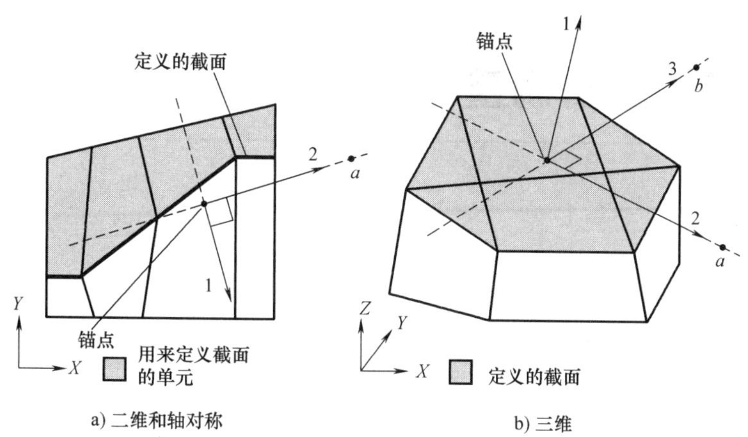

a) 二维和轴对称　　b) 三维

图 2-65　用户定义的局部坐标系

将积分输出截面与积分输出请求相关联

积分输出请求用来得到通过面传递的总力等变量的历史输出（见“输出到输出数据库”中的“Abaqus/Explicit 中的积分输出”，4.1.3 节）。该请求可以参考积分输出截面定义来识别需要输出的面，并且提供一个局部坐标系和/或者一个参考节点作为计算面上总力矩的点。

输入文件用法：同时使用下面的选项将积分输出截面与积分输出请求相关联：

*INTEGRATED OUTPUT SECTION，NAME=截面名称

*INTEGRATED OUTPUT，SECTION=截面名称

Abaqus/CAE 用法：Step module：

Output→Integrated Output Sections→Create：Name：截面名称

History output request editor：Domain：Integrated output section：截面名称

限制

积分输出截面受到下面的限制：

- 与积分输出截面相关联的面不能是分析型刚性面。
- 与积分输出截面相关联的面可以包含刚性单元或者轴对称单元中的面。然而，这样的积分输出截面不能与积分输出请求相关联（见“输出到输出数据库”，4.1.3 节）。

2.6 质量调整

产品：Abaqus/Explicit

参考

- “通用属性：密度”，《Abaqus 分析用户手册——材料卷》的 1.2 节
- “点质量”，《Abaqus 分析用户手册——单元卷》的 4.1.1 节
- “非结构质量定义”，2.7 节
- “质量缩放”，《Abaqus 分析用户手册——分析卷》的 6.6 节
- *MASS ADJUST

概览

质量调整：

- 用于将模型中的一个或者多个构件的净质量设置为已知值。
- 用于缩放模型中一个或者多个构件的净质量（不需要知道组件的质量）。
- 有助于说明由于模拟近似而产生的质量误差。
- 有助于说明模型中忽略的非结构特征的质量，如油漆。
- 可以应用于所有具有质量的单元类型。
- 调整单元集合中单个单元的质量，使其与预先调整的质量（包括非结构质量）成比例，以满足该集合的指定目标值。
- 可以用来重新分布单元集合中单元之间的质量，将使最小稳定时间增量提高到目标值。
- 可以用来重新分布质量，使单元集合中单元的稳定时间增量最大化。
- 在 Abaqus/Explicit 分析中，仅可以在模型定义期间指定一次。
- 可以采用分级的形式施加，首先调整单个零件的质量，然后再调整这些零件的装配件的质量。

定义质量调整

要调整或者缩放模型中一个或多个构件的质量，首先应确定对应的单元集合。如果指定

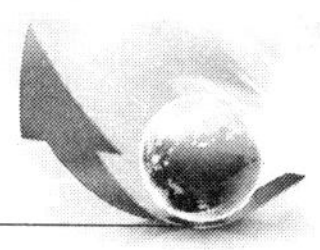

了多个单元集合，则以指定单元集合的顺序来调整或者缩放质量。对于共用单元的单元集合，必须指定单元集合的顺序以得到所需结果。

输入文件用法：*MASSADJUST

将单元集合的总质量调整到一个已知值

数值模型中的构件质量可能由于数值原因（包括建模近似和忽略模型的次要特征）而与实际值不同。用户可以通过明确定义这些构件的单元集合以及它们各自的总质量值，来指定数值模型中这类构件的质量调整。对于一个给定的单元集合，质量调整是在分析开始时进行的，以使该集合中每个单元的调整与该单元的预先调整质量成比例，从而保持质心和转动惯量的主方向。单元的预先调整质量包括由任何与材料密度相关联的选项所产生的质量；梁、管、壳、膜、刚性和面单元的截面定义中所直接指定的任何质量；以及任何直接施加在该单元上的非结构质量。“使用通用接触的膝盖支撑冲击”（《Abaqus 例题手册》）的 2.1.9 节），是使用质量调整设置单元集合总质量的一个例子。

当为具有有效转动自由度的单元调整质量时，也对来自该单元的转动惯量贡献进行了成比例的调整，以对应由质量调整导致的单元质量缩放，从而保持了转动惯量的主方向。当计算单元的稳定时间增量时，考虑了调整后的质量值。质量比例阻尼（见“材料阻尼”，《Abaqus 分析用户手册——材料卷》的 6.1.1 节）和杆重力等载荷需要使用质量调整。

质量调整可以采用分级的方式实施，首先调整单个零件的质量，然后调整这些零件的装配件的质量。在这种情况下，对装配件上定义的质量调整可以进一步更改单个零件的调整质量。必须按所需顺序，将所有质量调整单元集合与单个质量调整定义进行关联。

Abaqus/Explicit 自动计算每个单元集合的质量、质心和转动惯量，如果请求了模型定义数据，则将结果打印到数据（.dat）文件中（见“输出”中的“控制写入数据文件的分析输入文件处理器信息的量”，4.1.1 节）。在此表中还列出了来自质量调整的贡献。可以要求输出单元输出变量 MASSADJUST 到数据库（.odb）文件中，它将说明集合的质量是如何调整的，或者是如何重新分布到集合中包括的每个单元上的（见“Abaqus/Explicit 输出变量标识符”，4.2.2 节）。此输出变量可以作为第一个分析步的第一个输出帧中的场输出（云图显示）来得到。

当在 Abaqus/Explicit 分析之间传递模型数据时，总是包括施加到单元集合的质量调整贡献（见“从一个 Abaqus/Explicit 分析传递结果到另外一个 Abaqus/Explicit 分析”，《Abaqus 分析用户手册——分析卷》的 4.2.4 节）。在导入分析中不需要重新定义这些贡献，除非单元集需要不同的质量调整。

输入文件用法：使用下面的选项定义单元集合的总质量，而不需要调整它的质心：

*MASS ADJUST

单元集合的名称，单元集合的质量

通过质量的重新分布将最小稳定时间增量提高到一个目标值

用户可以通过重新分布集合中单元之间的质量，将单元集最初构型中的最小稳定时间

增量增加到指定目标值。通过质量的重新分布来影响稳定时间增量，以及通过调整质量来达到目标总质量可以相互独立地使用。如果为给定的单元集同时请求了这两个选项，则首先通过调整质量来满足集合的目标总质量，然后重新分布单元之间的质量以达到目标时间增量。

用户既可以设置一个可用于所有质量调整单元集的默认目标时间增量，也可以设置可用于任何单个单元集的特定目标时间。在每一个集合中，质量都是从其他单元传递到时间增量小于目标值的单元。如果请求了模型定义数据，则 Abaqus /Explicit 打印可用于重新分布的质量数量，以及重新分布的质量数量百分比到数据（.dat）文件中（见“输出”中的“控制写入数据文件的分析输入文件处理器信息的量”，4.1.1 节）。如果没有足够可用的质量来满足所指定的目标时间增量，则分析终止并发出一个错误信息。“装满水的瓶子的冲击”（《Abaqus 例题手册》的 2.3.2 节），是一个使用质量调整来维持单元集的目标稳定时间增量的例子。

与固定质量缩放功能相比，上述重新分布功能不改变集合的总质量。然而，这两种功能都影响质心和转动惯量的主方向。重新分布功能仅在分析开始时的初始构型中执行；而固定质量缩放是在请求质量缩放的步开始时的构型中执行的。当用户指定质量调整和质量缩放时，质量缩放在调整后的质量上添加必要的质量。

输入文件用法：使用下面的选项提高时间增量并指定总质量：

*MASS ADJUST，TARGET DT=最小稳定时间增量

单元集名称，单元集质量，单元集最小稳定时间增量

使用下面的选项增加时间增量，而不改变总质量：

*MASS ADJUST，TARGET DT=最小稳定时间增量

单元集名称，CURRENT，单元集最小稳定时间增量

使用比例因子的质量分布

调整单元集质量的另外一种方法是指定一个比例因子。当使用比例因子定义质量调整时，用户可以通过重新分布集合中的总质量，或者只重新分布集合中单元之间的添加质量，来最大化单元集初始构型中的最小稳定时间增量。通过从稳定时间增量大于平均稳定时间增量的单元中提取质量，并将其添加到稳定时间增量较小的单元中来重新分布总质量，将时间增量最大化——迭代此过程，直到所有的单元在容差下具有相同的时间增量为止。

仅将增加的质量以相同的方式进行重新分布，以最大化时间增量，在单元之间传递的质量仅是增加的质量。在完成重新分布后，单元可能具有不同的时间增量。在此情况中，比例因子应当大于 1。这里描述的两种质量重新分布方法影响质心和转动惯量的主方向，但是，使用相对小的比例因子仅重新分布增加的质量产生的影响较小。

另外，用户可以通过缩放质量来均匀地重新分布质量（与预先调整的质量成比例），而不影响质心和转动惯量的主方向。

输入文件用法：使用下面选项中的一个，通过重新分布单元集的总质量来最大化时间增量：

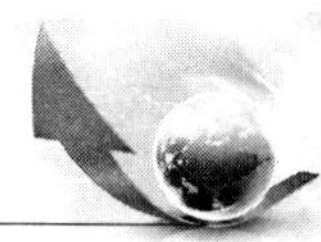

```
*MASS ADJUST, TARGET DT=MAXIMIZE
单元集名称,,, 比例因子, REDIST
*MASS ADJUST
单元集名称,,, MAXIMIZE, 比例因子, REDIST
```

使用下面的一个选项仅对增加的质量进行重新分布：

```
*MASS ADJUST, TARGET DT=MAXIMIZE
单元集名称,,, 比例因子, ADD
*MASS ADJUST
单元集名称,,, MAXIMIZE, 比例因子, ADD
```

使用下面的选项缩放单元集的质量，而不改变集合的质心：

```
*MASS ADJUST
单元集名称,, UNIFORM, 比例因子
```

2.7 非结构质量定义

产品：Abaqus/Standard　　Abaqus/Explicit　　Abaqus/CAE

参考

- “点质量”，《Abaqus 分析用户手册——单元卷》的 4.1.1 节
- “通用属性：密度”，《Abaqus 分析用户手册——材料卷》的 1.2 节
- “调整和/或者重新分布单元集的质量”，2.6 节
- *NONSTRUCTURAL MASS
- “定义非结构质量”，《Abaqus/CAE 用户手册》的 33.4 节

概览

非结构质量：

- 是结构刚度可忽略不计的特征对模型质量的贡献（如车中金属板材上的涂漆）。
- 可以用来将模型中的一个或者多个构件的净质量增加到已知值。
- 可以是正值，使模型质量增加；也可以是负值，使模型质量减小。Abaqus/Explicit 分析中的单元稳定时间增量将相应增加或者减少。
- 可以采用在模型中的一个或者多个构件上分布非结构特征总质量的形式来指定。
- 可以采用在涂抹区域上增加密度的方式进行指定。
- 在由壳、膜和/或者面单元组成的涂抹区域上，可指定成单位面积上的质量形式。
- 在由梁、管和/或者杆单元组成的涂抹区域上，可指定成单位长度上的质量形式。

非结构质量

模型中可以包括来自非结构特征的质量贡献，即使省略了特征本身。非结构质量被涂抹在通常与非结构特征相邻的单元集上。此单元集可以包含实体、壳、膜、面、梁、管或者杆单元。可以采用下面的方式指定非结构质量：

- 总质量值。
- 单位体积的质量。
- 单位面积的质量（用于包含传统壳、膜和/或者面单元的单元集）。
- 单位长度的质量（用于包含梁、管和/或者杆单元的单元集）。

当总质量分布在一个单元集区域中时，它可以与初始构型中基底单元“结构”的质量成比例地分布，或者与初始构型中的单元体积成比例地分布。

将“结构”质量定义成对非结构特征之外的单元的所有质量贡献总和。这包括任何与单元相关联的材料定义产生的质量；任何壳、膜和面截面定义中给出的“单位面积的质量”；壳、膜和面单元中包括的任何加强筋质量；梁/管单元的截面定义中给出的任何附加惯量。如果一个单元没有结构质量，则不允许单元的非结构质量贡献。

模型中给定的单元可以具有来自多个非结构质量的贡献。给定单元中的非结构质量将参与该单元上的任何与质量成比例的分布载荷，如重力载荷。当对具有有效转动自由度的壳、梁或者管单元添加非结构质量时，非结构质量贡献同时影响单元质量和单元转动惯量。使用正的非结构质量将增加单元的稳定时间增量，使用负的非结构质量将减小单元的稳定时间增量。通常，使用非结构质量定义比使用一组点质量更容易给模型带入额外的质量。在 Abaqus/Explicit 分析中，由于时间增量可能更大，因此它也更有用。

任何指定成材料定义一部分的质量比例阻尼（见“材料阻尼”，《Abaqus 分析用户手册——材料卷》的 6.1.1 节）也将应用到使用此材料定义的单元或者单元组的非结构质量分布。

定义非结构质量

要定义模型质量的非结构质量贡献，用户必须首先确定必须添加贡献的区域，然后使用合适的单位指定非结构质量的值，如果已知非结构特征的总质量，则需确定非结构质量是如何在区域上分布的。

输入文件用法：* NONSTRUCTURAL MASS，ELSET=单元集名称

Abaqus/CAE 用法：Property 或 Interaction module：Special→Inertia→Create：
Nonstructural mass：选择区域

指定非结构质量的单位

指定非结构质量时可以采用不同类型的单位，取决于包含在指定区域中的单元类型。

指定单位为质量

以“质量”为单位的非结构总质量可以分布在包含实体、壳、膜、梁、管和/或者杆单元的区域上。

输入文件用法：* NONSTRUCTURAL MASS，UNITS=TOTAL MASS
非结构特征的总质量

Abaqus/CAE 用法：Property or Interaction module：Special→Inertia→Create：
Nonstructural mass：选择区域：Units：Total Mass：Magnitude：
非结构特征的总质量

指定单位为单位体积的质量

以“单位体积的质量”为单位的非结构质量可以分布在包含实体、壳、膜、梁、管和/或者杆单元的区域上。

输入文件用法：＊NONSTRUCTURAL MASS，UNITS=MASS PER VOLUME
由于非结构特征而增加的密度

Abaqus/CAE 用法：Property 或 Interaction module：Special→Inertia→Create：
Nonstructural mass：选择区域：Units：Mass per Volume：
Magnitude：由于非结构特征而增加的密度

指定单位为单位面积的质量

以“单位面积的质量”为单位的非结构质量可以分布在包含传统壳、膜和/或者面单元的区域上。

输入文件用法：＊NONSTRUCTURAL MASS，UNITS=MASS PER AREA
由于非结构特征而增加的单位面积的质量

Abaqus/CAE 用法：Property 或 Interaction module：Special→Inertia→Create：
Nonstructural mass：选择区域：Units：Mass per Area：
Magnitude：由于非结构特征而增加的单位面积的质量

指定单位为单位长度的质量

以“单位长度的质量”为单位的非结构质量可以分布在包含梁、管和/或者杆单元的区域上。

输入文件用法：＊NONSTRUCTURAL MASS，UNITS=MASS PER LENGTH
由于非结构特征而增加的单位长度的质量

Abaqus/CAE 用法：Property 或 Interaction module：Special→Inertia→Create：
Nonstructural mass：选择区域：Units：Mass per Length：
Magnitude：由于非结构特征而增加的单位长度的质量

控制来自非结构特征的总质量的分布

当已知来自非结构特征的总质量时，可采用以下两种方法在区域上分布非结构质量。

与单元结构质量成比例地分布非结构质量

如果用户不想改变区域的质心，则与单元结构质量成比例地分布非结构质量。此方法将产生区域结构密度的均匀缩放。Abaqus 默认使用质量比例分布方法。

壳、膜和面单元中的单元结构质量包括任何来自加强筋的质量分布，前提是将加强筋定义成了加强筋层（见“定义加强筋”，2.2.3 节）。

输入文件用法：＊NONSTRUCTURAL MASS，UNITS=TOTAL MASS，
DISTRIBUTION=MASS PROPORTIONAL
非结构特征的总质量

Abaqus/CAE 用法：Property 或 Interaction module：Special→Inertia→Create：
Nonstructural mass：选择区域：Units：Total Mass：
Magnitude：非结构特征的总质量：Distribution：Mass Proportional

与单元体积成比例地分布非结构质量

此外，用户可以与初始构型中的单元体积成比例地分布非结构质量。此方法将使区域中基底结构的密度增加一个统一的值。因而，如果一个区域具有非均匀的结构密度，则会改变区域的质心。

输入文件用法：＊NONSTRUCTURAL MASS，UNITS=TOTAL MASS，

DISTRIBUTION = VOLUME PROPORTIONAL

非结构特征的总质量

Abaqus/CAE 用法：Property 或 Interaction module：Special→Inertia→Create：Nonstructural mass：选择区域：Units：Total Mass：Magnitude：非结构特征的总质量：Distribution：Volume Proportional

2.8 分布定义

产品：Abaqus/Standard　Abaqus/Explicit　Abaqus/CFD　Abaqus/CAE

参考

- “方向”，2.2.5 节
- “材料库：概览”，《Abaqus 分析用户手册——材料卷》的 1.1.1 节
- “材料数据定义”，《Abaqus 分析用户手册——材料卷》的 1.1.2 节
- “组合材料行为”，《Abaqus 分析用户手册——材料卷》的 1.1.3 节
- “通用属性：密度”，《Abaqus 分析用户手册——材料卷》的 1.2 节
- “线弹性行为”，《Abaqus 分析用户手册——材料卷》的 2.2.1 节
- “热膨胀”，《Abaqus 分析用户手册——材料卷》的 6.1.2 节
- “实体（连续）单元”，《Abaqus 分析用户手册——单元卷》的 2.1.1 节
- “膜单元”，《Abaqus 分析用户手册——单元卷》的 3.1.1 节
- “使用分析中的积分壳截面定义壳行为”，《Abaqus 分析用户手册——单元卷》的 3.6.5 节
- “使用通用壳截面定义截面行为”，《Abaqus 分析用户手册——单元卷》的 3.6.6 节
- “连接器：概览”，《Abaqus 分析用户手册——单元卷》的 5.1.1 节
- “在 Abaqus/Explicit 中为通用接触控制初始接触状态”，《Abaqus 分析用户手册——指定条件、约束与相互作用卷》的 3.4.4 节
- “Abaqus/CFD 中的边界条件”，《Abaqus 分析用户手册——指定条件、约束与相互作用卷》的 1.3.2 节
- *DISTRIBUTION
- *DISTRIBUTION TABLE
- “离散场工具集”，《Abaqus/CAE 用户手册》的第 63 章

概览

分布：

- 是 Abaqus 模型中在单元或者节点上定义的空间变化的场。
- 可以基于单元-单元定义壳厚度。
- 可以基于单元-单元定义壳刚度。

- 可以基于单元-单元定义实体连续单元和壳单元上的局部坐标系。
- 可以用来在复合壳单元的层上定义方向角。
- 可以用来定义连接器单元的方向角。
- 可以用来定义传统复合壳单元的层厚度。
- 可以用来指定初始接触间隙。
- 在 Abaqus/CFD 分析中，可以用来指定随着流过面的流体总体积而变化的压力。
- 在 Abaqus/Standard 分析中，可以用来定义实体连续单元的质量密度、线弹性材料行为和热膨胀，壳偏置，复合实体连续单元的层方向角，膜单元上的局部坐标系，基于单元-单元的膜厚度。

分布

分布类似于空间的幅值定义（见“幅值曲线”，《Abaqus 分析用户手册——指定条件、约束与相互作用卷》的 1.1.2 节）。幅值定义用来提供载荷、位移和其他指定变量的任意时间变化。使用分布来指定所选单元属性、材料属性、局部坐标系和初始接触间隙的任意空间变化。

分布的两个主要组成成分是它的*位置*和*场数据*。位置确定了在哪里定义分布，即是在单元上还是在节点上。场数据是在分布中为每一个单元或者节点定义的指定浮点值数字。

要定义一个分布，必须给它赋予唯一的名称，而且必须通过参照分布表来指定分布中每个数据值的数量和物理单位。

输入文件用法：* DISTRIBUTION，NAME=*名称*，TABLE=*分布表名称*

Abaqus/CAE 用法：Abaqus/CAE 支持使用离散场的分布。

Property，Interaction 或 Load module：Tools→Discrete Field→Create

指定分布的位置

用户可以在单元或者节点上定义一个分布。在定义初始接触间隙时，仅支持节点上的分布（见“在 Abaqus/Explicit 中为通用接触控制初始接触状态”，《Abaqus 分析用户手册——指定条件、约束与相互作用卷》的 3.4.4 节）。对于在 Abaqus/CFD 中与流体边界定义一起使用的分布，不需要指定位置。所有其他的分布应用要求在单元上定义分布。

给定的单元或者节点的分布数量没有限制。单元、节点和单元面不能在同一个分布定义中进行组合。

在单元上定义分布

在单元上定义分布时，需要为分布定义中包括的每一个单元或者单元集指定场数据。单元上的所有分布都要求定义有默认数据。默认数据将用于分布中没有特别赋予值的所有单元上。

输入文件用法：*DISTRIBUTION，LOCATION=ELEMENT

空白区，场数据

单元集或者单元编号，场数据

默认数据是通过对分布定义的第一个数据行中的第一个数据项使用一个空白区来替代单元编号或者单元集来定义的。

只能为分布定义一个默认的数据集合。如果用户仅指定默认数据，则所有参考那个分布的单元将使用默认值。

如果在给定的分布定义中多次指定了一个单元，则使用最后的指定。

Abaqus/CAE 用法：Property，Interaction 或 Load module：Tools→Discrete Field→Create：Definition：Elements

在节点上定义分布

在节点上定义分布，要求用户为包括在分布定义中的每一个节点或者节点集合指定场数据。

输入文件用法：*DISTRIBUTION，LOCATION=NODE

节点集或者节点编号，场数据

如果在给定的分布定义中多次指定了一个节点，则使用最后的指定。

Abaqus/CAE 用法：Abaqus/CAE 中不支持在节点上为初始接触间隙定义分布。

定义在 Abaqus/CFD 中使用的分布

为随着流过一个面的流体总体积而变化的压力定义流体边界条件的分布时，只需要指定场数据，而不要求指定位置。

输入文件用法：*DISTRIBUTION，LOCATION=NONE

场数据，场数据

Abaqus/CAE 用法：Abaqus/CAE 中不支持 Abaqus/CFD 中使用的分布定义。

定义分布表

每个分布定义必须参照一个分布表。分布表定义分布中每个单元或者节点所需的场数据项的数量，以及分布的每个数据值的物理单位。分布表可以由不同的分布按照需求进行多次参照。分布表由表 2-4 和表 2-5 中所列的预定义标签列表组成。如何应用分布决定了给定分布所需的标签组合。

输入文件用法：使用下面的选项定义分布表：

*DISTRIBUTION TABLE，NAME=分布表名称

分布表标签列表

Abaqus/CAE 用法：当用户通过选择离散场来指定分布的时候，Abaqus/CAE 创建一个分布表。

Abaqus/CAE 中不支持 Abaqus/CFD 中使用的分布表定义。

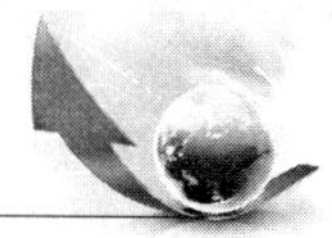

表 2-4 分布表标签（Abaqus/Standard 和 Abaqus/Explicit）

数据标签	物理单位	每个标签数据项的个数
ANGLE	以度为单位的角	1
COORD3D	(L,L,L)	3
DENSITY	ML^{-3}	1
EXPANSION	θ^{-1}	1
LENGTH	L	1
MODULUS	FL^{-2}	1
RATIO	无因次	1
SHELLSTIFF1	FL^{-1}	1
SHELLSTIFF2	F	1
SHELLSTIFF3	FL	1

表 2-5 分布表标签（Abaqus/CFD）

数据标签	物理单位	每个标签数据项的个数
PRESSURE	FL^{-2}	1
VOLUME	L^3	1
VELOCITY	LT^{-1}	1
TEMPERATURE	θ	1
TURBKE	L^2T^{-2}	1
TURBEPS	L^2T^{-3}	1
TURBOMEGA	T^{-1}	1
TURBNU	L^2T^{-1}	1
LENGTH	L	1
RATIO	无因次	1

施加分布

不在 Abaqus 分析中使用在分布中定义的数据，除非通过名称由一个支持分布的特征来参照分布，并且仅将分布施加到与所参照的特征相关联的单元或者节点上。此外，在一个给定的模型中，可以多次参照一个分布定义。在下面的例子中说明了这些点。

如果将 Abaqus/Standard 或者 Abaqus/Explicit 分析中的单元指定成刚性的（见“刚体定义”，2.4 节），则忽略任何用来定义单元属性、材料属性（除了密度）或者局部坐标系的分布。

例子

下面的例子说明了如何定义分布。可以在“空间变化的单元属性”（《Abaqus 验证手册》的 5.1.4 节）中找到大量使用分布的例子。

例子 1

使用 SHELL THICKNESS 参数定义壳厚度的分布，并施加到两个不同的壳截面定义中——如上文所指出的那样，如果支持分布的特征不参照分布 dist0，则不会使用它。更多内容见“使用分析中的积分壳截面定义截面行为”（《Abaqus 分析用户手册——单元卷》的3.6.5 节）。分布表同时定义数据值的数量（一个）和厚度数据的物理单位（LENGTH）。在分布 dist0 中定义的厚度仅赋予属于单元集 elset1 或者 elset2 的单元。在 elset1 和 elset2 中没有被明确赋予 dist0 中厚度的所有单元，会被赋予在 dist0 的第一个数据行中定义的默认厚度（t_0）。

```
*DISTRIBUTION TABLE, NAME=tab0
LENGTH
*DISTRIBUTION, NAME=dist0, LOCATION=element, TABLE=tab0
                        , t0
element set or number, t1
element set or number, t2
…
*SHELL SECTION, ELSET=elset1, SHELL THICKNESS=dist0
*SHELL SECTION, ELSET=elset2, SHELL THICKNESS=dist0
```

例子 2

定义了空间变化的各向同性弹性材料行为的分布，并将其应用到材料定义中（见“线弹性行为”，《Abaqus 分析用户手册——材料卷》的 2.2.1 节）。然后由一个实体截面定义参考此材料。这一点很重要，因为与任何材料定义一样，不使用由分布定义的材料，除非通过一个截面定义来参考它，并且它将只应用于与此截面定义相关联的单元。分布表同时定义各向同性弹性数据的数据值数量（两个）和物理单位（MODULUS 和 RATIO）。在此材料定义中也可以包括其他材料行为（此例中是塑性）。elset3 中没有明确赋予 dist1 中弹性常数的所有单元会被赋予分布 dist1 中的默认弹性常数（E0，ν_0）。

```
*DISTRIBUTION TABLE, NAME=tab1
MODULUS, RATIO
*DISTRIBUTION, NAME=dist1, LOCATION=element, TABLE=tab1
                        , E0, ν0
element set or number, E1, ν1
element set or number, E2, ν2
…
*MATERIAL, NAME=MAT
*ELASTIC
dist1
*PLASTIC
…
*SOLID SECTION, ELSET=elset3, MATERIAL=MAT
```

例子 3

通过同时为点 a 和点 b 指定空间变化的坐标系和空间变化的附加转动角，定义了一个空间变化的局部坐标系（“方向”，2.2.5 节），然后由一个通用的壳截面定义参考此方向。这一点很重要，因为与任何方向定义一样，不使用由分布定义的方向，除非通过一个截面定义来参考它，然后将它施加到与截面定义相关联的单元上。坐标的分布表指定 COORD3D 两次来说明必须为分布中的每个单元指定两个三维坐标点数据。

```
*DISTRIBUTION TABLE, NAME=tab2
COORD3D, COORD3D
*DISTRIBUTION, NAME=dist2, LOCATION=element, TABLE=tab2
                    , aX0, aY0, aZ0, bX0, bY0, bZ0
element set or number, aX1, aY1, aZ1, bX1, bY1, bZ1
element set or number, aX2, aY2, aZ2, bX2, bY2, bZ2
...
*DISTRIBUTION TABLE, NAME=tab3
ANGLE
*DISTRIBUTION, NAME=dist3, LOCATION=element, TABLE=tab3
                    , θ0
element set or number, θ1
element set or number, θ2
...
*ORIENTATION, NAME=ORI, DEFINITION=COORDINATES
dist2
3, dist3
*SHELL GENERAL SECTION, ELSET=elset4, ORIENTATION=ORI
```

例子 4

在复合材料单元的层上定义空间变化的厚度和方向角。厚度的分布表指定 LENGTH，方向角的分布表指定 ANGLE。在层 1 和层 3 上使用厚度的分布，而在层 2 和层 3 上使用角度的分布。

```
*DISTRIBUTION TABLE, NAME=tableThick
LENGTH
*DISTRIBUTION, NAME=thickPly1, LOCATION=element, TABLE=tableThick
                    , t0
element set or number, t1
element set or number, t2
...
*DISTRIBUTION, NAME=thickPly3, LOCATION=element, TABLE=tableThick
                    , t0
```

```
element set or number, t1
element set or number, t2
...
*DISTRIBUTION TABLE, NAME=tableOriAngle
ANGLE
*DISTRIBUTION, NAME=oriAnglePly2, LOCATION=element,
TABLE=tableOriAngle
                    , φ0
element set or number, φ1
element set or number, φ2
...
*DISTRIBUTION, NAME=oriAnglePly3, LOCATION=element,
TABLE=tableOriAngle
                    , φ0
element set or number, φ1
element set or number, φ2
...
*SHELL SECTION, ELSET=elset1, COMPOSITE
thickPly1, 3, mat1, 0
      1., 3, mat2, oriAnglePly2
thickPly3, 3, mat3, oriAnglePly3
```

2.9 显示体定义

产品：Abaqus/Standard　Abaqus/Explicit　Abaqus/CAE

参考

- ＊DISPLAY BODY
- “定义显示体约束”，《Abaqus/CAE 用户手册》的 15.15.3 节

概览

显示体：

- 可以是二维平面的、轴对称的或者三维的。
- 与一个零件实例和至多三个参考节点相关联，以便通过参考节点运动来控制零件实例的运动。
- 仅用于显示，并不参与分析。
- 可用于提高分析效率，同时改善分析结果的可视化。
- 对于机构或者多体动力学分析特别有用。

什么是显示体？

显示体是仅用于显示的零件实例。实例的节点或者单元都不参与分析，但它们在后处理中仍然可用。显示体的运动由相关联的参考节点（如果有）的运动来控制。它的行为类似于刚体，因为零件实例的节点和单元的相对位置在整个仿真中保持不变。不能使用零件实例的节点和单元来定义规定的条件、相互作用、约束等。不需要为其单元赋予截面属性。

当物理模型与分析的理想化模型不同时，显示体也是有用的。理想化模型可能很难可视化，为了真实地进行后处理，在模型中包括更多的细节是有帮助的。显示体可实现这一目的而不增加分析时间。

在机构或者多体动力学问题中，在刚体通过连接器彼此相互作用的情况中，显示体是特别有用的。在这样的情况中，可以采用非常简单的刚体和较为复杂的显示体来表示零件。此时，刚体可以简单到仅是一个节点，以及与那个节点相关联的质量和转动惯量

单元。

也可以使用显示体来模拟没有包括在分析中，但在显示时作为辅助的静态对象。

创建显示体

用户必须指定要制成显示体的零件实例。

输入文件用法：＊DISPLAY BODY，INSTANCE＝名称

Abaqus/CAE 用法：Interaction module：Create Constraint：Display body：选择零件实例

参考节点

如果显示体不与任何参考节点相关联，则其在分析中将保存固定。然而，用户可以指定显示体的运动由所选参考节点的运动来控制。这些节点必须属于装配件中的其他零件实例，而且不能属于其他显示体定义。如果用户仅指定一个参考节点，则显示体在分析过程中将基于该节点的平动和转动而进行平动和转动。如果参考节点没有转动自由度，则显示体将不在分析中转动。

如果用户指定了三个参考节点，则显示体将基于这三个节点进行平动和转动。始终通过由这三个参考节点定义的坐标系的新位置和方向来计算零件实例的新位置：第一个节点是原点，第二个节点是 x 方向上的点，第三个节点是 X-Y 平面上的点。指定三个节点时要注意：在分析的任何阶段，都不能使它们共线。如果出现三个节点共线的情况，零件实例的位置将在该增量上发生变化。

输入文件用法：＊DISPLAY BODY，INSTANCE＝名称

第一个参考节点的编号，第二个参考节点的编号，

第三个参考节点的编号

Abaqus/CAE 用法：Interaction module：Create Constraint：Display body：选择零件实例，选择 Follow single point 或者 Follow three points，单击 Edit 键，并选择参考节点

与连接器一起使用显示体

在使用连接器彼此相互作用的刚性零件实例模型中，可以非常有效地使用显示体。这样的模型同时需要刚体和显示体。刚体应当包含任何连接器使用的节点、用来定义质量和惯性属性的节点，以及用来施加载荷和边界条件的节点。显示体应当包含代表物理零件的节点和单元。应确保刚体中的节点不是显示体的一部分。显示体的参考节点通常与刚体参考节点相同。

图 2-66a 所示为包含刚体和显示体的模型。零件实例 A 包含在显示体定义中。图 2-66b 所示为没有显示体的相同模型。此模型将实际包含在分析中。连接器节点和参考节点组成一个代表零件实例 A 的分析型刚体。这两个节点都是装配层级的节点，并且不包括在显示体中。

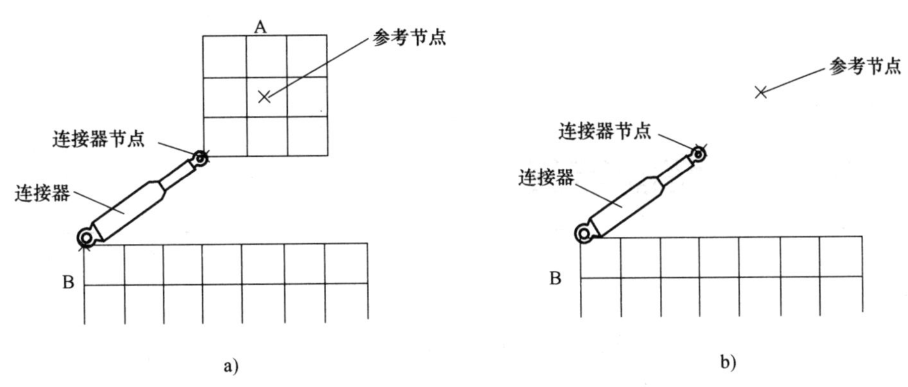

图 2-66 显示体示例

输入文件模板

下面的输入展示了如何在一个具有刚体实例和连接器的模型中使用显示体：

```
*ASSEMBLY
...
*INSTANCE, NAME=INST1
...
*END INSTANCE
*NODE, NSET=INST1-REFNODE
1001, -10, 0, 0
*NODE, NSET=INST1-CONNECTOR-NODE
1002, -5, -5, 0
*RIGID BODY, TIE NSET=INST1-CONNECTOR-NODE,
REF NODE=INST1-REFNODE
*DISPLAY BODY, INSTANCE=INST1
1001
...
*END ASSEMBLY
```

2.10 装配定义

产品：Abaqus/Standard　　Abaqus/Explicit

参考

- * ASSEMBLY
- * INSTANCE
- * PART

概览

Abaqus 中的有限元模型可以定义成零件实例的装配。这种模型的组织：

- 是由 Abaqus/CAE 生成的模型组成的，并且在 Visualization 模块（Abaqus /Viewer）中显示。
- 允许重用零件实例，这对于创建大的、复杂的模型是有价值的。

默认情况下，由 Abaqus/CAE 写出的输入文件是以零件实例的装配形式写出的。对于不是由 Abaqus/CAE 写出的输入文件，目前允许在其中使用零件和装配定义。然而，因为 Visualization 模块以零件实例的装配形式显示结果，所以如果在输入文件中没有定义装配和零件实例，则将由分析输入文件处理器自动创建装配和至少一个零件实例。

介绍

物理模型通常是通过装配不同的构件来创建的。在 Abaqus 的装配界面中，允许分析使用与物理装配平行的组织方案创建有限元网格。在 Abaqus 中，将装配到一起的构件称为零件实例。本部分将介绍如何以零件实例的装配形式创建 Abaqus 有限元模型。

网格是通过定义零件来创建的，然后装配每个零件实例。每个零件可以使用（实例化）一次或者多次，并且每个零件实例在装配中具有自己的位置。模型定义的这种组织方式与在 Abaqus/CAE 中创建模型的方法相匹配，在 Abaqus/CAE 中，可以交互地创建装配，或者从输入文件中导入装配（见《Abaqus/CAE 用户手册》）。

术语

装配

装配是定位零件实例的集合。分析是通过定义装配的边界条件、约束、相互作用和加载

历史来实施的。

零件

零件是一个物体的有限元理想化。零件是装配的组成部分，它可以是刚性的或者可变形的。零件可以重复使用，可以在装配中多次进行实例化。不直接对零件进行分析；零件就像其实例的蓝图。

零件实例

零件实例是零件在装配中的使用。为零件定义的所有特征（如网格和截面定义）都将成为该零件的每个实例的特征——由零件实例继承这些特征。在装配中独立定位每个零件实例。

例子

可以使用两个法兰和一个销来模拟，如图 2-67 所示。法兰几何形体是通过创建一个零件来定义的，在铰链装配内实例化两次。创建并实例化一次销。将销模拟成从一个分析型面创建的刚体（见“分析型刚性面定义”，2.3.4 节）。

本节将使用此铰链实例来说明零件和装配的关键字界面，以及交互式装配过程。

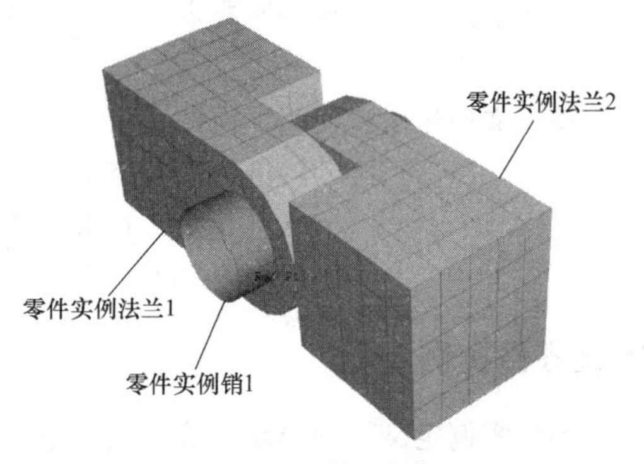

图 2-67 铰链装配

定义零件、零件实例和装配

在零件、零件实例或者装配中定义的所有内容都属于该零件、零件实例或者装配中。这意味着在整个模型中，节点/单元标识符和名称（像集合和面名称）可以不是唯一的；仅要求在定义它们的零件、零件实例或者装配中是唯一的（见“输出”中的“在数据文件中显示零件和装配信息”，4.1.1 节）。名称中不应当使用下划线来将零件实例名连接到单元集、节点集、方向名或者分布名，因为该名称可能与 Abaqus 使用的内部名称相冲突。

例如，在图 2-68 所示的模型中，装配（Hinge）包含三个零件实例（Flange-1、Flange-2 和 Pin-1）。可以定义多个命名为 top 的集合：在此案中，一个是在装配中定义的，在每个 Flange 零件实例中各定义了一个。可以重复使用名为 top 的集合，并且每个名为 top 的集合都是彼此独立的。

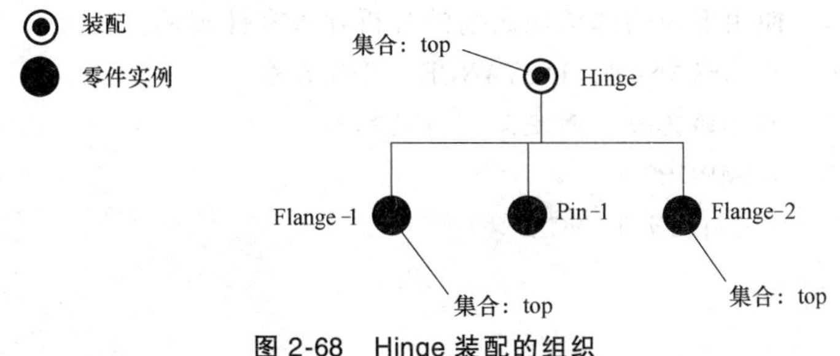

图 2-68 Hinge 装配的组织

输入文件用法：使用下面的选项来开始和结束每个零件、零件实例和装配定义：

```
*PART/*END PART
*INSTANCE/*END INSTANCE
*ASSEMBLY/*END ASSEMBLY
```

如果在输入文件中出现以上任何一个选项，则这些选项必须都出现，除非从之前的分析导入了一个零件实例。在此例中不使用 *PART 和 *END PART。必须将模型连贯地定义成零件实例的装配。

定义零件

零件定义必须出现在装配定义之外。可以在一个模型中定义多个零件，每个零件必须具有唯一的名称。

输入文件用法：使用下面的选项定义零件：

```
*PART, NAME=零件名称
节点，单元，截面，集，面定义
*END PART
```

定义零件实例

零件实例定义必须出现在装配定义中。如果零件实例不是从之前的分析导入的，则每个零件实例必须具有唯一的名称并参考一个零件名称。不允许将零件实例命名为 Assembly。此外，用户可以在装配中指定用来定位零件实例的数据。给出相对于装配（整体）坐标系原点的零件实例平动和转动。

如果零件实例是从之前的分析导入的，则每个零件实例必须指定导入的实例名称。对于与导入功能一起使用的定义零件实例的更多内容，见“在 Abaqus 分析之间传递结果：概览”（《Abaqus 分析用户手册——分析卷》的 4.2.1 节）。

在实例层级可以定义额外的集和面，如下文所述。

输入文件用法：使用下面的选项将不是从之前的分析导入的零件进行实例化：

```
*INSTANCE, NAME=实例名称, PART=零件名称
<定位数据>
额外的集和面定义（可选的）
*END INSTANCE
```

重复此选项，每次都参考同一个零件名，以多次实例化一个零件。

使用下面的选项从之前的分析导入零件实例：

```
*INSTANCE, INSTANCE=实例名称
额外的集合和面定义（可选的）
*IMPORT
*END INSTANCE
```

定义装配

在一个模型中只能定义一个装配。所有的零件实例定义必须出现在装配定义中。

通过在装配定义中包括合适的定义来定义集合和面。

输入文件用法：使用下面的选项创建装配：

```
*ASSEMBLY, NAME=名称
零件实例定义
集和面定义
连接器和约束定义
刚体定义
*END ASSEMBLY
```

例子

可以使用下面的输入文件语法定义图 2-67 中的铰链装配：

```
*PART, NAME=Flange
    *NODE, NSET=Flange
     1, ...
     2, ...
     ...
     360, ...
    *ELEMENT, ELSET=Flange
     1, ...
     2, ...
     ...
     200, ...
    *SOLID SECTION, ELSET=Flange, MATERIAL=Steel
    *ELSET, ELSET=Flat, GENERATE
     176, 200, 1
    *SURFACE, NAME=Flat
     Flat, S1
*END PART
*PART, NAME=Pin
    *NODE, NSET=RefPt
     1, ...
    *SURFACE, TYPE=REVOLUTION, NAME=Pin
     ...
    *RIGID BODY, REF NODE=1, ANALYTICAL SURFACE=Pin
*END PART
*ASSEMBLY, NAME=Hinge
    *INSTANCE, NAME=Flange-1, PART=Flange
     <位置数据>
    *END INSTANCE
    *INSTANCE, NAME=Flange-2, PART=Flange
```

```
      <位置数据>
    * END INSTANCE
    * INSTANCE, NAME=Pin-1, PART=Pin
      <位置数据>
    * END INSTANCE
    * ELSET, ELSET=Top
      ...
    * NSET, NSET=Output
      ...
  * END ASSEMBLY
  * MATERIAL, NAME=Steel
...
```

注意

• 描述 Flange 零件的所有节点和单元应在 * PART 与 * END PART 选项之间进行定义。截面定义（ * SOLID SECTION）也必须出现在零件定义之中。

• 在 Flange 零件之中必须定义至少一个零件集，以使截面定义可以参考它。在零件中也可以定义额外的节点集和单元集。

• 在 Hinge 装配中实例化了两次 Flange 零件。因此，模型包含两个名为 Flat 的单元集：一个属于零件实例 Flange-1，另一个属于零件实例 Flange-2。

• 当实例化一个已经划分网格的零件时，节点和单元编号在每个零件实例中重复。

• 实例化了一次 Pin 零件。它是由分析型面创建的刚体（见“分析型刚性面定义”，2.3.4 节）。

• 可以缩进关键字，以使每个零件、零件实例和装配的定义更清晰。

组织模型定义

在未使用装配定义的传统 Abaqus 模型中，模型的组成部分有两种类型：模型数据（步独立的）和历史数据（步相关的）。在组织成零件实例装配的 Abaqus 模型中，进一步对所有组成部分进行分类并使其处于合适的层级中：零件、装配、实例、步或者模型。步层级的组成部分对应于历史数据；所有步相关的组成部分定义必须出现在步定义之中（见“定义一个分析”，《Abaqus 分析用户手册——分析卷》的 1.1.2 节）。模型层级的数据包括零件层级、装配层级、实例层级或者步层级数据（如材料定义，如图 2-69 所示）以外的所有数据。输入文件中必须出现在合适层级中的关键字选项，在《Abaqus 关键字参考手册》中的每部分的开头处进行了说明。

定义装配的规则

图 2-69 所示的组织是遵循以下基本规则实现的。

参考层级之间的项目

创建一个模型时，通常需要参考当前层级以外的某些项目。例如，零件中的截面定义必须参考一种材料，而材料是在模型层级定义的。在一个步中定义的载荷必须参考装配之中的集合。但是，某些层级之间的参考是不允许的。例如，一个零件实例中的集合不能参考另一个零件实例中的节点。下面的参考是允许的（图 2-70 和表 2-6）：

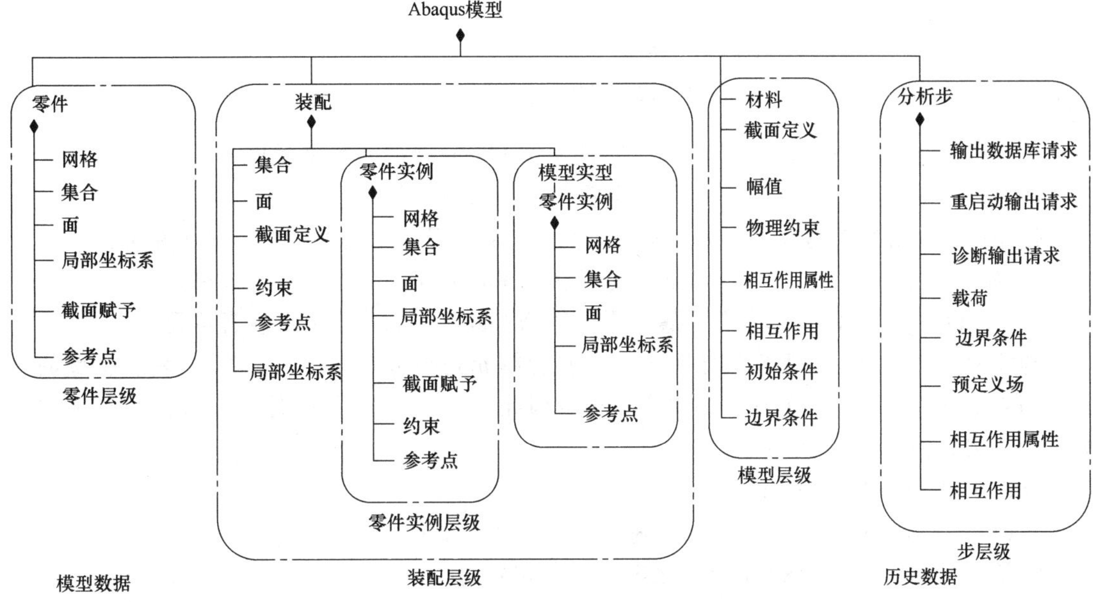

图 2-69　以零件实例的装配形式定义的模型组织

表 2-6　允许的参考

定　　义	可以参考的项目
装配	实例
	模型
实例	模型
零件	模型
步	装配
	实例
	模型

命名约定

Abaqus 命名约定可用于包含装配的模型。当在零件、零件实例或者装配中定义了一些项目并从其层级之外参考时，必须使用完整的名称来指定它（例如，Hinge 装配中实例 Flange-2 的集合 Flat）。完整的名称在使用“点”标注的输入文件中给出：分级中的每个名称都是通过一个“.”（英文的句点）来分开的。例如，Hinge 装配中的部分完整名称有：

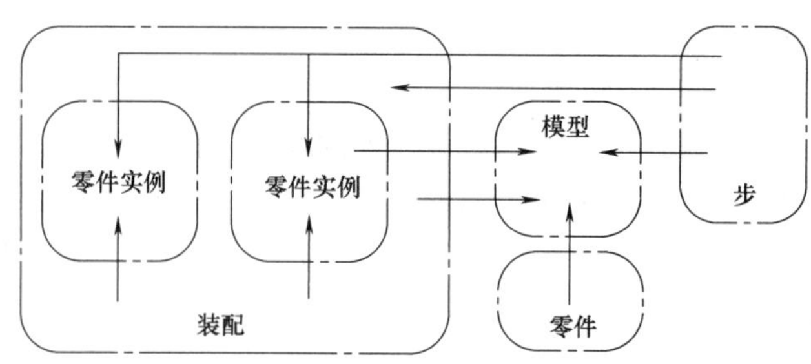

图 2-70　层级之间允许的参考

Hinge. Flange-2. Flat　　　　　属于零件实例 Flange-2 的一个单元集。

Hinge. Output　　　　　　　　属于装配 Hinge 的一个节点集。

使用以下名称来参考装配之外的集合，使用相同的语法参考单个节点或者单元。

Hinge. Flange-1. 3　　　　　　属于零件实例 Flange-1 的一个节点或者单元。

Hinge. Flange-2. 11　　　　　 属于零件实例 Flange-2 的一个节点或者单元。

与往常一样，根据上下文确定一个节点或者单元是否可以被参考。“.”具有特殊的意义，用它来分隔一个完整名称中的单个名称。因此，“.”不能用在像集合和面名称那样的标签中。例如：

```
*ELSET, ELSET=Set.1        错误
*ELSET, ELSET=Set1         正确
```

完整的名称应限制在 80 个字符之内（包括句号）。

然而，当在不是以零件实例的装配形式定义的输入文件中参考一个名称时，名称中的“.”应使用下划线来替代。可能出现上述情况情形，例如，当目前的分析参考来自之前一个分析中的一个单元集，但当前的输入文件不是以零件实例的装配形式定义的时候。

引用标签

集和面名称的标签可以用引号括起来定义（见“输入语法规则”，1.2.1 节）。后续使用完整名称中的标签时也必须用引号括起来，例如：

```
*PART, NAME=Flange
 ...
*ELSET, ELSET="Set 1"
 ...
*END PART
 ...
*ELEMENT OUTPUT, ELSET=Hinge.Flange-1."Set 1"
```

例子

可以通过下面的语法来定义装配节点集合 Top：

```
*ASSEMBLY, NAME=Hinge
   ...
```

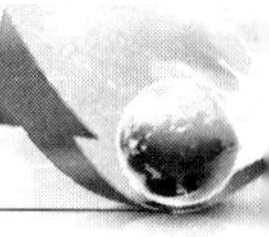

```
    * NSET, NSET=Top
      Flange-1.2, Flange-1.5, ...
      Flange-2.1, Flange-2.4, ...
* END ASSEMBLY
```

因为节点集是在装配层级定义的，Hinge. 不是数据行中给出的完整名称的一部分。然而，需要使用前缀 Hinge. 来请求输出此节点集，因为步定义中存在输出要求，而步定义在装配层级之外。

```
* STEP
      ...
      * NODE OUTPUT, NSET=Hinge.Top
* END STEP
```

类似地，将对为零件实例 Flange-2 定义的集合施加一个边界条件。

```
* STEP
      ...
      * BOUNDARY
        Hinge.Flange-2.FixedEnd, 1, 3
* END STEP
```

网格（节点和单元）

• 可以在一个零件或者该零件实例上（不能二者同时）定义网格。通常，用网格划分零件并由实例继承该网格，但这不是必需的。例如，如果用户想为一个零件实例使用完全积分单元，而为其他实例使用退化的积分单元；或者需要在零件实例上定义比其他零件实例更加细致的网格，则必须分别用网格划分实例。

- 如果在一个零件上定义了网格，则该零件的每个实例都继承网格。

- 如果在一个零件上定义了网格，则不能在该零件的实例上重新定义（重叠）网格。换言之，如果节点和单元定义出现在零件定义中，则它们不能出现在该零件实例的定义中。

- 如果没有在零件上定义网格，则必须在该零件的每个实例上定义网格。

• 即使没有在零件上定义网格，也需要零件定义。在这种情况下，空零件定义仅用于通过实例定义来关联不同的实例。这允许 Visualization 模块通过零件将信息分类。

• 加强筋必须在零件中与被加强的单元一起定义。

• 可以在装配层级创建参考节点。

• 仅有质量、转动惯量、容量、连接器、弹簧和阻尼器单元可以在零件或者装配层级进行定义。所有其他单元类型必须在零件（或者零件实例）层级进行定义。要定义参考零件层级节点的装配层级的单元，在定义单元连通性时，应包括零件实例名称。例如：

```
* ELEMENT, TYPE=MASS
1, Instance-1.10
```

截面定义

• 定义了网格的地方必须赋予截面（在零件定义中或者在零件的每个实例中）。

• 如果用网格划分了一个零件，则该零件的所有实例必须具有相同的单元类型，并且使用相同的材料制作。

• 必须在网格和截面定义的相同层级上创建截面定义参考的集合。

• 如果已经用网格划分了零件，则不能在实例层级重复进行截面赋予。

集和面

• 可以在零件、零件实例或者装配中创建集和面（刚性的或者可变形的）。

- 如果在零件上定义了网格，则可以在该零件上创建集合和面。
- 在零件上定义的集和面由该零件的每个实例继承。
- 装配层级的集和 Abaqus/Standard 中的从面可以跨零件实例。

• 如果在同一个层级上多次出现具有相同名称的单元集或者节点集定义，则新成员将附加到该集。

• 具有相同面名称的面定义不能在同一层级中出现多次。

• 可以在零件实例上创建新的集和面。如果在零件实例上定义了一个集或者面，并且没有在零件上定义使用相同名称的集或者面，则将集或者面添加到此集中。

• 不能在零件实例上重新定义集和面。如果在零件实例上定义了一个集或者面，并且在零件上也定义了一个使用相同名称的集或者面，将产生一个错误。

• 集和面不是步相关的。所有的集和面必须在一个零件、零件实例或者装配中定义。

定义装配层级的集

定义装配层级的集时，使用完整名称的快捷方式是参考单元集或者节点集定义中的零件实例。指定包含所指定单元或者节点的实例名称。要从多个实例添加单元或者节点到集合，可重复单元集或者节点集定义（更多内容见“节点定义”，2.1.1 节；“单元定义”，2.2.1 节）。

输入文件用法：使用下面的选项定义装配层级的集：

*NSET，NSET=节点集名称，INSTANCE=实例名称

*ELSET，ELSET=单元集名称，INSTANCE=实例名称

在重启动上添加集和面

• 不能在重启动上重新定义现有的集和面。

• 不能在重启动上创建分析型面。

• 在重启动上，可以将新集和面（不包括分析型面）添加到零件实例或者装配中。要添加一个集或者面，需要给出完整的名称。与在原始分析中相同，用户可以从单元集或者节点集定义中参考零件实例名称，以便在重启动分析中定义装配层级的集合。例如：

```
*HEADING
*RESTART, READ, STEP=1
**将单元集“Bottom”添加到装配“Hinge”中:
*ELSET, ELSET=Hinge.Bottom
 Flange-1.40, Flange-2.99
**将集“Top”添加到装配“Hinge”中:
*NSET, NSET=Hinge.Top, Instance=Flange-1
```

```
  21, 22, 23, 24, 26, 28, 31
 * NSET, NSET=Hinge.Top, Instance=Flange-2
  21, 22, 23, 24, 26, 28, 31
 * *
 * 将单元集"Right"添加到零件实例"Flange-2"中:
 * ELSET, ELSET=Hinge.Flange-2.Right
  16, 18, 20, 29
 * *
 * 将面"surfR"添加到零件实例"Flange-2"中:
 * SURFACE, TYPE=ELEMENT, NAME=Hinge.Flange-2.surfR
Right, S1
 * *
 * STEP
...
 * END STEP
```

刚体

可以在零件或者装配层级定义刚体。

- 要在零件层级定义一个刚体，应包括零件定义中的刚体和刚体参考节点定义。

- 在一个零件中，不能组合使用刚体单元、可变形单元和分析型面。

- 如果刚体是在零件中定义的，则零件中的所有可变形单元、刚性单元或者连接器单元必须属于刚体。

- 在包含刚体定义的零件中，可以包含质量、转动惯量、弹簧、阻尼器和热容单元，但是这些单元不能属于刚体。

- 要通过分析型面创建一个零件层级的刚体，应在零件定义中包括面定义。每个零件只允许有一个分析型面。

- 要在装配层级定义一个刚体，应在装配定义中包括刚体和参考节点定义。

- 可以通过在装配层级组合任何刚性单元、可变形单元和至多一个分析型面来创建刚体。

- 刚体定义可以参考装配层级或者零件层级的集。

- 装配层级的刚体中不能包括包含刚体定义的零件。

- 可以独立于刚体定义，在零件层级或者装配层级定义离散的面。

- 分析型面定义仅可以出现在零件定义之中，即使刚体是在装配层级上定义的。

材料

- 材料是在模型层级定义的，以便可以重复使用它们。零件、零件实例或者装配中不能出现材料定义。

- 模型中的所有材料必须具有唯一的名称。

相互作用

相互作用是面之间或者面与其周围环境之间的关系。Abaqus 中的相互作用包括接触、辐射、膜条件和单元基础。

• 在 Abaqus/Standard 中，相互作用是在模型层级定义的；在 Abaqus /Explicit 中，相互作用是在模型层级或者在步中定义的。不能在零件、零件装配或者实例中定义相互作用。

约束

约束是固定的耦合机制，如 MPCs 和方程（见“运动约束：概览”，《Abaqus 分析用户手册——指定条件、约束与相互作用卷》的 2.1 节）。

• 可以在零件或者装配中定义约束。如果网格是在零件实例中定义的，则可以在零件实例中定义约束。如果约束对一个零件实例相对于其他零件实例的运动进行了约束，则应当在装配层级定义约束。

• 约束是根据为零件实例给出的定位数据来平动和转动的。

分布

使用分布来指定所选单元属性、材料属性、局部坐标系的任意空间变化，以及初始接触间隙的空间变化（见“分布定义”，2.8 节）。

• 应在要使用分布的层级上定义分布。例如，如果分布是用来定义壳厚度的，则应在与参考截面的截面定义相同的层级上定义分布。如果使用分布定义材料属性，则应在模型层级中与材料一起定义分布。

例子

在表 2-7 所示的例子中，为了清晰起见，省略了绝大部分参数和数据行。

表 2-7　例子 1

例子 1	正误	说　明
* PART, NAME = PartA * NODE ...	正确	网格是在零件上定义的
* ELEMENT ...	正确	
* SOLID SECTION, ELSET = setA, MATERIAL = Mat1	正确	如果是在零件上定义的网格，则截面赋予必须出现在零件层级中
* SURFACE, NAME = surf1 setB, ...	错误	单元集 setB 不是在零件层级上定义的
* ELSET, ELSET = setA * NSET, NSET = setA * SURFACE, NAME = surf2 setA, ... * END PART	正确	可以在零件上定义集和面，因为网格是在零件上定义的
* ASSEMBLY, NAME = Assembly-1 * INSTANCE, NAME = I1, PART = PartA		

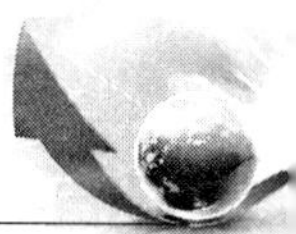

（续）

例子 1	正误	说　明
* NODE	错误	如果网格和截面赋予是在零件上定义的，则不能在实例上定义它们
* ELEMENT	错误	
* SOLID SECTION	错误	
* ELSET, ELSET = setA	错误	不能在实例上重新定义集和面
* NSET, NSET = setA	错误	
* SURFACE, NAME = surf2	错误	
* ELSET, ELSET = setB	正确	可以在实例上定义新集和面
* NSET, NSET = setB	正确	
* SURFACE, NAME = surf3 setA, . . .	正确	集和面定义可以参考继承的集
* END INSTANCE * END ASSEMBLY	正确	

在表 2-8 所示的例子中，对零件实例进行了网格划分。

表 2-8　例子 2

例子 2	正误	说　明
* PART, NAME = PartB * END PART	正确	要求 * PART 和 * END PART 选项，即使已经用网格划分了实例
* PART, NAME = PartC * SOLID SECTION, . . . * END PART	错误	如果网格不是在零件上定义的，则不能在零件上定义截面
* ASSEMBLY, NAME = Assembly-1 * INSTANCE, NAME = I1, PART = PartB * NODE . . .	正确	网格是在零件实例上定义的
* ELEMENT . . . * SOLID SECTION, ELSET = setA, MATERIAL = Mat1	正确	截面赋予必须出现在与网格定义相同的层级之中
* ELSET, ELSET = setA * NSET, NSET = setA * SURFACE, NAME = surf2 setA, . . . * END INSTANCE	正确	因为网格是在实例上定义的，所以集和面是在实例上定义的
* INSTANCE, NAME = I3, PART = PartC <定位数据> * END INSTANCE * END ASSEMBLY	错误	必须为每个实例定义网格和截面，因为没有用网格划分零件

坐标系定义

Abaqus 提供以下几种定义局部坐标系的方法。

节点坐标系

用户可以在局部坐标系中定义节点坐标系（见“节点定义”中的“指定在其中定义节点的局部坐标系”，2.1.1 节）。可以通过在零件定义中定义坐标系来定义零件中的节点。节点坐标系定义保持有效，直至在同样的层级中定义了另一个坐标系，或者直到层级结束。

节点转换

为施加载荷和边界条件而使用节点变换（见“坐标系变换”，2.1.5 节）。可以通过在零件或者装配层级定义节点转换来定义局部坐标系，用于施加载荷和边界条件，以及定义线性约束方程。

用户定义的方向

使用用户定义的方向来定义材料属性、耦合、连接器和加强筋（见“方向”，2.2.5 节）。可以在零件层级定义用户定义的方向，以供截面、连接器、加强筋或者耦合定义参考。也可以在装配层级使用方向定义，以供连接器或者耦合定义参考。

分布

可以使用分布来为连续单元和壳单元指定局部坐标系的任意空间转换（见“方向”，2.2.5 节）。应当在定义方向的层级上定义方向使用的分布。

节点处的法向定义

节点处定义的法向可以作为梁、管和壳单元节点定义的一部分，或者使用用户指定的法向定义来定义节点处的法向（见“节点处的法向定义”，2.1.4 节）。可以在零件或者装配层级定义这些法向。

使用这些方法为零件定义的局部坐标系，由零件的所有实例继承。

平动和转动零件实例

装配的坐标系是整体坐标系。用户可以在装配中，通过给出相对于整体原点的平动和（或者）转动来定位零件实例。通过给出平动向量来指定平动。通过给出两个点（点 a 和点 b）来定义转动轴，并施加围绕该轴的右手角度转动，来指定一个转动。

在零件或者零件实例中定义的局部坐标系，将根据所指定的定位数据进行平动和转动，如图 2-71 所示（在图中，为了表达清晰而省略了单元和截面定义之类的细节）。在局部坐标系中给出的结果是以转换后的局部坐标系给出的。方程也将根据零件实例的定位数据进行平动和转动。零件（或者零件实例）定义中的所有数据都是相对于零件的局部坐标系来指定的；在定义了零件实例中的所有内容之后，才将定位数据施加给零件实例。

限制

在以零件实例的装配形式定义的模型中不支持下面的功能：

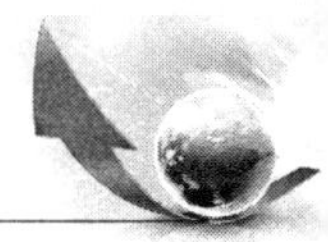

- “节点定义”中的“从一个坐标系映射一组节点到另一个坐标系”(2.1.1节)。
- “参数化形状变量”中的“使用辅助分析生成形状变量”(2.1.2节)。
- “对称模型生成”(《Abaqus分析用户手册——分析卷》的5.4.1节)。
- “从一个对称的网格或者三维网格的一部分传递结果到一个完全的三维网格”(《Abaqus分析用户手册——分析卷》的5.4.2节)。
- “用户定义的单元”中的“从一个Abaqus/Standard结果文件中读取单元矩阵”(《Abaqus分析用户手册——单元卷》的6.15.1节)。

子结构库不是以零件实例的装配形式组织的，所以不能具有装配定义的模型中不能生成子结构。定义有装配的模型不支持任何子结构选项。

输入文件模板

此模板显示以零件和分析中定义的零件实例装配形式书写生成的输入文件。关于显示如何从之前的分析导入零件实例以传递模型数据和结果的模板内容，见“在Abaqus/Explicit与Abaqus/Standard之间传递结果”(《Abaqus分析用户手册——分析卷》的4.2.2节)和“从Abaqus /Standard分析传递结果到另外一个Abaqus/Standard分析”(《Abaqus分析用户手册——分析卷》的4.2.3节)。

```
*HEADING
*PART, NAME=Part-1
    节点，单元，截面，集和面定义
    连接器和约束定义
*END PART
*PART, NAME=Part-2
**实例已经被网格划分，所以零件定义是空的
*END PART
*MATERIAL, NAME=mat1
    定义此材料的子选项和数据行
*ASSEMBLY, NAME=Assembly-1
    *INSTANCE, NAME=i1, PART=Part-1
    <位置数据>
      额外的集和面定义（可选的）
    *END INSTANCE
    *INSTANCE, NAME=i2, PART=Part-2
    <位置数据>
      节点、单元、截面、集和面定义
      连接器和约束定义
    *END INSTANCE
    装配层级的集和面定义
    装配层级的连接器和约束
```

```
*Part, Name=P      相对于零件坐标系定义的局部坐标系(图2-71)
  *System
  *Node            在局部坐标系中定义的节点        局部坐标系仅用于此零件定义中
*End part
*Part, Name=Q
  *Node            在零件坐标系中定义的节点
*End part

*Assembly, Name=Assembly-1
  *Instance, Name=Instance-1, Part=Q
   <positioning data>
  *End Instance
  *Instance, Name=Instance-2, Part=P       相对于整体坐标系布置的实例
   <positioning data>
  *End Instance
  *Instance, Name=Instance-3, Part=P
   <positioning data>
  *End Instance
*End assembly
```

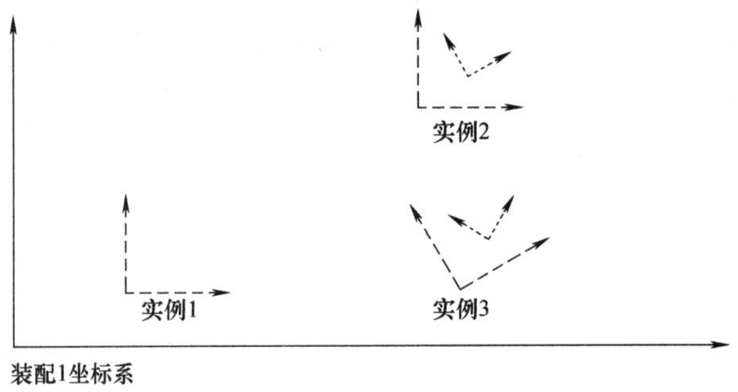

------ 相对于装配(整体)坐标系给出的位置(通过*INSTANCE定义)

.... 零件局部坐标系(通过*NORMAL、*ORIENTATION、*SYSTEM或者*TRANSFORM定义)

图 2-71　定义局部坐标系

装配层级的参考节点定义

装配层级的刚体定义

* END ASSEMBLY

* MATERIAL, NAME = mat2

定义此材料的子选项和数据行

* AMPLITUDE

* INITIAL CONDITIONS

* BOUNDARY

零赋值的边界条件

* PHYSICAL CONSTANTS

* CONNECTOR BEHAVIOR

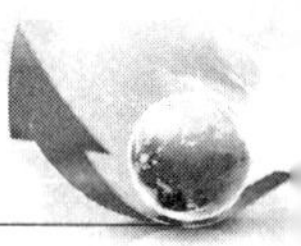

定义此连接器行为的字选项和数据行
Abaqus/Standard 或者 Abaqus/Explicit 中的相互作用和相互作用属性
* STEP
    载荷和边界条件
    预定义的场定义
    输出要求
    Abaqus/Explicit 中的接触相互作用定义
* END STEP

2.11 矩阵定义

产品：Abaqus/Standard

参考

- “生成结构矩阵”，《Abaqus 分析用户手册——分析卷》的 5.3.1 节
- *MATRIX ASSEMBLE
- *MATRIX GENERATE
- *MATRIX INPUT
- *MATRIX OUTPUT

概览

矩阵：

- 可以用来表示模型零件的或者整个模型的刚度、质量、黏滞阻尼或者结构阻尼。
- 是通过给出它的唯一名称和指定可以缩放的矩阵数据来定义的。
- 可以是对称的或者非对称的。
- 可以采用下三角矩阵、上三角矩阵或者正方形矩阵形式的文本格式给出，或者从矩阵生成过程中生成的二进制 .sim 文件中读取。
- 可用于提供具有大平动但没有大转动的线弹性响应。
- 可用于静态和固有频率提取过程。
- 可用于矩阵和子结构生成过程。
- 可用于瞬态模态动力学、基于模态的稳态动力学、基于子空间的稳态动力学、随机响应、响应谱和采用 SIM 构架的复特征值提取过程。
- 可以直接将载荷、边界条件和约束施加到任何矩阵节点自由度。
- 可以用于子模型分析。
- 不能用于直接稳态动力学或者不使用 SIM 构架的基于模态的分析。

什么是 Abaqus/Standard 中的矩阵？

设计像汽车这样的复杂结构的模型通常涉及不同零件的分包。当必须将整个模型装配在

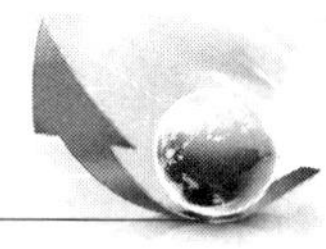

一起时，零件的信息需要在不同的供应商之间交流。通常，为了避免专有信息的交换，零件信息是以代表每个零件的刚度、质量和阻尼的矩阵形式交流的。在分析中，将这些矩阵添加到相应的整体有限元矩阵中，来完成整个模型的装配。

Abaqus/Standard 提供直接输入刚度、质量、黏滞阻尼和结构阻尼的功能。用户可以定义足够多的不同矩阵来建立模型。

在模型中包括矩阵

用户必须给矩阵赋予一个名称，使得在使用矩阵的模型中包括它。

输入文件用法：* MATRIX INPUT，NAME=名称

指定矩阵类型

对于以文本格式给出的矩阵，用户可以将矩阵指定成对称的（默认的）或者非对称的。如果指定成对称的，则可以作为下三角矩阵、上三角矩阵或者正方形矩阵输入。

对于从 .sim 文件中读取的矩阵，矩阵类型是根据存储在 SIM 数据库中的矩阵数据自动设置的。

输入文件用法：使用以下一个选项来指定文本格式给出的矩阵类型：

* MATRIX INPUT，NAME=名称，TYPE=SYMMETRIC
* MATRIX INPUT，NAME=名称，TYPE=UNSYMMETRIC

缩放矩阵数据

用户可以为所有的矩阵输入定义一个乘法比例因子。

输入文件用法：* MATRIX INPUT，NAME=名称，SCALE FACTOR=比例因子值

直接提供矩阵数据

用户可以直接指定数据来以下三角矩、上三角矩或者正方形矩阵的形式定义对称矩阵。对于对称的正方形矩阵，对角线上方和下方的对应输入必须具有完全相同的值。用户可以通过提供每个矩阵输入的数据，直接指定数据来定义非对称矩阵。

输入文件用法：* MATRIX INPUT

行节点标签，行节点的自由度，列节点标签，
列节点的自由度，矩阵输入

重复此数据行来为每个矩阵输入指定数据。

从备用文件读取文本格式的矩阵数据

可以在备用文件中包含文本格式的矩阵数据。通常为大矩阵使用备用文件。为了保证可接受的性能，在不大量检查数据格式的情况下就可以读取备用文件中的数据行。用户应当确保数据输入是以正确的格式指定的，没有任何注释或者空行。可以在矩阵生成过程中生成文本格式的矩阵数据输出（见“生成结构矩阵”中的“输出”，《Abaqus 分析用户手册——分析卷》的 5.3.1 节）。

输入文件用法：＊MATRIX INPUT，NAME＝名称，INPUT＝输入文件名称

从 SIM 数据库读取矩阵数据

可以从矩阵生成过程中生成的 .sim 文件读取二进制格式的矩阵（见“生成结构矩阵”中的“介绍”，《Abaqus 分析用户手册——分析卷》的 5.3.1 节）。此 .sim 文件可以包含刚度、质量、黏滞阻尼和结构阻尼矩阵。用户指定从 .sim 文件中读取每个矩阵。

输入文件用法：使用下面的选项从 SIM 数据库读取矩阵数据：

＊MATRIX INPUT，NAME＝刚度名称，INPUT＝sim 文件名，MATRIX＝STIFFNESS

＊MATRIX INPUT，NAME＝质量名称，INPUT＝sim 文件名，MATRIX＝MASS

＊MATRIX INPUT，NAME＝黏滞阻尼名称，INPUT＝sim 文件名，MATRIX＝VISCOUS DAMPING

＊MATRIX INPUT，NAME＝结构阻尼名称，INPUT＝sim 文件名，MATRIX＝STRUCTURAL DAMPING

使用包括在模型中的矩阵定义刚度、质量和阻尼

可以将指定的刚度、质量、黏滞阻尼和结构阻尼矩阵装配到模型相应的整体有限元矩阵中。可以定义和装配许多不同名称的矩阵。

输入文件用法：使用下面的选项装配从同一个原始模型中生成的矩阵：

＊MATRIX ASSEMBLE，STIFFNESS＝刚度名称，MASS＝质量名称，VISCOUS DAMPING＝黏滞阻尼名称，STRUCTURAL DAMPING＝结构阻尼名称

要装配从不同的原始模型生成的矩阵，为每个模型重复＊MATRIX ASSEMBLE 选项。

连接由矩阵表示的模型零件

由用户定义矩阵表示的模型零件，可以通过共享节点连接到其他零件和有限元。用户必须在模型中直接定义这些节点（见“节点定义”，2.1.1 节）。此外，可能存在仅由矩阵使用但不共享的节点。不需要定义非共享的，并且没有载荷、边界条件，或者关联约束的节点，Abaqus 将为用户定义这些节点并将其定位到整体坐标系的原点处。

输入文件用法：使用下面的选项直接定义共享节点：

＊NODE

在装配矩阵中重新映射用户定义的节点

装配矩阵中定义的节点可以被重新映射（重命名）成矩阵使用模型中的不同节点标签。用户必须在使用矩阵的模型中定义所有的新节点标签，由它们创建一个节点集，并在装配矩

阵时指定此节点集。节点集的尺寸和其中的节点次序必须完全与所装配的所有矩阵的节点集组合对应。假定矩阵节点是以其原始标签的升序存储的，此顺序是在生成时定义的，或者是在矩阵数据中指定的。

输入文件用法：使用下面的选项为矩阵节点创建节点集：

*NSET，NSET=节点集名称，UNSORTED

使用下面的选项装配具有节点重映射的矩阵：

*MATRIX ASSEMBLE，STIFFNESS=刚度名称，MASS=质量名称，VISCOUS DAMPING=黏滞阻尼名称，STRUCTURAL DAMPING=结构阻尼名称，NSET=节点集名称

矩阵的多重实例化

使用节点重映射功能，可以在矩阵使用模型中数次重复使用同一个矩阵。用户只需定义矩阵一次，便可通过重命名来指定相关节点集来多次装配矩阵。

输入文件用法：*MATRIX INPUT，NAME=名称

*MATRIX ASSEMBLE，STIFFNESS=名称

*MATRIX ASSEMBLE，STIFFNESS=名称，NSET=节点集1名称

*MATRIX ASSEMBLE，STIFFNESS=名称，NSET=节点集2名称

矩阵数据中的内部节点

内部节点是具有内部自由度的节点（如拉格朗日乘子和广义位移），这些内部自由度与节点相关联，并且这些内部自由度是由 Abaqus/Standard 内部创建的。根据定义，用户定义的节点具有正的节点标签，内部节点具有负的节点标签，可以使用矩阵生成过程来将用户定义节点指定成内部节点，从而在使用矩阵的模型中隐藏它们（见“生成结构矩阵”中的“介绍”，《Abaqus 分析用户手册——分析卷》的 5.3.1 节）。

当使用包含内部节点的矩阵数据时，这些节点将自动重新映射到矩阵使用模型中特殊的内部节点标签。对于源自同一个模型的装配矩阵，内部节点是共享的。对于源自不同模型的装配矩阵，内部节点将被映射到矩阵使用模型中的不同内部节点，即使它们具有相同的负节点标签。

在非线性分析中使用矩阵

当用户在非线性分析过程中使用矩阵时，不考虑非线性。因为在分析过程中矩阵数据保持不变，因此在几何非线性分析中只表示线弹性材料行为，并且只能正确地模拟大的平动。在几何非线性分析中，不计算由大转动或者载荷刚度引起的矩阵变化。

在线性摄动分析中使用矩阵

可以在静态摄动分析，以及使用 Lanczos 或者 AMS 特征值求解器的固有频率提取分析中使用矩阵。为了正确地计算特定的量（如参与因子和整体惯量属性），应在使用矩阵的模型中定义与矩阵相关联的节点坐标。矩阵也可以用在使用高性能 SIM 构架的模态分析过程中，

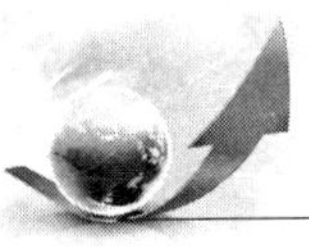

即稳态动力学、模态动力学、随机响应、响应谱和复频率提取分析。矩阵还可以用于子结构生成和矩阵生成过程中。

矩阵不能用于直接求解的稳态动力学分析过程中，也不能用于不是基于高性能 SIM 构架的模态过程中。

约束和转换

运动约束（如耦合约束、线性约束方程、多点约束或者基于面的绑定约束）可以施加到包含矩阵的模型中的任何节点上。因为 Abaqus/Standard 中的运动约束通常是通过消除非独立节点处的自由度来强加的，所以不使用矩阵节点作为非独立节点。

要在矩阵节点上应用接触约束，必须在这些节点上定义一个基于节点的面，并且此面在接触对定义中应用作从面。

在矩阵中出现的节点处定义的节点转换不影响矩阵。假定在通过节点编号定义的局部坐标中输入对应于这些节点的矩阵输入。

初始条件

可以如通常那样指定初始条件，但只有基于节点的初始条件才可以施加到矩阵中出现的节点上（见“Abaqus/Standard 和 Abaqus/Explicit 中出现的初始条件”，《Abaqus 分析用户手册——指定条件、约束与相互作用卷》的 1.2.1 节）。

边界条件

可以如通常那样指定边界条件（见“Abaqus/Standard 和 Abaqus/Explicit 中的边界条件”，《Abaqus 分析用户手册——指定条件、约束与相互作用卷》的 1.3.1 节）。可以将矩阵节点定义成子模型分析中的驱动节点（见“子模型：概览”，《Abaqus 分析用户手册——分析卷》的 5.2.1 节）；不能将矩阵节点定义成整体模型中的驱动节点。对于壳-实体子模型，定义成驱动节点的矩阵节点被视为位于中心区域，无论它们离壳参考面有多远。

载荷

可以如通常那样在任何节点的位移自由度（1~6）上施加集中节点力。可以在矩阵节点上定义的面单元上施加分布压力（见“面单元”，《Abaqus 分析用户手册——单元卷》的 6.7.1 节）。体力不能施加到由矩阵表示的模型零件上。对于分布压力和体力，可以使用上文中的约束施加用户定义的载荷。

可以如通常那样在任何节点上施加预定义场（见“预定义场”中的“预定义场变量”和“预定义温度”，《Abaqus 分析用户手册——指定条件、约束与相互作用卷》的 1.6 节）；然而，矩阵数据是不受预定义场影响的。例如，如果在矩阵中出现的节点上将温度指定成预定义场，并为那些单元指定了热膨胀，则只有与矩阵共享这些节点的单元产生热应变。矩阵

不产生任何热应变，但是它可能会承受由共享节点处的位移产生的线弹性力。

单元

可以使用所有可以用于静应力分析的单元（见“为一个分析类型选择合适的单元”，《Abaqus 分析用户手册——单元卷》的 1.1.3 节）。

输出

可以得到应用到静态分析的所有节点输出变量（见“Abaqus/Standard 输出变量标识符”，4.2.1 节）。

限制

以下是使用矩阵的已知限制：

- 矩阵不能用在包含零件和装配的模型中。
- 包含声压和机械自由度的矩阵将使得耦合的声学结构特征值提取失效。
- 默认情况下，不支持使用包含文本格式的内部节点的矩阵数据。在一些特殊情况下，允许使用这样的文本格式矩阵。必须谨慎使用此功能。
- 在为质量矩阵使用矩阵输入数据的 Abaqus/Standard 分析中，数据（.dat）文件中报告的整体模型惯量，包括质心的坐标和惯量的力矩，可能计算错误。
- 矩阵不能用在具有惯量释放载荷的分析中。
- 在直接稳态动力学分析或者不使用 SIM 基础构架的基于模态的分析中，不能使用矩阵。

输入文件模板

```
*HEADING
…
*NODE
指定载荷的数据行
*NSET, NSET=NSET1, UNSORTED
以特别的次序使用节点来指定节点集的数据行
…
*BOUNDARY
指定零值边界条件的数据行
*MATRIX INPUT, NAME=MAT1, SCALE FACTOR=比例值
指定刚度矩阵的数据行
*MATRIX INPUT, NAME=MAT2, SCALE FACTOR=比例值
```

```
指定质量矩阵的数据行
*MATRIX INPUT, NAME=MAT3, SCALE FACTOR=比例值
指定黏滞阻尼矩阵的数据行
*MATRIX INPUT, NAME=MAT4, INPUT=输入文件名称
*MATRIX INPUT, NAME=MAT5, INPUT=输入文件名称
*MATRIX INPUT, NAME=MAT6, INPUT=sim 文件名称, MATRIX=STIFFNESS
*MATRIX ASSEMBLE, STIFFNESS=MAT1, MASS=MAT2,
VISCOUS DAMPING=MAT3, STRUCTURAL DAMPING=MAT4
*MATRIX ASSEMBLE, STIFFNESS=MAT6, MASS=MAT5
*MATRIX ASSEMBLE, STIFFNESS=MAT6, MASS=MAT5, NSET=NSET1
*STEP (, NLGEOM) (, PERTURBATION)
使用 NLGEOM 包括非线性几何效应；它将在所有后续步中保持有效。
*STATIC
*BOUNDARY
规定零值或者非零边界条件的数据行
*CLOAD 和 (或者) *DLOAD
指定载荷的数据行
*END STEP
*STEP
*FREQUENCY
*BOUNDARY
规定零值或者非零边界条件的数据行
*END STEP
*STEP
*STEADY STATE DYNAMICS
*CLOAD 和 (或者) *DLOAD
指定载荷的数据行
*END STEP
```

2.12 概率密度函数

产品：Abaqus/Explicit　　Abaqus/Viewer

参考

- “离散单元方法”，《Abaqus 分析用户手册——分析卷》的 10.1.1 节
- “离散粒子单元”，《Abaqus 分析用户手册——单元卷》的 7.1.1 节
- PARTICLE GENERATOR
- PARTICLE GENERATOR MIXTURE
- PROBABILITY DENSITY FUNCTION
- DISCRETE SECTION

概览

概率密度函数：

- 用来定义连续随机变量的统计分布。
- 可以为均匀的、正态的、对数正态的、分段线性的和离散分布的变量定义。

介绍

有许多与数据相关联的随机性例子。沙砾等颗粒介质中粒子的大小就是一个例子。可以通过统计分布来描述观察到的数据中的随机性。使用基于统计分布生成的伪随机数来描述数值仿真中数据的随机性。

应用

通过统计分布来描述粒子生成器生成的粒子样本大小的分布。

概率密度函数

概率密度函数（PDF）用于描述连续随机变量值落入一个范围中的概率。如果随机变量仅具有明确的值（如掷骰子），则可以使用概率质量函数（PMF）描述结果的概率。图 2-72

所示为随机变量 x 的 PDF。随机变量的概率在区间 $[x,\ x+\mathrm{d}x]$ 上的值是 $f(x)\,\mathrm{d}x$。随机变量 x 在区间 $a\leqslant x\leqslant b$ 上的概率表示为

$$\Pr[a \leqslant x \leqslant b] = \int_a^b f(x)\,\mathrm{d}x$$

随机变量 x 在区间 $(-\infty,\ \infty)$ 上的概率是 1，即

$$\int_{-\infty}^{\infty} f(x)\,\mathrm{d}x = 1$$

因此，PDF 曲线下的面积总是 1。

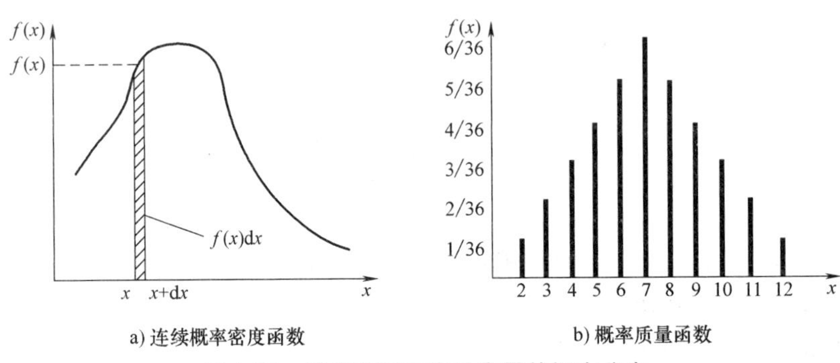

图 2-72 连续变量和离散变量的概率分布

图 2-72b 所示为 PMF，横轴表示随机变量的指定值，纵轴表示相应的概率。

Abaqus/Explicit 支持均匀、正态（高斯）、对数正态、分段线性和离散概率密度函数。要定义概率密度函数，必须给函数赋予名称并指定函数的类型。

输入文件用法：＊PROBABILITY DENSITY FUNCTION，NAME=PDF 名称，
TYPE=PDF 类型

均匀概率密度函数

均匀分布（图 2-73）有许多的应用，尤其是在随机过程的数值仿真中。下面的函数描述了随机变量 x 在区间 $[x_{min},\ x_{max}]$ 中的均匀概率密度函数

$$f(x)=\begin{cases}\dfrac{1}{x_{max}-x_{min}} & x_{min}\leqslant x\leqslant x_{max}\\[2mm] 0 & \text{其他}\end{cases}$$

平均值 $\mu=\dfrac{x_{min}+x_{max}}{2}$，方差 $\sigma^2=\dfrac{(x_{max}-x_{min})^2}{12}$。用户为均匀分布指定 x_{min} 和 x_{max}。

输入文件用法：＊PROBABILITY DENSITY FUNCTION，TYPE=UNIFORM

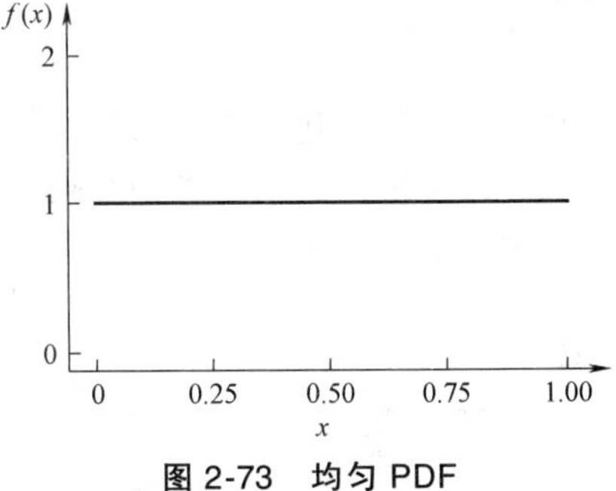

图 2-73 均匀 PDF

正态概率密度函数

正态分布（图 2-74）在科学和工程上有许多应用。例如，通常假定试验测量中的误差符合正态分布。下面的函数描述了一个正态概率密度函数

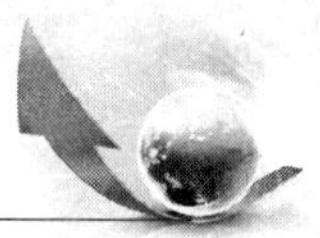

$$f(x)=\frac{1}{\sqrt{2\pi\sigma}}\mathrm{e}^{\left[\frac{-(x-\mu)^2}{2\sigma^2}\right]}$$

平均值$\mu=\frac{1}{N}\sum_{i=1}^{N}x_i$，方差$\sigma^2=\frac{1}{N}\sum_{i=1}^{N}(x_i-\mu)^2$。用户为正态分布指定平均值$\mu$和标准偏差$\sigma$。

输入文件用法：＊PROBABILITY DENSITY FUNCTION，TYPE=NORMAL

对数正态概率密度函数

在描述许多自然现象时使用对数正态分布（图 2-75）。通常使用该函数描述土壤中颗粒大小的分布。下面的函数描述了一个对数正态概率密度函数

$$f(x)=\begin{cases}\dfrac{1}{\sqrt{2\pi}\sigma x}\mathrm{e}^{\left[\frac{-(\ln x-\mu)^2}{2\sigma^2}\right]} & x>0\\ 0 & \text{其他}\end{cases}$$

平均值$\hat{\mu}$和标准偏差$\hat{\sigma}$在x空间中按下式与μ和σ关联

$$\hat{\mu}=\mathrm{e}^{\left(\mu+\frac{1}{2}\sigma^2\right)}$$

$$\hat{\sigma}^2=\mathrm{e}^{2\mu}\mathrm{e}^{\sigma^2}(\mathrm{e}^{\sigma^2}-1)$$

式中，参数μ和σ是$\ln(x)$空间中的平均值和标准偏差，$\mu=\frac{1}{N}\sum_{i=1}^{N}\ln(x_i)$，$\sigma=\sqrt{\frac{1}{N}\sum_{i=1}^{N}[\ln(x_i)-\mu]^2}$。用户在$x$空间为对数正态分布指定平均值$\hat{\mu}$和标准偏差$\hat{\sigma}$。

输入文件用法：＊PROBABILITY DENSITY FUNCTION，TYPE=LOGNORMAL

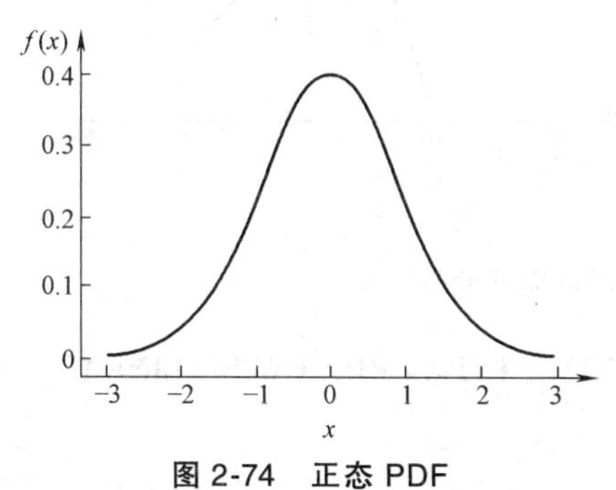

图 2-74　正态 PDF

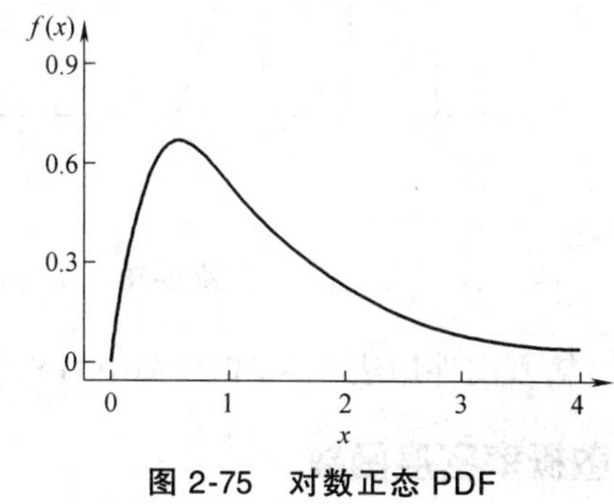

图 2-75　对数正态 PDF

分段线性概率密度函数

可以使用分段线性概率密度函数近似表示不能由上面讨论的 PDF 良好表示的一般分布。用户在离散的多个点上指定 PDF 值，来使用分段线性概率密度函数。Abaqus/Explicit 将这些点之间的变化考虑成线性的，如图 2-76 所示。第一个数据点以下的和最后数据点以上的 PDF 是零。

如前文所述，PDF 之下的面积是 1。Abaqus/Explicit 将重新标准化所指定的 PDF 以满足

此要求。这种数据值的重新标准化允许用户指定可以从直方图中得到的相关 PDF 值。直方图以随机变量区间表的形式包含数据，以及落入这些区间的百分比或者数值。如图 2-77 所示，用户指定直方图中每个范围的中值表和相应的数：

$$\begin{cases} x_1 & c(x_1) \\ x_2 & c(x_2) \\ x_3 & c(x_3) \\ \vdots & \vdots \\ x_n & c(x_n) \end{cases}$$

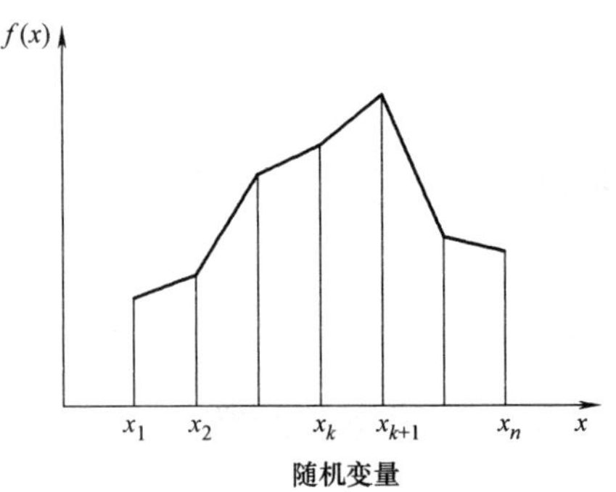

图 2-76　分段线性 PDF

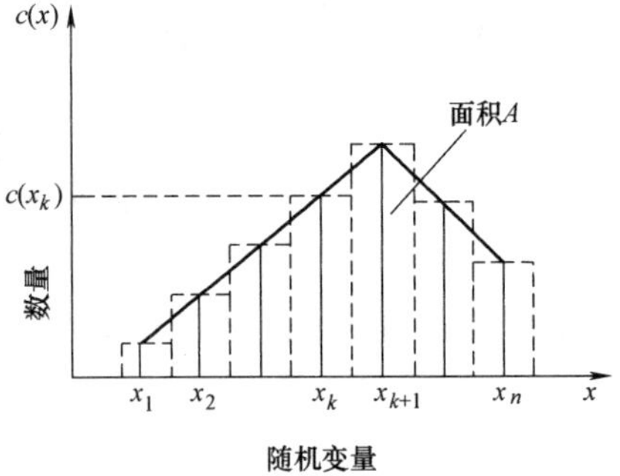

图 2-77　直方图

如上文所述，Abaqus/Explicit 将这些数据重新标准化，以创建分段线性概率密度函数。

在某些情况下，随机变量在某些范围内具有连续值，而在其他区间上则具有离散值。图 2-78 所示为使用分段线性概率密度函数来近似这样的分布，即通过非常窄的区间值上的连续随机变量来近似离散值（例如，离散值 x_7 是通过 $[x_5, x_9]$ 的连续区间来近似的）。

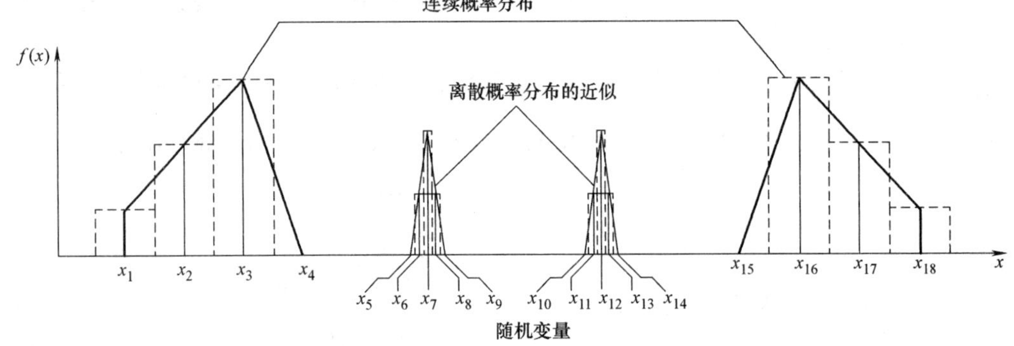

图 2-78　使用分段线性 PDF 近似离散概率分布

输入文件用法：＊PROBABILITY DENSITY FUNCTION，TYPE＝PIECEWISE LINEAR

离散概率密度函数

一些应用仅具有某些特定的输出。这些应用可以用离散概率密度函数表示，如图 2-79 所示。一个简单的例子是掷一对骰子。输出只可能是 2、3、4、5、6、7、8、9、10、11 和 12，概率分别是 1/36、2/36、3/36、4/36、5/36、6/36、5/36、4/36、3/36、2/36 和 1/36。离散概率密度函数的一种非常特殊的情况是，当只有一个值时，概率为 1。要指定离散概率密度函数，应提供随机变量的特定值表格和相应的概率：

$$\begin{cases} x_1 & p_1 \\ x_2 & p_2 \\ x_3 & p_3 \\ \vdots & \vdots \\ x_n & p_n \end{cases}$$

Abaqus/Explicit 将重新标准化指定的概率来确保其总和为 1。

输入文件用法：* PROBABILITY DENSITY FUNCTION，TYPE = DISCRETE

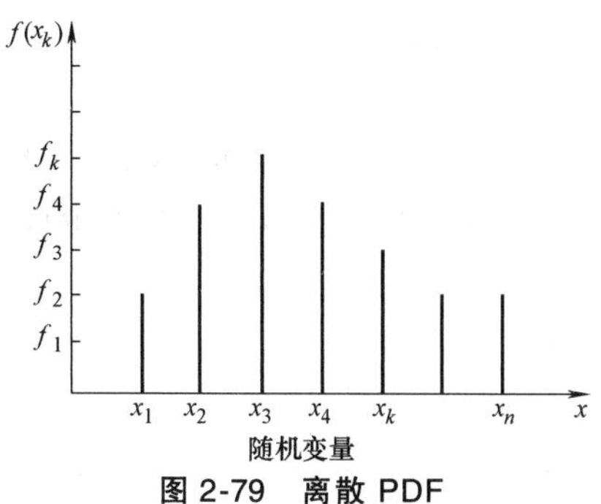

图 2-79　离散 PDF

截尾概率密度函数

正态和对数正态概率密度函数具有端部开放的特点。可以对这些 PDF 进行截尾来指定随机变量值的上下限。图 2-80 所示为截尾正态分布 $\hat{f}(x)$，它拒绝了所有来自未截尾正态分布 $f(x)$ 在区间 $x<x_{\min}$ 和 $x>x_{\max}$ 内的随机变量值。

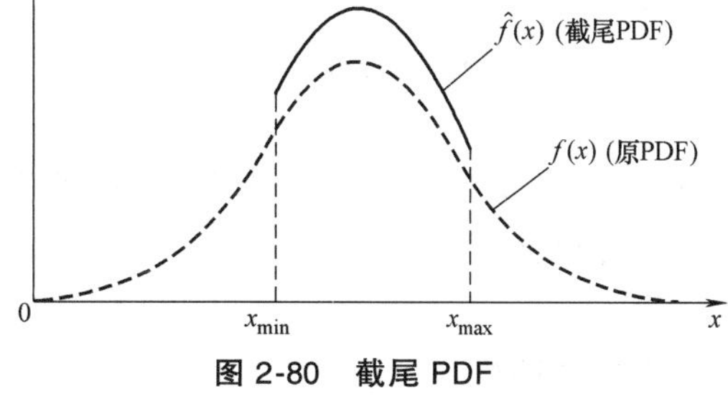

图 2-80　截尾 PDF

$$\hat{f}(\mathrm{x}) = \begin{cases} 0 & x<x_{\min} \\ \dfrac{f(x)}{k} & x_{\min} \leqslant x \leqslant x_{\max} \\ 0 & x>x_{\min} \end{cases}$$

其中

$$k = \int_{x_{\min}}^{x_{\max}} f(x)\,\mathrm{d}x$$

因子 k 代表随机变量在未截尾 PDF 的区间［$x_{\min}$，$x_{\max}$］上的概率。

用户为这些类型的 PDF 指定随机变量的上下限以及平均值和标准偏差。均匀分布和分段线性分布已经在 PDF 的定义中建立了随机变量的上下限，因此不需要进行由于截尾而产生的重新标准化。

输出

概率密度函数没有可以使用的输出。

限制

只有使用粒子生成器创建的 PD3D 单元的大小分布才支持概率密度函数。

输入文件模板

下面的例子说明了概率密度函数在粒子大小分布中的应用：

• HEADING

…

• PARTICLE GENERATOR, NAME=生成器名称, TYPE=PD3D,
MAXIMUM NUMBER OF PARTICLES=数量

• *

• PARTICLE GENERATOR INLET, SURFACE=进口面

• *

• PARTICLE GENERATOR MIXTURE
gen_SET1, gen_SET2

• *

• PROBABILITY DENSITY FUNCTION, NAME=PDF_gen_SET1, TYPE=NORMAL
定义 PDF 的数据行

• PROBABILITY DENSITY FUNCTION, NAME=PDF_gen_SET2, TYPE=LOGNORMAL
定义 PDF 的数据行

• *

• DISCRETE SECTION, ELSET=gen_SET1
PDF_gen_SET1

• DISCRETE SECTION, ELSET=gen_SET2
PDF_gen_SET2

…

* END STEP

附加参考

• Benjamin, J. R., and C. A. Cornell, "Probability, Statistics, and Decision for Civil Engineers," McGraw-Hill, 1970.

• Press, W. H., S. A. Teukolsky, W. T. Vetterling, and B. P. Flannery, "Numerical Recipes in Fortran 77, The Art of Scientific Computing," University of Cambridge, 1992.

• Saucier, R., "Computer Generation of Statistical Distributions," Army Research Laboratory, 2000.

3　作业执行

3.1 执行程序：概览

概览

通过使用 Abaqus 执行程序来运行 Abaqus。在下面的讨论中，假定 abaqus 是运行执行程序的命令。然而，用户可以使用其选择的任何别名来自定义运行 Abaqus 的程序（见《Abaqus 安装和许可证手册》）。

在“执行程序”（3.2 节）中对 abaqus 命令进行了描述。下面的章节包含运行 Abaqus 作业的更多信息：

- “环境文件设置”，3.3 节
- “管理内存和磁盘空间”，3.4 节
- “并行执行”，3.5 节
- “文件扩展定义”，3.6 节
- “Fortran 单位号”，3.7 节

约定

本章节使用下面的约定：

- 每小节都包含一个“命令汇总”部分，其左栏中为命令的语法，右栏中为命令选项的语法。必须首先出现完整的命令，后面是选项。在一些情况中，命令具有多个字，如 abaqus-cae。用户必须在使用任何选项语句前输入命令的所有字。
- 用黑体字表示选项。选项可以在任何命令中出现，并且可以缩写。
- 默认选项加下划线（__）。
- 方括号（[]）中包含的选项是可选的。
- 表中通过竖线（|）分隔的选项是相互排斥的。
- 必须从大括弧（{}）包括的列表值中选择一个值。
- 用户必须提供斜体字表示的值。
- 在选项之间使用空格来分隔，并且空格不能在等号前后出现。
- 可以使用 **option** 值来替代 **option**=值格式。

abaqus 程序将提示输入命令行中未提供的任何所需信息。如果没有为 abaqus 输入选项，则会为所有选项发出提示。

环境设置

Abaqus 执行程序使用环境参数来定制作业的执行。可以使用 Abaqus 诸多环境文件中的一个改变这些设置：custom_v6. env 或者 abaqus_v6. env。更多内容见“使用 Abaqus 环境文件”（《Abaqus 安装和许可证手册》的 4. 1 节）。

如果在多个环境文件中定义了相同的作业参数，或者在同一个环境文件中多次定义了作业参数，则使用遇到的最后一个定义。在“环境文件设置”（3. 3 节）中列出了此法则的一些例外。可以使用这些环境文件来定制 Abaqus 的行为，包括修改默认选项。有关环境文件的更多内容见“环境文件设置”（3. 3 节）。

选择 TCP/UDP 端口号

一些执行程序的命令行选项，如端口（port）和监听端口（listenerport），要求用户指定一个端口号。TCP/UDP 端口号的范围是 0~65535。

端口号 0~1023 是供系统程序（如 FTP、SSH、SMTP 等）使用的端口号，不允许使用。端口号 1024~49151 是软件供应商使用的因特网编号管理局（Internet Assigned Number Authority，IANA）注册端口，用户可以使用这些端口，但必须注意所使用的端口不能与系统上安装的其他软件正在使用的端口相冲突。端口号 49152~65535 是未预订端口，可以自由使用，前提是没有其他应用使用它们。

防火墙可以限制端口。联系用户的系统管理员来确认未限制要指定的端口。

用户可以使用 netstat 命令获取 TCP/UDP 网络连接信息。

3.2 执行程序

3.2.1 获取信息

产品：Abaqus/Standard　　Abaqus/Explicit

参考

- “执行过程：概览”，3.1 节

概览

Abaqus 执行程序可用来获取关于命令语法的帮助或者关于安装和计算环境的信息。

命令汇总

abaqus　{help | information={environment | local | memory | release | support | system | all}[job=作业名] | whereami}

命令行选项

help

此选项打印 abaqus 命令语法的汇总。

information

此选项将有关安装的信息以及有效的环境变量写到屏幕上。下面的信息是所有信息请求的输出：当前版本、Abaqus 所在的目录和信息文件所在的目录。

如果 information=environment，则显示环境文件的当前设置。

如果 information=local，则输出本地安装备注。

如果 information=memory，则输出分析作业设置内存的参数建议。

如果 information=release，则提供在何处放置当前版本备注的信息。

如果 information=support，则提供诊断与硬件相关问题的信息。需要帮助时请将此信息

发送给系统支持人员。

如果 information=system，则提供关于系统软件和硬件资源的信息（操作系统层面、汇编层面、处理器类型、显卡、内存等）。

如果 information=all，则输出所有上述信息主题的有关信息。

job

如果指定了作业名称，则将信息文本写入作业名称 . log 文件。

whereami

此选项打印 Abaqus 版本目录的位置。

例子

使用下面的命令显示本地安装备注：

abaqus information=local

使用下面的命令将本地安装备注写入 support. log 文件中：

abaqus information=local job=support

3. 2. 2 Abaqus/Standard、Abaqus/Explicit 和 Abaqus/CFD 执行

产品：Abaqus/Standard　　Abaqus/Explicit　　Abaqus/CFD

参考

- “执行程序：概览”，3. 1 节

概览

Abaqus/Standard、Abaqus/Explicit 和 Abaqus/CFD 是通过运行 Abaqus 执行程序来执行的。可以在命令行或者环境文件中设置多个参数（见“环境文件设置”，3. 3 节）。另外，用户可以使用便捷的 Abaqus/CAE 用户界面从输入文件提交 Abaqus 分析，并设置分析参数（见“理解分析作业”，《Abaqus/CAE 用户手册》的 19. 2 节）。

Abaqus 对文件名实施字符限制。对于任何对文件的命令行引用，文件名的总长度（包括路径描述），不能超过 256 个字符。

命令汇总

abaqus　　job=作业名

[analysis | datacheck | parametercheck | continue |

convert = { select | odb | state | all } |
recover | syntaxcheck | information = { environment | local |
memory | release | support | system | all }]
[input = 输入文件] [user = { 源文件 | 目标文件 }]
[oldjob = 旧作业名称] [fil = { append | new }]
[globalmodel = { 结果文件名称 | ODB 输出数据库文件名称 |
SIM 数据库文件名称 }]
[cpus = *cpu* 的数量] [parallel = { domain | loop }]
[domains = 域的数量]
[dynamic_load_balancing]
[mp_mode = { mpi | threads }]
[standard_parallel = { all | solver }]
[gpus = 图像处理器的数量] [memory = 内存大小]
[interactive | background | queue [= 队列名称] [after = 时间]]
[double = { explicit | both | off | constraint }]
[scratch = *scratch* 目录]
[output_precision = { single | full }]
[resultsformat = { odb | sim | both }]
[field = { odb | sim }]
[history = { odb | sim | csv }]
[port = 联合仿真端口号 *r*] [host = 联合仿真主机名]
[csedirector = 联合仿真引擎主机 : 端口号]
[timeout = 联合仿真超时秒数]
[unconnected_regions = { yes | no }]

命令行选项

要求的选项

job

此选项的值指定所有在运行时产生的文件名，以及在 continue、convert 和 recover 阶段读取的文件名。

如果在命令行中省略了此选项，将提示用户输入此值（除非只使用了“获取信息”（3.2.1 节）中的信息选项）。如果没有提供 input 选项，则程序将在当前目录中寻找名称为作业名 . inp 的输入文件。

确定执行分析哪个阶段的互斥选项

所有选项都是次序无关的。如没有出现任何选项，则假定为 analysis 选项。convert 选项是互斥法则的一个例外：convert 可以与任何选项一起出现，除了 datacheck、parametercheck、

syntaxcheck 和 information。Abaqus/CFD 不能使用 convert 和 parametercheck 选项。

analysis

此选项说明将执行完全 Abaqus 分析（或者 Abaqus 分析重启动）。

datacheck

此选项说明运行只进行数据检查，不执行分析。如果使用此选项，将保存继续分析所需的所有文件。

parametercheck

此选项说明运行只检查输入参数（必须已经使用了参数定义；见“参数化建模”，1.4 节），而不会执行分析或者数据检查。Abaqus/CFD 不能使用此选项。

continue

此选项说明在之前的数据检查运行结束点处开始运行。

convert

此参数值说明将对哪个文件进行后处理。Abaqus/CFD 不能使用此选项。

可以在一个分析运行之后立即对结果进行转换，作为该分析运行后的单独运行，也可以在分析运行时进行如下转换：

1）将 convert 选项与 job 和 analysis 选项一起使用，运行一个包括结果后续转换的分析。

2）将 convert 选项与 job 选项一起使用，转换之前运行分析的结果。

3）将 convert 选项与 oldjob 选项（给当前的作业命名）和 job 选项（给 convert 选项生成的文件提供一个新的名称）一起使用，转换当前运行作业的结果。

如果 convert=select，则会把选中的 Abaqus/Explicit 结果文件（作业名 . sel）转换成标准的 Abaqus 结果文件（作业名 . fil）。如果使用 parallel=domain 进行并行分析，则在转换成标准的 Abaqus 结果文件之前，多个选中的结果文件（作业名 . sel. *n*）将转换成单个选中的结果文件（作业名 . sel）。

如果 convert=odb，输出数据库（作业名 . odb）将使用后处理计算器（见“后处理计算器”，4.3 节）进行转换。仅当请求了列在“后处理计算器”（4.3 节）中的输出类型时，才使用此转换。

如果 convert=state，当分析使用 parallel=domain 并行运行时，多个 Abaqus/Explicit 状态文件（作业名 . abq. *n*）将转换成单个的 Abaqus/Explicit 状态文件（作业名 . abq）。

如果 convert=all，则执行所有可用的转换选项。

recover

此选项仅可用于 Abaqus/Explicit。它用来说明在状态文件中的上一个可以使用的步和增量处重启动分析。可以在灾难性故障后使用此功能进行重启动，如超出 CPU 限制或者磁盘限制（见“重启动一个分析”，《Abaqus 分析用户手册——分析卷》的 4.1 节）。如果使用 parallel=domain 来并行运行原始分析，则必须使用 parallel=domain 和相同的处理器数量来重启动。

syntaxcheck

此选项说明运行只用于检查输入文件的语法。此选项不使用任何许可证令牌。将不会执行分析，并且不能使用 continue 选项继续分析。只为了显示而生成数据（. dat）文件和输出数据库（. odb）文件。在 Abaqus/Explicit 分析中，输出数据库中的模型数据可能并不完整。

information

此选项书写有关安装的信息，以及影响屏幕或者影响作业名 . log 文件的环境。关于此选项每个值的输出信息，见“获取信息”（3.2.1 节）。如果 information 选项与 analysis 选项一起使用，则必须在后台运行作业，将信息文件写入日志文件中。

模型分析可以使用的附加选项

input

使用此选项指定输入文件名，此文件名可以有或者没有 . inp 扩展名（如果没有提供扩展名，则 Abaqus 会自动添加）。如果没有提供此选项，程序将在当前目录中寻找名为作业名. inp 的输入文件。如果未找到作业名 . inp，则程序会提示输入文件名。

user

此选项指定源文件或者目标文件的名称，源文件或者目标文件包含在分析中使用的任何子程序中。用户程序的名称可以包含一个路径名，并且可以有或者没有扩展名。Abaqus/Standard、Abaqus/Explicit 和 Abaqus/CFD 接受用户使用 C、C++或者 Fortran 编写的子程序。

如果给出了扩展名，则程序将以文件类型为基础采取合适的行动。如果文件名没有扩展名，则程序将搜索一个 C、C++或者 Fortran 源文件。如果不存在源程序，则将搜索目标文件来替代。执行程序创建一个使用用户子程序文件的共享库，在执行过程中由分析使用此共享库。

如果经常需要使用同一个用户子程序，可考虑设置 usub_lib_dir 环境文件参数，并使用 abaqus make 执行程序创建一个包含用户子程序的共享库。这样可以避免每次需要时重新编译和（或者）重新链接用户子程序。如果在用户库中包含分析调用的用户子程序，则不请求 user 选项。如果指定了 user 选项，则不使用 usub_lib_dir 环境文件参数给出的路径所包含的用户库。

当使用 double 选项运行一个 Abaqus/Explicit 分析时，不能使用 user 选项指定目标文件，因为 Abaqus/Explicit 双精度运行需要单精度和双精度的对象。在此情况中，用户必须设置 usub_lib_dir 环境文件参数，并且将单精度和双精度目标文件置于指定的路径中。另外，用户可以提供用户子程序源。

oldjob

此选项从之前的运行中指定文件名，从该文件开始运行重启动或者后处理（仅用于 Abaqus/Standard；见“输出”中的“在 Abaqus/Standard 中从重启动数据恢复附加的结果输出”，4.1.1 节），或者从该文件导入结果。不允许路径或者文件扩展。当重启动、后处理、对称模型生成或者导入分析从重启动文件或者结果文件读取数据时，请求此选项。旧作业名必须与当前的作业名不同。

fil

此选项指定在新的结果文件（默认的）开始时，是否包含来自重启动运行中指定的旧结果文件数据。如果使用 fil=new，则新的结果文件将只包含重启动发生点之后的数据。为 Abaqus/Standard 使用此特征，可将来自多个重启动分析的输出连接成一个单独的、连续的结果文件。无重启动的作业不能通过使用此特征，来将结果文件输出附加到旧文件之后；出

于此目的，必须使用 abaqus append 执行程序。不能为 Abaqus/Explicit 运行设置 fil = new。Abaqus/CFD 不能使用此选项。

globalmodel

此选项指定整体模型的结果文件名称、ODB 输出数据库文件名称或者 SIM 数据库文件名称，通过从 SIM 数据库文件插值结果文件来驱动子模型分析。只要子模型分析或者子模型边界条件从整体模型的结果中读取数据，就会请求此选项。

此文件扩展是可选的。如果用户省略了文件扩展，则 Abaqus 会使用结果文件。如果不存在结果文件，Abaqus 将使用 ODB 输出数据库文件。如果结果文件和 ODB 输出数据库文件都不存在，则 Abaqus 使用 SIM 数据库文件。

Abaqus/CFD 不使用此选项。

cpus

此选项指定如果可以使用并行处理，则分析过程中可以使用的处理器数量。此参数的默认值是 1，可以在环境文件中对其进行更改（见“环境文件设置”，3.3 节）。

parallel

此选项指定 Abaqus/Explicit 中基于线程的并行处理所使用的方法。可能的值是 domain 和 loop。如果 parallel = domain，则使用区域级的方法将模型分离成多个几何区域。如果 parallel = loop，则使用环级的方法并行多个低层级的环。关于这些方法的更多内容见“Abaqus/Explicit 中的并行执行”（3.5.3 节）。默认值是 domain，可以在环境文件中改变此值（见“环境文件设置”，3.3 节）。

domains

此选项指定 Abaqus/Explicit 中的并行区域数量。如果其值大于 1，则执行区域分解，而不管 parallel 选项和 cpus 选项的值如何。然而，如果 parallel = domain，则 cpus 的值必须能被 domain 的值整除。如果 parallel = domain = 1，且 parallel = loop，则将默认值设置成等于分析运行中使用的处理器数量。可以在环境文件中改变默认值（见“环境文件设置”，3.3 节）。重启动分析使用与原始分析数量相同的并行区域，并将忽略此选项指定的值。

dynamic_load_balancing

对于 Abaqus/Explicit 中的并行区域执行（parallel = domain），其中的区域数量大于 cpu 的数量，此选项将激活动态载荷平衡策略。Abaqus/Explicit 将试图采用使载荷不平衡最小化的方式，通过按周期给处理器重新赋予区域的方法来改善计算效率（见“Abaqus/Explicit 中的并行执行”，3.5.3 节）。

mp_mode

如果设置此选项等于 mpi，则会在可以使用时采用基于 MPI 的并行方法。设置 mp_mode = threads 来使用基于线程的并行化方法。如果安装了 MPI 组件，此默认值在 Windows 平台上是 mpi；否则，基于线程的并行化方法将是默认行为。在所有其他的平台上，默认值是 mpi。可以在环境文件中改变默认设置（见“环境文件设置”，3.3 节）。对于 Abaqus/CFD，只能使用 mp_mode = mpi。

standard_parallel

此选项指定 Abaqus/Standard 中的并行执行模式。可能的值是 all 和 solver。如果 standard_

parallel=all，则单元操作和求解器将并行运行。如果 standard_parallel=solver，则将只有求解器并行运行。在支持基于 MPI 并行的平台上，默认值是 standard_parallel=all。

也可以在环境文件中设置并行执行模式（见“环境文件设置”，3.3 节）。

gpus

此选项指定 Abaqus/Standard 直接求解器的加速。仅在装备有合适的 GPGPU 硬件的计算机上，此选项才有意义。默认情况下，不激活 GPGPU 求解器加速。此参数的值是 Abaqus/Standard 分析中使用的 GPGPU 数量。在基于 MPI 的分析中，此值是在每台主机上使用的 GPGPU 数量。

也可以在环境文件中设置基于 GPGPU 的求解器加速（见“环境文件设置”，3.3 节）。

memory

它是在输入文件前处理过程中，以及 Abaqus/Standard 分析阶段，可以分配的最大数量的内存或者物理内存的最大百分比（见“管理内存和磁盘空间”，3.4 节）。可以在环境文件中改变默认值（见“环境文件设置”，3.3 节）。Abaqus/CFD 不允许使用此选项。

interactive

此选项将使作业交互式运行。对于 Abaqus/Standard 和 Abaqus/CFD，日志文件将输出到屏幕；对于 Abaqus/Explicit，状态文件和日志文件将输出到屏幕。可以在环境文件中设置默认的 run_mode（见“环境文件设置”，3.3 节）。

background

此选项默认把作业交付到后台运行。将在当前目录中的作业名 .log 文件中保存日志文件。可以在环境文件中通过使用 run_mode 参数来设置递交作业的默认方法（见“环境文件设置”，3.3 节）。

queue

此选项将作业交付批处理队列。如果此选项出现时没有值，则会把作业交付系统默认要进行队列。允许引用字符串。可以使用的队列是位置特定的。联系现场管理员以了解有关本地队列功能的详细信息。使用 information=local 来观察已经安装了什么样的本地队列功能。可以在环境文件中通过使用 run_mode 参数来设置递交作业的默认方法（见“环境文件设置”，3.3 节）。

after

将此选项与 queue 选项一起使用来指定所选批处理队列中作业将开始的时间。通过 Abaqus 环境文件在每个单独的场点支持此功能（详细内容见《Abaqus 安装和许可证手册》）。

double

使用此选项指定为 Abaqus/Explicit 使用双精度执行。可能的值有 both、constraint、explicit 和 off。通过 Abaqus 环境文件使用环境变量 double_precision 也能支持此功能（见“环境文件设置”，3.3 节）。

如果 double=both，则 Abaqus/Explicit 打包器和分析都将以双精度运行。

如果 double=constraint，则 Abaqus/Explicit 中的约束打包和约束求解器将以双精度运行，而 Abaqus/Explicit 打包器和 Abaqus/Explicit 分析继续以单精度运行。

如果 double=explicit，则 Abaqus/Explicit 分析将以双精度运行，而打包器将以单精度运行。默认值是 explicit。

如果 double=off，当需要以单精度调用 Abaqus/Explicit 打包器和 Abaqus/Explicit 分析时，将重写环境文件设置。关于何时使用双精度运行的讨论见“定义一个分析”（《Abaqus 分析用户手册——分析卷》的 1.1.2 节）。

scratch

使用此选项指定临时文件使用的目录名称。在 Linux 平台上，默认值是$ TMPDIR 环境变量的值；在没有定义 $ TMPDIR 时，默认值是/tmp。在 Windows 平台上，默认值是%TEMP%环境变量的值；如果没有定义%TEMP%，则默认值是 \ TEMP。在分析中，将会在此目录下创建一个子目录来存放分析临时文件。可以在环境文件中设置此参数的默认值（见“环境文件设置”，3.3 节）。

output_precision

此选项指定写到输出数据库文件（作业名 . odb）的节点场输出精度。使用 output_precision=full 将使 Abaqus/Standard 分析以双精度场输出。要得到 Abaqus/Explicit 分析的双精度场输出，除了使用 output_precision=full 外，还要使用 double 选项。节点历史输出只能使用单精度。此选项不能与 recover 选项一起使用。

resultsformat

此选项指定结果的输出格式。如果 resultsformat=odb，则输出仅以 ODB 格式写出。如果 field=sim，则输出是以 SIM 格式写出的。如果 resultsformat=both，则输出是以 OBD 和 SIM 格式写出的。默认值是 odb。更多内容见“输出”中的“Abaqus/CFD 中的其他输出格式”（4.1.1 节）。

history

此选项指定 Abaqus/CFD 历史输出的格式。如果 history=odb，则历史输出是以 ODB 格式写入的。如果 history=sim，则历史输出是以 SIM 格式写入的。如果 history=csv，则历史输出是以逗号分隔值的格式写入文件中的。

默认值取决于 field 选项的设置。当 field=odb 时，默认值是 history=odb；当 field=sim 时，默认值是 history=sim。更多内容见“输出”中的“Abaqus/CFD 中的其他输出格式”（4.1.1 节）。

port

在使用直接耦合界面的多个求解器之间，包括 Abaqus 与某些第三方分析程序之间进行联合仿真时，使用此选项指定 TCP/UDP 端口号。设置 port 等于用于连接的端口号。默认值是 48000。可以在环境文件中使用 cosimulation_port 参数设置 Abaqus 初始通信的默认端口号（见“环境文件设置”，3.3 节）。此选项与 host 选项一起使用。更多内容见“执行过程：概览”中的“选取 TCP/UDP 端口号”（3.1 节）。

host

使用此选项指定多个使用直接耦合界面的求解器之间，包括 Abaqus 与某些第三方分析程序之间的联合仿真主机名。此选项指定主导连接的机器名。如果请求了 host 选项，则参考第三方程序文档来确定。此选项与 port 选项一起使用。

csedirector

当使用 SIMULIA Co-Simulation Engine 执行联合仿真时，使用此选项为 SIMULIA Co-Simu-

lation Engine 监管过程指定连接（即主机名：端口号）。由 csedirector 输入确定 SIMULIA Co-Simulation Engine 监管过程的主机名和监听端口的 TCP/UDP 端口号。

timeout

使用直接耦合界面或者 SIMULIA 联合仿真引擎建立联合仿真连接时，使用此选项指定超时值（单位为 s）。在指定时间内，如果没有从耦合的分析程序收到任何通信，Abaqus 将终止。默认值是 3600s。当使用直接耦合界面时，可以在环境文件中使用 cosimulation_timeout 参数设置 Abaqus 使用的默认超时值（见“环境文件设置”，3.3 节）。

用于数据检查模块的附加选项

unconnected_regions

使用此选项要求在分析输出数据库中，Abaqus/Standard 为未连接区域创建单元集和节点集。设置 unconnected_regions = yes 来创建命名为 MESH COMPONENT *N* 的单元集和节点集，其中 *N* 是部件编号。

例子

下面的例子说明了 abaqus 执行程序的不同功能和能力。

在 Abaqus/Standard 中运行分析

使用下面的命令在后台运行名为“c8”的热传导分析：

abaqus analysis job = c8 background

使用下面的命令在后台运行作业 c8，并将当前环境设置输出到日志文件：

abaqus analysis job = c8 information = environment background

热传导分析 c8 的补充分析是“c10”，此分析是将 c8 的温度数据作为输入使用的静态分析。从 c8 结果文件将温度数据读入成预定义场。执行程序为了此类型文件的独立性而扫描 Abaqus/Standard 输入文件。在此例中，程序将在当前目录中查找具有 .fil 扩展名的 c8 结果文件。结果文件标识符可以包含路径名（见“输入语法规则”，1.2.1 节），并且执行过程中将继续在指定目录中查找。在任何情况下，如果文件不存在，则发出一个错误信息。使用下面的命令在“长”队列中运行作业 c10：

abaqus analysis job = c10 queue = long

下面的作业以“c11”来重启动，使用来自 c10 的最终结果作为蠕变分析的起点。使用下面的命令在默认队列中运行此作业：

abaqus analysis job = c11 oldjob = c10 queue =

使用下面的命令运行名为“draw_imp”的 Abaqus/Standard 分析，此分析从之前名为“draw_exp”的 Abaqus/Explicit 分析运行中导入结果：

abaqus analysis job = draw_imp oldjob = draw_exp

在 Abaqus/Explicit 中运行分析

使用下面的命令将名为“beam”的 Abaqus/Explicit 分析递交给默认队列：

abaqus analysis job=beam convert=all queue=

使用下面一系列命令可以得到等效的结果：

abaqus datacheck job=beam interactive

abaqus continue job=beam queue=

abaqus convert=all job=beam interactive

可见，CPU 密集分析功能是批处理的，而其他选项是交互运行的。

在 Abaqus/CFD 中运行分析

使用下面的选项递交名为“cylinder”、使用 128 核并行的 Abaqus/CFD 分析：

abaqus analysis job=cylinder cpus=128

运行一个分析的不同阶段

使用下面的命令对名为“parmodel”的输入文件执行参数检查运行：

abaqus job=parmodel parametercheck

使用下面的命令对名为“parmodel”的输入文件执行数据检查（如果在之前的作业后运行此作业，则充分执行参数检查）：

abaqus job=parmodel datacheck

使用下面的命令继续之前的 datacheck 作业来执行分析：

abaqus job=parmodel continue

3.2.3 SIMULIA 协同仿真引擎监控执行

产品：Abaqus/Standard　　Abaqus/Explicit　　Abaqus/CFD

参考

- “执行过程：概览”，3.1 节

概览

Abaqus/Standard、Abaqus/Explicit 和 Abaqus/CFD 之间的协同仿真是通过附加程序 SIMULIA 协同仿真引擎（SIMULIA Co-Simulation Engine，CSE）监管来控制的。通常用户不需要调用 CSE 监管过程；当用户运行 Abaqus 协同仿真程序（“Abaqus/Standard、Abaqus/Explicit、Abaqus/CFD 和 FMU 协同仿真执行”，3.2.4 节）或者从 Abaqus/CAE 递交协同仿真时，将自动调用监管程序。

如果不能使用 Abaqus 协同仿真程序或者 Abaqus/CAE，并且需要使用 Abaqus 执行程序单独递交协同仿真分析（“Abaqus/Standard、Abaqus/Explicit 和 Abaqus/CFD 执行”，3.2.2 节），则必须按此节介绍的那样调用 CSE 监管。

命令汇总

Abaqus cse	job=协同仿真作业名称
	configure=构型文件名称
	listenerport=监听端口号
	[datacheck]
	[interactive]
	[timeout=以秒计的超时值]

命令行选项

job

此选项的值指定在运行过程中生成的协同仿真汇总日志文件的名称。如果命令行中省略了此选项，则提示用户输入此值。

configure

此选项指定控制协同仿真的 SIMULIA 协同仿真引擎构型文件的名称。更多内容见“为协同仿真准备一个 Abaqus 分析”中的“使用 SIMULIA 协同仿真引擎构型文件”（《Abaqus 分析用户手册——分析卷》的 12.2 节）。

listenerport

使用此选项给监管指定协同仿真入站信息的 TCP/UDP 端口号。设置 listenerport 等于用于连接的端口号。

datacheck

此选项使得监管只检查构型文件的正确性。

interactive

此选项使得交互地运行监管。

timeout

使用此选项指定协同仿真监管连接的超时值（单位为 s）。如果在指定时间内没有从耦合的分析程序中收到任何通信，则终止监管。默认值是 3600s。

例子

下面的例子说明了当需要分开递交协同仿真分析时，协同仿真监管执行程序的不同功能和能力。

运行 Abaqus/Standard 到 Abaqus/Explicit 的协同仿真

为在计算机“earth”上运行的第一个 Abaqus 分析使用下面的命令，然后连接到在计算机“mercury”上运行的协同仿真监管，并且在端口 44444 上进行监听：

abaqus job=explicit csedirector=mercury：44444

为在计算机“venus”上运行的第二个 Abaqus 分析使用下面的命令，然后连接到在计算机“mercury”上运行的协同仿真监管，并且在端口 44444 上进行监听：

abaqus job=standard csedirector=mercury：44444

为在计算机“mercury”上运行的协同仿真监管使用下面的命令，依据在文件 explicit_standard_config. xml 中定义的协同仿真构型来操作，并且通过端口 44444 来收到通信：

abaqus cse job=cosim listenerport=44444
    configure=explicit_standard_config. xml

3.2.4 Abaqus/Standard、Abaqus/Explicit、Abaqus/CFD 和 FMU 协同仿真执行

产品：Abaqus/Standard　Abaqus/Explicit　Abaqus/CFD

参考

- “执行程序：概览”，3.1 节

概览

可以通过运行 Abaqus 协同仿真程序来执行 Abaqus/Standard、Abaqus/Explicit 和 Abaqus/CFD 之间的协同仿真，也可以执行协同仿真格式的功能模型单元（FMU）文件之间的协同仿真。可以在命令行或者环境文件中设置一些参数（见“环境文件设置”，3.3 节）。有关支持协同仿真相互作用的详细内容，见“协同仿真：概览”（《Abaqus 分析用户手册——分析卷》的 12.1 节）。更多有关功能模块界面标准的信息参考 http：//www. fmi-standard. org。

协同仿真分析执行指定的“子”分析，并且依据协同仿真构型文件来监管过程的通信。协同仿真执行过程允许用户输入一个单独的命令来运行协同仿真，并应当尽可能使用该命令（见下面的“限制”）。如果不能使用 Abaqus 协同仿真执行程序，则按下述方法执行：

- 使用 Abaqus 执行程序（“Abaqus/Standard、Abaqus/Explicit 和 Abaqus/CFD 执行”，3.2.2 节）或者 FMU 执行程序（“SIMULIA 协同仿真引擎 FMU 执行”，3.2.6 节）分别递交协同仿真分析。
- 调用 SIMULIA 协同仿真引擎监管（“SIMULIA 协同仿真引擎监控执行”，3.2.3 节）。

协同仿真执行程序支持 Abaqus 执行程序可以使用的功能子集，下面的命令汇总中包括这些功能。

命令行参数的复合

用户可以为参与子分析的命令行参数使用逗号分隔的选项列表。命令行参数（见下面的命令行选项）可以分成：

- 适用于全局选项的命令行参数，采用单个参数。
- 适用于 Abaqus 子分析的命令行参数，采用逗号分隔的列表，其长度是参与 Abaqus 作业的数量。
- 适用于 FMU 的命令行参数，采用逗号分隔的列表，其长度是参与 FMU 的数量。

因此，对于使用 Abaqus 产品和 FMU 的联合仿真分析，命令行参数列表的长度通常会有所不同。

为 Abaqus 作业的并行过程分配 CPU

将用户指定的 CPU 分配应用到 Abaqus/Standard、Abaqus/Explicit 和 Abaqus/CFD 子作业。功能模块单元（FMU）不支持使用多个 CPU。可以使用三种方法给并行过程的子分析分配 CPU：为每个作业指定 CPU 的数量，在多个分析作业之间以及多个分析产品之间分配 CPU。

为每个作业指定 CPU 的数量

分配 CPU 的最直接的方法是为每个子分析指定要使用的 CPU 数量。用户使用 cpu 参数指定逗号分隔的值列表。

在分析作业之间分布 CPU

用户可以指定协同仿真分析要使用的 CPU 总数量，以及确定子分析之间 CPU 分布的权重因子。此方法使得用户能够指定与其资源限制直接相关的 CPU 数，并且描述子分析的相关计算需求。用户使用 cpus 参数的值为协同仿真分配 CPU，并使用 cpuratio 参数定义权重因子。

权重因子是浮点数，并且以归一化的思想进行考虑。例如，如果希望为第一个子作业分配的 CPU 是为第二个作业分配的 CPU 的 4 倍，则可以提供以下任意对：

cpuratio = 4.0，1.0

cpuratio = 16，4

cpuratio = 0.8，0.2

在分析产品之间分布 CPU

用户可以指定用于协同仿真分析的 CPU 数量，并确定包含在协同仿真中的分析之间

CPU 分布的权重因子。此方法使得用户能够指定与资源限制直接相关的 CPU 数，并且描述基于所使用分析产品的（Abaqus/Standard、Abaqus/Explicit 或者 Abaqus/CFD）子分析的相关计算需求。用户使用 cpus 参数的值为协同仿真分配 CPU，并在环境文件中使用 cpus_weight_std、cpus_weight_xpl 和 cpus_weight_cfd 环境变量参数定义权重因子（见“环境文件设置”中的“协同仿真参数”，3.3 节）。

以归一化的思想来说明权重因子。例如，如果希望指定分配给 Abaqus/CFD 的 CPU 是 Abaqus/Explicit 分析所使用 CPU 的 2 倍，则在环境文件中定义以下参数：

```
cpus_weight_xpl = 1
cpus_weight_cfd = 2
```

分布 CPU 的圆整

如果在分析作业之间或者分析产品之间分布的 CPU 不是整数，Abaqus 会向下舍入 job 参数中列出的第一个作业的 CPU 分配数，并向上舍入列出的最后一个作业的分配 CPU 数。例如，如果分配了 8 个 CPU，并且分配给 Abaqus/CFD 的 CPU 数是分配给 Abaqus/Explicit 分析的 CPU 数的 2 倍，则当第一个分析是 Abaqus/Explicit 作业时，Abaqus/Explicit 与 Abaqus/CFD 之间的 CPU 分配是 2/6；当第一个分析作业是 Abaqus/CFD 时，Abaqus/Explicit 与 Abaqus/CFD 之间的 CPU 分配是 3/5。

为 Abaqus 子分析指定选项

与子分析相关的命令行选项要求用户输入用逗号分隔的值列表。输入列表的数字和次序必须与所有子分析选项一致，这样才能获得所期望的协同仿真执行行为。例如，在一个 Abaqus/Standard 到 Abaqus/Explicit 的协同仿真中，如果将 Abaqus/Standard 分析的作业名指定成作业参数的第一个输入，则子分析选项剩下的第一个输入将施加到 Abaqus/Standard 分析中。

如果一个选项仅与一个子分析相关，则可以为与该选项不相关的分析输入 NONE 值。当希望为所有子分析的一个选项使用默认设置，或者希望使用环境设置控制行为时，不需要提供命令行中的选项。

为功能模块单元文件指定选项

在协同仿真分析中指定命令行选项 fmu 以及可选的 fmuinstance，以使用功能模块单元（FMU）文件。使用逗号分隔的列表指定多个 FMU。

使用指定协同仿真控制的输入文件执行两个子分析的协同仿真

对于 Abaqus 6.13 之前的版本，在输入文件中指定所有的协同仿真参数和协同仿真控制，并且不需要构型文件。为了支持在 Abaqus 6.13 和更高的版本中重用这些输入文件，提

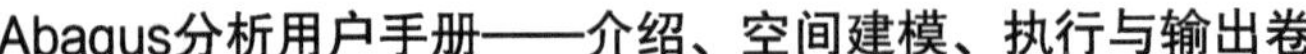

供了自动构型文件创建功能。在某些情况下，用户可以自动生成一个构型文件，使用条件如下：

- 协同仿真由两个子 Abaqus 分析组成。
- 两个输入文件均包含 * CO-SIMULATION CONTROLS 选项，这些选项对于使用 Abaqus 6.12 的协同仿真是有效的。
- 这些控制符合协同仿真参数的推荐用法（见《Abaqus 6.12 分析用户手册》）。

如果用户省略了协同仿真程序中的 configure 选项，则 Abaqus 将试图自动生成构型文件，如果成功生成，所生成的构型文件将直接用于分析。自动生成的构型文件内容是由 * CO-SIMULATION CONTROLS 选项、分析程序类型和协同仿真步的存续决定的。

限制

协同仿真执行程序有以下限制：

- 只能在单独的计算机或者计算机群上运行分析，在计算机群上，头节点可以由两个子分析作业共享。
- 此执行过程不支持使用第三方应用的协同仿真；使用第三方应用的 Abaqus 协同仿真的作业执行信息可以参考第三方程序文档。

命令汇总

abaqus cosimulation　cosimjob=协同仿真作业名
configure=协同仿真构型文件名
job=逗号分隔的 Abaqus 作业名列表
[cpus={cpu 数量 | Abaqus 作业 cpu 数的逗号分隔列表}]
[cpuratio=为 Abaqus 子分析指定分配 cpu 的权重因子逗号分隔列表]
[interactive | background | queue [=队列名称] [after=时间]]
[timeout=以秒计的协同仿真超时值]
[listenerport=协同仿真监管监听接口端编号]
[portpool=冒号分隔的接口端口号对]
[input=Abaqus 作业输入文件名的逗号分隔列表]
[user=Abaqus 作业 {源文件 | 目标文件} 名称的逗号分隔列表]
[globalmodel=Abaqus 作业 {结果文件 | ODB 输出数据库文件 | SIM 数据库文件} 名称的逗号分隔列表]
[memory=Abaqus 作业内存大小的逗号分隔列表]
[oldjob=Abaqus 作业的旧作业名的逗号分隔列表]
[double=Abaqus 作业的双精度可执行设置的逗号分隔列表]
[scratch=Abaqus 作业的临时目录名的逗号分隔列表]
[output_precision=Abaqus 作业的 {single | full} 逗号分隔列表]
[field=Abaqus 作业场输出格式设置的逗号分隔列表]
[history=Abaqus 作业历史输出格式设置的逗号分隔列表] [fmu=功

能模块单元文件的逗号分隔列表]
[fmuinstance=功能模块实例名称的逗号分隔列表]

命令行选项

必需的全局选项

cosimjob

此选项指定运行中生成的协同仿真汇总日志文件的名称。如果在命令行中省略了此选项，则提示用户输入此值。

configure

此选项指定协同仿真构型文件的名称。如果在命令行中省略了此选项，则 Abaqus 将试图基于子分析输入文件中指定的协同仿真控制来自动生成构型文件。如果成功，则在协同仿真中使用生成的构型文件；如果不成功，则提示用户输入此值。更多内容见“使用指定协同仿真控制的输入文件执行包含两个子分析的协同仿真。”

Abaqus 子分析的必需选项

job

此选项的逗号分隔值指定运行过程中生成的所有 Abaqus 子分析的名称。如果在命令行中省略了此选项，则提示用户输入此值。

并行处理选项

cpus

使用此选项指定如何给并行过程中的协同仿真分配 CPU。此参数的默认值是 Abaqus 子分析的数量，可以在环境文件中改变其值（见“环境文件设置”，3.3 节）。

如果将此选项设置成等于单个值，则此值指定分配给协同仿真的处理器总数量，此总数量可以在子分析之间或者分析产品之间分布。默认在子分析之间均匀地分布 CPU，也可以使用 cpuratio 参数进行控制，或者通过设置环境文件参数 cpus_weight_std、cpus_weight_xpl 和 cpus_weight_cfd 来定义分析产品之间的 CPU 分布（见“环境文件设置”中的“协同仿真参数”，3.3 节）。

如果将此选项设置成等于逗号分隔值列表，则这些值指定每个子分析使用的处理器数量。

cpuratio

此选项的逗号分隔值指定分配给每个 Abaqus 子分析处理器的分布相对权重。只有在将 cpus 选项设置成单个值时，此选项才有效。

其他可用的全局选项

interactive

此选项使得协同仿真作业交互地运行。将在屏幕上输出日志文件的总结，并且子分析汇总输出将写入它们各自的日志文件中。

background

此选项将协同仿真作业递交到后台运行，这是默认选项。协同仿真作业的日志文件输出存储在文件协同仿真作业名.log和当前目录中的子分析文件作业名.log中。

queue

此选项将协同仿真作业递交到一个批处理队列中。如果此选项没有任何值，则将作业递交到系统默认队列中。允许引用字符串。可以使用的队列是位置特定的。联系现场管理员以了解有关本地队列功能的详细信息。

after

此选项与queue选项一起使用来指定在所选批处理队列中作业将开始的时间。通过Abaqus环境文件在每个单独的场点支持此功能(详细内容见《Abaqus安装和许可证手册》)。

timeout

使用此选项为协同仿真连接指定超时值（单位为s）。如果Abaqus在指定时间内没有收到子分析过程之间的任何通信，则Abaqus将终止。默认值是3600s。可以使用环境文件中的cosimulation_timeout参数设置Abaqus使用的默认超时值（见“环境文件设置”，3.3节）。

listenerport

使用此选项指定协同仿真监管程序使用的TCP/UDP端口号。此选项可用于启动其他协同仿真分析，如第三方分析作业，以加入使用此过程开始的协同仿真。如果没有指定此选项，则基于可用的开发接口端口，以及使用portpool选项设置的任何约束，来确定监听端口值。

portpool

使用此选项指定一个以冒号分隔的TCP/UDP端口号对，表示在子进程之间建立连接时所使用的端口号的起始值和结束值。默认范围是51000：52000。可以在环境文件中使用portpool参数来设置Abaqus使用的默认范围（见“环境文件设置”，3.3节）。

Abaqus子分析的附加选项

input

此选项的逗号分隔值指定Abaqus子分析的输入文件名称，可以使用扩展名（inp）或者不使用扩展名（如果没有提供扩展名，则Abaqus自动添加扩展名）。对于每个子分析，如果没有提供此选项，则程序在当前的目录中查找命名为作业名.inp的输入文件。如果不能找到作业名.inp，则提示输入文件的名称。

user

此选项的逗号分隔值指定在分析中使用的包含任何用户子程序的Fortran源文件名称，或者目标文件名称。用户子程序的名称可以包含路径名，并且可以给出文件扩展名或者没有文件扩展名。在Abaqus/CFD中不能使用此选项。

globalmodel

此选项的逗号分隔值指定整体模型结果（.fil）文件、ODB输出数据库（.odb）文件或

者 SIM 数据库（.sim）文件的名称，从 SIM 数据库插值结果文件来驱动子模型分析。子模型分析或者子模型边界条件从整体模型结果中读取数据时，都需要使用此选项。

文件扩展名是可选的。如果用户省略了文件扩展名，Abaqus 将使用结果文件。如果不存在结果文件，Abaqus 将使用 ODB 数据库文件。如果结果文件和 ODB 输出数据库文件都不存在，则 Abaqus 使用 SIM 数据库文件。

在 Abaqus/CFD 中不能使用此选项。

memory

此选项的逗号分隔值指定在输入文件前处理阶段，以及在 Abaqus/Standard 分析阶段，可以分配的最大内存量或者物理内存的最大百分比（见“管理内存和磁盘空间”，3.4 节）。在 Abaqus/CFD 中不能使用此选项。

oldjob

此选项的逗号分隔值指定要从中启动重启动运行，或者从中导入结果的上一次运行的文件名。不允许路径或者文件扩展。当重启动分析或者导入分析从重启动文件读取数据时，需要此选项。旧作业名必须与当前作业名不同。

double

只有 Abaqus/Explicit 分析可以使用此选项。

此选项的逗号分隔值指定要使用的双精度执行设置。Abaqus/Standard 或者 Abaqus/CFD 分析的此值总是 NONE。Abaqus/Explicit 的可能值是 both、constraint、explicit 和 off。通过 Abaqus 环境文件使用环境变量 double_precision 也支持此功能（见“环境文件设置”，3.3 节）。

如果从 Abaqus/Standard 到 Abaqus/Explicit 的协同仿真省略了 double 选项，则 Abaqus/Explicit 程序和分析将以双精度运行。如果从 Abaqus/CFD 到 Abaqus/Explicit 的协同仿真省略了 double 选项，则 Abaqus/Explicit 程序和分析将以单精度运行。

如果 double=both，则以双精度运行 Abaqus/Explicit 程序和分析。

如果 double=constraint，则以双精度运行 Abaqus/Explicit 中的约束程序和约束求解器，而继续以单精度运行 Abaqus/Explicit 程序和 Abaqus/Explicit 分析。

如果 double=explicit 或者不指定 double 选项的值，则以双精度运行 Abaqus/Explicit 分析，而仍然以单精度运行程序。

如果 double=off，当需要以单精度调用 Abaqus/Explicit 程序和 Abaqus/Explicit 分析时，将覆盖环境文件设置。关于何时使用双精度求解的讨论，见“定义一个分析”（《Abaqus 分析用户手册——分析卷》的 1.1.2 节）。

scratch

此选项的逗号分隔值指定用于临时文件的目录名称。在 Linux 平台上，默认值是$ TMPDIR 环境变量的值；如果没有定义$ TMPDIR，则默认值是/tmp。在 Windows 平台上，默认值是%TEMP%环境变量的值；如果没有定义%TEMP%，则默认值是 \ TEMP。在分析过程中，将在此目录下创建一个子目录来放置分析临时文件。

output_precision

此选项的逗号分隔值指定写入输出数据文件（作业名.odb）中的节点场输出精度。使用 output_precision=full 将得到 Abaqus/Standard 分析的双精度场输出。要得到 Abaqus/Explic-

it 分析的双精度场输出，应使用 output_precision = full 和 double 选项。只能得到单精度的节点历史输出。在 Abaqus/CFD 中不使用此选项。

field

仅 Abaqus/CFD 分析可以使用此选项。

此选项的逗号分隔值指定场输出的格式。Abaqus/Standard 或者 Abaqus/Explicit 分析中 field 的值总是 NONE；Abaqus/CFD 分析的可能值是 odb 和 sim。

history

只有 Abaqus/CFD 分析可以使用此选项。

此选项的逗号分隔值指定历史输出的格式。Abaqus/Standard 和 Abaqus/Explicit 分析中 history 的值总是 NONE；Abaqus/CFD 分析的可能值是 odb、sim 和 csv。

如果 history = odb 或 history = sim，则将历史输出写入合适的输出数据库文件。如果 history = csv，则将历史输出写入逗号分隔格式的文件中。

此选项的默认值与 field 选项的设置是一样的。更多内容见“输出：概览”中的“在 Abaqus/CFD 中改变输出格式”（4.1.1 节）。

功能模块单元（FMU）文件的附加选项

fmu

此选项的逗号分隔值指定协同仿真的 FMU 文件名，此文件名可以有或者没有扩展名 .fmu。如果需要多次实例化一个 FMU 文件，则必须在此列表中重复其文件名并使用 fmuinstance 选项提供 FMU 实例名称。

fmuinstance

此选项的逗号分隔值指定 FMU 实例名称。将此选项的输入解释成与 fmu 选项提供的列表具有列表次序相关性。如果不提供此选项，则 FMU 实例名称将使用 fmu 选项指定的文件名（没有文件扩展名）。

例子

下面的例子说明了 abaqus cosimulation 执行程序的不同功能和能力。

交互式地运行 Abaqus/Standard 与 Abaqus/CFD 之间的协同仿真

使用下面的命令交互式地运行热传导分析“solid_heat”与流体分析“fluid”之间的协同仿真：

```
abaqus cosimulation cosimjob = cosim_cht
  job = solid_heat, fluid configure = cosim_cht_config interactive
```

交互式地运行 Abaqus/Standard、Abaqus/CFD 与 FMU 之间的协同仿真

使用下面的命令交互式地运行热传导分析“solid_heat”、流体分析“fluid”与 FMU 文件“controller. fmu”之间的协同仿真：

```
abaqus cosimulation cosimjob = cosim_cht
```

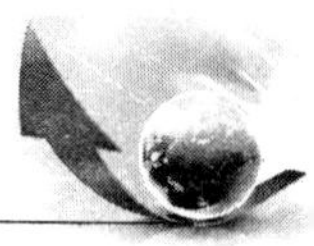

```
  job=solid_heat, fluid configure=cosim_cht_config
  fmu=controller interactive
```

在此例中，FMU 将与“solid_heat”作业交互。Abaqus/Standard 给多个 FMU 提供界面，而不会给 Abaqus/CFD 提供界面。

交互式地运行 Abaqus/Standard 与 FMU 之间的协同仿真

使用下面的命令交互式地运行热传导分析“plant”与 FMU 文件“controller.fmu”之间的协同仿真：

```
abaqus cosimulation cosimjob=cosim_controls
  job=plant configure=cosim_controls fmu=controller interactive
```

在 Abaqus/Explicit 与 Abaqus/CFD 之间的协同仿真中分配 CPU

使用下面的命令在 Abaqus/Explicit 分析“beam”与 Abaqus/CFD 分析“fluid”之间运行协同仿真，并且给 Abaqus/Explicit 作业分配 8 个核，给 Abaqus/CFD 作业分配 16 个核：

```
abaqus cosimulation cosimjob=beam_fluid job=beam, fluid cpus=8, 16
  configure=beam_fluid_config
```

使用下面的命令可以得到等效的结果：

```
abaqus cosimulation cosimjob=beam_fluid job=beam, fluid
  cpus=24 cpuratio=1, 2 configure=beam_fluid_config
```

另外，用户可以在环境文件中指定协同环境变量参数和运行协同仿真执行程序的设置。使用下面的环境文件设置组合：

```
ask_delete=OFF
# The following parameters set the CPU
# allocation by analysis product
cpus_weight_xpl=1
cpus_weight_std=1
cpus_weight_cfd=2
```

使用下面的命令：

```
abaqus cosimulation cosimjob=beam_fluid
  configure=beam_fluid_config job=beam, fluid cpus=24
```

将 Abaqus/Standard 与 Abaqus/Explicit 之间的协同仿真递交到一个批处理队列中

使用下面的命令将 Abaqus/Explicit 分析“beam”和 Abaqus/Standard 分析“beam2”的协同仿真递交到一个批处理队列“long”中，并且给 Abaqus/Explicit 分析分配 8 个核，给 Abaqus/Standard 分析分配 4 个核：

```
abaqus cosimulation cosimjob=beam job=beam, beam2
  configure=beam_config cpus=8, 4 queue=long
```

3.2.5 Dymola 模型执行

产品：Abaqus/Standard　　Abaqus/Explicit

参考

- “执行程序：概览”，3.1 节
- “SIMULIA 协同仿真引擎监控执行”，3.2.3 节

概览

用户可以在 Abaqus/Standard 模型或者 Abaqus/Explicit 模型与从 Dymola 导出的模型之间执行协同仿真。此程序要求用户在当前的工作目录内包含以下两个文件：dymosim. dll，此文件包含模型详细情况的 Dymola 输出；libdsdll. dll，此文件包含 Dymola 库的基本集合。创建或者获取这些文件的详细内容见“结构-逻辑的协同仿真”（《Abaqus 分析用户手册——分析卷》的 12.4 节）。

命令汇总

abaqus dymola	input = *Dymola* 映射文件名称
	port = 协同仿真端口号
	host = 协同仿真主分析名称

命令行选项

input

使用此选项指定映射文件名称。映射文件的文件扩展名为 . sgn。

port

使用此选项来使用直接耦合界面在求解器之间指定协同仿真的 TCP/UDP 端口号，包括 Abaqus 与第三方分析程序之间的协同仿真。设置 port 等于连接端口号。默认值是 48000。在环境文件里可以使用 cosimulation_port 参数设置 Abaqus 初始连接的默认端口号（见“环境文件设置”，3.3 节）。此选项与 host 选项一起使用。更多内容见“执行程序：概览”中的“选择 TCP/UDP 端口号”（3.1 节）。

host

此选项使用直接耦合界面为求解器之间的协同仿真，包括 Abaqus 和某些第三方分析程序之间的协同仿真指定主程序名称。此选项指定主导连接的机器名。参考第三方程序文档来决定是否使用 host 选项。此选项与 port 选项一起使用。

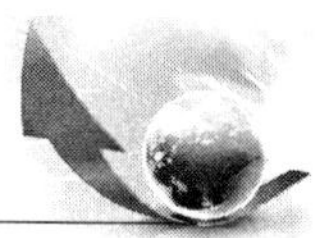

例子

下面的例子说明了 Dymola 执行程序在包含 Abaqus/Explicit 和输出 Dymola 模型的协同仿真中的应用。

运行 Dymola 仿真

使用下面的命令启动 Dymola 仿真，此命令将监听来自 Abaqus/Explicit 连接的端口 44444：

```
abaqus dymola input=inverted_pend_map port=44444
```

运行 Abaqus/Explicit 仿真

为 Abaqus/Explicit 分析使用下面的命令，此命令将通过端口 44444 连接到机器“mecury”上的 Dymola 仿真：

```
abaqus job=inverted_pend_xpl host=mercury port=44444
```

3.2.6 SIMULIA 协同仿真引擎 FMU 执行

产品：Abaqus/Standard　Abaqus/Explicit

警告：仅当更多的通用协同仿真执行程序（“Abaqus/Standard、Abaqus/Explicit、Abaqus/CFD 和 FMU 协同仿真执行”）不支持使用用户的 FMU 协同仿真时，才推荐使用此程序。

参考

- “执行程序：概览”，3.1 节
- “SIMULIA 协同仿真引擎监控执行”，3.2.3 节

概览

在信号/作用器与 Abaqus/Standard 或者 Abaqus/Explicit 的协同仿真中，可以使用任意数量的功能模块单元（FMU）文件。FMU 文件符合 Modelisar 组织定义的功能模块界面（FMI）标准。关于此标准或者具有 FMU 文件输出功能的工具列表的更多信息可以参考 www.modelisar.org。用户将为参与协同仿真的每个 FMU 实例使用 FMU 执行程序的单个调用。

命令汇总

```
abaqus fmu    csedirector=CSE 监管主导：端口号
```

fmu=功能模块单元文件名
instance=协同仿真实例名
[interactive]
[timeout=以秒计的超时值]

命令行选项

csedirector

使用此选项指定 CSE 监管与 FMU 执行之间的协同仿真信息连接。CSE 监管输入是由主导机器名称和监听器 TCP/UDP 端口号组成的，通过一个冒号分开（例如，earth：30000 说明在机器“earth”上运行 CSE 监管，并且使用监听端口“30000”）。

fmu

此选项指定用于协同仿真的 FMU 文件名。

instance

此选项指定 FMU 的实例名称。此实例名将与提供给 CSE 监管的协同仿真构型文件中的 componentInstance 名相对应。通过重复使用具有唯一实例名称的 FMI 执行程序，可以在一个协同仿真中多次使用单个 FMU 文件。

interactive

此选项控制交互式运行监管。

timeout

使用此选项为协同仿真监管连接指定超时值（单位为 s）。如果在指定时间内没有收到任何来自 CSE 的通信，则 FMI 执行会终止。默认值是 3600s。

例子

下面的例子是在涉及 Abaqus/Standard、Abaqus/CFD 和 FMU 文件的协同仿真中使用 FMU 执行程序。本例子将 FMU 考虑成与 Abaqus/Standard 交互；Abaqus/Standard 提供 FMU 的界面，而 Abaqus/CFD 并不提供界面。

运行协同仿真监管

为在机器“mercury”上运行的协同仿真监管使用下面的命令，依据在文件 cosim_config. xml 中定义的协同仿真构型进行操作，并且通过端口 44444 接收通信：

```
abaqus cse job=cosim listenerport=44444
   configure=cosim_config.xml
```

依据文件 cosim_config. xml 的内容，监管将等待来自 Abaqus/Standard、Abaqus/CFD 和 FMU 文件的连接。

运行第一个基于 FMU 的仿真

使用下面的命令进行 FMI 分析，该命令将通过端口 44444 连接到机器“mercury”上的

CSE 监管。

```
abaqus fmu fmu=controller.fmu instance=controller1
  csedirector=mercury:44444
```

运行第二个基于 FMU 的仿真

使用下面的命令进行 FMI 分析，该命令将通过端口 44444 连接到机器“mercury”上的 CSE 监管。

```
abaqus fmu fmu=controller.fmu instance=controller2
  csedirector=mercury:44444
```

运行 Abaqus/Standard 仿真

使用下面的命令进行 Abaqus/Standard 分析，该命令将通过端口 44444 连接到机器“mercury”上的 CSE 监管。

```
abaqus job=standard csedirector=mercury:44444
```

运行 Abaqus/CFD 仿真

为使用下面的命令进行 Abaqus/CFD 分析，该命令将通过端口 44444 连接到机器“mercury”上的 CSE 监管。

```
abaqus job=cfd csedirector=mercury:44444
```

3.2.7 Abaqus/CAE 执行

产品：Abaqus/CAE

参考

- “执行程序：概览”，3.1 节

概览

Abaqus/CAE 是创建、递交、监控和评估 Abaqus 仿真所得结果的交互环境，它通过运行 Abaqus 执行程序并指定 cae 参数来执行。

命令汇总

```
abaqus cae   [database=数据库文件][replay=重显示文件][recover=日志文件]
             [startup=启动文件][script=脚本文件][noGUI [=无 GUI 文件]]
             [noenvstartup][noSavedOptions][noSavedGuiPrefs]
```

[noStartupDialog] [custom=脚本文件] [guiTester [=*GUI* 脚本]]
[guiRecord] [guiNoRecord]

命令行选项

database

此选项指定要打开的模型数据库文件或者输出数据库文件的名称。要指定模型数据库文件，应在文件名中包括扩展名 .cae 或者没有文件扩展名。要指定输出数据库文件，应在文件名中包括扩展名 .odb。

replay

此选项指定重显示 Abaqus/CAE 命令的文件名称。重显示文件中的命令将在 Abaqus/CAE 开始时立即执行。如果没有给出文件扩展名，则默认扩展名是 .rpy。用户不能使用 replay 选项执行具有控制流说明的脚本。

recover

此选项指定重新建立模型数据库的文件名称。日志文件中的命令将在 Abaqus/CAE 开始时立即执行。如果没有给出文件扩展名，则默认扩展名是 .jnl。

startup

此选项指定的文件包含应用启动时将执行的 Python 构型命令。在环境文件中设置的任何构型命令之后执行此文件中的命令。在执行命令时，Abaqus/CAE 不重复这些命令来重显示文件。

scrip

此选项指定的文件包含应用启动时将执行的 Python 构型命令。在环境文件中设置的任何构型文件命令之后执行此文件中的命令。

通过在命令行输入--将参数传入文件，--后面是由一个或者多个空格分隔的参数。Abaqus/CAE 执行程序将忽略这些参数，但是可以在脚本中访问它们。

noGUI

此选项指定不需要图形用户界面（GUI）运行 Abaqus/CAE。如果未指定文件名，则登记退出 Abaqus/CAE 许可证，并且初始化 Python 解释器，以允许交互输入 Python 或者 Abaqus 脚本界面命令。

如果指定了文件名，则 Abaqus/CAE 运行文件内的命令并在命令完成后退出。如果未给出文件扩展名，则默认扩展名是 .py。此选项对于自动化前分析或者后分析过程任务，而不增加显示运行成本是有用的。因为没有提供界面，所以脚本不能包括任何用户交互。如果使用 noGUI 选项，则 Abaqus/CAE 忽略用户提供的任何其他命令行选项。

通过在命令行输入--将参数传入文件，--后面是由一个或者多个空格分隔的参数。Abaqus/CAE 执行程序将忽略这些参数，但是在 Python 脚本中可以访问它们。如果使用 noGUI 选项，可以使用参数传入变量，或者通过命令行选项来提供此变量。例如，可以传入一个文件名称，或者通过 script 选项来指定此文件名。

noenvstartup

此选项指定不应当在应用开始时执行环境文件中的所有构型命令。此选项可以与 script

命令一起使用，以抑制所有的构型命令，除了 script 文件中的命令。

noSavedOptions

此选项指定 Abaqus/CAE 不使用 abaqus_2016. gpr 中设置的显示选项（如渲染方式和基准平面显示）。更多内容见“保存用户的显示选项设置”（《Abaqus/CAE 用户手册》的 76. 16 节）。

noSavedGuiPrefs

此选项指定 Abaqus/CAE 不应当使用存储在 abaqus_2016. gpr 中的 GUI 设置（如 Abaqus/CAE 主窗口或者对话框的大小和位置）。

noStartupDialog

此选项指定不应当显示 Abaqus/CAE 的 Start Session 对话框。

custom

此选项指定包含 Abaqus GUI 工具包命令的文件名称。此选项执行 Abaqus/CAE 自定义版本的应用。更多内容见“介绍”（《Abaqus GUI 工具包用户手册》的第一章）。

guiTester

此选项与 Abaqus/CAE 一起启动一个单独的用户界面，其中包括 Abaqus Python 开发环境。Abaqus Python 开发环境允许用户创建、编辑、步进和调试 Python 脚本。更多内容见“Abaqus Python 开发环境”（《Abaqus 脚本用户手册》的第三部分）。

用户可以将一个脚本指定成此选项的参数，提示 Abaqus/CAE 允许 GUI 脚本。当脚本结束时，Abaqus/CAE 将关闭。

guiRecord

此选项允许用户将 Abaqus/CAE 用户界面中的行动记录到文件 abaqus. guiLog 中。也可以在启动时通过使用环境变量 ABQ_CAE_GUIRECORD 来设置此选项。guiRecord 选项不能与 guiTester 选项一起使用。

guiNoRecord

当设置了环境变量 ABQ_CAE_GUIRECORD 时，此选项用于抑制用户界面记录。

例子

下面的例子说明了 cae 执行程序的命令行选项以及如何将参数传递给 Abaqus/CAE。

打开模型数据库

下面的命令将执行 Abaqus/CAE 分析，并加载模型数据库“beam”：

```
abaqus cae database=beam
```

将参数传递到脚本

下面的命令将在应用启动时运行文件“try. py”中的 Python 脚本，并将“argument1”传递到脚本中：

```
abaqus cae script=try.py -- argument1
```

如果“try. py”定义如下，则上面的命令将打印 argument1

```
import sys
print sys.argv [-1]
```

不使用图形用户界面运行 Abaqus/CAE

下面的命令将运行文件“checkPartValidity.py”中的 Python 脚本，并将参数传递到指定模型数据库、模型和零件的脚本中。由 Abaqus/CAE 执行脚本，但始终不显示图形用户界面。

```
abaqus cae noGui=checkPartValidity.py--test.cae Model-1 Part-1
```

如果“checkPartValidity.py”定义如下，则上面的命令将打印 Part-1 is valid。

```
import sys
import os
myMdb=sys.argv [-3]
myModel=sys.argv [-2]
myPart=sys.argv [-1]
mdb=openMdb (myMdb)
model=mdb.models [myModel]
part=model.parts [myPart]
if part.geometryValidity:
   sys.__stderr__.write ('%s is valid \n' % myPart)
else:
   sys.__stderr__.write ('%s is invalid \n' % myPart)
```

3.2.8 Abaqus/Viewer 执行

产品：Abaqus/Viewer

参考

- “执行程序：概览”，3.1 节

概览

Abaqus/Viewer 是 Abaqus/CAE 的一个子集合，仅包含 Visualization 模块的后处理功能，它是通过运行 Abaqus 执行程序并指定 viewer 参数来执行的。

命令汇总

```
abaqus viewer    [database=数据库文件] [replay=重显示文件] [startup=启动文件]
```

[script=脚本文件] [noGUI= [无 GUI 文件]] [noenvstartup]
[noSavedOptions] [noSavedGuiPrefs] [noStartupDialog]
[custom=脚本文件] [guiTester= [GUI 文件]] [guiRecord]
[guiNoRecord]

命令行选项

database

此选项指定使用与作业名不同的输出数据库文件名。该程序搜索在命令行输入的数据库文件，文件扩展名为 .odb。

replay

此选项指定读取 Abaqus/Viewer 命令的文件名。在 Abaqus/View 启动时立即执行重显示文件中的命令。如果未给出文件扩展名，则默认扩展名是 .rpy。不能使用 replay 选项执行具有控制流说明的脚本。

startup

此选项指定应用启动时运行的包含 Python 构型命令的文件名。在环境文件中设置的任何构型命令之后执行此文件中的命令。执行此重显示文件中的命令时，Abaqus/Viewer 不回应重显示文件中的命令。

script

此命令指定应用启动时运行的包含 Python 构型命令的文件名。在环境文件中设置的任何构型命令之后执行此文件中的命令。

noGUI

此选项指定 Abaqus/CAE 不需要图形用户界面（GUI）来运行。如果未指定文件名，则登记退出 Abaqus/CAE 许可证，并且初始化 Python 解释器，以允许交互输入 Python 或者 Abaqus 脚本界面命令。

如果指定了文件名，则 Abaqus/CAE 运行文件内的命令并在命令完成后退出。如果未给出文件扩展名，则默认扩展名是 .py。此选项对于自动化前分析或者后分析过程任务，而不增加显示运行成本是有用的。因为没有提供界面，所以脚本不能包括任何用户交互。

noenvstartup

此选项指定不应当在应用开始时执行环境文件中的所有构型命令。此选项可以与 script 命令一起使用，以抑制所有的构型命令，除了 script 文件中的命令。

noSavedOptions

此选项指定 Abaqus/CAE 不使用 abaqus_2016.gpr 中设置的显示选项（如渲染方式和基准平面显示）。更多内容见“保存用户的显示选项设置”（《Abaqus/CAE 用户手册》的 76.16 节）。

noSavedGuiPrefs

此选项指定 Abaqus/CAE 不应当使用存储在 abaqus_2016.gpr 中的 GUI 设置（如 Abaqus/CAE 主窗口或者对话框的大小和位置）。

noStartupDialog

此选项指定不应当显示 Abaqus/CAE 的 Start Session 对话框。

custom

此选项指定包含 Abaqus GUI 工具包命令的文件名称。此选项执行 Abaqus/CAE 自定义版本的应用。更多内容见“介绍”（《Abaqus GUI 工具包用户手册》的第一章）。

guiTester

此选项与 Abaqus/CAE 一起启动一个单独的用户界面，其中包括 Abaqus Python 开发环境。Abaqus Python 开发环境允许用户创建、编辑、步进和调试 Python 脚本。更多内容见“Abaqus Python 开发环境”（《Abaqus 脚本用户手册》的第三部分）。

用户可以将一个脚本指定成此选项的参数，提示 Abaqus/CAE 允许 GUI 脚本。当脚本结束时，Abaqus/CAE 将关闭。

guiRecord

此选项允许用户将 Abaqus/CAE 用户界面中的行动记录到文件 abaqus. guiLog 中。也可以在启动时通过使用环境变量 ABQ_CAE_GUIRECORD 来设置此选项。guiRecord 选项不能与 guiTester 选项一起使用。

guiNoRecord

当设置了环境变量 ABQ_CAE_GUIRECORD 时，此选项用于抑制用户界面记录。

3.2.9 拓扑优化执行

产品：Abaqus/CAE

参考

- “执行程序：概览”，3.1 节

概览

通过运行 Abaqus 执行程序，并提供参数文件的名称，来执行使用 Abaqus 中的 TOSCA 的拓扑优化，参数文件转而参考 Abaqus 输入文件。用户可以使用 Abaqus/CAE 定义优化模型，并使用 Optimization Process Manager 创建参数文件和 Abaqus/CAE 输入文件。

命令汇总

abaqus optimization　　task = 参数文件
　　　　　　　　　　　job = 结果文件夹

命令行选项

task

使用此选项指定包含参数的文件，使用这些参数执行优化。参数文件也包含与输入文件有关的信息，而此输入文件与优化相关联。

如果命令行缺少此选项，则提示用户输入此值。

result folder

使用此选项指定文件夹的名称，在此文件夹中存储优化结果。

如果命令行省略了此选项，将提示用户输入此值。

例子

使用下面的命令运行使用参数文件 WeightReduction 和结果文件夹 WeightReductionResults 的优化：

abaqus optimization task = WeightReduction job = WeightReductionResults

3.2.10 Python 执行

产品：Abaqus/Standard　　Abaqus/Explicit

参考

- "执行程序：概览"，3.1 节

概览

在整个 Abaqus 中使用 Python 语言，包括在 Abaqus 脚本界面和 Abaqus 环境文件中，以及在执行参数化研究时。使用 abaqus python 工具访问 Python 解释器。

命令汇总

abaqus python　　[脚本文件]

命令行选项

脚本文件

Python 解释器执行指定脚本文件中的指令。如果命令行中省略了此选项，则在交互模式

中启动 Python 解释器。

3.2.11 参数化研究

产品：Abaqus/Standard Abaqus/Explicit

参考

- “执行程序：概览”，3.1 节
- “Abaqus/Standard、Abaqus/Explicit 和 Abaqus/CFD 执行”，3.2.2 节

概览

abaqus script 工具说明要执行参数化研究（见“参数化研究”，《Abaqus 分析用户手册——分析卷》的第 15 章）。可以使用 execute 命令执行设计中包含的每个分析（见“参数化研究”，《Abaqus 分析用户手册——分析卷》的第 15 章）。通过在 execute 命令的 execOptions 选项中，指定任何必要的 Abaqus 执行选项，可以为每个分析添加必要的执行选项（见“Abaqus/Standard、Abaqus/Explicit 和 Abaqus/CFD 执行”，3.2.2 节）。如果脚本文件包含其他输入文件的参考，则这些文件必须位于与脚本文件相同的目录中。由脚本文件的执行创建的文件所在的目录也是 Abaqus 执行程序运行的目录。

命令汇总

```
abaqus script    [=脚本文件]
                 [startup=启动文件名]
                 [noenvstartup]
```

命令行选项

脚本文件

在指定了脚本文件之后，就会导入参数化研究模块，并执行参数化研究脚本文件中的指令。如果命令行中省略了脚本文件名称，则 Python 解释器通过导入参数化研究模块进行初始化。

startup

此选项指定将在启动时包含要运行的 Python 构型命令的文件名。在环境文件中设置的任何构型命令之后运行此文件中的命令。

noenvstartup

此选项指定应用启动时，不应当执行环境文件中指定的所有构型命令。此选项可以与 startup 命令一起使用，以抑制所有的构型命令，除了 startup 文件中的命令。

例子

使用下面的命令执行文件“parstudy. psf”中的 Python 脚本：

abaqus script=parstudy

下面的命令将初始化 Python 脚本对话：

abaqus script

在 Python 脚本对话中，下面的命令将执行文件“scriptfile”中的 Python 脚本：

script（" scriptfile"）

3.2.12 Abaqus 文档

产品：Abaqus/Standard　　Abaqus/Explicit　　Abaqus/CAE

参考

- “执行程序：概览”，3.1 节
- “获取帮助”，《Abaqus/CAE 用户手册》的 2.6 节

概览

Abaqus 文档是独立于产品单独安装的，并通过浏览器或者 PDF 阅览器显示。关于安装 Abaqus 文档的内容见“安装 Abaqus”（《Abaqus 安装和许可证手册》的第二章）。

文档由下面的书组成：

- 《Abaqus 分析用户手册》
- 《Abaqus/CAE 用户手册》
- 《Abaqus 关键字参考手册》
- 《Abaqus 理论手册》
- 《Abaqus 用户子程序参考手册》
- 《Abaqus 词汇》
- 《Abaqus 实例手册》
- 《Abaqus 基准手册》
- 《Abaqus 版本注释》
- 《Abaqus 安装和许可证手册》
- 《Abaqus/CAE 入门指南》

- 《Abaqus 脚本用户手册》
- 《Abaqus 脚本参考手册》
- 《Abaqus GUI 工具包用户手册》
- 《Abaqus GUI 工具包参考手册》
- 《Abaqus 在线文档》

Abaqus 文档的使用

查看文档

输入 abaqus doc

文档收集页（index. html 或者 index. pdf 文件）打开网页浏览器或者 Adobe Acrobat 阅读器，取决于所安装的文档格式以及系统管理员的配置（见“在 Abaqus/CAE 安装过程中输入的信息”，《Abaqus 安装和许可证手册》的 2.4.2 节，以及下文中的“文档应用的构型”）。文档收集页按类别列出书名。

单击显示书名

在 HTML 文档中，在新的浏览页或者标签页中打开每本书。书窗口包含四个 HTML 框：浏览框架（顶部框架）、展开/折叠框（左上框）、内容框表格（左下框）和文本框（右框）。

浏览和搜索书的内容

- 在 HTML 文档中，使用下面的任何一种方法：

—使用扩展/折叠框中的按钮改变内容框表格中显示的详细程度。

—使用文本框中的向后和向前箭头顺序浏览整个文本。也可以使用网页浏览器功能返回最近显示的页面。

—通过单击标题栏左边的图书图标展开目录中的主题标题。单击标题后，将直接跳转到相应部分。

—使用浏览框中的搜索面板搜索特定的字或者词语。

- 在 PDF 文档中，使用 Adobe Acrobat 阅读器中的标准控制来浏览和搜索书。

关于显示和搜索 HTML 或者 PDF 文档的更多内容，见《Abaqus 在线文档的使用》。

文档应用程序的配置

abaqus doc 命令定位可执行的网页浏览器或者可执行的 Adobe Acrobat 阅读器，取决于所安装的文档格式和系统管理员的配置。

网页浏览器的配置

如果系统管理员安装并配置了 HTML 文档，则 abaqus doc 命令将按如下方式定位可执行的网页浏览器：

- Windows platforms：abaqus doc 命令使用用户默认的网页浏览器。
- Linux platforms：abaqus doc 命令搜索 Firefox 的系统路径。如果帮助系统不能找到 Fire-

fox，则显示一个错误。

可以在 Abaqus 环境文件中设置 browser_type 和 browser_path 变量来改变命令的行为。更多内容见“系统自定义参数”（《Abaqus 安装和许可证手册》的 4.1.5 节）。

可执行的 PDF 阅读器的配置

如果安装了 PDF 文档并由系统管理员进行了设置，则 abaqus doc 命令将按如下方式定位 Abaqus Acrobat 阅读器：

- Windows platforms：abaqus doc 命令使用默认安装的 Acrobat Reader。
- Linux platforms：abaqus doc 命令搜索可执行 acroread 的系统路径。用户也可以设置可执行 acroread 路径的 doc_resource 变量（在 Abaqus 环境文件中）。更多内容见“系统自定义参数”（《Abaqus 安装和许可证手册》的 4.1.5 节）。

命令汇总

abaqus doc

3.2.13 许可证工具

产品：Abaqus/Standard　　Abaqus/Explicit　　Abaqus/CFD

参考

- “执行程序：概览”，3.1 节

概览

abaqus licensing 实用程序为两种类型的 Abaqus 许可证提供管理和监控工具：FLEXnet 和达索系统许可认证。执行没有附加参数的 abaqus licensing 命令，以显示所有可使用实用程序的命令用法汇总。

关于 FLEXnet 认证程序的详细内容可参考《FLEXnet 许可证终端用户手册》的 11.6.1 版本。用户可以从 www.3ds.com/simulia 的 Support 页面上的 Licensing 部分下载此文档。下面的命令汇总中列出了一些最常用的许可证实用程序。

更多内容见“Abaqus 许可证”（《Abaqus 安装和许可证手册》的第 3 章）。

命令汇总

abaqus licensing　　[lmstat | lmdiag | lmpath | lmtools | dslsstat | reporttool]

命令行选项

lmstat

此选项显示用于服务 Abaqus 许可证的，由 FLEXnet 认证服务器提供的位置和功能信息。此命令可以与附加参数一起使用，以生成更多的许可证使用信息。

lmdiag

此选项显示与各种 FLEXnet 认证功能有关的信息，并说明该功能是否可以登记退出。

lmpath

使用此选项控制 Abaqus 在何处查找许可证。使用附加参数打印、设置或者添加许可证位置信息。不使用参数运行命令将显示每个行动的命令汇总。

lmtools

此选项在 Windows 平台上启动 FLEXnet 认证工具包。此应用程序可用于调用大部分的 FLEXnet 认证管理工具功能。

dslsstat

此选项显示由达索系统许可证服务器（DSLS）提供服务的位置和功能信息。更多内容见“达索许可证服务器的 dslsstat 程序的使用”（《Abaqus 安装和许可证手册》的 3.9 节）。

reporttool

使用此选项生成来自许可证使用历史的报告。更多内容见“reporttool 程序的使用”（《Abaqus 安装和许可证手册》的 3.10 节）。

3.2.14 结果（.fil）文件的 ASCII 转换

产品：Abaqus/Standard　　Abaqus/Explicit

参考

- “执行程序：概览”，3.1 节

概览

abaqus ascfil 转换工具：

- 完成结果（.fil）文件（由 Abaqus 分析产生）到 ASCII 格式的转换，以在不同操作系统之间进行输入和输出。
- 允许将结果数据移动到不同的系统进行后处理。
- 为了节省空间，也可将 ASCII 格式的结果文件转换成二进制格式。

命令汇总

abaqus ascfil　　job=作业名称
　　　　　　　　[input=输入文件]

命令行选项

job

此选项指定结果文件转换过程中使用的输入文件名称和输出文件名称。将作业名称值用作默认输入文件名。转换后的输出文件名为作业名.fin。

如果输入文件是二进制的（默认选项），则此选项将创建ASCII格式的作业名.fin。要在将结果文件输入不同的操作系统后转换成二进制格式，可将作业名.fin文件重命名成作业名.fil，并再次使用此选项；生成的作业名.fin文件将是二进制的。

如果在命令行中省略了此选项，则提示用户输入此值。

input

如果与作业名不同，则此选项指定输入文件名。

例子

要将结果文件c4.fil从二进制转换成ASCII格式，可使用下面的命令：

abaqus ascfil job=c4

转换后的文件名为c4.fin。

3.2.15　连接结果（.fil）文件

产品：Abaqus/Standard　　Abaqus/Explicit

参考

- “执行程序：概览”，3.1节

概览

abaqus append后处理功能：

- 用来将多个结果（.fil）文件连接成一个单个的文件。
- 允许将两个ASCII文件或者二进制文件，或者ASCII文件和二进制文件的组合连接到

一起进行后处理。

- 以与 oldjob 选项所指定的相同文件格式写成一个结果文件。

类似的功能有 abaqus restartjoin，用来连接多个输出数据库（.odb）文件。详细内容见“连接来自重启动分析的输出数据库（.odb）文件”（3.2.23 节）。

命令行选项

job

此选项指定执行过程中使用的输出文件名。将作业名值用作输出文件名。连接后的输出文件名为作业名.fil。

如果在命令行中省略了此选项，则提示用户输入此值。

oldjob

此选项指定执行过程中使用的第一个结果文件的名称。旧作业名值用作结果文件名。

如果在命令行中省略了此选项，则提示用户输入此值。

input

此选项指定执行过程中使用的第二个结果文件的名称。输入文件的结果文件将附加到旧作业名的结果文件之后。

如果在命令行中省略了此选项，则提示用户输入此值。

例子

下面的命令将把 fjoin003.fil 结果文件的历史内容附加到 fjoin002.fil 结果文件的末尾，并创建文件 fjoin001.fil：

abaqus append job=fjoin001 oldjob=fjoin002 input=fjoin003

3.2.16 查询关键字/问题数据库

产品：Abaqus/Standard　　Abaqus/Explicit　　Abaqus/CFD

参考

- “执行程序：概览”，3.1 节

概览

abaqus findkeyword 工具查询包含 Abaqus/Standard、Abaqus/Explicit 和 Abaqus/CFD 例题

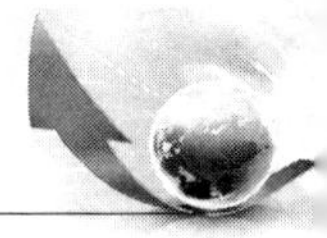

问题、验证问题、培训课中使用的问题、Abaqus 技术简介中显示的问题和基准计时问题信息的关键字/问题数据库。用户指定对哪一个关键字、参数和值感兴趣，此工具将列出包含那些关键字、参数和值的输入文件。用户可以指定多个关键字，以使 findkeyword 工具列出包含所有指定关键字的输入文件，然后可以使用 abaqus fetch 工具获取输入文件（见“获取例题输入文件”，3.2.17 节）。将输出分为问题集合，即 Abaqus 例题或者 Abaqus/Standard 技术简介问题。

命令汇总

abaqus findkeyword　[job=作业名称]
　　　　　　　　　　[maximum=最大输出]
　　　　　　　　　　关键字数据行

命令行选项

job

使用此选项指定输出列表的输出文件名。如果在命令行中省略了此选项，则将输出打印到标准的输出装置上。

maximum

使用此选项来限制为每个集合列表列出的例题数量。如果省略了此选项，则每个集合最多列出 100 个例题。

关键字数据行

关键字数据行指定用户对哪一个 Abaqus 关键字、参数和值感兴趣。例题名称包含指定关键字、参数和值，将例题名称打印到标准的输出装置上，或者直接通过 job 命令行参数打印到文件里。关键字是必需的，参数和值是可选的。如果指定关键字时没有使用参数或者值，则将列出所有使用关键字的例题（使用或者没有使用参数和值）。如果指定的参数没有值，则将列出具有任何值的使用该参数的例题。忽略用户指定数据（即数字数据、集合名称、方向名称等）的参数值。关键字数据行的末尾是通过空行或者文件末尾来表示的。

例子

下面的例子列出了 findkeyword 执行程序使用的不同类型的搜索准则。

查询关键字和参数

列出使用具有 WRITE 参数的 * RESTART 选项的例题，输入下面的命令和数据行：

abaqus findkeyword

* RESTART, WRITE

要生成的例题列表包含同一文件中两个关键字行，应将两个关键字作为数据行包含。例如：

abaqus findkeyword

* RESTART, WRITE

* NGEN

要列出使用关键字和具有一个值的参数，则必须在数据行中包含该值。例如：

abaqus findkeyword job=beam

* BEAM SECTION, SECTION=ARBITRARY

输出写入文件 beam. dat。

查询用户指定的参数值

忽略用户指定的参数值（如数字数据、集合名称、方向名称等）。下面的两个例子是等效的，因为值 MYSET 是一个单元集名。

abaqus findkeyword

* ELSET, ELSET=MYSET

abaqus findkeyword

* ELSET, ELSET

3.2.17 获取例题输入文件

产品：Abaqus/Standard　　Abaqus/Explicit

参考

- “执行程序：概览”，3.1 节

概览

abaqus fetch 工具用于从发布的文档（《Abaqus 例题手册》《Abaqus 基准手册》和《Abaqus 验证手册》中的例题）提供的压缩存档文件中提取示例 Abaqus 输入文件、用户子程序文件、日志文件、参数研究脚本文件或者后处理程序。在手册中指定文件名。如果没有指定文件扩展名，则将提取所有具有相应名称的文件。

指定文件名时可以使用通配符表达式，以包括以下内容：

- 星号（*）匹配一串零或者更多字符。
- 问号（?）只匹配一个字符。
- 括号内的项 [...] 匹配括号内的任何单个字符；由开始字符、连字符和结束字符指定其范围。如果左括号后面接着一个感叹号（!）或者插入符号（^），则括号中的字符串范

围是完整的，即将任何字符（除了括号内的字符）视为匹配的。

任何可能被操作系统解释或者修改的字符，尤其是在 Linux 平台上，都应放置在引号内。如果使用通配符表达式不能找到匹配项，则 abaqus fetch 工具将试图提取具有指定名称的文件。

命令汇总

abaqus fetch　job=作业名称
　　[input=输入文件]

命令行选项

job

使用此选项指定要获取的一个或多个输入文件的输出文件名。它也是要获取的输入文件的默认名称。

如果在命令行中省略了此选项，将提示用户输入此值。

input

如果所指定的文件名与作业名不同，则使用此选项指定要获取的一个或多个输入文件的名称。

例子

从存档的文件中获取例题输入文件 c2. inp，使用下面的命令：

abaqus fetch job=c2. inp

从存档的多个文件中获取与作业 c8 相关的所有文件，不指定文件扩展名。下面的命令将提取输入文件（c8. inp）和用户子程序文件（c8. f）：

abaqus fetch job=c8

从存档的多个文件中获取示例参数化研究文件 parstudy. psf，使用下面的命令：

abaqus fetch job=parstudy. psf

3.2.18　编制用户定义的可执行文件和子程序

产品：Abaqus/Standard　　Abaqus/Explicit

参考

- “执行程序：概览”，3.1 节

概览

abaqus make 工具用于创建用户后处理执行文件和用户定义的 Abaqus 用户子程序库。可以使用合适的 Abaqus 环境文件参数，来改变用于编译和链接用户提供的程序或者用户子程序源文件的命令，即 compile_cpp、compile_fortran、link_exe 和 link_sl。可以通过将预编译对象作为后处理程序的输入来跳过汇编步。

使用此程序创建的后处理执行文件必须使用 Abaqus 执行程序来运行。这对于设置操作系统环境变量以查找 Abaqus 工具库是有用的。要运行用户后处理程序，应使用下面的命令：

abaqus 作业名

使用此程序创建用户子程序共享库，是通过指定 Abaqus 环境文件中的 usub_lib_dir 变量来使用的。这样做的好处是可以在不编译或者链接用户子程序的情况下执行使用用户子程序的分析。

命令汇总

```
abaqus make    {job=作业名称 | library=源文件 }
               [user= {源文件 | 目标文件 } ]
               [directory=库目录]
               [object_type= {fortran | c | cpp} ]
```

命令行选项

job

使用此选项创建用户提供的后处理程序。此选项的值指定由此程序创建的可执行程序的名称。也将此名称作为默认的源文件名。

如果在命令行中没有给出该选项，则提示用户输入此值。

library

使用此选项创建用户子程序目标文件和共享库。该选项的值指定要编译和链接的用户子程序源文件名。在由命令行 directory 选项给出的目录中，放置生成的目标和共享库文件。如果没有使用 directory 选项，则将文件放置在当前工作目录中。

创建具有后缀的一个或多个对象文件，以说明用户子程序是用于 Abaqus/Standard 还是 Abaqus/Explicit，Abaqus/Standard 目标文件的后缀是-std。Abaqus/Explicit 具有单精度的和双精度的目标文件，后缀分别是-xpl 和-xplD。Abaqus/Standard 用户子程序共享库称为 standardU，Abaqus/Explicit 共享库称为 explicitU 和 explicitU-D。如果使用了 directory 选项，并且为创建的库所包含的库文件使用合适的后缀，则这些文件将链接到共享库。

user

仅当与 job 选项一起使用时，此选项才是有效的。该选项用于指定包含用户程序的源文件名称或者目标文件名称（如果它们与作业名称不同）。如果没有提供文件扩展名，则搜索

使用 Fortran 源文件扩展名的选项值。如果没有找到使用此名称的文件，则搜索使用目标文件扩展名的选项值。

directory

仅当与 library 选项一起使用时，此选项才是有效的。该选项用于指定用户子程序目标的目标位置，以及此程序将创建的共享库文件的目标位置。也可使用此选项指定附加目标文件的位置，将此文件链接到共享库或者正在创建的多个库。如果省略了此选项，则在当前工作目录中放置程序创建的文件。

object_type

仅当与 job 选项一起使用时，该选项才有效。它用于指定 job 或者 user 选项给出的目标文件类型，如 Fortran、C 或者 C++。

例子

使用下面的命令创建名为“pprocess”的可执行程序（给出了同名的 Fortran 源文件）：

abaqus make job=pprocess

然后使用下面的命令运行此程序：

abaqus process

3.2.19 输出数据库升级工具

产品：Abaqus/Standard　　Abaqus/Explicit

参考

- “执行程序：概览”，3.1 节
- “固定格式转换工具”，3.2.29 节

概览

abaqus upgrade 工具可将输出数据库文件从早先的 Abaqus 版本转换成当前版本。可以升级 Abaqus 6.1 或者更高版本的输出数据库。abaqus upgrade 工具将生成一个日志文件（作业名.log），该日志文件中包含错误、警告、对话和信息。用户应仔细检查转换日志文件，以确保对旧版本输出数据库文件所做的更改是合适的。如果不需要转换，则在日志文件和屏幕上发出一个信息。

命令汇总

abaqus upgrade　job=作业名称

[odb=旧 *ODB* 文件名称]

命令行选项

必需的选项

job

使用此选项指定由工具输出的、已升级输出数据库文件的名称。

互斥选项

odb

使用此选项指定要升级的输出数据库文件的名称。

3.2.20 SIM 数据库工具

产品：Abaqus/Standard　　Abaqus/Explicit　　Abaqus/CFD

参考

- "执行程序：概览"，3.1 节
- "Abaqus/Standard、Abaqus/Explicit 和 Abaqus/CFD 执行"，3.2.2 节

概览

sim_version 工具可用来将 SIM 数据库文件从一个版本转换成另一个版本、查询 SIM 数据库文件的 SIM 版本级别，或者确定用户当前使用程序的 SIM 版本级别。

命令汇总

```
abaqus sim_version  {convert=旧 sim 文件名称 | query=sim 文件名称 | current}
                    [out=新 sim 文件名称]
                    [level=版本级别]
                    [help]
```

命令行选项

convert

此选项用于指定要转换的 SIM 数据库文件的名称。

query

此选项用于指定 SIM 数据库文件的名称，以查询其 SIM 版本级别。

current

此选项用于确定用户当前使用程序的 SIM 版本级别。

out

此选项用于指定由工具输出的 SIM 数据库文件的名称。此选项与 convert 选项一起使用。

level

此选项用于指定 SIM 数据库文件要转换成的版本级别名称。

如果在命令行中省略了此选项，则将 SIM 数据库文件转换成当前的版本级别。设置 level=V6R2014x，来查看 3DEXPERIENCE R2014x 高性能后处理物理结果资源管理器应用程序的结果。版本级别名称是与实例相关联的。此选项与 convert 选项一起使用。

help

此选项用于打印 abaqus sim_version 命令语法汇总。

例子

使用下面的命令查询 SIM 数据库文件的版本号：

abaqus sim_version query=sim 文件名称

使用下面的命令确定与当前 Abaqus 版本对应的 SIM 级别：

abaqus sim_version current

降级 SIM 数据库文件

使用下面的命令降级 SIM 数据库文件，以便与 3DEXPERIENCE R2014x 高性能后处理物理结果资源管理器应用程序一起使用：

abaqus sim_version convert=sim 文件名称 out=降级的 sim 文件名称
level=V6R2014x

下面的例子包括 Abaqus 环境文件中的 onJobCompletion 功能，用于在 Abaqus 作业完成后自动降级 SIM 数据库文件。更多内容见“作业定制参数”（《Abaqus 安装和许可证手册》的 4.1.4 节）。

下面的 onJobCompletion 定义将文件降级到可以与 3DEXPERIENCE R2014x 高性能后处理物理结果资源管理器应用程序一起使用的版本级别：

```
def onJobCompletion ( ):
    import os, osutils, subprocess
    print " Executing onJobCompletion"
    abaqusCmd=" abaqus" # set this to the command used at your site
    simRoot=os. path. join (savedir, id)
    simName=simRoot+" . sim"
    if os. path. exists (simName):
        print " Found SIMDoc %s; running downgrade" % simName
        downgradedSimName=simRoot+" _R2014x" +" . sim"
```

```
        cmd = abaqusCmd+" sim_version convert=" +simName \
            +" level=V6R2014x out=" +downgradedSimName
        subprocess.call (cmd)
        if not os.path.exists (downgradedSimName):
            print " SIM Downgrade failed"
    print " End of onJobCompletion"
```

3.2.21 将 ODB 输出数据库文件转换成 SIM 格式

产品：Abaqus/Standard　　Abaqus/Explicit

参考

- “执行程序：概览”，3.1 节
- “输出：概览”中的“输出数据库”，4.1.1 节

概览

转换器将包含模型和结果信息的输出数据库（.odb）文件转换成 SIM 数据库（.sim）文件，为了实现分析结果的高性能后处理，允许用户在 3DEXPERIENCE 平台上使用物理结果资源管理器应用程序。

当指定的输出数据库中的数据不能转换成 SIM 数据库文件时，将发出一个错误信息。例如，如果输出数据库中没有足够的信息来正确地转换数据，或者尚不支持特定的 SIM 格式输出。如果出现此类错误，转换器不会停止工作；然而，如果出现致命错误，转换器则将停止工作（不存储 SIM 数据库文件）。

限制

转换器受到下面的限制：

- 物理结果资源管理器应用程序需要的输出数据库文件中的所有数据都将复制到 SIM 数据库文件中，而不能将其他数据复制到 SIM 文件中。
- 不能转换以下输出变量的场和历史结果：

—MMIXDME

—MMIXDMI

—NFORC

—SSPEEQ

—SSSPRD

—SSTORQ

—SSFORC

—TIME

- 不能进行转换以下单元的数据：

—ELBOW31C

—阻尼器单元

—弹簧单元

—子结构单元

—用户单元

- 不能转换耦合约束。

命令汇总

abaqus odb2sim　odb = odb 文件名称
　　sim = *SIM* 数据库文件名称
　　[log = 日志文件名称]
　　[o2sdebug]

命令行选项

odb

此选项用于指定要转换的输出数据库文件的名称。

sim

此选项用于指定由转换器输出的 SIM 数据库文件的名称。

log

此选项用于指定在转换过程中生成的日志文件的名称。如果省略了此选项，则在屏幕上写出此信息。

o2sdebug

此选项用于指定 Abaqus 写入日志文件的信息的详细程度。有效设置如下：

- 0：仅写入错误（默认选项）。
- 1：警告和工作进程中的里程碑（如转换部分）。
- 2：更多调试信息（如场数据）。

3.2.22 生成输出数据库报告

产品：Abaqus/Standard　Abaqus/Explicit

参考

- “执行程序：概览”，3.1 节
- “输出数据库的目标模型”，《Abaqus 脚本用户手册》的 10.5 节

概览

输出数据库报告工具将来自 Abaqus 输出数据库（.odb）文件的信息打印成格式化的报告。默认情况下，以普通文本格式打印报告；然而，用户也可以采用 HTML 和 CSV（逗号分隔值）格式创建报告。

输出数据库结构

每个输出数据库由两部分组成：模型数据和结果数据。可以将数据库进一步分解成分层的容器结构，如图 3-1 所示。

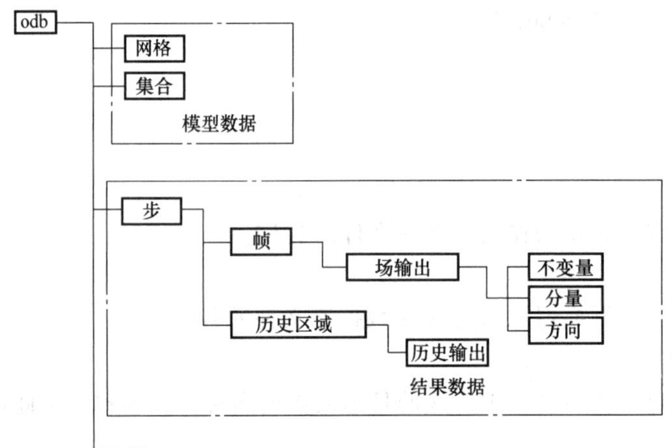

图 3-1 输出数据库的结构

可以出现在报告中的数据归在每个分支最右侧的容器内。这些容器可将输出数据库分成四个主要分支：

- 网格（mesh）分支终止在包含模型节点坐标和单元连接信息的容器中。
- 集合（sets）分支终止在包含模型中集合和面的名称及节点标签或者单元标签的容器中。
- 场输出（fieldOutputs）分支终止在包含分析的场输出变量值的容器中。这些值进一步的分解成它们的向量或者张量属性：不变量（invariants）、分量（components）和方向（orientation）。
- 历史输出（historyOutputs）分支终止在包含分析的历史输出变量值的容器中。

树的模型数据部分中的容器是单个的容器：每个模型有一个网格信息容器和一个集合信

息容器。然而，树的结果部分中的容器代表多个容器的集合。对于多步分析，输出数据库对于分析的每个步都有一个单独的步（step）容器。在每个步（step）容器中，是多个帧（frames）和历史区域（historyRegins）容器。在每个单独的帧（frames）容器中，是多个场输出（fieldOutputs）容器，依此类推。输出数据库给这些单独的容器赋予名称或者值，以便区分和确定它们。

关于输出数据结构的详细讨论，见“输出数据库的对象模型”（《Abaqus 脚本用户手册》的 10.5 节）。

生成汇总报告

如果用户生成的报告仅使用必需的选项和文件格式化命令行选项，则报告将是输出数据库的简要汇总。其中包含以下信息的列表：

- 零件实例名称。
- 模型中节点和单元的编号。
- 集合和面的名称。
- 步和载荷工况的名称。
- 步中帧的数量。
- 场和历史输出变量的名称。

此汇总中包含的信息可以帮助用户确定输出数据库中容器的名称和值。

向报告中添加信息

可以使用附加命令行选项创建更全面的报告。这些选项大部分与图 3-1 中输出数据库结构中的容器相对应。使用这些选项指定容器的名称或者值，指示工具提取在该容器中找到的数据，并将数据添加到生成的报告中。容器的名称和值并非总是唯一的，可以在输出数据库中出现多次。例如，对应于帧 1 的容器可能在多步分析的每个单独的步容器中出现；类似地，包含具体场输出变量的容器通常会出现在步的每一帧中。工具将向报告添加这些容器的所有实例。

要优化容器选择，可以合并选项。当命令行中有来自同一个分支的多个容器时，工具仅报告两个容器的共有数据。例如，如果有两个选项指定步 1 的容器和帧 3 的容器，则工具只将第一步第三帧的结果数据添加到报告中。如果从不同的分支指定容器，则向报告添加来自每个容器的数据。例如，如果有两个选项指定集合容器和历史区域容器，则向报告添加多个集合数据和历史输出数据。

可以通过设置相关的选项等于容器的名称或者值来指定多个容器。要包含相同类型的多个容器，可将选项设置成等于逗号分隔列表。名称是区分大小写的。如果名称中包括空格，则必须用双引号将整个值括起来（“容器名称”）。

附加选项

输出数据库报告工具为控制报告的组织和细节提供了一些附加选项。除非在与其他

“容器”选项一起调用，否则这些选项将无效。

命令汇总

```
abaqus odbreport  [job=作业名称] [odb=输出数据库文件] [mode= {HTML | CSV} ]
                  [all] [mesh] [sets] [results] [step= {步名称 | _LAST_} ]
                  [frame={编号 | 载荷工况名称 | 描述 | _LAST_} ]
                  [framevalue={时间 | 模块 | 频率 } ]
                  [field=[场变量] ] [components] [invariants] [orientation]
                  [histregion=区域名称] [history= [历史变量] ]
                  [instance={实例名称 | _NONE_} ] [blocked] [extrema]
```

命令行选项

必需选项

执行 abaqus odbreport 时，必须至少包括以下选项中的一个。这些选项指示工具在哪里查找输出数据库以及将报告打印到哪里。同时使用两个选项，以保证报告的文件名与输出数据库名称不同。

job

此选项用于指定生成报告的文件名。如果省略了此选项，工具将把报告打印到标准的输出设备上。

odb

此选项用于指定将生成报告的输出数据库（.odb）文件。如果省略了此选项，则工具将在当前目录中查找名为作业名.odb 的输出数据库。

文件格式选项

mode

此选项指定所生成报告文件的格式。如果省略了此选项，则报告是普通文本格式，具有扩展名.rep。如果 mode=HTML，则报告为 HTML 格式，具有文件扩展名.htm。如果 mode=CSV，则报告是逗号分隔值格式，具有文件扩展名.csv。

生成完整输出数据库报告的选项

all

此选项报告来自分析中每个步的所有可使用模型信息和结果信息，报告中不包括每个步（零帧）的基本状态数据。大量输出数据库的报告将会非常的长。

报告模型数据的选项

下面的选项从输出数据库的模型数据部分提取信息。

mesh

此选项用于报告与模型网格关联的节点坐标单元连接性。

set

此选项用于报告与模型关联的所有集合和面的名称及内容。

报告结果数据的选项

results

此选项用于报告来自输出数据库的所有场和历史输出变量值。如果包括对应于特定结果容器的任何其他选项，则忽略此选项。

step

此选项用于报告指定步的场和历史输出变量值。调用此选项时，必须设置此选项等于至少一个步名称。如果 step=_LAST_，则报告仅包括来自分析中最后步的结果。

steps 容器对于输出数据库的场输出（fieldOputputs）和历史输出（historyOutputs）分支是通用的。如果将 step 选项与场输出变量选项组合，则报告中仅出现场输出变量数据。类似地，如果将 step 选项与历史输出变量选项组合，则报告中仅出现历史输出变量数据。如果将 step 选项与场和历史输出变量选项组合，则报告中会出现两种类型的变量数据。

报告场输出变量的选项

下面的选项提取输出数据库的场输出（fieldOutputs）分支中的容器信息。

frame

此选项用于报告指定帧的场输出变量值。调用此选项时，必须设置它等于至少一个帧编号、载荷工况名称或者帧描述。只能通过设置 fram=0 来确定初始（或者“零增量”）帧。如果 frame=_LAST_，则报告仅包括来自每个步的最后帧的结果。

framevalue

此选项用于报告指定帧值的场输出变量值。可以通过与帧编号不同的帧值来确定每个帧。帧值是与帧相关联的时间、特征模态编号或者频率点。

此选项可以用作 frame 选项的替代或者补充。调用此选项时，必须设置其等于至少一个帧值。用户不需要提供精确的值，该工具将找到最接近帧值的帧。

field

此选项用于报告指定的场输出变量值。如果调用了此选项，但没有设置其等于任何变量名称，则在报告中包括所有的场变量容器。

报告不同场变量属性的选项

如果没有调用下面的选项，则工具自动报告每个场变量的分量和方向（如果有的话）。否则，工具仅报告这些选项指定的属性。仅当与其他场输出变量选项一起使用时，这些属性才有效。所有场变量都不能使用不变量和方向。

components

此选项用于报告所有场输出变量的分量。

invariants

此选项用于报告所有场输出变量的不变量值。

orientation

此选项用于报告每个场输出变量的局部坐标系。

报告历史输出变量的选项

下面的选项从输出数据库的 historyOutputs 分支提取来自容器的信息。

histregin

此选项用于报告指定历史范畴的历史输出变量值。调用此选项时，必须设置其至少等于一个历史范畴名称。

history

此选项用于报告指定的历史输出变量值。如果调用了此选项，但是没有设置其等于任何变量的名称，则在报告中包括所有历史变量容器。

附加选项

下面的选项向报告添加附加级别的控制和细节。它们不与输出数据库结构直接相关，并且不会向报告添加数据库信息。它们必须与之前介绍的选项一起使用。

instance

此选项用于将报告的模型和结果数据限定为模型中的特定零件或者装配实例。它不与任何输出数据库容器相关联，并且不会向报告添加任何数据。

调用此选项时，必须设置其至少等于一个实例名称。如果 instance=_NONE_，则报告包括整个装配和模型的数据。

blocked

此选项用于根据零件实例、单元类型和截面点，将场输出变量的表细分成多个块。如果需要从大模型的不同区域中分离输出，则此选项是有用的。默认情况下，根据变量名称和帧组织表。

此选项指示报告工具使用块数据场 API 访问输出数据库。关于块数据场 API 如何操作的详细内容见“使用块数据访问输出数据库”（《Abaqus 脚本用户手册》的 10.10.7 节）。此选项的另一个优点是在处理大量场变量时提高了工具的性能，从而能够更快地生成报告。如果报告中没有场输出变量，或者同时指定了 invariants 选项时，此选项无效。

extrema

此选项用于报告在每个节点坐标和场输出表结束处的最大值和最小值。默认情况下，这些极值不会出现在报告中。如果在报告中没有节点坐标或者场输出变量，则该选项无效。

例子

下面的例子说明了 odbreport 执行程序的功能以及不同选项组合的效果。

文件命名和格式化

下面的命令以普通文本格式生成输出数据库 beam.odb 的，名为 beam.rep 的简要汇总：

```
abaqus odbreport job=beam
```

要以 HTML 格式创建名为 beamreport. htm 的相同报告，可执行下面的命令：

abaqus odbreport job = beamreport odb = beam mode = html

向报告添加信息

使用附加命令行选项向报告添加来自指定容器的数据。下面的命令创建的报告，列出了模型的节点坐标和单元连接性，以及与名为 Apply weight 的步相关联的所有输出变量值。

abaqus odbreport job = beam step = " Apply weight"
 histregion = Node350

如果由非唯一的名称或者值确定容器，则生成的报告将包含容器的所有匹配项。下面的命令创建的报告，列出了输出到每个单独步的第三个帧中的场变量 RF 值：

abaqus odbreport job = beam frame = 3 field = RF

使用 invariants 选项报告 RF 的大小，而不是它的分量：

abaqus odbreport job = beam frame = 3 field = RF invariants

要向报告添加多个相同类型的容器，可以将选项设置成逗号分隔列表。下面的命令报告 Apply weight 步和 Side load 步过程中输出的场输出变量 U 和 S 的所有值：

abaqus odbreport job = beam step = " Apply weight" ," Side load"
 field = U, S

附加选项

使用 instance 选项将报告的信息限制在用户模型的特定部分。下面的命令报告 motor. odb 数据库中每个步的最后帧中的集合名称和节点，以及 S 的值。然而，报告中仅出现与零件实例 pistonA 相关的信息：

abaqus odbreport job = motor sets frame = _LAST_ field = S
 instance = piston

选择帧

frame 选项和 framevalue 选项可以接受多种值类型，使得它们具有强大的报告生成能力。由于这种多样性，有时需要调用这两个选项指定一个特定的帧。例如，输出数据库 plate. odb 是一个稳态动力学分析的结果。此分析研究了一块平板在三种不同载荷作用下，在 20 个不同频率范围上的响应。因此，输出数据库包含在三种不同载荷工况下每个频率上的结果。用户对频率为 45Hz、名为 lc2 的载荷工况响应感兴趣。设置 frame = lc2，将报告载荷工况 lc2 下每个频率上的场变量（共 20 帧）。设置 framevalue = 45，将汇报与 45Hz 频率相关联的每种载荷工况下的场变量（共 3 帧）。要得到感兴趣的单个帧的报告，必须同时调用两个选项：

abaqus odbreport job = plate frame = lc2 framevalue = 45

3.2.23 连接来自重启动分析的输出数据库（.odb）文件

产品：Abaqus/Standard　　Abaqus/Explicit

参考

- “执行程序：概览”，3.1 节
- “重启动一个分析”中的“重启动的输出连续性”，《Abaqus 分析用户手册——分析卷》的 4.1.1 节

概览

abaqus restartjoin 工具将一个模型的重启动分析生成的输出数据库（.odb）文件连接到该模型的原始分析生成的输出数据库。将原始的和重启动的输出数据库文件组合成一个单独的文件，以便在 Abaqus/CAE 中检查分析的所有输出数据。

使用类似的工具 abaqus append，可以连接多个结果（.fil）文件。详细内容见“连接结果（.fil）文件”（3.2.15 节）。

当分析在步与中间步之间重启动时添加数据

可以添加在步之间重启动的分析和在单个步的中间重启动的分析的输出数据库文件。虽然这两种分析类型的语法是相同的，但是 Abaqus 添加数据的方式有所不同：

- 对于任何在步之间停止并重启动的分析，Abaqus 简单地将来自新步的输出连接到原始分析现有步的输出。
- 对于在一个步的中间停止并重启动的分析，原始分析和重启动分析重叠，因为重启动分析在中断步的开始时继续。在这种情况下，abaqus restartjoin 工具将保留原始分析中完成步的结果，并将中断步的结果替换成重启动分析生成的输出数据。

自定义组合输出数据库文件

默认情况下，Abaqus 将由重启动分析生成的输出数据直接添加到原始输出数据库文件。如果需要优先保留原始输出数据库文件，则可以复制它并将重启动分析输出数据连接到复制的文件上。Abaqus 使用格式 Restart_*original-odb-filename*（Restart_原始-*odb*-文件名）来命名此复制的原始输出数据库文件。例如，原始输出数据库文件 job-1.odb 的复制文件将命名成 Restart_job-1.odb。

在组合原始输出数据库和重启动输出数据库时，Abaqus 将省略历史数据；然而，用户也可以覆盖此选项。还可以控制 Abaqus 是否压缩组合输出数据库文件。

命令汇总

```
abaqus restartjoin   originalodb=odb 文件名称
                     restartodb=odb 文件名称
```

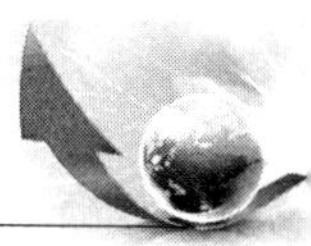

[copyoriginal] [history] [compressresult]

命令行选项

originalodb

此选项指定由原始分析生成的输出数据库文件。如果省略了 copyoriginal 选项，则 Abaqus 直接将来自重启动输出数据库文件的输出数据，连接到原始输出数据库文件。

如果在命令行中省略了此选项，Abaqus 将提示用户输入此值。

restartodb

此选项指定由重启动分析生成的输出数据库文件。一次只能指定一个重启动分析输出数据库文件。

如果在命令行中省略了此选项，Abaqus 将提示用户输入此值。

copyoriginal

如果指定了此选项，Abaqus 将创建由 originalode 选项指定的输出数据库文件的复制文件，并将 restartodb 输出数据库文件的内容连接到替代原始文件的复制文件。当省略此选项时，Abaqus 将来自重启动分析的输出数据直接连接到原始输出数据库文件。

Abaqus 通过给原始输出数据库文件的名称添加前缀 Restart_来给复制得到的输出数据库文件命名。例如，将原始输出数据库文件 original. odb 的复制文件命名成 Restart_original. odb。

history

如果指定了此选项，则 Abaqus 从重启动输出数据库将历史数据复制到原始输出数据库或者原始输出数据库的复制文件。Abaqus 在连接后的输出数据库文件中省略历史数据，除非用户指定此选项保留历史数据。

compressresult

如果指定了此选项，则 Abaqus 生成的输出数据库文件进行压缩。

例子

如果模型生成了一个名为 Job-1. odb 的原始输出数据库文件，以及一个名为 Job-1. res. odb 的重启动输出数据库文件，使用下面的命令将重启动数据库的内容连接到原始输出数据库文件：

abaqus restartjoin originalodb = Job-1. odb restartodb = Job-1_res. odb

如果需要优先保留原始输出数据库文件，则可以创建此原始文件的复制文件，并将重启动输出数据库文件的内容连接到原始文件的复制文件上。Abaqus 通过给原始文件的名称添加前缀 Restart_来命名复制得到的输出数据库文件；在上一个例子中，原始文件 Job-1. odb 的复制文件将会命名成 Restart_Job-1. odb。要使用原始文件的复制文件执行重启动连接操作，可使用下面的命令：

abaqus restartjoin originalodb = Job-1. odb restartodb = Job-1_res. odb copyoriginal

默认情况下，Abaqus 不将历史数据复制到组合输出数据库中。要包含历史数据，可使用下面的命令：

abaqus restartjoin originalodb=Job-1.odb restartodb=Job-1_res.odb history

3.2.24 组合来自子结构的输出

产品：Abaqus/Standard　　Abaqus/Explicit

参考

- “执行程序：概览”，3.1 节
- “使用子结构”中的“得到子结构中的结果输出”，《Abaqus 分析用户手册——分析卷》的 5.1.1 节

概览

abaqus substructurecombine 工具将模型的两个子结构生成的模型和结果数据连接成一个单独的输出数据库（.odb）文件。通过连接模型的子结构分析的所有输出数据库文件，可以显示 Abaqus/CAE 中由子结构分析生成的所有数据。

Abaqus 通过将用户指定的第二个文件的内容（复制的输出数据库）直接添加到用户指定的第一个文件（基础输出数据库）来组合输出数据。由于此过程改变了基础输出数据库，应该在使用此工具之前备份用户数据。

使用两个以上的子结构组合模型数据

由于 abaqus substructurecombine 工具一次只能对两个输出数据库进行组合，必须多次运行该工具来将具有两个以上子结构的分析创建成一个单独的输出数据库。首先组合两个子结构中的数据，然后重复此操作，将生成的输出数据库文件与剩余的每个子结构进行组合。

自定义组合输出数据库

通过只将复制输出数据库中的数据子集添加到基础输出数据库，可以自定义子结构组合操作。Abaqus 允许用户从复制输出数据库中的单个步或者帧，向基础输出数据库添加数据。用户也可以仅包含来自与特定变量相关的复制输出数据库的输出数据；例如，可以复制与密塞斯应力相关的输出数据。

命令汇总

abaqus substructurecombine　baseodb = *odb* 文件名称
copyodb = *odb* 文件名称
[all] [step = 步名称]
[frame = 帧编号] [variable = 变量关键字]

命令行选项

baseodb

此选项指定基础输出数据库的名称，Abaqus 将复制输出数据库的内容添加到此选项指定的基础输出数据库中。

如果在命令行上省略了此选项，Abaqus 将提示用户输入此值。

copyodb

此选项指定复制输出数据库的名称，Abaqus 将向此数据库添加基础输出数据库的内容。对于此选项，用户一次仅能指定一个文件。

如果在命令行上省略了此选项，Abaqus 将提示用户输入此值。

all

此选项指定应将输出的所有步和帧的所有变量的数据，复制到组合输出数据库中。当用户指定此选项后，Abaqus 将忽略 step、frame 和 variable 选项。

step

此选项说明 Abaqus 将从中复制结果数据的步的名称。只能指定一个步；如果省略了此选项，Abaqus 将从输出数据库中的最后一步复制数据。

如果用户指定 all 选项，则 Abaqus 忽略此选项。

frame

此选项说明 Abaqus 将从中复制结果数据的帧编号。只能指定一个帧；如果省略了此选项，Abaqus 将使用由 step 选项指定的步中的最后一个帧。

如果用户指定了 all 选项，则 Abaqus 忽略此选项。

variable

此选项说明 Abaqus 将从中复制结果数据的变量关键字。如果省略了此选项，Abaqus 将复制输出数据库中的所有变量数据。如果用户指定了 all 选项，则 Abaqus 忽略此选项。

只有对数据库文件输出有效的输出变量关键字，才能与 abaqus substructurecombine 一起使用。一般情况下，如果输出变量关键字对应一个公共输出变量，而不是一个单独的分量，则它可以与此执行程序一起使用。公共输出变量关键字与它们的单独分量之间的区别在于，“Abaqus/Standard 输出变量标识符”（4.2.1 节）中表的 .odb 列中有一个着重号（·）。

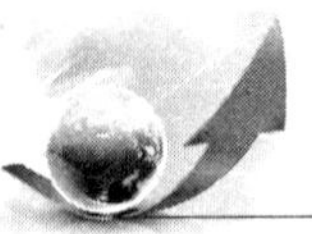

例子

下面的例子说明了使用 abaqus substructurecombine 执行程序连接子结构的不同方法。

连接两个子结构

如果用户模型包含两个子结构，两个子结构分别生成名为 subst1. odb 和 subst2. odb 的输出数据库文件，使用下面的命令可用两个文件的组合内容覆盖 subst1. odb。

abaqus substructureCombine baseodb = subst1. odb copyodb = subst2. odb

连接两个以上的子结构

如果用户模型包含两个以上的子结构，则必须首先组合其中两个子结构的输出数据库文件，然后依次组合已经组合的输出数据库和其他每个子结构的输出数据库。在此例中，子结构分析生成了四个输出数据库文件，分别名为 subst1. odb、subst2. odb、subst3. odb 和 subst4. odb。因此，必须使用三次 abaqus substructure 命令，以将所有的四个文件组合成一个单独的输出数据库，如下面的例子所示：

abaqus substructureCombine baseodb = subst1. odb copyodb = subst2. odb

abaqus substructureCombine baseodb = subst1. odb copyodb = subst3. odb

abaqus substructureCombine baseodb = subst1. odb copyodb = subst4. odb

连接子结构的特定单元

如果想要在组合输出数据库中仅包含步 Step-1 的输出数据，则发出下面的命令：

abaqus substructureCombine baseodb = subst1. odb copyodb = subst2. odb

step = " Step-1"

如果想要在组合输出数据库中仅包含来自 Mises 变量的输出数据，则发出下面的命令：

abaqus substructureCombine baseodb = subst1. odb copyodb = subst2. odb

variable = " Mises"

3. 2. 25　组合来自多个输出数据库的数据

产品：Abaqus/Standard　　Abaqus/Explicit　　Abaqus/CFD

参考

- “执行程序：概览”，3. 1 节
- “连接来自重启动分析的输出数据库（. odb）文件”，3. 2. 23 节
- “组合来自多个输出数据库的数据”，《Abaqus/CAE 用户手册》的 82. 13 节

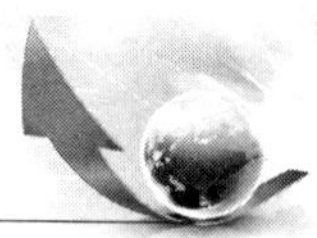

概览

abaqus odbcombine 工具将两个或者更多的 Abaqus 输出数据库文件（.odb）中的结果数据组合成单个的输出数据库（.odb）文件。该工具适合连接包含不同结果的输出数据库。如果想要在重启动之前和之后组合来自相同分析的多个输出数据库，则使用 abaqus restartjoin 执行程序代替该选项。更多内容见“连接来自重启动分析的输出数据库（.odb）文件”（3.2.23 节）。

Abaqus 在组合后的输出数据库中包含来自所选输出数据库的所有模型数据；然而，对于结果数据，可以选择包含来自用户指定的输出数据库的数据子集。Abaqus/CAE 根据两个因素确定在组合输出数据库中包含哪些结果数据：指定的过滤选项和主输出数据库的选择。

过滤

可以对由工具组合的输出数据库中的数据进行过滤，使其仅包括来自所选步或者帧的数据，或者仅包括来自所选输出变量的数据，或者仅包括来自这些组合选项的数据。例如，通过过滤可以仅包括来自指定输出数据库的最后一步和最后一帧的结果数据，并且同一过滤可以指示组合输出数据库中仅包括密塞斯应力结果。如果想要为第一步建立与第二步不同的过滤条件，也可以建立多个过滤。

abaqus odbcombine 工具也提供两个层次的过滤：特定输出数据库的过滤，它对单个输出数据库过滤结果；默认过滤，它对整个作业进行过滤。特定输出数据库过滤优先于默认过滤，因此，仅当用户定义的默认过滤不与单个输出数据库过滤相冲突时，Abaqus/CAE 才使用默认过滤中的设置。

过滤语法具有足够的灵活性，允许用户指定多个步、帧或者输出变量值。可以在一个逗号分隔列表中指定多个步名称，如 Step-1、Step-2、Step-4。对于多个帧，可以包含范围或者多个单独的值；例如，输入 1、3、5、7、9，将为组合输出数据库返回 1、3、5、7、8 和 9。

用户也可以使用符号常量‘ALL’‘FIRST’和‘LAST’作为快捷符号来指定想要包含的指定数据。这些选项允许用户包含来自所有步或者帧的结果，以及来自所有输出变量的数据，而不是一个或者更多所选变量。

主输出数据库

将每个组合操作中的一个输出数据库指定为主输出数据库。过滤工具首先根据过滤选择，将所有场输出数据从主输出数据库传输到组合输出数据库。然后将来自匹配步和帧的结果数据放置在后续输出数据库中，并仅将匹配数据复制到组合输出数据库中。此策略可使组合结果数据具有更一致的结构。

构型文件用法

abaqus odbcombine 工具使用构型文件中的数据来确定要组合的输出数据库、要指定为主输出数据库的文件，以及默认情况下施加的过滤选项和每个输出数据库的过滤选项。构型文件必须是.xml格式，并且可以按下面的顺序包含三种类型的单元：

- <DefaultFilters>单元指定一个或者多个默认过滤定义。此部分是可选的，但如果想要为组合操作设置默认过滤，则必须包括它。
- <MasterOdb>单元指定主输出数据库的位置，如果需要，还指定该输出数据库中数据的一个或者多个过滤定义。此部分是必需的。
- 要包含在组合操作中的每个附加输出数据库都需要一个<odb>单元。

然后通过在<DefaultFilters>单元或者其中一个输出数据库单元中嵌入<Filter>单元，来指定特定输出数据库过滤的默认过滤。

构型文件模板

下面的例子说明了 abaqus odbcombine 工具的构型结构。

```
<? xml version='1.0' encoding='UTF-8'? >
用户的 XML 文件说明可以与此不同。


<OdbInput>
    <DefaultFilters>
    默认过滤单元是可选的。如果在构型文件中包含此单元，则此部分必须至少包含一个<过滤>单元。过滤单元可以使用 Steps 或者 Frames 属性参考字符常量，或者使用 StepName 或者 FrameIndex 属性参考单个步或者帧，如下面的例子所示：
    <Filter Steps='步名称或者字符串常量'
        Frames='帧编号或者字符串常量'
        VariableName='变量'/>
    <Filter StepName='完整步名称'
        FrameIndex='单个帧编号'
        VariableName='变量'/>
    </DefaultFilters>


    <MasterOdb Name='主输出数据库的路径'>
    主输出数据库的过滤单元是可选的。如果想要过滤此输出数据库中的单元，则应在此部分中为想要定义的每个过滤选项包含一个<过滤>单元。
    </MasterOdb>


    <Odb Name='输出数据库路径'>
    输出数据库的过滤单元是可选的。如果想要过滤此输出数据库中的数据，则应在此部分中为每个想要定义的过滤选项包含一个<过滤>单元。
    </odb>


    为每个想要包含的附加输出数据库添加一个<Odb>单元。
    </OdbInput>
```

组合输出数据库中不包含的数据

组合输出数据库文件时，不包含下面的输出数据库类型：

- 历史输出。
- 面数据。
- 来自分析型刚性零件实例的数据。
- 与场输出数据相关的局部坐标系。

命令汇总

```
abaqus odbcombine  job=作业名称
                   [input=构型文件名称] [verbose=层次]
```

命令行选项

job

此选项指定生成的组合输出数据库的名称和日志文件的名称。Abaqus 也通过此名称搜索构型文件。

如果在命令行中省略了此选项，Abaqus 将提示用户输入此值。

input

此选项指定构型文件名称，此构型文件指定要组合的输出数据库，以及包含在组合中的步、帧和输出变量。构型文件必须是 .xml 格式。

verbose

此选项指定 Abaqus 写入日志文件中的信息的详细程度。可能的值是 1 或者 2。如果指定了 1，则 Abaqus 仅将错误和警告写入日志文件；如果指定了 2，Abaqus 也记录用户选择的过滤选项，并且列出成功复制到组合输出数据库中的模型数据和场输出数据。

3.2.26 网络输出数据库文件连接器

产品：Abaqus/CAE　　Abaqus/Viewer

参考

- "执行程序：概览"，3.1 节
- "在远程计算机上访问输出数据库"，《Abaqus/CAE 用户手册》的 9.3 节

概览

网络 ODB 连接器用于创建到网络 ODB 服务器的连接，从而可以访问远程输出数据库。

使用 abaqus networkDBConnector 命令启动网络 ODB 服务器。可以在任何平台（Windows 或者 Linux）上创建网络 ODB 连接器，但网络 ODB 服务器必须驻留在 Linus 平台上。

Abaqus 使用密码文件对客户端与服务器之间的连接进行授权。网络 ODB 服务器上的密码必须存储在远程系统上用户主目录中名为 .abaqus_net_passwd 的文件中。用户必须在 30 天后更新此文件，并且密码必须至少为 8 个字符。

此外，本地客户端机器上的用户主目录中可以包含以下文件中的一个：

- 名为 .abaqus_主机名_passwd 的文件。此文件允许用户连接到名为主机名的机器上的远程服务器。
- 名为 .abaqus_net_passwd 的文件。此文件允许用户连接到任何机器上的网络 ODB 服务器。

服务器和客户端上的命令文件的内容必须一致。此外，Abaqus 会检查用户是否是唯一有权读取或者写入密码文件的用户。如果两个文件都不存在，Abaqus 将尝试使用远程的和安全的壳命令来从网络 ODB 服务器读取密码。然而，站点的安全构型可能会阻止 Abaqus 读取密码。

命令汇总

```
abaqus networkDBConnector   port= {服务器端口号 | auto_assigned}
                            [timeout=以秒计的超时值]
                            [host=主机名]
                            [stop]
                            [ping]
```

命令行选项

port

此选项指定网络 ODB 服务器上的端口号。如果 port=auto_assigned，则 Abaqus 自动赋予端口号。

timeout

此选项指定网络 ODB 服务器超时值（单位为 s）。如果在指定时间内没有从客户端收到任何通信，则服务器将退出。零超时值说明服务器将运行，除非使用 stop 选项明确地终止服务器。

host

此选项指定主导网络 ODB 服务器的机器名。此选项与 stop 和 ping 选项一起使用。如果没有提供此选项，则 Abaqus 使用发出执行程序的机器名。

stop

此选项指定 Abaqus 应停止网络 ODB 服务器，此服务器是使用指定的主机名和端口号建立的。

ping

此选项用于查询网络 ODB 文件服务器，使用指定的主机名和端口号建立此服务器。使用此选项确认网络 ODB 服务器存在，并且确认已经建立了通信。

3.2.27 映射热和磁载荷

产品：Abaqus/Standard

参考

- “执行程序：概览”，3.1 节
- “涡流分析”，《Abaqus 分析用户手册——分析卷》的 1.7.5 节
- “顺序耦合的预定义载荷”，《Abaqus 分析用户手册——分析卷》的 11.1.3 节
- *CFLUX
- *CLOAD

概览

abaqus emloads 工具转换来自时谐涡流分析的结果输出，用作后续热传导、耦合的温度-位移或者应力-位移分析中的载荷。例如，将磁体力密度输出转换成点载荷。在命令行指定时谐涡流分析结果输出数据库（.odb）文件名，以及后续分析的输出文件名。该工具创建一个包含网格的输出数据库文件，此网格与后续分析中的网格相匹配，并且稳态集中节点场与时谐涡流分析结果一致。用户的时谐涡流分析网格可以和后续分析网格不一致，当模型域匹配时，结果转换可确保流量整体守恒。即模型边界是相同的。在后续分析中，将使用此新输出数据库文件施加集中载荷和集中热载荷。

结果转换

该工具将整个单元输出量从时域涡流分析转换成节点结果。用户在后续分析中使用表 3-1 所列的选项指定输出数据库文件（并且可选指定步和增量），从此输出数据库文件读取数据。

工具执行

工具分两阶段执行。Abaqus 在每个阶段将程序信息和错误信息（如果合适）写到屏幕上。

在第一阶段，对用户的后续分析输入文件执行数据检查分析，以创建“目标”网格的输出数据库表示形式。此阶段要求输入文件足够完整，这样才能成功地运行 abaqus datacheck，但可以使用包含 FILE 参数的 *CFLUX 和 *CLOAD 选项参考不可用的文件。如果此阶段成功，工具将继续执行第二阶段；否则，将发出一个错误信息。

在第二阶段，时谐涡流分析载荷数据从源输出数据库映射到目标输出数据库。在此阶段中，在目标输出数据库中定义原始分析中的所有步和增量。此阶段要求用户的目标模型域位于源模型域中。否则，将发出适当的错误信息。

命令汇总

abaqus emloads　job=目标 *odb* 名称
　　　　　　　　input=后续分析输入文件名称
　　　　　　　　sourceodb=时谐涡流分析 *odb* 文件名称

表 3-1　支持的结果转换

电磁分析输出变量	转换后的输出变量	输出文件选项
焦耳热扩散率(EMJH)	集中热流量(CFL11)	*CFLUX,FILE=*odb* 名称,STEP=步编号,INC=增量
磁体力密度(EMBF)	点载荷分量(CF)	*CLOAD,FILE=*odb* 名称,STEP=步编号,INC=增量

命令行选项

job

此选项指定生成的“目标”输出数据库文件的名称。

input

此选项指定后续分析 Abaqus 输入文件的名称。此文件必须足够完整才能成功运行，如上文所述。

sourceodb

此选项指定时谐涡流分析输出数据库文件的名称。

3.2.28　单元矩阵装配工具

产品：Abaqus/Standard

参考

- “生成矩阵”，《Abaqus 分析用户手册——分析卷》的 5.3 节

概览

abaqus mtxasm 工具用于装配 SIM 文档中包含的单元矩阵，并且可将装配得到的矩阵写入文本文件中。如果 SIM 文档中已经存在装配好的矩阵，则可以使用此工具将装配矩阵写入文本文件中。

命令汇总

abaqus mtxasm　job=*sim* 文档中装配矩阵的名称

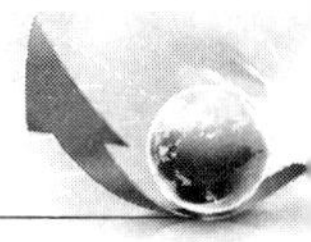

[oldjob=*sim* 文档中单元矩阵的名称] [text]

命令行选项

job

此选项用于指定包含装配矩阵的 SIM 文档的名称，或者将装配矩阵写入的 SIM 文档的名称，取决于操作模式。

oldjob

此选项用于指定要包含进行装配的单元矩阵的 SIM 文档的名称。如果没有使用此选项，则使用 job 选项指定的 SIM 文档必须已经存在，并包含装配矩阵。

text

此选项用于将装配矩阵以矩阵输入的格式写入文本文件中。每个矩阵被写入一个遵循命名约定作业名_矩阵 *N*. mtx 的文件。其中作业名是使用 job 选项指定的名称；矩阵是四个字母组成的标识符（STIF、MASS、DMPV、DMPS 或者 LOAD），指示与结构矩阵或者热矩阵相关的矩阵类型；*N* 是增量号。

3.2.29 固定格式转换工具

产品：Abaqus/Standard　　Abaqus/Explicit

参考

- “执行程序：概览”，3.1 节

概览

abaqus free 工具把 Abaqus 5.8 中使用的固定格式输入文件转换成后续 Abaqus 版本中使用的自由格式输入文件。

命令汇总

```
abaqus free  job=作业名称
             input=输入文件
```

命令行选项

job

此选项用于指定由工具输出的自由格式输入文件的名称。

input

此选项用于指定要转换的固定格式输入文件的名称。

3.2.30 将 Nastran 批数据文件转换成 Abaqus 输入文件

产品：Abaqus/Standard　　Abaqus/Explicit

参考

- “执行程序：概览”，3.1 节
- “将 Abaqus 文件转换成 Nastran 批数据文件”，3.2.31 节
- “从 Nastran 输入文件导入一个模型”，《Abaqus/CAE 用户手册》的 10.5.4 节

概览

从 Nastran 到 Abaqus 的转换器将 Nastran 输入文件中的某些对象转换成 Abaqus 中的等效对象。

使用转换器

Nastran 数据只能用于使用扩展名 .bdf、.dat、.nas、.nastran、.blk 或者 .bulk 的文件。要进行转换的 Nastran 数据输入见表 3-2~表 3-4。跳过其他有效 Nastran 数据，并将其记录在日志文件中。

将转换器用于转换完整的 Nastran 输入文件。如果只存在批数据，则文件中的前两行应是执行控制和工况控制部分的终止符，即

CEND

BEGIN BULK

对于正常的终止，用下面的行结束 Nastran 输入数据：

ENDDATA

将 Nastran 求解序列转换成表 3-2 列出的 Abaqus 程序。转换器将尝试以 Nastran 文件中的工况控制数据的内容为基础来创建一个历史部分。

要转换的 Nastran 对象汇总

表 3-2　执行控制数据

Nastran 语句	等效 Abaqus 语句
SOL	
1　(STATICS1) 24　(STATICS) 101　(SESTATIC) 106　(NLSTATIC)	* STATIC

（续）

Nastran 语句	等效 Abaqus 语句
3 (MODES) 25 (OLDMODES) 103 (SEMODES)	* FREQUENCY
5 (BUCKLING) 105 (SEBUCKL)	* BUCKLE
26 (DFREQ) 108 (SEDFREQ)	* STEADY STATE DYNAMICS、DIRECT
27 (DTRAN) 109 (SEDTRAN)	* DYNAMIC
107 (SEDCEIG) 110 (SEMCEIG)	* COMPLEX FREQUENCY
30 (DFREQ) 111 (SEMFREQ)	* FREQUENCY 和 * STEADY STATE DYNAMICS
31 (MTRAN) 112 (SEMTRAN)	* FREQUENCY 和 * MODAL DYNAMIC

表 3-3　工况控制数据

Nastran 语句	注　释
SPC	选择单个 SPC 或者 SPC 组合
LOAD	选择单个载荷和载荷组合
METHOD	从批数据中选择 EIGRL、EIGR 或者 EIGB，以进行特征频率提取和特征值屈曲预测过程
SUBCASE	多个步或者载荷工况的分隔符；如果只有一个步，则为可选
TITLE	在输入文件的顶部以及对于每一步，作为注释出现
SUBTITLE	作为步的注释出现
LABEL	在 * STEP 选项的后面作为文本使用
DLOAD LOADSET	从批数据中选择动力学载荷
FREQUENCY	从批数据中选择强制频率
MPC	如果在第一个 SUBCASE 中进行参考，则从批数据中选择 MPCADD 和 MPC
SUPORT1	从批数据中选择 SUPORT1
TSTEP	从批数据中选择 TSTEP
K2GG K2PP M2GG M2PP B2GG B2PP K42GG	从批数据中选择 DMIG，此批数据使用来自第一个 SUBCASE 的矩阵名称
TEMPERATURE	从批数据中选择节点温度
SET DISPLACEMENT VELOCITY ACCELERATION SPCFORCES PRESSURE	选择输出节点量

表 3-4 批数据

Nastran 数据输入	注 释
PARAM	忽略此参数,除非: 1. WTMASS,如果使用了 wtmass_fixup 命令行参数,则用于更改密度、质量和转动惯量值 2. INREL,如果等于-1 或者-2,将创建惯性释放载荷 3. G,将转换成 * GLOBAL DAMPING,STRUCTURAL,FIELD=MECHANICAL 4. GFL,将转换成 * GLOBAL DAMPING,STRUCTURAL,FIELD=ACOUSTIC
CDAMP1 CDAMP2 PDAMP PDAMPT	DASHPOT1/DASHPOT2 和 * DASHPOT
CELAS1 CELAS2 PELAS PELAST	SPRING1/SPRING2 和 * SPRING(SPOINTs 处的 CELAS2 可以转换成 * MATRIX INPUT、刚度和(或者)结构阻尼项)
CMASS2	* MATRIX INPUT 质量项
CBUSH PBUSH PBUSHT	CONN3D2 和 * CONNECTOR SECTION
CWELD PWELD	* FASTENER 和 * FASTENER PROPERTY
CONM1	MASS 和(或者)ROTARY INERTIA 和(或者)UEL
CONM2	MASS 和(或者)ROTARY INERTIA
CHEXA CPENTA CTETRA PSOLID PLSOLID	C3D8I/C3D20R/C3D6/C3D15/C3D4/C3D10 和 * SOLID SECTION
CQUAD4 CTRIA3 CQUAD8 CTRIA6 CQUADR CTRIAR PSHELL PCOMP PCOMPG	S4/S3R/S8R/STRI65 和 * SHELL SECTION, * SHELL GENERAL SECTION 或者 * MEMBRANE SECTION
CSHEAR PSHEAR	* USER ELEMENT,LINEAR 和 * MATRIX,TYPE=STIFFNESS 和 TYPE=MASS
CBAR CBEAM PBAR PBARL PBEAM PBEAML	B31 和 * BEAM SECTION 或者 * BEAM GENERAL SECTION

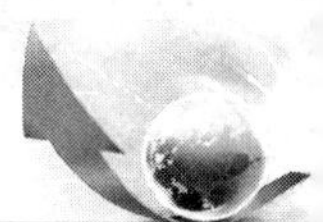

（续）

Nastran 数据输入	注　　释
CROD CONROD PROD	T3D2 和 * SOLID SECTION
CGAP PGAP	GAPUNI 和 * GAP
RBAR	* COUPLING 或者 * MPC，type BEAM
MAT1	* ELASTIC，TYPE = ISO；* EXPANSION，TYPE = ISO；* DENSITY；和 * DAMPING（G 只用于 * BEAM GENERAL SECTION）
MAT2	当在 PSHELL 中单独使用时，将 MAT2 转换成 * ELASTIC，TYPE = LAMINA 或者 * ELASTIC，TYPE = ANISOTROPIC。当与其他材料一起使用时，计算中面应变和曲率，以及截面力和力矩相关系数，并按照 * SHELL GENERAL SECTION 选项输入
MAT8	* ELASTIC，TYPE = LAMINA；* EXPANSION，TYPE = ORTHO；* DENSITY；* DAMPING
MAT9	* ELASTIC，TYPE = ANISOTROPIC，除非发现数据是正交的，在此情况中，对数据进行分析来创建 * ELASTIC，TYPE = ENGINEERING CONSTANTS。也包括 * DENSITY；* EXPANSION，TYPE = ANISO 或者 ORTHO；* DAMPING
MAT10	* ACOUSTIC MEDIUM 和 * DENSITY
ACMODL	定义所有声学实体单元外表面通过 SSID 参考的 SET1，与通过参考 SSID 的 SET1 定义的 * SURFACE，TYPE = ELEMENT 之间的 * TIE
NSM NSM1 NSML NSML1 NSMADD	* NONSTRUCTURAL MASS
GRID	* NODE 和 * SYSTEM
CORD1R CORD1C CORD1S CORD2R CORD2C CORD2S	节点使用 * SYSTEM；如果在 GRID 中参考，则使用 * TRANSFORM；一些单元使用 * ORIENTATION
RBE2	* COUPLING 和 * KINEMATIC；或者 * KINEMATIC COUPLING（如果 RBE2 仅使用两个节点，并且任何一个节点都没有转动刚度，则将 RBE2 转换成 * MPC，LINK 类型）
RBE3	* COUPLING 和 * DISTRIBUTING；或者 DCOUP3D 和 * DISTRIBUTING COUPLING
SPCADD	用来将 SPC/SPC1/SPCD 数据组合成一个新的集合
SPC SPC1 SPCD	* BOUNDARY
LOAD	用来将 FORCE、MOMENT 等数据组合成一个新的集合
FORCE FORCE1 FORCE2 MOMENT MOMENT1 MOMENT2	* CLOAD

（续）

Nastran 数据输入	注　释
PLOAD PLOAD1 PLOAD2 PLOAD4 RFORCE	* DLOAD
DLOAD DAREA LSEQ RLOAD1 RLOAD2 TLOAD1 TABLED1 TABLED2 TABLED4 DELAY DPHASE	作为时间或者频率函数的动力学载荷
TEMP TEMPD	* INITIAL CONDITIONS,TYPE=TEMPERATURE 和 * TEMPERATURE
TSTEP	动力学和模态动力学过程的时间步大小
EIGB	* BUCKLE
EIGR EIGRL	* FREQUENCY
EIGC	* COMPLEX FREQUENCY
TABDMP1	* MODAL DAMPING
FREQ FREQ1 FREQ2 FREQ3 FREQ4 FREQ5	稳态动力学过程的强制频率
MPCADD MPC	* EQUATION
SUPORT SUPORT1	* INERTIA RELIEF 和 * BOUNDARY
DMIG	* MATRIX INPUT 和 * MATRIX ASSEMBLE
GENEL	* USER ELEMENT,LINEAR 和 * MATRIX,TYPE=STIFFNESS
PLOTEL	T3D2(忽略它,除非命令行选项 plotel=ON)

命令汇总

abaqus fromnastran　job=作业名称 [input=输入文件]

[wtmass_fixup = { OFF | ON }] [loadcases = { OFF | ON }]
[pbar_zero_reset = [小实数数字]]
[distribution = { OFF | preservePID | ON }]
[surface_based_coupling = { OFF | ON }]
[beam_offset_coupling = { OFF | ON }]
[beam_orientation_vector = { OFF | ON }]
[cbar = 2 节点梁单元] [cquad4 = 4 节点壳单元]
[chexa = 8 节点块单元]
[ctetra = 10 节点四面体单元]
[plotel = { OFF | ON }] [cdh_weld = { OFF | RIGID | COMPLIANT }]

命令行选项

job

此选项用来指定要由转换器输出的 Abaqus 输入文件名。此名称也是包含 Nastran 数据的默认文件名。将由转换器创建的诊断写入名为作业名 .log 的文件中。

input

如果包含 Nastran 数据的文件名不是作业名，则使用此选项指定文件名。

wtmass_fixup

如果 wtmass_fixup = ON，则将 Nastran 数据行 PARAM，WTMASS，*value* 的值用作所有 Abaqus 输入文件中创建的密度、质量和转动惯量值的乘子。

可以在 Abaqus 环境文件中如下定义此选项：

fromnastran_wtmass_fixup = {OFF | ON}

loadcase

默认情况下，将每个 SUBCASE 转换成 Abaqus 中的一个 * STEP。如果 loadcases = ON，则此行为将因为线性静态分析发生变化：每个 SUBCASE 转换成 * LOAD CASE 选项，所有这样的 * LOAD CASE 选项都分组到一个单独的 * STEP 选项中。

可以在 Abaqus 环境文件中如下定义此选项：

fromnastran_loadcases = {OFF | ON}

pbar_zero_reset

Nastran 允许梁的横截面积或者惯性矩为零；Abaqus 则不允许。设置此选项等于小实数，可将 A、I_1、I_2 或者 J 的零值重置为小实数。如果省略了此选项或者没有给出值，则将零值重置为默认值 1.0×10^{-20}。要在转换后的 Abaqus 输入文件中保持零值，设置 pbar_zero_reset = 0。

可以在 Abaqus 环境文件中如下定义此选项：

fromnastran_pbar_zero_reset = 小实数

distribution

此选项用于确定 Nastran 数据中的壳和膜截面如何转换成 Abaqus 中的相应数据。如果 distribution = OFF，则为每个方向、材料偏置和（或者）厚度的组合创建一个单独的截面。

如果 distribution = preservePID 或者 ON，则使用 * DISTRIBUTION 选项写出单元方向和偏置。如果 distribution = preservePID，则对应于每个 PSHELL 或者 PCOMP 属性 ID 创建 Abaqus 截面。如果 distribution = ON，则为参考相同材料的所有均质单元创建一个单独的 Abaqus 截面。

可以在 Abaqus 环境文件中如下定义此选项：

fromnastran_distribution = {OFF | preservePID | ON}

surface_based_coupling

某些 Nastran 刚性单元在 Abaqus 中有多个等效单元。如果 surface_based_coupling = ON，则将 RBE2 和 RBE3 单元转换成具有合适参数的 * COUPLING。否则，将 RBE2 单元转换成 * KINEMATIC COUPLING，将 RBE3 单元转换成 * DISTRIBUTING COUPLING。此转换行为也适用于 CBAR、CBEAM 和 CONM2 单元偏置的“隐式”RBE2 类型的刚性单元。

对于使用 surface_based_coupling = ON 创建的输入文件，可以在 Abaqus/CAE 中显示和操作转换得到的单元。然而，大量这些单元会造成性能下降。

可以在 Abaqus 环境文件中如下定义此选项：

fromnastran_surface_based_coupling = {OFF | ON}

beam_offset_coupling

如果 beam_offset_coupling = ON，则通过在偏置位置上创建新的节点来改变到新节点的梁连接性，并且刚性地耦合新节点与原始节点来转换梁单元偏置。

如果 beam_offset_coupling = off，则将梁单元偏置转换成 * CENTROID 和 * SHERA CENTER 选项，这些选项是 * BEAM GENERAL SECTION 选项的子选项。

如果梁单元参考 PBARL 或者 PBEAML 属性，或者梁偏置在梁的轴向上有一个较大的分量，则忽略此参数的设置。在这些情况中，总是将梁偏置转换成 beam_offset_coupling = ON。

可以在 Abaqus 环境文件中如下定义此选项：

fromnastran_beam_offset_coupling = {OFF | ON}

beam_orientation_vector

如果 beam_orientation_vector = OFF，则通过在定义横截面第一主方向的末端创建新的节点，并且改变新节点的梁连接性来转换梁横截面方向。

如果 beam_orientation_vector = ON，则通过定义 * BEAM SECTION 和 * BEAM GENERAL SECTION 选项中的向量来转换梁横截面。

可以在 Abaqus 环境文件中如下定义此选项：

fromnastran_beam_orientation_vector = {OFF | ON}

cbar

此选项用于定义从 CBAR 单元和 CBEAM 单元创建的 2 节点梁。默认值是 B31。

可以在 Abaqus 环境文件中如下定义此选项：

fromnastran_cbar = 2 节点梁单元

cquad4

此选项用于定义从 CAUAD4 单元创建的 4 节点壳。默认值是 S4R。如果选择了缩减积分单元，则自动应用增强的沙漏方程。

可以在 Abaqus 环境文件中如下定义此选项：

fromnastran_cquad4 = 4 节点壳单元

chex4

此选项用于定义从 CHEXA 单元创建的 8 节点六面体。默认值是 C3D8I。如果选择了缩减积分单元，则自动应用增强的沙漏方程。

可以在 Abaqus 环境文件中如下定义此选项：

fromnastran_chexa = 8 节点六面体单元

ctetra

此选项用于定义从 CTETRA 创建的 10 节点四面体单元。默认值是 C3D10。

可以在 Abaqus 环境文件中如下定义此选项：

fromnastran_ctetra = 10 节点四面体单元

plotel

默认情况下，不对 PLOTEL 单元进行转换。如果 plotel = ON，则将 PLOTEL 单元转换成单元集 PLOTEL_TRUSSES 中的 T3D2 杆单元。杆的横截面积是 1.0×10^{-20}，其材料的杨氏模量 E 为 1.0。

cdh_weld

默认情况下，将 8 个角节点都是 RBE3 单元的 CHEXA 单元转换成 chexa 参数中指定的 8 节点单元类型。如果 cdh_weld = RIGID，则将 8 个角节点都是 RBE3 单元的 CHEXA 单元转换成 Abaqus 中的刚性紧固件。如果 cdh_weld = COMPLIANT，则将 8 个角节点都是 RBE3 单元的 CHEXA 单元转换成 Abaqus 中的柔性紧固件。

3.2.31 将 Abaqus 文件转换成 Nastran 批数据文件

产品：Abaqus/Standard　　Abaqus/Explicit

参考

- “执行程序：概览”，3.1 节
- “将 Nastran 批数据文件转换成 Abaqus 输入文件”，3.2.30 节

概览

Abaqus 到 Nastran 的转换器可将 Abaqus 文件中的特定对象转换成 Nastran 中的等效对象。仅可以转换“普通”的 Abaqus 文件，即 Abaqus 文件中不能包含零件和装配件。

使用转换器

Abaqus 输入数据必须位于扩展名为 .inp 或者 .sim 的文件中。如果用户指定了 .inp 文件，则执行程序对选中的关键字进行转换，并且创建扩展名为 .bdf 的 Nastran 批数据文件。如果使用 substructure 选项并指定了子结构 .sim 文件，则执行程序将子结构数据转换成 Nas-

tran DMIG 系数，并且创建扩展名为 . bdf 的 Nastran 批数据文件。

Abaqus 关键字转换汇总

在表 3-5 中列出的 * ELEMENT 用法中，*意大利体x* 表示以前面的标签开头的 Abaqus 单元，都映射到显示的 Nastran 对象上。例如，语句 * ELEMENT，C3D4*x* 表示将所选的 Abaqus 到 Nastran 转换应用到 Abaqus 单元 C3D4、C3D4H 和 C3D4T 上。

表 3-5 Abaqus 关键字到 Nastran 的映射

Abaqus 关键字	Nastran 分量
* BEAM GENERAL SECTION, SECTION = GENERAL	PBAR
* BOUNDARY	SPC
* CLOAD	FORCE
* COUPLING, DISTRIBUTING	RBE3
* COUPLING, KINEMATIC	RBE2
* ELEMENT, B31	CBAR(对于 * BEAM GENERAL SECTION, SECTION = GENERAL)
* ELEMENT, B33	CBAR(对于 * BEAM GENERAL SECTION, SECTION = GENERAL)
* ELEMENT, C3D4*x*	CTETRA
* ELEMENT, C3D10*x*	CTETRA
* ELEMENT, C3D6*x*	CPENTA
* ELEMENT, C3D15*x*	CPENTA
* ELEMENT, C3D8*x*	CHEXA
* ELEMENT, C3D20*x*	CHEXA
* ELEMENT, MASS	CONM2
* ELEMENT, ROTARYI	CONM2
* ELEMENT, S3*x*	CTRIA3
* ELEMENT, S4*x*	CQUAD4
* ELEMENT, S8*x*	CQUAD8
* ELEMENT, SPRING1 或者 SPRING2	CELAS
* ELEMENT, SPRINGA	CROD
* ELEMENT, STRI65	CTRIA6
* ELEMENT, T3D2	CROD
* FREQUENCY	SOL 103
* HEADING	TITLE
* MATERIAL, DENSITY	MAT1
* MATERIAL, ELASTIC, TYPE = ISO	MAT1
* MATERIAL, ELASTIC, TYPE = LAMINA	MAT8
* MATERIAL, EXPANSION, TYPE = ISO	MAT1
* MATERIAL, EXPANSION, TYPE = ORTHO	MAT8

（续）

Abaqus 关键字	Nastran 分量
* NODE	GRID
* ORIENTATION, DEFINITION = COORDINATES	CORD2R, CORD2C 或者 CORD2S
* SHELL GENERAL SECTION(非复合材料)	PSHELL
* SHELL SECTION(非复合材料)	
* SHELL SECTION(复合材料)	PCOMP
* SHELL GENERAL SECTION(复合材料)	
* SOLID SECTION	PSOLID
* SOLID SECTION(杆)	PROD
* STATIC	SOL 101
* SYSTEM	CORD2R, CORD2C 或者 CORD2S
* TRANSFORM	

命令汇总

abaqus tonastran　job = 作业名 [input = 输入文件] [substructure]
[complex = {YES | NO}]

命令行选项

job

此选项用于指定由转换器输出的 Nastran 批数据文件。它也是 Abaqus 文件的默认名称。将转换器创建的调试写在文件作业名 . log 中。

input

如果文件名不是作业名，则使用此选项指定包含 Abaqus 数据的文件名。

substructure

此选项用于将 Abaqus. sim 文件中的子结构转换成 Nastran 批数据文件（. bdf）格式。

complex

此选项用于确定如何表示结构阻尼项。如果 complex = YES（默认的），则将结构阻尼项写成刚度矩阵的虚数部分；如果 complex = NO，则将结构阻尼项写成分离的实数矩阵。

3.2.32 将 ANSYS 输入文件转换成部分 Abaqus 输入文件

产品：Abaqus/Standard　　Abaqus/Explicit

参考

- “执行程序：概览”，3.1 节

概览

从 ANSYS 到 Abaqus 的转换器，将 ANSYS 分块编码数据库文件中的特定对象，转换成 Abaqus 输入文件中的等效对象。

使用转换器

abaqus fromansys 转换器可以将 ANSYS 分块编码数据库文件（.cdb）转换成“普通” Abaqus 输入文件（不是以零件和装配件形式写的 Abaqus 输入文件）。必须使用下面的命令在 ANSYS 中创建 .cdb 文件：

CDWRITE ,, <jobname>, cdb

CDWRITE 命令的第二个域可以包含 ALL 或者 DB，第八个域可以包含 BLOCKED。CDWRITE 命令的任何其他用法将造成转换器出问题。

ANSYS 对象转换汇总

从 ANSYS 到 Abaqus 的转换器支持表 3-6～表 3-14 所列的映射。

表 3-6　ANSYS 命令的节点数据映射

ANSYS 命令	等效 Abaqus 命令
NBLOCK	* NODE * TRANSFORM

表 3-7　ANSYS 结构链接的单元数据映射

ANSYS 命令	等效 Abaqus 命令
LINK1	* ELEMENT, TYPE = T2D2
LINK8	* ELEMENT, TYPE = T3D2
LINK10	* ELEMENT, TYPE = T3D2
LINK11	* ELEMENT, TYPE = T3D2
LINK180	* ELEMENT, TYPE = T3D2

表 3-8　ANSYS 结构梁的单元数据映射

ANSYS 命令	等效 Abaqus 命令
BEAM3	* ELEMENT, TYPE = B21
BEAM4	* ELEMENT, TYPE = B31

（续）

ANSYS 命令	等效 Abaqus 命令
BEAM23	* ELEMENT, TYPE = B21
BEAM24	* ELEMENT, TYPE = B31
BEAM188	* ELEMENT, TYPE = B31 或者 B32
BEAM189	* ELEMENT, TYPE = B32

表 3-9　ANSYS 结构壳的单元数据映射

ANSYS 命令	等效 Abaqus 命令
SHELL43	* ELEMENT, TYPE = S4 或者 S3
SHELL63	* ELEMENT, TYPE = S4、S3、M3D4 或者 M3D3
SHELL93	* ELEMENT, TYPE = S8R 或者 STRI65
SHELL181	* ELEMENT, TYPE = S4R 或者 S3R

表 3-10　ANSYS 结构管的单元数据映射

ANSYS 命令	等效 Abaqus 命令
PIPE16	* ELEMENT, TYPE = PIPE32
PIPE20	* ELEMENT, TYPE = PIPE31
PIPE59	* ELEMENT, TYPE = PIPE31

表 3-11　ANSYS 平面单元的单元数据映射

ANSYS 命令	等效 Abaqus 命令
PLANE42 PLANE82 PLANE182 PLANE183	* ELEMENT, TYPE = CPS*n*、CAX*n* 或者 CPE*n*

表 3-12　ANSYS 实体单元的单元数据映射

ANSYS 命令	等效 Abaqus 命令
SOLID45	* ELEMENT, TYPE = C3D8I、C3D4 或者 C3D6
SOLID65	* ELEMENT, TYPE = C3D8I、C3D4 或者 C3D6
SOLID92	* ELEMENT, TYPE = C3D10
SOLID95	* ELEMENT, TYPE = C3D20、C3D10 或者 C3D15
SOLID147	* ELEMENT, TYPE = C3D20、C3D10 或者 C3D15
SOLID148	* ELEMENT, TYPE = C3D10
SOLID185	* ELEMENT, TYPE = C3D8、C3D4 或者 C3D6
SOLID186	* ELEMENT, TYPE = C3D20R、C3D10 或者 C3D15
SOLID187	* ELEMENT, TYPE = C3D10

表 3-13　载荷和边界条件数据映射

ANSYS 命令	等效 Abaqus 命令
SFE, *ELEM*, *LKEY*, PRES, *KVAL*, *VAL1*, *VAL2*, *VAL3*, *VAL4*, 其中 *VAL1* = *VAL2* = *VAL3* = *VAL4* = *n*	* SURFACE 和 * DSLOAD
SFE, *ELEM*, *LKEY*, HFLU, *KVAL*, *VAL1*, *VAL2*, *VAL3*, *VAL4*, 其中 *VAL1* = *VAL2* = *VAL3* = *VAL4* = *n*	* SURFACE 和 * DSFLUX
BF, *NODE*, TEMP, *VAL1*, *VAL2*, *VAL3*, *VAL4*	* TEMPERATURE 和 * CFLUX
BFE, *NODE*, HGEN, *STLOCVAL1*, *VAL2*, *VAL3*, *VAL4*	* DFLUX
ACEL, 分量 1, 分量 2, 分量 3	* DLOAD
F, *NODE*, *Lab*, *VALUE*, *VALUE2*, *NEND*, *NINC*, 其中 *Lab* = FX、FY 或者 FZ	* CLOAD
D, *NODE*, *Lab*, *VALUE*, *VALUE2*, *NEND*, *NINC*, 其中 *Lab* = UX、UY、UZ、ROTX、ROTY 或者 ROTZ	* BOUNDARY

表 3-14　材料数据映射

ANSYS 命令	等效 Abaqus 命令
MPTEMP, … MPDATA, … , EX MPDATA, … , NUXY 或者 PRXY	* MATERIAL 和 * ELASTIC 次泊松比（如 NUXY）如果存在，则自动转换成主泊松比（如 PRXY）
MPTEMP, …. MPDATA, … , EX MPDATA, … , EY MPDATA, … , EZ MPDATA, … , NUXY 或者 PRXY MPDATA, … , NUXZ 或者 PRXZ MPDATA, … , NUYZ 或者 PRYZ MPDATA, … , GXY MPDATA, … , GXZ MPDATA, … , GYZ	* MATERIAL 和 * ELASTIC, TYPE = ENGINEERING CONSTANTS 次泊松比（如 NUXY）如果存在，则自动转换成主泊松比（如 PRXY）
MPTEMP, … MPDATA, … , KXX	* MATERIAL 和 * CONDUCTIVITY
MPTEMP, … MPDATA, … , DENS	* DENSITY
MPTEMP, … MPDATA, … , C	* SPECIFIC HEAT
MPTEMP, … MPDATA, … , CTEX 或者 ALPX	* EXPANSION

命令汇总

abaqus fromansys　job = 作业名 [input = 输入文件]

命令行选项

job

此选项用于指定由转换器输出的 Abaqus 输出文件的名称。此名称也是包含 ANSYS 数据的输入文件的默认名称。转换器创建的调试将写入名为作业名 .log 的文件中。

input

如果文件名不是作业名，则使用此选项来指定包含 ANSYS 数据的文件名。

3.2.33 将 PAM-CRASH 输出文件转换成部分的 Abaqus 输入文件

产品：Abaqus/Explicit

参考

- “执行程序：概览”，3.1 节

概览

从 PAM-CRASH 到 Abaqus 的转换器将 PAM-CRASH 输入文件中的特定关键字转换成 Abaqus/Explicit 中的等效对象。

使用转换器

转换器只能用于由 PAM-CRASH 2002 或者更高的版本创建的输入文件。此输入文件可以具有任何名称和扩展名。

需要转换的 PAM-CRASH 数据输入见表 3-15～表 3-24。跳过其他 PAM-CRASH 关键字和数据，并在日志文件中进行注释。

转换器创建部分的 Abaqus 输入文件，其中仅包含模型数据。用户必须提供历史数据（包括输出数据）以完成输入。

单元编号和分组

所有单元必须具有唯一的单元编号。在单元集中，将赋予相同 PART 标识编号的单元组合在一起。

除了由 SPRING 和 KJOIN 转换而来的连接器单元，截面属性应输入 PART 截面中，而不是各自输入单元截面中。具有不同材料或者截面属性的单元应赋予不同的 PART 标识编号，即相同的材料和截面属性必须适用于同一单元集中的所有单元。

如果由 SPRING 和 KJOIN 转换而来的单元具有不同的单元数据（如用来定义局部方向的帧编号），并且给这些单元赋予了相同的 PART 标识编号时，则转换器自动将单元分成不同的单元集。

材料模型

转换器仅支持表 3-17 中的材料模型。将类型 1 与类型 99 之间所有不支持的材料模型转换成双线性弹塑性模型；如果使用了应力-应变法则定义，则将所有其他材料类型转换成线弹性模型。在这些情况中，转换器提供材料属性的名义值。

历史截面数据

转换器部分地以关键字（TITLE 除外）为基础创建历史截面，这些关键字来自 PAM-CRASH 文件的控制截面，见表 3-15。不支持其他控制数据。

PAM-CRASH 对象转换汇总

表 3-15　控制截面数据

PAM-CRASH 关键字	等效 Abaqus 对象
TITLE	* HEADING
RUNEND	* DYNAMIC，EXPLICIT 时间段
TCTRL/DYNA_MASS_SCALE	* VARIABLE MASS SCALING
ECTRL/RATEFILTER	* MATERIAL，SRATE FACTOR

表 3-16　零件截面数据

PAM-CRASH 关键字	等效 Abaqus 对象
PART/BAR	杆单元属性和分组数据
PART/BEAM	梁单元属性和分组数据
PART/SPRING	连接器行为和分组数据
PART/KJOIN	连接器类型、行为和分组数据
PART/SOLID	实体单元属性和分组数据
PART/SHELL	壳单元属性和分组数据
PART/MEMBR	膜单元属性和分组数据
PART/TIED	网格绑定约束数据和参数
PART/PLINK	网格独立紧固件数据和参数

表 3-17　材料截面数据

PAM-CRASH 关键字	等效 Abaqus 对象
MATER/类型 1、16、41、99	C3D4/C3D6/C3D8R；实体材料模型数据
MATER/类型 100、101、102、103、105	S3RS/S4RS；壳材料模型数据
MATER/类型 150、151	M3D3/M3D4/M3D4R 和 * USER MATERIAL
MATER/类型 200、201、202	T3D2/B31；梁和杆材料模型数据
MATER/类型 203、204、205、230	CONN3D2；连接器行为数据
MATER/类型 212、213	B31；梁材料模型数据
MATER/类型 302①	CONN3D2；连接器行为数据

① 材料类型 302 支持使用断裂模型（见表 3-24 中的 RUPMO）。

表 3-18 节点截面数据

PAM-CRASH 关键字	等效 Abaqus 对象
FRAME	* ORIENTATION 和 * TRANSFORM
NODE	* NODE
MASS	* MASS 和 * ROTARY INERTIA
NSMAS	* NONSTRUCTURAL MASS
INVEL	* INITIAL CONDITIONS,TYPE=VELOCITY 或者 ROTATING VELOCITY
BOUNC	* BOUNDARY
DIS3D	* BOUNDARY 和 * AMPLITUDE
VEL3D	* BOUNDARY 和 * AMPLITUDE
DAMP	* DLOAD 和 * AMPLITUDE
TRSFM	坐标转换后的 * NODE

表 3-19 单元截面数据

PAM-CRASH 关键字	等效 Abaqus 对象
SOLID	C3D4/C3D6/C3D8R 和 * SOLID SECTION
TETR4	C3D4 和 * SOLID SECTION
SHELL	S3RS/S4RS 和 * SHELL SECTION
MEMBR	M3D3/M3D4R 和 * MEMBRANE SECTION
BEAM	B31 和 * BEAM SECTION,SECTION=CIRC
BAR	对于 MATER/类型 203 和 204:CONN3D2 和 * CONNECTOR SECTION [AXIAL]对于所有其他 MATER/类型:T3D2 和 * SOLID SECTION
SPRING	CONN3D2 和 * CONNECTOR SECTION [CARTESIAN+CARDAN]
KJOIN	CONN3D2 和 * CONNECTOR SECTION
PLINK	* FASTENER 和 * FASTENER PROPERTY;CONN3D2 和 * CONNECTOR SECTION

表 3-20 约束截面数据

PAM-CRASH 关键字	等效 Abaqus 对象
RWALL(静态分段有限刚性壁) 速度标识=0 壁描述=20	* RIGID BODY 和 * CONTACT
RBODY 类型 0,3	* RIGID BODY 和(或者) * MPC(类型 BEAM) 要将一组单元定义成刚体,则将该组单元的零件标识编号输入成 PART 输入实体[①] 要将一个单元定义成刚体,则将其单元编号输入成 ELE 实体,或者将所有单元节点编号输入成 NOD 实体[②]
RBODY 类型 1	CONN3D2, * CONNECTOR SECTION [PROJECTION CARTESIAN+PROJECTION FLEXION-TORSION], * CONNECTOR DAMAGE INITIATION, * CONNECTOR DAMAGE EVOLUTION

（续）

PAM-CRASH 关键字	等效 Abaqus 对象
CNTAC 滑动界面类型:33、34、36、37、46	* CONTACT, * CONTACT INCLUSIONS, * CONTACT EXCLUSIONS, * CONTACT PROPERTY ASSIGNMENT, * CONTACT FORMULATION, * SURFACE INTERACTION 和 * SURFACE PROPERTY ASSIGNMENT
TIED	* TIE

① 如果使用 PART 对象定义刚体，则将 RBODY 转换成 * RIGID BODY。

② 如果 ELE 和 NOD 对象构成了零件中的所有单元，则将 RBODY 转换成 * RIGID BODY。

如果 ELE 和 NOD 对象不构成零件中的所有单元（即零件由刚性单元和可变形单元构成），则将 RBODY 转换成 * MPC（MPC 类型的 BEAM），这是一个用于节点集合的梁类型多点约束，该节点集合包含所有输入 NOD 实体和从 ELE 实体提取的节点。

表 3-21　节点/面/单元对象截面数据

PAM-CRASH 关键字	等效 Abaqus 对象
ELE	* ELSET;使用 * ELSET 将单元分组到集合中的数据
PART	用于选择已定义单元集(* ELSET)的数据
NOD	在使用 * NSET 的集合中,已经分了组的节点所具有的数据
ELE>NOD	与 ELE 相同的过程
PART>NOD	与 PART 相同的过程
DELELE	* ELSET 和 * NSET
DELPART	* ELSET 和 * NSET
DELNOD	* ELSET 和 * NSET
GRP	在 GROUP 中定义的已命名对象的集合

表 3-22　气囊数据

PAM-CRASH 关键字	等效 Abaqus 对象
GASPEC	* FLUID BEHAVIOR, * MOLECULAR WEIGHT 和 * CAPACITY
BAGIN	* PHYSICAL CONSTANTS 和 * FLUID CAVITY
GEN_INI_COND	* INITIAL CONDITIONS
GAS	* FLUID CAVITY,BEHAVIOR 或者 MIXTURE
CHAMBER	* NODE,NSET=参考节点名称; * SURFACE,TYPE=ELEMENT; * FLUID CAVITY
EXT_SKIN	M3D3/M3D4 和 * SURFACE,TYPE=ELEMENT
WALL_OPENING	* FLUID EXCHANGE, * FLUID EXCHANGE ACTIVATION 和 * FLUID EXCHANGE PROPERTY
WALL_FABRIC	* FLUID EXCHANGE, * FLUID EXCHANGE ACTIVATION 和 * FLUID EXCHANGE PROPERTY
LEAKAGE	* FLUID EXCHANGE, * FLUID EXCHANGE ACTIVATION 和 * FLUID EXCHANGE PROPERTY
INI_COND	* INITIAL CONDITIONS
INFLATOR	* FLUID INFLATOR, * FLUID INFLATOR ACTIVATION, * FLUID INFLATOR MIXTURE 和 * FLUID INFLATOR PROPERTY

表 3-23　安全带数据

PAM-CRASH 关键字	等效 Abaqus 对象
SLIPR	* ELEMENT,TYPE=CONN3D2; * CONNECTOR SECTION; * BOUNDARY
RETRA	* ELEMENT,TYPE=CONN3D2; * CONNECTOR SECTION; * BOUNDARY

表 3-24　杂项数据

PAM-CRASH 关键字	等效 Abaqus 对象
GROUP	将对象转换成等效的 Abaqus 对象
METRIC	* INITIAL CONDITIONS,TYPE=REF COORDINATE
SENSOR	类型 1:在 * AMPLITUDE 中使用激发时间 类型 4:在 * CONNECTOR LOCK 中使用带速率
FUNCT	材料属性数据和时间相关的参数数据,如 * AMPLITUDE、* CONNECTOR ELASTICITY, * PLASTIC 和 * FLUID EXCHANGE PROPERTY
RUPMO	连接器行为数据,如 * CONNECTOR DAMAGE INITIATION, * CONNECTOR DAMAGE EVOLUTION, * CONNECTOR POTENTIAL 和 * CONNECTOR HARDENING
THELE	定义成 * ELSET 的单元集合;没有为单元集合指定输出量
THNOD	定义成 * NSET 的节点集合;没有为节点集合指定输出量

命令汇总

```
abaqus frompamcrash   job=作业名
                      input=输入文件
                      [pLinkConnectors= {OFF | ON} ]
                      [splitAirbagElements= {OFF | ON} ]
                      [autoKJoinStops= {OFF | ON} ]
```

命令行选项

job

此选项用于指定由转换器输出的 Abaqus 输入文件名。Abaqus 输入文件的名称必须不带扩展名 . inp。由转换器创建的诊断写入名为作业名_frompam. log 的文件中。

input

此选项用于指定包含 PAM_CRASH 数据的文件名。必须以没有扩展名的方式给出文件名。

pLinkConnectors

此选项用于指定在 PLINK 转换中包含连接器单元。默认值是 ON。

splitAirbagElements

此选项用于指定将 4 节点的气囊膜单元分割成两个 3 节点的气囊膜单元。默认值是 ON。

气囊膜单元由 MEMBR 和 MATER（类型 150 和类型 151）转换而成。仅当在 PAM-CRASH 输入文件中指定了关键字 BAGIN 时，此选项才有效。

autoKJoinStops

此选项用于将连接器制动添加到所有 KJON 连接器单元的行为中。如果在力-位移曲线终点处插值的刚度超出在相邻点处插值刚度的 10 倍，则在终点相邻的点处定义连接器制动。默认值是 OFF。

3.2.34 将 RADIOSS 输入文件转换成部分 Abaqus 输入文件

产品：Abaqus/Explicit

参考

- “执行程序：概览”，3.1 节

概览

RADIOSS 到 Abaqus 的转换器将 RADIOSS 输入文件中的特定关键字转换成 Abaqus/Explicit 中的等效关键字。

使用转换器

转换器可用于由 RADIOSS4.4 版本或者 5.1 版本创建的批格式的输入文件。输入文件可以具有任何名称，扩展名是可选的。

需要转换的 RADIOSS 数据输入见表 3-25 ~ 表 3-32。跳过其他 RADIOSS 关键字和数据，并在日志文件中进行注释。

转换器创建的 Abaqus 输入文件仅包含模型数据和时间历史输出数据。用户可以提供附加输出数据以完成输入。

单元编号和分组

在生成的 Abaqus 输入文件中的所有单元将具有唯一的单元编号。新的单元编号将自动分配给 RADIOSS 输入文件中具有非唯一单元编号的单元。被分配到相同 PART 标识编号的单元将被归入一个单元集中。

具有不同材料或者属性的单元必须赋予不同的 PART 标识编号；即相同的材料和属性必须适用于同一单元集合中的所有单元。

如果由 SPRING 转换而来的单元具有不同的单元属性（如用来定义局部方向的倾斜坐标系），并且给这些单元赋予了相同的 PART 标识编号，则转换器自动将它们分成不同的单元集。

材料模型

转换器仅支持表 3-25 中的材料模型。如果使用了应力-应变法则定义，则将所有不支持的材料模型转换成线弹性模型。在此情况中，转换器提供材料属性的名义值。

RADIOSS 对象转换汇总

表 3-25　材料数据

RADIOSS 关键字	等效 Abaqus 对象
MAT/LAW01(ELAST)	*ELASTIC
MAT/LAW02(PLAS_JOHN)	*PLASTIC,HARDENING=JOHNSON COOK
MAT/LAW03(HYDPLA)	*EOS、*TENSILE FAILURE、*DAMAGE INITIATION 和 *DAMAGE EVOLUTION
MAT/LAW19(FABRI)	*USER MATERIAL
MAT/LAW22(DAMA)	*PLASTIC, HARDENING = JOHNSON COOK; *RATE DEPENDENT, TYPE=JOHNSON COOK; *DAMAGE INITIATION; *DAMAGE EVOLUTION
MAT/LAW35(FOAM_VISC)	*HYPERFOAM 和 *VISCOELASTIC
MAT/LAW36 (PLAS_TAB)	*PLASTIC, HARDENING=ISOTROPIC

表 3-26　属性数据

RADIOSS 关键字	等效 Abaqus 对象
PROP/TRUS	杆单元属性和分组数据
PROP/BEAM	梁单元属性和分组数据
PROP/SPRING	连接器行为和分组数据
PROP/SPR_BEAM	连接器行为和分组数据
PROP/SPR_GENE	连接器行为和分组数据
PROP/SOLID	实体单元属性和分组数据
PROP/SOL_ORTH	实体单元属性和分组数据
PROP/SHELL	壳单元属性和分组数据
PROP/SH_ORTH	壳单元属性和分组数据

表 3-27　节点数据

RADIOSS 关键字	等效 Abaqus 对象
NODE	*NODE
ADMAS	*MASS 和 *ROTARY INERTIA
BCS	*BOUNDARY
IMPDISP	*BOUNDARY 和 *AMPLITUDE
IMPVEL	*BOUNDARY 和 *AMPLITUDE
INIVEL	*INITIAL CONDITIONS,TYPE=VELOCITY 或者 ROTATING VELOCITY

（续）

RADIOSS 关键字	等效 Abaqus 对象
CLOAD	* CLOAD 和 * AMPLITUDE
GRAV	* DLOAD 和 * AMPLITUDE
SKEW	* ORIENTATION 和 * TRANSFORM
FRAME	* ORIENTATION 和 * TRANSFORM

表 3-28 单元数据

RADIOSS 关键字	等效 Abaqus 对象
BRICK	C3D4/C3D6/C3D8R 和 * SOLID SECTION
SHELL①	S3RS/S4RS 和 * SHELL SECTION;或者 M3D3/M3D4/M3D4R 和 * MEMBRANE SECTION
SH3N①	S3RS 和 * SHELL SECTION;或者 M3D3 和 * MEMBRANE SECTION
BEAM	B31 和 * BEAM SECTION,SECTION=CIRC
TRUSS	T3D2 和 * SOLID SECTION
SPRING	CONN3D2 和 * CONNECTOR SECTION

① 在整个厚度上具有一个积分点的壳单元会被转换成膜单元。

表 3-29 约束数据

RADIOSS 关键字	等效 Abaqus 对象
RWALL	* RIGID BODY 和 * CONTACT
RBODY	* RIGID BODY 和(或者) * MPC(type BEAM) 要将单元定义成刚体,输入与刚体相关联的节点组中的所有单元节点编号
INTER/类型 2	* TIE 和 * FASTENER
INTER/类型 7、10、11	* CONTACT、* CONTACT CONTROLS ASSIGNMENT、* CONTACT FORMULATION、* CONTACT INCLUSIONS、* CONTACT EXCLUSIONS、* CONTACT PROPERTY ASSIGNMENT、* SURFACE INTERACTION 和 * SURFACE PROPERTY ASSIGNMENT
CYL_JOINT	CONN3D2 和 * CONNECTOR SECTION

表 3-30 分组数据

RADIOSS 关键字	等效 Abaqus 对象
SUBSET	* ELSET;使用 * ELSET 的集合中已经分组的单元的数据
PART	* ELSET;使用 * ELSET 的集合中已经分组的单元的数据
MAT	* ELSET;使用 * ELSET 的集合中已经分组的单元的数据
PROP	* ELSET;使用 * ELSET 的集合中已经分组的单元的数据
NODE	* NSET;使用 * NSET 的集合中已经分组的单元的数据
SH3N	* ELSET;使用 * ELSET 的集合中已经分组的单元的数据
SHEL	* ELSET;使用 * ELSET 的集合中已经分组的单元的数据

（续）

RADIOSS 关键字	等效 Abaqus 对象
GRNOD	* NSET；使用 * NSET 的集合中已经分组的单元的数据
GRSH3N	* ELSET；使用 * ELSET 的集合中已经分组的单元的数据
GRSHEL	* ELSET；使用 * ELSET 的集合中已经分组的单元的数据
GRSPRI	* ELSET；使用 * ELSET 的集合中已经分组的单元的数据
GENE	* NSET；使用 * NSET 的集合中已经分组的单元的数据
SEG	* ELSET；使用 * ELSET 的集合中已经分组的单元的数据
SURF	* ELSET 和 * NSET

表 3-31　受监控的体积和座椅安全带数据

RADIOSS 关键字	等效 Abaqus 对象
MONVOL/GAS MONVOL/AIRBAG	* FLUID BEHAVIOR，* FLUID CAVITY，* FLUID EXCHANGE，* FLUID EXCHANGE ACTIVATION，* FLUID EXCHANGE PROPERTY，* FLUID INFLATOR，* FLUID INFLATOR ACTIVATION，* FLUID INFLATOR MIXTURE，* FLUID INFLATOR PROPERTY，* MOLECULAR WEIGHT、* CAPACITY 和 * PHYSICAL CONSTANTS
使用属性 SPR_PUL 的 SPRING	* ELEMENT，TYPE = CONN3D2；* CONNECTOR SECTION 和 * BOUNDARY

表 3-32　杂项数据

RADIOSS 关键字	等效 Abaqus 对象
TITLE	* HEADING
ACCEL	CONN3D2 和连接器类型 ACCELEROMETER
FUNCT	材料属性数据和时间相关的参数数据，如 * AMPLITUDE，* CONNECTOR ELASTICITY，* PLASTIC 和 * FLUID EXCHANGE PROPERTY
SECT	* INTEGRATED OUTPUT SECTION
SENSOR/类型 0	使用 * AMPLITUDE 中的激发时间
TH	时间历史输出数据，如 * OUTPUT，HISTORY；* NODE OUTPUT；* ELEMENT OUTPUT 和 * ENERGY OUTPUT

命令汇总

abaqus fromradioss　job=作业名 input=输入文件
[splitAirbagElements= {OFF | ON}]
[readAbaqusDat=数据文件] [userDefaultMass=实数]
[userDefaultInertia=实数] [userHistoryTime=实数]

命令行选项

job

此选项指定由转换器输出的 Abaqus 输入文件的名称。给出的 Abaqus 输入文件名必须不包含扩展名 . inp。由转换器创建的调试写入作业名_fromradioss. log 文件中。

input

此选项指定包含 RADIOSS 数据的文件名。文件扩展名是可选的。

splitAirbagElements

此选项将 4 节点的气囊膜单元分割成两个 3 节点的气囊膜单元，默认值是 ON。在整个厚度上使用一个积分点的 SHELL 或者 SH3N 将转换生成气囊膜单元。仅当在 RADIOSS 输入文件中指定了关键字 MONVOL/AIRBAG 时，此选项才有效。

readAbaqusDat

此选项允许使用之前的 Abaqus 分析中的 Abaqus 数据（.dat）文件来重新指定点焊定义。数据文件应当标识无法形成的点焊。使用此选项，可以使用分布耦合约束来转换已识别点焊的连接点。

userDefaultMass

此选项指定节点质量，将这些节点质量赋予转换过程中生成的需要具有非零质量的附加节点。此值应当较小（通常是整个模型质量的 10^{-6} 倍）。如果省略了此选项，则将默认质量设置成 10^{-4}。

userDefaultInertia

此选项指定转动惯量，将这些转动惯量赋予转换过程中生成的需要具有非零转动惯量的附加节点。此值应当较小（通常是整个模型转动惯量的 10^{-6} 倍）。如果省略了此选项，则将默认转动惯量设置成 10^{-3}。

userHistoryTime

此选项指定用于时间历史输出的时间间隔。如果省略了此选项，则将时间历史间隔设置成 10^{-5}。

3.2.35 将 Abaqus 输出数据库文件转换成 Nastran Output2 结果文件

产品：Abaqus/Standard

参考

- “执行程序：概览”，3.1 节

概览

该转换器将来自 Abaqus 输出数据库（.odb）文件中的某些结果转换成 Nastran Output2 文件格式。

使用转换器

toOutput2 转换器仅用于转换 * STATIC 或者 * FREQUENCY 过程的 Abaqus 输出数据库。

通过使用 * OUTPUT 选项将 Abaqus 分析的结果写入 Abaqus 输出数据库中。Abaqus 输入文件中应当包含以下选项，以确认要转换的结果在 Abaqus 输出数据库中可用：

- OUTPUT，FIELD
- NODE OUTPUT

U，

RF，

CF，

- ELEMENT OUTPUT

S，

E，

SF，

NFORC，

在转换过程中，将跳过 Abaqus 输出数据库中除上述指定结果之外的结果。只转换来自弹簧单元和三维连续体、壳、膜、梁和桁架单元的结果。

对于壳单元，转换器将编号最小的截面点处的应力和应变视为位于底面上，将编号最大的截面点处的应力和应变视为位于顶面上。将转换到 Output2 文件中的中面应力和应变，计算成底面和顶面上应力和应变的平均值。

节点结果总是在整体坐标系中。单元张量结果在 Abaqus 单元坐标系中。

当存在可用记录时，将输出数据库（节点坐标、单元拓扑、材料属性和单元属性）中的模型数据写入 Output2 文件中。

命令汇总

abaqus toOutput2 job=作业名
[odb=*odb* 名称] [step=步编号]
[increment=增量编号] [slim] [quad4corner]

命令行选项

job

此选项指定由转换器创建的 Nastran Output2 文件名。此文件名也是 Abaqus 输出数据库的默认名称。

odb

如果 Abaqus 输出数据库的名称与作业名不同，此选项将指定 Abaqus 输出数据库的名称。

step

此选项为转换器指定 Abaqus 输出数据库的步编号。如果指定的步包含多个载荷工况，则对所有载荷工况进行转换。默认值是分析的最后一步。

increment

仅当与 step 选项一起使用时，此选项才有效。此选项指定转换器转换的 Abaqus 输出数据库中的步增量编号。默认值是指定步的最后增量。

slim

此选项将 SLIM/VISION 软件（从 Third Millennium Productions 公司获取）后处理所需的数据块包含在 Output2 文件中。

quad4corner

此选项请求角节点处的壳输出，以代替中心处的壳输出。此选项与应力、应变和截面力输出相关。

3.2.36 将 LS-DYNA 数据文件转换成 Abaqus 输入文件

产品：Abaqus/Explicit

参考

- “执行程序：概览”，3.1 节

概览

从 LS-DYNA 到 Abaqus 的转换器将 LS-DYNA 输入文件中一组支持转换的关键字转换成 Abaqus 中的等效关键字。

使用转换器

转换器支持将 LS-DYNA 971 版本的第 5 次修订或者更早版本创建的输入文件进行转换。输入文件可以具有任何名称，并且可选择使用扩展名。

表 3-33~表 3-45 中列出了支持的 LS-DYNA 关键字。忽略其他 LS-DYNA 关键字和数据，并在日志文件中进行注释。

转换器创建的 Abaqus 输入文件包含模型数据和历史数据。然而，转换器不为节点输出、单元输出和接触输出的某些输出量创建精确的 Abaqus 等效量，而是使用预先选择的变量来替代。用户可以提供附加输出对象来完成请求。

单元编号和分组

在生成的 Abaqus 输入文件中，所有的单元具有唯一的单元编号。Abaqus 将新单元编号自动赋予 LS-DYNA 输出中具有非唯一单元编号的单元；在日志文件中记录所有单元编号赋予。

被赋予了相同 PART 标识编号的单元被归为一个单元集。具有不同材料或者属性的单元必须赋予不同的 PART 标识编号；即相同的材料和属性必须适用于同一单元集中的所有

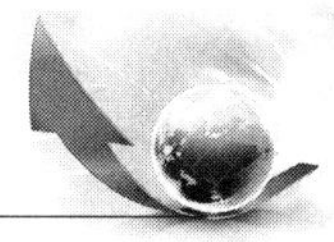

单元。

当 PART 参考刚性材料时，将零件视为刚体。在刚体定义中使用对应于零件的单元集。

材料模型

转换器仅支持表 3-33 中的材料模型。如果使用了应力-应变法则定义，则将所有不支持的材料模型转换成线弹性模型。在这些情况下，转换器提供材料属性的名义值。

映射以_ID 或者_TITLE 结尾的 LS-DYNA 单元

许多 LS-DYNA 关键字包含选项_ID、_TITLE 或者同时包含这两项。除非在文档的映射表中指定的 LS-DYNA 关键字使用了_ID 或者_TITLE，否则，转换器会将这些选项中的数据映射到为主 LS_DYNA 关键字指定的相同 Abaqus 关键字。

LS_DYNA 对象转换汇总

从 LS_DYNA 到 Abaqus 的转换器支持表 3-33~表 3-45 列出的映射。

表 3-33　材料数据

LS-DYNA 关键字	等效 Abaqus 对象
*MAT_BLATZ-KO_RUBBER	*HYPERELASTIC,NEO HOOKE
*MAT_CABLE_DISCRETE_BEAM	*ELASTIC
*MAT_DAMPER_NONLINEAR_VISCOUS	*CONNECTOR DAMPING,NONLINEAR
*MAT_DAMPER_VISCOUS	*CONNECTOR DAMPING
*MAT_ELASTIC	*ELASTIC
*MAT_ELASTIC_PLASTIC_THERMAL	*ELASTIC *PLASTIC *EXPANSION
*MAT_FU_CHANG_FOAM	*LOW DENSITY FOAM 和 *UNIAXIAL TEST DATA
*MAT_HONEYCOMB	内置的 VUMAT 用户材料模型 ABQ_HONEYCOMB①
*MAT_JOHNSON_COOK	*PLASTIC,HARDENING=JOHNSON COOK *RATE DEPENDENT,TYPE=JOHNSON COOK *SHEAR FAILURE,TYPE=JOHNSON COOK *TENSILE FAILURE,TYPE=JOHNSON COOK
*MAT_LINEAR_ELASTIC_DISCRETE_BEAM	*CONNECTOR ELASTICITY 和 *CONNECTOR DAMPING
*MAT_LOW_DENSITY_FOAM	*HYPERFOAM 和 *UNIAXIAL TEST DATA
*MAT_NULL	*ELASTIC 参考空材料的壳单元将转换成面单元
*MAT_OGDEN_RUBBER	*HYPERELASTIC,OGDEN
*MAT_PIECEWISE_LINEAR_PLASTICITY	*PLASTIC
*MAT_PLASTIC_KINEMATIC	*PLASTIC,HARDENING=KINEMATIC
*MAT_RIGID	*ELASTIC *RIGID BODY(参考刚性材料的 LS-DYNA 零件)

（续）

LS-DYNA 关键字	等效 Abaqus 对象
* MAT_SEATBELT	* CONNECTOR ELASTICITY, NONLINEAR
* MAT_SPOTWELD	* CONNECTOR ELASTICITY, RIGID
* MAT_SPRING_ELASTIC	* CONNECTOR ELASTICITY
* MAT_SPRING_NONLINEAR_ELASTIC	* CONNECTOR ELASTICITY, NONLINEAR
* MAT_VISCOELASTIC	* VISCOELASTIC, TIME = PRONY

① 有关使用 ABQ_HONEYCOMB 的更多内容，参考“Abaqus/Explicit 蜂窝材料模型”，可在达索系统知识库 www.3ds.com/support/knowledge-base 中获取。

表 3-34 零件数据

LS-DYNA 关键字	等效 Abaqus 对象
* PART * PART_PRINT	* ELSET 和单元截面的相应类型
* PART_CONTACT	* SURFACE INTERACTION 属性
* PART_INERTIA	* ELEMENT, TYPE = MASS * ELEMENT, TYPE = ROTARYI

表 3-35 辅助数据

LS-DYNA 关键字	等效 Abaqus 对象
* DEFINE_COORDINATE_NODES	* ORIENTATION, DEFINITION = NODES
* DEFINE_COORDINATE_SYSTEM	* ORIENTATION, DEFINITION = COORDINATES
* DEFINE_COORDINATE_VECTOR	* ORIENTATION, DEFINITION = COORDINATES
* DEFINE_CURVE	以下面关键字使用的单个曲线的数据： * AMPLITUDE * CONNECTOR DAMPING(非线性) * CONNECTOR ELASTICITY(非线性) * SURFACE BEHAVIOR * UNIAXIAL TEST DATA
* DEFINE_SD_ORIENTATION	* ORIENTATION
* DEFINE_TABLE	与 * PLASTIC 和 * LOW DENSITY FOAM 一起使用的多曲线数据，为不同的应变率定义应力-应变关系

表 3-36 截面数据

LS-DYNA 关键字	等效 Abaqus 对象
* SECTION_BEAM	梁单元：* BEAM SECTION 或者 * BEAM GENERAL SECTION 杆单元：* SOLID SECTION
* SECTION_DISCRETE	* CONNECTOR SECTION
* SECTION_SEATBELT	* CONNECTOR SECTION
* SECTION_SHELL	壳单元：* SHELL SECTION 膜单元：* MEMBRANE SECTION 面单元：* SURFACE SECTION
* SECTION_SOLID	* SOLID SECTION
* SECTION_TSHELL	* SHELL SECTION

表 3-37 节点数据

LS-DYNA 关键字	等效 Abaqus 对象
* NODE	* NODE

表 3-38 输入选项数据

LS-DYNA 关键字	等效 Abaqus 对象
* DATABASE_BINARY_D3PLOT	* OUTPUT, FIELD 和 * ELEMENT OUTPUT
* DATABASE_BINARY_D3THDT	* OUTPUT, FIELD 和 * ELEMENT OUTPUT
* DATABASE_DEFORC	* OUTPUT, FIELD 和 * ELEMENT OUTPUT
* DATABASE_ELOUT	* OUTPUT, FIELD 和 * ELEMENT OUTPUT
* DATABASE_NODOUT	* OUTPUT, FIELD 和 * NODE OUTPUT
* DATABASE_HISTORY_BEAM * DATABASE_HISTORY_BEAM_ID * DATABASE_HISTORY_BEAM_SET	* OUTPUT, HISTORY 和 * ENERGY OUTPUT
* DATABASE_HISTORY_NODE * DATABASE_HISTORY_NODE_ID * DATABASE_HISTORY_NODE_SET	* OUTPUT, HISTORY 和 * ENERGY OUTPUT
* DATABASE_HISTORY_SHELL * DATABASE_HISTORY_SHELL_ID * DATABASE_HISTORY_SHELL_SET	* OUTPUT, HISTORY 和 * ENERGY OUTPUT
* DATABASE_HISTORY_SOLID * DATABASE_HISTORY_SOLID_ID * DATABASE_HISTORY_SOLID_SET	* OUTPUT, HISTORY 和 * ENERGY OUTPUT

表 3-39 单元数据

LS-DYNA 关键字	等效 Abaqus 对象
* ELEMENT_BEAM	梁单元：* ELEMENT, TYPE = B31 杆单元：* ELEMENT, TYPE = T3D2
* ELEMENT_BEAM_PID	* ELEMENT, TYPE = CONN3D2 和 * FASTENER
* ELEMENT_DISCRETE	* ELEMENT, TYPE = CONN3D2
* ELEMENT_MASS	* ELEMENT, TYPE = MASS 和 * MASS
* ELEMENT_SEATBELT	* ELEMENT, TYPE = CONN3D2
* ELEMENT_SHELL	壳单元：* ELEMENT, TYPE = S3R 或者 S4R 膜单元：* ELEMENT, TYPE = M3D3 或者 M3D4R 面单元(具有 * MAT_NULL)：* ELEMENT, TYPE = SFM3D3 或者 SFM3D4R
* ELEMENT_SOLID	* ELEMENT, TYPE = C3D4、C3D6、C3D8R 或者 C3D10M
* ELEMENT_TSHELL	* ELEMENT, TYPE = SC6R 或者 SC8R

表 3-40 指定条件数据

LS-DYNA 关键字	等效 Abaqus 对象
* BOUNDARY_PRESCRIBED_MOTION_NODE	* BOUNDARY, TYPE = DISPLACEMENT, VELOCITY 或者 ACCELERATION
* BOUNDARY_PRESCRIBED_MOTION_SET	* BOUNDARY, TYPE = DISPLACEMENT, VELOCITY 或者 ACCELERATION
* BOUNDARY_PRESCRIBED_MOTION_RIGID	刚体参考节点的 * BOUNDARY
* BOUNDARY_PRESCRIBED_MOTION_RIGID_LOCAL	刚体参考节点的 * BOUNDARY
* BOUNDARY_SPC_NODE	* BOUNDARY
* BOUNDARY_SPC_SET	* BOUNDARY
* INITIAL_VELOCITY_GENERATION	* INITIAL CONDITIONS, TYPE = ROTATING VELOCITY
* INITIAL_VELOCITY_NODE	* INITIAL CONDITIONS, TYPE = VELOCITY

表 3-41 混合约束数据

LS-DYNA 关键字	等效 Abaqus 对象
* CONSTRAINED_NODE_SET	* EQUATION
* CONSTRAINED_NODAL_RIGID _BODY	* MPC 类型的 BEAM
* CONSTRAINED_EXTRA_NODES _NODE	在 * RIGID BODY 的定义中用作 TIE NSET 的节点集
* CONSTRAINED_EXTRA_NODES_SET	在 * RIGID BODY 的定义中用作 TIE NSET 的节点集
* CONSTRAINED_JOINT_CYLINDRICAL	* ELEMENT, TYPE = CONN3D2
* CONSTRAINED_JOINT_REVOLUTE	* ELEMENT, TYPE = CONN3D2
* CONSTRAINED_JOINT_SPHERICAL	* ELEMENT, TYPE = CONN3D2
* CONSTRAINED_JOINT _STIFFNESS_GENERALIZED	* ELEMENT, TYPE = CONN3D2 * CONNECTOR SECTION, BEHAVIOR
* CONSTRAINED_JOINT_TRANSLATIONAL	* ELEMENT, TYPE = CONN3D2
* CONSTRAINED_JOINT_UNIVERSAL	* ELEMENT, TYPE = CONN3D2
* CONSTRAINED_RIGID_BODIES	用在 * RIGID BODY 定义中的合并单元集
* CONSTRAINED_SPOTWELD	* MPC 类型的 BEAM

表 3-42 载荷数据

LS-DYNA 关键字	等效 Abaqus 对象
* LOAD_BODY_PARTS	* DLOAD 的 * ELSET
* LOAD_BODY_X	* DLOAD
* LOAD_BODY_Y	* DLOAD
* LOAD_BODY_Z	* DLOAD
* LOAD_NODE_POINT	使用节点数据的 * CLOAD
* LOAD_NODE_SET	使用节点集合数据的 * CLOAD

表 3-43 集合数据

LS-DYNA 关键字	等效 Abaqus 对象
* SET_NODE_LIST	使用节点数据的 * NSET
* SET_NODE_LIST_GENERATE	使用节点数据的 * NSET
* SET_PART	使用单元集合数据的 * ELSET
* SET_PART_LIST	使用单元集合数据的 * ELSET
* SET_PART_LIST_GENERATE	使用单元集合数据的 * ELSET
* SET_SEGMENT	使用单元数据的 * ELSET
* SET_SHELL_LIST	使用单元数据的 * ELSET
* SET_SHELL_LIST_GENERATE	使用单元数据的 * ELSET
* SET_SOLID_LIST	使用单元数据的 * ELSET

表 3-44 接触数据

LS-DYNA 关键字	等效 Abaqus 对象
* CONTACT_AUTOMATIC_GENERAL	* CONTACT * CONTACT INCLUSIONS * CONTACT PROPERTY ASSIGNMENT * SURFACE INTERACTION * SURFACE PROPERTY ASSIGNMENT
* CONTACT_AUTOMATIC_NODES_TO_SURFACE	* CONTACT * CONTACT INCLUSIONS * CONTACT PROPERTY ASSIGNMENT * SURFACE INTERACTION * SURFACE PROPERTY ASSIGNMENT
* CONTACT_AUTOMATIC_SINGLE_SURFACE	* CONTACT * CONTACT INCLUSIONS * CONTACT PROPERTY ASSIGNMENT * SURFACE INTERACTION * SURFACE PROPERTY ASSIGNMENT
* CONTACT_AUTOMATIC_SURFACE_TO_SURFACE	* CONTACT * CONTACT INCLUSIONS * CONTACT PROPERTY ASSIGNMENT * SURFACE INTERACTION * SURFACE PROPERTY ASSIGNMENT
* CONTACT_NODES_TO_SURFACE	* CONTACT * CONTACT INCLUSIONS * CONTACT PROPERTY ASSIGNMENT * SURFACE INTERACTION * SURFACE PROPERTY ASSIGNMENT
* CONTACT_RIGID_NODES_TO_RIGID_BODY	* CONTACT * CONTACT INCLUSIONS * CONTACT PROPERTY ASSIGNMENT * SURFACE INTERACTION * SURFACE PROPERTY ASSIGNMENT

（续）

LS-DYNA 关键字	等效 Abaqus 对象
* CONTACT_SINGLE_SURFACE	* CONTACT * CONTACT INCLUSIONS * CONTACT PROPERTY ASSIGNMENT * SURFACE INTERACTION * SURFACE PROPERTY ASSIGNMENT
* CONTACT_SURFACE_TO_SURFACE	* CONTACT * CONTACT INCLUSIONS * CONTACT PROPERTY ASSIGNMENT * SURFACE INTERACTION * SURFACE PROPERTY ASSIGNMENT
* CONTACT_TIED_NODES_TO_SURFACE	* TIE
* CONTACT_TIED_SURFACE_TO_SURFACE	* TIE

表 3-45　杂项数据

LS-DYNA 关键字	等效 Abaqus 对象
* CONTROL_TERMINATION	在 * DYNAMIC,EXPLICIT 中输入的时间范围
* END STEP	* END STEP
* KEYWORD	无
* TITLE	* HEADING
* INCLUDE	处理多个 LS-DYNA 文件

命令汇总

abaqus fromdyna　job=作业名
　　input=*dyna* 输入文件
　　[splitFile= {<u>OFF</u> | ON}]

命令行选项

job

此选项指定由转换器输出的 Abaqus 输入文件的名称。Abaqus 输入文件的名称必须不带扩展名 . inp。由转换器创建的调试将写入名为作业名 . log 的文件中。

input

此选项指定包含 LS-DYNA 关键字数据的文件名。LS-DYNA 输入文件可以有扩展名。

splitFile

此选项指定是否将 Abaqus 输入文件分割成多个文件。如果 splitFile=ON，则输出下面的

文件：

- job-name_nodes. inc：包括含有节点数据的文件
- job-name_elements. inc：包括含有单元数据的文件
- job-name_model. inc：包括含有剩余模型数据的文件
- job-name. inp：包括上述所有文件数据和历史数据的 Abaqus 输入文件

3.2.37 与 ZAERO 交换 Abaqus 数据

产品：Abaqus/Standard

参考

- “执行程序：概览”，3.1 节

概览

abaqus tozaero 界面允许用户在 Abaqus 与 ZAERO 分析产品之间交换气弹数据。通过使用这些应用之间的界面，可以在 Abaqus 模型上进行结构模态分析，将模型转移到 ZAERO 进行气弹分析，然后再将其转移回 Abaqus 进行应力分析。

通用文件

通用文件是 Abaqus 与 ZAERO 之间进行数据交换的手段。它包括四个数据集合：2411，描述节点和坐标系数据；2414，描述质量归一化的模态形状；2420，描述整体坐标系；2453（以文本格式描述质量矩阵）或者 2453b（以二进制格式描述质量矩阵）。

可以使用 mode 参数指定通用文件的输出格式。选择文本格式允许用户在文本编辑器中修改通用文件，但会将文件大小增加为二进制格式文件的两倍。文本是默认格式，并且 ZAERO 仅支持文本格式。表 3-46 和表 3-47 分别列出了文本格式的质量矩阵数据集合和二进制格式的质量矩阵数据集合。

表 3-46　数据集合 2453（文本）的格式

记录	场	描述	格式
1	1	矩阵标识符 1:DOF(自由度) 131:Mass(质量) 139:Stiffness(刚度) 147:Back-expansion(后膨胀)	(I10)

（续）

记录	场	描述	格式
2	1	矩阵数据类型 1:整数型 2:实数 4:双精度 5:复数 6:复双精度	(6I10)
	2	矩阵形式 3:一般矩形	
	3	行数	
	4	列数	
	5	存储关键字 1:行 2:列 11:空(IMAT=1时不支持)	
	6	矩阵大小参数 对于IMAT=1,是动态模式的数量 对于空,是矩阵输入的数量 否则为零	
对于存储关键字1和2,为3	无	矩阵数据	对于数据类型1:(8 I10) 对于数据类型2:(4 E20.12) 对于数据类型4:(4 D20.12) 对于数据类型5:(2(2 D20.12)) 对于数据类型6:(2(2 D20.12))
对于存储关键字11,为3	1	行	对于数据类型1:(2(2I10 1I10)) 对于数据类型2:(2(2I10 1E20.12)) 对于数据类型4:(2(2I10 1D20.12)) 对于数据类型5:(1(2I10 2E20.12)) 对于数据类型6:(1(2I10 2D20.12))
	2	列	
	3	单元处的值	

表3-47　数据集合2453b（二进制）的格式

记录	场	描述	格式
标头	1	2453	(I6)
	2	小写字母b	(IA1)
	3	字节排序方法 1:低位在前	(I6)

（续）

记录	场	描述	格式
标头	4	浮点格式 1:IEEE 754	(I6)
	5	ASCII 线数,对于 2453b,在 2 后	(I12)
	6	ASCII 行之后的字节数	(I12)
	7~10	不使用(零)	
1	1	矩阵标识符 1:DOF(自由度) 131:Mass(质量) 139:Stiffness(刚度) 147:Back-expansion(后膨胀)	(I10)
2	1	矩阵数据类型 1:整数型 2:实数 4:双精度 5:复数 6:复双精度	(6I10)
	2	矩阵形式 3:一般矩形	
	3	行数	
	4	列数	
	5	存储关键字 1:行 2:列 11:空(IMAT=1 时不支持)	
	6	矩阵大小参数 对于 IMAT=1,是动态模式的数量 对于空,是矩阵输入的数量 否则为零	
3(二进制矩阵数据)	1(4 个字节)	行	对于数据类型 1:(2 Int32 1 Int32) 对于数据类型 2:(2 Int32 1 Flt32) 对于数据类型 4:(2 Int32 1 Dbl64) 对于数据类型 5:(2 Int32 2 Flt32) 对于数据类型 6:(2 Int32 2 Dbl64)
	2(4 个节点)	列	
	3	单元处的值	

准备 Abaqus 分析输入文件

在界面创建通用文件之前，必须向 Abaqus 输入（.inp）文件添加以下内容，然后运行 Abaqus：

- 将特征频率提取分析中的特征向量，相对于结构的质量矩阵进行归一化。此归一化是有必要的，因为转换器假定模态形状是质量归一化的。如果在 Abaqus 运行之前跳过此步，则模态转换将不正确，从而给出错误的结果，并且不发出警告或者错误提示。更多内容见“固有频率提取”（《Abaqus 分析用户手册——分析卷》的 1.3.5 节）。

- 分析步中应包含下面的数据行：
- ELEMENT MATRIX OUTPUT，ELSET=allelements，MASS=YES，

OUTPUT FILE=USER DEFINED，FILE NAME=矩阵文件名

其中 allelements 是包含应包括在整体质量矩阵中的所有单元的单元集合。矩阵输出将放入矩阵文件名 . mtx 的文件中；不允许指定扩展名 . mtx，因为 Abaqus 会自动添加扩展名。

工作流程

此部分描述 Abaqus 与 ZAERO 之间工作流程中三个主要步骤的输入和输出。

Abaqus 中的模态分析

Abaqus 模态分析使用 Abaqus 输入文件，并将下面的数据输出到输出数据库（. odb）文件和矩阵（. mtx）文件中：结构模型节点、坐标系、模态频率、广义质量、模态形状和质量矩阵。

ZAERO 中的气弹分析

气弹分析需要 ZAERO 输入文件和由 ZAERO 创建的通用文件。ZAERO 将结构节点上由气弹力引起的力数据和力矩数据输出到通用文件。

Abaqus 中的应力分析

从 ZAERO 得到的力和力矩输出将用于静态（线性的或者非线性的）Abaqus 分析，以计算变形、应力和载荷。

命令汇总

abaqus tozaero job=作业名
[unvfile=通用文件名]
[odbfile=*odb* 文件名]
[mtxfile=*mtx* 文件名]
[step=步编号]
[mode= {<u>text</u> | binary}]

命令行选项

job

此选项指定 Abaqus 输入文件的名称。此文件名也是通用输出数据库文件和质量矩阵文

件的默认名称。

unvfile

如果文件名不是作业名，则使用此选项指定通用文件的名称。如果没有提供扩展名 . unv，则 Abaqus 自动添加扩展名。

odbname

如果文件名不是作业名，则使用此选项来指定 Abaqus 输出数据库文件的名称。如果没有提供扩展名 . odb，则 Abaqus 自动添加扩展名。

mtxfile

此选项指定包含由 Abaqus 生成的单元质量矩阵的文件。如果没有提供扩展名 . mtx，则 Abaqus 自动添加此扩展名。

step

此选项指定从 Abaqus 特征频率提取结果的步编号。默认值是 1。

注意：在特征频率提取分析中，必须相对于结构的质量矩阵来归一化特征向量。更多内容见“固有频率提取”（《Abaqus 分析用户手册——分析卷》的 1.3.5 节）。

mode

此选项指定通用文件的输出格式。如果将此选项设置成等于 binary，则 Abaqus 将以二进制格式写入部分通用文件以节省空间。如果将此选项设置成 text，则 Abaqus 将整个文件都写成文本格式。默认值是 text，目前 ZAERO 仅支持此格式。

3.2.38 将 Abaqus 数据转换成 MSC. ADAMS 模态中性文件

产品：Abaqus/Standard

参考

- “执行程序：概览”，3.1 节
- “将 Abaqus 数据转换成 MSC. ADAMS 中分析的模态中性文件格式”，《Abaqus 例题手册》的 15.1.7 节

概览

在 MSC. ADAMS 中进行动力学分析时，可以使用 MSC. Software 公司的 ADAMS/Flex 产品计算构件的柔性。ADAMS/Flex 依靠 Abaqus 等有限元分析程序，以 MSC. ADAMS 可用的形式提供构件的柔性信息。可以使用 abaqus adams 转换器创建 MSC. ADAMS 构件的 Abaqus 模型，并且将 Abaqus 结果转换成 MSC. ADAMS 模态中性（. mnf）文件，该文件是 ADAMS/Flex 要求的格式。

使用转换器

下面的过程总结了 abaqus adams 转换器的典型用法：

1）为 MSC. ADAMS 模型的每个柔性构件创建一个 Abaqus 模型。将每个构件模拟成一个 Abaqus 子结构。

2）运行 Abaqus 分析。更多内容见“准备子结构 SIM 数据库文件”。

3）运行 abaqus adams 转换器，读取由分析生成的子结构 SIM 数据库，并且创建 MSC. ADAMS 的模态中性（. mnf）文件。

4）将模态中性文件读入 MSC. ADAMS 中。必须为 MSC. ADAMS 中的每个柔性零件创建一个单独的模态中性文件。

准备子结构 SIM 数据库文件

本部分介绍子结构 SIM 数据库的准备，该数据库将生成 ADAMS/Flex 所需的结果量。

Abaqus 子结构模型

计算 MSC. ADAMS 中构件柔性的第一步是将构件模拟成 Abaqus 子结构。此过程包括创建构件的 Abaqus 有限元模型。使用子结构建立 Abaqus 模型的要点见“使用子结构”（《Abaqus 分析用户手册——分析卷》的 5. 1. 1 节）。

创建 Abaqus 模型生成模态中性文件

创建要转换成 MSC. ADAMS 的子结构时，子结构生成步中必须包含下面的选项：

```
*SUBSTRUCTURE GENERATE, MASS MATRIX=YES, RECOVERY MATRIX=YES
*FLEXIBLE BODY, TYPE=ADAMS
```

此外，可以添加下面的数据将应力和（或者）应变转换到 MSC. ADAMS：

```
*ELEMENT RECOVERY MATRIX, POSITION=AVERAGED AT NODES
S,
E,
```

单位

MSC. ADAMS 程序要求用户定义构件模型中使用的单位，而 Abaqus 则不需要。因此，在模态中性文件的创建过程中，必须明确说明模型中使用的单位。在 abaqus adams 执行程序中说明单位的方法与在 ADAMS/View Units Settings 对话框中执行此操作的方法非常相似。可以通过在 abaqus adams 执行程序中使用 units 选项来指定预定义的单位系统。另外，还可以通过在 abaqus adams 执行程序中使用 length、mass、force 和 time 选项来指定长度、质量、力和时间单位。任何指定的单位都将取代单位系统中的相应单位。默认单位系统是 mks。Units 选项的有效单位系统见表 3-48。

表 3-48 有效单位系统

单位系统	长度单位	质量单位	力单位	时间单位
mks	米(m)	千克(kg)	牛顿(N)	秒(s)
mmks	毫米(mm)	千克(kg)	牛顿(N)	秒(s)
cgs	厘米(cm)	克(g)	达因(dyn)	秒(s)
ips	英寸(in)	磅质量(lbm)	磅力(lbf)	秒(s)

length、mass、force 和 time 的有效选项如下。

长度单位

长度单位的有效选项：

- meters （米）
- millimeters，mm （毫米）
- centimeters，cm （厘米）
- kilometers，km （千米）
- inches，inch，in （英寸）
- feet，foot，ft （英尺）
- mile （英里）

质量单位

质量单位的有效选项：

- kilograms，kg （千克）
- megagram，tonne （吨）
- gram，g （克）
- pound_mass，lbm，pound （磅）
- slug （斯）
- kpound_mass （千磅）
- ounce_mass （盎司）

力单位

力单位有效的选项：

- newtons，N （牛顿）
- knewton，kN （千牛）
- kilogram_force，kgf （千克力）
- dyne （达因）
- ounce_force （盎司力）
- pound_force，lbf，pound （磅力）
- kpound_force （千磅力）

时间单位

时间单位的有效选项：

- seconds, sec　（秒）
- milliseconds, ms　（毫秒）
- minutes, min　（分钟）
- hours　（小时）

可以在 Abaqus 环境文件中定义单位选项的默认值。可以使用 adams_units_family 参数定义 units 选项的默认值。length、mass、time 和 force 选项的默认值是分别使用 adams_length_units、adams_mass_units、adams_time_units 和 adams_force_units 参数定义的。

转换具有负特征值的模态

通常，对于三维无预应力的未受约束子结构，希望找到六个具有零特征值的刚体模态。通常情况下，预应力子结构的情况有所不同，其特征值为零的模态可能少于六个。预应力可能会将一些预期的零值变成极大的正值或者负值，这取决于预应力的符号。

默认情况下，转换器删除具有负特征值的模态，并且重新正交化约化基。如果想要保留负的特征值，则定义环境变量 MDI_MNFWRITE_OPTIONS。

- 在 Linux 平台上，输入下面的命令：

setenv MDI_MNFWRITE_OPTIONS negative_roots_OK

- 在 Windows 平台上，输入下面的命令：

set MDI_MNFWRITE_OPTIONS = negative_roots_OK

在此情况下，转换器将采用与所有其他模态相同的方式处理具有负特征值的模态。

要确定模态在经转换器转换时是否具有负特征值，可以在输入文件中添加一个没有边界条件的特征频率提取步。

命令汇总

```
abaqus adams  job = 作业名
              [substructure_sim = 文件名]
              [units = mmks | mks | cgs | ips]
              [length = 长度单位名称]
              [mass = 质量单位名称]
              [time = 时间单位名称]
              [force = 力单位名称]
              [mnf_elset = 单元集合名称]
```

命令行选项

job

此选项用于指定结果转换过程中使用的输入文件和输出文件。使用作业名值构建默认的子结构 SIM 文件名作业名 . sim。将输出模态中性文件命名为作业名 . mnf。

如果从命令行中省略了此选项，则提示用户输入此值。

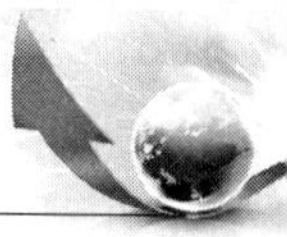

substructure_sim

如果子结构 SIM 数据库（.sim）文件的名称不是作业名.sim，则使用此选项指定文件名。通常命名为作业名_*znn*.sim。

units

此选项用于指定模型的单位系统。可能的值是 mmks、mks、cgs 或者 ips，它们对应于使用同样名称的 ADAMS/View 选项。默认值是 mks。

可以在 Abaqus 环境文件中如下定义此选项：

adams_unit_family = 单位族

length

此选项用于指定模型的长度单位。如果指定了此选项，则用它代替指定单位系统中的长度单位。

可以在 Abaqus 环境文件中如下定义此选项：

adams_length_units = 长度单位

mass

此选项为模型指定质量单位。如果指定了此选项，则用它覆盖指定单位系统中的质量单位。

可以在 Abaqus 环境文件中如下定义此选项：

adams_mass_units = 质量单位

time

此选项用于指定模型的时间单位。如果指定了此选项，则用它代替指定单位系统中的时间单位。

可以在 Abaqus 环境文件中如下定义此选项：

adams_time_units = 时间单位

force

此选项为模型指定力单位。如果指定了此选项，则用它代替指定单位系统中的力单位。

可以在 Abaqus 环境文件中如下定义此选项：

adams_force_units = 力单位

mnf_elset

此选项定义一组单元，这些单元的面将被导出到模态中性文件中，从而可以在 MSC. ADAMS 中显示。此选项不影响解的构成。

3.2.39 将 Abaqus 子结构转换成 SIMPACK 柔性体

产品：Abaqus/Standard

参考

- “执行程序：概览”，3.1 节

概览

abaqus tosimpack 转换器可将 Abaqus 子结构转换成 SIMPACK 多体动力学程序可以使用的柔性体格式。

该转换器从子结构 SIM 文件中读取 Abaqus 数据，并将其写到 SIMPACK 柔性体界面（.fbi）文件。

使用转换器

下面的过程总结了 abaqus tosimpack 转换器的典型用法：

1）创建 Abaqus 子结构（使用子结构建立 Abaqus 模型的方法见“使用子结构”，《Abaqus 分析用户手册——分析卷》的 5.1.1 节）。

子结构生成步必须包含下面的选项：

* SUBSTRUCTURE GENERATE，MASS MATRIX = YES，RECOVERY MATRIX = YES

• FLEXIBLE BODY，TYPE = SIMPACK

2）运行 Abaqus 分析。

3）运行 abaqus tosimpack 转换器，读取由分析生成的子结构 SIM 数据库，并创建柔性体接口文件。

命令汇总

```
abaqus tosimpack  job = 作业名
                  [substructure_sim = 文件名]
                  [units = mmks | mks | cgs | ips]
                  [length = 长度单位名称]
                  [mass = 质量单位名称]
                  [time = 时间单位名称]
                  [fbi_elset = 单元集合名称]
```

命令行选项

job

此选项指定结果转换过程中使用的输入和输出文件名。使用作业名值来构建默认的子结构 SIM 数据库文件名作业名 . sim。将输出柔性体界面文件命名为作业名 . fbi。

如果从命令行中省略了此选项，将提示用户输入此值。

substructure_sim

如果子结构 SIM 数据库（.sim）文件的名称不是*作业名*.sim，则使用此选项指定子结构 SIM 数据库文件的名称。通常此文件名为作业名_znn. sim。

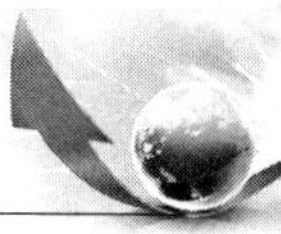

units

此选项指定 Abaqus 模型的单位系统。可能的值是 mmks（千米-千克-秒）、mks（米-千克-秒）、cgs（厘米-克-秒）和 ips（英寸-磅-秒）。默认值是 mks。

length

此选项指定模型的 length 单位。有效的选项是 meters、m、millimeters、mm、centimeters、cm、kilometers、km、inches、inch、in、feet、foot、ft 和 mile。如果指定了此选项，则用它替代指定单位系统中的长度单位。

mass

此选项指定模型的 mass（质量）单位。有效的选项是 kilograms、kg、megagram、tonne、gram、g、pound_mass、lbm、pound、slug、kpound_mass 和 ounce_mass。如果指定了此选项，则用它替代指定单位系统中的质量单位。

time

此选项指定模型的 time 单位。有效的选项是 seconds、sec、milliseconds、ms、minutes、min 和 hours。如果指定了此选项，则用它替代指定单位系统中的时间单位。

fbi_elset

此选项所定义的单元集合的面将输出到柔性体界面文件中，从而可以在 SIMPACK 中显示。此选项不影响解的构成。

3.2.40 将 Abaqus 子结构转换成 EXCITE 柔性体

产品：Abaqus/Standard

参考

- “执行程序：概览”，3.1 节

概览

abaqus toexcite 转换器可将 Abaqus 子结构转换成 EXCITE 多体动力学程序可使用格式的柔性体。

转换器从子结构 SIM 文件中读取 Abaqus 数据，并将数据写入 EXCITE 柔性体界面（.exb）文件。

使用转换器

下面的过程总结了 abaqus toexcite 转换器的典型用法：

1）创建 Abaqus 子结构（使用子结构建立 Abaqus 模型的一般要点见“使用子结构”，《Abaqus 分析用户手册——分析卷》的 5.1.1 节）。

子结构生成步必须至少写入质量矩阵和刚度矩阵中，并且必须包括下面的 * FLEXIBLE BODY 选项：

* SUBSTRUCTURE GENERATE, MASS MATRIX = YES

• FLEXIBLE BODY, TYPE = EXCITE 或 GENERIC

• 如果 TYPE = EXCITE，则创建 SMOT 类型的 EXCITE 柔性体，此柔性体包含高阶的惯性不变量。

• 如果 TYPE = GENERIC，则创建 CON6 类型的 EXCITE 柔性体。

2）运行 Abaqus 分析。

3）运行 abaqus toexcite 转换器，读取由分析生成的 SIM 子结构数据库，并创建柔性体界面文件。

命令汇总

abaqus toexcite job = 作业名
[substructure_sim = 文件名]

命令行选项

job

此选项指定转换过程中使用的输入和输出文件名。使用作业名构建默认的子结构 SIM 数据库文件名作业名 . sim。将输出柔性体界面文件命名为作业名 . exb。

如果从命令行中省略了此选项，则提示用户输入此值。

substructure_sim

如果子结构 SIM 数据库（. sim）文件的名称不是作业名 . sim，则此选项会指定结构 SIM 数据库文件的名称。通常命名成作业名_*znn*. sim。

3.2.41 将 Moldflow 数据转换成 Abaqus 输入文件

产品：Abaqus/Standard

参考

• “执行程序：概览”，3.1 节

• “Moldflow 转换例子”，《Abaqus 例题手册》的 1.3.19 节

概览

Autodesk 公司的 Moldflow Plastics Insight（本书称之为 Moldflow）可模拟塑料注射模具填

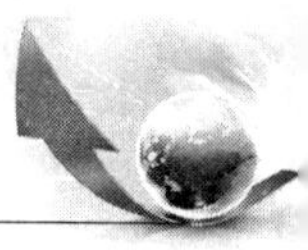

充工艺。Moldflow 仿真的结果包括材料属性计算和塑料零件中的残余应力。

abaqus moldflow 转换器将 Moldflow 分析的有限元模型信息转换成部分的 Abaqus 输入文件。转换器需要由 Moldflow 分析创建的 Moldflow 接口文件（更多内容见“Moldflow 接口文件”）。

对于中面仿真，abaqus moldflow 转换器读取由 abaqus moldflow 转换器版本 MPI3 或者更高版本创建的接口（.pat 和 .osp）文件。

对于使用 Moldflow MPI6 版本的三维实体仿真，转换器读取使用 Visual Basic 脚本 mpi2abq.vbs 创建的接口（.inp 和 .xml）文件。此脚本是 Abaqus 安装的一部分，通常位于 *moldflow* 安装目录/Plastic Insight 6.0/data/commands 目录中。

使用转换器

下面的过程总结了 abaqus moldflow 转换器的典型用法：

1）运行 Moldflow 仿真。

2）按以下方式输出数据：

• 对于中面 Moldflow 仿真，将有限元网格数据输出到作业名.pat 文件，并将结果数据（材料属性和残余应力）输出到作业名.osp 文件。

• 对于使用 Moldflow MPI 6 版本的三维实体 Moldflow 仿真，运行 Visual Basic 脚本 mpi2abq.vbs，将有限元网格数据输出到作业名_mesh.inp 文件，并将结果数据输出到.xml 文件。

3）运行 abaqus moldflow 转换器，从 Moldflow 接口文件创建部分 Abaqus 输入文件。

4）编辑 Abaqus 输入文件，为分析添加合适的数据（如添加边界条件和步数据）。

5）递交分析的 Abaqus 输入文件。

Moldflow 接口文件

Moldflow 接口文件包含有限元网格数据、材料属性数据和残余应力数据。

对于中面仿真，必须使用 Moldflow 创建两个接口文件：作业名.pat 和作业名.osp。这两个文件必须使用相同的单位。

对于使用 Moldflow MPI6 版本的三维实体仿真，填充模型和未填充模型的网格文件及结果文件见表 3-49。

表 3-49 使用 Moldflow MPI6 版本的 Visual Basic 脚本生成的接口文件

数据类型	填充模型	未填充模型
有限元网格数据	作业名_mesh.inp	作业名_mesh.inp
结果数据	作业名_v12.xml	作业名_PoissonRatios.xml
	作业名_v13.xml	
	作业名_v23.xml	

（续）

数据类型	填充模型	未填充模型
结果数据	作业名_g12. xml	作业名_ShearModuli. xml
	作业名_g13. xml	
	作业名_g23. xml	
	作业名_ltec_1. xml	作业名_Ltecs. xml
	作业名_ltec_2. xml	
	作业名_ltec_3. xml	
	作业名_e11. xml	作业名_Moduli. xml
	作业名_e22. xml	
	作业名_e33. xml	
	作业名_initStresses. xml	作业名_initStresses. xml
	作业名_principalDirections. xml	

有限元网格数据

Moldflow 接口文件包含有限元网格数据。

• 对于中面仿真，网格数据位于 Patran 中性文件中，此中性文件包含节点坐标、单元拓扑和单元属性。

• 对于三维实体仿真，网格数据位于 Abaqus 输入文件中，此输入文件包含节点坐标、单元拓扑、单元属性和边界条件，足以排除结构的刚体模式。网格文件中的实体单元总是 4 节点四面体单元。转换器的一个选项可以将这些 4 节点四面体单元转换成 10 节点四面体单元。

材料属性数据

Moldflow 接口材料属性数据文件包含每个单元的弹性系数和热膨胀系数。对于中面仿真，这些属性可以是各向同性的或者正交异性的。对于填充模式的三维实体仿真，这些属性是正交异性的。对于未填充模式的三维实体仿真，数据文件包含调整过的正交异性数据，以表示物理上各向异性的材料。

残余应力数据

abaqus moldflow 转换器计算在模具中冷却后塑料零件中的残余应力。可以将这些残余应力转换成 Abaqus 结构分析的初始应力。

• 对于中面仿真，在与材料属性相同的方向上定义平面应力初始应力状态。材料坐标系中的应力状态是以主应力的形式定义的（切应力是零）。

• 对于三维实体仿真，作业名_initStresses. xml 中每个单元的残余应力是在整体坐标系中定义的。转换器将这些坐标转换成与材料属性方向相同。

转换中面 Moldflow 数据时使用的假设

对于中面仿真，abaqus moldflow 转换器做了很多有关数据拓扑和属性的假设。下面列出

的这些假设可确保与当前版本的 Abaqus 中使用的选项兼容。

- Moldflow 网格可以由 3 节点的平面三角形单元以及 2 节点的一维单元组成，用于表示流道和肋板等构件。abaqus moldflow 转换器将三角形单元转换成与 Abaqus S3R 壳单元具有同样网格的形式。使用 Moldflow 网格的一维单元不会被转换。
- 由 abaqus moldflow 转换器创建的 Abaqus S3R 壳单元中的层数等于 Moldflow 传递的层数，即 20。因此，传入转换器的力学性能和应力数据适用于 20 层的厚度。
- 由 abaqus moldflow 转换器创建的 Abaqus 输入数据取决于接口（.osp）文件中定义的材料类型：

对于未填充的各向同性材料，Abaqus 假设：

—是均质的壳。

—各向同性的材料常数

—Abaqus 截面点的初始应力值是从 Moldflow 整个厚度的积分点处的数值插值得到的。

对于未填充的横向各向同性材料，Abaqus 假设：

—是均质的壳。

—以材料主方向加上相对于局部 Abaqus 坐标系方向的形式，为截面定义横向各向同性的材料常数。

—Abaqus 截面点的初始应力是从 Moldflow 整个厚度的积分点处的数值插值得到的。

对于纤维填充材料，Abaqus 假设：

—是复合壳。

—以材料主方向加上相对于各层的局部 Abaqus 坐标系方向的形式，为各层定义层合材料常数。

—将 Moldflow 整个厚度的积分点作为每个 Abaqus 层的中点。

—各层的材料属性是常数。

—Abaqus 截面点的初始应力与 Moldflow 整个厚度的积分点处的值是相同的，并且在各层中均为常数。

abaqus moldflow 转换器生成的 Abaqus 输入文件中不包含边界条件和载荷数据。必须手动为输入文件添加这些信息。

转换三维实体仿真的 Moldflow 数据的假设

对于三维实体仿真，abaqu moldflow 转换器对数据的拓扑和属性做了许多假设。以下假设可确保与当前版本的 Abaqus 中可以使用的选项兼容。

- abaqus moldflow 转换器将四面体单元转换成与 Abaqus C3D4 或者 C3D10 实体单元相同（更多内容见下面的命令行选项）。
- 正交异性材料常数是在材料主方向上指定的。
- 每个单元的材料属性都是常数。
- 通过给出定义局部 1 方向和 2 方向的向量，在作业名_principalDirections.xml 中定义方向。
- 作业名_initSresses.xml 中由 Moldflow 的 WARP3D 模块计算得到的残余应力，是从整体坐标转换到局部材料方向上的，并用作 Abaqus 中的初始应力。

- 表示工况载荷的载荷和边界条件必须手动添加到输入文件中。对于使用 Moldflow-MPI6 版本的仿真，由转换器创建的 Abaqus 输入文件包含的边界条件足以删除模型中的刚体模式，从而可以容易地求解由初始应力产生的响应。

为中面仿真创建的文件

abaqus moldflow 转换器读取 Moldflow 接口文件，并创建相关文件。所创建的文件取决于执行转换时，用户在命令行中包含了哪个选项。对于中面选项，abaqus moldflow 转换器创建一个部分 Abaqus 输入文件、一个中性文件和一个初始应力文件。

部分 Abaqus 输入（.inp）文件

部分 Abaqus 输入文件包含由节点坐标、单元拓扑和截面定义组成的模型数据，也包含具有默认输出要求的 *STATIC 步。如果使用的是各向同性材料，则输出文件应包含材料属性数据。每个输入文件以一系列注释开始，这些注释汇总了由 Moldflow 接口文件提供的数据，以及如何将数据转换为 Abaqus 输入文件。必须手动将附加数据（如边界条件和载荷），以及非默认的输出要求添加到此文件中。

中性（.shf）文件（包含分层、空间变化的材料属性的材料数据）

将材料数据转换成合适格式的 ASCII 中性文件。此文件包含每个单元的每一层的层合材料属性数据。Abaqus 输入文件中的 Abaqus *ELASTIC，TYPE=SHORT FIBER 和 *EXPANSION，TYPE=SHORT FIBER 选项指示 Abaqus/Standard 从初始步过程中读取材料数据。

中性文件中的数据行：

第一行：

1. .shf 文件中的单元数
2. 每个壳截面中的层数

后续行：

1. 单元标签
2. 层标识符
3. E_1
4. E_2
5. v_{12}
6. G_{12}
7. G_{13}
8. G_2
9. α_1
10. α_2
11. 纤维方向角（单位为度），相对于默认单元方向来测量。

按需要重复此数据行，为不同单元的壳截面的不同层定义以上参数。

初始应力（.str）文件

将 Moldflow 分析的残余应力数据转递到具有合适格式的 ASCII 中性文件中。这些数据是以每个截面节点处的局部 Abaqus 坐标系形式定义的。Abaqus 输入文件中的 Abaqus *INITIAL CONDITIONS，TYPE=STRESS，SECTION POINTS 选项指示 Abaqus/Standard 在初始步过程中，从此初始应力文件中读取初始应力数据。

为三维实体仿真创建的文件

abaqus moldflow 转换器读取 Moldflow 接口文件，并创建相关文件。创建的文件取决于在执行转换时，用户在命令行中包含了哪一个选项。

如果所使用的是未填充模型，则 abaqus moldflow 转换器仅创建下述部分 Abaqus 输入文件。对于使用填充模型的三维实体仿真，转换器可以创建附加文件，如下文所述。

部分 Abaqus 输入文件

包含模型数据的部分 Abaqus 输入文件由节点坐标、单元拓扑和截面定义组成。必须手动为此部分 Abaqus 输入文件添加附加数据（如工况载荷和边界条件），以及非默认的输出要求。

足以删除刚体模式的边界条件数据也包含其中。

包含正交异性材料属性数据的材料（.mpt）文件

将来自 Moldflow 分析的材料数据汇总在一个二进制文件中。写入文件中的数据形式与为 Abaqus *ELASTIC，TYPE=ENGINEERING CONSTANTS 选项提供的信息形式一样。这些数据是根据每个单元的局部 Abaqus 坐标系定义的。

包含单元方向数据的方向（.opt）文件

将计算得到的定义材料属性和初始应力的方向放置到此二进制文件中。

包含热膨胀系数的热膨胀（.tpt）文件

将来自 Moldflow 分析的正交异性热膨胀系数汇总在一个二进制文件中。这些数据是根据每个单元的局部 Abaqus 坐标系定义的。

准备分析的 Abaqus 输入文件

一旦 abaqus moldflow 转换器创建了 Abaqus 输入文件，用户必须在提交分析之前手动完成输入文件（详细内容见“在 Abaqus 中定义模型”，1.3 节）。

收缩和翘曲分析的准备

收缩和翘曲分析计算在模型从模具中取出后，模型中由残余应力引起的变形。通常必须仅移除刚体模式。

在此情况中，用户必须确保残余应力已经转换。对于三维实体 Moldflow 仿真，将足以抑制刚体模式的边界条件自动转换到输入文件中。在其他情况中，需要添加合适的边界条件，以避免模型的刚体模式。

在某些情况下，当必须考虑出现的几何非线性和大初始应力时，可能会出现收敛问题。可以通过使用两个分析步来克服这些问题：

- 在第一个步中，约束所有的位移自由度。
- 在第二个步中，使用 OP = NEW 参数施加边界条件，此边界条件可删除刚体模式。

工况载荷分析的准备

工况载荷分析（使用合适的边界条件）评估模型的性能。用户可以在有或者无初始应力的情况下执行此分析。必须将合适的边界条件和载荷指定成 Abaqus 输入文件中的历史数据。

其他分析类型的准备

可以使用转换后的模型执行任何 Abaqus/Standard 分析过程，前提是在 Abaqus 输入文件中指定了正确的边界条件和载荷。此外，某些分析类型可能需要在输入文件中指定附加的材料常数、模型数据和（或者）解控制。

命令汇总

```
abaqus moldflow   job=作业名
                  [input=输入文件名]
                  [midplane | 3D]
                  [element_order= {1 | 2} ]
                  [initial_stress= {on | off} ]
                  [material=traditional]
                  [orientation=traditional]
```

命令行选项

job

此选项指定在结果转换过程中需要使用的输入文件和输出文件的名称。使用作业名值构建默认的 SIM 数据文件名作业名 . sim。将输出模态中性文件命名为作业名 . mnf。

如果从命令行中省略了此选项，则提示用户输入此值。

input

如果包含 Moldflow 接口数据的文件名不是作业名，则使用此选项来指定包含 Moldflow 接口数据的文件名。

midplane

此选项用于将中面仿真的结果转换成使用三维（壳）单元的 Abaqus 模型。

3D

此选项用于将三维实体仿真的结果转换成使用实体单元的 Abaqus 模型。

element_order

此选项用于为三维实体仿真指定部分输出文件中创建的单元阶次。可能的值是 1 和 2：当值为 1 时，创建一阶单元（C3D4）；当值为 2 时，创建二阶单元（C3D10）。默认值是 2。仅当使用 3D 选项时，此选项才有效。

initial_stress

此选项用于指定是否在模型中包含初始应力。仅当使用 3D 选项时，此选项才有效。

如果没有包含 initial_stress 选项，或者 initial_stress=off，则不转换初始应力。

如果 initial_stress=on，则把初始应力写入输入文件。

material

此选项用于指定将材料属性写到哪里。如果 material=traditional，则将材料属性写入输入文件。否则，将材料属性写入（二进制）.mpt 文件。由于性能上的原因，对大模型不推荐使用 material=traditional，因为每个单元都有自己的 * MATERIAL 定义。

orientation

此选项指定将方向写到何处。如果 orientation=traditional，则将方向写入输入文件。否则，将把方向写入（二进制）.opt 文件。由于性能上的原因，对大模型不推荐使用 orientation=traditional，因为每个单元都有自己的 * ORIENTATION 定义。

3.2.42 加密和解密 Abaqus 输入数据

产品：Abaqus/Standard　　Abaqus/Explicit

参考

- “执行程序：概览”，3.1 节
- “在 Abaqus 中定义模型” 中的 “包含加密数据文件”，1.3 节
- * INCLUDE

概览

用户可以使用 abaqus encrypt 工具来防止未经授权使用 Abaqus 输出数据。该工具将数据文件转换成受密码保护的加密格式，只有经过授权的 Abaqus 输入方才能访问。此工具用于

加密通过参考包含在输入（.inp）文件或者其他数据文件中的数据。例如，可以对包含模型所有专有材料数据的文件进行加密，然后通过引用将加密文件包含在未加密的 Abaqus 输入文件中。在 Abaqus 输入文件中包含加密数据文件的方法，见“在 Abaqus 中定义模型”中的“包含加密数据”（1.3 节）。

用户可以加密任何输入文件。然而，Abaqus 不能直接运行已加过密的 Abaqus 输入文件；加密数据必须包含在非加密文件中。不能在加密文件中使用参数化输入。

指定附加访问级别和控制

用户可以自定义加密，使只有拥有某些 Abaqus 功能许可证的用户，或者来自特定站点的用户才能包含或者解密文件。例如，可以指定只有 Abaqus/Standard 用户可以访问文件。也可以防止任何用户解密加密文件，无论其许可证和站点如何。终端用户仍然可以在分析中使用加密数据，方法是通过引用，将其包含在未加密的 Abaqus 输入文件中，前提是用户知道加密文件的密码。

安全和支持考虑

使用 Abaqus 加密工具的主要目的是防止未经授权而使用加过密的输入数据，而不是防止向授权用户公开加密数据。运行使用加密数据的 Abaqus 分析可能会生成未加密的输出文件。仅防止加密输入文件中包含材料行为和连接器行为的信息显示在输出中。此方法意味着满足访问条件（如密码、许可证功能或者站点标识符）的加密数据的接收者，将能够以未加密的形式重新构建一些输入。加密数据的提供者应当考虑建立合同协议来保护专有数据。加密数据的使用者必须对加密输入生成的文件的安全负责，并应考虑限制访问所生成的分析文件。

Abaqus 技术支持不能恢复加密数据文件丢失的密码。对于任何技术支持问题，收到加密数据的用户应联系数据提供者。

向加密文件的文件头添加注释

加密文件时，Abaqus 在文件开始处添加以下未加密注释行：

```
** encrypted input
```

不允许修改或者删除此文件头注释，但可以在文件头注释与加密文件的第一行之间插入其他注释行。这些后加密注释行可以描述加密文件的内容提供版本号或者显示有关加密数据的版权和法律信息。有关注释行语法的更多内容见“输入语法规则”（1.2.1 节）。

但是，不应在加密数据行中添加后加密注释行。如果想要编辑或者修改数据中的注释行，则必须先解密数据。

命令汇总

```
abaqus {encrypt | decrypt}    input=输入文件名
```

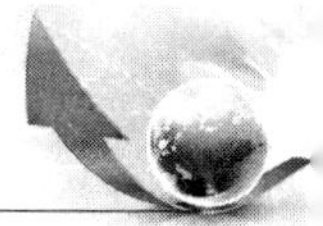

output=输出文件名
password=密码
[license=功能列表] [siteid=站点标识列表] [include_only]
[expiration=过期日期]

命令行选项

input

此选项指定用户想要加密或者解密的数据文件名。

如果从命令行中省略了此选项，则 Abaqus 将提示用户输入此值。

output

此选项用于指定加密或者解密后的数据文件名。

如果从命令行中省略了此选项，则 Abaqus 将提示用户输入此值。

password

此选项用于指定加密或者解密密码。密码是区分大小写的。

加密数据时，如果从命令行中省略了此选项，则 Abaqus 将提示用户输入此选项值。解密时，如果输入的密码不正确或者从命令行中省略了密码，则 Abaqus 将提示输入文件受损或者密码不正确。

license

此选项仅应用于文件加密。

此选项用于指定终端用户需要包含或解密，此加密数据文件时必须获得许可的一个或多个 Abaqus 功能。用户可以使用逗号分隔列表，通过特许制作任何一个 Abaqus 特征，或者一系列 Abaqus 特征，来允许访问文件。

任何出现在 Abaqus 许可证文件中的功能名称都是有效的，包括以下功能：foundation、standard、explicit、design、aqua、ams、cae、viewer、cae _ nogui、cmold、moldflow、safe、cadporter_catia、cadporter_catiav5、cadporter_ideas、cadporter_parasolid、cadporter_proe、afcv5_structural 和 afcv5_thermal。

siteid

此选项仅用于文件加密。

此选项指定终端用户可以包含或者解密此加密数据文件的 Abaqus Site ID 或者多个 ID。用户可以使用逗号分隔列表允许多个地点访问文件。只有与 license 选项一起使用时，此选项才有效。

要确定用户的 Abaqus Site ID，可在命令提示行运行 abaqus whereami。

include_only

此选项仅用于文件加密。

此选项指定不能使用 abaqus decrypt 执行程序解密的加密输入数据；这些数据只能包含在 Abaqus 输入文件中。

如果试图解密使用 include_only 选项加密的文件，则 Abaqus 发出一个错误信息，说明分析中可以包含此输入文件，但不可以解密。

expiration

此选项仅用于文件加密。

在此选项指定的日期之后，最终用户不能再解密或者包含加密数据文件。必须以YYYY-MM-DD格式来提供日期。

例子

下面的例子说明了可以使用encrypt执行程序的不同加密方法。

创建加密文件

在最简单的加密方案中，Abaqus用户创建名为material_data. inp的文件加密副本，此文件包含模型的所有材料数据，然后将加密版本发送给授权的最终用户。加密防止未授权的用户在加密文件传送过程中访问该文件。要创建名为material_data_enc. inp的material_data. inp的加密文件副本，可发出下面的命令：

```
abaqus encrypt input=material_data.inp
  output=material_data_enc.inp password=e1No9c2z
```

在收到文件之后，最终用户可以运行abaqus decrypt执行程序来创建原始未加密材料数据文件的副本。由于在本例中选择的加密选项，最终用户只需要加密文件的密码来解密。要解密加密数据文件material_data_enc. inp，生成未加密文件material_data. inp，则发出下面的命令：

```
abaqus decrypt input=material_data_enc.inp
output=material_data.inp password=e1No9c2z
```

另外，最终用户可以跳过解密并运行通过参考来包含加密数据的分析。要在Abaqus输入文件中包含通过参考加密的文件，可在输入文件中添加下面的语句：

```
*INCLUDE, INPUT=material_data_enc.inp, PASSWORD=e1No9c2z
```

通过许可证功能或者地点标识符来限制访问解密文件

用户可以指定最终用户不能访问文件，除非他们有某些Abaqus功能的许可证、在特定地点运行Abaqus，或者同时满足这两个条件。若仅允许具有Abaqus/Explicit许可证以及在09YYY地点运行的用户才可以访问的加密数据文件，则发出下面的命令：

```
abaqus encrypt input=material_data.inp
    output=material_data_enc.inp password=e1No9c2z
    license=explicit siteid=09YYY
```

最终用户可以尝试使用前面例子中指定的相同解密方法或者包含语法来访问文件material_data_enc. inp。对于此加密文件，在允许访问该文件之前，Abaqus将验证最终用户是否具有Abaqus/Explicit许可证，以及是否在地点09YYY处运行Abaqus。在加密过程中，如果最终用户的许可证或者地点设置与指定不匹配，Abaqus将发出一个错误信息来列出访问文件所需的许可证或者地点。

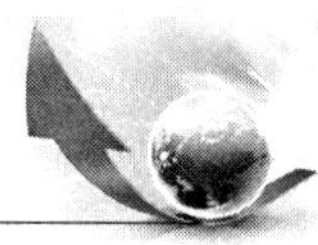

创建 Abaqus 使用的，必须包含的加密文件

用户可以使用 include_only 选项来防止最终用户使用 abaqus decrypt 直接解密文件。授权用户可以通过在 Abaqus 输入文件中通过参考包含文件，来访问使用 include_only 选项的加密文件。输出数据库中不会写入加密输入文件中的材料和连接器行为定义。此外，如果将加密文件用作模型任何部分的输入，则会抑制所有的材料和连接器行为定义输出到数据文件。要创建仅能通过参考来包含在其他输入文件中的加密文件，则发出下面的命令：

abaqus encrypt input=material_data.inp

output=material_data_enc.inp password=e1No9c2z include_only

使用与前面例子中相同的语法，可以将生成的加密文件通过参考来包含在 Abaqus 输入文件中。如果用户试图解密使用 include_only 选项加密的文件，则 Abaqus 返回一个错误信息。

3.2.43 作业执行控制

产品：Abaqus/Standard　　Abaqus/Explicit　　Abaqus/CFD

参考

- “执行程序：概览”，3.1 节

概览

作业执行控制的执行程序包括 abaqus suspend、abaqus resume 和 abaqus terminate。这些工具用于暂停、重新开始和终止 Abaqus 分析作业。暂停分析作业将停止作业的执行，并且将作业的许可证令牌释放到空闲令牌池。重新开始分析将重新激活一个暂停的作业，并检查该作业的许可证令牌（如果可用）。如果许可证令牌不可用，则将作业置于许可证队列中。终止分析作业将停止执行分析，并且释放该作业的许可证令牌。不能重新开始已经终止的分析作业。

用户可以远程执行这些命令；不需要在运行分析的机器上执行这些命令。

命令汇总

abaqus {suspend | resume | terminate} {job=作业名 | host=主机名 port=端口号}

命令行选项

job

此选项指定要暂停、重新开始或者终止的分析作业名。使用此选项时，必须从作业的工作目录中执行此命令。此命令读取作业名.cid文件以获取用于发送作业的主机名和端口号。

host

此选项用于指定运行分析作业的连接主机名，且必须与port选项一起使用。可以通过读取作业名.cid文件的最后一行来确定主机名，此行列出了主机名：端口号。

port

此选项用于指定运行分析作业的连接端口号。且必须与host选项一起使用。可以通过读取作业名.cid文件的最后一行来确定端口号，此行列出了主机名：端口号。

3.2.44 硬件系统认证程序

产品：Abaqus/Standard　　Abaqus/Explicit　　Abaqus/CFD

参考

- “执行程序：概览”，3.1节

概览

硬件系统认证工具提供一种方法，以确保运行Abaqus求解器的硬件所提供的结果数据与在质量保证测试过程中在SIMULIA上得到的结果数据一致。共享资源池中的系统可能安装了不同版本的硬件和软件包，以适应多种软件应用程序。此程序将确保Abaqus求解器产品正在运行，而且生成的结果与SIMULIA上得到的结果相同。

可以按CPUS选项指定的串行模式或者并行模式执行测试。可以通过queue选项提交工具，以测试共享池中的不同资源。认证的一部分是采用MPI技术使用分布内存并行执行。

命令汇总

abaqus sysVerify　[cpus=*cpu* 的数量]
　　　　　　　　[interactive | <u>background</u> | queue [=队列名称]]

命令行选项

cpu

此选项指定认证过程中使用的处理器数量。如果没有定义cpus选项或者将其设置成1，则认证过程中仅执行串行测试。如果将cpus选项设置成4，则串行和并行测试都执行，其中并行测试在两个节点上使用2核的MPI。

interactive

此选项用于交互运行认证程序，并且仍然在后台运行实际分析。随着测试的执行，将测试状态显示到屏幕上。可以在环境文件中设置默认的 run_mode（见“环境文件设置”，3.3节）。

background

此选项用于提交要在后台运行的程序，这是默认选项。日志文件输出保存在当前目录的 systemValidation. log 文件中。可以在环境文件中通过使用 run_mode 参数来设置提交作业的默认方式（见“环境文件设置”，3.3 节）。

queue

此选项用于向批处理队列提交程序。如果该选项未被赋值，则将程序提交到系统的默认队列中。允许查询字符串。可用队列是地点特定的。联系管理员以了解有关本地队列功能的详细信息。使用 information=local 查看安装了哪些本地队列功能。可以在环境文件中通过使用 run_mode 参数来设置提交程序的默认方法（见“环境文件设置”，3.3 节）。

3.3 环境文件设置

产品：Abaqus/Standard　　Abaqus/Explicit

参考

- “执行程序：概览”，3.1 节

概览

Abaqus 环境设置允许用户控制 Abaqus 作业执行的各个方面。例如，可以：

- 通过改变与内存有关的参数来“调节” Abaqus，以提高其性能。
- 控制在哪里和如何写临时文件。
- 为作业参数提供默认值，否则必须在命令行中给出。

可以通过环境设置来构建作业执行的许多其他方面。本节将讨论其中的部分内容；其他主要是 Abaqus 站点管理员感兴趣的内容，在《Abaqus 安装和许可证手册》中对其进行了详细的讨论。

环境设置层级

按下面的顺序设置 Abaqus 环境：

1）主机层级的环境设置。这些设置应用于在指定计算机上运行的所有 Abaqus 作业。

2）用户层级的环境设置。这些设置应用于在用户账号上运行的所有 Abaqus 作业。

在 Windows 平台上，为了让 Abaqus 定位用户主目录中的环境文件，必须使用 HOME 环境变量或者 HOMEDRIVE 和 HOMEPATH 环境变量的组合来指定用户主目录的完整路径。

3）作业层级的设置。这些设置仅应用于指定的 Abaqus 作业中。

可以多次指定环境设置。如果在多个层级上指定了值，或者在同一个层级上给出两次值，则将最后的值用于环境设置。

Abaqus 环境设置是使用特定目录中的特殊文件设置的。主机层级（站点层级）的设置是在 Abaqus 服务（求解器）安装中的求解器安装目录/*os*/SMA/site/custom_v6. env 文件或者 abaqus_v6. env 文件中设置的。可以通过在用户主目录和（或者）当前目录中创建名为的环境文件 abaqus_v6. env 来改变这些设置。将对用户运行的所有作业应用主目录文件中的设置。仅对于从当前目录运行的作业应用当前目录文件中的设置。

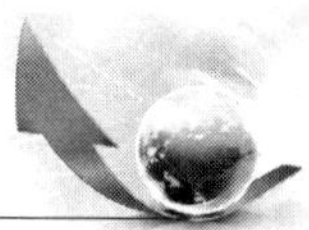

语法

必须使用 Python 语言语法给出环境文件中的输入。采用以下输入形式：

parameter = value

以下是 Python 语法规则的简要概述：

- 参数必须始终具有值。该值可以是任何有效的 Python 常数或者表达式。
- 字符串值必须用双引号或者单引号括起来。
- 注释前面加井号（#）。忽略一行中井号后面的所有字符。带引号的字符串中的数字符号是字符串的一部分，而不是注释的开头。
- 忽略空行。
- 对于双引号中的单引号，不需要进行特殊处理。例如，将“my value’ s”翻译成 my value’ s。对于单引号中包含的双引号，采用相同的处理方法。如果在与封闭的注释相同类型的注释前面有一个反斜线字符（\），则可以在引号中嵌入此注释。
- 三引号（” ” ”）字符串可以跨越多行，并且不需要对字符串中的引号进行特殊处理。采用以下形式输入：

```
parameter=" " "
multi-line
value
" " "
```

- 列表必须括在圆括号（（））或者方括号（[]）中。用逗号分隔列表中的每个项。如果用圆括号括住列表并且仅包含一个值，则必须在该值后面加一个逗号。字符串列表项必须用引号括起来。采用以下形式输入：

parameter=（value1，value2，value3）

故障排除

使用以下命令诊断由错误的环境设置造成的问题：

abaqus information = environment

此命令打印所有当前的环境设置。

命令行默认参数

下面的参数提供了不同设置的默认值，否则必须在命令行中指定这些设置（见“Abaqus/Standard、Abaqus/Explicit 和 Abaqus/CFD 执行”，3.2.2 节；“Abaqus/Standard、Abaqus/Explicit、Abaqus/CFD 和 FMU 协同仿真执行”，3.2.4 节）。在命令行中给出的值，将替代环境文件中指定的值。

cpus

如果可以使用并行过程，则该值是所使用的处理器数。对于协同仿真执行过程，默认值

是 2；否则，默认值是 1。

domains

Abaqus/Explicit 中的并行区域数量。如果该值大于 1，则执行区域分解，而不管 parallel 和 cpus 参数的值如何。然而，如果 parallel=domain，则 cups 的值必须能够被 domain 的值整除。如果没有设置此值，则默认域的数量为分析运行中使用的处理器数（parallel=domain 时）或者为 1（parallel=loop 时）。

double_precision

如果没有在 abaqus 命令行中指定精度版本，则是默认运行的 Abaqus/Explicit 精度版本。默认值是 EXPLICIT（只有 Abaqus/Explicit 分析是以双精度运行的）、BOTH（Abaqus/Explicit 程序和分析都以双精度运行）、CONSTRAINT（Abaqus/Explicit 中的约束程序和约束求解器是以双精度运行，而 Abaqus/Explicit 程序和分析继续以单精度运行）或者 OFF（Abaqus/Explicit 程序和分析以单精度运行）。默认值是 OFF。

parallel

如果没有在 abaqus 命令行中指定并行方法，则是在 Abaqus/Explicit 中所使用的默认并行方法。可能的值是 DOMAIN 或者 LOOP；默认值是 DOMAIN。

run_mode

如果没有在 abaqus 命令行中指定运行模式，则采用默认的运行模式（交互模式、后台模式或者批处理模式）。abaqus analysis 和 abaqus sysVerify 的默认值是 "background"，而 abaqus viewer 的默认值是 "interactives"。

scratch

临时文件使用的目录。必须存在此目录（即它不是由 Abaqus 创建的）并赋予写入许可。在 Linux 平台上，默认值是$ TMPDIR 环境变量的值；如果没有定义$ TMPDIR，则默认值是/tmp。在 Windows 平台上，默认值是% TEMP% 环境变量的值；如果没有定义% TEMP%，则默认值是/TEMP。在分析过程中，将在此目录下创建一个子目录来保存分析临时文件。子目录的名称是根据用户名、作业标识和作业过程标识符构建的。在分析完成时立即删除子目录和其中的内容。

standard_parallel

如果没有在 abaqus 命令行中指定并行模式，则此参数指定 Abaqus/Standard 中的默认并行执行模式。如果将此参数设置为 ALL，则单元操作和求解器操作将并行运行；如果将此参数设置为 SOLVER，则只有求解器以并行模式运行。默认的并行执行模式是 ALL。

gpus

如果没有在 abaqus 命令行中指定 GPGPU 求解器加速选项，则此参数指定 Abaqus/Standard 中 GPGPU 直接求解器的加速设置。默认情况下，不激活 GPGPU 求解器加速。此参数的值是在 Abaqus/Standard 分析中使用的 GPGPU 的数量。在基于 MPI 的分析中，此值是在每个主机上要使用的 GPGPU 的数量。

unconnected_regions

如果将此值设置成 ON，Abaqus/Standard 将在 datacheck 分析中，在输出数据库中为未连接的区域创建单元和节点集合。将使用此选项创建的单元和节点集合命名成 MESH COMPONENT *N*，其中 *N* 是分量编号。默认值是 OFF。

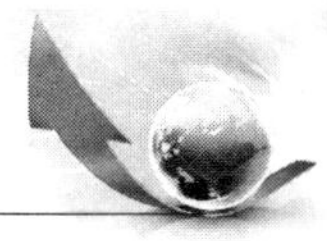

order_parallel

如果没有在 abaqus 命令行中指定阶次模式，则此参数指定 Abaqus/Standard 中直接稀疏矩阵求解器的阶次模式。如果设置此参数等于 OFF，则不会以并行模式运行阶次程序。如果设置此参数等于 ON，则将以并行模式运行阶次程序。默认的阶次模式是 ON。

系统资源参数

可以在程序安装后设置下面的环境文件变量来改变 Abaqus 使用的资源，从而改善系统性能。在默认情况下，Abaqus 检测机器上（或者集群中的每个计算节点上）的物理内存，并以机器平台为基础分配可以使用的内存百分比（详细内容参考 www.3ds.com/support/knowledge-base 上的达索系统知识库）。可以通过指定百分号后面的数字来替代默认的百分比，也可以将变量定义成兆字节数或者吉字节数。关于改变 Abaqus 使用的系统资源的更多内容见“管理内存和磁盘空间”（3.4 节）。

memory

是在输入文件前处理过程中和 Abaqus/Standard 分析阶段可以分配的内存的最大数量或者物理内存的最大百分比。对于计算机集群中的并行执行，此内存限制了可以在每个过程上分配的最大指定内存数量。

系统自定义参数

下面讨论的是经常使用的一些附加环境文件参数。可以在《Abaqus 安装和许可证手册》中找到完整的参数列表。

ask_delete

如果将此参数设置成 OFF，则不会询问用户是否要删除具有相同文件名的旧作业文件，而是自动删除文件。默认值是 ON。

auto_calculate

如果将此参数设置成 ANALYSIS，则将 Abaqus/Standard 中的所有输出数据库后处理作为分析执行的一部分来执行。如果将此参数设置成 ON，并且执行过程中发现输出数据库后处理是必要的，则由分析结束时的后处理计算器来执行输出数据库后处理。如果将此参数设置成 OFF，则即使执行过程中发现有必要对输出数据库文件进行后处理，也不执行输出数据库后处理。默认值是 ANALYSIS。在 Abaqus/Explicit 中，auto_calculate = ANALYSIS 等于 auto_calculate = ON。

auto_convert

如果将此参数设置成 ON，并且 Abaqus/Explicit 分析是使用 parallel = domain 并行运行的，则在分析结束时，将自动运行 convert = select、convert = state 和 convert = odb。

average_by_section

此参数仅用于 Abaqus/Standard 分析。如果将此参数设置成 OFF，则写入数据（.dat）文件和结果（.fil）文件的输出平均区域是基于单元结构的。如果将参数设置成 ON，则平均区域也考虑单元属性和材料常数的基底值。在具有许多截面和（或者）材料定义的问题中，

使用默认的 OFF 值通常比使用非默认的 ON 值会获得更好的性能。关于平均策略的详细内容见“输出到数据和结果文件”（4.1.2 节）。

mp_host_list

是基于 MPI 的并行 Abaqus 分析使用的主机名列表，包含每个机器上使用的处理器数。例如：

mp_host_list= [['maple', 1], ['pine', 1], ['oak', 2]]

说明如果为分析指定的 cpus 数是 4，则分析将在机器 maple 上使用一个处理器，在机器 pine 上使用一个处理器，在机器 oak 上使用两个处理器。在主机列表中定义的处理器总数必须大于或者等于为分析指定的 cpus 数。如果没有定义主机列表，Abaqus 将在本地系统上运行。当使用支持队列的系统时，不需要定义此参数。如果定义了此参数，则队列环境将覆盖此参数。

mp_mode

设置此变量等于 MPI 来说明在系统上可以使用 MPI 分量。设置 mp_mode=THREADS，将使用基于线程的并行方法。在可以使用的地方默认值是 MPI。

odb_output_by_default

如果将此参数设置成 ON，将自动生成输出数据库。如果将此参数设置成 OFF，则输出数据库请求关键字必须放置在输入文件中，以得到输出数据库的输出。默认值是 ON。

onCaeStartup

是在 Abaqus/CAE 开始之前执行的可选功能。此功能的例子见“自定义 Abaqus/CAE 启动”（《Abaqus 安装和许可证手册》的 4.3.3 节）。

协同仿真参数

下面的环境文件变量为使用直接耦合界面的求解器之间的协同仿真提供默认，包括 Abaqus/Standard 到 Abaqus/Explicit 的协同仿真以及 Abaqus 与某些第三方分析程序之间的协同仿真。

cosimulation_port

设置 cosimulation_port 等于用于连接的端口号。默认值是 48000。

cosimulation_timeout

设置 cosimulation_timeout 等于超时时段（单位为 s）。如果在设定时间内没有从耦合分析程序收到任何通信，则 Abaqus 将终止。默认值是 3600s。

下面的环境文件变量提供的设置允许用户为协同仿真作业分配 CPU，协同仿真使用协同仿真执行程序。包括 Abaqus/Standard 到 Abaqus/Explicit、Abaqus/Standard 到 Abaqus/CFD，以及 Abaqus/CFD 到 Abaqus/Explicit 的协同仿真（见“Abaqus/Standard、Abaqus/Explicit、Abaqus/CFD 和 FMU 协同仿真执行”，3.2.4 节）。

cpus_weight_std

此选项控制分配给 Abaqus/Standard 分析的 CPU。为 Abaqus/Standard 分析分配的实际 CPU 与此设定值成比例，并且考虑 cpus_weight_xpl、cpus_weight_cfd 和 cpus 的设置。

cpus_weight_xpl

此选项控制分配给 Abaqus/Explicit 分析的 CPU。为 Abaqus/Explicit 分析分配的实际 CPU 与此设定值成比例，并且考虑 cpus_weight_xpl、cpus_weight_cfd 和 cpus 的设置。

cpus_weight_cfd

此选项控制分配给 Abaqus/CFD 分析的 CPU。为 Abaqus/CFD 分析分配的实际 CPU 与此设定值成比例，并且考虑 cpus_weight_xpl、cpus_weight_cfd 和 cpus 的设置。

portpool

设置此值等于以冒号分开的 TCP/UDP 端口号对，该端口号表示在子过程之间建立连接时，协同仿真执行过程使用的端口号的起始值和结束值。

环境文件例子

以下为使用之前讨论的参数的环境文件示例。在发布的 site 子目录中包含一个名为 abaqusinc. env 的示例环境文件，以显示在 SIMULIA 上使用的选项。

Linux 环境文件：

```
ask_delete = OFF
# The following parameter causes the scratch files to
# be written to/tmp.
scratch = "  /tmp"
```

Windows 环境文件：

```
ask_delete = OFF
# The following parameter causes the scratch files to
# be written to the tmp directory on c：.
scratch = "  c：/tmp"
```

3.4 管理内存和磁盘空间

产品：Abaqus/Standard　　Abaqus/Explicit

参考

- “执行程序：概览”，3.1 节
- “环境文件设置”，3.3 节

概览

对于小的分析，计算机资源管理通常是次要的；但是，如果涉及大模型，磁盘空间和内存资源的智能化管理则是分析过程的关键部分。对于中等规模分析到大型分析，有必要更改资源管理设置。

理解资源使用

对于 Abaqus 来说，磁盘空间和内存实际上是两种相似的存储数据的方法。在分析完成后，所需数据必须最终写入磁盘中；但在分析过程中，磁盘空间和内存提供了功能等效的存储机制。通常磁盘空间有更大的空间，而内存提供了对存储数据更快的访问。Abaqus 资源管理取决于此简单的权衡。

Abaqus 数据

Abaqus 分析实际上生成两类数据。第一类是“输出”数据，必须在分析完成后留存该数据。输出数据通常是后处理所需的结果，或者是重启动分析所必需的数据。如上文所述，必须在分析完成之前存储这些数据。

此外，分析会生成相当规模的“临时”或者暂时数据。这些数据仅在分析运行时需要。可以将临时数据分成两组：关键性能数据和一般数据。关键性能数据总是存储在内存中，而一般数据可以存储在内存或者磁盘空间中。

要求和注意事项

要运行一个分析，必须满足下面的要求：

- 必须有足够的可用磁盘空间来存储请求的输出数据。

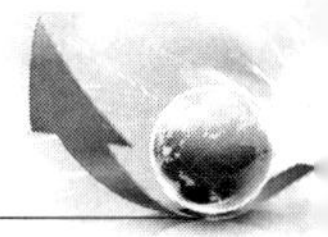

- 必须有足够的内存来存储关键性能数据。
- 必须有足够的磁盘空间或者内存资源来存储所有一般临时数据。

如果满足上述要求，则可以完成分析。然而，对于 Abaqus/Standard，允许 Abaqus 使用额外的内存通常可以改善其性能。随着计算机集群、专用共享内存计算机，以及最重要的为分析分配处理器和内存的作业队列系统可用性的提高，能够使用所有内存资源来改善性能是非常有意义的。

通常在分析阶段，Abaqus/Standard 会分配机器上的大部分可用系统内存，但用户可以使用 memory 参数（见下面的“资源管理参数”）手动指定内存使用限制。在 Abaqus/Explicit 分析阶段，没有临时数据写入磁盘空间，因为大部分临时数据是关键性能数据。

资源管理参数

Abaqus 资源管理参数分成两类：内存管理参数和磁盘空间管理参数。这两种参数都可以通过环境文件参数来进行调整。下文介绍了如何有效使用资源管理参数。有关环境文件的内容见“环境文件设置”（3.3 节）。

内存管理参数

使用 memory 参数限制 Abaqus/Standard 分析阶段和输入文件处理阶段所使用的内存大小，这是在 Abaqus/Standard 和 Abaqus/Explicit 分析之前执行的。

如果没有定义 memory 参数，则 Abaqus 自动检测机器上的物理内存，并分配此可用内存的一个百分比。默认百分比与所用平台有关，但它们通常表示大部分的可用物理内存。默认内存分配设置的详细内容，参考 www.3ds.com/support/knowledge-base 上的达索系统知识库。

用户可以通过指定物理内存的百分比，或者指定以兆字节（MB）或者吉字节（GB）为单位的绝对限制来覆盖默认内存分配。在指定限制后使用“%”符号表示百分比。在指定限制后使用“mb”或者“gb”表示单位。如果没有指定单位，则使用兆字节。例如，使用以下任何设置：

```
memory = "2048 mb"
memory = "2 gb"
memory = "25 %"
```

Abaqus 使用物理内存为 8GB 的机器上的 2GB 内存。必须用引号将内存设置值括起来。为 memory 指定的值对于所使用的机器必须是合理的。Abaqus/Standard 不检查数值数据的有效性。为了与操作系统内存测量工具保持一致，Abaqus 定义的 1MB 是 1048576 字节，而不是 1000000 字节。GB 使用类似的规则。

Abaqus/Explicit 分析阶段没有内存管理参数，因为在此阶段没有临时数据写入磁盘空间中。

可以为主机、用户或者具体的作业（进一步的讨论见“环境文件设置”，3.3 节）设置环境文件参数。因为使大内存的机器运行良好的默认内存设置，对于其他小内存的机器未必理想，所以由机器来改变默认内存是有用的。

磁盘空间管理参数

在“输出：概览”（4.1.1节）中详细讨论了输出数据的管理。将输出数据写入用户开展作业的目录中的文件里。

将 Abaqus/Standard 临时文件写入一个单独的临时目录中。用户可以使用 scrach 环境文件参数来控制用于放置临时文件的目录。由于需要在整个分析阶段频繁地访问临时数据，确认临时磁盘空间的高输入、输出速度对于分析性能来说是至关重要的。

如上文所述，对于 Abaqus/Explicit，不会将临时数据写入磁盘空间，因此只需要关心输出数据的正确管理。

输入文件处理和数据检查

通常，输入文件处理过程需要的内存量并不大。更应关注作业分析阶段所需的内存量和磁盘空间。Abaqus 无法评估完成输入文件程序所需的内存量。在运行 Abaqus 命令时，可以使用 datacheck 参数来进行数据检查（见“Abaqus/Standard、Abaqus/Explicit 和 Abaqus/CFD 运行”，3.2.2 节），以评估完成分析阶段所需的内存。设置用于执行数据检查（包括输入文件处理阶段）的 memory 参数的方法如下。

内存设置的指导

通常不需要改变默认的内存设置。如果使用默认设置时没有足够的内存而导致作业失败，则需要使用内存更大的机器运行作业。如果需要通过指定 memory 环境文件参数的值来替代默认设置，可参考表 3-50 中列出的针对不同大小问题的一些典型数据检查的内存设置。memory 所需的实际值可能因问题而异，这取决于模型中使用的功能。

表 3-50　执行数据检查分析的典型 memory 设置

自由度	内存/GB
250000	250
1 兆	750
2.5 兆	1200
5 兆	2000

Abaqus/Standard 分析

根据机器的执行环境和典型作业的大小，可以按机器或者作业设置 memory，详细内容见下文。当需要根据作业设置 memory 时，建议运行数据检查，并以评估得到的内存为基础来设置 memory。这些评估写入标题为“MEMORY ESTIMATE”下的表中的打印输出（.dat）文件中。此表中的两列与内存使用有关。第一个相关列被标记成“MINIMUM MEMORY REQUIRED”并指定在内存中存储关键临时数据所需的 memory 设置。尝试运行的分析所需的内存如果大于 memory 设置，则将产生一个警告，并且由于内存不足，作业将无法完成运行。

第二个相关列被标记成“MEMORY TO MINIMIZE I/O”，并指定在内存中存储所有临时数据的 memory，这些临时数据包括关键数据和一般数据。如果按 memory 指定的内存大于“MINIMUM MEMORY REQUIRED”，Abaqus/Standard 将自动使用额外的内存，直到达到内存限制，以提高访问一般数据的速度，否则会将一般数据写入磁盘中。当 memory 不足以在内存中存储所有一般临时数据时，Abaqus/Standard 将根据数据对分析性能的作用相对重要性来决定哪些数据应写入磁盘，哪些数据应保存在内存中。因此，根据 memory 设置，临时数据使用的实际磁盘空间可以从约为零到“MEMORY TO MINIMIZE I/O”变化。可以在数据检查的后续分析中改变 memory 设置，而不需要重新运行分析输入文件处理器。

内存设置要点

参数 memory 允许用户指定在输入文件过程中和分析阶段，Abaqus 可以使用的内存限制。用户可以指定在主机环境文件中特定机器上 Abaqus 通常可以使用的设置。在作业指定的环境文件中可以按需要更改设置。特定机器的合理设置除了取决于机器可使用的物理内存外，还取决于要运行的问题大小和如何使用机器。用户应当意识到物理内存和虚拟内存之间的不同。当使用虚拟内存时，机器的操作系统只是简单地将物理空间用作附加内存。虽然这可能有用，但内存访问需要 I/O 操作，而这会造成一定程度的性能降低。因此，下面的 Abaqus/Standard 内存管理要点总是相对于机器上的物理内存给出的。虚拟内存只在必要时使用，并应注意相关的性能降低。

在单用户机器上设置 memory

对于专用于运行 Abaqus/Standard 的单用户机器，使用 memory 的默认设置是明智的。如果评估显示作业需要更大的内存，则说明该作业过大，无法在此机器上有效运行。此时，建议用户将分析移到具有更多内存资源的其他机器上。

对于用来同时运行 Abaqus/Standard 和其他应用的单用户机器，设置一个较低的 memory 限值是明智的。如果分析需要的值超过指定值，用户可以决定增加 memory 并继续作业。然而，Abaqus/Standard 将不得不与其他应用竞争内存，这将影响 Abaqus/Standard 和其他应用的效率。如果其他应用是交互式的，则性能下降可能是有问题的。在这样的情况下，用户可以决定推迟继续分析，直到机器可以单独运行 Abaqus/Standard。

在多用户机器上设置 memory

在多用户机器上设置 memory 的要点与在单用户机器上非常类似，除了必须对机器上的每个用户在一次分析中可能拥有的内存量进行判断之外。合理的方法是用机器的物理内存除以期望同时运行的作业数。另一种合理的方法是用机器内存除以总 CPU 数，然后乘以当前作业使用的 CPU 数。如果同时运行的作业的内存需求是不平均的，则可能需要相应地以不平均的方式划分机器的物理内存。通常，为了确保可接受的性能，多用户机器上的用户需要彼此之间进行协调，以正确设置内存限制。

使用队列时的 memory 设置

通常队列具有相关的内存限制，需要做一些判断以确定作业的合适队列。建议运行数据

检查分析，并以打印的输出文件中的估计为基础来选择一个队列。然而，对于大的分析，即使是数据检查分析，也需要占用大量内存。为数据检查分析选择合适的队列，要求具备处理特定类型问题的经验。用户可能希望最初将数据检查运行提交给内存非常大的队列，以得到必要的评估，然后选择合适的队列实际运行作业。如果将作业递交给共享内存的机器，则将内存设置为队列内存限制的 90%左右是合理的。如果将作业提交给计算机集群，则使用默认的内存设置是合适的。

3.5 并行执行

3.5.1 并行执行：概览

产品：Abaqus/Standard Abaqus/Explicit Abaqus/CFD

参考

- “获取信息”，3.2.1 节
- “环境文件设置”，3.3 节
- “Abaqus/Standard 中的并行执行”，3.5.2 节
- “Abaqus/Explicit 中的并行执行”，3.5.3 节
- “Abaqus/CFD 中的并行执行”，3.5.4 节

概览

Abaqus 使用两种不同的方法来实现并行执行：线程和信息传递。线程是轻量级过程，可以在同一个应用中同时执行不同的任务。线程可以通过共享相同的内存池来进行相对容易的通信。在所有共享的内存平台上可以容易地获得基于线程的并行。

消息传递的并行使用多个分析进程，这些进程通过信息传递界面（Message Passing Interface，MPI）相互通信。因此，要求安装 MPI 组件。用户可以在命令行中设置 mp_mode=mpi，以说明可以在系统中使用 MPI 组件。另外，还可以在环境文件中设置 mp_mode=MPI（见“环境文件设置”，3.3 节）。在所有支持 MPI 的平台上，默认基于 MPI 的执行。

Abaqus/CFD 仅使用 MPI 模式，不支持线程。Abaqus/CFD 中使用的并行线性求解器要求安装 MPI 组件，即使是单处理器计算。

输出用户系统的本地安装记录来获知本地的多进程能力（见“获取信息”，3.2.1 节）。从 www.3ds.com/simulia 上的 Support 页中，参考当前 Abaqus 版本的 System Information 页，以获取有关不同平台上并行处理支持的完整信息，包括有关 MPI 要求和可获得性的信息。

支持并行处理的 Abaqus 功能

下面的 Abaqus/Standard 功能可以并行执行：分析输入前处理、直接稀疏求解器、迭代求解器和单元操作。分析输入前处理仅适用基于 MPI 的并行，如果只执行数据检查，则不会并行执行。对于 Abaqus/Explicit，不涉及输入前处理器和打包器的所有计算均可以并行执行。可以并行执行的每种功能都有一定的限制，在文档中对这些限制进行了详细说明，见“Abaqus/Standard 中的并行执行”（3.5.2 节）和“Abaqus/Explicit 中的并行执行”（3.5.3 节）。Abaqus/CFD 中的所有功能可以无限制地使用并行执行。

共享内存的计算机上的并行执行

Abaqus/Standard 和 Abaqus/Explicit 可以通过使用线程或者 MPI 在共享内存的计算机上并行执行。当 MPI 可用时，Abaqus 基于 MPI 运行所有可用的并行功能，并在等效的基于 MPI 的执行不存在的情况下（即直接稀疏求解器），激活基于线程的并行执行。Abaqus/CFD 也可以在共享内存的计算机上执行，但只能使用 MPI。

计算机集群上的并行执行

可以通过使用基于 MPI 的并行，在计算机集群上并行执行 Abaqus。对于计算机集群上的并行执行，使用 mp_host_list 环境文件参数给出机器或者主机的列表。此参数也定义了在每台主机上使用的处理器数。

使用 GPGPU 硬件的并行执行

可以在装备可计算 GPGPU 卡的计算机上并行执行 Abaqus/Standard 中的直接求解器。

与用户子程序一起使用

并行运行作业时可以使用用户子程序。在分布运行中，将整个模型分解成不同的区域（分区）。每个区域都由一个单独的 MPI 进程来服务。Abaqus 提供定义良好的同步点，在这些同步点上，可以使用 MPI 通信工具在所有 MPI 队列中交换信息。Fortran 和 C++都支持所有本地 MPI 调用。此外，对于混合执行的情况，用户子程序及其调用的任何子程序都必须是线程安全的。这就排除了公共块、数据语句和保存语句的使用。为了克服这些限制并获得指导和技术，见“确认线程安全”（《Abaqus 用户子程序参考手册》的 2.1.22 节）。

3.5.2 Abaqus/Standard 中的并行执行

产品：Abaqus/Standard　　Abaqus/CAE

参考

- “获取信息”，3.2.1 节
- “环境文件设置”，3.3 节
- “控制作业并行执行”，《Abaqus/CAE 用户手册》的 19.8.8 节

概览

Abaqus/Standard 中的并行执行：

- 可为大型分析缩减运行时间。
- 可用于共享内存的计算机，以及用于单元操作的计算机集群、直接稀疏求解器和迭代线性方程求解器。
- 可以在共享内存的计算机上为直接稀疏求解器使用可计算的 GPGPU 硬件。

使用默认直接稀疏求解器的并行方程求解

对于并行，直接稀疏求解器（“直接线性方程求解器”，《Abaqus 分析用户手册——分析卷》1.1.5 节）支持共享内存的计算机和计算机集群的并行化。在共享内存的计算机上或者计算机集群的单个节点上，为直接稀疏求解器采用基于线程的并行化，并且可以使用支持通用处理的高端显卡（GPGPUs）来加速求解。在计算机集群的多计算节点上，使用混合的 MPI 和基于线程的并行。

在下列情况下，不能在计算机集群的多个计算机节点上使用直接稀疏求解器：

- 分析中包含特征值提取程序。
- 分析需要的功能，并不支持基于 MPI 单元操作的并行执行。

此外，对于包含任何下面情况的分析，不能在计算机集群的多个计算机节点上使用直接稀疏求解器：

- 边界条件变化的多载荷工况（“多载荷工况分析”，《Abaqus 分析用户手册——分析卷》的 1.1.4 节），
- 拟牛顿非线性求解技术（“非线性问题的收敛准则”，《Abaqus 分析用户手册——分析卷》的 2.2.3 节）。

要在计算机集群上运行并行直接稀疏求解器，必须将环境变量 mp_host_list 设置成主机列表（见“环境文件设置”，3.3 节）。在主机列表中的机器之间使用基于 MPI 的并行。如果主机列表中的一台主机上可以使用多个处理器，并且模型中不包含使用并行分解的腔辐射（见“在 Abaqus/Standard 中定义腔辐射”中的“并行分解大的腔”，《Abaqus 分析用户手册——指定条件、约束与相互作用卷》的第 8 章），则在此主机中使用基于线程的并行。例如，如果环境文件中有以下语句：

```
cpus=8
```

mp_host_list= [['maple', 4], ['pine', 4]]

Abaqus/Standard 将通过基于线程的并行化在每台主机使用四个处理器。在主机上共运行两个 MPI 进程（等于主机数），以便通过并行直接稀疏求解器来使用所有八个处理器。包含并行腔分解的模型仅使用基于 MPI 的并行化，因此，可以在共享内存的并行计算机和分布内存的计算机集群上都使用 MPI。进程的数量等于作业提交时需要的 CPU 数量。当激活并行腔分解时，单元操作使用基于 MPI 的并行化执行。

输入文件用法：同时使用下面的选项与命令行输入来执行并行的直接稀疏求解器：

*STEP

在命令行中输入下面的输入：

abaqus job=作业名 cpus=n

例如，下面的输入将在两个处理器上运行作业“beam”：

abaqus job=beam cpus=2

Abaqus/CAE 用法：Step module：step editor：Other：Method：Direct

Job module：job editor：Parallelization：切换选中 Use multiple processors 并指定处理器的数量 n

直接稀疏求解器的 GPGPU 加速

直接稀疏求解器支持 GPGPU 加速。

输入文件用法：在命令行中输入下面的输入来激活 GPGPU 直接稀疏求解器加速：

abaqus job=作业名 gpus=n

Abaqus/CAE 用法：Step module：step editor：Other：Method：Direct

Job module：job editor：Parallelization：切换选中 Use GPGPU acceleration，并指定 GPGPU 的数量

并行直接稀疏求解器的内存要求

并行直接稀疏求解器除了对单个波前进行求解外，还对多个波前进行并行处理。因此，直接并行求解器比串行求解器需要更多的内存。因为不能事先确定将同时处理哪些波前，所以无法准确预测内存需求。

最少求解时间的方程排序

直接稀疏求解器要求方程组按最小浮点运算次数排序。当在计算机集群上使用多个主机时，以并行方式执行排序。在共享内存配置中，排序过程不是并行执行的。当在不同数量的主机上运行时，并行排序过程将计算不同的次序，这将会影响直接求解器的浮点运算次数。并行排序可以通过显著缩减计算排序的时间来实现性能改善，特别是对于使用许多主机的大模型。如果确定的排序导致直接求解器的浮点运算次数较多，则并行排序可能会造成性能下降。

当并行排序过程固有的排序变化不可接受时，可以使用串行排序过程。用户可以从命令行或者使用 order_parallel 环境文件参数抑制并行求解器排序（见“环境文件设置”中的“命令行默认参数”，3.3 节）。

输入文件用法：在命令行中输入下面的输入来抑制并行求解器排序：

abaqus job=作业名 order_parallel=OFF

Abaqus/CAE 用法：Abaqus/CAE 中不支持对并行求解器排序的抑制。

使用迭代求解器的并行方程求解

迭代求解器（“迭代线性方程求解器”，《Abaqus 分析用户手册——分析卷》的 1.1.6 节）仅使用基于 MPI 的并行化。因此，可以在共享内存的并行计算机和分布内存的计算机集群上使用 MPI。要执行并行迭代求解器，应指定作业的 CPU 数。进程数等于作业提交中所需的 CPU 数。当使用并行迭代求解器时，单元操作使用基于 MPI 的并行化执行。

输入文件用法：同时使用下面的选项与命令行输入执行并行迭代求解器：

*STEP, SOLVER=ITERATIVE

在命令行中输入下面的输入：

abaqus job=作业名 cpus=n

例如，下面的输入将在四个处理器上使用迭代求解器运行作业“cube”：

Abaqus/CAE 用法：Step module：step editor：Other：Method：Iterative

Job module：job editor：Parallelization：切换选中 Use multiple processors，并指定处理器的数量 n

Abaqus/Standard 中单元操作的并行执行

在支持单元操作并行执行的所有平台上，单元操作的并行执行是默认的。可以使用命令行和环境变量 standard_parallel 控制单元操作的并行执行（见“环境文件设置”，3.3 节；“Abaqus/Standard、Abaqus/Explicit 和 Abaqus/CFD 执行”，3.2.2 节）。如果使用了单元操作的并行执行，则求解器也自动以并行方式运行。对于使用直接稀疏求解器的分析，如果没有包含并行腔分解，则在共享内存的计算机上使用单元操作的基于线程并行，在计算机集群上使用混合 MPI 和线程的并行方法。对于使用迭代求解器的分析，或者如果激活了并行腔分解，则仅支持基于 MPI 的单元操作并行。

当使用基于 MPI 的单元操作并行时，为每个域创建单元集合，并且可以在 Abaqus/CAE 中进行检查。将集合命名成 STD_PARTITION_n，其中 n 是区域数量。

下面的过程不支持单元操作的并行执行（线程或者基于 MPI 的并行）：

• 特征值屈曲预测（“特征值屈曲预测”，《Abaqus 分析用户手册——分析卷》的 1.2.3 节）。

• 不使用 SIM 构架的固有频率提取（“固有频率提取”，《Abaqus 分析用户手册——分析卷》的 1.3.5 节）。

• 响应谱分析（“响应谱分析”，《Abaqus 分析用户手册——分析卷》的 1.3.10 节）。

• 不使用 SIM 构架的基于模态的线性动力学（“复特征值提取”“瞬态模态动力学分析”“基于模态的稳态动力学分析”“基于子空间的稳态动力学分析”，《Abaqus 分析用户手

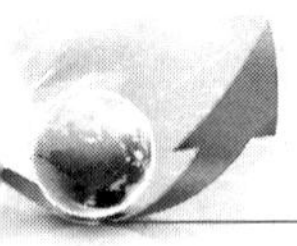

册——分析卷》的1.3.6节、1.3.7节、1.3.8节和1.3.9节)。

包含下面任何过程的分析仅能使用基于MPI的并行来进行单元操作的并行执行:

- 稳态传输(“稳态传输分析”,《Abaqus分析用户手册——分析卷》的1.4节)。
- 使用子结构模型的静态、隐式动力学或者直接求解的稳态动力学分析,如果没有要求在子结构中恢复结果(“静应力分析”“使用直接积分的隐式动力学分析”“直接求解的稳态动力学分析”“子结构”,《Abaqus分析用户手册——分析卷》的1.2.2节、1.3.2节、1.3.4节和5.1节)。

可以在计算机集群上运行使用直接稀疏求解器的分析,以及以上任何仅支持单元操作的基于MPI的并行过程。然而,每个计算机节点仅使用一个处理器进行单元操作,因为不支持基于线程的并行。

下面的分析过程仅能通过基于线程的并行来使用单元操作的并行执行:

- 不允许腔的并行分解,并且要求写重启动数据的腔辐射分析(“在Abaqus/Standard中定义腔辐射”,《Abaqus分析用户手册——指定条件、约束与相互作用卷》的第8章)。
- 指定了平均温度辐射条件的热传导分析(“热载荷”,《Abaqus分析用户手册——指定条件、约束与相互作用卷》的1.4.4节)。
- 使用SIM框架的固有频率提取(“固有频率提取”,《Abaqus分析用户手册——分析卷》的1.3.5节)。
- 使用SIM构架的基于模态的线性动力学(“复特征值提取”“瞬态模态动力学分析”“基于模态的稳态动力学分析”“基于子空间的稳态动力学分析”,《Abaqus分析用户手册——分析卷》的1.3.6节、1.3.7节、1.3.8节和1.3.9节)。
- 子结构生成(“定义子结构”,《Abaqus分析用户手册——分析卷》的5.1.2节)。
- 矩阵生成(“生成热矩阵”中的“介绍”,《Abaqus分析用户手册——分析卷》的5.3.2节)。

最后,包含以下任何特征的分析不支持单元操作的并行执行:

- 单元矩阵输出要求(“输出”中的“Abaqus/Standard中的单元矩阵输出”,4.1.1节)。
- 重启动时的输出连续(“重启动一个分析”中的“重启动时的输出连续”,《Abaqus分析用户手册——分析卷》的4.1节)。
- 子结构,如果在子结构中请求了结果恢复(“子结构”,《Abaqus分析用户手册——分析卷》的5.1节)。
- 自适应网格划分(“在Abaqus/Standard中定义ALE自适应网格区域”,《Abaqus分析用户手册——分析卷》的7.2.6节)。

输入文件用法:在命令行中输入下面的输入:

abaqus job=作业名 standard_parallel=all cpus=*n*

Abaqus/CAE用法:Abaqus/CAE中不支持控制单元操作的并行执行。

具有单元操作并行执行的内存管理

在Abaqus/Standard中运行单元操作的并行执行时,通过指定可用的内存上限(见“管

理内存和磁盘空间”中的“Abaqus/Standard 分析”，3.4 节）来指定每个过程可以分配的最大内存数量。

堆叠连续壳的横向切应力输出

在 Abaqus/Standard 中运行单元操作的并行执行时，当前不能使用 CTSHR13 和 CTSHR23 的输出变量，见“连续壳单元库”（《Abaqus 分析用户手册——单元卷》的 3.6.8 节）。

结果的一致性

一些物理系统（如存在屈曲、材料失效或者分层的系统）对于小的扰动非常敏感。例如，众所周知，由于边界条件、载荷、初始几何形状等的微小差异，一组看似相同的圆柱壳的试验测量屈曲载荷和最终构型会显示出显著的不同。仿真这样的系统时，试验中观察到的物理敏感性表现为对于由有限精度效应引起的微小数值差异的敏感性。当在不同数量的处理器上运行作业时，有限精度效应可能会导致微小的数值差异。因此，仿真物理敏感的系统时，能够观察到在不同数量的处理器上运行的作业之间的数值结果差异（表现为试验中观察到的差异）。要从不同的运行中得到一致的仿真结果，处理器的数量应不变。

3.5.3 Abaqus/Explicit 中的并行执行

产品：Abaqus/Explicit　　Abaqus/CAE

参考

- “获取信息”，3.2.1 节
- “环境文件设置”，3.3 节
- “控制作业并行执行”，《Abaqus/CAE 用户手册》的 19.8.8 节

概览

Abaqus/Explicit 中的并行执行：

- 减少了需要大量增量的分析运行时间。
- 减少了包含大量节点和单元的分析运行时间。
- 生成的分析结果独立于分析使用的处理器数量。
- 可用于共享内存的计算机，这些计算机使用基于线程的循环层级或者基于线程的域分解。
- 使用基于 MPI 的域分解并行执行，可用于可以使用共享内存的计算机和计算机集群。

调用并行过程

Abaqus/Explicit 中的并行采用两种方式实现：域层级和循环层级。域层级方式将模型分解成多个拓扑域，并将每个域赋予一个处理器。域层级方式是默认的。循环层级方式将占大部分计算成本的低层级循环并行起来。单元、节点和接触对操作占大多数低层级并行工作。

通过指定要使用的处理器数量来调用并行。

输入文件用法：在命令行中输入下面的输入：

abaqus job=作业名 cpus=n

例如，下面的输入将在两个处理器上运行作业“beam”：

abaqus job=beam cpus=2

Abaqus/CAE 用法：Job module：job editor：Parallelization：切换选中 Use multiple processors，并指定处理器的数量 n

域层级的并行

域层级方式将模型分割成多个拓扑域。将这些域称为并行域，以区分与分析相关的其他域。这些域在可用处理器之间平均分配，然后在每个域中独立地进行分析。然而，必须在域之间的每个增量上传递信息，因为域之间共享边界。域层级方式支持 MPI 和基于线程的并行模式。

在初始化过程中，域层级方式对模型进行分解，使生成的域大致具有相同的计算成本。将载荷平衡定义成最昂贵进程中所有域的计算成本与最便宜进程中所有域的计算成本之比。对于表现出显著载荷失衡的工况，或者是由于初始载荷平衡并不充分（静态失衡），或者是由于随着时间推移而出现失衡（动态失衡），可以应用动力学载荷平衡技术（见“Abaqus/Standard、Abaqus/Explicit 和 Abaqus/CFD 执行”，3.2.2 节）。动态负荷平衡是基于过度分解的：用户选取的域数量是处理器数量的多倍。在计算过程中，Abaqus/Explicit 将定时测量计算成本并在处理器之间重新分配域，以最小化载荷失衡。下面的功能不支持动态载荷平衡：

- 选择性子循环（“选择性子循环”，《Abaqus 分析用户手册——分析卷》的 6.7 节）。
- 协同仿真（“协同仿真：概览”，《Abaqus 分析用户手册——分析卷》的 12.1 节）。
- 使用结果文件的预定义场（“预定义场”，《Abaqus 分析用户手册——指定条件、约束与相互作用卷》的 1.6 节）。

动态载荷平衡方法的效率取决于问题固有的载荷失衡、过度分解的程度和硬件的效率。当域的数量是处理器数量的 2~4 倍时，大部分失衡问题将得到理想的性能改善。使用低相互连接系统的效率会显著降低，如吉字节以太集群。当不需要外部相互连接时，如集群的多核节点或者共享内存的系统，可得到最好的结果。最有可能得益于动态载荷平衡的应用，是强时间相关和（或者）空间变化的计算载荷问题。例如，包含气囊的模型中的接触冲击是高度局部化的，并且是时间相关的；再如，耦合的拉格朗日-欧拉问题，当材料移动通过空的空间时，本构活动随着材料一起移动。

为每个域创建单元和节点集合，并且可以在 Abaqus/CAE 中观察到。将集合命名成 do-

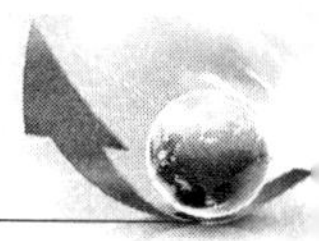

mian_n，其中 n 是区域编号。

在分析过程中，创建了单独的状态（作业名.abq）文件和所选的结果（作业名.sel）文件。每个处理器都有一个状态文件和一个所选的结果文件。命名约定是将处理器编号附加在文件名后。例如，状态文件命名成作业名.abq.n，其中 n 是处理器编号。在分析完成时，将多个单独的文件自动融合成一个单独的文件（如作业名.abq），并删除那些单独文件。

输入文件用法：在命令行上输入下面的输入：

abaqus job=作业名 cpus=n parallel=domain domains=m dynamic_load_balancing

例如，下面的输入将使用域层级的并行方法，在两个处理器上运行作业“beam”：

abaqus job=beam cpus=2 parallel=domain domains=2

也可以在环境文件中，使用环境文件参数 parallel=DOMAIN 和 domains 参数设置域层级的并行方法。

Abaqus/CAE 用法：Job module：job editor：Parallelization：切换选中 Use multiple processors

并指定处理器的数量 n；Number of domains：m；切换选中 Activate dynamic load balancing；Parallelization method：Domain

当域的数量是处理器数量的几倍时，可以激活动态载荷平衡。

结果的一致性

分析结果独立于分析使用的处理器数量。然而，结果则取决于域分解过程中使用的并行域数量。除了由于不能使用多个并行域的功能（在下文中进行了讨论）而造成单域模型与多域模型不同的情况之外，这些差异应仅由有限精度效应触发。例如，节点力装配的次序可能取决于并行域的数量，这可能会导致计算得到的力的尾数不同。一些物理系统对小的扰动高度敏感，因此，在一个增量上施加力的细微差别，可能会导致后续增量上显著不同的结果。涉及屈曲和其他分岔的仿真对小的扰动比较敏感。

要在不同的运行中得到一致的结果，在域分解中使用的域数量应不变。增加域的数量会使计算成本稍有提高；然而，除非施加了动态负载平衡，否则建议将域的数量设置成等于处理器的最大数量，以获得最优性能。如果不指定域的数量，则默认其等于处理器的数量。

不允许域层级并行的功能

下面的功能不允许使用域层级的并行方法：

- 极值输出。
- 稳态检测。

如果包含这些功能，Abaqus 将发出错误信息。

不能分割成域的功能

某些功能不能分割成域。域分解算法会自动考虑这一点，并强制将这些功能完全包含在一个域中。如果创建的域数量小于所需的处理器数量，则 Abaqus/Explicit 发出一个错误消息。即使算法成功地创建了所需数量的域，载荷也不均衡。如果不接受此行为，则应当使用循环层级的并行方法来运行作业。

自适应平滑域不能跨越并行域的边界。自适应平滑域与非自适应域边界上的节点，以及自适应平滑域面上的自适应节点不能与其他并行域共享。要在指定并行域时采用一致的方式强制执行此操作，将把相邻自适应平滑域共享的所有节点都设置成非自适应的。在此情况中，分析结果将与不使用并行域的串联运行结果显著不同。如果不希望出现此行为，则将并行域的数量设置为 1 并切换到循环层级并行方法。详细内容见“在 Abaqus/Explicit 中定义 ALE 自适应网格区域”（《Abaqus 分析用户手册——分析卷》的 7.2.2 节）。

不能跨并行域来分割接触对，但不要求单独的接触对必须在同一个并行域中。使用运动接触算法的接触对要求与所涉及面相关联的所有节点位于一个单独的并行域中，并且不与任何其他并行域共享它们。使用罚接触算法的接触对要求相关联的节点是单个并行域的一部分，但这些节点也可以是其他并行域的一部分。对于大部分节点都包含在接触中的分析，如果使用接触对，则分析无法得到良好的缩放，特别是使用接触约束的运动来实施的分析。通用接触不限制域分解边界。

运动约束中包含的节点（“运动约束：概览”，《Abaqus 分析用户手册——指定条件、约束与相互作用卷》的 2.1 节），除了基于面的壳-实体约束，将位于单个并行域中，并且不与其他并行域共享。然而，两个不共享节点的运动约束可以处于不同的并行域中。

在一些情况下，会将共享一个节点的梁单元强制在同一个并行域中。这种情况仅出现在质心与梁节点位置不一致的梁上，或者具有附加惯性矩的梁上（见“梁截面行为”中的“为铁木辛柯梁的梁截面行为添加惯性矩”，《Abaqus 分析用户手册——单元卷》的 3.3.5 节）。

用户对域分解的影响

可以通过指定一个或者多个独立分解成用户指定数量的并行域区域，或者指定应将单元集合约束到同一个并行域来影响域分解。

当模型的局部区域计算密集时，指定一个域分解区域是很有用的。通过将局部区域指定成一个独立的域分解区域，从而在所有处理器之间分配局部区域的计算，可以达到性能目标。没有包含在任何用户指定的域分解区域中的模型部分也会分解成用户指定数量的并行域。将来自每个独立域分解的域平均地分配到可用处理器之间，并导致过度分解。此仿真的并行域总数是

$$n_{\text{domains}}=(n_{\text{localRegins}}+n_{\text{globalRegions}})\,n_{\text{domiansRegion}}$$

式中，n_{domains} 是确定成独立域分解区域的局部区域数量；$n_{\text{globalRegions}}$，如果在确定成独立域分解区域的局部区域中没有包含任何单元，则等于 1，否则为 0；$n_{\text{domiansRegion}}$ 是每个域分解区域的用户指定域数量（见“域层级的并行”）。

例如，在鸟撞模型（此模型的接触冲击高度局部化且与时间相关）和使用局部自适应网格细化的耦合欧拉-拉格朗日问题（对此模型的单元进行了细化而增加了计算成本）中，可能需要单独的域分解区域。下面的例子（图 3-2）为使用失效模型的球形弹丸撞击平板，允许弹丸穿透平板。其中一个域包含弹丸和冲击面的一个重要部分。指定一个由弹丸和计算密集型撞击区域组成的域分解区域，会导致更加平衡的并行过程（图 3-3）。在此例中，

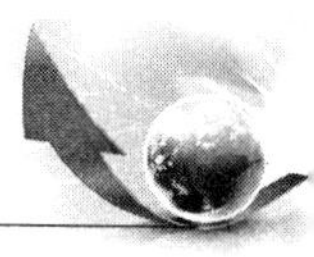

$n_{\text{localRegions}}=1$，$n_{\text{globalRegions}}=1$，则 $n_{\text{domains}}=2n_{\text{domiansRegion}}$。

一些模型功能不能跨域分割，Abaqus/Explicit 将自动合并包含不能分割功能的区域。Abaqus/Explicit 也自动合并重叠的区域。

输入文件用法：使用下面的选项定义域分解区域：

*DOMAIN DECOMPOSITION，ELSET=单元集合名称

使用下面的选项将一个单元集合约束到同一个并行域中：

*DOMAIN DECOMPOSITION

单元集合名称，SAME DOMAIN

重启动

使用域层级的并行时，对重启动有一些限制。要确保达到最佳并行加速，用于重启动分析的处理器数量，必须能够将原始分析中使用的并行域数量平均分配到处理器中。因为域分解仅基于原始分析中指定的特征和其中定义的步骤，所以仅当影响域分解的特征会使原始域分解无效时，才限制在重新启动步中定义这些特征。因为新添加的特征将添加到现有域中，所以有可能出现载荷失衡并降低相应的并行性能。

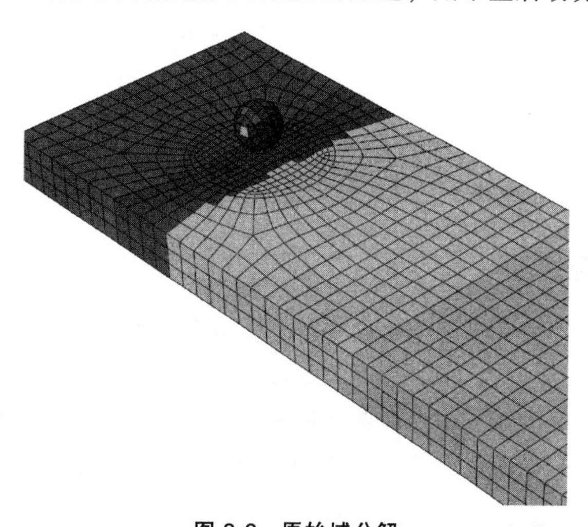

图 3-2　原始域分解

重启动分析要求将在原始分析过程中创建的单独状态文件和所选择的多个结果文件合并成一个单独的文件，如“Abaqus/Standard、Abaqus/Explicit 和 Abaqus/CFD 执行”（3.2.2 节）中描述的那样。应在原始分析的结论处自动完成此合并。如果原始分析未能成功完成，则必须在重启动之前转换状态和所选的多个结果文件。使用域层级并行技术运行的 Abaqus/Explicit 分析不能重启动或者继续使用循环层级并行技术。

协同仿真

对于 Abaqus/Explicit 到 Abaqus/Standard，或者到第三方分析程序的运行时间耦合的协同仿真技术，可以与 Abaqus/Explicit 串联地或者并行地一起使用。

循环层级的并行

循环层级方式对程序中占大部分计算成本的低层级循环进行并行。使用循环层级并行的加速因子可能显著小于域层级并行的加速因子。加速因子的变化取决于分析中包含的功能，因为并非所有功能都使用并行循环，如通用接触算法和运动约束。对于多于四个处理器的情况，取决于不同分析，循环层级方式的效果可能较差。使用此方法的多并行域将降低并行性能，因此不建议采用。Windows 平台不支持循环层级方式。

此方法的分析结果不取决于所使用的处理器数量。

输入文件用法：在命令行中输入下面的输入：

abaqus job = 作业名 cpus = n parallel = loop

也可以在环境文件中使用环境文件参数 parallel = LOOP 设置循环层级的并行方法。

Abaqus/CAE 用法：Job module：job editor：Parallelization：切换选中 Use multiple processors，并指定处理器的数量 n；Parallelization method：Loop

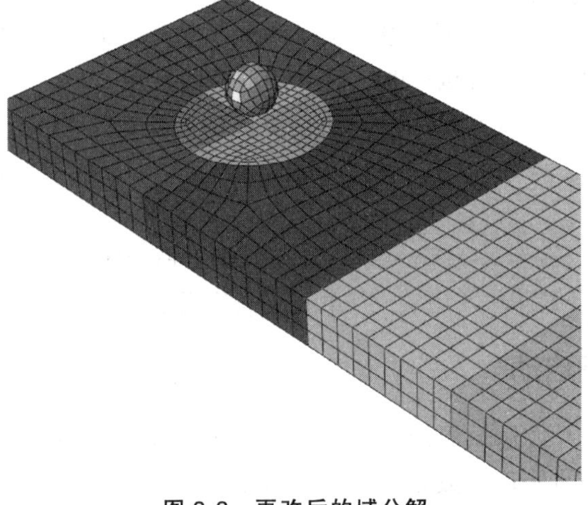

图 3-3 更改后的域分解

重启动

使用循环层级的并行时，包含在重启动分析定义步中的功能不受限制。由于性能方面的原因，重启动时使用的处理器数量必须是原始分析中使用的处理器数量的一个因数。最常见的情况是使用与原始分析中所用处理器数量相同的处理器进行重启动。打包成使用循环层级并行技术运行的 Abaqus/Explicit 分析无法重新启动或者继续使用域层级并行技术。

衡量并行性能

通过比较在单个处理器（串行运行）上运行的总时间和在多个处理器（并行运行）上运行的总时间来衡量并行性能。将两者的比值称为加速因子。加速因子等于在完全并行情况下，用于并行运行的处理器数量。缩放是指随着处理器数量的增加，加速因子的行为。理想的缩放说明比例因子随着处理器的数量而线性增加。对于两种并行方法，加速因子和缩放行为主要取决于所分析的问题。通常，域层级方式将扩展到更多的处理器，并且提供更大的加速因子。

输出

没有输出限制。

3.5.4 Abaqus/CFD 中的并行执行

产品：Abaqus/CFD　　Abaqus/CAE

参考

- “获取信息”，3.2.1 节
- “环境文件设置”，3.3 节
- “控制作业并行执行”，《Abaqus/CAE 用户手册》的 19.8.8 节

概览

Abaqus/CFD 中的并行执行：

- 减少使用大量增量的分析的运行时间。
- 减少包含大量节点和单元的分析的运行时间。
- 生成的分析结果独立于分析使用的处理器数量。
- 可用于使用基于 MPI 的域分解并行来实现的共享内存计算机和计算机集群。

调用并行过程

Abaqus/CFD 使用基于域的并行，通过对共享内存计算机和分布内存计算机的显式消息传递来实现。Abaqus/CFD 提供的所有程序及其功能是完全并行的（“并行执行：概览”，3.5.1 节）。通过指定要使用的处理器数量来调用并行执行。

输入文件用法：在命令行上输入下面的输入：

abaqus job=作业名 cpus=*n*

例如，下面的命令将在两个处理器上运行作业“manifold”：

abaqus job=manifold cpus=2

Abaqus/CAE 用法：Job module：job editor：Parallelization：切换选中 Use multiple processors，并指定处理器的数量 *n*

基于域的并行

Abaqus/CFD 使用传递样式的域分解消息来实现并行。采用一种基于单元的分解策略，使子域之间所需的通信数量最小化，同时在处理器之间提供了几乎一致的计算工作分布。对于一个给定的计算，域的数量精确地映射用户指定的处理器数量。载荷均衡过程也是并行实现的，这样可以在计算开始时避免耗时的串联载荷均衡过程。尝试了每一种办法来确保 Abaqus/CFD 为广泛的应用提供可扩展的并行解决方案。为 Abaqus/CFD 中的所有程序和功能提供完全的并行。所有输出都会自动为用户序列化，这样就不会在并行域和原始用户输入之间进行转换。此外，这允许 Abaqus/CFD 在任意数量的处理器上无停顿地重启动，而不管为原始计算使用多少处理器。

协同仿真

Abaqus/CFD 到 Abaqus/Standard 或者 Abaqus/Explicit 的运行耦合的协同仿真技术（“协同仿真：概览”，《Abaqus 分析用户手册——分析卷》的 12.1 节）可以与串行或者并行 Abaqus/CFD 一起使用。

重启动

对重启动分析中定义的步所包含的功能没有限制。不要求用于重启动分析的处理器数量与原始分析中使用的处理器数量相同。

输出

对输出没有限制。

3.6 文件扩展定义

产品：Abaqus/Standard　Abaqus/Explicit　Abaqus/CFD

参考

- "执行程序：概览"，3.1 节

概览

abaqus 程序生成一些文件。其中一些文件包含分析、后处理和转换结果，并保留供其他分析选项、重启动或者后处理使用。本部分介绍 Abaqus 创建和保留的文件。

其他文件仅当 Abaqus 执行时才存在，在 Abaqus 运行完成时删除这些文件。在临时目录中生成这些临时文件。生成的临时文件数量和类型取决于分析过程、内存管理参数和环境设置。

其他软件应用也使用 Abaqus 使用的某些文件扩展名。用户必须处理与其他应用的任何文件扩展名冲突。

文件扩展名

abq

状态文件，仅用于 Abaqus/Explicit。由 analysis、continue 和 recover 选项写此状态文件。由 convert 和 recover 选项读取此状态文件。重启动需要此文件。

axi

对称模型数据文件，仅用于 Abaqus/Standard。在对称模型生成中，由 datacheck 和 analysis 选项写此文件。

bsp

文本文件，包含网格划分截面外形的梁横截面属性。在网格划分的梁横截面生成中，由 Abaqus/Standard 写此文件。

C

用户子程序或者其他特殊用途的 C 文件。

C++

用户子程序或者其他特殊用途的 C++文件。

cpp

用户子程序或者其他特殊用途的 C++文件。

cid

自动释放文件，此文件包含许可证恢复和暂停所需要的信息。

com

命令文件，由 Abaqus 执行程序创建。

dat

打印的输出文件。由 analysis、datacheck、parametercheck 和 continue 选项写出此文件。Abaqus/Explicit 和 Abaqus/CFD 不将分析结果写入此文件。

f

用户子程序或者其他特殊用途的 Fortran 文件。

fil

结果文件。在 Abaqus/Standard 中，由 analysis 和 continue 选项写此文件；在 Abaqus/Explicit 中，由 convert=select 和 convert=all 选项写此文件。

fin

使用 abaqus ascfil 命令改变 .fil 文件的格式时所创建的结果文件。此文件可以是 ASCII 格式或者二进制格式（见“结果（.fil）文件的 ASCII 转换”，3.2.14 节）。在没有兼容二进制数据格式的机器之间使用 ASCII 格式传递数据是比较方便的。

inp

分析输入文件。当选择 analysis、datacheck 和 parametercheck 选项时读取此文件。

ipm

进程内信息文件。当从 Abaqus/CAE 运行分析时写此文件，并且此文件包含从 Abaqus/Standard、Abaqus/Explicit 或者 Abaqus/CFD 到 Abaqus/CAE 的所有文件日志。

lck

输出数据库锁定文件。每当使用写功能打开输出数据库文件时，就会写入此文件。此文件可以防止用户从多个源同时写输出数据库。在关闭输出数据库，或者创建此锁定文件的分析结束时自动删除锁定文件。环境文件参数 ask_delete 的设置不影响锁定文件。

log

日志文件，包含当前 Abaqus 执行程序运行模块的启动时间和结束时间。

mdl

Abaqus/Standard 和 Abaqus/Explicit 使用的模态文件。由 datacheck 选项写此文件。在 Abaqus/Standard 中，可以由 analysis 和 continue 选项读取和写此文件；在 Abaqus/Explicit 中，由 analysis 和 continue 选项读取此文件。如果在 Abaqus/Standard 分析中以并行方式执行单元选项，则可能存在多个模态文件。在这种情况下，将给文件名附加一个过程标识符。重启动需要此文件。

msg

消息文件。在 Abaqus/Standard 和 Abaqus/Explicit 中，由 analysis、datacheck 和 continue 选项写此文件。如果在 Abaqus/Standard 分析中以并行方式执行单元操作，则存在多个信息文件。在这种情况下，将给文件名附加一个过程标识符。

nck

Abaqus/Standard 使用的昵称文件。此文件为模型中的自由度存储一组内部标识符。

odb

输出数据库。在 Abaqus/Standard、Abaqus/Explicit 和 Abaqus/CFD 中，由 analysis 和 continue 选项写此文件。在 Abaqus/CAE 中，通过 Visualization 模块（Abaqus/Viewer）由 convert=odb 选项读取此文件。重启动需要此文件。

pac

文件包，包含模型信息，仅用于 Abaqus/Explicit。由 analysis 和 datacheck 选项写此文件。由 analysis、continue 和 recover 选项读取此文件。重启动需要此文件。

par

原始参数化输入文件的改进版本，显示输入参数和它们的值。

pes

原始参数化输入文件的改进版本，显示无参数信息的输入（在执行输入参数评估和替换之后）。

pmg

参数评估和替换消息文件。参数化输入文件时写此文件。

prt

零件文件，用于 Abaqus/Standard 和 Abaqus/Explicit。使用此文件存储零件和装配件信息，即使输入文件不包含装配定义也创建此文件。重启动、导入、顺序耦合的热-应力分析、对称模型生成和水下冲击分析需要零件文件，即使模型不是以零件实例的装配形式定义的。子模型分析也需要此文件。

psf

Python 脚本文件。用户必须创建此类型的文件来定义参数化研究。

res

重启动文件，包含继续之前的分析所必需的信息，用于 Abaqus/Standard 和 Abaqus/Explicit。由 analysis、datacheck 和 continue 选项写重启动文件。由任何重启动分析读取此文件。

sel

所选结果文件，用于 Abaqus/Explicit。由 analysis、continue 和 recover 选项写此文件，由 convert=select 选项读取此文件。重启动需要此文件。

sim

Abaqus/CFD 使用的模型文件和结果文件。当指定了 resultsformat=sim 或者 both 选项时，Abaqus/Standard 和 Abaqus/Explicit 也使用此文件。由 datacheck 选项写此文件。由 analysis 和 continue 选项读取和写此文件。重启动需要此文件。

当指定了 resultformat=odb 选项时，是用于 Abaqus/Standard 的线性动力学数据文件。在基于 SIM 的线性动力学分析中，在频率提取过程中写此文件（详细内容见“动态分析过程：概览”中的“为模态叠加动力学分析使用 SIM 构架”，《Abaqus 分析用户手册——分析卷》的 1.3.1 节），并使用此文件存储特征向量、子结构矩阵和其他模型系统信息。重启动需要此文件。

sta

状态文件。Abaqus 在 analysis、continue 和 recover 选项中将增量汇总写入此文件。

stt

状态文件。在 Abaqus/Standard 和 Abaqus/Explicit 中，由 datacheck 选项写此文件。在 Abaqus/Standard 中，可以由 analysis 和 continue 选项读取和写此文件。在 Abaqus/Explicit 中，由 analysis 和 continue 选项读取此文件。如果在 Abaqus/Standard 分析中并行执行单元操作，则可能存在多个状态文件。在这种情况下，将给文件名附加一个过程标识符。重启动需要此文件。

sup

Abaqus/Standard 使用的子结构文件。

var

包含参数化研究生成的输入文件变量信息的文件。

023

Abaqus/Standard 和 Abaqus/Explicit 使用的通信文件。由 analysis 和 datacheck 选项写此文件，由 analysis 和 continue 选项读取此文件。

3.7 Fortran单元号

产品：Abaqus/Standard　　Abaqus/Explicit

参考

- “执行程序：概览”，3.1节

概览

Abaqus使用表3-51中列出的Fortran单元号。除非另有说明，用户不应尝试在用户子程序中写这些Fortran单元。

对于Abaqus/Standard，应指定15~18的单元号或者大于100的单元号。

对于Abaqus/Explicit，指定16~18的单元号或者大于100的，以5~9结尾的单元号，如105、268等。用户不能写.sta文件。

表3-51　Fortran单元号

程　序	单元号	说　明
Abaqus/Standard	1	内部数据库
	2	求解器文件
	6	打印的输出(.dat)文件(用户可以将输出写入此文件)
	7	消息(.msg)文件(用户可以将输出写入此文件)
	8	结果(.fil)文件
	10	内部数据库
	12	重启动(.res)文件
	19~30	内部数据库(临时文件)。总是将单元号21和22写入磁盘空间
	73	包含网格划分的梁横截面属性的文本文件(.bsp)
Abaqus/Explicit	6	打印的输出(.log)
	12	重启动(.res)文件
	13	旧的重启动(.res)文件(如果可用)
	15	分析处理器(.dat或者.pre)文件
	23	通信(.023)文件
	60	整体文件包(.pac)

（续）

程　　序	单元号	说　　明
Abaqus/Explicit	61	整体状态(.abq)文件
	62	临时文件
	63	选中的整体结果(.sel)文件
	64	消息(.msg)文件
	65	输出数据库(.odb)文件
	67	旧的文件包(.pac)(如果从 Abaqus/Explicit 导入)
	68	旧的状态(.abq)文件(如果从 Abaqus/Explicit 导入)
	69	内部数据库;临时文件
如果域并行	70	CPU#1 的局部文件包(.pac.1)
	71	CPU#1 的局部状态(.abq.1)文件
	73	CPU#1 的局部选中结果(.sel.1)文件
	80	CPU#2 的局部文件包(.pac.2)
	81	CPU#2 的局部状态(.abq.2)文件
	83	CPU#2 的局部选中结果(.pac.2)文件
	…	为每个增加的 CPU 添加三个文件,增量单位是 10

第 2 部分　输出

4 输出

4.1 输出

4.1.1 输出：概览

产品：Abaqus/Standard　Abaqus/Explicit　Abaqus/CFD　Abaqus/CAE

参考

- “输出到数据和结果文件”，4.1.2 节
- “输出到输出数据库”，4.1.3 节
- “Abaqus/Standard 输出变量标识符”，4.2.1 节
- “Abaqus/Explicit 输出变量标识符”，4.2.2 节
- “Abaqus/CFD 输出变量标识符”，4.2.3 节
- “诊断信息打印”，《Abaqus/CAE 用户手册》的 14.5.3 节
- “自由度监控请求”，《Abaqus/CAE 用户手册》的 14.5.4 节

概览

Abaqus 可以在分析过程中创建下面的输出文件：

- 数据文件，其中包含由分析输入文件处理器生成的模型和历史定义的打印输出，以及在 Abaqus/Standard 中，分析运行过程中写入的结果打印输出。
- ODB 输出数据库文件，其中包含用 Abaqus/CAE 的 Visualization 模块（Abaqus/Viewer）进行后处理的结果，以及 Abaqus/Standard 中的诊断信息。
- SIM 数据库文件，其中包含在 3DEXPERIENCE 平台上使用物理结果浏览器计算机应用程序进行高性能后处理的结果。
- Abaqus/Explicit 中选择的结果文件。
- 结果文件，其中包含在 Abaqus/Standard 和 Abaqus/Explicit 中使用外部软件进行后处理的结果（在 Abaqus/Explicit 中，通过转换所选的结果文件来生成此文件）。
- 信息文件，其中包含与 Abaqus/Standard 和 Abaqus/Explicit 中的解有关的诊断信息。
- 状态文件，其中包含与分析状态有关的信息；在 Abaqus/Explicit 中，包含与稳定时间增量有关的诊断信息。

• Abaqus/CFD 中使用其他文件格式的输出文件。

Abaqus 可以为重启动分析创建多个文件（见“重启动一个分析”，《Abaqus 分析用户手册——分析卷》的 4.1 节）。在 Abaqus/Standard 中，也可以使用这些文件提取分析中不需要的结果输出。

数据文件

数据文件（作业名.dat）是一种文本文件，其中包含与模型定义有关的信息（由分析输入文件处理器生成）；在 Abaqus/Standard 中，包含结果的表格输出。分析输入文件处理器信息包括模型定义、历史定义，以及识别处理输入数据时检测到的任何错误和警告信息。

对写入数据文件的分析输入文件处理器的信息量进行控制

在 Abaqus/Standard 和 Abaqus/Explicit 中，用户可以控制由分析输入文件处理器写入数据文件的信息量。

输入文件用法：在输入文件的模型定义部分使用下面的选项：

*PREPRINT

Abaqus/CAE 用法：Job module：job editor：General：Preprocessor Printout

输入文件的重复

默认情况下，不会在数据文件中重复输入文件。用户可以选择激活此打印输出。如果以零件实例的装配形式定义输入文件，则数据文件的重复形式将是扁平的输入文件（即不使用零件和装配的输入文件）。

输入文件用法：*PREPRINT，ECHO=YES 或者 NO

Abaqus/CAE 用法：Job module：job editor：General：Preprocessor Printout：Print an echo of the input data

输入参数信息

对于参数化输入文件，可以将有关输入参数及其值的信息打印到数据文件中。默认情况下，显示此信息的原始输入文件的修改版本不会打印到数据文件中。用户可以选择激活此打印输出。

输入文件用法：*PREPRINT，PARVALUES=YES 或者 NO

Abaqus/CAE 用法：Abaqus/CAE 中不支持参数化输入文件。

无参数输入文件信息

对于参数化输入文件，可以在数据文件中打印原始输入文件的无参数版本（参数评估和参数替换后的版本）。默认情况下，不将此输入文件的修改版本打印到数据文件中。用户可以选择激活此打印输出。

输入文件用法：*PREPRINT，PARSUBSTITUTION=YES 或者 NO

Abaqus/CAE 用法：Abaqus/CAE 中不支持参数化输入文件。

模型和历史定义汇总

默认情况下，不在数据文件中汇总定义模型和历史数据的选项。用户可以选择激活此打印输出。

对于 Abaqus/Explicit 分析，当需要时，模型汇总数据包括模型中单元集合和整个模型的质量、质心和转动惯量信息。然而，对于二维模型，报告的转动惯量包括对应于唯一有效的转动自由度分量 I_{33}；不包括其余分量。

输入文件用法：*PREPRINT，MODEL=YES 或者 NO，HISTORY=YES 或者 NO

Abaqus/CAE 用法：Job module：job editor：General：Preprocessor Printout：Print model definition data 和 Print history data

接触约束信息

在 Abaqus/Standard 中，用户可以选择激活打印由接触对定义数据生成的与接触约束有关的详细信息。

输入文件用法：*PREPRINT，CONTACT=YES 或者 NO

Abaqus/CAE 用法：Job module：job editor：General：Preprocessor Printout：Print contact constraint data

质量信息

在 Abaqus/Explicit 中，用户可以选择激活打印与每个用户定义的单元集合的质量属性相关的详细信息。

输入文件用法：*PREPRINT，MASS PROPERTY=YES 或者 NO

Abaqus/CAE 用法：Abaqus/CAE 不支持此参数。

请求打印结果

在 Abaqus/Standard 中，可以在分析期间以表格形式将输出变量值打印到数据文件中。用户可以在分析运行过程中控制以下类型的打印输出：单元输出、节点输出、接触面输出、能量输出、紧固件相互作用输出、模态输出、截面输出和辐射输出（见“输出到数据和结果文件”，4.1.2 节）；“在 Abaqus/Standard 中定义腔辐射”，《Abaqus 分析用户手册——指定条件、约束与相互作用卷》第 8 章）。用户指定打印到每个输出列表中的变量，对于单元变量，还指定将要打印的变量所在的位置（积分点处、单元中心处、节点处或者对多个节点进行平均）。可以在整体坐标系或者局部坐标系中写经过转换的多个节点处的节点变量（见“坐标系变换”，2.1.5 节）。“Abaqus/Standard 输出变量标识符”（4.2.1 节）中给出了可以使用的变量列表。一部分步定义需要数据文件的结果输出。

显示数据文件中的零件信息和装配信息

可以采用零件实例的装配形式定义 Abaqus 模型（见“装配定义”，2.10 节）。在这样的模型中，不同零件的定义中会出现重复的节点和单元编号。Abaqus 内部将这些局部编号转换为唯一的整体编号，并根据这些内部编号给出写入数据文件的输出。如果在数据文件中请求任何包含节点和单元编号的输出，则将用户定义的编号和内部编号之间的映射打印到数据文件（在步数据之后）。

在数据文件中出现的集合名称和面名称之前加装配名称和零件实例名称，由下划线分隔（如 Assembly_Part1-1_setname）。

在零件或者零件实例中定义的局部坐标系，根据零件实例定义中给出的位置数据进行转换和转动。

输出数据库

输出数据库是一个中性的二进制文件。与重启动文件或者二进制结果文件有所不同，输出数据库可以从一个计算平台直接复制到另一个计算平台，不需要进行转换。

输出数据库的格式

Abaqus 输出数据库有两种可用格式，即 ODB 和 SIM。默认情况下，以 ODB 格式创建结果输出。对于 Abaqus/Standard 或者 Abaqus/Explicit 分析，可以选择在同一个作业中以两种格式写出结果。只有 SIM 格式的结果可以导入 3DEXPERIENCE 平台来进行高性能后处理。更多内容见下文中的“以 SIM 格式写和后处理结果的限制”。

• 使用 ODB 输出数据库（作业名 . odb）以零件实例的装配形式存储模型信息和分析结果。Abaqus/CAE 的 Visualization 模块（Abaqus/Viewer）使用此输出数据库进行分析结果后处理并显示诊断信息。

• SIM 数据库文件（作业名 . odb）包含模型信息和结果信息。3DEXPERIENCE 平台上的物理结构浏览器应用程序使用此数据库进行分析结果的高性能后处理。

输入文件用法：使用下面的命令行选项以 SIM 格式将结果写入 Abaqus/Standard 或者 Abaqus/Explicit 分析中：

abaqus job=作业名 resultsformat=sim

使用下面的命令行选项以 ODB 格式和 SIM 格式将结果写入 Abaqus/Standard 或者 Abaqus/Explicit 中：

abaqus job=作业名 resultsformat=both

使用下面的命令行选项以 SIM 格式将场输出结果写入 Abaqus/CFD 分析中：

abaqus job=作业名 field=sim

使用下面的命令行选项以 SIM 格式将历史输出结果写入 Abaqus/CFD 分析中：

abaqus job=作业名 history=sim

Abaqus/CAE 用法：使用下面的输入以 SIM 格式将结果写入 Abaqus 分析中：

Job module：job editor：General：Results Format：SIM

使用下面的输入以 ODB 格式和 SIM 格式将结果写入 Abaqus/Standard 分析或者 Abaqus/Explicit 分析中：

Job module：job editor：General：Results Format：Both

浮点数据的处理

默认情况下，以单精度将浮点数据写入 ODB 输出数据库文件中。也可以选择以双精度将浮点节点场输出数据库写入 ODB 输出数据库中，详细内容见“Abaqus/Standard、Abaqus/Explicit 和 Abaqus/CFD 执行”（3.2.2 节）。

对于 Abaqus/Standard 和 Abaqus/Explicit 分析，以单精度将浮点数据写入 SIM 数据库中，节点坐标除外，它们是采用双精度写入的。对于 Abaqus/CFD 分析，以双精度将浮点数据写

入 SIM 数据库中。

在 Abaqus/CAE 中打开输出数据库

用户可以在 Abaqus/CAE 中打开之前版本的 Abaqus 中的输出数据库文件。打开来自之前 Abaqus 版本的输出数据库文件时，必须将它们转换成当前版本。如果使用的是旧版本的 Abaqus/CAE，则无法打开更新版本的 Abaqus 创建的输出数据库文件。

选择输出格式

输出格式的选择取决于用户使用高性能显示的经验水平、物理结果浏览器应用程序和后处理需求。

- 如果用户仍在学习使用高性能显示，并希望与 Abaqus/Viewer 对比结果，则以两种格式写输出结果。
- 如果模型很大，并且需要改进物理结果浏览器应用程序的性能，以及 Abaqus/Viewer 的功能，则以两种格式写输出结果。
- 如果确信物理结果浏览器应用程序中的高性能显示功能提供了所有需要的功能，则以 SIM 格式写输出结果。

请求输出到输出数据库

用户可以从“Abaqus/Standard 输出变量标识符”（4.2.1 节）、“Abaqus/Explicit 输出变量标识符”（4.2.2 节）和“Abaqus/CFD 输出变量标识符”（4.2.3 节）中的列表选择要写入输出数据库的变量。可以使用以下类型的输出：单元输出、节点输出、接触面输出、能量输出、积分输出、时间增量输出、紧固件相互作用输出、模态输出和辐射输出。此外，写入 Abaqus/Standard 和 Abaqus/Explicit 中的消息文件的诊断信息子集合（见“Abaqus/Standard 和 Abaqus/Explicit 中的消息文件”）和写入 Abaqus/Explicit 状态文件中的诊断信息子集合（见“状态文件”）也包含在输出数据库中。如何生成输出数据库请求的详细解释见“输出到输出数据库”（4.1.3 节）。

输出数据库中存储了三类信息：“场”输出、“历史”输出和诊断信息。对模型的大部分而言，场输出是相对不频繁的输出。Abaqus/CAE 使用场输出在 Visualization 模块中生成云图、发生位移的形状显示、符号图和 *X-Y* 图。历史输出适用于模型一小部分的请求输出频率相当高的输出。Abaqus/CAE 使用历史输出在 Visualization 模块中生成 *X-Y* 图。场输出和历史输出的详细内容见“输出到输出数据库”（4.1.3 节）。诊断信息用于为 Abaqus/CAE 提供收敛信息，更多内容见“显示诊断输出”（《Abaqus/CAE 用户手册》的 41 章）。

以 SIM 格式写和后处理结果的限制

Abaqus/Standard 和 Abaqus/Explicit 中的子集合功能不支持生成 SIM 格式的结果分析；Abaqus/CFD 对 SIM 格式的输出没有限制。如果分析中包含一个或者多个这类选项或者参数，并以 SIM 格式或者 SIM 和 ODB 两种格式写输出，则分析将产生错误而终止或者产生有限的结果。

下面的选项在数据（.dat）文件中产生错误消息：

*ADAPTIVE MESH REFINEMENT

*CONTOUR INTEGRAL

* DIRECT CYCLIC, FATIGUE
* ELECTROMAGNETIC
* ENRICHMENT
* ENRICHMENT ACTIVATION (对于 XFEM)
* IMPORT
* MAP SOLUTION
* MAGNETOSTATIC
* NMAP, FATIGUE=BLENDED 或者 TOROIDAL
* POST OUTPUT
* REBAR
* SUBSTRUCTURE PATH
* SUBSTRUCTURE DIRECTORY
* SURFACE, TYPE= (EULERIAN MATERIAL, XFEM, BSPLINE, BEZIER 或者 USER)
* STEADY STATE TRANSPORT
* SYMMETRIC MODEL GENERATION
* SYMMETRIC RESULTS TRANSFER
* TRACER PARTICLE

下面的选项产生有限的结果，但是没有错误消息：

* EULERIAN SECTION: some volume fraction data are not written to the SIM database (某些体积分数数据未写入 SIM 数据库中)

此外，下面的选项生成 SIM 格式的结果；然而，物理结果浏览器应用程序不考虑这些结果：

* MODEL CHANGE

选择结果文件

Abaqus/Explicit 选择的结果文件（作业名 . sel）存储用户选择的结果，这些结果将转换成结果文件（作业名 . fil）供其他商业后处理软件包进行后处理。

可以请求单元输出、节点输出和能量输出（详细内容见“输出到数据和结果文件”，4.1.2 节）；可以输出的变量列在“Abaqus/Explicit 输出变量标识符”（4.2.2 节）中。用户可以采用比重启动间隔更加频繁的间隔为给定的节点集合或者单元集合写用户选择的结果子集合。可以在步定义中指定输出要求，这允许用户选择写入所选结果文件的数据量，以避免使用过多的磁盘空间。例如，当处理非常大的模型时，可以选择在步中只写整个模型的当前位移和等效塑性应变 20 次，并在步中写一个节点处的加速度历史 200 次。

结果文件

可以使用外部后处理器读取 Abaqus/Standard 和 Abaqus/Explicit 中的 Abaqus 结果文件

(作业名.fil)，以生成 X-Y 图或者打印输出列表。绝大部分商业有限元结果显示软件包提供转换器，用来将 Abaqus 结果文件转换成它们的输入。为了将分析结果导入用户自己的后处理程序中，也可以将结果文件用作方便的媒介。如何读取文件的详细内容见“访问结果文件信息”(5.3 节)。

可以将热传导、热-电或者热-电-结构分析的结果文件输出，用作具有相同网格的应力分析的输入（见“顺序耦合的热-应力分析”，《Abaqus 分析用户手册——分析卷》的 11.2 节）。

在 Abaqus/Standard 中获取结果文件输出

在 Abaqus/Standard 中，用户从“Abaqus/Standard 输出变量标识符”（4.2.1 节）中的列表中选取要写入结果文件的变量，写入方式类似于打印到数据文件的输出方式。用户必须明确要求将变量值写入结果文件中，否则不提供任何输出。可以获取单元输出、节点输出、面输出、能量输出、模态输出和辐射输出（见“输出到数据和结果文件”，4.1.2 节；“在 Abaqus/Standard 中定义腔辐射”，《Abaqus 分析用户手册——指定条件、约束与相互作用卷》的 6.1.1 节。

在步的开始处得到结果

用户可以要求将步开始时（零增量）的解状态写入 Abaqus/Standard 结果文件中。仅当步中的时间概念控制了所选择过程的增量方式时，才可以获得零增量文件输出，因此不包括下面的过程：

- 线性静态摄动分析（“静应力分析”，《Abaqus 分析用户手册——分析卷》的 1.2.2 节）。
- “特征值屈曲预测”，《Abaqus 分析用户手册——分析卷》的 1.2.3 节。
- “固有频率提取”，《Abaqus 分析用户手册——分析卷》的 1.3.5 节。
- “基于模态的稳态动力学分析”，《Abaqus 分析用户手册——分析卷》的 1.3.8 节。
- “响应谱分析”，《Abaqus 分析用户手册——分析卷》的 1.3.10 节。
- “随机响应分析”，《Abaqus 分析用户手册——分析卷》的 1.3.11 节。

如果请求了零增量结果文件输出，则在给定的分析中为所有有效过程生成零增量结果。

必须请求零增量结果文件输出，这样才能在数据检查分析中生成零增量结果文件（见“Abaqus/Standard、Abaqus/Explicit 和 Abaqus/CFD 执行”，3.2.2 节）。如果使用结果文件驱动子模型，则强烈建议请求零增量结果文件，进一步的讨论见“基于节点的子模型”（《Abaqus 分析用户手册——分析卷》的 5.2.2 节）。

输入文件用法：* FILE FORMAT, ZERO INCREMENT

可以将 * FILE FORMAT 选项给成模型数据或者历史数据，但在输入文件中此选项仅能出现一次。

Abaqus/CAE 用法：Abaqus/CAE 中不能请求结果文件输出。

在 Abaqus/Explicit 中获取结果文件输出

Abaqus/Explicit 结果文件是由选中结果文件生成的顺序存取文件（见“Abaqus/Standard、Abaqus/Explicit 和 Abaqus/CFD 执行”，3.2.2 节）。结果文件中包含的所需结果采用“结果文件输出格式”（5.2 节）中的格式。

输入文件用法：使用以下命令行选项中的任意一个将选中结果文件转换成结果文件：

abaqus job=作业名 convert=select

abaqus job=作业名 convert=all

Abaqus/CAE 用法：在 Abaqus/CAE 中不能对选中结果文件进行转换。

零件和装配信息

可以采用零件实例的装配形式定义 Abaqus 模型（见“装配定义”，2.10 节）。然而，结果文件中不包含零件和装配记录。

在以零件实例的装配形式定义的模型中，不同的零件实例定义中可能存在重复的节点和单元编号。Abaqus 内部将这些局部编号转换成唯一的整体编号，并且写入结果文件的输出是以整体（内部）编号的形式给出的。如果请求了任何包含节点和单元编号的结果文件输出，则将用户定义的编号与内部编号之间的映射打印到数据文件中。

在结果文件中的集合和面名称之前加装配和零件实例名称，由下划线分隔（如 Assembly_Part1-1_setname）。

在零件或者零件实例中定义的局部坐标系，将根据零件实例定义中给出的位置数据进行转换和转动。

结果文件的格式

Abaqus/Standard 或者 Abaqus/Explicit 中的 Abaqus 结果文件采用二进制格式或者 ASCII 格式组织成顺序文件。如果要在不同于文件写入系统的计算机系统上读取文件，则需要使用 ASCII 格式。ASCII 格式允许在不同的计算机系统之间传递结果文件，而不必转换成二进制数据。如果总是在相同的系统上使用文件，或者在使用二进制格式的系统上使用文件，则不需要使用 ASCII 格式。如果结果文件输出总是驻留在相同的计算机上，则存储文件的最有效方式通常是默认的二进制格式。对于大型问题，ASCII 格式的文件比二进制格式的相同文件大得多。

控制 Abaqus/Standard 中结果文件的格式

Abaqus/Standard 可以采用二进制格式或者 ASCII 格式写结果文件。默认格式是二进制格式。

必须采用与整个分析相同的格式写结果文件输出。在要求解的问题启动后不能改变格式。

也可以在 Abaqus/Standard 环境文件中控制 Abaqus/Standard 结果文件的格式（见“环境文件设置”，3.3 节）。在分析中指定的格式将替代环境文件中定义的值。

此外，在分析完成后，可以使用 Abaqus 执行程序中的 ascfil 工具（“结果（.fil）文件的 ASCII 转换”，3.2.14 节）将二进制的 Abaqus/Standard 结果文件（作业名 .fil）转换成 ASCII 格式（作业名 .fil）。

输入文件用法：*FILE FORMAT，ASCII

可以将 *FILE FORMAT 选项给成模型数据或者历史数据，但此选项仅能在输入文件中出现一次。

Abaqus/CAE 用法：在 Abaqus/CAE 中不能请求结果文件输出。

控制 Abaqus/Explicit 中结果文件的格式

Abaqus/Explicit 总是在转换过程中将结果文件输出写成二进制格式，但可以使用 ascfil 工具将二进制 Abaqus/Explicit 结果文件转换成 ASCII 格式（见“结果（.fil）文件的 ASCII 转化”，3.2.14 节）。

ASCII 格式

“结果文件输出格式”（5.2 节）对要写入结果文件的记录内容进行了定义。如果以 ASCII 格式写结果文件，则这些描述也适用。这些文件中的数据项可以是整数型、浮点数或者字符串。使用 ASCII 格式时，在将每个数据项写入文件前，会将每个数据项转换成等效的字符串。

在下一个逻辑记录开始前，对每 80 个字符的逻辑记录进行完全填充，定义项目的一部分字符可以在一个逻辑记录中，而剩下的字符在下一个逻辑记录中，这样便可以分割任何数据项。每个数据项通常紧跟在前一个数据项之后，结果文件记录关键字 2001 除外，Abaqus 将使用空字符填充逻辑记录，以便立即将记录写入物理存储介质中。然后 Abaqus 插入一个由 80 个空字符组成的逻辑记录，正确地控制文件结尾。

由星号（*）开始每个“记录”。浮点数以字符 D 开始，后面是 E22.15 格式 D22.15 格式的字符，这取决于写结果文件的 Abaqus 版本是使用单精度还是双精度。字符串以字符 A 开始，后面是 8 个字符（如果字符少于 8 个，则字符的右边是空格；多于 8 个字符的字符串一次只写 8 个字符）。整数型以字符 I 开始，后面是两位整数，表示小数位数，然后是整数本身（写成小数）。

例如，单元编号为 5，具有节点 195、198、205 和 204 的 S4R 单元的记录关键字 1900 可以写成：

*I 18I 41900I 15AS4R I 3195I 3198I 3205I 3204

节点 135 和 6 个自由度的记录关键字 101 可以写成：

*I 19I 3101I 3135D1.280271914214298E-10D1.500000000000036E+00

D-1.074629835784448E-46D 6.983222716550941E-12

D-4.084928798492785E-13D-1.072688441364597E-10

结果文件中的浮点精度

写入结果文件中的浮点数据的精度取决于生成数据的可执行精度。Abaqus/Standard 总是使用双精度，因此，总是以双精度将浮点数据写入 Abaqus/Standard 结果文件。可以在大部分机器上以单精度或者双精度运行 Abaqus/Explicit；Abaqus/Explicit 可执行精度层级的详细内容见“定义一个分析”（《Abaqus 分析用户手册——分析卷》的 1.1.2 节）。如果为 Abaqus/Explicit 使用双精度执行，则以双精度将浮点数据写入 Abaqus/Explicit 结果文件中；如果为 Abaqus/Explicit 使用单精度执行，则以单精度将浮点数据写入 Abaqus/Explicit 结果文件中。

最大化结果文件的效率

在 Abaqus/Standard 中，每个单元输出请求（在单个行上输入的标识关键字集合）前面都有一个“单元头”记录（见“结果文件输出格式”，5.2 节）。因此，可以通过在单个行上输入相同“类型”的所有单元输出变量（单元积分点变量、单元截面变量、整个单元变

量等）使结果文件的大小最小化。输出变量类型说明见“输出到数据和结果文件”（4.1.2节）。建议合并输出变量条目，因为这样可以使结果文件减小。

例子

例如，在应力/位移分析中，可以使用下面的输出请求在结果文件中请求单元变量输出：

```
*EL FILE
 S, SINV, E, PE, CE, EE, ENER, TEMP, FV, COORD
 SF, SE
 LOADS, ELEN, EVOL
*EL FILE, REBAR
  S, SINV, E, PE, CE, EE, RBFOR, RBANG
  SF, SE
  LOADS, ELEN
```

加强筋量的输出请求不需要与基底单元的输出请求相同。

Abaqus/Standard 和 Abaqus/Explicit 中的信息文件

信息文件（作业名.msg）是包含求解进程诊断消息的文本文件。

Abaqus/Standard 信息文件

在 Abaqus/Standard 中，信息文件包含与求解进程有关的诊断信息或者消息信息。如果这些信息中的任何一条描述了错误或者警告，则在数据文件末尾也会给出这些错误或者警告的数量。在 Abaqus/Standard 分析过程中自动写信息文件。

Abaqus/Standard 信息文件中包含增量数量、步时间、步完成分数、平衡迭代、严重不连续（接触）迭代、塑性算法、自适应网格光顺、Riks 分析中的载荷比例因子等。信息文件中的部分诊断信息也写入输出数据库，供 Abaqus/CAE 中使用（见“输出到输出数据库”中的“在 Abaqus/Standard 和 Abaqus/Explicit 中请求诊断信息”，4.1.3 节）。

用户可以控制每个步写入信息文件的信息量。此功能有时有助于进行困难的分析，因为它允许在非线性求解过程中写入某些事件（如接触）的详细诊断信息，而这些信息对高度非线性问题求解策略的建立通常是有用的。

输入文件用法：*PRINT

在一个步定义中，*PRINT 选项仅可以出现一次。

Abaqus/CAE 用法：Step module：Output→Diagnostic Print

控制输出到信息文件的频率

通过指定增量上所需的输出频率，可以控制将信息打印到信息文件的频率。默认的输出频率是 1（在直接循环或者低周疲劳分析中是 10）。总是在每个步的最后增量上打印输出，除非用户指定零频率来抑制输出。

输入文件用法：*PRINT, FREQUENCY=N

Abaqus/CAE 用法：Step module：Output→Diagnostic Print：Frequency N

请求详细的接触输出

在迭代过程中，可以获取接触条件的详细打印输出。在建立困难接触问题的追踪解中，关于界面和间隙问题中哪一个点是接触的或者分离的信息是有用的。为每个严重不连续迭代写详细的情况。默认情况下，抑制详细的接触输出。

输入文件用法：＊PRINT，CONTACT=YES 或者 NO

Abaqus/CAE 用法：Step module：Output→Diagnostic Print：切换选中 Contact

请求详细的模型变化打印

用户可以在步开始时得到模型变化操作（删除和再激活）的详细打印输出。其中包括大位移分析中再激活无应变单元的新原始坐标和法向。默认情况下，抑制详细的模型变化输出。有关模型变化操作的详细内容见“单元和接触对的删除和再激活”（《Abaqus 分析用户手册——分析卷》的 6.2 节）。

输入文件用法：＊PRINT，MODEL CHANGE=YES 或 NO

Abaqus/CAE 用法：Step module：Output→Diagnostic Print：切换选中 Model Change

请求使用塑性算法的问题的详细打印输出

用户可以激活迭代过程中塑性算法未能收敛的单元和积分点编号的打印输出。这有助于在网格和（或者）塑性模型中找到 Abaqus 遇到材料模型困难的位置。使用此详细的打印输出可以确定模型问题和材料参数规范问题。默认情况下，抑制此打印输出。

输入文件用法：＊PRINT，PLASTICITY=YES 或者 NO

Abaqus/CAE 用法：Step module：Output→Diagnostic Print：切换选中 Plasticity

请求平衡残差的输出

默认情况下，输出平衡迭代中的平衡残差。用户可以选择完全抑制此输出，但并不推荐这种做法；因为不输出平衡残差，将无法看到迭代进程的精度。

输入文件用法：＊PRINT，RESIDUAL=YES 或者 NO

Abaqus/CAE 用法：Step module：Output→Diagnostic Print：切换选中 Residual

请求求解器信息

默认情况下，为每个迭代输出要求解的方程数和浮点运算数信息。用户可以请求抑制此输出。

输入文件用法：＊PRINT，SOLVE=YES 或者 NO

Abaqus/CAE 用法：Step module：Output→Diagnostic Print：切换选中 Solve

请求详细的自适应网格光顺打印输出

用户可以激活 Abaqus/Standard 中自适应网格光顺的详细打印输出。输出包括与最大位移的大小相关的信息，以及与每个网格扫掠中发生最大位移增量的节点和自由度相关的信息。输出也提供几何特征发生变化的节点编号。默认情况下，只输出一个汇总。

输入文件用法：＊PRINT，ADAPTIVE MESH=YES 或者 NO

Abaqus/CAE 用法：Abaqus/CAE 中不支持向信息文件输出自适应网格输出。

监控信息文件中的自由度

用户可以将指定点的当前值和自由度写入信息文件中。可以使用此信息监控求解进程。也可以将此信息写入状态文件（见下文）。用户可以控制将值打印到信息文件的频率。默认频率是 1（在直接循环分析中是 10）。

特征值屈曲预测、特征频率提取或者响应谱过程中不应使用自由度监控。对于其他线性摄动过程，因使用自由度监控，自由度的输出是基本状态值。

输入文件用法：＊MONITOR，NODE＝节点编号，DOF＝自由度，FREQUENCY＝*N*

通过重复＊MONITOR 选项，可以步到步地改变要监控的节点和自由度。

＊MONITOR 选项在步中最后一次出现时指定的节点和自由度将用该步。

Abaqus/CAE 用法：Step module：Output→DOF Monitor：Monitor a degree of freedom throughout the analysis，单击 Edit 键选择点，Degree of freedom：自由度，Print to the message file every *N* increments

在 Abaqus/CAE 中，只能为分析监控一个点和自由度；不能从步到步地改变监控要求。

Abaqus/Explicit 信息文件

在 Abaqus/Explicit 中，如果在分析过程中发现了潜在问题，则信息文件中将包含信息。用户可以控制每个步的诊断信息输出（见“显式动力学分析”，《Abaqus 分析用户手册——分析卷》的 1.3.3 节；“Abaqus/Explicit 分析中的接触诊断”，《Abaqus 分析用户手册——指定条件、约束与相互作用卷》的 6.2.1 节）。信息文件中的一部分诊断信息也会写入输出数据库，以便在 Abaqus/CAE 中使用（更多内容见“输出到输出数据库”中的“在 Abaqus/Standard 和 Abaqus/Explicit 中请求诊断信息”，4.1.3 节）。

状态文件

状态文件（作业名 .sta）是包含分析进程相关信息的文本文件。

Abaqus/Standard 或者 Abaqus/CFD 状态文件

Abaqus/Standard 或者 Abaqus/CFD 状态文件包含每个增量的一个单独的 80 字符的记录，并在分析的每个增量完成时进行更新。在增量完成时，立即将此记录直接写入辅助存储器中。因而，可以在作业运行中检查状态文件，从而监控分析的进程。不像在 Abaqus/Standard 中的状态文件里指定要监控的自由度变量那样（如下面所描述的那样），不能控制写入 Abaqus/Standard 或者 Abaqus/CFD 状态文件中的信息。

Abaqus/Explicit 状态文件

在 Abaqus/Explicit 中，默认状态文件（作业名 .sta）包含模型的质量和惯性属性、初始稳态时间增量信息、累计 CPU 使用总量和当前时间增量大小的分析进度摘要、运行每一步所需内存的评估。用户可以控制其他输出，包括总动能、能量平衡、使用最小稳定时间增量的单元标识符，以及由于质量缩放导致的总质量变化百分比。

将增量摘要写入 Abaqus/Explicit 状态文件的频率，取决于以 CPU 分钟计的分析延续和在分析中指定的输出量。下文提供了何时将增量摘要写入状态文件的一般指导。

通常在以下情况下写摘要信息：

- 每次写重启动信息、输出到输出数据库的场或者结果文件输出时。
- 如果问题所需增量少于 20 个，则每个增量写一次。
- 在短分析（少于 40CPU 分钟）的步中写 20 次。
- 对于长度大于 40CPU 分钟的分析，每 2CPU 分钟写一次。

分析运行时，可以在状态文件中监控自由度变量。用户也可以将额外的诊断信息写入状态文件（详细内容见“显式动力学分析”，《Abaqus 分析用户手册——分析卷》的 1.3.3 节；“Abaqus/Explicit 分析中的接触诊断”，《Abaqus 分析用户手册——指定条件、约束与相互作用卷》的 6.2.1 节）。状态文件中的一部分诊断信息，包括每个增量摘要的信息，也写入输出数据库供 Abaqus/CAE 使用（更多内容见“输出到输出数据库”中的“在 Abaqus/Standard 和 Abaqus/Explicit 中请求诊断信息”，4.1.3 节）。

只有在为 Abaqus/Explicit 打包数据时，或者在分析中才能发现的错误，也被写入状态文件中。

输入文件用法：* PRINT

在一个步定义中，* PRINT 选项只能出现一次。

Abaqus/CAE 用法：Step module：Output→Diagnostic Print

请求动能输出

默认情况下，将模型的动能写入状态文件。在整个步中周期地写此输出。用户可以选择包含或者不包含每个步的动能输出。

输入文件用法：* PRINT，ALLKE = YES 或者 NO

Abaqus/CAE 用法：Step module：Output→Diagnostic Print：切换选中 Allke

请求总能量输出

默认情况下，在整个步上周期地写能量平衡。用户可以选择包含或者不包含每个步的能量平衡输出。

输入文件用法：* PRINT，ETOTAL = YES 或者 NO

Abaqus/CAE 用法：Step module：Output→Diagnostic Print：切换选中 Etotal

请求关键单元的输出

默认情况下，将具用当前最小稳定时间增量的单元编号及其值输出到状态文件。在整个步上周期地写此输出。用户可以选择包含或者不包含每个步的关键单元输出。

输入文件用法：* PRINT，CRITICAL ELEMENT = YES 或者 NO

Abaqus/CAE 用法：Step module：Output→Diagnostic Print：切换选中 Crit. Elem

请求总质量变化的输出

用户可以将由于质量缩放导致的模型总质量变化百分比写入每个步的状态文件。在整个步上周期地写此输出。默认仅当在模型中出现质量缩放时才打印总质量百分比变化。

输入文件用法：* PRINT，DMASS = YES 或者 NO

Abaqus/CAE 用法：Step module：Output→Diagnostic Print：切换选中 Dmass

监控状态文件中的自由度

用户可以将指定点和自由度的当前值写入 Abaqus/Standard 状态文件。在分析过程中所写的每个增量的状态文件中，将出现受监控的点和自由度的值。

当在 Abaqus/Standard 状态文件中监控自由度时，会把相同的信息写入信息文件（见上文），但是指定的输出频率对输出到状态文件没有影响。

对特征值屈曲预测、特征频率提取或者响应谱过程不使用自由度监控。对于其他线性摄动过程，因使用自由度监控，自由度的输出是基本状态值。

输入文件用法：＊MONITOR，NODE=节点编号，DOF=自由度

通过重复＊MONITOR 选项，可以从步到步地改变受监控的节点和自由度。此选项在步中最后一次指定的节点和自由度将用于该步。

Abaqus/CAE 用法：Step module：Output→DOF Monitor：Monitor a degree of freedom throughout the analysis，单击 Edit 键选择点，Degree of freedom：自由度

在 Abaqus/CAE 中，只能为分析监控一个点和自由度；不允许从步到步地改变监控请求。

Abaqus/CFD 中的其他输出格式

默认情况下，在请求 Abaqus/CFD 中的输出时，将输出发送到输出数据库文件。然而，用户可以为场输出和历史输出选择其他文件格式。可以用逗号分隔值（CSV）格式代替输出数据库格式将历史输出发送给文件。

可以采用“请求输出到输出数据库”中描述的方法请求场和历史输出。要选择其他输出格式，可以在运行 Abaqus/CFD 分析时在命令行上设置 field 和 history 选项。更多内容，见“Abaqus/Standard、Abaqus/Explicit 和 Abaqus/CFD 执行”（3.2.2 节）。

CSV 格式的历史输出

逗号分隔值（CSV）格式是一种基于文本的输出格式。CSV 格式的文本文件由一个或者多个注释行组成，行后面是一行逗号分隔的每个历史输出帧的数据。CSV 文件中的注释以字符#开始。CSV 文件中的每一列都有描述网格位置、零件实例和输出请求标签的注释。网格位置的可能值是节点、单元或者面。向量输出请求也包括分量，即 1、2 和 3。

此格式使用文件扩展名 csv。CSV 格式的历史输出为每个步的每个输出请求标签创建一个文件。如果并行地运行作业，并且由于域分解，与历史输出请求相关的集合会在处理器之间分割，则创建额外的文件。在此情况中，在每个处理器中将有一个文件。将文件命名成 job_outputrequest_rank_step-number.csv（作业_输出请求_次序_步编号.csv）。其中 rank 是 0 到 CPU 数之间的一个数。

输入文件用法：在 Abaqus/CFD 中使用下面的命令行选项将历史输出写成其他文件格式：

abaqus job=作业名 history=csv

Abaqus/CAE 用法：在 Abaqus/CAE 中不能为历史输出选择其他格式。

在多个步中请求历史输出

输出请求通常用于发出请求的步和所有后续步，直到重新指定了输出要求。然而，将线性摄动步的输出指定（仅在 Abaqus/Standard 中可以使用；见下面和“通用的和线性的摄动

过程”，《Abaqus 分析用户手册——分析卷》的 1.1.3 节）处理成不受通用分析步输出请求的制约，并且仅用于连续的顺序线性摄动步。

在 Abaqus 中，数据库输出、打印的输出和结果文件输出独立于输出模型。因此，一种输出形式的指定变化不影响其他输出形式。

通用分析步

在分析的第一个通用分析步中使用默认的输出要求，除非重新定义它们。对于后续的通用分析步，保留来自先前通用步的每一种输出形式定义，除非重新定义它们。

线性摄动步

在任何序列的线性摄动步的第一个摄动步中使用默认输出请求，除非在那个步中重新定义了输出请求。如果在后续线性摄动步之间没有通用分析步，则保留之前摄动步的每个输出模式定义，除非重新定义了输出模式。如果定义了中间插入的通用步，则在线性摄动步中再次使用默认的输出请求，除非在该步中重新定义了输出请求。

Abaqus/Standard 中的单元矩阵输出

在 Abaqus/Standard 中，可以将每个步的单元刚度矩阵和质量矩阵（如果可用）写入文件中。对于热传导单元，如果请求了刚度矩阵输出，则写算子矩阵。

单元矩阵输出仅适用于没有内部节点（除非这些节点没有有效自由度）的单元，以及没有声学或者内部自由度的单元。不允许输出单元矩阵的单元包括声学单元、管单元、关节单元、框单元、间隙单元、界面单元和具有傅立叶模式的轴对称单元。具有耦合场的单元，如耦合的温度-位移单元和孔隙压力单元，不可以使用单元矩阵输出。对于非协调模式和混合单元，当质量矩阵输出可用时，不允许输出刚度矩阵。使用子结构矩阵输出请求将子结构的缩减刚度矩阵、质量矩阵和载荷工况向量写入一个文件（见“定义子结构”，《Abaqus 分析用户手册——分析卷》的 5.1.2 节）。

在基于模态的动力学分析（响应谱、稳态动力学、模态动力学或者随机响应分析）中，不能请求输出单元矩阵。但是，在基于模态的动力学分析之前的特征频率提取分析中，可以要求输出质量矩阵和刚度矩阵。

节点条件不影响写单元矩阵，因此，此输出中不包括边界条件、集中载荷和多点约束的影响。自由度总是在整体方向上，即使在与单元相关联的节点上定义了局部坐标系（“坐标系变换”，2.1.5 节）。

用户必须选择请求输出的单元集合。对于采用零件实例装配形式定义的模型（“装配定义”，2.10 节），与单元矩阵输出一起写出的单元编号是 Abaqus/Standard 生成的内部编号。数据文件中提供了内部编号与原始单元编号和零件实例名称之间的映射。

将单元矩阵写入结果文件中

默认情况下，将单元矩阵输出记录写入 Abaqus/Standard 结果文件中。在“结果文件输出格式”（5.2 节）中介绍了结果文件的记录格式。可以根据用户的指定将文件写成二进制格式或者 ASCII 格式（见“在 Abaqus/Standard 中控制结果文件的格式”）。

输入文件用法：* ELEMENT MATRIX OUTPUT，ELSET=单元集合，
OUTPUT FILE=RESULTS FILE

Abaqus/CAE 用法：Abaqus/CAE 中不支持单元矩阵输出。

将单元矩阵写入用户定义文件中

可以将单元矩阵写入用户定义文件中。文件名不应包含扩展名，因为 Abaqus 将添加扩展名 . mtx（对于用户指定的文件名，见“输入语法规则”，1. 2. 1 节）。

输出文件的格式与线性用户单元一致（见“用户定义的单元”，《Abaqus 分析用户手册——单元卷》的 6. 17. 1 节）。

输入文件用法：* ELEMENT MATRIX OUTPUT，ELSET=单元集合，
OUTPUT FILE=USER DEFINED，FILE NAME=输出文件名称

Abaqus/CAE 用法：Abaqus/CAE 中不支持单元矩阵输出。

将单元矩阵写入数据文件

可以将单元矩阵记录写入 Abaqus/Standard 数据文件中。

输入文件用法：* ELEMENT MATRIX OUTPUT，ELSET=单元集合，
OUTPUT FILE=USER DEFINED

Abaqus/CAE 用法：Abaqus/CAE 中不支持单元矩阵输出。

包含分布载荷

用户可以选择写单元上分布载荷的载荷向量。默认情况下，不写载荷向量。

输入文件用法：* ELEMENT MATRIX OUTPUT，ELSET=单元集合，DLOAD=YES 或者 NO

Abaqus/CAE 用法：Abaqus/CAE 中不支持单元矩阵输出。

控制单元矩阵输出的频率

用户可以通过指定增量上的输出频率来控制单元矩阵输出的频率。默认情况下，将在每个增量上输出单元矩阵（与输出频率 1 等效）。指定零输出频率来抑制单元矩阵输出。除非抑制了输出，否则总是在步的最后增量上写矩阵。

输入文件用法：* ELEMENT MATRIX OUTPUT，ELSET=单元集合，FREQUENCY=*N*

Abaqus/CAE 用法：Abaqus/CAE 中不支持单元矩阵输出。

写刚度矩阵或者算子矩阵

用户可以选择输出刚度矩阵（或者热传导单元中的算子矩阵）。默认情况下，不输出刚度（算子）矩阵。

输入文件用法：* ELEMENT MATRIX OUTPUT，ELSET=单元集合，
STIFFNESS=YES 或者 NO

Abaqus/CAE 用法：Abaqus/CAE 中不支持单元矩阵输出。

写质量矩阵

用户可以选择输出质量矩阵。默认情况下，不输出单元质量矩阵。

输入文件用法：＊ELEMENT MATRIX OUTPUT，ELSET = 单元集合，MASS = YES 或者 NO

Abaqus/CAE 用法：Abaqus/CAE 中不支持单元矩阵输出。

Abaqus/Standard 中用户定义的输出变量

在 Abaqus/Standard 中，可以使用用户子程序 UVARM 将输出量定义成任何单元积分点变量的函数，在“Abaqus/Standard 输出变量标识符”（4.2.1 节）中列出了这些积分点变量。然后，可以请求输出变量 UVARM*n* 来输出到数据文件、结果文件或者输出数据库中。

Abaqus/Standard 中用户定义的状态变量

在 Abaqus/Standard 中，用户可以分配解相关的状态变量，并在定义材料行为的用户子程序，以及用户子程序 FRIC、UEL 和 UINTER 中定义它们（见“用户子程序：概览”，《Abaqus 分析用户手册——分析卷》的 13.1 节）。可以请求输出变量 SDV*n*，将这些变量输出到数据文件、结果文件或者输出数据库中。对于用户定义的单元，不能请求将输出变量 SDV*n* 输出到输出数据库。

使用 Abaqus/CAE 进行后处理

Abaqus/CAE 提供在 Visualization 模块（也单独认证成 Abaqus/Viewer）中交互图形处理 Abaqus 输出数据库文件的功能。其功能包括模态、位移的形状显示、云图显示、向量显示、*X-Y* 显示和动画。

从 Abaqus/Standard 的重启动数据中恢复额外的结果输出

用户请求为分析写重启动数据时生成的一些文件中包含 Abaqus/Standard 重启动所需的数据，这些文件包括重启动（.res）、分析数据库（.mdl 和 .stt）、零件（.prt）和输出数据库（.odb）文件。“重启动一个分析”（《Abaqus 分析用户手册——分析卷》的 4.1 节）介绍了写重启动数据的详细内容。

在 Abaqus/Standard 中，可以从重启动数据中提取输出并使用后处理分析程序将其写入新的数据文件（.dat）、结果文件（.fil）和输出数据库文件（.odb）中。如果原始分析中包含用户子程序，则后处理分析程序要求指定用户子程序。按“输出到数据和结果文件”（4.1.2 节）和“输出到输出数据库”（4.1.3 节）中的方法定义数据文件、结果文件和输出数据库文件输出。输出要求定义应当与分析中的完全相同，除非：

1）输出频率的指定没有意义，因此将其忽略（除非用户正从之前的直接循环或者低周循环疲劳分析中恢复附加输出）。用户可以在后处理程序定义中指定要输出的每个增量。

2）没有为输出数据库提供默认的输出。进而，不将模型信息，如边界条件，写入输出数据库中。

3）不能恢复单元集合的能量信息，因为未将其写入重启动文件。

4）不支持重启动的过程不能获取输出，如线性摄动过程。

在后处理过程中，可以使用为分析定义的单元集合和节点集合来定义输出集合。也可以为后处理过程定义额外的集合。用户指定要输出的重启动文件中的步编号。不能在步开始时获取结果（见下文）。

输入文件用法：*POST OUTPUT，STEP=步编号

使用*POST OUTPUT选项时，它必须是输入文件中的第一个选项，不需要分析输入文件中的数据行。可以根据需要重复此选项，以获取进一步的输出。由于*POST OUTPUT仅是后处理过程，因此输入文件中不能出现分析选项。

Abaqus/CAE用法：Abaqus/CAE中不支持重启动数据的后处理。

从直接循环分析中恢复额外的输出

如果需要使用此后处理技术从之前的直接循环分析中恢复额外的输出（见“直接循环分析”，《Abaqus分析用户手册——分析卷》的1.2.6节），则必须指定重启动文件中需要输出的迭代编号，而不是增量。从原始直接循环分析的结果文件（.fil）中读取温度（或者预定义场变量）时，必须在后处理分析中读入同样的温度（或者预定义场变量）。此规则用于恢复原始直接响应分析中每个时间增量上的热应变，因为没有在重启动分析数据库中存储结果文件。

输入文件用法：*POST OUTPUT，STEP=步编号，ITERATION=迭代编号

如果指定了ITERATION参数，则没有与此选项相关联的数据行。

Abaqus/CAE用法：Abaqus/CAE中不支持重启动数据的后处理。

从低周疲劳分析中恢复额外的输出

如果需要使用此后处理技术从之前的低周疲劳分析中恢复额外的输出（见“使用直接循环方法的低周疲劳分析”，《Abaqus分析用户手册——分析卷》的1.2.7节），则必须指定重启动文件中需要输出的循环编号，而不是增量。从原始低周疲劳分析中的结果文件（.fil）中读取温度（或者预定义场变量）时，必须在后处理分析中读入同样的温度（或者预定义场变量）。此规则用于恢复原始低周疲劳分析中每个时间增量上的热应变，因为没有在重启动分析数据库中存储结果文件。

输入文件用法：*POST OUTPUT，STEP=步编号，CYCLE=循环编号

如果指定了CYCLE参数，则没有与此选项相关联的数据行。

Abaqus/CAE用法：Abaqus/CAE中不支持重启动数据的后处理。

例子

可以使用下面的输入文件递交一个作业。必须在递交作业（使用Abaqus执行程序的oldjob参数）时指定写重启动数据的分析。此例子创建了一个包含表格数据的新数据文件（.dat）。前两个表格包含来自步1的增量5和增量10的数据，并给出了CLAMP集合中节点上的反作用力，CLAMP集合是在分析运行时定义的。下一个表格包含来自步2中增量3的

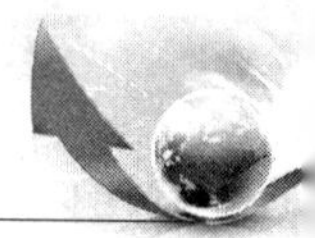

数据，并给出了来自新节点集合 TIP 的位移，TIP 集合是在后处理分析中定义的。

```
*HEADING
*POST OUTPUT, STEP=1
 5, 10
*NODE PRINT, NSET=CLAMP
 RF,
*POST OUTPUT, STEP=2
 3,
*NSET, NSET=TIP
 1200, 1203, 1205
*NODE PRINT, NSET=TIP
 U,
```

下例中的输入文件从之前的直接循环分析中恢复额外的输出，并创建一个新的数据库文件（.odb），其中包含 ELIST 集合中来自步 1 的迭代 5 中的每个增量的单元应力和应变，然后是来自步 1 的迭代 10 中的每个增量的数据：

```
*HEADING
*POST OUTPUT, STEP=1, ITERATION=5
*OUTPUT, HISTORY
*ELEMENT OUTPUT, ELSET=ELIST
S, E
*POST OUTPUT, STEP=1, ITERATION=10
*OUTPUT, HISTORY
*ELEMENT OUTPUT, ELSET=ELIST
S, E
```

下例中的输入文件从之前的低周疲劳分析中恢复额外的输出，并创建一个新的输出数据库文件（.odb），其中包含 ELIST 集合中来自步 1 的循环 5 中的每个增量的单元应力和应变，然后是来自步 1 的循环 10 中的每个增量的数据：

```
*HEADING
*POST OUTPUT, STEP=1, CYCLE=5
*OUTPUT, HISTORY
*ELEMENT OUTPUT, ELSET=ELIST
S, E
*POST OUTPUT, STEP=1, CYCLE=10
*OUTPUT, HISTORY
*ELEMENT OUTPUT, ELSET=ELIST
S, E
```

4.1.2 输出到数据和结果文件

产品：Abaqus/Standard　　Abaqus/Explicit

参考

- “输出：概览”，4.1.1 节
- * CONTACT FILE
- * CONTACT PRINT
- * EL FILE
- * EL PRINT
- * ENERGY FILE
- * ENERGY PRINT
- * FILE OUTPUT
- * MODAL FILE
- * MODAL PRINT
- * NODE FILE
- * NODE PRINT
- * RADIATION FILE
- * RADIATION PRINT
- * SECTION PRINT
- * SECTION FILE

概览

输出变量可用于：

- 单元积分点、单元截面点、整个单元和单元集合。
- 节点。
- 整个模型。
- 基于模态的动力学过程中的模态。
- Abaqus/Standard 中的面。
- Abaqus/Explicit 中的截面。

在“Abaqus/Standard 输出变量标识符”（4.2.1 节）和“Abaqus/Explicit 输出变量标识符”（4.2.2 节）中定义了所有输出变量。来自单元、节点和整个模型的输出量可以写入 Abaqus/Standard 中的数据文件和结果文件中，以及 Abaqus/Explicit 中的一些结果文件中。在 Abaqus/Standard 中，也可以将来自特征模态、面和截面的输出量写入数据文件和结果文件中。

对于采用零件实例装配形式的 Abaqus 模型（“装配定义”，2.10 节），以 Abaqus 内部生成的节点、单元、集合和面标签的形式给出数据文件和结果文件中的输出。关于如何将内部生成的标签和名称与用户指定的标签和名称关联起来的详细内容，见“输出：概览”（4.1.1 节）。

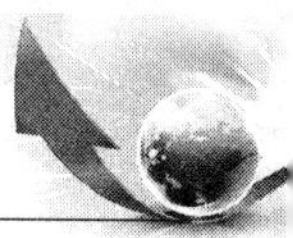

请求输出到数据文件和结果文件

下面将讨论请求输出到数据文件和结果文件的输入文件语法。Abaqus/CAE 自动请求在每个步结束时生成包含当前分析过程的，默认打印输出的数据文件；不允许在 Abaqus/CAE 内控制数据文件的内容。来自 Abaqus/CAE 的分析不能创建结果文件。

输出到 Abaqus/Standard 数据文件

可以将 Abaqus/Standard 分析结果写入数据（.dat）文件。可以获取单元输出、节点输出、接触面输出、能量输出、模态输出和截面输出。

输入文件用法：使用下面的任意选项请求输出到 Abaqus/Standard 数据文件：

* CONTACT PRINT
* EL PRINT
* ENERGY PRINT
* MODAL PRINT
* NODE PRINT
* SECTION PRINT

下文对这些选项进行了详细介绍。

输出到 Abaqus/Standard 结果文件

可以将 Abaqus/Standard 分析结果写入结果文件（.fil）中。可以获取单元输出、节点输出、接触面输出、能量输出、模态输出和截面输出。

输入文件用法：使用下面的任何选项请求输出到 Abaqus/Standard 结果文件：

* CONTACT FILE
* EL FILE
* ENERGY FILE
* MODAL FILE
* NODE FILE
* SECTION FILE

下文对这些选项进行了详细讨论。

输出到 Abaqus/Explicit 结果文件

如下文所述，通过同时指定结果文件输出请求与单元输出、节点输出和（或者）能量输出请求，可将 Abaqus/Explicit 分析结果写入所选结果文件（.sel）中。虽然每个步中只能出现一次结果文件输出请求，但其在后续步中仍然有效，除非重新定义结果文件输出请求。

用户可以使用“输出：概览”（4.1.1 节）中的“在 Abaqus/Explicit 中获取结果文件输出”和“Abaqus/Standard、Abaqus/Explicit 和 Abaqus/CFD 执行”（3.2.2 节）中介绍的 **convert** 工具，将所选结果文件（作业名.sel）转换成结果文件（作业名.fil）。

输入文件用法：使用下面的选项与一个或者多个后续选项请求输出到所选 Abaqus/Explicit 结果文件：

* FILE OUTPUT

* EL FILE

* ENERGY FILE

* NODE FILE

输出频率

通过指定写文件输出的步间隔数 n，来控制 Abaqus/Explici 特定步的结果文件输出频率。在激活了结果文件输出请求的步中，总是在每个步的开始和结束时写数据。将写结果的时刻称为时间标识。

如果指定的间隔数是 10，则 Abaqus/Explicit 将写 11 次结果：步开始时的值和整个步中 10 等分时间间隔结束处的值。指定的间隔数必须是一个正整数。

默认情况下，在每个时间标识后的增量结束处立即写结果。另外，可以选择调整时间增量大小，使得增量恰好在步等分 n 个间距的时间标识处结束。

输入文件用法：使用下面的选项在每个时间间隔后的增量结束处立即请求结果：

* FILE OUTPUT，NUMBER INTERVAL=n，TIME MARKS=NO

使用下面的选项请求恰好在时间间隔处的结果：

* FILE OUTPUT，NUMBER INTERVAL=n，TIME MARKS=YES

在多步中请求输出

定义了输出请求的步以后，后续所有步都施加输出请求，除非重新指定输出请求。

将通用步改为线性摄动步（仅用于 Abaqus/Standard）时，是一个例外。通用步中定义的输出请求仅施加在后续通用步中；而在线性摄动步中定义的输出情况仅在后续相邻线性摄动步中应用。换言之，在通用步与线性摄动步中定义的输出之间相互独立。线性摄动步之间的传递仅发生在相邻的线性摄动步之间。如果摄动步之间存在通用分析步，则在第一个摄动步中定义的输出将不会传递到下一个摄动步。此外，在 Abaqus/Standard 中，在线性摄动步之间不传递截面输出请求。

单元输出

用户可以将特定步的单元变量（应力、应变、截面力、单元能量等）输出到 Abaqus/Standard 文件（.dat）、Abaqus/Standard 文件（.fil）或者选定 Abaqus/Explicit 文件（.sel）。可以按需要在一个步中重复输出请求来为不同类型的单元变量、不同的单元集合等定义输出。不同的输出请求中可以出现同一个单元（或者单元集合）。

通常，单元输出请求在后续步中保持有效，除非重新定义了输出请求。一个步中出现的单独单元输出请求将删除上一个步中的所有单元输出请求。在多个通用分析步或者线性摄动步中请求输出的讨论见“输出：概览”（4.1.1 节）。

在 Abaqus/Explicit 中，将单元输出写入选定结果文件（.sel）中，必须如上文所述那样将结果文件（.sel）转换成结果文件（.fil）。

输入文件用法：使用下面的选项将单元变量输出到 Abaqus/Standard 数据文件中：

*EL PRINT

使用下面的选项将单元变量输出到 Abaqus/Standard 结果文件或者选定的 Abaqus/Explicit 结果文件中：

*EL FILE

选择单元输出变量

为了定义输出，可以识别以下类型的单元变量：

• “单元积分点”变量与积分点相关联，在这些积分点上进行材料计算（如应力和应变分量）。对于在 Abaqus/Standard 中使用通用梁截面定义的梁和管，仅当为截面指定了输出截面点时，才可以获取积分点变量（见“使用通用梁截面定义截面行为”，《Abaqus 分析用户手册——单元卷》的 3.3.7 节）。对于一阶热传导单元，热容计算中的积分点位于单元顶角处。

• “单元截面点”变量与梁、管或者壳的横截面相关联（如截面上的弯矩和膜力）。

• “整个单元”变量是整体单元的属性（如单元的总能量含量）。

• “整个单元集合”变量是一个单元集合的整体属性（如质心的当前坐标）这些变量仅用于 Abaqus/Standard。

在“Abaqus/Standard 输出变量标识符”（4.2.1 节）和“Abaqus/Explicit 输出变量标识符”（4.2.2 节）中，对可以写到数据文件和结果文件的单元变量进行了定义。

Abaqus/Standard 仅允许将基本变量的完整集合（如所有应力或者应变分量）写入结果文件中。不能选择单个变量（如特殊应力分量），必须通过后处理获得。可以将积分点处、中心处、节点平均处或者节点外推处的 Abaqus/Standard 单元变量写入数据文件和结果文件中。

在 Abaqus/Explicit 中，可以将完整的应力或者应变张量写入选定结果文件中，也可以写等效塑性应变等单个标量变量。Abaqus/Explicit 将在积分点处计算的单元变量写入结果文件中。

选择需要输出的单元

用户可以指定需要输出的单元集合。如果不指定单元集合，将为所有单元打印输出；在 Abaqus/Explicit 中，则为模型中的所有加强筋打印输出。在 Abaqus/Standard 中，单独控制加强筋的输出请求，如下文所述。

输入文件用法：使用以下选项中的任意一个：

*EL PRINT，ELSET=单元集合名称

*EL FILE，ELSET=单元集合名称

指定梁、管、壳和分层实体单元中的截面点

对于 Abaqus/Standard 中的梁、管、壳或者分层实体单元，在《Abaqus 分析用户手册——单元卷》中列出的默认截面点上提供输出。用户可以指定非默认输出点。

在 Abaqus/Explicit 中，总是在梁、管和壳单元的所有截面点上提供输出。

输出文件用法：在 Abaqus/Standard 中使用下面选项中的任意一个：

*EL PRINT

输出点列表
* EL FILE
输出点列表

为加强模型中的加强筋请求输出

在 Abaqus/Standard 中，可以为加强筋请求输出（“定义加强筋”，2.2.3 节）。如果没有在使用加强筋的 Abaqus/Standard 模型中明确请求加强筋输出，则单元输出请求仅控制基材的输出（除了截面力，在其力计算中包括加强筋中的力）。用户可以请求特定加强筋的输出。如果没有指定加强筋的名称，则为所指定单元集合中的所有加强筋给出输出（或者如果没有指定单元集合，则为整个模型中的加强筋给出输出）。

在 Abaqus/Standard 中的梁和连续单元中，可以仅在积分点处获取加强筋输出。在壳、膜和面单元中，在积分点和单元中心处获取加强筋输出。

在 Abaqus/Explicit 中，单元输出请求总是包括指定单元集合中的加强筋输出（或者如果没有指定单元集合，则是整个模型的输出）。

输入文件用法：在 Abaqus/Standard 中使用下面选项中的任意一个：
* EL PRINT，REBAR=加强筋名称
* EL FILE，REBAR=加强筋名称

Abaqus/Standard 中单元积分和截面点输出位置的选择

在 Abaqus/Standard 中，可以将四个不同位置上的积分点变量和截面变量写入数据文件和结果文件中。默认在积分点上提供输出。

在积分点处得到单元输出

默认情况下，在计算变量的积分点处输出变量。可以使用输出变量 COORD 得到积分点的位置（见“Abaqus/Standard 输出变量标识符”，4.2.1 节）。

输入文件用法：使用下面选项中的任意一个：
* EL PRINT，POSITION=INTEGRATION POINTS
* EL FILE，POSITION=INTEGRATION POINTS

在每个单元的中心处得到单元输出

用户可以选择在每个单元的中心处输出变量（壳单元参考面的中心，或者梁或管单元端点之间的中点）。如果单元的积分方法不包括质心积分点，则通过插值积分点的值来得到质心值。

输入文件用法：使用下面选项中的任意一个：
* EL PRINT，POSITION=CENTROIDAL
* EL FILE，POSITION=CENTROIDAL

得到多个节点的平均单元输出

用户可以选择将变量外推到多个节点，然后在集合中的所有单元上对这些变量进行平均，集合中的所有单元对每个节点都有贡献。对于派生变量，如主应力，Abaqus/Standard 首先在连接到节点的所有单元上对外推的张量分量进行平均，以得到每个节点处的唯一分量，然后以平均分量为基础计算派生值。

默认情况下，Abaqus/Standard 将模型中的单元划分成平均区域。基于单元结构进行划

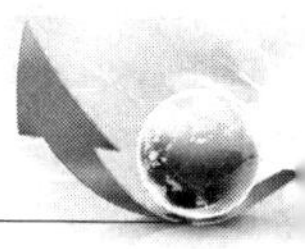

分：单元类型、截面点数量、材料类型、单层或者复合材料等。不以单元属性（如厚度）、材料方向或者材料常数为基础进行划分。仅在对节点有贡献且属于同一平均区域的单元上进行平均划分。

在一些情况下，用户可能希望平均区域考虑单元属性的值。例如，由于使用不同的材料，变量在单元之间可能不连续，但不希望在同一平均区域中包含具有不同属性定义的单元。在这样的情况下，可以通过将 Abaqus 环境参数 average_by_section 设置成 ON 来强迫 Abaqus/Standard 考虑单元属性的值。然而，在使用许多截面和（或者）材料定义的问题中，使用默认值 OFF 通常能获得比使用非默认值 ON 更好的性能。

输入文件用法：使用下面选项中的任意一个：

* EL PRINT, POSITION=AVERAGED AT NODES

* EL FILE, POSITION=AVERAGED AT NODES

得到外推到多个节点的单元输出

用户可以选择将单元积分点变量独立地外推到每个单元的节点，而不需要平均相邻单元的结果。

输入文件用法：使用下面选项中的任意一个：

* EL PRINT, POSITION=NODES

* EL FILE, POSITION=NODES

单元输出变量的外推和内插

使用单元的形状函数外推和内插输出变量。在高应力梯度区域，外推值通常没有在积分点处计算得到的值精确，尤其是在改进的三角形和四面体情况中。因此，在需要此类单元结果的精确节点值时，有必要围绕节点进行足够细致的网格划分。如果为单元定义了圆柱坐标系或者球坐标系（见“方向”，2.2.5 节），则每个积分点的方向可以是不同的。当将积分点处的值外推到节点时，因为没有考虑方向的差异，所以外推值不会非常精确。如果模型区域中的材料行为是各向异性的，则材料方向将发生显著的空间变化。在此情况中，只要整体解相对于网格密度收敛，则仍然假定从积分点得到的外推和内插是相当精确的。二维中有一条折叠边和三维中有一个折叠面的二阶单元的单元输出不能外推到节点。

在耦合的温度-位移和耦合的热-电-结构分析中，节点温度（变量 NT11）比从节点外推得到的积分点温度（变量 TEMP）更精确。

对于派生变量，如密塞斯等效应力，首先对分量进行外推和内插，然后由外推或者内插的分量计算推导值。然而，在基于模态的线性动态分析中，值是以模态响应幅值的非线性组合得到的（“随机响应分析”，《Abaqus 分析用户手册——分析卷》的 1.3.11 节），首先在积分点处计算非线性组合，然后将这些值外推到节点或者内插到质心。

请求 Abaqus/Standard 数据文件中的汇总

在 Abaqus/Standard 中，默认在数据文件中打印单元变量的汇总。在输出表中每一列的末尾打印最大值和最小值的汇总。也打印最大值和最小值的位置。用户可以选择抑制此汇总。

输入文件用法：* EL PRINT, SUMMARY=YES 或者 NO

请求 Abaqus/Standard 数据文件中的总值

在 Abaqus/Standard 中，用户可以将输出表中每一列的和（总值）打印到数据文件中。

例如，可以使用总值得到单元集合中的能量总和。默认情况下，抑制这些总值。

输入文件用法：* EL PRINT，TOTALS=YES 或者 NO

控制输出频率

在 Abaqus/Standard 中，用户可以通过指定增量中的输出频率来控制单元输出的频率。除非指定零频率来抑制输出，否则将总是在步的最后增量处输出变量。

在 Abaqus/Explicit 中，如上文中“输出频率”那样控制单元输出的频率。

输入文件用法：在 Abaqus/Standard 中使用以下任何一个选项：

* EL PRINT，FREQUENCY=n

* EL FILE，FREQUENCY=n

为单元输出指定方向

对于应力、应变和类似材料变量的分量，1、2 和 3 表示正交坐标系中的方向。如果没有为单元定义局部方向，则应力/应变分量在“约定”（1.2.2 节）规定的约定中定义的默认方向上：实体单元的整体方向；壳、膜和垫片单元的面方向，以及梁和管单元的轴及横向方向。

如果存在与单元相关的局部方向，则单元输出变量分量在方向定义的局部方向上（见“方向”，2.2.5 节）。在 Abaqus/Standard 中，如果为任何变量请求了分量输出，则可以请求将局部方向写入结果文件中（见下文中的“局部方向输出到结果文件”）。在 Abaqus/Explicit 中，当为任何单元变量请求了张量输出时，将总是把局部方向写入结果文件。Abaqus/Standard 和 Abaqus/Explicit 自动将局部方向写入输出数据库中。

在大位移问题中，通过平均材料转动将参考构型中定义的局部方向转动到当前构型。详细内容见“状态存储”（《Abaqus 理论手册》的 1.5.4 节）。

控制特征值提取过程中的输出

通过指定需要输出的第一个和最后一个模态编号，可以在固有频率提取（“固有频率提取”，《Abaqus 分析用户手册——分析卷》的 1.3.5 节）、复特征频率提取（“复特征值提取”，《Abaqus 分析用户手册——分析卷》的 1.3.6 节）和特征值屈曲分析（“特征值屈曲预测”，《Abaqus 分析用户手册——分析卷》的 1.2.3 节）期间控制单元输出。默认情况下，第一个模态编号是 1，最后一个模态编号是 N，N 是要提取的模态数量。如果指定了第一个模态编号，则最后一个模态编号的默认值是 M，M 是为第一个模态编号指定的值。

输入文件用法：使用下面选项中的任何一个：

* EL PRINT，MODE=m，LAST MODE=n

* EL FILE，MODE=m，LAST MODE=n

Abaqus/Standard 数据文件格式

在 Abaqus/Standard 中，在数据文件中，打印出的变量输出以表格的形式安排在数据文件中。对于单元变量，表的每一行对应一个特定的位置：单元、节点、单元内部的截面点或者积分点。通过选择单元集合以及集合中每个单元内部的位置（如果可能）来定义出现在

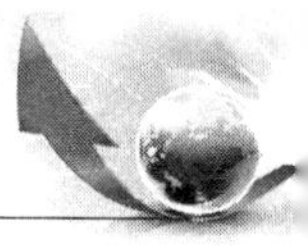

特定表中的行。

由单元输出请求的数据行定义每个表，此数据行指定要出现在表中的变量。不限制要定义的表的数量。表的第一列定义位置——单元或者节点编号、积分点编号等。用户可以选择在剩余的列中将出现哪些数据，在表中至多可以出现 9 个变量（列）。例如，三维分析中，在同一数据行中不能同时请求输出变量 S 和 E，因为这将生成 12 列的输出。如果一个行中的所有输入都是零，则不打印该行。

每个表仅可以包含一种类型的输出变量（整个单元、截面或者积分点）、单元和截面定义。如果数据文件的单元输出请求包含多种类型的输出变量、单元或者截面定义，则 Abaqus/Standard 会把输出自动划分成必要数量的多个单独表。首先打印由输出请求的第一个数据行定义的所有表，然后打印由第二个数据行定义的所有表，依此类推。

结果文件格式

为单元中每个积分点和截面点的每一行请求创建一个单元头记录（“结果文件输出格式”，5.2 节中的记录类型 1）。除了单元头记录外，在 Abaqus/Standard 中，当请求输出完整的应力或者应变张量时（见下文），也可以写方向记录（记录类型 85）。在 Abaqus/Explicit 中，当请求输出完整的应力或者应变张量时，总是写一个方向记录。

对于包含多个变量的 Abaqus/Standard 文件输出请求，最好在单元输出请求的每个数据行指定尽可能多的变量（至多 16）。通过使请求行的数量保持在最小值来避免使用记录类型 1 和 85，并且可以大大减小结果文件的大小。Abaqus/Explicit 中不存在这一问题。在同一行中输入的单元变量必须是相同的“类型”（单元积分点变量、单元截面变量、整体单元变量等），见“输出：概览”（4.1.1 节）。在 Abaqus/Standard 中，如果文件输出记录中的所有结果都是零，则不向结果文件写记录。

向结果文件输出局部方向

默认情况下，在 Abaqus/Standard 中，不将局部坐标方向写入结果文件中。如果请求分量输出，可以将局部坐标方向写入结果文件。在记录类型 1 之后写记录类型 85 的方向。

在 Abaqus/Explicit 中，当请求完整的应力或者应变张量输出时，总是将局部坐标方向作为类型 85 的方向记录写入选定文件中。

在局部坐标系中给出张量分量输出，此局部坐标系可以是单元固有的（如壳和膜中的情况）或者是由用户定义的（“方向”，2.2.5 节）。

对于壳单元，为请求分量输出的截面中的每个材料点都写一个方向记录，而截面力和截面应变则应写单独的方向记录。对于 Abaqus/Standard 中的几何非线性分析，记录包括当前更新过的方向，除了小应变壳和垫片单元，给出这些单元的原始方向。对于三维梁，仅当请求了截面点输出时才写方向输出。

没有为杆、二维梁、二维垫片单元、轴对称壳、轴对称膜、轴对称垫片单元或者节点处的平均值提供方向输出。此外，没有为 GK*xx*N 类型的垫片单元提供方向输出，因为此垫片单元没有膜或者横向剪切变形。

输入文件用法：在 Abaqus/Standard 中使用下面的选项：

*EL FILE, DIRECTIONS=YES

默认单元输出

如果没有在步中（或者在分析的任何之前步中）指定对结果文件的单元输出请求，则不会将单元输出写入结果文件中。类似地，如果没有在步中（或者在分析的任何之前步中）指定对数据文件的单元输出（仅用于 Abaqus/Standard），则不会将单元输出写入结果文件中。

节点输出

用户可以为特定步将节点变量（位移、反作用力等）输出到 Abaqus/Standard 数据文件（.dat）、Abaqus/Standard 结果文件（.fil）或者 Abaqus/Explicit 选定结果文件（.sel）中。在一个步中，可以根据需要为不同节点集合重复输出请求。允许在多个输出请求中出现相同的节点（或者节点集）。

通常，节点输出请求对于后续步仍然有效，除非重新定义了它们。一个步中出现的单个节点输出请求将删除之前步的所有节点输出请求。关于在多个通用分析步或者线性摄动步中请求输出的讨论见“输出：概览”（4.1.1 节）。

在 Abaqus/Explicit 中，将节点输出写入选定结果文件（.sel）中，必须如上文所述那样转换成结果文件（.fil）。

输入文件用法：使用下面的选项将节点变量输出到 Abaqus/Standard 数据文件中：

*NODE PRINT

使用下面的选项将节点变量输出到 Abaqus/Standard 结果文件或者 Abaqus/Explicit 选定结果文件中：

*NODE FILE

选择节点输出变量

在“Abaqus/Standard 输出变量标识符”（4.2.1 节）和“Abaqus/Explicit 输出变量标识符”（4.2.2 节）的“节点变量”部分定义了可以写入数据文件和结果文件中的节点变量。

Abaqus 仅允许将基本变量的完整集合（如所有位移分量）写入结果文件中。不能选择仅得到单个变量（如特定位移分量），必须通过后处理获得。

选择请求输出的节点

用户可以指定请求输出的节点集合。如果不指定节点集合，则为模型中的所有节点打印输出。

输入文件用法：使用下面选项中的任意一个：

*NODE PRINT，NSET=节点集合名称

*NODE FILE，NSET=节点集合名称

请求 Abaqus/Standard 数据文件中的汇总

默认情况下，在 Abaqus/Standard 中，在数据文件中打印节点变量的汇总。在输出表中

每一列的末尾打印最大值和最小值的汇总。也打印最大值和最小值的位置。用户可以选择抑制此汇总。

输入文件用法：* NODE PRINT，SUMMARY=YES 或者 NO

请求 Abaqus/Standard 数据文件中的总和

在 Abaqus/Standard 中，可以将输出表中每一列的合（总计）打印到数据文件。例如，可以使用总计来计算节点处反作用力之和。默认情况下，抑制这些总和。

输入文件用法：* NODE PRINT，TOTALS=YES 或者 NO

控制输出的频率

在 Abaqus/Standard 中，通过指定增量中的输出频率来控制节点输出的频率。除非指定了零频率来抑制输出，否则，总是在步的最后增量处输出变量。

在 Abaqus/Explicit 中，如上文中的“输出频率”中描述的那样控制节点输出的频率。

输入文件用法：在 Abaqus/Standard 中使用以下任意一个选项：

* NODE PRINT，FREQUENCY=n

* NODE FILE，FREQUENCY=n

指定节点输出的方向

对于节点变量，1、2 和 3 分别表示整体方向 X、Y 和 Z。对于轴对称单元，1 和 2 分别表示整体方向 r 和 z。

在 Abaqus/Standard 中，节点变量的分量，如反作用力，是在整体方向上输出的，除非在节点处定义了局部坐标系（见“坐标系变换”，2.1.5 节）。在此情况中，用户可以指定是在整体方向还是在局部方向上指定输出。由节点变换定义的局部方向不能写入结果文件中。

总是在整体方向上输出 Abaqus/Explicit 选定结果文件中的数据，即使已经在节点处定义了局部坐标系。

获取整体方向上的节点输出

在 Abaqus/Standard 中，用户可以在整体方向上请求向量值节点变量，此节点变量是输出文件的节点输出默认值，因为大部分后处理器假定分量是在整体坐标系中给出的。

输入文件用法：使用下面选项中的任意一个：

* NODE PRINT，GLOBAL=YES

* NODE FILE，GLOBAL=YES

获取由节点变换定义的局部方向上的节点输出

在 Abaqus/Standard 中，可以请求由节点变换定义的局部方向上的向量值节点变量，这是数据文件的节点输出请求所默认的。

输入文件用法：使用下面选项中的任意一个：

* NODE PRINT，GLOBAL=NO

* NODE FILE，GLOBAL=NO

控制特征值提取中的输出

通过指定要输出的第一个和最后一个频率编号，可以控制固有频率提取、复特征值提取和特征值屈曲分析中的节点输出，如上文单元输出中所述的那样。

输入文件用法：使用下面选项中的任意一个：

*NODE PRINT, MODE=m, LAST MODE=n

*NODE FILE, MODE=m, LAST MODE=n

Abaqus/Standard 数据文件格式

在 Abaqus/Standard 的数据文件中，打印出的变量输出是通过节点集合以表格形式来安排的。对于节点变量，表的每一行对应一个单独的节点。

由节点输出请求的数据行定义每个表，此数据行指定要在表中出现的变量。对可定义表的数量没有限制。每个表的第一列是节点编号。用户可以选择在剩余列中出现的变量，在表中至多可以出现 9 个变量（列）。如果行中的所有输入都是零，则不打印行。将小于相对容差（等于 100×机器精度×当前模型中的最大值）的位移、速度和加速度分量视为零。

结果文件格式

节点没有头记录或者方向记录，因此，以单行或者多行请求条目的区别不大。在 Abaqus/Standard 中，如果记录中的所有结果都是零，则不把记录写入结果文件中。

默认节点输出

如果没有在步中（或者分析的任何之前步中）指定输出到结果文件的节点输出请求，则不对结果文件写节点输出；类似地，如果没有在步中（或者分析的任何之前步中）指定输出到数据文件的节点输出请求（仅用于 Abaqus/Standard），则不会对数据文件写节点输出。

总能量输出

用户可以将模型能量含量的汇总输出到 Abaqus/Standard 数据文件（.dat）、Abaqus/Standard 结果文件（.fil）或者 Abaqus/Explicit 选定结果文件（.sel）中。能量输出请求不能用于以下过程：

- “特征值屈曲预测”（《Abaqus 分析用户手册——分析卷》的 1.2.3 节）。
- “固有频率提取”（《Abaqus 分析用户手册——分析卷》的 1.3.5 节）。
- “复特征值提取”（《Abaqus 分析用户手册——分析卷》的 1.3.6 节）。

能量输出请求对后续步都是有效的。通过使用单元输出请求（见“单元输出”），可以获取详细的能量密度输出。

在 Abaqus/Explicit 中，将能量输出写入选定结果文件（.sel）中，必须如上文所述那样将此结果文件（.sel）转换成结果文件（.fil）。

输入文件用法：使用下面的选项将能量汇总输出到 Abaqus/Standard 数据文件中：

* ENERGY PRINT

使用下面的选项将能量汇总输出到 Abaqus/Standard 结果文件或者 Abaqus/Explicit 选定结果文件中：

* ENERGY FILE

由集中跟随力产生的外部功计算

在存在随时间转动的集中跟随载荷的情况下（见“集中载荷”中的“指定集中跟随力”，《Abaqus 分析用户手册——指定条件、约束与相互作用卷》的 1.4.2 节），Abaqus/Standard 可能会生成不精确的外部功（ALLWK）。静态分析和隐式动力学分析中可能会出现此问题，从而将导致不精确的总能量（ETOTAL）历史输出。其他结果（位移、应力、应变等）则不受影响。由于不是使用增量上的平均载荷方向，而是使用增量结束时的集中载荷方向来计算功增量，因此会造成不精确。

选择能量输出变量

请求能量输出时，将输出“Abaqus/Standard 输出变量标识符”（4.2.1 节）或者“Abaqus/Explicit 输出变量标识符”（4.2.2 节）中列出的所有能量总和；不能单独选择变量。

选择请求总能量输出的单元集合

在 Abaqus/Standard 中，用户可以指定请求总能量输出的单元集合。在此情况中，为所指定集合中的所有单元进行能量求和。不能为以下过程指定单元集合：

- “瞬态模态动力学分析”（《Abaqus 分析用户手册——分析卷》的 1.3.7 节）。
- “基于模态的稳态动力学分析”（《Abaqus 分析用户手册——分析卷》的 1.3.8 节）。
- “响应谱分析”（《Abaqus 分析用户手册——分析卷》的 1.3.10 节）。
- “随机响应分析”（《Abaqus 分析用户手册——分析卷》的 1.3.11 节）。

如果没有指定单元集合，则将输出整个模型的总能量。如果希望输出整个模型和不同单元集合的总能量，则必须重复能量输出请求；一次是为整个模型请求能量输出（不指定单元集合），另一次是为每个指定的单元集合请求能量输出。

在 Abaqus/Explicit 中，不能为能量输出请求指定选定单元集合；总是输出整个模型的总能量。

输入文件用法：在 Abaqus/Standard 中使用以下选项中的一个：

* ENERGY PRINT，ELSET=单元集合名称

* ENERGY FILE，ELSET=单元集合名称

控制输出的频率

在 Abaqus/Standard 中，通过指定增量中的输出频率来控制能量输出频率。除非指定零频率来抑制输出，否则总是在步的最后增量处输出变量。

在 Abaqus/Explicit 中，如上文中“输出频率”中描述的那样控制能量输出频率。

输入文件用法：在 Abaqus/Standard 中使用下面选项中的任意一个：

* ENERGY PRINT, FREQUENCY = n

* ENERGY FILE, FREQUENCY = n

默认能量输出

必须为写入数据文件和结果文件的总能量输出包含能量输出请求；没有提供默认的输出。

Abaqus/Standard 的模态输出

在模态动力学过程（对于 Abaqus/Standard 中的模态动力学过程，见“动态分析过程：概览”，《Abaqus 分析用户手册——分析卷》的 1.3.1 节）中，可以将广义的坐标值（模态大小和相位）输出到数据文件（.dat）或者结果文件（.fil）中。

在“特征值屈曲预测”（《Abaqus 分析用户手册——分析卷》的 1.2.3 节）或者“固有频率提取”（《Abaqus 分析用户手册——分析卷》的 1.3.5 节）过程中，也可以请求将特征值写入结果文件中。当请求将单元或者节点输出到结果文件中时，总是将特征值写入结果文件中；然而，模态输出请求允许用户将特征值写入结果文件中，而不需要请求任何额外的输出。

输入文件用法：使用下面的选项将模态变量输出到 Abaqus/Standard 数据文件：

* MODAL PRINT

使用下面的选项将模态变量输出到 Abaqus/Standard 结果文件：

* MODAL FILE

选择模态输出变量

在“Abaqus/Standard 输出变量标识符”的“模态变量”（4.2.1 节）部分，定义了可以写入数据文件和结果文件中的模态变量。

控制输出频率

通过指定增量中的输出频率来控制模态输出频率。除非指定了零频率来抑制输出，否则总是在步的最后增量上输出变量。

输入文件用法：使用下面选项中的一个：

* MODAL PRINT, FREQUENCY = n

* MODAL FILE, FREQUENCY = n

默认模态输出

为了将模态结果写入数据文件和结果文件中，必须包含模态输出请求；不提供默认的输出。

Abaqus/Standard 的面输出

在 Abaqus/Standard 中，对于接触问题、耦合的温度-位移问题、耦合的热-电-结构问题、

耦合的热-电问题和裂纹扩展问题，可以将与面相关联的变量写入数据文件和结果文件中。可以根据需要在一个步中重复输出请求，为不同的接触对和不同类型的面变量定义输出。

请求输出与腔辐射相关联的面变量的内容见“在 Abaqus 中定义腔辐射”（《Abaqus 分析用户手册——指定条件、约束与相互作用卷》的第 8 章）。

使用单元输出请求（见“单元输出”）获取接触单元的数据和结果文件输出（如滑移线单元；见“滑移线接触单元：概览”，《Abaqus 分析用户手册——指定条件、约束与相互作用卷》的 7.4.1 节）。

选择面输出变量

为了定义输出，识别以下类型的面变量：

- “从属节点”变量与积分点相关联，在这些积分点上进行材料计算（如接触应力）。
- “整体面”变量是整个从面的属性（如由接触压力产生的合力）。

可以写入数据和结果文件中的面变量列在“Abaqus/Standard 输出变量标识符”的“面变量”部分（4.2.1 节）。

选择请求输出的接触对

用户可以选择请求输出的主面和从面，可以在指定主面或者从面的同时为输出指定一个从节点子集合，或者独立地指定从节点子集合。如果没有指定面或者从节点，则为模型中的所有接触对写面变量。如果指定了从面，但是没有指定主面，则为包含指定从面的所有接触对给出输出。

输入文件用法：使用下面选项中的任意一个：

*CONTACT PRINT，MASTER=主面，SLAVE=从面，NSET=节点集

*CONTACT FILE，MASTER=主面，SLAVE=从面，NSET=节点集合

请求数据文件中的汇总

默认情况下，在数据文件中打印面变量汇总。在输出表中每一列的末尾打印最大值和最小值的汇总。也打印最大值和最小值的位置。用户可以选择抑制汇总。

输入文件用法：*CONTACT PRINT，SUMMARY=YES 或者 NO

请求数据文件中的总和

可以将输出表中每一列的合（总计）打印到数据文件。默认情况下，抑制这些总和。

输入文件用法：*CONTACT PRINT，TOTALS=YES 或者 NO

控制输出频率

通过指定增量中的输出频率来控制面输出频率。除非指定了零频率来抑制输出，否则总是在步的最后增量处输出变量。

输入文件用法：使用下面选项中的任意一个：

*CONTACT PRINT，FREQUENCY=n

*CONTACT FILE，FREQUENCY=n

默认面输出

必须为与写入数据文件和结果文件的接触对相关联的面变量包含面输出请求；没有提供默认的输出。

如果定义了面输出请求但没有指定任何输出变量，则默认把下面的变量写入数据和结果文件中：

• 对于接触分析，写入接触面（CPRESS）、摩擦切应力（CSHEAR）、接触打开（COPEN）和相对切向运动（CSLIP）（见“在 Abaqus/Standard 中定义接触对”，《Abaqus 分析用户手册——指定条件、约束与相互作用卷》的 3.3.1 节）。

• 对于热传导分析，写入单位面积上的热流量（HFL）、热流量（HFLA）、时间积分的 HFL（HTL）和时间积分的 HFLA（HTLA）（见“热接触属性”，《Abaqus 分析用户手册——指定条件、约束与相互作用卷》的 4.2 节）。

• 对于耦合的热-电分析，写入 HFL、HFLA、HTL、HTLA、单位面积上的电流（ECD）、电流（ECDA）、时间积分的 ECD（ECDT）和时间积分的 ECDA（ECDTA）（见“电接触属性”，《Abaqus 分析用户手册——指定条件、约束与相互作用卷》的 4.3 节）。

• 对于耦合的孔隙流体-机械分析，写入 CPRESS、CSHEAR、COPEN、CSLIP、单位面积上的孔隙流体体积流量（PTLA）（见“孔隙流体接触属性”，《Abaqus 分析用户手册——指定条件、约束与相互作用卷》的 4.4 节）。

• 对于裂纹扩展分析，没有默认的输出量；必须明确请求粘接失效量（见“裂纹扩展分析”（《Abaqus 分析用户手册——分析卷》的 6.4.3 节）。

数据文件格式

采用表格的形式打印输出变量。由面输出请求的数据行定义每个表，此数据行指定了要在表中显示的变量。每个表仅可以包含一种类型的变量（从节点或者整个面）。例如，不能在同一行中请求输出变量 CSTRESS 和 CFN。对于从节点类型的输出，表的每一行对应于从面上的一个节点。在输出请求中指定的节点集合将仅出现在特定表中的行上面。每个表的第一列定义位置（节点编号）。其余的列包含的变量有接触应力、摩擦切应力、接触打开和相对切向（滑动）运动。对于整个面类型的输出，表的每一行对应于一个整体的从面。如果表中行的所有变量都是零，则不打印行。

如果接触输出请求涉及多个接触对，则为每个接触对生成一个单独的表。首先将输出请求的第一个数据行所定义的所有表打印出来，然后打印第二行定义的所有表，依此类推。

结果文件格式

为每个输出请求创建一个接触输出请求记录，即“结果文件输出格式”（5.2 节）中的 1503 类型记录。对于从节点类型的输出，此记录后面是一些节点标题记录，每个标题记录包含从面上的一个节点。每个节点标题记录后面是包含输出变量的记录。仅输出指定节点集合请求的输出。对于整体面类型的输出，1503 类型记录后面只能是使用零节点编号的 1504 类型的节点标题记录。节点标题记录后面的记录包含请求的输出变量。

如果一个接触输出请求涉及多个接触对，则为每个接触对生成单独的接触输出请求

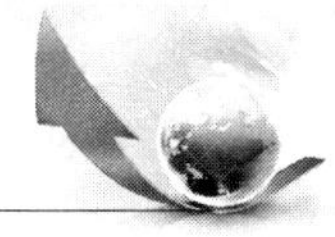

记录。

Abaqus/Standard 的截面输出

在 Abaqus/Standard 中，可以为特定的步，将与用户定义的截面相关联的累积量（“Abaqus/Standard 输出变量标识符”，4.2.1 节）输出到数据文件和结果文件中。此工具提供“自由体受力图表”输出，允许对超静定结构上的力进行分析。可以根据需要在一个步中重复输出请求来为不同的截面和截面输出变量定义输出。用户可以给每个输出请求赋予标签，以确定截面输出。特征频率提取、特征值屈曲预测、复特征频率提取、线性动力学过程或者使用多载荷工况的过程不能获取截面输出。

定义面截面

截面输出请求仅适用于使用基于单元的面定义的截面（见“基于单元的面定义”，2.3.2 节）。因此，必须使用连续单元的面定义截面，虽然其他类型的单元（梁、膜、壳、弹簧、阻尼器等）可以连接到截面。

截面上累积量的计算（如总力）仅涉及与截面一侧的单元相关联的节点量。因此，面定义应只使用来自截面一侧的单元（“基础单元”，如“指定装配载荷”《Abaqus 分析用户手册——指定条件、约束与相互作用卷》的 1.5.1 节中定义的那样），从而精确地确定计算累积量的侧面。

在典型的截面输出请求中，由于截面通常切割穿过网格，因此不能使用面的自动生成。指定单元面明确地控制由哪个单元面组成面，定义穿过实体的横截面时，此指定面是必不可少的。

用户必须指定要请求输出的面名称。

在重启动分析中定义的面仅可以用于截面输出请求。不能将新定义的面用于任何其他目的（如接触对或者预拉伸截面定义）。

输入文件用法：使用下面选项中的任意一个：

*SECTION PRINT，NAME=截面名称，SURFACE=面名称
*SECTION FILE，NAME=截面名称，SURFACE=面名称

例子

例如，下面的输入是一个典型的输出到数据文件的截面输出请求。

```
*HEADING
Section print example
…
*SURFACE，NAME=面名称
指定单元及其相关面来定义面截面的数据行
…
*STEP
…
*SECTION PRINT，NAME=截面名称，
```

SURFACE=面名称，…

…

* END STEP

另外，如果在完成分析后需要额外的截面输出请求，可以执行一个重启动分析来请求更多的输入，如下面的输入所示：

* RESTART，READ，…

…

* SURFACE，NAME=面名称

指定单元及其相关面来定义面截面的数据行

…

* STEP

…

* SECTION PRINT，NAME=截面名称，

SURFACE=面名称，…

…

* END STEP

选择用于输出的坐标系

用户可以指定用于截面输出的坐标系。默认情况下，与截面相关的向量分量是相对于整体坐标系得到的。另外，可以按下述定义指定在局部坐标系中获取输出。

输入文件用法：使用下面选项中的任意一个：

* SECTION PRINT，NAME=截面名称，SURFACE=面名称，
AXES=GLOBAL 或者 LOCAL

* SECTION FILE，NAME=截面名称，SURFACE=面名称，
AXES=GLOBAL 或者 LOCAL

定义面截面的局部坐标系

用户可以允许 Abaqus/Standard 定义局部坐标系，或者直接指定局部坐标系。

默认的局部坐标系

当截面是平的或者几乎是平的时候，默认的局部坐标系是特别有用的。当所定义的面是弯曲的时候，虽然也可以使用默认的局部坐标系，但该局部坐标系可能与此类问题无关。

在二维和轴对称问题中，由一条直线定义默认坐标系；在三维问题中，由一个平面定义默认坐标系，通过属于截面的节点来拟合（在最小二乘意义的）该平面。局部坐标系的锚点（原点）是面在拟合线或者拟合面上的投射中心。局部方向是由拟合线或者拟合平面的法向（1 方向）和切向（二维和轴对称情况中的 2 方向）或者切向（三维情况中的 2 方向和 3 方向）给出的。当在定义截面的几个节点之间可以同等良好地拟合几条线或者几个平面时（如封闭的圆或者球面），原始局部方向将与整体轴平行。

将正的局部 1 方向选取成与截面的平均法向成锐角，通过对定义截面的单元面的正法向进行平均来计算截面的平均法向。如果平均法向是零（封闭的面），则 1 方向与整体 x 轴成

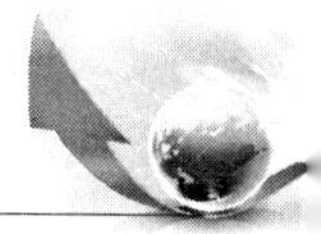

锐角。在二维或者轴对称情况中，如果 1 方向在垂直于整体 x 轴方向的 0.1°范围内，则 1 方向与整体 y 轴成锐角。在三维情况中，如果 1 方向在垂直于整体 X-Y 平面方向的 0.1°范围内，则 1 方向与整体 z 轴成锐角。

在二维和轴对称情况中，局部 2 方向是通过逆时针转动局部 1 方向 90°来得到的。对于三维情况，面的切向是使用空间中面上的局部方向 Abaqus 约定来定义的（见“约定”，1.2.2 节）。

输入文件用法：使用下面任意一个选项来使用默认的局部坐标系：

*SECTION PRINT，NAME=截面名称，SURFACE=面名称，AXES=LOCAL

*SECTION FILE，NAME=截面名称，SURFACE=面名称，AXES=LOCAL

用户指定的局部坐标系

通过指定原点和轴方向来定义用户指定的局部坐标系。可以通过给出节点编号或者指定锚点（原点）的坐标来指定原点。

在二维和轴对称情况中，局部 2 方向是通过指定一个预定义的节点编号或者局部 2 方向上的一个点坐标（点 a）来定义的。然后以锚点为圆心，沿顺时针方向转动局部 2 轴 90°，来得到局部 1 方向（图 4-1）。如果使用节点编号定义锚点或者局部方向，则它们必须与网格相连接。

在三维情况中，可以使用预定义的两个节点或者两个点的坐标指定局部方向。然后由原点（锚点）和这两个点来定义直角坐标系。第一个点（点 a）必须位于局部 2 方向上，第二个点（点 b）必须在局部 3 方向一侧的局部 2-3 平面中。虽然不是必需的，但是，将第二个点选在或者靠近 3 方向上更加直观（图 4-1）。

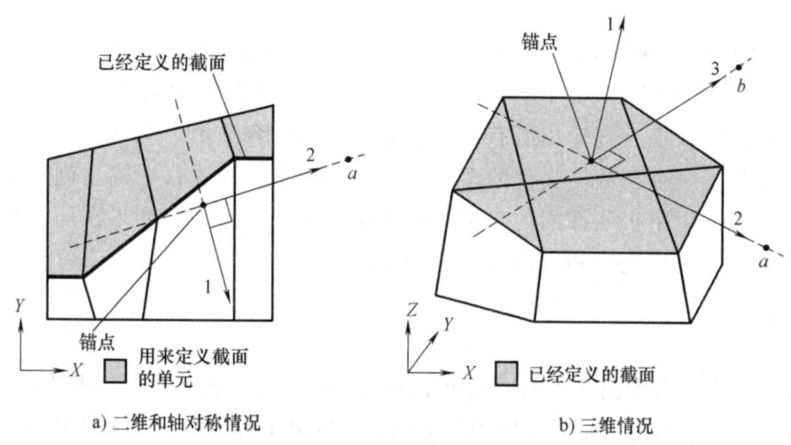

图 4-1 用户定义的局部坐标系

如果没有指定局部坐标系的锚点，则将其取成面在拟合的线或者面上投影的质心。如果没有指定轴方向，则在指定的锚点处定位局部坐标系，并且坐标系的轴将平行于投影面的默认轴。如果没有定义锚点和方向，则使用默认的局部坐标系。

在大变形分析中，在变形过程中，面截面可能会发生显著的转动。默认情况下，当在局部坐标系中请求输出时，坐标系随着定义面截面的单元的平均刚体转动而转动（即局部坐

标系和输出在分析过程中进行更新）。然后必须相对未变形的构型指定锚点和局部方向。可以选择在原始局部坐标系中获取向量输出，替换在不断更新的坐标系中的向量输出。在不考虑几何非线性的步中，此选择是不相关的。

输入文件用法：使用下面选项中的任意一个直接指定局部坐标系：

*SECTION PRINT, NAME=截面名称, SURFACE=面名称,
AXES=LOCAL, UPDATE=YES 或者 NO
锚点定义
轴定义
*SECTION FILE, NAME=截面名称, SURFACE=面名称,
AXES=LOCAL, UPDATE=YES 或者 NO
锚点定义
轴定义

控制输出频率

通过指定增量中的输出频率来控制截面输出频率。除非指定了零频率来抑制输出，否则总是在步的最后增量处输出变量。

输入文件用法：使用下面选项中的任意一个：

*SECTION PRINT, NAME=截面名称, SURFACE=面名称,
FREQUENCY=n
*SECTION FILE, NAME=截面名称, SURFACE=面名称,
FREQUENCY=n

数据文件格式

采用表格的形式打印输出。表的第一行包含所请求的输出变量名称（见“Abaqus/Standard 输出变量标识符”，4.2.1 节），第二行包含相应的值。如果没有使用任何指定的输出变量定义截面输出要求，则输出所有与当前分析相关的合适值。

如果在特定的步中存在数据文件的多个截面输出请求，则为每个输出创建单独的表。每个表都有一个标题，用来表示截面的名称和所使用面名称。此外，如果在局部坐标系中请求输出，则输出锚点的整体坐标和局部轴方向的余弦。

结果文件格式

为每个截面输出请求输出多个截面输出记录（“结果文件输出格式”中的记录编号 1580~1591）到结果文件。实际写入结果文件中的记录集合取决于有效输出请求的数量。如果定义了截面输出请求，但没有指定任何输出变量，则在结果文件中存储与当前分析类型相关的所有记录。

截面中的向量输出

与截面输出请求相关的向量输出包括合力（SOF）、合力矩（SOM）和力中心（SOCF）。将输出变量 SOF 计算成面中节点上基于应力的（内部的）节点力的向量和。

相对于所考虑坐标系的原点计算输出变量 SOM。因此，如果在整体坐标系中请求输出，则相对于整体坐标系的原点计算总力矩；如果在局部坐标系中请求输出，则相对于局部坐标系的当前锚点计算力矩。如果对局部坐标系进行更新，则当前锚点的坐标系可能在分析过程中发生变化。在所考虑的坐标系中同时汇报输出变量 SOF 和 SOM。

将力 SOCF 的作用点计算成最靠近截面质心的点，合力 SOF 作用在此点上。总是在整体坐标系中汇报 SOCF。如果矢量和等于零，则将截面的质心汇报成力 SOCF 的作用点。

总力矩向量 SOM 不一定等于力向量作用点 SOCF 与合力向量 SOF 的叉积。作用在截面的两个不同点上的力可以有作用在相反方向上的分量，使得这些力分量产生一个合力矩，而不是合力。因此，合力矩的增加不完全来自合力。

截面中的标量输出

与截面输出请求相关的标量输出包括所定义的截面积（SOAREA）、热传导分析中的总热流量（SOH）、电分析中的总电流（SOE）、质量扩展分析中的总质量流量（SOD），以及耦合的孔隙流体扩散-应力分析中的总孔隙流体体积流量（SOP）。将这些输出变量计算成面中节点的内部节点流量标量（相关主解变量的共轭功）的代数和。例如，在热传导分析中，总热流量（SOH）是面上节点处 NFLUX 值的总和。

使用截面输出请求时的限制

截面输出请求具有以下限制：

• 只有通过基于单元的面定义的截面，才可以获取截面输出请求。因此，截面输出请求仅能用于沿着连接单元面的截面。

• 定义截面时，只能使用截面一侧上的单元。Abaqus/Standard 识别所有连接到面此侧的单元，并且如自由体图中那样计算截面输出变量。

• 已经定义的截面必须完全穿过网格，形成闭合面或者位于体的外部。图 4-2 所示为一些典型的有效面。如果截面仅部分穿过网格，则不能分隔出有效的自由体图（图 4-3），可能会得到错误的结果。Abaqus/Standard 将尝试识别无效的情况并发出错误或者警告信息。

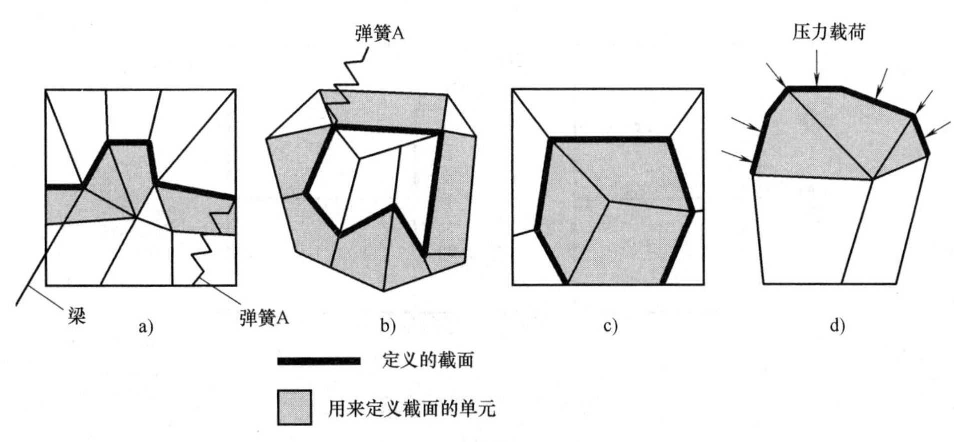

图 4-2 有效的截面定义

• 连接到截面的单元可以在面的任何一侧，但是不能穿过已经定义的截面。图 4-3 所示为一些无效的情况。在大部分情况中，Abaqus/Standard 能够成功识别穿过面的单元并发出警告信息。在截面变量计算中将不考虑这些单元。

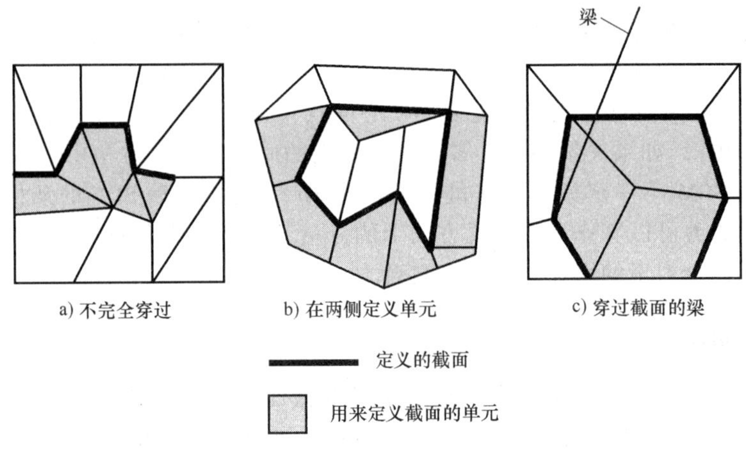

图 4-3　无效的截面定义

• 出于截面输出的目的，Abaqus/Standard 将忽略连接到截面的单元，因为不能确定这些单元是属于截面的一侧还是另一侧（如 SPRING 单元）。

• 不能在子结构中指定截面输出要求。

• 不能在随机响应分析中指定截面输出要求。

• 截面中的合力和合力矩仅是基于识别单元中的应力（内力）进行计算。因此，如果这些单元中存在分布的体载荷，则可能得到不精确的结果，因为没有包含它们对截面中合力的作用。常见的例子是动力学分析中的惯性载荷、重力载荷、分布的体力和离心载荷。在这些情况中，单元的选择决定了截面中的合力，使用这些单元定义图 4-4a 所示的截面。假设重力载荷是唯一有效的载荷，则两个单元中的单元应力将是不相同的。这样，如果首先使用单元 1，然后使用单元 2 来定义相同的截面，则会得到合力的不同答案。类似地，没有包含所识别单元中指定的任何分布体流量（热、电等）的作用。

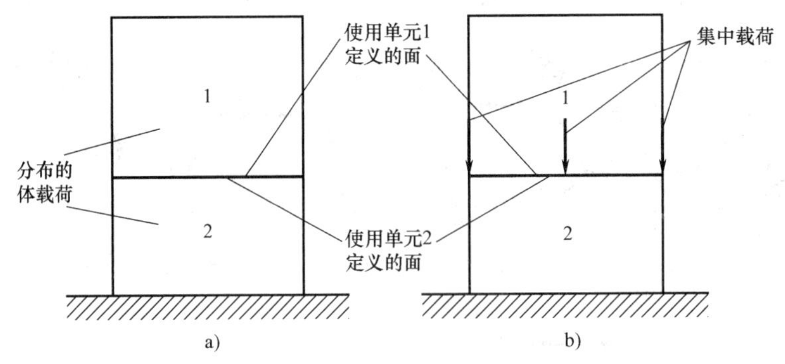

图 4-4　截面中的合力

• 根据面的哪一侧用于定义截面，在类似于图 4-4b 所示的分析中将得到不同的答案。假设图中静力分析中的集中载荷是唯一有效的载荷，如果使用单元 1 定义截面，则汇报零合力；如果使用单元 2 定义截面，则得到等于集中载荷合力的非零力。

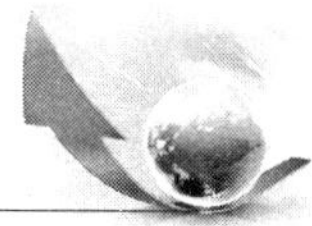

4.1.3 输出到输出数据库

产品：Abaqus/Standard Abaqus/Explicit Abaqus/CFD Abaqus/CAE

参考

- “基于单元的面定义”，2.3.2 节
- “积分输出截面定义”，2.5 节
- “输出：概览”，4.1.1 节
- “后处理计算器”，4.3 节
- *OUTPUT
- *FILTER
- *CONTACT OUTPUT
- *ELEMENT OUTPUT
- *ENERGY OUTPUT
- *INTEGRATED OUTPUT
- *INCREMENTATION OUTPUT
- *MODAL OUTPUT
- *NODE OUTPUT
- *RADIATION OUTPUT
- *SURFACE OUTPUT
- “理解输出请求”，《Abaqus/CAE 用户手册》的 14.4 节

概览

输出变量可用于：

- 单元积分点、单元截面点、整体单元和单元集合。
- Abaqus/Explicit 和 Abaqus/CFD 中的面。
- Abaqus/Explicit 和 Abaqus/Standard 中的积分输出截面。
- 节点。
- 整个模型。

在“Abaqus/Standard 输出变量标识符”（4.2.1 节）、“Abaqus/Explicit 输出变量标识符”（4.2.2 节）和“Abaqus/CFD 输出变量标识符”（4.2.3 节）中定义了所有输出变量。

以零件实例的装配形式存储模型信息和分析结果（见“装配定义”，2.10 节）。

如何使用 Abaqus 脚本界面或者 C++获取输出数据库的内容见《Abaqus 脚本用户手册》。

请求输出到输出数据库

在 Abaqus/Standard 和 Abaqus/Explicit 中，在输出数据库中存储三种类型的信息：“场”

输出、“历史”输出和诊断信息。在 Abaqus/CFD 中，在输出数据库中存储四种类型的信息：节点场输出、面场输出、单元历史输出和面历史输出。如本部分所述，由输出数据库请求控制场输出和历史输出。为 Abaqus/Standard 分析写入信息文件中的诊断信息子集，以及为 Abaqus/Explicit 分析写入状态文件和信息文件中的诊断信息子集，包含在输出数据库中。

- 场输出用于大部分模型的少数输出请求，并且可以在 Abaqus/CAE 中生成云图显示、动画、符号显示、*X-Y* 图和位移形状图。只能请求基本变量的完整集合（如所有应力或者应变分量）作为场输出。
- 历史输出用于小部分模型的相对频繁的输出请求，并且在 Abaqus/CAE 中显示为 *X-Y* 数据图。可以请求单个变量（如特定的应力分量）输出。
- Abaqus/Standard 和 Abaqus/Explicit 中的诊断信息用于为 Abaqus/CAE 提供分析警告和（或者）错误信息以及收敛信息。

可以根据需要在一个步中重复输出数据库请求，以多次生成场输出和历史输出。

请求场输出

在 Abaqus/Standard 和 Abaqus/Explicit 中，接触面输出、单元输出、节点输出和辐射输出可用作场输出。在 Abaqus/CFD 中，节点、单元和面输出可用作场输出。

输入文件用法：联合使用以下选项与一个或多个后续选项将场输出到输出数据库中：

*OUTPUT, FIELD

*CONTACT OUTPUT

*ELEMENT OUTPUT

*NODE OUTPUT

*RADIATION OUTPUT

*SURFACE OUTPUT

下文中对这些选项进行了详细的介绍。

Abaqus/CAE 用法：Step module：field output request editor

请求历史输出

在 Abaqus/Standard 和 Abaqus/Explicit 中，接触面输出、单元输出、能量输出、积分输出、时间增量输出、模态输出、节点输出和辐射输出可用作历史输出。在 Abaqus/CFD 中，单元输出和面输出可用作历史输出。

在 Abaqus/Standard 中，请求大量的历史输出（大于 1000 次输出请求）可能会造成性能降低，也会造成 Abaqus/Explicit 和 Abaqus/CFD 的性能降低。对于向量或者张量赋值输出变量，将每个分量考虑成一个单独的请求。对于单元变量，将在每个积分点处生成历史输出。例如，请求 C3D10M 单元的张量变量 S（应力）的历史输出将生成 24 个历史输出请求：（6 个分量）×（4 个积分点）。请求向量赋值和张量赋值变量的历史输出时，建议选取可用的单个分量。

输入文件用法：同时使用第一个选项与后续一个或者多个选项，请求将历史输出到输出数据库中：

*OUTPUT, HISTORY

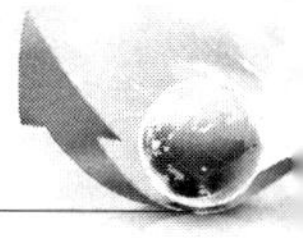

* CONTACT OUTPUT
* ELEMENT OUTPUT
* ENERGY OUTPUT
* INTEGRATED OUTPUT
* INCREMENTATION OUTPUT
* MODAL OUTPUT
* NODE OUTPUT
* RADIATION OUTPUT
* SURFACE OUTPUT

下文中对这些选项进行了详细介绍。

Abaqus/CAE 用法：Step module：history output request editor

请求 Abaqus/Standard 和 Abaqus/Explicit 中的诊断信息

默认情况下，写入 Abaqus/Standard 分析信息文件和 Abaqus/Explicit 分析状态文件及信息文件的诊断信息子集合，也写入输出数据库。用户可以使用 Abaqus/CAE 的 Visualization 模块交互地显示此诊断信息，在模型的一个视图上高亮显示有问题的区域，并使用它们来处理分析中的错误和警告。更多内容见“输出：概览”（4.1.1 节）中的“Abaqus/Standard 和 Abaqus/Explicit 中的信息文件”，以及“显示诊断输出”（《Abaqus/CAE 用户手册》的第 41 章）。

输入文件用法：使用下面的选项将诊断信息写入输出数据库：

* OUTPUT，DIAGNOSTICS = YES

使用下面的选项排除诊断信息：

* OUTPUT，DIAGNOSTICS = NO

Abaqus/CAE 用法：在 Abaqus/CAE 中不能从输出数据库排除诊断信息。使用下面的选项显示已经保存的信息：

Visualization module：Tools→Job Diagnostics

控制输出频率

在 Abaqus/Standard、Abaqus/Explicit 和 Abaqus/CFD 中，对输出到输出数据库的频率进行不同的控制。在 Abaqus/Explicit 中，是否选择了场输出或者历史输出决定了输出频率。

控制 Abaqus/Standard 中的输出频率

Abaqus/Standard 提供了几个控制输出频率的选项，取决于分析是时域的（如通用静态），还是频域的（如稳态动力学），或者是模态域的（如自然频率提取）。可以通过使用这些选项来降低所写的输出量从而提高性能，与默认的输出相比，也减少了磁盘使用。

Abaqus/Standard 中的历史输出是经过缓冲的，只有在历史数据输出的每 10 个增量后，或者在步完成时才写入磁盘。因此，后处理不能立即获取历史结果。

默认输出频率

如果没有指定输出频率，则将在所有过程类型的每个分析增量上写场输出和历史输出，

除了动力学分析和模态动力学分析，它们是每 10 个增量写一次输出。

控制频域分析中的输出频率

在频域过程中，用户仅能通过指定增量中的输出频率来控制输出频率。将以此频率在分析的每个步结束处写数据。指定零输出频率可抑制输出。

输入文件用法：＊OUTPUT，FREQUENCY＝n

Abaqus/CAE 用法：Step module：field or history output request editor：**Frequency**：**Every *n* increments**：n

控制模态域分析中的输出频率

在特征值提取或者特征值屈曲分析中，用户可以选择想要输出结果的模态。如果没有指定模态列表，则为所有模态生成输出结果。

输入文件用法：＊OUTPUT，FIELD，MODE LIST

Abaqus/CAE 用法：Step module：field output request editor：**Frequency**：**Specify modes**：模态列表

控制时域分析中的输出频率

在时域分析中，可以按增量的形式、步中间隔数量的形式、整个步中固定时间间隔大小的形式，或者整个步中时间点的形式控制输出频率。下文将对不同选项进行详细介绍。

无论选择哪一种形式，总是在分析的零增量和最后增量处写输出，对于低周疲劳分析，在每个循环的结束处写输出。零增量输出表示当前分析步的初始条件，它对于后续的热-应力分析和涉及子模型的分析是必需的。对于涉及子模型的分析，需要完整的求解历史（包括步开始时的求解状态）以确保时间上的正确插值。零增量状态写在步开始处，在步开始的增量非线性有限元方程的求解之前，因此通常不是平衡解。不平衡解的具体例子包括定义了初始应力状态的分析的第一步，以及当载荷或者边界条件变化在步之间不连续时。

通常，任何步中的零增量输出对应基本状态，此基本状态是最后通用步结束处的模型状态。例外情况是模态瞬态动力学分析，其中零增量输出表示零时刻的线性摄动响应。

默认情况下，当在通用步中遇到收敛困难时，为最后收敛的增量写输出。为了恢复最后收敛增量的请求结果变量，将进行一次新的尝试。状态文件或者信息文件不写信息来显示此额外的尝试。在输出数据库文件中，可以看到此额外的尝试和一个额外的帧。如果将之前的增量写入输出数据库中，而在当前的增量中遇到了收敛困难，则仍然将最后的收敛增量写入输出数据库，在分析结束时会产生一个重复的输出帧。

时域分析：以增量的形式指定输出频率

用户可以指定增量形式的输出频率。指定零频率的输出会抑制输出。

输入文件用法：＊OUTPUT，FREQUENCY＝n

Abaqus/CAE 用法：Step module：field or history output request editor（场输出或者历史输出请求编辑器）：Frequency：Every n increments：n

时域分析：以间隔数量的形式指定输出频率

用户可以采用间隔数量 n 的形式指定输出频率。所指定的间隔数量必须是一个正整数。

默认情况下，Abaqus/Standard 会调整时间增量（在某些情况中，Abaqus/Standard 可能会违反指定的最小时间增量），以确保在确切的时刻记录数据，通过将步分成 n 个相等间隔来计算此确切时刻。另外，用户可以指定在每个时刻后立即写此数据。在此情况中，不需要调整时间增量。

输入文件用法：使用下面的选项请求确切时间间隔处的结果：

* OUTPUT，NUMBER INTERVAL=n，TIME MARKS=YES

使用下面的选项请求在每个时间间隔后立即结束的增量处的结果：

* OUTPUT，NUMBER INTERVAL=n，TIME MARKS=NO

Abaqus/CAE 用法：使用下面的选项请求确切时间间隔处的结果：

Step module：field or history output request editor：Frequency：Evenly spaced time intervals，Interval：n，Timing：Output at exact times

使用下面的选项请求在每个时间间隔后立即结束的增量处的结果：

Step module：field or history output request editor：Frequency：Evenly spaced time intervals，Interval：n，Timing：Output at approximate times

时域分析：以固定时间间隔大小的形式指定输出频率

用户可以在整个步上的指定固定时间间隔处和步结束处写结果。

默认情况下，Abaqus/Standard 将调整时间增量（在某些情况中，Abaqus/Standard 可能会违反所指定的最小时间增量），以确保在确切的时刻写数据，按时间间隔 t 的倍数来定义此确切时刻。另外，也可以在每个时刻之后立即写数据。在此情况中，不需要调整时间增量。

输入文件用法：使用下面的选项请求确切时间间隔处的结果：

* OUTPUT，TIME INTERVAL=t，TIME MARKS=YES

使用下面的选项请求在每个时间间隔后立即结束的增量处的结果：

* OUTPUT，TIME INTERVAL=t，TIME MARKS=NO

Abaqus/CAE 用法：使用下面的选项请求确切时间间隔处的结果：

Step module：field or history output request editor：Frequency：Every x units of time：t，Timing：Output at exact times

使用下面的选项请求在每个时间间隔后立即结束的增量处的结果：

Step module：field or history output request editor：Frequency：Every x units of time：t，Timing：Output at approximate times

时域分析：以时间点的形式指定输出频率

用户可以在整个步的指定时间点处写结果。

默认情况下，Abaqus/Standard 将调整时间增量（在某些情况中，Abaqus/Standard 可能会违反指定的最小时间增量），以确保在指定的确切时间点上记录数据。另外，也可以指定在每个时间点后立即写数据。在此情况中，不需要调整时间增量。

输入文件用法：使用下面的选项请求确切时间点处的结果：

* TIME POINTS，NAME=时间点名称

* OUTPUT，TIME POINTS=时间点名称，TIMEMARKS=YES

使用下面的选项请求在每个时间点后立即结束的增量处的结果：

* TIME POINTS，NAME=时间点名称

*OUTPUT, TIME POINTS=时间点名称, TIME MARKS=NO

Abaqus/CAE 用法：使用下面的选项请求确切时间点处的结果：

Step module：field or history output request editor：From time points，Name：时间点名称，Timing：Output at exact times

使用下面的选项请求在每个时间点后立即结束的增量处的结果：

Step module：field or history output request editor：From time points，Name：时间点名称，Timing：Output at approximate times

时域分析：时间增量

如果在确切的时间点处，以间隔数量、固定时间间隔或者时间点的形式指定输出频率，Abaqus/Standard 将调整时间增量，以确保在确切的时间点处写数据。在某些情况下，Abaqus 可能会在一个时间点之前直接使用小于步中允许值的最小时间增量。然而，在固结分析、瞬态质量扩展分析、瞬态热传导分析、瞬态耦合的热-电分析、瞬态耦合的温度-位移分析和瞬态耦合的热-电-结构分析中，Abaqus 不会违反这些分析允许的最小时间增量。对于这些过程，如果时间增量小于要求的最小时间增量，Abaqus 将使用步中允许的最小时间增量，并将在时间点后的第一个增量处写输出数据。

当在确切的时间点处，以间隔数量、固定时间间隔或者时间点的形式指定输出频率时，可能会增加完成分析所需的增量数量，对性能有负面影响。

控制 Abaqus/Explicit 中场输出的输出频率

总是在激活输出请求的每个步的开始和结束时刻写场输出数据。此外，还可以采用步中的间隔数量形式、整个步上固定时间间隔的形式或者整个步上的时间点形式指定输出频率。将写结果的时刻称为时间标记。

以间隔数量的形式指定场输出频率

用户可以采用间隔数量 n 的形式指定输出频率。所指定的间隔数量必须是一个正整数。例如，如果指定间隔是 10，则 Abaqus/Explicit 将写场数据 11 次：步开始时的值以及整个步上 10 个相等时间间隔结束处的值。

默认情况下，将在每个时间标记后立即结束的增量处写场数据。另外，以间隔数量的形式指定输出频率时，可以选择调整时间增量的大小，使增量恰好在 n 等份步计算得到的时间标记处结束。

输入文件用法：使用下面的选项请求在每个时间间隔后立即结束的增量处的结果：

*OUTPUT, FIELD, NUMBER INTERVAL=n, TIME MARKS=NO

使用下面的选项请求确切时间间隔处的结果：

*OUTPUT, FIELD, NUMBER INTERVAL=n, TIME MARKS=YES

Abaqus/CAE 用法：使用下面的选项请求在每个时间间隔后立即结束的增量处的结果：

Step module：field output request editor：Frequency：Evenly spaced time intervals，Interval：n，Timing：Output at approximate times

使用下面的选项请求确切时间间隔处的结果：

Step module：field output request editor：Frequency：Evenly spaced time intervals，Interval：n，Timing：Output at exact times

以固定时间间隔的形式指定场输出频率

另外，用户可以在整个步上的指定固定时间间隔处，以及步的开始和结束处写结果。Abaqus 不会调整时间增量大小来满足指定的时间标记；将在每个时间标记后立即结束的增量处写结果，按时间间隔 t 的倍数定义此时间标记。

输入文件用法：＊OUTPUT，FIELD，TIME INTERVAL = t

Abaqus/CAE 用法：Step module：field output request editor：Frequency：Every x units of time：t

以时间点的形式指定场输出频率

用户可以在整个步上的指定时间点处写结果。不要求时间点之间的时间间隔是固定的，可以指定在任何需要的时间点上写场输出。

输入文件用法：使用下面的选项请求确切时间点处的结果：

＊TIME POINTS，NAME = 时间点名称

＊OUTPUT，FIELD，TIME POINTS = 时间点名称，TIME MARKS = YES

使用下面的选项请求在每个时间点后立即结束的增量处的结果：

＊TIME POINTS，NAME = 时间点名称

＊OUTPUT，FIELD，TIME POINTS = 时间点名称，TIME MARKS = NO

Abaqus/CAE 用法：使用下面的选项请求确切时间点处的结果：

Step module：field output request editor：Frequency：From time points，Name：时间点名称，Timing：Output at exact times

使用下面的选项请求在每个时间点后立即结束的增量处的结果：

Step module：field output request editor：Frequency：From time points，Name：时间点名称，Timing：Output at approximate times

默认场输出

如果没有指定输出频率（以间隔数量、时间间隔或者时间点的形式），则在整个步的每 20 个相等间隔处写场输出。

控制 Abaqus/Explicit 中历史输出的输出频率

如果选择了历史输出，可以在整个步上以增量或者固定间隔的形式指定输出频率。

指定增量形式的历史输出频率

用户可以指定增量形式的输出频率。将以此频率在每个分析步结束处写数据。

输入文件用法：＊OUTPUT，HISTORY，FREQUENCY = n

Abaqus/CAE 用法：Step module：history output request editor：Frequency：Every n time increments：n

指定固定时间间隔大小形式的历史输出频率

另外，还可以在整个步上的指定固定间隔处和步的结束处写结果。Abaqus 不会调整时间间隔的大小来满足指定的时间标记；将在每个时间标记后立即结束的增量处写结果，按时间间隔 t 的倍数定义此时间标记。

输入文件用法：＊OUTPUT，HISTORY，TIME INTERVAL = t

Abaqus/CAE 用法：Step module：history output request editor：Frequency：Every x units of time：t

默认历史输出

如果不指定输出频率（以增量或者时间间隔大小的形式），则在整个步的每 200 个相等间隔处写历史输出。

控制 Abaqus/CFD 中场输出的输出频率

总是在激活了输出请求的每个步的开始和结束处写场输出数据。此外，还可以以增量、步中的间隔数量或者整个步上固定时间间隔大小的形式输出频率。默认情况下，将在整个步的每 20 个相等间隔处写场输出。

以增量的形式指定场输出频率

用户可以指定增量形式的输出频率。将以此频率在分析中每个步的开始和结束处写数据。

输入文件用法：*OUTPUT，FIELD，FREQUENCY=n

Abaqus/CAE 用法：Step module：field output request editor：Frequency：Every n time increments：n

以间隔数量的形式指定场输出频率

用户可以指定间隔数量 n 形式的输出频率。所指定的间隔数量必须是一个正整数。例如，如果指定的间隔数量是 10，则 Abaqus/CFD 将写 11 次场数据：步开始时的值，以及整个步上 10 等份时间间隔结束处的值。

输入文件用法：*OUTPUT，FIELD，NUMBER INTERVAL=n

Abaqus/CAE 用法：Step module：field output request editor：Frequency：Evenly spaced time intervals，Interval：n

以固定时间间隔大小的形式指定场输出频率

另外，还可以在整个步上指定的固定间隔处，以及步的开始和结束处写结果。Abaqus 不会调整时间增量大小来满足指定的时间标记；将在每个时间标记后立即结束的增量处写结果，按时间间隔 t 的倍数来定义此时间标记。

输入文件用法：*OUTPUT，FIELD，TIME INTERVAL=t

Abaqus/CAE 用法：Step module：field output request editor：Frequency：Every x units of time：t

控制 Abaqus/CFD 中历史输出的输出频率

用户可以采用增量、步中的间隔数量或者整个步上固定时间间隔的形式指定输出频率。默认情况下，不将历史输出自动写入输出数据库。

以增量的形式指定历史输出频率

用户可以指定增量形式的输出频率。将以此频率在分析中每个步的开始和结束处写数据。

输入文件用法：*OUTPUT，HISTORY，FREQUENCY=n

Abaqus/CAE 用法：Step module：history output request editor：Frequency：Every n time increments：n

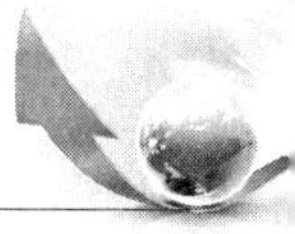

以间隔数量的形式指定历史输出频率

用户可以指定间隔数量 n 形式的输出频率。所指定的间隔数量必须是一个正整数。例如，如果所指定的间隔数量是 10，则 Abaqus/CFD 将写历史数据 11 次：步开始处的值，以及整个步的 10 等份时间间隔结束处的值。

输入文件用法：＊OUTPUT，HISTORY，NUMBER INTERVAL=n

Abaqus/CAE 用法：Step module：history output request editor：Frequency：Evenly spaced time intervals，Interval：n

以固定时间间隔大小的形式指定历史输出频率

另外，还可以在整个步上指定的固定时间间隔处以及步的结束处写结果。Abaqus 不会调整时间增量大小来满足指定的时间标记；将在每个时间标记后立即结束的增量处写结果，按时间间隔 t 的倍数来定义此时间标记。

输入文件用法：＊OUTPUT，HISTORY，TIME INTERVAL=n

Abaqus/CAE 用法：Step module：history output request editor：Frequency：Every x units of time：t

在多个步中请求输出

在定义了输出请求的步和所有后续步中应用输出请求，直到重新指定输出请求。

唯一的例外是步类型从通用类型变化到线性摄动类型时（仅用于 Abaqus/Standard）。通用步中定义的输出请求仅用于后续的通用步；线性摄动步中定义的输出请求仅用于后续的连续线性摄动步。换言之，通用步中定义的输出与线性摄动步中定义的输出是相互独立的。仅在连续的线性摄动步之间才发生线性摄动步之间的传递。如果在摄动步之间存在通用分析步，则第一个摄动步中定义的输出不会传递到下一个摄动步中。

在任何给定的步中，可以添加或者有选择地替换从之前的步延续下来的输出请求。也可以中断之前步中的所有请求，并请求一个新的输出集合。默认是分析的第一个步请求预先选择的场变量和预先选择的历史输出变量（见下文中的“预先选择的输出请求”），用户可以在任何其他步中更改此请求。

指定新的输出请求

默认情况下，当定义了新的请求时，将删除之前步中定义的所有输出请求，而不管已经定义的输出请求类型如何。换言之，步中请求的新的场输出删除了之前步中定义的所有场输出和历史输出请求。

因为在一个步中定义了新的请求时，将删除所有已存在的输出请求，所以将相同步中的所有输出请求处理成新的输出请求（即将额外的输出请求或者替换的输出请求视为等同于新的输出请求）。

输入文件用法：使用下面的选项删除已经存在的所有输出请求，并指定新的请求：

＊OUTPUT，FIELD，OP=NEW

＊OUTPUT，HISTORY，OP=NEW

Abaqus/CAE 用法：Step module：Create Field Output Request 或者 Create History Output Request

当用户创建一个新的请求时，Abaqus/CAE 自动重新指定所有之前定义的输出请求。

指定额外的输出请求

另外，还可以指定额外的输出请求，而不需要删除所有默认的和之前定义的输出请求。

输入文件用法：使用以下选项中的一个指定额外的输出请求，而不需要删除所有默认的和之前定义的输出请求：

*OUTPUT，FIELD，OP=ADD

*OUTPUT，HISTORY，OP=ADD

Abaqus/CAE 用法：Step module：Create Field Output Request 或者 Create History Output Request

当用户创建一个新的请求时，Abaqus/CAE 自动重新指定所有之前定义的输出请求。

替换或者删除输出请求

用户可以使用一个新的请求来替换相同类型的输出请求（如场或者历史）和频率，而不会影响之前定义的其他要求。

不能通过替换输出请求来改变其频率。如果没有找到匹配的请求，则只需将指定的请求添加到步中。

要删除之前定义的请求，可以替换输出请求，而不需要指定任何新的输出变量。

输入文件用法：使用以下选项中的一个以新的请求替换输出请求：

*OUTPUT，FIELD，OP=REPLACE

*OUTPUT，HISTORY，OP=REPLACE

Abaqus/CAE 用法：Step module：Field Output Requests Manager 或者 History Output Requests Manager：Edit 或者 Delete

抑制之前步中定义的输出请求

要完全抑制之前步中定义的所有输出请求，可以指定一个零频率的输出。

预先选择的输出请求

有两种方法可以快速容易地定义输出变量请求。对于场输出和历史输出请求，以及用来请求特定变量类型（如节点、单元）的单个输出请求，这两种方法都可以使用。在 Abaqus/CFD 中，面输出请求没有预选输出变量。下文中将详细说明这些方法与特定变量类型的单个输出请求的使用。

请求过程指定的预选输出请求

用户可以激活常用请求输出变量的一个过程指定集合。表 4-1 中列出了过程类型及相关的预选变量。如果在步之间改变了过程类型，则写入输出数据库的变量可能会发生变化。

如果请求了预选场或者历史输出，并且为特定的变量类型请求了使用单独输出请求的额外输出变量，则在预选列表包含的变量后附加请求的变量。

表 4-1　不同过程类型的预选变量列表

过程类型	预选单元变量(场变量;Abaqus/CFD 的历史变量)	预选节点变量和面变量(场变量)	预选能量变量(历史变量)
退火	无	无	无
复频率提取	无	U	无
耦合的孔隙流体扩散/应力	S、E、VOIDR、SAT、POR	U、RF、CF、PFL、PFLA、PTL、PTLA、TPFL、TPTL	ALLAE、ALLCCDW、ALLCCE、ALLCCEN、ALLCCET、ALLCCSD、ALLCCSDN、ALLCCSDT、ALLCD、ALLFD、ALLIE、ALLKE、ALLPD、ALLSE、ALLVD、ALLDMD、ALLWK、ALLKL、ALLQB、ALLEE、ALLJD、ALLSD、ETOTAL
耦合的热-电	HFL、EPG	NT、RFL、EPOT	ALLAE、ALLCCDW、ALLCCE、ALLCCEN、ALLCCET、ALLCCSD、ALLCCSDN、ALLCCSDT、ALLCD、ALLFD、ALLIE、ALLKE、ALLPD、ALLSE、ALLVD、ALLDMD、ALLWK、ALLKL、ALLQB、ALLEE、ALLJD、ALLSD、ETOTAL
直接循环	S、E、PE、PEEQ、PEMAG	U、RF、CF	ALLAE、ALLCCDW、ALLCCE、ALLCCEN、ALLCCET、ALLCCSD、ALLCCSDN、ALLCCSDT、ALLCD、ALLFD、ALLIE、ALLKE、ALLPD、ALLSE、ALLVD、ALLDMD、ALLWK、ALLKL、ALLQB、ALLEE、ALLJD、ALLSD、ETOTAL
直接积分的隐式动力学(输出频率为 10)	S、E、PE、PEEQ、PEMAG	U、V、A、RF、CF、CSTRESS、CDISP	ALLAE、ALLCCDW、ALLCCE、ALLCCEN、ALLCCET、ALLCCSD、ALLCCSDN、ALLCCSDT、ALLCD、ALLFD、ALLIE、ALLKE、ALLPD、ALLSE、ALLVD、ALLDMD、ALLWK、ALLKL、ALLQB、ALLEE、ALLJD、ALLSD、ETOTAL
直接求解的稳态动力学	S、E	U、V、A、RF、CF	ALLKE、ALLSE、ALLVD、ALLWK
特征频率提取	无	U	无
特征值屈曲预测	无	U	无
显式动力学	S、LE、PE、PEEQ、EVF、SVAVG、PEVAVG、PEEQVAVG	U、V、A、RF、CSTRESS	ALLKE、ALLSE、ALLWK、ALLPD、ALLCD、ALLVD、ALLDMD、ALLAE、ALLIE、ALLFD、ETOTAL
Abaqus/Standard 中完全耦合的热-电-结构	S、E、PE、PEEQ、PEMAG、HFL、EPG	U、RF、CF、NT、RFL、CSTRESS、CDISP、EPOT	ALLAE、ALLCCDW、ALLCCE、ALLCCEN、ALLCCET、ALLCCSD、ALLCCSDN、ALLCCSDT、ALLCD、ALLFD、ALLIE、ALLKE、ALLPD、ALLSE、ALLVD、ALLDMD、ALLWK、ALLKL、ALLQB、ALLEE、ALLJD、ALLSD、ETOTAL

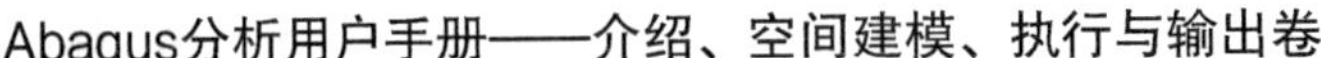

（续）

过程类型	预选单元变量（场变量；Abaqus/CFD 的历史变量）	预选节点变量和面变量（场变量）	预选能量变量（历史变量）
Abaqus/Standard 中完全耦合的热-应力	S、E、PE、PEEQ、PEMAG、HFL	U、RF、CF、NT、RFL、CSTRESS、CDISP	ALLAE、ALLCCDW、ALLCCE、ALLCCEN、ALLCCET、ALLCCSD、ALLCCSDN、ALLCCSDT、ALLCD、ALLFD、ALLIE、ALLKE、ALLPD、ALLSE、ALLVD、ALLDMD、ALLWK、ALLKL、ALLQB、ALLEE、ALLJD、ALLSD、ETOTAL
Abaqus/Explicit 中完全耦合的热-应力	S、LE、PE、PEEQ、HFL	U、V、A、RF、CSTRESS、NT、RFL	ALLKE、ALLSE、ALLWK、ALLPD、ALLCD、ALLVD、ALLDMD、ALLAE、ALLIE、ALLFD、ALLIHE、ALLHF、ETOTAL
地压应力场	S、E、POR、SAT、VOIDR	U、RF、CF、CSTRESS、CDISP	ALLAE、ALLCCDW、ALLCCE、ALLCCEN、ALLCCET、ALLCCSD、ALLCCSDN、ALLCCSDT、ALLCD、ALLFD、ALLIE、ALLKE、ALLPD、ALLSE、ALLVD、ALLDMD、ALLWK、ALLKL、ALLQB、ALLEE、ALLJD、ALLSD、ETOTAL
热传导	HFL	NT、RFL	无
Abaqus/CFD 中的不可压缩流体动力学	V、PRESSURE、TEMP、TURBNU	U、V、PRESSURE、TEMP、TURBNU	无
线性静态摄动	S、E	U、RF、CF	ALLAE、ALLCCDW、ALLCCE、ALLCCEN、ALLCCET、ALLCCSD、ALLCCSDN、ALLCCSDT、ALLCD、ALLFD、ALLIE、ALLKE、ALLPD、ALLSE、ALLVD、ALLDMD、ALLWK、ALLKL、ALLQB、ALLEE、ALLJD、ALLSD、ETOTAL
质量扩散	CONC、MFL	NNC、RFL	无
模态动力学（输出频率为 10）	S、E	U、V、A、RF、CF	ALLAE、ALLCD、ALLFD、ALLIE、ALLKE、ALLPD、ALLSE、ALLVD、ALLDMD、ALLWK、ALLKL、ALLQB、ALLEE、ALLJD、ALLSD、ETOTAL
基于 SIM 的模态动力学	无	无	无
准静态	S、E、PE、PEEQ、PEMAG、CE、CEEQ、CEMAG	U、RF、CF、CSTRESS、CDISP	ALLAE、ALLCCDW、ALLCCE、ALLCCEN、ALLCCET、ALLCCSD、ALLCCSDN、ALLCCSDT、ALLCD、ALLFD、ALLIE、ALLKE、ALLPD、ALLSE、ALLVD、ALLDMD、ALLWK、ALLKL、ALLQB、ALLEE、ALLJD、ALLSD、ETOTAL
随机响应	S、E	U、V、A	无

（续）

过程类型	预选单元变量（场变量；Abaqus/CFD 的历史变量）	预选节点变量和面变量（场变量）	预选能量变量（历史变量）
响应谱	S、E	U、RF、CF	ALLKE、ALLSE、ALLWK
静态	S、E、PE、PEEQ、PEMAG	U、RF、CF、CSTRESS、CDISP	ALLAE、ALLCCDW、ALLCCE、ALLCCEN、ALLCCET、ALLCCSD、ALLCCSDN、ALLCCSDT、ALLCD、ALLFD、ALLIE、ALLKE、ALLPD、ALLSE、ALLVD、ALLDMD、ALLWK、ALLKL、ALLQB、ALLEE、ALLJD、ALLSD、ETOTAL
稳态动力学	S、E	U、V、A、RF、CF	ALLKE、ALLSE、ALLWK
基于 SIM 的稳态动力学	无	无	无
稳态传输	S、E	U、RF、CF、CSTRESS、CDISP	ALLAE、ALLCCDW、ALLCCE、ALLCCEN、ALLCCET、ALLCCSD、ALLCCSDN、ALLCCSDT、ALLCD、ALLFD、ALLIE、ALLKE、ALLPD、ALLSE、ALLVD、ALLDMD、ALLWK、ALLKL、ALLQB、ALLEE、ALLJD、ALLSD、ETOTAL
基于子空间的稳态动力学	S、E	U、V、A、RF、CF	ALLKE、ALLSE、ALLVD、ALLWK

对于 Abaqus/Standard 中的几何非线性分析，E 不能用于输出，默认输出为 LE。对于 Abaqus/Standard 中的线性摄动分析和几何非线性分析，LE 和 NE 应变输出请求生成的输出与 E 相同。对于 Abaqus/Explicit 中的几何线性分析，LE 是输出。

Abaqus 可能会从分析结果中省略一些预选变量。如果预选变量不适用于为模型划分网格的单元类型，或者由于其他因素导致变量不适用于分析，则 Abaqus 省略这些预选输出变量。对于 Abaqus/CFD 分析中的面输出，没有可以使用的预选变量。

输入文件用法：使用以下选项中的一个：

*OUTPUT，FIELD，VARIABLE=PRESELECT

*OUTPUT，HISTORY，VARIABLE=PRESELECT

Abaqus/CAE 用法：Step module：field or history output request editor：Preselected defaults

在 Abaqus/Standard 和 Abaqus/Explicit 中请求可应用于当前过程和材料类型的所有变量

用户可以请求可应用于当前过程和材料类型的所有变量。在此情况中，忽略特定变量类型的任何单个输出请求。

输入文件用法：使用下面选项中的一个：

*OUTPUT，FIELD，VARIABLE=ALL

*OUTPUT，HISTORY，VARIABLE=ALL

Abaqus/CAE 用法：Step module：field or history output request editor：All

默认的输出

在 Abaqus/Standard 和 Abaqus/Explicit 中，如果没有指定输出数据库请求，则自动将预选场和历史输出变量写入输出数据库。在 Abaqus/Standard 中，为所有过程类型的场和历史输出在每个增量处写默认变量，除了动态分析和模态动力学分析，因为这些过程类型的场和历史输出的默认频率是每 10 个增量进行一次输出。在 Abaqus/Explicit 中，默认以 20 个间隔写场输出变量，以 200 个间隔写历史输出变量。在 Abaqus/CFD 中，默认以 20 个间隔写场输出变量。

在 Abaqus/Standard 和 Abaqus/Explicit 中，可使用环境文件参数 odb_output_by_default 为分析关闭这些默认设置（详细内容见“环境文件设置”，3.3 节。还可以在步中指定新的输出数据库（见“指定新的输出请求”）来覆盖此步的默认场和历史输出请求。对于大的模型，输出数据库的默认输出可能会显著增加求解时间和需要的存储空间。在这种情况下，建议谨慎检查默认输出变量与预期分析的关联性。可以通过使用 C++程序只从所选的帧复制数据的方法来创建较大输出数据库的较小副本（更多内容见“通过保留指定帧处的数据来减少输出数据库中的数据量”，《Abaqus 脚本用户手册》的 10.15.4 节）。

在重启动分析中，将忽略 odb_output_by_default 环境文件参数。如果在重启动分析中没有定义输出请求，则使用从原始分析传递得到输出请求。

分析终结时的 Abaqus/Explicit 输出

当 Abaqus/Explicit 分析在一个增量上出现致命错误时，将适用于当前过程的预选变量作为场数据自动写入输出数据库中。在写这些数据前，分析将使用时间增量为零的计算步完成一个附加的增量。

单元输出

用户可以请求将单元变量（应力、应变、截面力、单元能量等）写入输出数据库中。可以根据需要重复输出请求，以便为不同类型的单元变量、单元集合等定义输出。多个输出请求中可以出现相同的单元（或者单元集合）。用户单元不支持输出数据库的单元输出。

选择单元输出变量

为了定义输出，识别以下类型的单元变量：

- “单元积分点”变量与执行材料计算的积分点相关联（如应力和应变分量）。
- “单元截面点”变量与梁、管或者壳的横截面相关联（如截面上的弯曲力矩和膜力）；在 Abaqus/CFD 中不能获取这些变量。
- “单元面”变量与壳或者实体的面相关联（如在面上均匀分布的压力载荷）。
- “整体单元”变量是整个单元的属性（如单元的总能量）。
- “整个单元集合”变量是整个单元集合的属性（如质心的当前坐标）；可以在 Abaqus/Standard 和 Abaqus/Explicit 中获取这些变量。

在“Abaqus/Standard 输出变量标识符”（4.2.1 节）、“Abaqus/Explicit 输出变量标识符”（4.2.2 节）和“Abaqus/CFD 输出变量标识符”（4.2.3 节）中定义了可以写入输出数据库的单元变量。

输入文件用法：＊ELEMENT OUTPUT
输出变量列表

Abaqus/CAE 用法：Step module：field or history output request editor：Select from list below

选择请求输出的单元

对于历史输出，必须指定请求输出的单元集合（在 Abaqus/Explicit 中为示踪集合）。对于场输出，指定单元集合或者示踪集合是可选的；如果没有指定单元集合或者示踪集合，则为模型中的所有单元写输出。

输入文件用法：＊ELEMENT OUTPUT，ELSET=单元集合名称

Abaqus/CAE 用法：Step module：field or history output request editor：Domain：Set：集合名称

请求 Abaqus/Standard 和 Abaqus/Explicit 模型中外部单元的场输出

用户可以选择由模型中所有外部三维单元组成的单元集合的输出。由 Abaqus 内部生成此单元集合。

输入文件用法：＊ELEMENT OUTPUT，EXTERIOR

Abaqus/CAE 用法：Step module：field output request editor：Domain：Whole model；切换选中 Exterior only

指定 Abaqus/Standard 和 Abaqus/Explicit 中梁、管、壳和分层实体单元中的截面点

对于梁、管、壳或者分层实体，在默认的截面点处提供输出。也可以指定非默认输出点。

输入文件用法：＊ELEMENT OUTPUT
输出点列表
输出变量列表

Abaqus/CAE 用法：Step module：field or history output request editor：Output at shell, beam, and layered section points：Specify：输出点列表

请求 Abaqus/Standard 和 Abaqus/Explicit 中梁、管、壳和分层实体单元中所有截面点处的输出

用户可以指定在梁、管、壳和分层实体中的所有截面点处提供输出。

输入文件用法：＊ELEMENT OUTPUT，ALLSECTIONPTS

Abaqus/CAE 用法：Abaqus/CAE 中不支持在梁、管、壳和分层实体单元中的所有截面点处请求输出。

请求 Abaqus/Standard 和 Abaqus/Explicit 中加强模型中加强筋的输出

用户可以请求加强筋输出（“定义加强筋”，2.2.3 节）。如果没有明确地在使用加强筋的模型中请求加强筋输出，则单元输出请求仅控制基材的输出（截面力除外，在截面力计算中包括加强筋中的力）。用户可以请求特定加强筋的输出。如果没有指定加强筋的名称，则在指定的单元集合中（如果没有指定单元集合，则在整个模型中）为所有加强筋给出输出。

仅在膜、壳或者面单元中的积分点，以及单元的质心处可以获取加强筋输出。

输入文件用法：使用下面的选项：

*OUTPUT，FIELD

*ELEMENT OUTPUT，REBAR=加强筋名称，ELSET=单元集合名称

*OUTPUT，HISTORY

*ELEMENT OUTPUT，REBAR=螺纹钢名称，ELSET=单元集合名称

Abaqus/CAE 用法：使用下面的选项请求基材材料的输出，以及加强筋的输出：

Step module：field or history output request editor：Output for rebar：Include

使用下面的选项仅请求加强筋的输出：

Step module：field or history output request editor：Output for rebar：Only

在 Abaqus/CAE 中不能请求特定加强筋的输出；如果请求了加强筋的输出，则给出指定输出区域中所有加强筋的输出。

选择单元积分点和截面点的输出位置

可以将 Abaqus/Standard 中四个不同位置上的积分点变量和截面变量作为场输出写入输出数据库：积分点、质心、多个节点处的平均值或者外推到节点。Abaqus/Explicit 中的积分点变量和截面变量可以在三个不同位置上作为场输出来写入输出数据库中：积分点、质心或者节点。默认情况下，在积分点处提供输出。

在大部分情况中，Abaqus/Explicit 仅将积分点数据写入输出数据库中。可以使用后处理计算器将 Abaqus/Explicit 中积分点处的结果转换到用户指定的位置（详细内容见“后处理计算器”，4.3 节）。

总是在积分点处提供输出到输出数据库的单元历史输出。

获取 Abaqus/Standard 和 Abaqus/Explicit 中积分点处的输出

默认情况下，在计算变量的积分点处输出变量。在 Abaqus/Standard 中，用户可以使用输出变量 COORD 得到积分点的位置（见“Abaqus/Standard 输出变量标识符”，4.2.1 节）。

输入文件用法：*ELEMENT OUTPUT，POSITION=INTEGRATION POINTS

Abaqus/CAE 用法：在 Abaqus/CAE 中不能选择单元输出的位置，总是在积分点处给出单元输出。

获取 Abaqus/Standard 和 Abaqus/Explicit 中每个单元中心处的输出

用户可以选择在每个单元的中心处输出变量（梁或者管单元端点之间的中点）。如果单元的积分方法不包括质心积分点，则通过积分点值的插值得到质心值。单元质心点的单元输出不适用于恢复子结构中的结果（更多内容见“使用子结构”，《Abaqus 分析用户手册——分析卷》的 5.1.1 节）。

输入文件用法：*ELEMENT OUTPUT，POSITION=CENTROIDAL

Abaqus/CAE 用法：在 Abaqus/CAE 中，用户不能选择单元输出的位置，总是在积分点处给出单元输出。

获取 Abaqus/Standard 和 Abaqus/Explicit 中外推到节点的单元输出

用户可以选择将单元积分点变量独立地外推到每个单元的节点，而不需要从相邻的单元平均结果。单元节点处的单元输出不适用于子结构中结果的恢复（更多内容见“使用子结构”，《Abaqus 分析用户手册——分析卷》的 5.1.1 节）。

输入文件用法：*ELEMENT OUTPUT，POSITION=NODES

Abaqus/CAE 用法：在 Abaqus/CAE 中不能选择单元输出的位置，总是在积分点处给出单元输出。

获取 Abaqus/Standard 中多个节点处的平均单元输出

用户可以选择将变量外推到节点，然后将它们在集合中对每个节点都有贡献的所有单元上进行平均。对于派生变量，如应力不变量，Abaqus/Standard 首先在连接到节点的所有单元上外推张量分量，得到每个节点处的唯一分量，然后基于平均分量计算推导值。

默认情况下，Abaqus/Standard 将模型中的单元划分成平均的区域。根据单元的结构进行划分：单元类型、截面点数量、材料类型、单个层或者复合材料等。而不是根据单元属性值（如厚度）、材料方向或者材料常数进行划分。仅在同一区域中对节点有贡献的单元上进行平均。

在某些情况中，可能需要根据单元属性值划分平均区域。例如，由于变量可能在具有不同材料常数的单元之间不连续，用户可能不希望在同一平均区域中包含具有不同属性定义的单元。在这样的情况中，可以强制 Abaqus/Standard 将 average_by_section 环境参数设置成 ON，以考虑单元属性的值。然而，在使用许多截面和（或者）材料定义的问题中，使用默认值 OFF 通常能获得更好的性能。

Abaqus/CAE 的 Visualization 模块（Abaqus/Viewer）不支持在多个节点处平均单元输出。通过 Abaqus 脚本界面命令来获取结果。

输入文件用法：*ELEMENT OUTPUT，POSITION=AVERAGED AT NODES

Abaqus/CAE 用法：在 Abaqus/CAE 中不能选择单元输出的位置，总是在积分点处给出单元输出。

Abaqus/Standard 和 Abaqus/Explicit 中单元输出变量的外推和内插

使用单元的形状方程来外推和内插输出变量。在高应力梯度区域中的积分点处计算的值通常比外推值更加精确，特别是在改进的三角形单元和四面体单元中。因此，对于需要单元结果的精确节点值的情况，有必要围绕节点进行足够细化的网格划分。如果为单元定义了圆柱坐标系或者球坐标系（见“方向”，2.2.5 节），则每个积分点处的方向可能是不同的。而将积分点处的值外推到节点时，没有考虑方向上的差异，因此，如果连接到节点的单元上的方向变化较大，外推值不是非常精确。在具有完全各向异性材料行为的模型区域中，如果材料方向空间变化显著，则即使在积分点处，也要求划分更加细致的网格以得到精确的结果。在此情形中，一旦整体解相对于网格密度收敛，则也可以假定远离积分点的内插或者外推相当精确。对于中间节点位于四分之一点区域之外的二阶单元，解释外推到节点处的输出变量（如二维中一条边退化的单元或者三维中一个面退化的单元时），也应当特别谨慎。

对于派生变量，如密塞斯等效应力，首先外推或者内插分量，然后根据外推或者内插得到的分量计算推导值。然而，在基于线性模态的动力学分析中，推导值是模态响应大小的非线性组合（见“随机响应分析”，《Abaqus 分析用户手册——分析卷》的 1.3.11 节；“响应谱分析”，《Abaqus 分析用户手册——分析卷》的 1.3.10 节），首先在积分点处计算非线性组合，然后将这些推导值外推到节点或者内插到质心。

控制输出频率

如上文中“控制输出频率”中所描述的那样控制单元输出频率。

请求预选输出

用户可以请求表 4-1 中的过程指定的预选单元输出变量。在此情况中，可以将额外的变量指定成输出请求的一部分。

另外，还可以请求可用于当前过程和材料类型的所有单元变量。在此情况中，忽略用户指定的任何额外变量。

输入文件用法：使用下面的选项请求预选单元输出变量：

*ELEMENT OUTPUT，VARIABLE=PRESELECT

使用下面的选项请求所有可用单元输出变量：

*ELEMENT OUTPUT，VARIABLE=ALL

Abaqus/CAE 用法：Step module：field or history output request editor：Preselected defaults 或者 All

指定 Abaqus/Standard 和 Abaqus/Explicit 中单元输出的方向

对于应力、应变和类似材料变量 1、2 和 3 的分量，指的是正交坐标系的方向。如果没有为单元定义局部方向，则应力/应变分量是在由“方向”（2.2.5 节）中给出的约定来定义默认方向上：实体单元的整体方向、壳和膜单元的面方向，以及梁和管单元的轴向方向和横向方向。

默认情况下，将单元场输出的单元材料方向写入输出数据库中。如果局部方向与单元相关联，则默认情况下，Abaqus/CAE 中显示的结果在局部方向上。在 Abaqus/CAE 中，通过选择 Visualization 模块中的 Plot→Material Orientations 来显示这些方向。用户可以选择抑制将方向输出到输出数据库。

输入文件用法：使用下面的选项指示不应当将单元的材料方向写入输出数据库中：

*ELEMENT OUTPUT，DIRECTIONS=NO

Abaqus/CAE 用法：Step module：field output request editor：切换关闭 Include local coordinate directions when available

节点输出

用户可以将节点变量（位移、反作用力等）输出到输出数据库中。可以根据需求重复输出请求来为不同的节点集合定义输出。在多个输出请求中可以出现相同的节点（或者节点集合）。

选择节点输出变量

在“Abaqus/Standard 输出变量标识符”（4.2.1 节）、“Abaqus/Explicit 输出变量标识

符”（4.2.2 节）和“Abaqus/CFD 输出变量标识符”（4.2.3 节）的“节点变量”中定义了可以写入输出数据库中的节点变量。

输入文件用法：* NODE OUTPUT
输出变量列表

Abaqus/CAE 用法：Step module：field or history output request editor：Select from list below

选择请求输出的节点

对于历史输出，必须指定请求输出的节点集合（在 Abaqus/Explicit 中为示踪集合）。对于场输出，节点集合或者示踪集合的指定是可选的；如果用户没有指定节点集合或者示踪集合，则为模型中的所有节点写输出。

输入文件用法：* NODE OUTPUT，NSET=节点集合名称

Abaqus/CAE 用法：Step module：field or history output request editor：Domain：Set：集合名称

请求 Abaqus/Standard 和 Abaqus/Explicit 模型中外部节点的场输出

用户可以选择模型中组成所有外部节点的节点集合上的输出。此节点集合是在 Abaqus 内部生成的，并且包含属于外部三维单元的所有节点。

输入文件用法：* NODE OUTPUT，EXTERIOR

Abaqus/CAE 用法：Step module：field output request editor：Domain：Whole model；切换选中 Exterior only

控制输出频率

如上文“控制输出频率”中描述的那样控制节点输出频率。

控制 Abaqus/Standard 和 Abaqus/Explicit 中的精度

用户可以控制分析的节点输出精度。

输入文件用法：使用下面的命令行选项请求单精度的节点输出：
abaqus job=作业名 output_precision=single
使用下面的命令行选项请求双精度的节点输出：
abaqus job=作业名 output_precision=full

Abaqus/CAE 用法：Job module：job editor：Precision：Nodal output precision：Single 或者 Full

请求预选输出

用户可以请求表 4-1 中的过程指定的预选节点输出变量。在此情况中，可以将额外的变量指定成输出请求的一部分。

另外，还可以请求用于当前过程类型的所有节点变量。在此情况中，忽略用户指定的任何额外变量。

输入文件用法：使用下面的选项请求预选节点输出变量：
* NODE OUTPUT，VARIABLE=PRESELECT

使用下面的选项请求所有可用的节点输出变量：

*NODE OUTPUT，VARIABLE=ALL

Abaqus/CAE 用法：Step module：field or history output request editor：Preselected defaults 或者 All

指定 Abaqus/Standard 和 Abaqus/Explicit 中节点场输出的方向

对于节点变量 1、2 和 3，分别是整体方向 X、Y 和 Z；对于轴对称单元 1 和 2，分别是整体方向 r 和 z。在整体方向上将节点场结果写入输出数据库中。如果在节点处定义了局部坐标系（见“坐标系变换”，2.1.5 节），则也将局部节点转换写入输出数据库中。用户可以在 Abaqus/CAE 的 Visualization 模块中将这些变换应用到结果上，以便在局部坐标系上显示分量。

指定 Abaqus/Standard 和 Abaqus/Explicit 中节点历史输出的方向

对于节点变量 1、2 和 3，分别是整体方向 X、Y 和 Z；对于轴对称单元 1 和 2，分别是整体方向 r 和 z。在整体方向上将节点历史结果写入输出数据库中，除非在节点处定义了局部坐标系（见“坐标系变换”，2.1.5 节）。在此情况中，用户可以指定输出是在整体方向上还是在局部方向上。

获取整体方向上的节点历史输出

用户可以在整体方向上请求向量赋值的节点变量，此方向是输出数据库节点历史输出请求的默认设置，因为大部分后处理器假定分量是在整体坐标系上给出的。

输入文件用法：*NODE OUTPUT，GLOBAL=YES

Abaqus/CAE 用法：Step module：history output request editor：Domain：Set：切换选中 Use global directions for vector-valued output

获取由节点转换定义的局部方向上的节点历史输出

用户可以请求由节点转换定义的局部方向上的向量赋值的节点变量。

输入文件用法：*NODE OUTPUT，GLOBAL=NO

Abaqus/CAE 用法：Step module：history output request editor：Domain：Set：切换关闭 Use global directions for vector-valued output

显示边界条件

可以在 Abaqus/CAE 的 Visualization 模块中通过选择 View→ODB Display Options 来显示边界条件。

在 Abaqus/Standard 中，仅当将一些节点输出变量请求成场输出时，才将边界条件信息写入输出数据库。

从 Abaqus/Explicit 输出示踪粒子

在 Abaqus/Explicit 中，可以使用示踪粒子获取指定材料点处的输出，如果使用了自适应网格划分或者欧拉网格，则此指定的材料点可以不对应于网格中的固定位置。在整个分析

中，示踪粒子跟随材料运动，而不管网格的运动如何，所以示踪粒子可以很好地与自适应网格划分一起使用（见“在 Abaqus/Explicit 中定义 ALE 自适应网格区域”，《Abaqus 分析用户手册——分析卷》的 7.2.2 节），也适用于欧拉分析（见“欧拉分析：概览”，《Abaqus 分析用户手册——分析卷》的 9.1 节）。可以在示踪粒子上得到节点输出和单元输出。

定义示踪粒子

用户可以定义每个示踪粒子的初始位置，使其与名为“父节点”的节点重合。将这些父节点组成一个示踪集合；当用户定义示踪粒子时，必须给示踪集合赋予一个名称。在欧拉分析中，与所连接单元相同的示踪集合中的父节点，必须属于相同的欧拉截面。使用欧拉网格运动时，不支持示踪粒子输出。

输入文件用法：*TRACER PARTICLE，TRACER SET=示踪集合名称
父节点列表（节点编号或者节点集合标签）

Abaqus/CAE 用法：Abaqus/CAE 中不支持示踪粒子。

粒子诞生阶段

可以在步过程中多个时刻的父节点当前位置处释放示踪粒子集合。将示踪粒子的每一次释放称为一次“粒子诞生”。在粒子诞生之后，示踪粒子跟随相关的材料运动，而不管网格的运动如何。用户可以指定步中粒子诞生阶段的编号 n。在步的开始时会发生一次粒子诞生，其余阶段在整个步上均匀分布。如果没有指定粒子诞生阶段的编号，则只在步的开始时发生一次粒子诞生。

输入文件用法：*TRACER PARTICLE，TRACER SET=示踪集合名称，
PARTICLE BIRTH STAGES=n

Abaqus/CAE 用法：Abaqus/CAE 中不支持示踪粒子。

输出数据库中的示踪粒子

在输出数据库中，示踪集合表现为节点集合和单元集合。如果一个示踪集合具有多个诞生阶段，则将创建额外的节点集合和单元集合，对与给定诞生阶段相关联的所有示踪粒子进行分组。通过将诞生阶段编号附加到示踪集合名称之后来命名这些子集合。例如，如果名为 INLET 的示踪集合是使用两个粒子诞生阶段定义的，则在输出数据库中将创建三个节点集合和三个单元集合：INLET Stage 1、INLET Stage 2 和 INLET（包含来自 INLET Stage 1 和 INLET Stage 2 的所有节点/单元）。

当示踪粒子与自适应网格划分一起使用时，为完全定义示踪粒子可能位置空间区域中的所有单元或者节点的请求输出变量，自动生成内部场输出请求。由 Abaqus/Explicit 确定此区域，通常对应连接到父节点的单元以及任何相交的自适应网格区域。后处理计算器（见“后处理计算器”，4.3 节）将在示踪粒子处，通过从输出时刻包含粒子的单元插值结果来计算任何请求输出量的值。

当在欧拉分析中使用示踪粒子时，Abaqus/Explicit 采用与其他节点和单元输出相同的方法处理输出请求。因此，不使用后处理计算器，也不生成额外的内部请求。

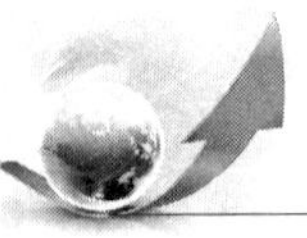

请求示踪粒子处的输出

用户可以请求特定示踪集合的单元或者节点输出。将为与指定示踪集合名称相关的所有示踪粒子给出输出。

输入文件用法：使用以下选项中的一个：

*NODE OUTPUT，TRACER SET=示踪集合名称

*ELEMENT OUTPUT，TRACER SET=示踪集合名称

Abaqus/CAE 用法：Abaqus/CAE 中不支持示踪粒子输出。

示踪粒子处的场输出

位移是唯一有效的示踪粒子场输出。通过请求将位移作为节点场输出来，得到特定示踪集合中示踪粒子的位置。如果为整个模型请求了位移输出，则自动输出示踪粒子位移。在 Abaqus/CAE 的 Visualization 模块中，可以使用在输出数据库中为示踪粒子创建的节点集合和单元集合来控制示踪粒子的显示。

输入文件用法：同时使用下面的两个选项：

*OUTPUT，FIELD

*NODE OUTPUT，TRACER SET=示踪集合名称

U

Abaqus/CAE 用法：Abaqus/CAE 中不支持示踪粒子输出。

示踪粒子处的历史输出

请求示踪粒子的历史输出类似于请求单元和节点的历史输出。可以请求任何有效的单元积分点变量。只有 U、V、A 和 COORD 是有效的积分点请求。不能请求整体单元变量和单元截面变量。仅在示踪粒子诞生后才能获取历史数据。当在欧拉分析中使用示踪粒子时，PRESS 是唯一有效的单元要求。

当示踪粒子与自适应网格划分一起使用时，示踪粒子历史输出请求是完全定义示踪粒子可能位置空间区域中的所有单元或者节点，触发所需变量的内部场输出请求。

输入文件用法：使用下面的选项：

*OUTPUT，HISTORY

*NODE OUTPUT，TRACER SET=示踪集合名称

*ELEMENT OUTPUT，TRACER SET=示踪集合名称

Abaqus/CAE 用法：　Abaqus/CAE 中不支持示踪粒子输出。

在多个步中传递示踪粒子

一旦进行了定义，所有示踪粒子在后续步中保持有效。然而，在定义示踪集合之后的步中不再发生示踪粒子诞生。在后续步中，可以通过指定新的示踪集合名称来定义新的示踪粒子。一个分析中不能多次使用同一个示踪集合名称。

抑制示踪粒子

当与自适应网格划分一起使用时，如果单个示踪粒子穿过欧拉边界流出网格，或者其当前追踪的材料点所在的单元已从网格中删除，则会抑制此示踪粒子。

当与欧拉分析一起使用时，如果示踪粒子到达了欧拉网格的边界，则会抑制示踪粒子。如果包含这些示踪粒子的单元变空了，则也会抑制这些示踪粒子，单元变空通常是由于界面重构过程中累积的数值误差造成的。被抑制的示踪粒子具有零位移。

控制示踪粒子处的输出频率

如上文“控制输出频率”中描述的那样控制示踪粒子的输出频率。

警告：当示踪粒子与自适应网格划分一起使用时，请求高频率的示踪粒子输出可能会造成输出数据库（.odb）变大。用来存储场数据的磁盘空间直接与自适应网格区域的大小和示踪集合的数量成比例。磁盘空间的使用与示踪集合中的示踪粒子数量无关。在执行后分析计算后，输出数据库文件将变小。

积分输出

在 Abaqus/Explicit 中，可以在面或者单元集合上请求积分输出；在 Abaqus/Standard 中，可以在单元上请求积分输出。积分输出请求用于写面上传递的合力、单元集合的总质量或者一个单元集合总质量变化的百分比等变量的时间历史。

选择积分输出变量

在“Abaqus/Explicit 输出变量标识符”的“积分变量”（4.2.2 节）部分定义了 Abaqus/Explicit 中可以写入输出数据库的积分变量。在“Abaqus/Standard 输出变量标识符”的“截面变量”（4.2.1 节）部分定义了 Abaqus/Standard 中可以写入输出数据库的积分变量。

输入文件用法：*INTEGRATED OUTPUT
输出变量列表

Abaqus/CAE 用法：Step module：history output request editor：Select from list below

选择积分输出的面

用户可以直接为积分输出请求指定面。另外，还可以将标识面的积分输出截面与积分输出请求相关联（见“积分输出截面定义”，2.5 节）。

可以请求包含面片、边或者不同类型可变形单元端部的面积分输出。面可以包含三维实体单元和连续壳单元的面片，二维实体单元、膜单元、传统壳和面单元的边，以及梁单元、管单元和杆单元的端部。

直接为积分输出指定面

如果直接为积分输出请求指定面，则相对于固定的整体坐标系给出任何向量输出变量，并相对于固定的整体原点给出面传递的合力矩 SOM。定义基于单元的面的内容见“基于单元的面定义”（2.3.2 节）。

输入文件用法：同时使用以下两个选项：
*SURFACE，NAME=面名称，TYPE=ELEMENT
*INTEGRATED OUTPUT，SURFACE=面名称

Abaqus/CAE 用法：在 Abaqus/CAE 中，不能直接为积分输出请求指定面，必须按下文所述创建积分输出截面。

使用积分输出截面定义指定面

如果将积分输出截面定义与积分输出请求相关联，则可以在局部坐标系中得到积分输出变量，此局部坐标系可以随着变形平动和（或者）转动（图 4-5）。此外，可以相对于一个运动位置计算面传递的总力矩 SOM。

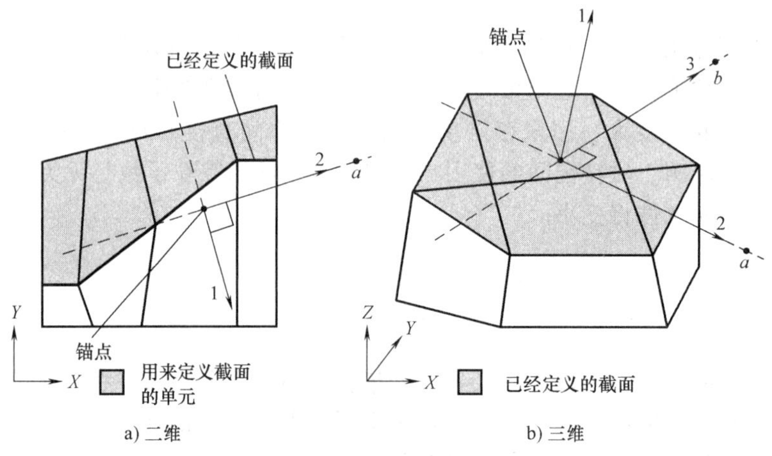

图 4-5　用户定义的局部坐标系

输入文件用法：同时使用下面的两个选项：

＊INTEGRATED OUTPUT SECTION，NAME=截面名称，SURFACE=截面名称

＊INTEGRATED OUTPUT，SECTION=截面名称

Abaqus/CAE 用法：Step module：

Output→Integrated Output Sections→Create：Name：截面名称：为面选择区域

History output request editor：Domain：Integrated output section：截面名称

请求“力流”研究的积分输出

要研究模型中通过不同路径的“力流”，必须创建切割一个或者多个区域的内部面（类似于横截面），以便求这些面上传递的合力的积分输出。可以在单元面片、边或者端点上，通过使用一个平面简单地切过一个或者多个模型区域来创建这种内部面（见“基于单元的面定义”中的“创建内部的横截面”，2.3.2 节）。

输入文件用法：使用下面的两个选项：

＊SURFACE，NAME=面名称，TYPE=CUTTING SURFACE

＊INTEGRATED OUTPUT，SURFACE=面名称

Abaqus/CAE 用法：在 Abaqus/CAE 中，不能直接为积分输出请求指定面，必须如上文所述创建一个积分输出。

请求 Abaqus/Explicit 中单元集合上的积分输出

可以通过请求单元集合上的积分输出来输出单元集合的总质量、总质量的百分比变化、

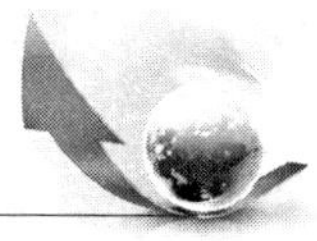

平均刚体运动或者这些变量的任何组合。必须在请求积分输出之前定义单元集合，此单元集合可以包含任何类型的单元。

输入文件用法：使用下面的选项请求单元集合上的积分输出：

*INTEGRATED OUTPUT，ELSET=单元集合名称

Abaqus/CAE 用法：Abaqus/CAE 中不支持在单元集合上请求积分输出。

控制输出频率

如上文中“控制输出频率”中描述的那样控制积分输出频率。

请求预选输出

仅当在面上请求了积分输出时，才可以获取预选输出变量。如果在单元集合上请求了积分输出，则必须在数据行中指定变量。

如果在面上请求了积分输出，则可以请求预选积分输出变量 SOF 和 SOM。在此情况中，也可以将其他变量指定成输出的一部分。另外，还可以请求所有可用于当前过程类型的积分变量。在此情况中，忽略用户指定的任何其他变量。如果没有请求预选变量或者所有变量，则必须分别指定变量。

输入文件用法：使用下面的选项请求预选积分输出变量：

*INTEGRATED OUTPUT，VARIABLE=PRESELECT

可用的其他变量

使用下面的选项请求与当前过程类型有关的所有积分输出变量：

*INTEGRATED OUTPUT，VARIABLE=ALL

使用下面的选项指定单个积分输出变量：

*INTEGRATED OUTPUT

单个变量

Abaqus/CAE 用法：Step module：history output request editor：Preselected defaults 或者 All

使用积分输出请求时的限制

面上的积分输出请求具有以下限制：

• 可以在包含不同类型可变形单元的面片、边或者端部请求积分输出。面可以包含三维实体单元和连续壳单元的面片，二维实体单元、膜单元、传统壳和面单元的边，以及梁单元、管单元和杆单元的端部。面不应当包含对称单元或者刚性单元的面片。

• 定义面时，只能选择面一侧上的单元。Abaqus/Explicit 使用自由体图中面以下单元中的应力和沙漏力计算积分输出变量。

• 所定义的面必须完全切过网格，形成一个封闭的面，或者位于体的外表面上。图 4-6 所示为一些典型的有效面。如果面仅部分地穿过网格，则不能分隔出有效的自由体图，从而计算出不正确的答案。

• 与面连接的单元可以在面的任何一侧，但是不能穿透所定义的面。图 4-7 所示为一些无效的截面定义。

• 仅基于指定单元中的应力（内力）来计算截面中的合力和合力矩。因此，如果在这些

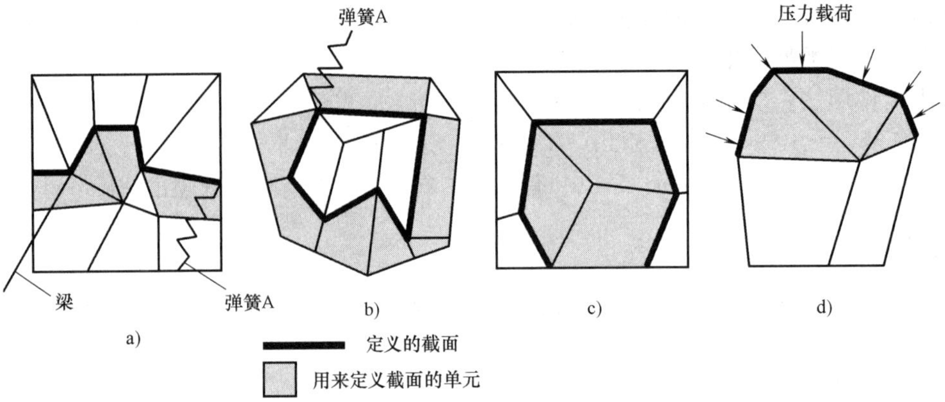

弹簧A　压力载荷

梁　弹簧A

a)　b)　c)　d)

定义的截面

用来定义截面的单元

图 4-6　有效的截面定义

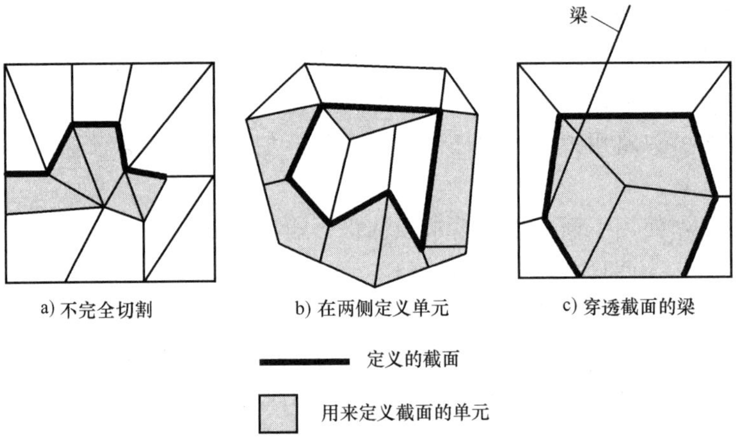

梁

a) 不完全切割　b) 在两侧定义单元　c) 穿透截面的梁

定义的截面

用来定义截面的单元

图 4-7　无效的截面定义

单元中存在分布的体力载荷，则可能得到不精确的结果，因为没有包括分布的体力对截面上合力的作用。常见的例子是动力学分析中的惯性载荷、重力载荷、分布的体力载荷和离心载荷。在这些情况中，截面上的合力取决于定义截面的单元，如图 4-8a 所示。假定重力载荷是唯一有效的载荷，则两个单元中的单元应力是不同的。因此，如果首先使用单元 1 定义面，然后使用单元 2 定义相同的面，则将得到不同的合力值。类似地，也不包括指定单元中规定的任何分布体流量（热、电等）的作用。

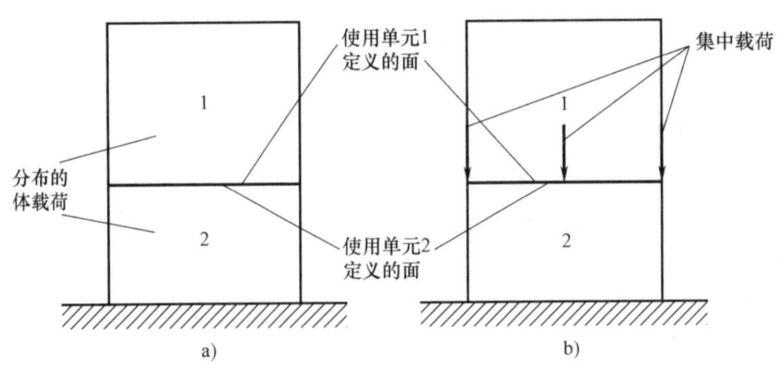

图 4-8　截面上的合力

• 根据使用面的哪一侧来定义截面，在类似于图 4-8b 所示的分析中，会得到不同的答案。假定图 4-8b 所示准静态分析中的集中载荷是唯一有效的载荷，如果面是使用单元 1 定义的，则汇报零合力；如果面是使用单元 2 定义的，则得到等于集中载荷总和的非零力。

总能量输出

用户可以将模型或者指定单元集合的总能量输出到输出数据库。能量输出只能用作历史输出。能量输出请求不能用于下面的过程：

• “特征值屈曲预测”，《Abaqus 分析用户手册——分析卷》的 1.2.3 节。

• “自然频率提取”，《Abaqus 分析用户手册——分析卷》的 1.3.5 节。

• “复特征值提取”，《Abaqus 分析用户手册——分析卷》的 1.3.6 节。

选择能量输出变量

在“Abaqus/Standard 输出变量标识符”（4.2.1 节）、“Abaqus/Explicit 输出变量标识符”（4.2.2 节）和“Abaqus/CFD 输出变量标识符”（4.2.3 节）的“总能量输出量”中定义了可以写入输出数据库的能量变量。

输入文件用法：* ENERGY OUTPUT

输入变量列表

Abaqus/CAE 用法：Step module：history output request editor：Select from list below

选择请求总能量输出的单元集合

可以指定请求总能量输出的单元集合。在此情况中，对指定集合中所有单元的能量求和。不能为下面的过程指定单元集合：

• “瞬态模态动力学分析”，《Abaqus 分析用户手册——分析卷》的 1.3.7 节。

• “基于模态的稳态动力学分析”，《Abaqus 分析用户手册——分析卷》的 1.3.8 节。

• “响应谱分析”，《Abaqus 分析用户手册——分析卷》的 1.3.10 节。

• “随机响应分析”，《Abaqus 分析用户手册——分析卷》的 1.3.11 节。

以下能量不能用作单元集合量：ALLCCDW、ALLCCE、ALLCCEN、ALLCCET、ALLCCSD、ALLCCSDN、ALLCCSDT、ALLFC、ALLFD、ALLKL、ALLQB、ALLWK 和 ETOTAL。

如果没有指定单元集合，则将输出整个模型的总能量。如果希望为整个模型和不同的单元集合输出总能量，则必须重复能量输出请求：一次请求不指定单元集合，以请求整个模型的能量输出；另一次是请求每个指定单元集合的能量输出。

输入文件用法：* ENERGY OUTPUT，ELSET=单元集合名称

Abaqus/CAE 用法：Step module：history output request editor：Domain：Set：集合名称

控制输出频率

如上文“控制输出频率”中描述的那样控制能量输出频率。

请求预选输出

可以请求表4-1中过程指定的预选能量输出变量。在此情况中，可以将额外的变量指定成输出请求的一部分。

另外，还可以请求所有可用于当前过程和材料类型的能量变量。在此情况中，忽略用户指定的任何额外变量。

输入文件用法：使用下面的选项请求预选输出变量：

*ENERGY OUTPUT, VARIABLE=PRESELECT

使用下面的选项请求所有可用的能量输出变量：

*ENERGY OUTPUT, VARIABLE=ALL

Abaqus/CAE用法：Step module：history output request editor：Preselected defaults 或者 All

Abaqus/Standard 和 Abaqus/Explicit 中的传感器定义

对于节点、连接器单元和一些整体面接触输出变量，可以使用历史输出请求定义传感器。传感器是用于模拟物理传感器，如液压活塞的总力或者位移、结构上给定点的运动或者加速度计测量的加速度的命名实体。可以将传感器值反馈回模型以产生驱动，此驱动是感知量的函数，从而允许对系统控制工程方面进行模拟。

可以在用户子程序UAMP或者VUAMP中使用传感器来定义自定义幅值，此幅值是之前增量结束时传感器值的函数，如“VUAMP”（《Abaqus用户子程序参考手册》的1.2.9节）中所描述的那样，并在“曲柄机构”（《Abaqus例题手册》的4.1.2节）中进行了举例说明。另外，在协同仿真分析中，传感器值可与逻辑模拟程序Dymola一起使用。Abaqus将传感器信息输出到Dymola并导入计算得到的作动信息，即幅值函数的当前幅值（见“结构-逻辑的协同仿真”，《Abaqus分析用户手册——分析卷》的12.4.1节）。在此情况中，可以使用此幅值函数驱动任何参考幅值的Abaqus特征，如集中载荷、边界条件、连接器运动/载荷、分布的压力和使用场变量描述的材料属性。

传感器必须与特定的标量输出变量（U1、CTF3等）进行唯一的关联，并且可以通过遵循一些简单的规则来使用历史输出请求对其进行定义。在历史输出定义中指定传感器名称，每个传感器定义仅可以指定一个节点输出、单元输出或者整个面请求。对于完整的面接触或者接触对输出请求，仅支持由接触压力产生的合力大小和中心（CFNM和XN）。因为已命名传感器必须在给定时刻指向唯一的实数，所以定义中使用的节点集合和单元集合必须仅包含一个成员。此外，无论用户定义的输出频率如何，在分析过程中的每个增量处计算传感器。然而，根据用户指定的频率将传感器写入输出数据库中。

输入文件用法：使用下面的选项指定使用单元输出的传感器定义：

*OUTPUT, HISTORY, SENSOR, NAME=名称

*ELEMENT OUTPUT

单元输出变量

使用下面的选项指定使用节点输出的传感器定义：

*OUTPUT, HISTORY, SENSOR, NAME=名称

*NODE OUTPUT

节点输出变量

使用下面的选项指定使用接触输出的传感器定义：

* OUTPUT，HISTORY，SENSOR，NAME=名称

* CONTACT OUTPUT

接触或者接触对输出变量（*CFNM* 和 *XN*）

Abaqus/CAE 用法：Step module：history output request editor：Domain：Set：名称，切换选中 Include sensor when available

在 Abaqus/Explicit 中过滤输出和操作输出

在将单元和节点场输出，以及单元、节点、接触、积分和紧固件相互作用历史输出写入数据库前，可以对其进行预过滤。也可以对过滤过和未过滤的（原始）输出数据进行操作，以提取时间上的最大值、最小值或者绝对最大输出变量。此外，还可以为输出变量设置一个限值，在达到此限值时停止分析。对于场输出，默认为每个输出变量输出达到最大值、最小值和绝对最大值的时刻，或者达到限值的时刻。

如果过滤的场输出请求包括许多输出变量并用于整个模型，则会增加内存需求和运行时间。由一些单元输出变量和一些节点输出变量组成的常见输出请求，不会显著增加内存需求和运行时间。

定义低通无限脉冲响应数字滤波器

可以定义三种类型的低通无限脉冲响应滤波器，将其作为模型定义的一部分。图 4-7 所示为模拟型滤波器的典型幅值曲线，其中 Ω_C 表示归一化的截止频率，是截止频率与采样频率之比（采样频率是时间增量的倒数）。巴特沃斯滤波器非常常见，它在通带中具有最大的平坦响应。切比雪夫 I 型滤波器在通带与截止带之间存在一个更加尖锐的单峰，它在通带中具有波纹。切比雪夫 Ⅱ 型滤波器在通带与截止带之间也存在一个比相同阶次的巴特沃斯滤波器更加尖锐的单峰，但是它在截止带中具有波纹。滤波器的阶次越高，过渡带越窄。然而，随着阶次的提高，计算成本会增加。此外，对于高阶滤波器，过滤信号与未被过滤信号之间的时间延迟，即相位滞后可能变得非常明显。对于大部分应用，使用二阶或者四阶滤波器已足够精确。

要定义巴特沃斯滤波器，必须指定截止频率 f_C 和滤波阶次 N。因为滤波器的使用是通过二阶截面级联来完成的，Abaqus 希望滤波阶次为偶数。如果指定了一个奇数的滤波阶次，则在内部将阶次增加为奇数后的偶数。默认阶次值是 2，可以指定的最高阶次是 20。对于切比雪夫滤波器，必须额外指定一个参数，即波纹系数。对于切比雪夫 I 型滤波器，波纹系数等于 ε；对于切比雪夫 Ⅱ 型滤波器，波纹系数等于 $1/A$（图 4-9）。

无须检查阻隔频率是否合适。例如，Abaqus 不检查信号是否只去除了噪声。用户需要知道解中期望的物理频率范围，并且必须指定一个大于这些频率的截止频率。此外，截止频率应小于采样频率的一半，否则不执行滤波。Abaqus 内部重新映射（使用二次插值）输出原始数据，以使滤波可以满足恒定时间增量（采样）要求。

必须给每个滤波器定义赋予名称，可以在输出请求中参照滤波器。

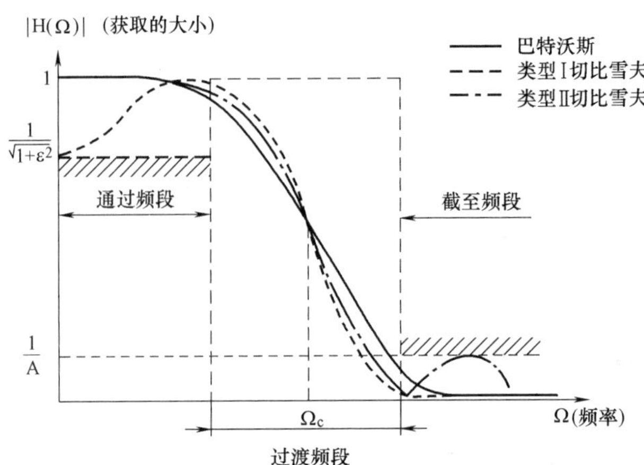

图 4-9 低通滤波器的典型幅值曲线

输入文件用法：使用下面的一个选项定义滤波器：

* FILTER，NAME＝滤波器名称，TYPE＝BUTTERWORTH

* FILTER，NAME＝滤波器名称，TYPE＝CHEBYS1

* FILTER，NAME＝滤波器名称，TYPE＝CHEBYS2

Abaqus/CAE 用法：Step module：Tools→Filter→Create：Name：滤波器名称；Butterworth，Type I Chebyshev，或者 Type II Chebyshev

滤波器的启动条件

默认情况下，使用零时刻时（零增量）的变量值作为初始条件（或者启动条件），但用户也可以改变此初始值。

输入文件用法：使用下面的选项使用默认的初始条件：

* FILTER，NAME＝滤波器名称，TYPE＝滤波器类型，START CONDITION＝DC

使用下面的选项指定初始变量值：

* FILTER，NAME＝滤波器名称，TYPE＝滤波器类型，START CONDITION＝USER DEFINED

Abaqus/CAE 用法：在 Abaqus/CAE 中不能指定初始变量值。

使用多个低通无限脉冲响应滤波器进行滤波

要基于所定义的低通无限脉冲响应滤波器之一来预滤波单元、节点、接触和积分历史输出或者单元和节点场输出，应从输出请求中通过名称参考此滤波器。

输入文件用法：使用下面的选项对输出请求实施滤波：

* OUTPUT，FILTER＝滤波器名称

Abaqus/CAE 用法：Step module：field or history output request editor：Apply filter：滤波器名称

根据时间间隔过滤输出

对于历史输出，用户可以请求 Abaqus/Explicit 创建一个在内部基于输出请求中指定的时

间间隔的抗混滤波器。将截止频率在内部设置成时间频率的六分之一（时间频率是历史输出时间间隔 t 的倒数）。如果没有指定时间间隔，则使用默认的历史输出间隔频率创建滤波器的截止频率。也可以对场输出请求使用防混滤波器，但在此情况中，如果请求的场帧数少于 200，则将截止频率设置成与每个步 200 个时间间隔相对应的时间频率的六分之一。如果请求的场帧数多于 200，则将截止频率设置成所请求时间频率的六分之一。防混滤波器是二阶巴特沃斯型滤波器，不需要滤波器定义。

Abaqus/Explicit 不检查指定的历史输出时间间隔是否能提供合适的截止频率来建立内部滤波器。用户应当大体知道需要多少数据点来精确绘制历史曲线（或者信号），Abaqus/Explicit 将为用户提供该数量点的最有物理意义的信号（没有混杂的）。类似地，对于场输出，Abaqus/Explicit 不检查对应于 200 个采样间隔或者更多间隔（如果用户请求多于 200 帧）的截止值是否适合用户的分析。如果需要较低（或者更高）的截止频率，则应在模型数据中定义滤波器。

过滤写在时间间隔处的场输出或者历史输出

用户可以对分析中时间间隔处的场输出请求或者历史输出请求应用滤波器。

输入文件用法：使用下面选项中的一个：

* OUTPUT, FIELD, FILTER = ANTIALIASING, TIME INTERVAL = t

* OUTPUT, HISTORY, FILTER = ANTIALIASING, TIME INTERVAL = t

Abaqus/CAE 用法：Step module：field or history output request editor：Frequency：Every x units of time：t，Apply filter：Antialiasing

对写在等间距时间处的场输出进行过滤

用户可以对分析中写在等间距时间间隔处的场输出请求进行过滤。

输入文件用法：* OUTPUT, FIELD, FILTER = ANTIALIASING, NUMBER INTERVAL = n

Abaqus/CAE 用法：Step module：field output request editor：Frequency：Evenly spaced time intervals，Interval：n，Apply filter：Antialiasing

对输出请求的最大值、最小值或者绝对最大值进行输出

可以对场输出请求或者历史输出请求应用滤波器，以获取输出请求中每个变量的最大值、最小值或者绝对最大值。使用绝对最大选项可以获取输出请求中每个变量的负的或者正的最大绝对值。Abaqus 评估分析过程中每个增量处的最大值、最小值或者绝对最大值，并在输出请求指定的输出间隔给出的时间处汇报这些值。对于场输出请求，最后的输出帧将包含整个步上的最大值（或者绝对最大值）和最小值；中间帧将显示帧时间之前的最大值、最小值或者绝对最大值。自动为请求的每个输出变量输出。一个额外的输出变量，其中包含出现最大值、最小值或者绝对最大值的时间。默认写此时间输出（并且不能进行抑制）。

对于场输出，默认情况下，Abaqus 滤波器独立过滤请求输出变量的张量和向量的每个分量，并为变量的每个分量提供单独的最大值、最小值或者绝对最大值。用户也可以请求最大值或者最小值，或者为不变量指定一个限值，比如单元输出的密塞斯应力或者节点输出的大小（见下文中的“为不变量指定边界值”）。

请求已过滤输出的最大值、最小值或者绝对最大值

可以使用低通数字滤波器来返回输出请求的最大值、最小值和绝对最大值。

输入文件用法：使用下面选项中的一个：

*FILTER，TYPE=滤波器类型，OPERATOR=MAX

*FILTER，TYPE=滤波器类型，OPERATOR=MIN

*FILTER，TYPE=滤波器类型，OPERATOR=ABSMAX

Abaqus/CAE 用法：Step module：Tools→Filter→Create：Butterworth，Type Ⅰ Chebyshev 或者 Type Ⅱ Chebyshev：Determine bounding value：Maximum，Minimum 或者 Absolute maximum

请求未过滤输出的最大值、最小值或者绝对最大值

为输出请求中的变量设置上限或者下限

可以对场输出请求或者历史输出请求应用滤波器，为输出请求中的变量规定一个边界值。如果输出请求中变量的值高于最大限值、低于最小限值，或者大于绝对最大限值，则 Abaqus 返回限值。为所请求的每个变量分别输出达到限值的时间。默认写此时间输出（并且不能抑制）。

为已过滤输出设置上限或者下限

用户可以定义一个低通数据滤波器，为输出请求中的变量设置上限或者下限。

输入文件用法：*FILTER，TYPE=滤波器类型，OPERATOR=算子类型，LIMIT=值

Abaqus/CAE 用法：Step module：Tools→Filter→Create：Type：Butterworth，Type Ⅰ Chebyshev，或者 Type Ⅱ Chebyshev：Determine bounding value：Maximum，Minimum，或者 Absolute maximum：切换选中 Bounding value limit：值

为未过滤输出设置上限或者下限

用户可以定义一个滤波器，为输出请求中的变量设置上限或者下限，但它不会对数据执行任何巴特沃斯或者切比雪夫滤波。

输入文件用法：*FILTER，OPERATOR=算子类型，LIMIT=值

Abaqus/CAE 用法：Step module：Tools → Filter → Create：Type：Operator：Determine bounding value：Maximum，Minimum 或者 Absolute maximum：切换选中 Bounding value limit：值，

当输出变量达到指定限值时停止分析

用户可以给场输出或者历史输出请求施加滤波器，当输出请求中的任何变量值达到指定上限值或者下限值时停止分析。

当变量达到指定限值时停止过滤过的输出分析

用户可以定义一个低通数据滤波器，如果输出请求中的任何变量达到指定限值，则停止分析。

输入文件用法：*FILTER，TYPE=滤波器类型，OPERATOR=算子类型，
LIMIT=值，HALT

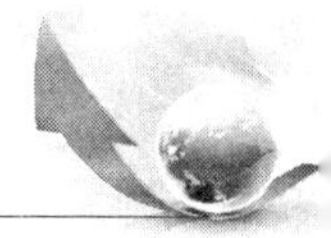

Abaqus/CAE 用法：Step module：Tools→Filter→Create：Butterworth，Type Ⅰ Chebyshev，或者 Type Ⅱ Chebyshev：Determine bounding value：Maximum，Minimum，或者 Absolute maximum：切换选中 Bounding value limit：值：切换选中 Stop analysis upon reaching limit

当变量达到指定限值时停止未过滤过的输出分析

用户可以定义一个滤波器，此滤波器不执行任何用户数据的巴特沃斯或者切比雪夫滤波，并且在设置加滤波器的输出请求中的任何变量达到指定限值时停止分析。

输入文件用法：＊FILTER，OPERATOR＝滤波器类型，LIMIT＝值，HALT

Abaqus/CAE 用法：Step module：Tools → Filter → Create：Type：Operator：Determine bounding value：Maximum，Minimum，或者 Absolute maximum：切换选中 Bounding value limit：值：切换选中 Stop analysis upon reaching limit

为不变量指定边界值

默认情况下，单独过滤张量或者向量的每个分量，并为每个分量单独汇报最大值、最小值或者绝对最大值和限值。也可以直接为不变量设置滤波器。在此情况中，Abaqus 内部监控用户指定的不变量。Abaqus 仍然将分量写入输出数据库，但是这些分量对应于不变量的最大值、最小值或者限值。表 4-2 列出了可用作输出变量类型的不变量。

表 4-2　可用作输出变量类型的不变量

类型	第一不变量	第二不变量	MaxP	中间 P	最小 P
所有节点向量输出	大小	—	—	—	—
应力单元输出	密塞斯	压力	SP3	SP2	SP1

为过滤输出的不变量设置边界值

用户可以定义过滤不变量的低通数字滤波器。

输入文件用法：＊FILTER，TYPE＝滤波器类型，OPERATOR＝算子类型，LIMIT＝值，INVARIANT＝FIRST，SECOND，MAXP，INTERMP 或者 MINP

Abaqus/CAE 用法：Step module：Tools→Filter→Create：Type：Butterworth，Type Ⅰ Chebyshev，或者 Type Ⅱ Chebyshev；切换选中 Bounding value limit：值：Invariant：First 或者 Second

在 Abaqus/CAE 中，不能请求不变量的最大值、中间值和最小值主应力值。

为未过滤输出的不变量设置边界值

用户可以定义一个滤波器，此过滤器不执行任何用户输出数据的巴特沃斯或者切比雪夫滤波，并且不执行不变量过滤。

输入文件用法：＊FILTER，OPERATOR＝算子类型，LIMIT＝值，INVARIANT＝FIRST 或者 SECOND

Abaqus/CAE 用法：Step module：Tools→Filter→Create：Type：Operator；切换选中 Bounding value limit：值：Invariant：First 或者 Second

可用于过滤的输出变量

低通无限脉冲响应滤波器，如巴特沃斯或者切比雪夫滤波器，适合过滤易受噪声污染的输出变量（如加速度和反作用力）或者受污染程度稍小一些的应力和应变。然而，大部分单元和节点输出变量允许数据过滤，几乎可以为所有单元和节点输出变量的未过滤数据设置边界值。表 4-3 列出了不能进行数字滤波，但可以设置边界值的变量集合；表 4-4 列出了既不允许进行数字滤波，也不允许设置边界值的输出变量集合。

表 4-3　可以设置边界值但不能进行数字滤波的输出变量

类型	输出变量
张量和不变量	PEEQ
状态和场变量	TEMP、FV
能量密度	ENER、SENER、PENER、CENER、VENER、DMENER
额外的塑性量	PEQC
开裂模型量	CKSTAT
整体单元变量	EDT、EMSF、ELEDEN、ESEDEN、EPDDEN、ECDDEN、EVDDEN、EASEDEN、EIHEDEN、EDMDDEN、ELEN、ELSE、ELCD、ELPD、ELVD、ELASE、ELIHE、ELDMD、ELDC、STATUS
节点输出变量	NT、COORD

表 4-4　不允许进行数字滤波和指定边界值的输出变量

类型	输出变量	类型	输出变量
开裂模型量	CRACK	整体单元变量	GRAV、BF、SBF、P
单元面变量	STAGP、TRNOR、TRSHR	节点输出变量	CF

Abaqus/Standard 的模态输出

可以在模态动力学过程中（Abaqus/Standard 中可用的模态动态过程概览见“动态分析过程：概览”，《Abaqus 分析用户手册——分析卷》的 1.3.1 节），将广义坐标轴输出到输出数据库中。模态输出仅可用作历史输出。

控制输出频率

如上文的“控制 Abaqus/Standard 中的输出频率”中描述的那样控制模态输出频率。

请求输出

可以选择请求适用于当前过程和材料类型的所有模型变量。在此情况中，忽略用户指定的任何额外变量。

输入文件用法：＊MODAL OUTPUT，VARIABLE＝ALL

Abaqus/CAE 用法：Step module：history output request editor：All

Abaqus/Standard 和 Abaqus/Explicit 中的面输出

可以将与接触中的面、耦合的热-电-结构（仅用于 Abaqus/Standard）、耦合的热-位移

（仅用于 Abaqus/Standard）、耦合的热-电和裂纹扩展问题相关联的变量写入输出数据库中。可以使用多个输出请求自定义多个相互作用、多个面或者多个节点集合之间的请求。

与腔辐射相关联的面变量，见下文中的“Abaqus/Standard 中的腔辐射输出”。

使用单元输出请求（见“单元输出”）得到接触单元的数据库输出（如间隙单元，见“间隙接触单元”，《Abaqus 分析用户手册——指定条件、约束与相互作用卷》的 7.2 节）。

在 Abaqus/Standard 中，在使用频率提取的线性摄动步中不能保存接触历史输出。

在 Abaqus/Explicit 中请求面输出时，自动生成位移节点输出。

选择面输出变量

在“Abaqus/Standard 输出变量标识符”（4.2.1 节）和“Abaqus/Explicit 输出变量标识符”（4.2.2 节）的“面变量”中，列出了可以写入输出数据库的面变量。

输入文件用法：* CONTACT OUTPUT

输出变量列表

Abaqus/CAE 用法：Step module：field or history output request editor：Select from list below

限制 Abaqus/Standard 中面输出请求的范围

在 Abaqus/Standard 中，默认将输出请求应用到模型中的通用接触和所有接触对相互作用。下面讨论了限制特定相互作用输出请求的选项。

限制输出到 Abaqus/Standard 中的节点集合

在 Abaqus/Standard 中，可以将面输出请求限制成用于接触对或者通用接触中包含的面节点子集合。

输入文件用法：* CONTACT OUTPUT，NSET=节点集合名称

Abaqus/CAE 用法：Step module：field or history output request editor：Domain：

Interaction：接触相互作用名称

基于 Abaqus/Standard 中从面和主面名称限制输出

可以基于面名称来限制特定接触对的输出。如果同时指定从面和主面的名称，则将输出请求限制到特定接触对中。如果指定了从面名称，但没有指定主面名称，则为所有包含指定从面的接触对写输出。如果也指定了节点集合，则对输出请求的应用做进一步的限制（即输出请求仅为特定接触对的特定节点生成输出）。使用特定从面和（或者）主面的输出请求不会为通用接触生成输出。

输入文件用法：* CONTACT OUTPUT，MASTER=主面，SLAVE=从面，

NSET=节点集合名称

Abaqus/CAE 用法：Step module：field or history output request editor：Domain：

Interaction：接触相互作用名称

基于 Abaqus/Standard 中的面名称限制扩展单元中开裂面的输出

可以基于面名称来限制扩展单元中特定开裂面的输出请求。

输入文件用法：* CONTACT OUTPUT，SURFACE=面名称

Abaqus/CAE 用法：在 Abaqus/CAE 中不能限制扩展单元中开裂面的面场输出。

限制 Abaqus/Explicit 中面场输出请求的范围

在 Abaqus/Explicit 中，默认情况下，将场输出请求应用于模型中的通用接触和所有接触对相互作用。下面讨论了限制特定相互作用面场输出请求的选项。

限制 Abaqus/Explicit 中接触对集合的面场输出

在 Abaqus/Explicit 中，可以选择希望输出面场的接触对。面输出是特定于接触对的，因此，如果面包含在多个接触对中，则所选接触对中包含的特定面的接触输出，将仅包含来自此选中接触对的贡献。面输出仅用于离散面（基于节点的或者基于单元的）；不能用于接触对中的任何分析面。

输入文件用法：使用下面的选项为特定的接触对集合请求面场输出：

*CONTACT OUTPUT，CPSET=接触对集合名称

Abaqus/CAE 用法：Step module：field output request editor：Domain：Interaction：接触相互作用名称

限制 Abaqus/Explicit 中通用接触的面场输出

在 Abaqus/Explicit 中，可以将面场输出请求限制成仅用于通用接触，但不能进一步的将此输出限制到通用接触区域的子集合。

输入文件用法：*CONTACT OUTPUT，GENERAL CONTACT

Abaqus/CAE 用法：在 Abaqus/CAE 中不能限制通用接触的面场输出。

限制 Abaqus/Explicit 中单个面的面场输出

在 Abaqus/Explicit 中，可以对通用接触对中单个面的面场输出请求进行限制。指定面的接触输出将包含与面相互作用的其他接触面的所有贡献。包含梁、杆或者管单元的面不能使用此类型的输出。

输入文件用法：*CONTACT OUTPUT，SURFACE=面名称

Abaqus/CAE 用法：在 Abaqus/CAE 中不能限制通用接触的单个面输出。

限制 Abaqus/Explicit 中成对面的面场输出

在 Abaqus/Explicit 中，可以指定通用接触区域中的一对面，将输出与另一个面接触所产生的面上的相互作用。包含欧拉区域的面不能使用此类型的输出，包含单元、杆或者管单元的面也不应使用此类型的输出。

输入文件用法：*CONTACT OUTPUT，SURFACE=第一个面名称，
SECOND SURFACE=第二个面名称

Abaqus/CAE 用法：在 Abaqus/CAE 中不能限制通用接触的成对面输出。

指定 Abaqus/Explicit 中的面历史输出区域

必须采用下述一种方法来指定施加有面历史输出请求的相互作用。

使用 Abaqus/Explicit 中的接触对集合指定面历史输出

在 Abaqus/Explicit 中，可以选择施加面历史输出的接触对。面输出是特定于接触对的，因此，当面包含在多个接触对中时，所选接触对中包含的成对面的接触输出，将仅包含来自选中接触对的贡献。面输出仅用于离散的面（基于节点的或者基于单元的），不能用于接触对中的任何分析面。

输入文件用法：使用下面的选项请求特定接触对的面历史输出：

* CONTACT OUTPUT，CPSET=接触对集合名称

Abaqus/CAE 用法：Step module：history output request editor：Domain：Interaction：接触相互作用名称

指定 Abaqus/Explicit 中整个面历史输出

可以指定通用接触区域中的面，对此面输出整个面接触力结果。通用接触区域中一个面的整体面接触力结果仅能用作历史输出。

输入文件用法：* CONTACT OUTPUT，SURFACE=面名称

Abaqus/CAE 用法：Step module：history output request editor：Domain：General contact surface：面名称

指定 Abaqus/Explicit 中成对面历史输出

可以指定通用接触区域中的一对面，为其输出由于与另一个面接触而产生的面接触力结果。此情况中的接触力结果仅考虑两个指定面之间的接触相互作用。不能为包含欧拉区域的面请求此类型的输出。

输入文件用法：* CONTACT OUTPUT，SURFACE=第一个面名称，SECOND SURFACE=第二个面名称

Abaqus/CAE 用法：在 Abaqus/CAE 中不能请求成对面的面历史输出。

指定 Abaqus/Explicit 中通过固定节点集合的面历史输出

可以选择希望边界历史输出的固定节点集合：

输入文件用法：使用下面的选项请求特定固定节点集合的面历史输出：

* CONTACT OUTPUT，NSET=节点集合名称

Abaqus/CAE 用法：在 Abaqus/CAE 中不能请求特定固定节点的面历史输出。

控制输出频率

如上文的“控制输出频率”中描述的那样控制面输出频率。

请求预选输出

可以请求表 4-1 中的过程指定的预选面输出。在此情况中，可以将额外的变量指定成输出请求的一部分。

另外，也可以请求可用于当前过程的所有面变量。在此情况中，忽略用户指定的任何额外变量。

输入文件用法：使用下面的选项请求预选面输出变量：

* CONTACT OUTPUT，VARIABLE=PRESELECT

使用下面的选项请求所有可用的面输出变量：

* CONTACT OUTPUT，VARIABLE=ALL

Abaqus/CAE 用法：Step module：field or history output request editor：Preselected defaults 或者 All

Abaqus/CFD 中的面输出

用户可以将 Abaqus/CFD 中与面相关的场和历史输出变量写入输出数据库中。

选择面输出变量

在“Abaqus/CFD 输出变量标识符”的“面变量”（4.2.3 节）中列出了可以写入输出数据库中的面变量。

输入文件用法：* SURFACE OUTPUT，SURFACE=面集合名称

输出变量列表

Abaqus/CAE 用法：在 Abaqus/CAE 中不能请求面输出。

控制输出频率

如上文“控制输出频率”中描述的那样控制面输出频率。

Abaqus/Explicit 中的时间增量输出

用户可以为 Abaqus/Explicit 分析将增量变量输出到输出数据库中。增量输出仅可以用作历史输出。

选择增量输出变量

可用的增量输出变量有 Abaqus/Explicit 时间增量大小 DT，质量缩放引起的模型质量变化百分比 DMASS，以及稳态探测变量 SSPEEQ、SSSPRD、SSFORC 和 SSTORQ。

输入文件用法：* INCREMENTATION OUTPUT

输出变量列表

Abaqus/CAE 用法：Step module：history output request editor：Select from list below

控制输出频率

如上文“控制 Abaqus/Explicit 中历史输出的输出频率”中描述的那样控制增量输出频率。

请求预选输出

用户可以请求过程指定的预选增量输出变量。在此情况中，用户可以将额外的变量指定成输出请求的一部分。

另外，还可以请求可用于当前过程类型的所有增量变量。在此情况中，忽略用户指定的任何额外变量。

输入文件用法：使用下面的选项请求预选增量输出变量：

* INCREMENTATION OUTPUT，VARIABLE=PRESELECT

使用下面的选项请求所有可用的增量输出变量：

* INCREMENTATION OUTPUT，VARIABLE=ALL

Abaqus/CAE 用法：Step module：history output request editor：Preselected defaults 或者 All

Abaqus/Standard 中的腔辐射输出

用户可以请求将 Abaqus/Standard 分析中基于腔、基于单元或者面的输出，如辐射通量、

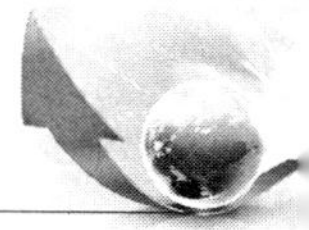

面片的总角系数和面片温度写入输出数据库中。可以根据需要重复输出请求，为不同的变量、腔、单元集合、面等定义输出。

选择辐射输出变量

可以写入输出数据库的辐射输出变量见“Abaqus/Standard 输出变量标识符”的“腔辐射变量”部分（4.2.1 节）。

输入文件用法：＊RADIATION OUTPUT

输出变量列表

Abaqus/CAE 用法：在 Abaqus/CAE 中不支持腔辐射输出。

选择请求腔输出的模型区域

用户可以指定请求辐射输出的腔、单元集合或者面。每个腔输出请求仅可以用于一种类型的区域。如果没有指定模型区域，则为模型中的所有腔输出辐射变量。

输入文件用法：使用下面的一个选项：

＊RADIATION OUTPUT，CAVITY＝腔名称

＊RADIATION OUTPUT，ELSET＝单元集合名称

＊RADIATION OUTPUT，SURFACE＝面名称

Abaqus/CAE 用法：Abaqus/CAE 中不支持腔辐射输出请求。

控制输出频率

如上文“控制输出频率”中所描述的那样控制辐射输出频率。

请求输出

用户可以请求可用于当前过程的所有辐射变量。在此情况中，忽略用户指定的任何额外变量。

输入文件用法：＊RADIATION OUTPUT，VARIABLE＝ALL

Abaqus/CAE 用法：在 Abaqus/CAE 中不支持腔辐射输出请求。

例子

下面的例子说明了如何在 Abaqus/Standard 和 Abaqus/Explicit 中的多个步上请求多种类型的输出。

Abaqus/Standard 例子

下面列出的输入将生成步 1 的场输出和历史输出。以每两个增量的间隔写场输出。此场输出请求由整个模型的预选单元变量和变量 PEQC 组成。此外，将为单元集合 SMALL 写出塑性应变，并为节点集合 NSMALL 把节点变量 U 和 RF 写入输出数据库中。在每个增量处写历史输出。为整个模型写变量 ALLKE、ALLSE 和 ALLWK。此外，为单元集合 SMALL 写 ALLPD。

在步 2 中，由单元集合 SMALL 的能量变量 ALLKE、ALLPD 和 ALLSE 替换步 1 中定义的历史输出请求。删除步 1 中的历史输出请求。将步 1 中定义的场输出请求无变化地传递到步 2，但添加每个增量时单元能量的其他场输出请求。

```
*STEP
*STATIC
…
…
*OUTPUT, FIELD, FREQUENCY=2
*ELEMENT OUTPUT, VARIABLE=PRESELECT
PEQC,
*ELEMENT OUTPUT, ELSET=SMALL
PE,
*NODE OUTPUT, NSET=NSMALL
U, RF
*OUTPUT, HISTORY, FREQUENCY=1
*ENERGY OUTPUT
ALLKE, ALLSE, ALLWK
*ENERGY OUTPUT, ELSET=SMALL
ALLPD
*END STEP
*STEP
*STATIC
…
…
*OUTPUT, HISTORY, OP=REPLACE, FREQUENCY=1
*ENERGY OUTPUT, ELSET=SMALL
ALLKE, ALLPD, ALLSE
*OUTPUT, FIELD, OP=ADD, FREQUENCY=1
*ELEMENT OUTPUT
ELEN
*END STEP
```

Abaqus/Explicit 例子

下面列出的输出将生成步 1 中的场输出和历史输出。将在 5 个等间距处写场输出，并在时间标记处精确地输出。此场输出请求由整个模型的预选单元变量和变量 PEQC 组成。此外，将为单元集合 SMALL 写塑性应变，并为节点集合 NSMALL 把节点变量 U 和 RF 写入输出数据库中。将在 0.005 的时间间隔处写历史输出。写出 Abaqus/Explicit 时间步 DT 和整个模型的变量 ALLKE、ALLSE 和 ALLWK。写出输出变量 SOAREA 和 SOF 在面 CROSS_SECTION1 上的积分。在局部坐标系 LOCALSYSTEM 中，写出在积分输出截面 SECTION1 中定义的在面 CROSS_SECTION2 上积分的预选变量 SOF 和 SOM。此外，为单元集合 SMALL 写出 ALLPD。

在步 2 中，由请求单元集合 SMALL 的能量变量 ALLKE、ALLPD 和 ALLSE 替换步 1 中定义的历史输出请求。删除步 1 中定义的历史输出请求。步 1 中定义的场输出请求无变化地传递到步 2 中，但额外添加了 10 个等间距间隔处的单元能量场输出请求。

```
*STEP
*DYNAMIC, EXPLICIT, .1...
...
*OUTPUT, FIELD, NUMBER INTERVAL=5, TIME MARKS=YES
*ELEMENT OUTPUT, VARIABLE=PRESELECT
PEQC,
*ELEMENT OUTPUT, ELSET=SMALL
PE,
*NODE OUTPUT, NSET=NSMALL
U, RF
*OUTPUT, HISTORY, TIME INTERVAL=0.005
*INCREMENTATION OUTPUT
DT
*ENERGY OUTPUT
ALLKE, ALLSE, ALLWK
*ENERGY OUTPUT, ELSET=SMALL
ALLPD
*INTEGRATED OUTPUT, SURFACE=CROSS_SECTION1
SOF, SOAREA
*INTEGRATED OUTPUT SECTION, NAME=SECTION1,
SURFACE=CROSS_SECTION2, ORIENTATION=LOCALSYSTEM
*INTEGRATED OUTPUT, SECTION=SECTION1, VARIABLE=PRESELECT
*END STEP
*STEP
*DYNAMIC, EXPLICIT, .1...
...
*OUTPUT, HISTORY, OP=REPLACE, TIME INTERVAL=0.005
*ENERGY OUTPUT, ELSET=SMALL
ALLKE, ALLPD, ALLSE
*OUTPUT, FIELD, OP=ADD, NUMBER INTERVAL=10
*ELEMENT OUTPUT
ELEN
*END STEP
```

4.1.4 误差指示器输出

产品：Abaqus/Standard　　Abaqus/CAE

警告：误差指示器输出变量是近似的，不代表对求解误差的精确或者保守估计。如果用户的网格是粗糙的，则误差指示器的质量可能会特别差。随着网格的细化，误差指示器的质量将得到改善；然而，不应将这些变量解释成随着网格的进一步细化，解变量的值会收敛。

参考

- “Abaqus/Standard 输出变量标识符”，4.2.1 节
- “自适应网格重划分：概览”，《Abaqus 分析用户手册——分析卷》的 7.3.1 节
- “影响自适应网格重划分的误差指示器”，《Abaqus 分析用户手册——分析卷》的 7.3.2 节
- *CONTACT OUTPUT
- *ELEMENT OUTPUT

概览

误差指示器输出变量：

- 表示求解量（基础解）中的离散误差并使用基础解的单位。
- 可以与单元输出或者接触输出选项一起请求，或者作为自适应重划分准则的一部分。
- 可以采用基础解的形式进行归一化，得到无因次的误差指示器，如百分比。
- 在某些情况下，可能会显著增加分析求解时间。
- 可用于 Abaqus/Standard，不能用于 Abaqus/Explicit。

求解精度

有限元分析对物理行做出有用预测的能力取决于许多因素，包括：

- 几何表达、材料行为、加载历史，以及与所描述问题相关的各种其他模拟方面。
- 时空离散（网格细化和增量）。
- 收敛容差。

此部分的重点是空间离散容差。有助于理解和控制其他潜在容差来源的讨论见“非线性问题的收敛准则”（《Abaqus 分析用户手册——分析卷》的 2.2.3 节）、“瞬态问题中的时间积分精度”（《Abaqus 分析用户手册——分析卷》的 2.2.4 节）、“评估超弹性和黏弹性材料行为”（《Abaqus/CAE 用户手册》的 12.4.7 节），以及 Abaqus 文档的其他部分。用户应该对分析方法和假设进行详细的研究，将其作为任何容差评估的一部分。

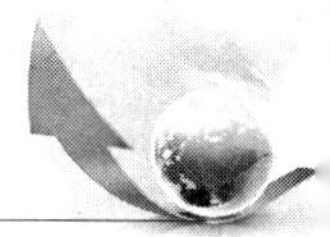

空间离散容差

模型区域的有限元离散为不重要分析以外的所有分析生成精确解的近似。为了帮助用户理解有限元求解的离散容差范围和空间分布，Abaqus/Standard 提供了一组误差指示器输出变量。理想情况下，应采用其他技术作为容差指标输出变量的补充，如网格细化研究，以确保离散容差不会显著地削弱有限元分析获取有用预测的能力。实际上，通过使用 Abaqus/CAE 的自适应重划分功能，容差指标有助于自动化网格重划分研究；此功能可以使用容差指标变量来确定在哪里细化或者粗化网格（见“自适应网格重划分：概览”，《Abaqus 分析用户手册——分析卷》的 7.3.1 节）。

Abaqus/Standard 中可用的容差指标和基础解变量

Abaqus 容差指标变量用于度量网格离散化产生的局部误差。每个容差指标 c_e 提供特定基础解变量 c_b 中的容差指示。例如，密塞斯应力容差指标 MISESERI 提供密塞斯应力变量 MISESAVG 中的容差指示。表 4-5 列出了可用的容差指示器变量和相应的基础解变量。

表 4-5　容差指示器变量及相应的基础解变量

求解量	容差指示器(c_e)	基础解变量(c_b)	求解量	容差指示器(c_e)	基础解变量(c_b)
单元能量密度	ENDENERI	ENDEN	塑性应变	PEERI	PEAVG
密塞斯应力	MISESERI	MISESAVG	蠕变应变	CEERI	CEAVG
接触压力	CPRESSERI	CPRESS	热通量	HFLERI	HFLAVG
接触切应力	CSHEARERI	CSHEAR	电通量	EFLERI	EFLAVG
等效塑性应变	PEEQERI	PEEQAVG	电动势梯度	EPGERI	EPGAVG

Abaqus/CAE 为自适应网格重划分功能使用的更改网格种子大小的算法，同时考虑容差指示器值和相应的基础解值。当用户创建一个重划分准则并请求一个特别的容差指示器时，Abaqus 自动地将容差指示器和相应的基础解变量写入输出数据库。

输入文件用法：＊OUTPUT，FIELD

＊ELEMENT OUTPUT，ELSET=单元集合名称

＊CONTACT OUTPUT

Abaqus/CAE 用法：Step module：Output→Field Output Request

如果用户使用下面的选项指定自适应网格重划分准则，将默认输出相关的容差指示器和基础解：

Mesh module：Create Remeshing Rule：Step and Indicator

在求解时间上请求的容差指示器输出的作用

Abaqus/Standard 基于光顺过的基础解与未光顺的基础解之间的差异，来确定容差指示器变量，其中光顺使用的是 Zienkiewicz 和 Zhu（1987）的面片修复技术那样的光顺技术。光顺计算偶尔会显著增加分析时间。如果添加容差指示器输出请求后显著地增加了分析时

间，可以通过降低输出频率、限制感兴趣的特定区域的输出请求等方法来减小其影响。仅在将容差指示器变量写入输出数据库之前，才计算大部分容差指示器变量，因此，降低输出频率可以减少计算时间。但单元能量密度容差指示器除外，因为对此容差指示器的贡献是在每个增量上累积的，而不管是否为给定的增量输出容差指示器。

对单元容差指示器变量输出请求范围的额外考虑

请求单元误差指示器输出时，仅适用于支持误差指示器输出的单元。

用来计算单元容差指示器变量的面片修复技术，假设在指定的单元集合上，解应是连续的。Abaqus/Standard 通过检查容差指示器区域中的截面属性参考，来确认用户的容差指示器输出指定与此假设一致，如果所提供单元集合中的单元参考了不同的截面定义，则发出一个警告信息。如果截面的属性是完全相同的，则可以忽略此警告。

解释容差指示器输出

当解释容差指示器输出时，应记住容差指示器是基础解中局部容差的近似度量，并且容差指示器自身受离散误差的影响。容差估计的精确度随着网格的细化而得到改善。每一个容差指示器变量的单位与相应基础解变量的单位相同，这有助于比较容差大小的局部评估与基础解的局部评估。

基础解与相应容差指示器的感兴趣区域

并排显示基础变量云图和相应的容差指示器变量云图有助于观察求解精度。例如，如果基础解是以应力单位表达的，则相应的容差指示器也是以应力单位表达的。图 4-8 所示为压在刚性板上的圆球分析的 CPRESS 和 CPRESSERI 的云图。这些图可以说明：

- 接触压力解在有效接触区域中心附近是非常精确的，这些位置的接触压力是最大的，因为容差指示器是该区域中基础解的一小部分。
- 接触压力解在有效接触区域的边界附近是较不精确的，这些位置的接触压力解的局部变化最大（基础压力远小于最大值），因为与该区域的基础解相比，容差指示器相当大。

如果在这种情况下，最感兴趣的是最大接触压力，则分析人员可能会判断网格细化的程度是足够的。如果有效接触区域远小于图 4-8 中显示的接触区域，则需要进行局部网格细化，以精确地预测最大接触压力。

如果网格相对于局部解变量比较粗糙，或者问题的精确解涉及应力奇异，则容差指示器倾向于给出偏离精确解的粗糙、非收敛的近似。对于超出基础解约 10%的容差指示器结果，下面的定性解释通常是合适的：

- “此区域中存在不精确解的可能性极大”。
- “网格可能太粗糙而不能给出此区域中的良好解评估”。
- “可能在此拐角处存在应力奇异”。

计算解误差的归一化度量

可以使用相应的容差指示器和基础解变量 c_e 和 c_b 计算局部的归一化容差指示器

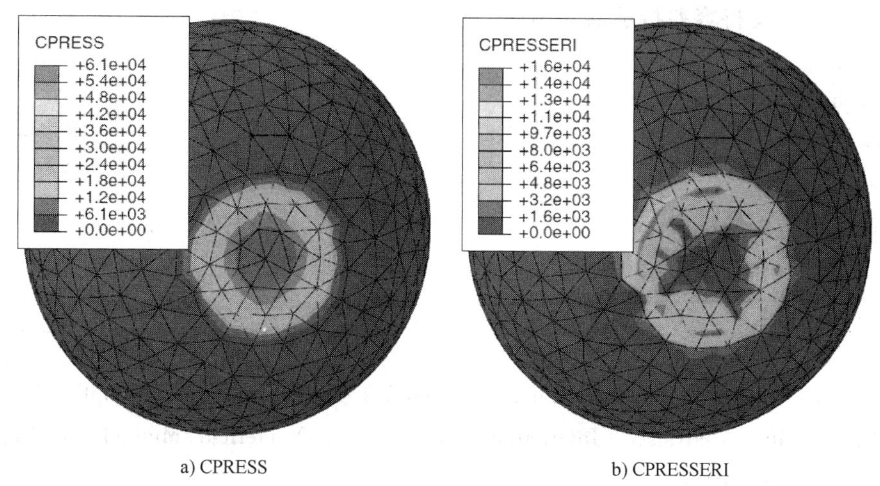

图 4-10 可变形球与刚性面之间接触的 CPRESS 和 CPRESSERI 云图显示

场，即，

$$\hat{c}_e = \frac{c_e}{c_b},$$

式中，$\hat{c}_e$ 是归一化误差度量。例如：

$$\left(\frac{\text{MISSESERI}}{\text{MISESAVG}}\right) \times 100$$

提供基于密塞斯应力的容差指示器的百分比形式。然而，此归一化容差度量可能不是特别有用，因为：

- 它易于将注意力集中在小基础解值区域，但这些区域通常不是设计的关键区域。
- 它在基础解是零时存在除以零的问题。

其他的归一化方法，如基于基础解变量整体范数的归一化，或者基于用户选择的常数值的归一化（如设计允许的最大基础解值）可能更加有效。

通过容差指示器输出变量不能直接获取容差指示器的归一化形式，但可以使用 Abaqus/CAE 的 Visualization 模块（Abaqus/Viewer）操作场输出数据（更多内容见“建立有效的场输出表达式”，《Abaqus/CAE 用户手册》的 42.7.1 节）。另外，还可以使用 Abaqus 脚本界面从输出数据库读取容差指示器和基础解，并计算归一化形式（更多内容见“使用 Abaqus 脚本界面访问输出数据库”，《Abaqus 脚本用户手册》的第 9 章）。

限制

容差指示器计算仅支持下面的单元类型：

- 平面连续三角形和四边形。
- 壳三角形和四边形。
- 四面体。
- 六面体。

不支持具有变化节点的单元。

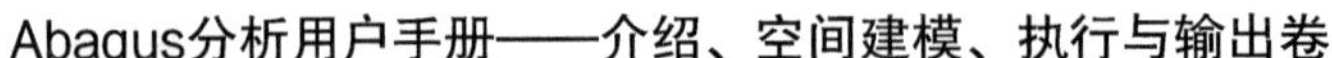

下面的情况不支持容差指示器输出：

- 输入分析。
- 重启动分析。
- 后输出分析。
- 映射解分析。
- 对称模型生成分析。

附加参考

- Zienkiewicz, O. C., and J. Z. Zhu, "A Simple Error Estimator and Adaptive Procedure for Practical Engineering Analysis," International Journal for Numerical Methods in Engineering, vol. 24, pp. 337-357, 1987.

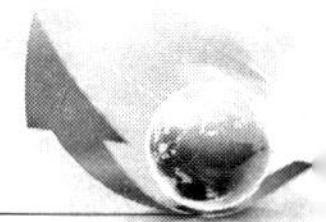

4.2 输出变量

4.2.1 Abaqus/Standard 输出变量标识符

产品：Abaqus/Standard

参考

- “输出：概览”，4.1.1 节
- “输出到数据和结果文件”，4.1.2 节
- “输出到输出数据库”，4.1.3 节

概览

此部分中的表列出了 Abaqus/Standard 中可以使用的所有输出变量。可以请求这些输出变量输出到数据（.dat）文件和结果（.fil）文件中（见“输出到数据和结果文件”，4.1.2 节），也可以将这些输出变量请求成场类型或者历史类型的输出，以输出到输出数据库（.odb）文件中（见“输出到输出数据库”，4.1.3 节）。通常，可以作为场类型或者历史类型输出到输出数据库的 ODB 格式的输出变量，也可以请求成 SIM 格式的输出（见“输出：概览”中的“输出数据库”，4.1.1 节）。如表中特别标注的那样，有些输出变量仅输出到输出数据库文件和重启动（.res）文件（不能将它们输出到数据文件或者结果文件）。仅可以在 Abaqus/CAE（Abaqus/Viewer）的 Visualization 模块中获取这些变量。每个表包含一种变量类型：

- 单元积分点变量。
- 单元质心变量。
- 单元截面变量。
- 整个单元变量。
- 单元面变量。
- 整个单元能量密度变量。
- 整个单元误差指示器变量。
- 节点变量。

- 模态变量。
- 面变量。
- 腔辐射变量。
- 截面变量。
- 整个或者部分模型变量。
- 解相关的幅值变量。
- 结构优化变量。

表中使用的符号

在以下表头下，通过列中的•来定义不同输出变量标识符的可用性：

.dat

说明此标识符可以用作数据文件输出选择。

.fil

说明此标识符可以用作结果文件输出选择。

.odb 场

说明此标识符可以用作输出数据库的场类型输出选择。

.odb 历史

说明此标识符可以用作输出数据库的历史类型输出选择。

.dat、.fil 或者 .odb 列中的符号○说明不能通过名称来请求变量，但可以依据表中为具体的变量类型所指定的条件，将变量写入数据文件、结果文件或者输出数据库文件中。

请求分量输出

ABCn 形式的变量标识符可以与 $n=1, 2, 3, \cdots$（*ABC*1，*ABC*2，…）一起使用，其中 n 的最大值是由变量的类型决定的。类似地，*DEFij* 形式的变量标识符使用 i 和 j 的范围来表明（*DEF*11，*DEF*12，…）。

在结果（.fil）文件中不能请求单独的分量。对变量的某个分量进行后处理时，需要请求该变量所有分量的文件输出。可以在后处理过程中请求输出单个变量。

在 Abaqus/CAE 中，为了显示 *X-Y* 图，可以将变量的单个分量请求成输出数据库中的历史型输出。不能请求输出数据库的单个分量的场类型输出，状态变量、场变量和用户定义的变量（SDV*n*、FV*n* 和 UVARM*n*）除外。如果希望在 Abaqus/CAE 中获取特定的分量进行云图显示，则可以请求一般变量的场输出（如应力 S）。可以在 Abaqus/CAE 的显示模块中请求场输出的单个分量。

方向定义

方向定义取决于变量类型。

单元变量的方向定义

对于应力、应变的分量和其他张量 1、2 和 3，单元变量的方向是正交坐标系的方向。对于实体单元为整体方向，对于壳和膜单元为面方向，对于梁单元为轴向和径向方向。对于与局部方向相关联的有限膜应变壳单元、膜单元和连续单元（见“方向”，2.2.5 节），局部输出方向随单元的平均转动而转动（关于转动时间的积分——见“应力速率”，《Abaqus 理论手册》的 1.5.3 节）。这些情况中的张量分量是在转动过程中的局部方向上输出的。

在一些情况中，即使在同一个单元内，积分点之间的局部方向也可能是不同的。当对节点外插输出变量时，Abaqus/Standard 不会考虑此变化，这对在多个节点平均处的单元量或者单个张量分量的云图显示产生了影响。多个积分点处的不变量不受局部输出方向的影响。

用户可以控制局部方向写入输出数据库文件或者结果文件中（见“输出到输出数据库”中的“指定 Abaqus/Standard 和 Abaqus/Explicit 中的单元输出方向”，4.1.3 节；以及“输出到数据和结果文件”中的“局部方向输出到结果文件”，4.1.2 节）。默认情况下，为所有包含单元场输出的帧将局部方向写入输出数据库。在 Abaqus/CAE 中，可以通过选择 Visualization 模块中的 Plot→Material Orientations 来显示局部（材料）方向（在多个节点上的平均）可以使用用户子程序 UVARM 将方向打印到数据文件。

等效刚体变量的方向定义

对于所有的等效刚体变量，1、2 和 3 是指整体方向。

节点变量的方向定义

对于节点变量，1、2 和 3 是整体方向（1=X，2=Y 和 3=Z；对于轴对称单元，1=r 和 2=z）。如果在节点处定义了局部坐标系（见“坐标系变换”，2.1.5 节），则可以指定这些节点上矢量值量的数据或者结果文件的输出是在局部坐标系还是整体坐标系中（见“输出到数据和结果文件”中的“指定节点输出方向”，4.1.2 节）。默认情况下，在局部坐标系中将节点输出写入数据文件，而在整体坐标系中写入结果文件中（因为这样更便于进行后处理）。

如果为定义了局部坐标系的节点请求节点场输出，则将一个表示随整体方向转动的四元数写入输出数据库。Abaqus/CAE 自动使用此量将节点结果转换到局部方向上。而写入输出数据库的节点历史数据总是以整体方向存储的。

积分变量的方向定义

对于在面上积分得到的总力、总力矩和类似变量的分量，方向 1、2 和 3 是指正交坐标系中的方向。如果直接为积分输出请求指定了面，则使用固定的整体坐标系。如果通过与积分输出请求相关联的积分输出截面定义来确定面（见“积分输出截面定义”，2.5 节），则可以指定初始构型中的局部坐标系，并且可以随着变形平移或者转动。

分布载荷输出

应意识到，请求分布载荷输出时，可能会遇到限制。

分布载荷输出和用户子程序

可以为“载荷”（《Abaqus 分析用户手册——指定条件、约束与相互作用卷》的 1.4 节）中讨论的多种分布载荷请求输出。然而，除了变量 FILMCOEF 和 SINKTEMP 外，不会显示通过用户子程序定义的这些载荷的贡献（见“Abaqus/Standard 子程序”，《Abaqus 用户子程序参考手册》的 1.1 节》)。

模态过程的分布载荷输出

对于模态过程，只把载荷的大小写入输出数据库。

应变输出

总应变 E 由弹性应变 EE、非弹性应变 IE 和热应变 THE 组成。非弹性应变 IE 又由塑性应变 PE 和蠕变应变 CE 组成。

对于几何非线性分析，Abaqus/Standard 除了输出弹性应变和各种非弹性应变外，还可以输出不同的应变度量。不同的总应变度量（积分应变度量 E、名义应变度量 NE 和对数应变度量 LE）见“约定，”（1.2.2 节）。输出到数据（.dat）文件和结果（.fil）文件的默认应变度量是 E。然而，对于使用支持有限应变单元公式的几何非线性分析，不能将 E 输出到输出数据库（.odb）文件，LE 是默认的应变度量。

温度输出

在 Abaqus 中，温度可以是场变量（应力分析、质量扩散等）或者自由度（热传导分析、完全耦合的温度-位移分析等）。对于任何涉及温度的分析，可以请求节点处的温度（NT 变量）或者单元中的温度（TEMP 变量）。如果请求了节点处的温度，则对积分点值进行外推，需要时也可进行平均。这些外推值通常没有节点温度自身精确。绝热分析除外，在绝热分析中，由塑性热的产生，单元温度会发生变化，但节点温度不会更新。在这种情况下，仅当在节点上请求了单元温度输出时才能得到当前的节点温度。

对于连续单元，每个阶段只有一个温度值（NT11）。对于壳和梁，每个节点可以使用多个温度（NT11，NT12，…），因为在整个壳的厚度上或者梁的横截面上存在温度梯度。通常，变量 NT12、NT13 等包含温度值。然而，当通过指定温度梯度来定义温度时，仅可以通过使用 TEMP 变量来得到给定截面点的节点温度。在梁和壳中指定温度的讨论见“使用在分析中的积分梁截面定义截面行为”中的“指定温度和场变量”（《Abaqus 分析用户手册——单元卷》的 3.3.6 节），以及“使用分析中的积分梁截面定义截面行为”中的“使用分析中的积分壳截面”（《Abaqus 分析用户手册——单元卷》的 3.6.5 节）。

主值输出

可以请求输出应力、应变和其他材料张量的主值。可以得到所有的主值或者最大值、最小值、中间值。通过请求 *ABCP* 来得到所有张量 *ABC* 的主值。使用请求 *ABCP*1、*ABCP*2 和 *ABCP*3 来得到最小主值、中间主值和最大主值。

对于三维（广义）平面应变和轴对称单元，可以获取所有三个主值。对于平面应力、膜和壳单元，不能请求历史类型输出的平面外主值。对于场类型的输出，Abaqus/CAE 总是将平面外的主值汇报成零。杆单元或者具有扭转切应力的三维梁单元以外的任何梁单元不能得到主值。

如果请求了场类型输出的主值或者不变量，则请求相应张量的分量来替代输出请求。Abaqus/CAE 根据这些分量计算所有主值和不变量。如果希望将一个主值用作历史类型的输出，则此主值必须是明确的，因为 Abaqus/CAE 不对历史数据进行计算。

张量输出

作为场类型的输出写入输出数据库的张量变量，写成分量的形式，在“方向”（2.2.5 节）中给出的约定所定义的默认方向（实体单元的整体方向、壳和膜单元的面方向，以及梁单元的轴向和径向方向）上，或者在用户定义的局部方向上。Abaqus/CAE 根据这些分量计算所有主值和不变量。不同类型张量变量的相关内容见“写场输出数据”（《Abaqus 脚本用户手册》的 9.6.4 节）。

对于平面应力、膜和壳单元，Abaqus/Standard 仅存储平面内的张量分量（分量 11、22 和 12）。应力的平面外直接分量（S33）如所预期的那样对于输出数据库汇报成零，并将应变的平面外分量（E33）汇报成零，即使它并不是零。这是因为厚度方向是基于截面属性的，而不是在材料层级上计算的。可以请求场类型输出的平面外分量，但不能请求历史类型输出的平面外分量。不将平面外的应力分量汇报给数据（.dat）文件或者结果（.fil）文件。

对于不存在扭转切应力的三维梁单元，Abaqus/Standard 仅存储轴向分量和扭曲分量（分量 11 和 12）。对于场类型的输出，将其他正分量（分量 22）汇报成零，并且不能请求历史类型输出的正分量。

以单精度将张量变量的分量写入输出数据库。因此，计算变量的主值时，可能会出现少量的精度舍入误差。例如，当解析零值被计算成相对较小的非零值时，可以观察到这种舍入误差。

单元积分点变量

用户可以请求将单元积分点变量输出到数据文件、结果文件或者输出数据库文件（见“输出到数据和结果文件”中的“单元输出”，4.1.2 节；“输出到输出数据库”中的“单元输出”，4.1.3 节）。

张量和相关主值与不变量（表 4-6）

表 4-6　张量和相关主值与不变量

标识符	.dat	.fil	.odb 场	.odb 历史	说　　明
S	●	●	●	●	所有应力分量
S*ij*	●				应力的 ij 分量（$i \leqslant j \leqslant 3$）
SP	●	●	●	●	所有主应力
SP*n*	●			●	最小、中间和最大主应力（SP1≤SP2≤SP3）
SINV	●	●	●	●	所有应力不变量分量（MISES、TRESC、PRESS、INV3）。对于场输出，将 SINV 转换成通用变量 S 的输出请求
MISES	●			●	Mises（密塞斯）等效应力，定义成 $$q=\sqrt{\frac{3}{2}\mathbf{S}:\mathbf{S}}$$ 式中，$\mathbf{S}$ 是偏应力张量，定义成 $\mathbf{S}=\boldsymbol{\sigma}+p\boldsymbol{I}$，其中 $\boldsymbol{\sigma}$ 是应力，p 是等效压应力（定义如下），$\mathbf{I}$ 是单位矩阵 以索引标记 $$q=\sqrt{\frac{3}{2}S_{ij}S_{ij}}$$ 式中，$S_{ij}=\sigma_{ij}+p\delta_{ij}$，$p=-\frac{1}{3}\sigma_{ii}$，$\delta_{ij}$ 是克罗内克函数
MISESMAX			●		所有截面点中的最大密塞斯应力。对于壳单元，它是层中所有截面点中的最大密塞斯应力；对于梁单元，它是横截面中所有截面点中的最大密塞斯应力；对于实体单元，它是积分点处的密塞斯应力
MISESONLY			●		密塞斯等效应力。当使用 MISESONLY 替代 MISES 时，没有将应力分量写入输出数据库，因而减小了数据库的大小
TRESC	●			●	Tresca 等效应力，定义成主应力之间的最大差异
PRESS	●			●	等效压应力，定义成 $$p=-\frac{1}{3}\text{trace}(\boldsymbol{\sigma})=-\frac{1}{3}\sigma_{ii}$$
PRESSONLY			●		等效压应力。当使用 PRESSONLY 替代 PRESS 时，不将应力分量写入输出数据库，因而减小了数据库的大小
INV3	●			●	第三应力不变量，定义成 $$r=\left(\frac{9}{2}\mathbf{S}\cdot\mathbf{S}:\mathbf{S}\right)^{1/3}=\left(\frac{9}{2}S_{ij}S_{jk}S_{ki}\right)^{1/3}$$ 式中，$\mathbf{S}$ 是偏应力，在上文的密塞斯等效应力中进行了定义
TRIAX			●	●	应力三轴比，$r=-p/q$
YIELDS			●	●	屈服应力 σ^0，可用于密塞斯、Johnson-Cook 和 Hill 塑性材料模型
ALPHA	●	●	●	●	所有的总运动硬化位移张量分量
ALPHA*ij*	●			●	总位移张量的 ij 分量（$i \leqslant j \leqslant 3$）
ALPHA*k*			●	●	所有的第 k 个运动硬化位移张量分量（$1 \leqslant k \leqslant 10$）
ALPHA*k_ij*				●	第 k 个运动硬化位移张量的 ij 分量（$i \leqslant j \leqslant 3, 1 \leqslant k \leqslant 10$）
ALPHAN			●	●	除总位移张量 ALPHA 外的所有运动硬化位移张量的所有张量分量
ALPHAP	●	●	●	●	总位移张量的所有主值

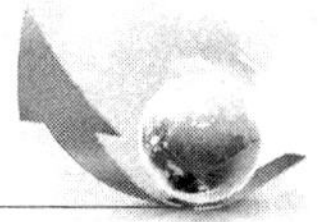

（续）

标识符	.dat	.fil	.odb		说　明
			场	历史	
ALPHAPn	●			●	总位移张量的最小、中间和最大主值（ALPHAP1≤ALPHAP2≤ALPHAP3）
SNETk			●	●	第 k 个网络中的所有应力分量（$0 \leq k \leq 10$）。仅用于平行流变框架
SNETk_ij				●	第 k 个网络中应力的 ij 分量（$i \leq j \leq 3, 0 \leq k \leq 10$）。仅用于平行流变框架
E	●	●	●	●	所有应变分量。对于使用支持有限应变的单元方程的几何非线性分析，不能将 E 输出到输出数据库（.odb）文件
Eij	●			●	应变的 ij 分量（$i \leq j \leq 3$）
EP	●	●	●	●	所有主应变
EPn	●			●	最小、中间和最大主应变（EP1≤EP2≤EP3）
NE	●	●	●	●	所有名义应变分量
NEij	●			●	名义应变的 ij 分量（$i \leq j \leq 3$）
NEP	●	●	●	●	所有主名义应变
NEPn	●			●	最小、中间和最大主名义应变（NEP1≤NEP2≤NEP3）
LE	●	●	●	●	所有指数应变分量。对于使用支持有限应变单元公式的几何非线性分析，LE 是输出到输出数据库（.odb）文件的默认应变度量
LEij	●			●	对数应变的 ij 分量（$i \leq j \leq 3$）
LEP	●	●	●	●	所有对数主应变
LEPn	●			●	最小、中间和最大对数主应变（LEP1≤LEP2≤LEP3）
ER	●	●	●	●	所有应变率分量
ERij	●			●	应变率的 ij 分量（$i \leq j \leq 3$）
ERP	●	●	●	●	所有主应变率
ERPn	●			●	最小、中间和最大主应变率（ERP1≤ ERP2≤ERP3）
DG	●	●			总变形梯度的所有分量。仅用于超弹性、超泡沫和用户子程序 UMAT 定义的材料模型。对于完全积分的一阶四边形和六面体，使用选择性缩减积分技术。为这些单元输出改进的变形梯度
DGij	●				总变形梯度的 ij 分量（$i,j \leq 3$）
DGP	●	●			主延伸
DGPn	●				主延伸的最小、中间和最大值（DGP1≤DGP2≤DGP3）
EE	●	●	●	●	所有弹性应变分量
EEij	●			●	弹性应变的 ij 分量（$i \leq j \leq 3$）
EEP	●	●	●	●	所有弹性主应变
EEPn	●			●	最小、中间和最大弹性主应变（EEP1≤EEP2≤EEP3）
IE	●	●	●	●	所有非弹性应变分量
IEij	●			●	非弹性应变的 ij 分量（$i \leq j \leq 3$）

（续）

标识符	.dat	.fil	.odb 场	.odb 历史	说明
IEP	●	●	●	●	所有非弹性主应变
IEPn	●			●	最小、中间和最大非弹性主应变（IEP1≤IEP2≤IEP3）
THE	●	●	●	●	所有热应变分量
THEij	●			●	热应变的 ij 分量（$i≤j≤3$）
THEP	●	●	●	●	所有热主应变
THEPn	●			●	最小、中间和最大热主应变（THEP1≤THEP2≤THEP3）
PE	●	●	●	●	所有塑性应变分量。此标识符也提供 PEEQ，它是说明材料当前是否屈服的标识（AC YIELD："有效屈服"，即塑性应变在增量过程中发生变化）；当为数据文件或者结果文件请求 PE 时为 PEMAG；当为输出数据库的场输出请求 PE 时，也提供 PEEQ
PEij	●			●	塑性应变的 ij 分量（$i≤j≤3$）
PEEQ	●		●	●	等效塑性应变。此标识符也提供说明材料当前是否屈服的标识（输出数据库中的 1/0）（AC YIELD："有效屈服"，即增量过程中塑性应变发生变化） 将塑性应变定义成 $\bar{\varepsilon}^{pl}\big\|_0+\int_0^t\dot{\bar{\varepsilon}}^{pl}dt$ 式中，$\bar{\varepsilon}^{pl}\big\|_0$ 是初始等效塑性应变；$\dot{\bar{\varepsilon}}^{pl}$ 的定义取决于材料模型，对于经典的金属（密塞斯）塑性，$\dot{\bar{\varepsilon}}^{pl}=\sqrt{\frac{2}{3}\dot{\varepsilon}^{pl}:\dot{\varepsilon}^{pl}}$；对于其他塑性模型，见《Abaqus 分析用户手册——材料卷》中相应部分 垫片单元是将塑性行为指定成垫片行为定义的一部分，当在垫片单元的厚度方向上产生塑性变形时，PEEQ 是 PE11
PEEQMAX			●		所有截面点上的最大等效塑性应变 PEEQ。对于壳单元，它代表层中所有截面点上的最大 PEEQ 值；对于梁单元，它是横截面中所有截面点上的最大 PEEQ；对于实体单元，它代表积分点处的 PEEQ
PEEQT	●	●	●	●	铸铁单轴拉伸中的等效塑性应变，Mohr-Coulomb 拉伸截止和混凝土损伤塑性，定义成 $\int\dot{\bar{\varepsilon}}_t^{pl}dt$。此标识符也提供说明材料当前是否屈服的标识符（输出数据库中的 1/0）（AC YIELDT："有效屈服"，即增量过程中塑性应变发生变化）
PEMAG	●		●	●	塑性应变大小，定义成 $\sqrt{\frac{2}{3}\varepsilon^{pl}:\varepsilon^{pl}}$ 对于大部分材料，仅对于比例载荷，PEEQ 和 PEMAG 是相等的。垫片单元是将塑性行为指定成垫片行为定义的一部分，当在垫片单元的厚度方向上产生塑性变形时，PEMAG 是 PE11
PEP	●	●	●	●	所有塑性主应变
PEPn	●			●	最小、中间和最大塑性主应变（PEP1≤PEP2≤PEP3）
CE	●	●	●	●	所有蠕变应变分量。当为数据文件或者结果文件请求 CE 时，此标识符也提供 CEEQ、CESW 和 CEMAG

（续）

标识符	.dat	.fil	.odb 场	.odb 历史	说　明
CE*ij*	●			●	蠕变应变的 *ij* 分量（$i \leqslant j \leqslant 3$）
CEEQ	●		●	●	等效蠕变应变，定义成 $\int_0^t \dot{\bar{\varepsilon}}^{cr} dt$ 式中，$\dot{\bar{\varepsilon}}^{cr}$ 的定义取决于材料模型：对于经典金属（密塞斯）蠕变，$\dot{\bar{\varepsilon}}^{cr}=\sqrt{\frac{2}{3}\dot{\varepsilon}^{cr}:\dot{\varepsilon}^{cr}}$；对于其他蠕变模型，见《Abaqus 分析用户手册——材料卷》中相应部分 将垫片单元的蠕变行为指定成垫片行为定义的一部分，当蠕变发生在垫片单元的厚度方向上时，CEEQ 是 CE11
CESW	●		●	●	膨胀应变的大小。 对于蠕变，CESW 给出通过固结蠕变机理产生的等效蠕变，定义成 $\int \frac{\sigma : d\varepsilon^{cr}}{\bar{p}}$，其中 $\bar{p}$ 是等效蠕变压力，$\bar{p}=[R^2q^2+p(p-p_a)]/G_c^{cr}$
CEMAG	●		●	●	蠕变应变的大小（按与 PEMAG 相同的公式定义，用于蠕变应变）
CEP	●	●	●	●	所有蠕变主应变
CEP*n*	●			●	最小、中间和最大蠕变主应变（CEP1≤CEP2≤CEP3）

额外的单元应力（表 4-7）

表 4-7　额外的单元应力

标识符	.dat	.fil	.odb 场	.odb 历史	说　明
CS11	●	●	●	●	连杆和三维线垫片单元的平均接触压力，仅当指定了垫片接触面积时才可以使用（见“使用垫片行为模型直接定义垫片行为”中的“定义平均接触压力输出的接触面积”，《Abaqus 分析用户手册——单元卷》的 6.6.6 节）
TSHR	●	●	●	●	所有横向切应力分量。仅用于 S3R、S4R、S8R 和 S8RT 等厚壳单元。在 Abaqus/CAE 的 Visualization 模块中，支持此变量的云图显示
TSHR*i*3	●		●	●	横向切应力的 *i*3 分量（$i=1,2$）。仅用于 S3R、S4R、S8R 和 S8RT 等厚壳单元
CTSHR	●		●	●	堆叠连续壳单元的横向切应力分量。仅用于 SC6R 和 SC8R 单元。在 Abaqus/CAE 的 Visualization 模块中，支持此变量的云图显示
CTSHR*i*3	●			●	横向切应力的 *i*3 分量（$i=1,2$）。仅用于 SC6R 和 SC8R 单元
SS	●	●			所有子应力。仅用于 ITS 单元
SS*n*	●				第 *n* 个子应力（$n=1,2$）。仅用于 ITS 单元

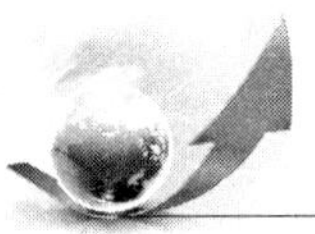

振动和声学量（表 4-8）

表 4-8　振动和声学量

标识符	. dat	. fil	. odb 场	. odb 历史	说　　明
INTEN			●	●	振动强度。仅用于稳态动力学过程。对于仅实数的稳态动力学分析，强度是一个纯虚数向量，但在输出数据库中存储成实数。可用于结构、实体和声学单元和加强筋
ACV			●	●	声学特定速度。仅当使用稳态动力学过程时才能使用，并且仅用于声学有限单元
ACVn				●	声学特定速度向量的分量 $n(n=1,2,3)$。仅当使用了稳态动力过程时才能使用，并且仅用于声学有限单元
GRADP			●	●	声学压力梯度。仅当使用了稳态动力学过程时才能使用，并且仅用于声学有限单元

能量密度（表 4-9）

在稳态动力学中，除非另有说明，否则所有的能量的量都是每个循环的净值（见“能量平衡”，《Abaqus 理论手册》的 1.5.5 节）。

表 4-9　能量密度量

标识符	. dat	. fil	. odb 场	. odb 历史	说　　明
ENER	●	●	●	●	所有能量密度。在基于模态的过程中不可以使用任何能量密度；直接求解的稳态动力学和基于子空间的稳态动力学分析可以使用有限数量的能量密度
SENER	●		●	●	弹性应变能密度（相对于当前体积）。当使用超弹性材料模拟 Mullins 效应时，此量仅代表单位体积能量的可恢复部分。对于特征值提取过程，此弹性应变能密度是数据文件中唯一可以使用的能量密度；要在结果文件中为特征值提取过程获取此量，或者作为输出数据库中的场输出来获取，则请求 ENER。在稳态动力学分析中，此值是循环的平均值
PENER	●		●	●	速率无关和速率相关的单位体积的塑性耗散能量。不用于稳态动力学分析
CENER	●		●	●	由蠕变、膨胀、黏弹性产生的单位体积的能量耗散，以及与粘结单元的黏性归一化相关的能量。不用于稳态动力学分析
VENER	●		●	●	由黏性效应产生的单位体积的能量耗散（除了来自黏弹性和静态耗散等的能量耗散）
EENER	●		●	●	静电能密度。不用于稳态动力学分析
JENER	●		●	●	单位体积的电流产生的电能耗散。不用于稳态动力学分析
DMENER	●		●	●	单位体积的损伤产生的能量耗散。不用于稳态动力学分析

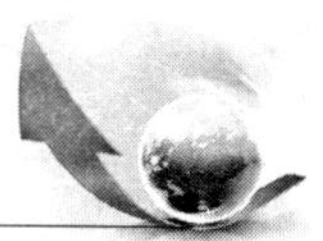

状态、场和用户定义的输出变量（表 4-10）

表 4-10 状态、场和用户定义的输出变量

标识符	.dat	.fil	.odb		说明
			场	历史	
SDV	●	●	●	●	解相关的状态变量
SDV*n*	●		●	●	解相关的状态变量 *n*
TEMP	●	●	●	●	温度
FV	●	●	●	●	预定义场变量，包括使用 FV_i 协同仿真场 ID 导入的预定义场变量
FV*n*	●		●	●	预定义场变量 *n*
MFR	●	●	●	●	预定义质量流速
MFR*n*	●			●	预定义质量流速的分量 $n(n=1,2,3)$
UVARM	●	●	●	●	用户定义的输出变量
UVARM*n*	●		●	●	用户定义的输出变量 *n*

复合失效度量（表 4-11）

表 4-11 复合失效度量

标识符	.dat	.fil	.odb		说明
			场	历史	
CFAILURE	●	●	●	●	所有失效度量分量
MSTRS	●		●	●	最大应力理论的失效度量
TSAIH	●		●	●	蔡希尔理论的失效度量
TSAIW	●		●	●	蔡吴理论的失效度量
AZZIT	●		●	●	AZZI-蔡希尔理论的失效度量
MSTRN	●		●	●	最大应变理论的失效度量

流体连接器量（表 4-12）

表 4-12 流体连接器量

标识符	.dat	.fil	.odb		说明
			场	历史	
MFL	●	●	●	●	质量流速的当前值
MFLT	●	●	●	●	总质量流量的当前值

流管单元量（表 4-13）

表 4-13 流管单元量

标识符	.dat	.fil	.odb		说明
			场	历史	
FPMFL			●	●	质量流速的当前值
FPFLVEL			●	●	流体流经管道的当前速度
FPDPRESS			●	●	单元上的当前压力降

断裂力学量（表 4-14）

表 4-14　断裂力学量

标识符	. dat	. fil	. odb 场	. odb 历史	说　　明
JK	●	●	●	●	J 积分，应力强度因子。仅用于线性弹簧单元。对于 LS36 单元，以下面的次序输出：J、K、J^{el} 和 J^{pl}。对于 LS6 单元，以下面的次序输出：J、J^{el}、J^{pl}、$K_{Ⅰ}$、$K_{Ⅱ}$ 和 $K_{Ⅲ}$

混凝土开裂和额外的塑性（表 4-15）

表 4-15　混凝土开裂和额外的塑性

标识符	. dat	. fil	. odb 场	. odb 历史	说　　明
CRACK	●	●			混凝中裂纹的单位法向
CONF	●	●			混凝土材料点处的裂纹数量
PEQC	●	●	●	●	模型具有多个屈服/失效面时所有的等效塑性应变
PEQCn	●			●	第 n 个等效塑性应变（n=1,2,3,4） 对于节理材料，PEQC 为所有四个可能坐标提供等效塑性应变（三个节理 PEQC1、PEQC2、PEQC3 和本体材料 PEQC4）。这些标识符也提供每个单独的坐标当前是否屈服的标识（输出数据库中的 1/0）（AC YIELD：“主动屈服”，即增量过程中的塑性应变变化） 对于盖塑性，PEQC 为所有三个可能的屈服/失效面（Drucker-Prager 失效面 PEQC1、盖面 PEQC2 和平移面 PEQC3）提供等效塑性应变和总体积非弹性应变（PEQC4）。所有标识符也提供说明屈服面当前是否有效的标识（输出数据中的 1/0）（AC YIELD：“主动屈服”，即增量过程中的塑性应变变化） 当请求将 PEQC 输出到输出数据库时，将每个分量的主动屈服标识命名成 AC YIELD、AC YIELD2 等，并取值 1 或者 0

混凝土损伤塑性（表 4-16）

表 4-16　混凝土损伤塑性

标识符	. dat	. fil	. odb 场	. odb 历史	说　　明
DAMAGEC	●		●	●	压缩损伤变量 d_c
DAMAGET	●		●	●	拉伸损伤变量 d_t
SDEG	●		●	●	标量刚度退化变量 d
PEEQ	●	●	●	●	单轴压缩中的等效塑性应变，定义成 $\int_0^t \dot{\varepsilon}_c^{pl} dt$。此标识符也提供材料当前是否发生压缩失效的标识（输出数据库中的 1/0）（AC YIELD：“主动屈服”，即塑性应变在增量过程中发生了变化）

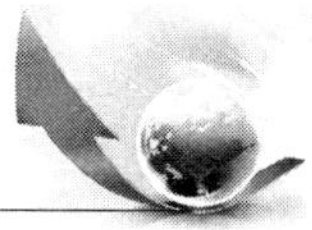

加强筋量（表 4-17）

表 4-17 加强筋量

标识符	.dat	.fil	.odb 场	.odb 历史	说明
RBFOR	●	●	●	●	加强筋中的力
RBANG	●	●	●	●	加强筋与用户指定的等参方向之间的角度，以度(°)为单位。仅用于壳、膜和面单元
RBROT	●	●	●	●	加强筋与用户指定的等参方向之间的角度变化，以度(°)为单位。仅用于壳、膜和面单元

热传导分析（表 4-18）

表 4-18 热传导分析

标识符	.dat	.fil	.odb 场	.odb 历史	说明
HFL	●	●	●	●	单位面积向量上热通量的当前值和分量。这些值的积分点位于高斯点上
HFLM	●			●	单位面积向量上热通量的当前大小
HFLn	●			●	热流向量的分量 n(n=1,2,3)

质量扩散分析（表 4-19）

表 4-19 质量扩散分析

标识符	.dat	.fil	.odb 场	.odb 历史	说明
CONC	●	●	●	●	质量浓度
ISOL	●	●	●	●	积分点处的溶解量，它等于质量浓度(CONC)和积分点体积(IVOL)的叉积
MFL	●	●	●	●	浓度通量向量的当前大小和分量
MFLM	●			●	浓度通量向量的当前大小
MFLn	●			●	浓度通量向量的分量 n(n=1,2,3)

具有电动势自由度的单元（表 4-20）

表 4-20 具有电动势自由度的单元

标识符	.dat	.fil	.odb 场	.odb 历史	说明
EPG	●	●	●	●	耦合的热-电分析或者完全耦合的热-电-结构分析的电动势梯度向量的当前大小和分量
EPGM	●			●	电动势梯度向量的当前大小
EPGn	●			●	耦合的热-电分析或者完全耦合的热-电-结构分析的电动势梯度向量的分量 n；压电分析的电动势梯度向量的负分量 n(n=1,2,3)

压电分析（表 4-21）

表 4-21　压电分析

标识符	.dat	.fil	.odb 场	.odb 历史	说　明
EFLX	●	●	●	●	电流向量的当前大小和分量
EFLXM	●			●	电流向量的当前大小
EFLX*n*	●			●	电流向量的分量 $n(n=1,2,3)$

耦合的热-电单元（表 4-22）

表 4-22　耦合的热-电单元

标识符	.dat	.fil	.odb 场	.odb 历史	说　明
ECD	●	●	●	●	电流密度的当前大小和分量
ECDM	●			●	电流密度的当前大小
ECD*n*	●			●	电流密度向量的分量 $n(n=1,2,3)$

粘结单元（表 4-23）

表 4-23　粘结单元

标识符	.dat	.fil	.odb 场	.odb 历史	说　明
MAXSCRT	●		●	●	最大名义应力损伤初始化准则
MAXECRT	●		●	●	最大名义应变损伤初始化准则
QUADSCRT	●		●	●	二次名义应力损伤初始化准则
QUADECRT	●		●	●	二次名义应变损伤初始化准则
DMICRT	●	●	●	●	损伤初始化准则的所有有效分量
SDEG	●	●	●	●	整体标量刚度退化
STATUS	●	●	●	●	单元的状态（如果单元是有效的，则单元的状态是 1.0；如果单元是无效的，则为 0.0）
MMIXDME			●	●	损伤演化过程中的模式混合比例。在损伤初始化前值为-1.0
MMIXDMI			●	●	损伤初始化时的模式混合比例。在损伤初始化前值为-1.0

低周疲劳分析（表 4-24）

表 4-24　低周疲劳分析

标识符	.dat	.fil	.odb 场	.odb 历史	说　明
CYCLEINI			●	●	材料点处损伤初始化的循环次数
SDEG	●	●	●	●	整体标量刚度退化
STATUS	●	●	●	●	单元的状态（如果单元是有效的，则单元的状态是 1.0；如果单元是无效的，则为 0.0）

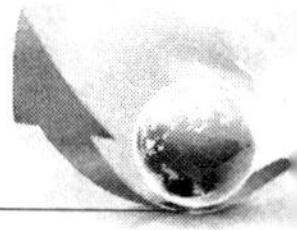

孔隙压力分析（表 4-25）

表 4-25 孔隙压力分析

标识符	.dat	.fil	.odb		说明
			场	历史	
VOIDR	●	●	●	●	孔隙比
POR	●	●	●	●	孔隙压力
SAT	●	●	●	●	饱和度
GELVR	●	●	●	●	凝胶体积比
FLUVR	●	●	●	●	总流体体积比
FLVEL	●	●	●	●	孔隙流体有效速度向量的当前大小和分量
FLVELM	●			●	孔隙流体有效速度向量的当前大小
FLVELn	●			●	孔隙流体有效速度向量的分量 $n(n=1,2,3)$

孔隙压力粘结单元（表 4-26）

表 4-26 孔隙压力粘结单元

标识符	.dat	.fil	.odb		说明
			场	历史	
GFVR	●	●	●	●	间隙流体体积速度
PFOPEN	●	●	●	●	孔隙压力裂缝开度
LEAKVRT	●	●	●	●	单元顶部的泄漏速率
LEAKVRB	●	●	●	●	单元底部的泄漏速率
ALEAKVRT	●	●	●	●	单元顶部的累积泄漏体积
ALEAKVRB	●	●	●	●	单元底部的累积泄漏体积

孔隙材料塑性量（表 4-27）

表 4-27 孔隙材料塑性量

标识符	.dat	.fil	.odb		说明
			场	历史	
RD	●	●	●	●	相对密度
VVF	●	●	●	●	孔隙体积分数
VVFG	●	●	●	●	由于孔隙增大引起的孔隙体积分数
VVFN	●	●	●	●	由于孔隙成核引起的孔隙体积分数

两层黏塑性量（表 4-28）

表 4-28 两层黏塑性量

标识符	.dat	.fil	.odb		说明
			场	历史	
VS	●	●	●	●	黏弹性网络中的应力
VS_{ij}	●			●	黏弹性网络中应力的 ij 分量$(i \leq j \leq 3)$

（续）

标识符	.dat	.fil	.odb 场	.odb 历史	说明
PS	●	●	●	●	弹塑性网络中的应力
PS_{ij}	●			●	弹塑性网络中应力的 ij 分量（$i \leq j \leq 3$）。
VE	●	●	●	●	黏弹性网络中的黏性应变
VE_{ij}	●			●	黏弹性网络中黏性应变的 ij 分量（$i \leq j \leq 3$）
PE	●	●	●	●	弹塑性网络中的塑性应变
PE_{ij}	●			●	弹塑性网络中塑性应变的 ij 分量（$i \leq j \leq 3$）
VEEQ	●		●	●	黏弹性网络中的等效黏性应变，定义成 $\int_0^t \dot{\bar{\varepsilon}}^{v} dt$
PEEQ	●		●	●	弹塑性网络中的等效塑性应变，定义成 $\int_0^t \dot{\bar{\varepsilon}}^{pl} dt$

几何形体的量（表 4-29）

表 4-29　几何形体的量

标识符	.dat	.fil	.odb 场	.odb 历史	说明
COORD	●	●	●	●	实体单元和加强筋的积分点坐标。如果使用大位移公式，则这些值是当前坐标
IVOL	●	●	●	●	积分点体积。在梁和壳中为截面点体积（不用于特征频率提取、特征值屈曲预测、复特征频率提取或者线性动力学过程。仅用于连续单元和不使用通用梁或者壳截面定义的结构单元）
LOCALDIR*n*			○		各向异性超弹性材料模型中局部材料方向的方向余弦。如果为各向异性超弹性材料请求了任何其他单元场输出，则自动输出此变量（见“各向异性超弹性行为”中的“输出”，《Abaqus分析用户手册——材料卷》的 2.5.3 节）

精度指标（表 4-30）

表 4-30　精度指标

标识符	.dat	.fil	.odb 场	.odb 历史	说明
SJP	●	●			节点处的应变阶跃

随机响应分析（表 4-31）

下面的变量（以 R 开始）仅用于随机响应动力学分析。

表 4-31　随机响应分析

标识符	.dat	.fil	.odb 场	.odb 历史	说明
RS	●	●	●	●	所有应力分量的均方根
RS_{ij}	●			●	应力 ij 分量的均方根（$i \leq j \leq 3$）

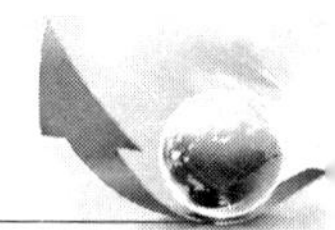

（续）

标识符	.dat	.fil	.odb		说　明
			场	历史	
RMISES			●	●	密塞斯等效应力的均方根
RE	●	●	●	●	所有应变分量的均方根
RE_{ij}	●			●	应变 ij 分量的均方根（$i \leqslant j \leqslant 3$）
RCTF	●	●		●	连接器总力和力矩的所有分量的均方根值
RCTFn	●			●	连接器总力分量 n 的均方根值（$n=1,2,3$）
RCTMn	●			●	连接器总力矩分量 n 的均方根值（$n=1,2,3$）
RCEF	●	●		●	连接器弹性力和力矩的所有分量的均方根值
RCEFn	●			●	连接器弹性力分量 n 的均方根值（$n=1,2,3$）
RCEMn	●			●	连接器弹性力矩分量 n 的均方根值（$n=1,2,3$）
RCVF	●	●		●	连接器黏性力和力矩所有分量的均方根值
RCVFn	●			●	连接器黏性力分量 n 的均方根值（$n=1,2,3$）
RCVMn	●			●	连接器黏性力矩分量 n 的均方根值（$n=1,2,3$）
RCRF	●	●		●	连接器反作用力和力矩的所有分量的均方根值
RCRFn	●			●	连接器反作用力分量 n 的均方根值（$n=1,2,3$）
RCRMn	●			●	连接器反作用力矩分量 n 的均方根值（$n=1,2,3$）
RCSF	●	●		●	连接器摩擦力和力矩的所有分量的均方根值
RCSFn	●			●	连接器摩擦力分量 n 的均方根值（$n=1,2,3$）
RCSMn	●			●	连接器摩擦力矩分量 n 的均方根值（$n=1,2,3$）
RCSFC	●			●	连接器摩擦力在瞬间滑动方向上的均方根值。仅当在滑动方向上定义了摩擦时才有效
RCU	●	●		●	连接器相对位移和转动的所有分量的均方根值
RCUn	●			●	连接器相对位移在 n 方向上的均方根值（$n=1,2,3$）
RCURn	●			●	连接器相对转动在 n 方向上的均方根值（$n=1,2,3$）
RCCU	●	●		●	连接器本构位移和转动的所有分量的均方根值
RCCUn	●			●	连接器本构位移在 n 方向上的均方根值（$n=1,2,3$）
RCCURn	●			●	连接器本构转动在 n 方向上的均方根值（$n=1,2,3$）
RCNF	●	●		●	连接器生成摩擦的接触力和力矩的所有分量的均方根值
RCNFn	●			●	连接器生成摩擦的接触力分量 n 的均方根（$n=1,2,3$）
RCNMn	●			●	连接器生成摩擦的接触力矩分量 n 的均方根值（$n=1,2,3$）
RCNFC	●			●	连接器生成摩擦的接触力在瞬间滑动方向上的分量的均方根值。仅当在滑动方向上定义了摩擦时才有效

稳态动力学分析（表 4-32）

下面的变量（以 P 开始）仅用于稳态动力学分析（频域）。这些变量的所有分量都具有大小和相位角。相位角的单位是度（°）。在数据文件中，每个输出变量请求有两行输出：第一行包含大小，第二行（用 SSD 脚标表示）包含相位角。在结果文件中，前面是所有分量的大小，后面是所有分量的相位角。

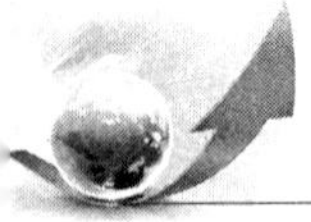

表 4-32 稳态动力学分析

标识符	.dat	.fil	.odb 场	.odb 历史	说明
PHS	●	●			所有应力分量的大小和相位角
PHS_{ij}	●				应力 ij 分量的大小和相位角($i\leqslant j\leqslant 3$)
PHE	●	●			所有应变分量的大小和相位角
PHE_{ij}	●				应变 ij 分量的大小和相位角($i\leqslant j\leqslant 3$)
PHEPG	●	●			电动势梯度向量的大小和相位角
PHEPGn	●				电动势梯度分量 n 的大小和相位角(n=1,2,3)
PHEFL	●	●			电流向量的大小和相位角
PHEFLn	●				电流向量分量 n 的大小和相位角(n=1,2,3)
PHMFL	●	●			质量流速的大小和相位角。仅用于流体连接器单元
PHMFT	●	●			总质量流量的大小和相位角。仅用于流体连接器单元
PHCTF	●	●			连接器总力和力矩所有分量的大小和相位角
PHCTFn	●				连接器总力分量 n 的大小和相位角(n=1,2,3)
PHCTMn	●				连接器总力矩分量 n 的大小和相位角(n=1,2,3)
PHCEF	●	●			连接器弹性力和力矩所有分量的大小和相位角
PHCEFn	●				连接器弹性力分量 n 的大小和相位角(n=1,2,3)
PHCEMn	●				连接器弹性力矩分量 n 的大小和相位角(n=1,2,3)
PHCVF	●	●			连接器黏性力和力矩所有分量的大小和相位角
PHCVFn	●				连接器黏性力分量 n 的大小和相位角(n=1,2,3)
PHCVMn	●				连接器黏性力矩分量 n 的大小和相位角(n=1,2,3)
PHCRF	●	●			连接器反作用力和力矩的所有分量的大小和相位角
PHCRFn	●				连接器反作用力分量 n 的大小和相位角(n=1,2,3)。
PHCRMn	●				连接器反作用力矩分量 n 的大小和相位角(n=1,2,3)
PHCSF	●	●			连接器摩擦力和力矩的所有分量的大小和相位角
PHCSFn	●				连接器摩擦力分量 n 的大小和相位角(n=1,2,3)
PHCSMn	●				连接器摩擦力矩分量 n 的大小和相位角(n=1,2,3)
PHCSFC	●				连接器摩擦力在瞬间滑动方向上的大小和相位角。仅当在滑动方向上定义了摩擦时才有效
PHCU	●	●			连接器相对位移和转动的所有分量的大小和相位角
PHCUn	●				连接器相对位移在 n 方向上的大小和相位角(n=1,2,3)
PHCURn	●				连接器相对转动在 n 方向上的大小和相位角(n=1,2,3)
PHCCU	●	●			连接器本构位移和转动的所有分量的大小和相位角
PHCCUn	●				连接器本构位移在 n 方向上的大小和相位角(n=1,2,3)
PHCCURn	●				连接器本构转动在 n 方向上的大小和相位角(n=1,2,3)
PHCV	●	●			连接器相对速度的所有分量的大小和相位角
PHCVn	●				连接器相对速度在 n 方向上的大小和相位角(n=1,2,3)
PHCVRn	●				连接器相对角速度在 n 方向上的大小和相位角(n=1,2,3)
PHCA	●	●			连接器相对加速度的所有分量的大小和相位角
PHCAn	●				连接器相对加速度在 n 方向上的大小和相位角(n=1,2,3)
PHCARn	●				连接器相对角加速度在 n 方向上的大小和相位角(n=1,2,3)
PHCNF	●	●			连接器生成摩擦的接触力和力矩的所有分量的大小和相位角

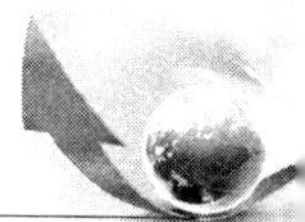

（续）

标识符	.dat	.fil	.odb 场	.odb 历史	说　明
PHCNF*n*	●				连接器生成摩擦的接触力分量 *n* 的大小和相位角（$n=1,2,3$）
PHCNM*n*	●				连接器生成摩擦的接触力矩分量 *n* 的大小和相位角（$n=1,2,3$）
PHCNFC	●				连接器生成摩擦的接触力在瞬间滑动方向上的大小和相位角。仅当在滑动方向上定义了摩擦时才有效
PHCIVC	●	●			连接器瞬间速度在瞬间滑动方向上的大小和相位角。仅当在滑动方向上定义了摩擦时才有效

渐进损伤失效（表 4-33）

表 4-33　渐进损伤失效

标识符	.dat	.fil	.odb 场	.odb 历史	说　明
SDEG			●	●	标量刚度退化变量
DMICRT			●	●	损伤初始化准则的所有有效分量
DUCTCRT				●	韧性损伤初始化准则
SHRCRT				●	剪切损伤初始化准则
FLDCRT				●	成形极限图（FLD）损伤初始化准则
FLSDCRT				●	成形极限应力图（FLSD）损伤初始化准则
MSFLDCRT				●	Müschenborn-Sonne 成形极限应力图（MSFLD）损伤初始化准则
ERPRATIO			●	●	主应变率比 α，用于 MSFLD 损伤初始化准则
SHRRATIO			●	●	切应力比，$\theta_s=(q+k_s p)/\tau_{max}$，用于剪切损伤初始化准则

纤维增强材料损伤（表 4-34）

表 4-34　纤维增强材料损伤

标识符	.dat	.fil	.odb 场	.odb 历史	说　明
HSNFTCRT	●		●	●	哈辛纤维拉伸损伤初始化准则
HSNFCCRT	●		●	●	哈辛纤维压缩损伤初始化准则
HSNMTCRT	●		●	●	哈辛基材拉伸损伤初始化准则
HSNMCCRT	●		●	●	哈辛基材压缩损伤初始化准则
DMICRT	●	●	●	●	损伤初始化准则的所有有效分量
DAMAGEFT	●	●	●	●	纤维拉伸损伤变量
DAMAGEFC	●	●	●	●	纤维压缩损伤变量
DAMAGEMT	●	●	●	●	基材拉伸损伤变量
DAMAGEMC	●	●	●	●	基材压缩损伤变量
DAMAGESHR	●	●	●	●	剪切损伤变量
STATUS	●	●	●	●	单元的状态（如果单元是有效的，则单元的状态是 1.0；如果单元是无效的，则单元的状态是 0.0）

单元质心变量（表 4-35）

对于电磁单元，单元输出位于单元质心处，而不是在积分点处。这些变量是为电磁单元定义的，在《Abaqus 分析用户手册——单元卷》以及“涡流分析”（《Abaqus 分析用户手册——分析卷》的 1.7.5 节）和“静电分析”（《Abaqus 分析用户手册——分析卷》的 1.7.6 节）中对电磁单元进行了介绍。

表 4-35　单元质心变量

标识符	.dat	.fil	.odb		说　明
			场	历史	
EMB			●	●	磁通密度向量的所有分量
EMH			●	●	磁场向量的所有分量
EME			●	●	电场向量的所有分量
EMCD			●	●	导体区域中涡流密度向量的所有分量
EMCDA			●	●	施加的体积电流密度向量的大小和分量
EMJH			●	●	导体区域中焦耳热耗散的速率(单位时间内单位体积的热耗散量)
EMBF			●	●	导体区域中磁体力密度(单位体积上的力)
EMBFC			●	●	时谐涡流分析中导体区域中的复磁体力密度(单位体积上的力)

单元截面变量（表 4-36）

用户可以请求将单元截面变量输出到数据文件、结果文件或者输出数据库文件（见“输出到数据文件和结果文件”中的“单元输出”，4.1.2 节；“输出到输出数据库”中的“单元输出”，4.1.3 节）。这些变量仅用于梁和壳单元，STH 除外，它也用于膜单元。为《Abaqus 分析用户手册——单元卷》中的特定单元定义这些截面变量。

表 4-36　单元截面变量

标识符	.dat	.fil	.odb		说　明
			场	历史	
SF	●	●	●	●	所有截面力和力矩分量
SF*n*	●			●	单位宽度分量 *n* 的截面力(对于传统壳，$n=1,2,3,4,5$；对于连续壳，$n=1,2,3,4,5,6$；对于梁，$n=1,2,3$)
SM*n*	●			●	单位宽度分量 *n* 的截面力矩($n=1,2,3$)
SORIENT			●		复合壳截面方向
BIMOM	●			●	梁截面的双力矩，仅用于开口截面梁单元
ESF1	●	●	●	●	承受压力载荷的梁和管的有效轴向力。可用于所有应力/位移过程类型，除了响应谱和随机响应分析
SSAVG	●	●	●		所有平均壳截面应力分量
SSAVG*n*	●			●	平均壳截面应力分量 *n*($n=1,2,3,4,5,6$)

（续）

标识符	.dat	.fil	.odb		说　明
			场	历史	
SE	●	●	●	●	所有截面应变、曲率变化和扭转分量
SE*n*	●			●	截面应变分量 *n*(对于壳,*n*=1,2,3,4,5,6;对于梁,*n*=1,2,3)
SK*n*	●			●	截面曲率变化或者扭转 *n*(*n*=1,2,3)
BICURV	●			●	梁截面的双曲率,仅用于开口梁单元
MAXSS	●	●			截面上的最大轴应力(此变量可以与下面类型的通用梁截面定义一起使用:标准库横截面、线性通用横截面或者网格划分的具有指定输出截面点的横截面。如果指定了输出截面点,则MAXSS输出是用户指定点处的最大应力
COORD	●	●	●	●	截面点的坐标。如果使用了大位移公式,则这些坐标是当前值
STH	●	●	●	●	截面厚度(如果使用了大位移公式,则为SAX1、SAX2、SAX2T、S3/S3R、S4、S4R、SAXA1N、SAXA2N和所有膜单元的当前厚度;对于所有其他情况,是初始厚度)
SVOL	●	●	●	●	积分截面体积(特征频率提取、特征值屈曲预测、复特征频率提取或者线性动力学过程不能使用。仅用于连续单元和不使用通用梁截面或者壳截面定义的结构单元)
SPE	●	●	●	●	所有广义塑性应变分量。仅用于通用梁截面中的非弹性非线性响应
SPE*n*	●			●	广义塑性应变分量 *n*(*n*=1,2,3,4)。表示轴向塑性应变,关于局部1轴的曲率变化,关于局部2轴的曲率变化和梁的扭转。仅用于通用梁截面的非弹性非线性响应
SEPE	●	●	●	●	所有等效塑性应变。仅用于通用梁截面中的非弹性非线性响应
SEPE*n*	●			●	等效塑性应变分量 *n*(*n*=1,2,3,4)。表示轴向塑性应变,关于局部1轴的曲率变化,关于局部2轴的曲率变化和梁的扭转。仅用于通用梁截面中的非弹性非线性响应

框单元（表4-37）

表4-37　框单元

标识符	.dat	.fil	.odb		说　明
			场	历史	
SEE	●	●	●	●	所有弹性截面的轴向、曲率和扭转应变分量
SEE1	●			●	弹性轴向应变分量
SKE*n*	●			●	弹性截面曲率或者扭转应变分量(*n*=1,2,3)
SEP	●	●	●	●	单元端部的所有塑性轴向位移和转动。此标识符也提供框单元端部截面当前是否屈服的标识(AC YIELD:“主动屈服”,即塑性应变在增量过程中发生变化),以及说明支柱响应中是否发生屈曲的是/否/不可用标识(AC BUCKL),或者不适用。AC YIELD和AC BUCKL不用于输出数据库
SEP1	●			●	单元端部的塑性轴向位移
SKP*n*	●			●	单元端部的塑性转动、弯曲或者扭转(*n*=1,2,3)

（续）

标识符	.dat	.fil	.odb 场	.odb 历史	说　明
SALPHA	●	●	●	●	单元端部的所有广义背应力分量
SALPHAn	●			●	单元端部的广义背应力（$n=1,2,3,4$）。第一个分量是轴向截面背应力，然后是两个背应力分量和一个扭转应力分量

整体单元变量（表 4-38）

用户可以请求将整体单元变量输出到数据文件、结果文件或者输出数据库文件中（见“输出到数据和结果文件”中的“单元输出”，4.1.2 节；“输出到输出数据库”中的“单元输出”，4.1.3 节）。在稳态动力学中，除非另有说明，否则所有能量值是每个循环的净值。

表 4-38　整体单元变量

标识符	.dat	.fil	.odb 场	.odb 历史	说　明
LOADS	●	●			分布载荷的当前值（不用于非均匀载荷）
FOUND	●	●			基础压力的当前值
FLUXS	●	●	●		分布通量（热或者浓度）的当前值（不用于非均匀的流量），包括那些使用 HFL 协同仿真场 ID 导入的值
CHRGS	●	●			分布电荷的当前值
ECURS	●	●			分布电流的当前值
ELEN	●	●	●	●	单元中的所有能量大小。任何能量都不能用于基于模态的过程；有限数量的能量可用于直接求解的稳态动力学和基于子空间的稳态动力学分析
ELKE	●		●	●	单元中的总动能。在稳态动力学分析中，此值是循环平均值
ELSE	●		●	●	单元中的总弹性应变能。使用超弹性材料模拟 Mullins 效应时，此量仅表示单元中能量的可恢复部分。在特征值提取过程中，此总弹性能是唯一可用于数据文件的能量；要在结果文件中获取特征值提取过程的此量，或者将其作为输出数据库中的场输出，应请求 ELEN。在稳态动力学分析中，此值是循环平均值
ELPD	●		●	●	由率无关和率相关的塑性变形引起的总能量耗散。不用于稳态动力学分析
ELCD	●		●	●	由蠕变、膨胀、黏弹性引起的单元中的总能量耗散，以及与粘结单元的黏性归一化相关的能量。不用于稳态动力学分析
ELVD	●		●	●	由黏性效应引起的单元中的总能量耗散，不包括由静态稳定性或者黏弹性产生的能量耗散
ELSD	●		●	●	由自动静态稳定性产生的单元中的总能量耗散。不用于稳态动力学分析
ELCTE	●		●	●	单元中的总静电能。不用于稳态动力学分析

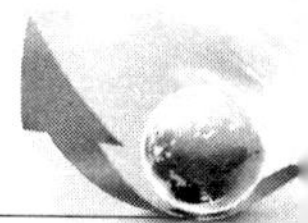

（续）

标识符	.dat	.fil	.odb 场	.odb 历史	说明
ELJD	●		●	●	由电流产生的总电能耗散。不用于稳态动力学分析
ELASE	●		●	●	单元中的总"人工"应变能(与用来删除奇异模式的约束相关的能量,如沙漏控制;以及与用来使钻随壳单元平面内的转动而转动的约束相关的能量)。不用于稳态动力学
ELDMD	●		●	●	由损伤产生的单元中的总能量耗散。不用于稳态动力学
NFORC	●	●	●	●	在单元沙漏和归一化变形模式的单元节点处的力(整体坐标系中的负内力)。忽略数据文件和结果文件中指定的位置
NFORCSO			●	●	由单元中应力结果产生的梁单元节点处的力(梁截面方向坐标系中的内力)
GRAV			●		均匀分布的重力载荷
BF			●		均匀分布的体力
CORIOMAG			●		科氏载荷的大小
ROTAMAG			●		转动加速度载荷的大小
CENTMAG			●		离心载荷的大小(用 $\rho\omega^2$ 衡量,其中 ρ 是单位体积的质量密度,ω 是角速度)
CENTRIFMAG			●		离心载荷的大小(用 ω^2 衡量,其中 ω 是角速度)
HBF			●		热体通量
NFLUX	●	●	●	●	由热传导或者单元中的质量扩散(内部通量)产生的单元节点处的通量(忽略数据文件和输出数据库文件中指定的位置)
NFLn	●			●	由热传导或者单元内的质量扩散(内部流量)产生的单元节点处的通量 n(n=11,12,…)(忽略数据文件和输出数据库文件中指定的位置)
NCURS	●	●	●	●	由单元中的电导产生的节点处的电流
FILM	●	●			膜条件的当前值(不用于非均匀膜)
RAD	●	●			辐射条件的当前值
EVOL	●	●	●	●	当前的单元体积(不用于特征频率提取、特征值屈曲预测、复特征频率提取或者线性动力学过程。仅用于连续的单元和不使用通用梁或者壳截面定义的结构单元)
ESOL	●	●	●	●	单元中的溶解量,等于单元中所有积分点上 ISOL(积分点处的溶解量)的合

扩展单元(表 4-39)

表 4-39 扩展单元

标识符	.dat	.fil	.odb 场	.odb 历史	说明
STATUSXFEM			●	●	扩展单元的状态(如果单元是完全开裂的,则扩展单元的状态是 1.0;如果单元没有开裂,则扩展单元的状态是 0.0;如果单元是部分开裂的,则值为 0.0~1.0)
LOADSXFEM			●	●	施加在基于 XFEM 的裂纹面上的分布压力载荷

使用基于 XFEM 的 LEFM 方法时的扩展单元（表 4-40）

表 4-40　使用基于 XFEM 的 LEFM 方法时的扩展单元

标识符	.dat	.fil	.odb		说　明
			场	历史	
ENRRTXFEM			●	●	应变能释放率的所有分量

低周疲劳分析中的扩展单元（表 4-41）

表 4-41　低周疲劳分析中的扩展单元

标识符	.dat	.fil	.odb		说　明
			场	历史	
CYCLEINIXFEM			●	●	扩展单元上初始裂纹的循环次数

具有孔隙压力自由度的扩展单元（表 4-42）

表 4-42　具有孔隙压力自由度的扩展单元

标识符	.dat	.fil	.odb		说　明
			场	历史	
GFVRXFEM			●	●	扩展单元的间隙流体体积速度
CRDCUTXFEM			●	●	扩展单元的单元边上的裂纹中点坐标
PFOPENXFEM			●	●	扩展单元的裂纹开度
PFOPENXFEMCOMP			●	●	扩展单元的单元边上的裂纹开度
PORPRES			●	●	扩展单元的流体压力
PORPRESCOMP			●	●	扩展单元的单元边上的流体压力
LEAKVRTXFEM			●	●	扩展单元顶部开裂面处的泄漏流速
LEAKVRBXFEM			●	●	扩展单元底部开裂面处的泄漏流速
ALEAKVRTXFEM			●	●	扩展单元顶部开裂面单位面积上的累积泄漏流量
ALEAKVRBXFEM			●	●	扩展单元底部开裂面单位面积上的累积泄漏流量

连接器单元（表 4-43）

表 4-43　连接器单元

标识符	.dat	.fil	.odb		说　明
			场	历史	
CTF	●	●	●	●	连接器总力和总力矩的所有分量
CTFn	●			●	连接器总力分量 $n(n=1,2,3)$
CTMn	●			●	连接器总力矩分量 $n(n=1,2,3)$
CEF	●	●	●	●	连接器弹性力和力矩的所有分量

（续）

标识符	.dat	.fil	.odb 场	.odb 历史	说明
CEF*n*	●			●	连接器弹性力分量 *n*(*n*=1,2,3)
CEM*n*	●			●	连接器弹性力矩分量 *n*(*n*=1,2,3)
CUE	●	●	●	●	所有方向上的弹性位移和转动
CUE*n*	●			●	*n* 方向上的弹性位移(*n*=1,2,3)
CURE*n*	●			●	*n* 方向上的弹性转动(*n*=1,2,3)
CUP	●	●	●	●	所有方向上的塑性相对位移和转动
CUP*n*	●			●	*n* 方向上的塑性相对位移(*n*=1,2,3)
CURP*n*	●			●	*n* 方向上的塑性相对转动(*n*=1,2,3)
CUPEQ	●	●		●	所有方向上的等效塑性相对位移和转动
CUPEQ*n*	●			●	*n*(*n*=1,2,3)方向上的等效塑性相对位移
CURPEQ*n*	●			●	*n*(*n*=1,2,3)方向上的等效塑性相对转动
CUPEQC	●			●	耦合塑性定义的等效塑性相对运动
CALPHAF	●	●		●	连接器运动硬化移动力和力矩的所有分量
CALPHAF*n*	●			●	连接器运动硬化移动力分量 *n*(*n*=1,2,3)
CALPHAM*n*	●			●	连接器运动硬化移动力矩分量 *n*(*n*=1,2,3)
CVF	●	●		●	连接器黏性力和力矩的所有分量
CVF*n*	●			●	连接器黏性力分量 *n*(*n*=1,2,3)
CVM*n*	●			●	连接器黏性力矩分量 *n*(*n*=1,2,3)
CSF	●	●		●	连接器摩擦力和力矩的所有分量
CSF*n*	●			●	连接器摩擦力分量 *n*(*n*=1,2,3)
CSM*n*	●			●	连接器摩擦力矩分量 *n*(*n*=1,2,3)
CSFC	●			●	瞬间滑动方向上的连接器摩擦力。仅当在滑动方向上定义了摩擦时才有效
CNF	●	●		●	连接器生成摩擦的接触力和力矩的所有分量
CNF*n*	●			●	连接器生成摩擦的接触力分量 *n*(*n*=1,2,3)
CNM*n*	●			●	连接器生成摩擦的接触力矩分量 *n*(*n*=1,2,3)
CNFC	●			●	瞬间滑动方向上连接器生成摩擦的接触力。仅当在滑动方向上定义了摩擦时才有效
CDMG	●	●		●	整体损伤变量的所有分量
CDMG*n*	●			●	整体损伤变量分量 *n*(*n*=1,2,3)
CDMGR*n*	●			●	整体损伤变量分量 *n*(*n*=1,2,3)
CDIF	●	●		●	在所有方向上,基于力的连接器损伤初始准则分量
CDIF*n*	●			●	在 *n* 平移方向上,基于力的连接器损伤初始准则 *n*(*n*=1,2,3)
CDIFR*n*	●			●	在 *n* 转动方向上,基于力的连接器损伤初始准则 *n*(*n*=1,2,3)
CDIM	●	●		●	连接器基于运动的损伤初始化准则在所有方向上的分量
CDIM*n*	●			●	在 *n*(*n*=1,2,3)移动方向上,连接器基于运动的损伤初始化准则

（续）

标识符	.dat	.fil	.odb		说明
			场	历史	
CDIMR*n*	●			●	在 *n*(*n*=1,2,3)转动方向上，连接器基于运动的损伤初始化准则
CDIMC	●			●	在瞬间滑动方向上，连接器基于运动的损伤初始化准则
CDIP	●	●		●	连接器基于塑性运动的损伤初始化准则在所有方向上的分量
CDIP*n*	●			●	在 *n*(*n*=1,2,3)移动方向上，连接器基于塑性运动的损伤初始化准则
CDIPR*n*	●			●	在 *n*(*n*=1,2,3)转动方向上，连接器基于塑性运动的损伤初始化准则
CDIPC	●			●	在瞬间滑动方向上，连接器基于塑性运动的损伤初始化准则
CSLST	●	●		●	连接器停止和锁死状态的所有标识
CSLST*i*	●			●	在 *i*(*i*=1,…,6)方向上，连接器停止和锁死状态的标识
CASU	●	●		●	所有方向上的累积滑动分量
CASU*n*	●			●	*n*(*n*=1,2,3)方向上的连接器累积滑动
CASUR*n*	●			●	*n*(*n*=1,2,3)方向上的连接器角度累积滑动
CASUC	●			●	瞬间滑动方向上的连接器累积滑动。仅当在滑动方向上定义了摩擦时才有效
CIVC	●	●		●	滑动方向上的连接器瞬间速度
CRF	●	●		●	连接器反作用力和力矩的所有分量
CRF*n*	●			●	连接器反作用力分量 *n*(*n*=1,2,3)
CRM*n*	●			●	连接器反作用力矩分量 *n*(*n*=1,2,3)
CCF	●	●		●	连接器集中力和力矩的所有分量
CCF*n*	●			●	连接器集中力分量 *n*(*n*=1,2,3)
CCM*n*	●			●	连接器集中力矩分量 *n*(*n*=1,2,3)
CP	●	●		●	所有方向上的相对位置
CP*n*	●			●	*n*(*n*=1,2,3)方向上的相对位置
CPR*n*	●			●	*n*(*n*=1,2,3)方向上的相对角度位置
CU	●	●	●	●	所有方向上的相对位移和转动
CU*n*	●			●	*n*(*n*=1,2,3)方向上的相对位移
CUR*n*	●			●	*n*(*n*=1,2,3)方向上的相对转动
CCU	●	●		●	所有方向上的本构位移和转动
CCU*n*	●			●	*n*(*n*=1,2,3)方向上的本构位移
CCUR*n*	●			●	*n*(*n*=1,2,3)方向上的本构转动
CV	●	●		●	所有方向上的相对速度
CV*n*	●			●	*n*(*n*=1,2,3)方向上的相对速度
CVR*n*	●			●	*n*(*n*=1,2,3)方向上的相对角速度
CA	●	●		●	所有方向上的相对加速度

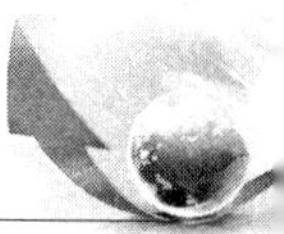

（续）

标识符	.dat	.fil	.odb		说　明
			场	历史	
CA*n*	●			●	$n(n=1,2,3)$ 方向上的相对加速度
CAR*n*	●			●	$n(n=1,2,3)$ 方向上的相对角加速度
CFAILST	●	●		●	连接器失效状态的所有标识
CFAILST*i*	●			●	$i(i=1,\cdots,6)$ 方向上的连接器失效状态标识

单元面变量（表 4-44）

用户可以请求将单元面变量输出到输出数据库（见“输出到输出数据库”中的“单元输出”，4.1.3 节）。只有壳单元、膜单元和实体单元才能使用这些变量。

表 4-44　单元面变量

标识符	.dat	.fil	.odb		说　明
			场	历史	
P			●		单元面上的均布压力载荷，包括使用 PRESS 协同仿真场 ID 导入的压力载荷。使用 * DLOAD 定义压力时，变量名自动的变成 PDLOAD
HP			●		加载在单元面上的流体静压力。使用 * DLOAD 定义压力时，变量名自动变成 HPDLOAD
TRNOR			●		单元面上牵引载荷的法向分量（沿着面法向的分量）
TRSHR			●		单元面上牵引载荷的剪切分量（沿着面切向的分量）
FLUXS			●		单元面上均匀分布的热流量
FILMCOEF			●		单元面上的参考膜系数值
SINKTEMP			●		单元面上的参考换热器温度

整体单元能量密度变量（表 4-45）

在稳态动力学中，所有能量的量都是每循环的净值，除非另有说明。将下面的能量密度输出变量写入重启动（.res）文件和输出数据库（.odb）文件中（见“能量平衡”，《Abaqus 理论手册》的 1.5.5 节）。

表 4-45　整体单元能量密度变量

标识符	.dat	.fil	.odb		说　明
			场	历史	
ELEDEN			●		所有能量密度分量。在基于模态的过程中没有可使用的能量；直接求解的稳态动力学和基于子空间的稳态动力学分析可以使用一部分能量密度分量
EKEDEN			●	●	单元中的运动能量密度。在稳态动力学分析中，此值是循环平均值

（续）

标识符	.dat	.fil	.odb 场	.odb 历史	说明
ESEDEN			●	●	单元中的总弹性应变能密度。当使用超弹性材料模拟 Mullins 效应时，此量仅表示单元中能量密度的可恢复部分。在特征值提取过程中，不能使用此变量。在稳态动力学分析中，此值是循环平均值
EPDDEN			●	●	由速率无关和速率相关的塑性变形产生的单元中单位体积的总能量耗散。稳态动力学分析不能使用此值
ECDDEN			●	●	由蠕变、膨胀和黏弹性产生的单元中单位体积的总能量耗散。稳态动力学分析不能使用此值
EVDDEN			●	●	由黏性效应产生的单元中单位体积的总能量耗散，不包括由静态稳定性或者黏弹性产生的能量耗散
ESDDEN			●	●	由静态稳定性产生的单元中单位体积的总能量耗散。稳态动力学分析不能使用此值
ECTEDEN			●	●	单元中的总静电能密度。稳态动力学分析不能使用此值
EASEDEN			●	●	单元中的总“人工”应变能密度（与用来删除奇异模式的约束相关的能量，如沙漏控制；以及与用来使钻随壳单元平面的转动而转动的约束相关的能量）。稳态动力学分析不能使用此值
EDMDDEN			●	●	由损伤产生的单元中单位体积的总能量耗散。稳态动力学分析不能使用此值

整体单元容差指示器变量（表 4-46）

用户可以请求将以下容差指示器变量和单元平均变量仅输出到输出数据库（.odb）文件中（见“影响自适应网格重划分的容差指示器的选择”，《Abaqus 分析用户手册——分析卷》的 7.3.2 节）。

表 4-46　整体单元容差指示器变量

标识符	.dat	.fil	.odb 场	.odb 历史	说明
ENDEN			●		单元能量密度，如果出现则包括塑性耗散和蠕变耗散
ENDENERI			●		单元能量密度容差指示器，如果出现则包括塑性耗散容差和蠕变耗散容差
MISESAVG			●		单元平均密塞斯等效应力
MISESERI			●		单元密塞斯等效应力容差指示器
PEEQAVG			●		单元平均等效塑性应变
PEEQERI			●		单元等效塑性应变容差指示器
PEAVG			●		单元平均塑性应变
PEERI			●		单元塑性应变容差指示器
CEAVG			●		单元平均蠕变应变
CEERI			●		单元蠕变应变容差指示器

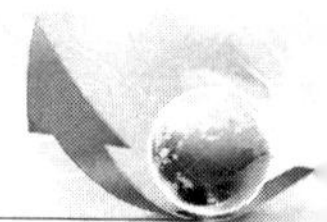

（续）

标识符	.dat	.fil	.odb		说　明
			场	历史	
HFLAVG			●		单元平均热通量
HFLERI			●		单元热通量容差指示器
EFLAVG			●		单元平均电通量
EFLERI			●		单元电通量容差指示器
EPGAVG			●		单元平均电动势梯度
EPGERI			●		单元电动势梯度容差指示器

节点变量（表 4-47）

用户可以请求将节点变量输出到数据文件、结果文件或者输出数据库文件中（见“输出到数据和结果文件”中的“节点输出”，4.1.2 节；“输出到输出数据库”中的“节点输出”，4.1.3 节）。

表 4-47　节点变量

标识符	.dat	.fil	.odb		说　明
			场	历史	
U	●	●	●	●	所有物理位移分量，包括具有转动自由度的节点处的转动（对于输出到输出数据库的输出，只有场类型的输出包括转动
UT			●	●	所有平动位移分量
UR			●	●	所有转动位移分量
Un	●			●	u_n 位移分量（n=1,2,3）
URn	●			●	ϕ_n 转动分量（n=1,2,3）
WARP	●			●	翘曲幅度。仅用于开口截面梁单元
V	●	●	●	●	所有速度分量，包括具有转动自由度的节点处的转动速度（对于输出到输出数据库的输出，仅场类型的输出包括转动速度）
VT			●	●	所有平动速度分量
VR			●	●	所有转动速度分量
Vn	●			●	$\dot{u}_n$ 速度分量（n=1,2,3）
VRn	●			●	$\dot{\phi}_n$ 转动速度分量（n=1,2,3）
A	●	●	●	●	所有加速度分量，包括具有转动自由度的节点处的转动加速度（对于输出到输出数据库的输出，仅场类型的输出包括转动加速度）
AT			●	●	所有平动加速度分量
AR			●	●	所有转动加速度分量
An	●			●	$\ddot{u}$ 加速度分量（n=1,2,3）
ARn	●			●	$\ddot{\phi}_n$ 转动加速度分量（n=1,2,3）

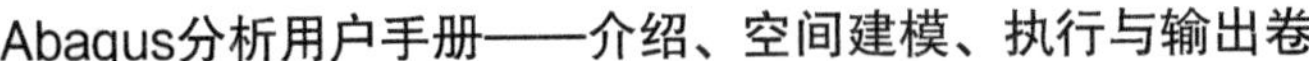

（续）

标识符	.dat	.fil	.odb 场	.odb 历史	说　明
POR	●	●	●	●	节点处的孔隙压力或者声学压力
CFF	●	●	●	●	节点处的集中流体流动，包括使用 CFLOW 协同仿真场 ID 导入的集中流体流动
NT	●	●	●	●	节点处的所有温度值，包括使用 TEMP 协同仿真场 ID 导入的那些节点温度。如果热传导单元与节点相连，则将这些温度定义成自由度；如果节点仅连接到没有温度自由度的应力或者质量扩散单元，则这些温度是预定义温度
NT*n*	●			●	节点处的温度自由度 $n(n=11,12,\cdots)$
EPOT	●	●	●	●	节点处的所有电动势自由度
NNC	●	●	●	●	节点处的所有归一化浓度值
NNC*n*	●			●	节点处的归一化浓度自由度 $n(n=11)$
RF	●	●	●	●	反作用力的所有分量，包括具有转动自由度的节点处的反作用力矩分量（与规定的位移和转动共轭）。对于输出到输出数据库的输出，仅场类型的输出包括具有转动自由度的节点处的反作用力矩分量
RT			●	●	所有反作用力分量
RM			●	●	所有反作用力矩分量
RF*n*	●			●	反作用力分量 $n(n=1,2,3)$（与规定的位移 u_n 共轭）
RM*n*	●			●	反作用力矩分量 $n(n=1,2,3)$（与规定的位移 ϕ_n 共轭）
RWM	●			●	自由度为 7 的反作用双力矩，与规定的翘曲幅度共轭。仅用于开口截面梁单元
CF	●	●	●	●	点载荷和集中力矩的所有分量，包括使用 CF 协同仿真场 ID 导入的载荷
CF*n*	●			●	点载荷分量 $n(n=1,2,3)$
CM*n*	●			●	点力矩分量 $n(n=1,2,3)$
CW	●			●	自由度为 7 的载荷分量。仅用于开口截面梁单元
TF	●	●	●	●	总力的所有分量，包括具有转动自由度的节点处的总力矩分量。总力是反作用力和点载荷之和。对于输出到输出数据库的输出，只有场类型的输出包括具有转动自由度的节点处的总力矩分量
TF*n*	●			●	总力分量 $n(n=1,2,3)$
TM*n*	●			●	总力矩分量 $n(n=1,2,3)$
VF	●	●	●	●	由静态稳定产生的黏性力和力矩的所有分量
VF*n*	●			●	稳定黏性力分量 $n(n=1,2,3)$
VM*n*	●			●	稳定黏性力矩分量 $n(n=1,2,3)$
COORD	●	●	●	●	节点坐标。如果使用大位移公式，则这些坐标是当前坐标
COOR*n*	●			●	坐标 $n(n=1,2,3)$
STRAINFREE			●		初始节点位置的无应变调整（调整后的位置减去未调整的位置；对于零时刻的原始场输出帧，仅写入输出数据库（.odb）文件）

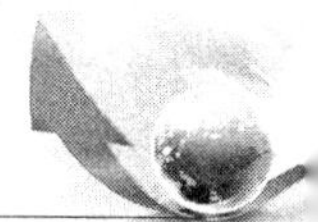

（续）

标识符	.dat	.fil	.odb		说明
			场	历史	
RCHG	●	●	●	●	无功电荷节点电荷(与规定电动势共轭)
CECHG	●	●	●	●	集中电荷节点电荷
RECUR	●	●	●	●	无功电荷节点电流(与规定电动势共轭)
CECUR	●	●	●	●	集中电荷节点电流
PCAV	●	●		●	流体静压计压力(总压力=环境压力+流体静压计压力)
CVOL	●	●		●	流体静压腔体积
MOT	●	●	●	●	腔辐射热传导分析中的所有运动分量
MOT*n*	●			●	腔辐射热传导分析中的 $m_n(n=1,2,3)$ 运动分量

声学量（表 4-48）

表 4-48　声学量

标识符	.dat	.fil	.odb		说明
			场	历史	
POR	●	●	●	●	声学压力
INFR			●		声学无限单元“半径”，用于这些单元的坐标映射中。仅当使用直接求解的稳态动力学过程时才有效，并且仅用于连接到声学无限单元的节点
INFC			●		声学无限单元“余弦”，用于这些单元的坐标映射中。仅当使用直接求解的稳态动力学过程时才有效，并且仅用于连接到声学无限单元的节点
INFN			●		声学无限单元法向向量。仅当使用直接求解的稳态动力学过程时才有效，并且仅用于连接到声学无限单元的节点
PINF			●		声学无限单元中高阶基础方程的声学压力系数。仅当使用直接求解的稳态动力学过程时才有效，并且仅用于连接到声学无限单元的节点
SPL			●	●	节点处声学声压水平

扩展单元量（表 4-49）

表 4-49　扩展单元量

标识符	.dat	.fil	.odb		说明
			场	历史	
PHILSM			●	●	描述裂纹面的符号距离函数
PSILSM			●	●	描述初始裂纹前端的符号距离函数

热或者质量通量（表 4-50）

下面的变量对应温度分析中的热通量，或者质量扩散分析中的浓度体积通量。

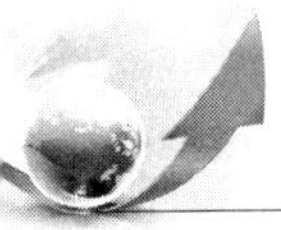

表 4-50 热或者质量通量

标识符	.dat	.fil	.odb		说明
			场	历史	
RFL	●	●	●	●	所有反应通量值(与规定的温度或者归一化浓度共轭)
RFL*n*	●			●	节点处的反应通量值 *n*(*n*=11,12,…)(与规定的温度或者归一化浓度共轭)
CFL	●	●	●	●	所有浓度通量值,包括使用 CFL 协同仿真场 ID 导入的那些浓度通量值
CFL*n*	●			●	节点处的集中通量值 *n*(*n*=11,12,…)
RFLE	●	●	●	●	节点处的总通量(包括对流单元中通过节点的对流通量),不包括外部流量(由集中通量、分布的流量、膜条件、辐射条件和辐射角系数引起)。因此,RFLE 的值等于所有施加流量的和,并且方向相反
RFLE*n*	●			●	流量值 *n*(*n*=11,12,…),不包括在节点处施加的外部流量载荷

稳态动力学分析（表 4-51）

仅稳态（频域）动力学分析（模态的和直接的）可以使用下面的变量。这些变量包括所有分量的大小和相位角（以度为单位）。在数据文件中，每个请求有两行输出，第一行包含大小，第二行（用 SSD 脚标表示）包含相位角。在结果文件中，前面是所有分量的大小，然后是所有分量的相位角。

表 4-51 稳态动力学分析

标识符	.dat	.fil	.odb		说明
			场	历史	
PU	●	●			节点处所有位移分量的大小和相位角,以及具有转动自由度的节点处转动的大小和相位角
PU*n*	●				位移分量 *n*(*n*=1,2,3)的大小和相位角
PUR*n*	●				转动分量 *n*(*n*=1,2,3)的大小和相位角
PPOR	●	●			节点处流体、孔隙或者声学压力的大小和相位角
PHPOT	●	●			节点处电动势的大小和相位角
PRF	●	●			节点处反作用力的大小和相位角,以及具有转动自由度的节点处的反作用力矩
PRF*n*	●				反作用力分量 *n*(*n*=1,2,3)的大小和相位角
PRM*n*	●				反作用力矩分量 *n*(*n*=1,2,3)的大小和相位角
PHCHG	●	●			节点处电抗电荷的大小和相位角

模态动力学、稳态和随机响应分析（表 4-52）

仅模态动力学、稳态（频域）和随机响应分析可以使用下面的向量。“相对”值是相对于主基础运动来度量的，并且使用标识符 *U*、*V* 和 *A* 获取；“总”值包含主基础运动。对于

打印到数据文件的稳态动力学输出，为每个请求打印两行，第一行包含变量的实数部分，第二行包含虚数部分（用 SSD 脚标表示）。

表 4-52 模态动力学、稳态和随机响应分析

标识符	.dat	.fil	.odb 场	.odb 历史	说明
TU	●	●	●	●	节点处总位移的所有分量，以及具有转动自由度的节点处的总转动的所有分量
TU*n*	●			●	总位移分量 $n(n=1,2,3)$
TUR*n*	●			●	总转动分量 $n(n=1,2,3)$
TV	●	●	●	●	节点处总速度的所有分量，包括具有转动自由度的节点处的转动速度
TV*n*	●			●	总速度分量 $n(n=1,2,3)$
TVR*n*	●			●	总转动速度分量 $n(n=1,2,3)$
TA	●	●	●	●	节点处总加速度的所有分量，包括具有转动自由度的节点处的转动加速度
TA*n*	●			●	总加速度分量 $n(n=1,2,3)$
TAR*n*	●			●	总转动加速度分量 $n(n=1,2,3)$

基于模态的稳态动力学分析（表 4-53）

下面的变量仅用于基于模态叠加的稳态（频域）动力学分析。“总”值包括基础运动。

表 4-53 基于模态的稳态动力学分析

标识符	.dat	.fil	.odb 场	.odb 历史	说明
PTU	●	●			节点处总位移分量的大小和相位角，以及具有转动自由度的节点处的转动大小和相位角
PTU*n*	●				总位移分量 $n(n=1,2,3)$ 的大小和相位角
PTUR*n*	●				总转动分量 $n(n=1,2,3)$ 的大小和相位角

孔隙压力分析（表 4-54）

下面的变量对应孔隙压力分析中的体积通量。

表 4-54 孔隙压力分析

标识符	.dat	.fil	.odb 场	.odb 历史	说明
RVF	●	●	●	●	规定压力下的反作用流体体积流量。此流量是流体体积通过节点进入或者离开模型，以维持规定压力边界条件的速率。正的 RVF 值表示流体进入模型
RVT	●	●	●	●	反作用总流体体积（仅在瞬态耦合的孔隙流体扩散/应力分析中才计算）。此值是 RVF 的时间积分值

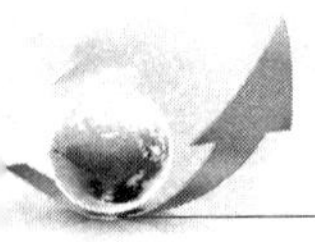

随机响应分析（表 4-55）

下面的变量仅用于随机响应动力学分析。“相对”值是相对于基础运动来度量的；“总”值包括基础运动。

表 4-55　随机响应分析

标识符	.dat	.fil	.odb		说　明
			场	历史	
RU	●	●	●	●	节点处相对位移所有分量的均方根值，以及具有转动自由度的节点处转动分量的均方根值
RUn	●			●	相对位移分量 $n(n=1,2,3)$ 的均方根值
RURn	●			●	相对转动分量 $n(n=1,2,3)$ 的均方根值
RTU	●	●	●	●	节点处总位移所有分量的均方根值，以及具有转动自由度的节点处总转动分量的均方根值
RTUn	●			●	总位移分量 $n(n=1,2,3)$ 的均方根值
RTURn	●			●	总转动分量 $n(n=1,2,3)$ 的均方根值
RV	●	●	●	●	节点处相对速度所有分量的均方根值，以及具有转动自由度的节点处转动速率分量的均方根值
RVn	●			●	相对速度分量 $n(n=1,2,3)$ 的均方根值
RVRn	●			●	相对转动速度分量 $n(n=1,2,3)$ 的均方根值
RTV	●	●	●	●	节点处总速度所有分量的均方根值，以及具有转动自由度的节点处总转动分量的均方根值
RTVn	●			●	总速度分量 $n(n=1,2,3)$ 的均方根值
RTVRn	●			●	总转动速度分量 $n(n=1,2,3)$ 的均方根值
RA	●	●	●	●	节点处相对加速度所有分量的均方根值，以及具有转动自由度的节点处转动加速度分量的均方根值
RAn	●			●	相对加速度分量 $n(n=1,2,3)$ 的均方根值
RARn	●			●	相对转动加速度分量 $n(n=1,2,3)$ 的均方根值
RTA	●	●	●	●	节点处总加速度所有分量的均方根值，以及具有转动自由度的节点处转动加速度分量的均方根值
RTAn	●			●	加速度总值分量 $n(n=1,2,3)$ 的均方根值
RTARn	●			●	总转动加速度分量 $n(n=1,2,3)$ 的均方根值
RRF	●	●	●	●	反作用力所有分量的均方根值，以及具有转动自由度的节点处反作用力矩的均方根值
RRFn	●			●	反作用力分量 $n(n=1,2,3)$ 的均方根值
RRMn	●			●	反作用力矩分量 $n(n=1,2,3)$ 的均方根值

模态变量（表 4-56）

用户可以请求将模态变量输出到数据、结果或者输出数据库文件（见“输出到数据和

结果文件”中的“来自 Abaqus/Standard 的模态输出”，4.1.2 节；“输出到输出数据库”中的“来自 Abaqus/Standard 的模态输出”，4.1.3 节）。在稳态动力学 GU 等中提供模态的幅值。

表 4-56 模态变量

标识符	.dat	.fil	.odb 场	.odb 历史	说明
GU	●	●		●	所有模态的广义位移
GU*n*	●			●	模态 *n* 的广义位移
GV	●	●		●	所有模态的广义速度
GV*n*	●			●	模态 *n* 的广义速度
GA	●	●		●	所有模态的广义加速度
GA*n*	●			●	模态 *n* 的广义加速度
GPU	●	●		●	所有模态的广义位移相位角
GPU*n*	●			●	模态 *n* 的广义位移相位角
GPV	●	●		●	所有模态的广义速度相位角
GPV*n*	●			●	模态 *n* 的广义速度相位角
GPA	●	●		●	所有模态的广义加速度相位角
GPA*n*	●			●	模态 *n* 的广义加速度相位角
SNE	●	●		●	每种模态下整个模型的弹性应变能(不用于随机响应分析)
SNE*n*	●			●	模态 *n* 下整个模型的弹性应变能(不用于随机响应分析)
KE	●	●		●	每种模态下整个模型的动能(不用于随机响应分析)
KE*n*	●			●	模态 *n* 下整个模型的动能(不用于随机响应分析)
T	●	●		●	每种模态下整个模型的外部功(不用于随机响应分析)
T*n*	●			●	模态 *n* 下整个模型的外部功(不用于随机响应分析)
BM	●	●		●	基础运动(不用于随机响应分析或者响应谱分析)

面变量

用户可以请求将面变量输出到数据文件、结果文件或者输出数据库文件（见“输出到数据和结果文件”中的“来自 Abaqus/Standard 的模态输出”，4.1.2 节；“输出到输出数据库”中的“来自 Abaqus/Standard 的模态输出”，4.1.3 节）。“在 Abaqus/Standard 中定义接触对”（《Abaqus 分析用户手册——指定条件、约束与相互作用卷》的 3.3.1 节），以及“接触属性模型”《Abaqus 分析用户手册——指定条件、约束与相互作用卷》的第 2 章）中提供了这些变量的其他信息。输出变量标识符末尾的字母“M”表示变量的大小。在单个主-从接触对中的主面和从面上都输出的变量如下所示。主面上的输出除外，见“在 Abaqus/Standard 中定义接触对”，《Abaqus 分析用户手册——指定条件、约束与相互作用卷》的 3.3.1 节。

力学分析的节点量（表 4-57）

表 4-57　力学分析的节点量

标识符	. dat	. fil	. odb 场	. odb 历史	说　明
CSTRESS	●	●	●	●	接触压力(CPRESS)和摩擦切应力(CSHEAR)。在单个主-从设置中,. odb 文件也可以获取主面上的输出
CSTRESSETOS			●		由边-面接触约束产生的接触压力(CPRESSETOS)和摩擦切应力(CSHEARETOS)。在单个主-从设置中,. odb 文件也可以获取主面上的输出
CSTRESSERI			●		接触压力(CPRESSERI)和摩擦切应力(CSHEARERI)的容差指示器。在单个主-从设置中,. odb 文件也可以获取主面上的输出
CDSTRESS	●	●	●	●	黏性压力(CDPRESS)和黏性切应力(CDSHEAR)。在单个主-从设置中,. odb 文件也可以获取主面上的输出
CDISP	●	●	●	●	接触打开(COPEN)和相对切向运动(CSLIP)
CDISPETOS			●		边-面接触约束的接触打开(COPENETOS)和相对切向运动(CSLIPETOS)
CFORCE			●		接触法向力(CNORMF)和摩擦剪切力(CSHEARF)。在单个主-从设置中,. odb 文件也可以获取主面上的输出
CLINELOAD			●		由边-面和径向边-边约束的线接触产生的接触载荷,单位是单位长度上的力。. odb 文件仅可以为通用接触获取法向(CLINELOADN)和摩擦剪切分量(CLINELOADN)
CNAREA			●		接触节点面积。在单个主-从设置中,. odb 文件也可以获取主面上的输出
CPOINTLOAD			●		由使用交叉公式的边-边约束的点接触产生的接触载荷,以力为单位。. odb 文件仅可以为通用接触获取法向(CPOINT-LOADN)和摩擦剪切(CPOINTLOADT)分量
CRKDISP			●	●	扩展单元中开裂面上的裂纹开度和相对切向运动
CRKSTRESS			●	●	扩展单元中在开裂面上保留的残余压力和切向切应力
CSTATUS			●		接触状态。在单个主-从设置中,. odb 文件也可以获取主面上的输出
CSMAXSCRT			●	●	胶黏面基于最大应力的损伤初始化准则
CSQUADSCRT			●	●	胶黏面基于二次应力的损伤初始化准则
CSMAXUCRT			●	●	胶黏面基于最大分离的损伤初始化准则
CSQUADUCRT			●	●	胶黏面基于二次分离的损伤初始化准则
CSDMG			●	●	胶黏面的损伤变量,或者扩展单元中开裂面的损伤变量
CTANDIR			●		瞬间接触切向方向(CTANDIR1 和 CTANDIR2)
PPRESS	●	●	●	●	压力穿透分析的流体压力
SDV	●	●	●	●	解相关的状态变量

整个面的机械分析量（表 4-58）

表 4-58　整个面的机械分析量

标识符	.dat	.fil	.odb		说　明
			场	历史	
CFN	●	●		●	由接触压力产生的总力（CFNn，n=1,2,3）
CFNM				●	由接触压力产生的总力大小
CFS	●	●		●	由摩擦应力产生的总力（CFSn，n=1,2,3）
CFSM				●	由摩擦应力产生的总力大小
CFT	●	●		●	由压力和摩擦应力产生的总力（CFTn，n=1,2,3）
CFTM				●	由接触压力和摩擦应力产生的总力大小
CMN	●	●		●	由接触压力产生的关于原点的总力矩（CMNn，n=1,2,3）
CMNM				●	由接触压力产生的关于原点的总力矩大小
CMS	●	●		●	由摩擦应力产生的关于原点的总力矩（CMSn，n=1,2,3）
CMSM				●	由摩擦应力产生的关于原点的总力矩大小。
CMT	●	●		●	由接触压力和摩擦应力产生的关于原点的总力矩（CMTn，n=1,2,3）
CMTM				●	由接触压力和摩擦应力产生的关于原点的总力矩大小
CAREA	●	●		●	接触总面积
CTRQ	●	●		●	在使用单位摩擦系数的对称分析中，由接触面产生的可以关于 z 轴传递的最大力矩
XN	●	●		●	由接触压力产生的总力的中心（XNn，n = 1,2,3）
XS	●	●		●	由摩擦应力产生的总力的中心（XNn，n = 1,2,3）
XT	●	●		●	由接触压力和摩擦应力产生的总力的中心（XTn，n = 1,2,3）

热传导分析（表 4-59）

表 4-59　热传导分析

标识符	.dat	.fil	.odb		说　明
			场	历史	
HFL	●	●	●	●	离开从面的单位面积上的热通量
HFLA	●	●	●	●	HFL 乘以节点面积
HTL	●	●	●	●	HFL 的时间积分
HTLA	●	●	●	●	HFLA 的时间积分

耦合的热-电分析（表 4-60）

表 4-60　耦合的热-电分析

标识符	.dat	.fil	.odb		说　明
			场	历史	
ECD	●	●	●	●	单位面积上的电流
ECDA	●	●	●	●	ECD 乘以节点面积

（续）

标识符	.dat	.fil	.odb 场	.odb 历史	说　　明
ECDT	●	●	●	●	ECD 的时间积分
ECDTA	●	●	●	●	ECDA 的时间积分
HFL	●	●	●	●	离开从面的单位面积上的热通量
HFLA	●	●	●	●	HFL 乘以节点面积
HTL	●	●	●	●	HFL 的时间积分
HTLA	●	●	●	●	HFLA 的时间积分
SJD	●	●	●	●	由电流产生的单位面积上的热通量
SJDA	●	●	●	●	SJD 乘以节点面积
SJDT	●	●	●	●	SJD 的时间积分
SJDTA	●	●	●	●	SJDA 的时间积分
WEIGHT	●	●	●	●	界面之间热分布的权重因子

完全耦合的温度-位移分析（表 4-61）

表 4-61　完全耦合的温度-位移分析

标识符	.dat	.fil	.odb 场	.odb 历史	说　　明
HFL	●	●	●	●	离开从面的单位面积上的热通量
HFLA	●	●	●	●	HFL 乘以节点面积
HTL	●	●	●	●	HFL 的时间积分
HTLA	●	●	●	●	HFLA 的时间积分
SFDR	●	●	●	●	由摩擦耗散引起的单位面积上的热通量
SFDRA	●	●	●	●	SFDR 乘以节点面积
SFDRT	●	●	●	●	SFDR 的时间积分
SFDRTA	●	●	●	●	SFDRA 的时间积分
WEIGHT	●	●	●	●	界面之间热分布的权重因子

完全耦合的热-电-结构分析（表 4-62）

表 4-62　完全耦合的热-电-结构分析

标识符	.dat	.fil	.odb 场	.odb 历史	说　　明
ECD	●	●	●	●	单位面积上的电流
ECDA	●	●	●	●	ECD 乘以节点面积
ECDT	●	●	●	●	ECD 的时间积分
ECDTA	●	●	●	●	ECDA 的时间积分
HFL	●	●	●	●	离开从面的单位面积上的热通量
HFLA	●	●	●	●	HFL 乘以节点面积
HTL	●	●	●	●	HFL 的时间积分

（续）

标识符	. dat	. fil	. odb 场	. odb 历史	说明
HTLA	●	●	●	●	HFLA 的时间积分
SFDR	●	●	●	●	由摩擦耗散产生的单位面积上的热通量
SFDRA	●	●	●	●	SFDR 乘以节点面积
SFDRT	●	●	●	●	SFDR 的时间积分
SFDRTA	●	●	●	●	SFDRA 的时间积分
SJD	●	●	●	●	由电流产生的单位面积上的热通量
SJDA	●	●	●	●	SJD 乘以节点面积
SJDT	●	●	●	●	SJD 的时间积分
SJDTA	●	●	●	●	SJDA 的时间积分
WEIGHT	●	●	●	●	界面之间热分布的权重因子

耦合的孔隙流体-机械分析的节点量（表 4-63）

表 4-63 耦合的孔隙流体-机械分析的节点量

标识符	. dat	. fil	. odb 场	. odb 历史	说明
PFL	●	●	●	●	离开从面的单位面积上的孔隙流体体积通量
PFLA	●	●	●	●	PFL 乘以节点面积
PTL	●	●	●	●	PFL 的时间积分
PTLA	●	●	●	●	PFLA 的时间积分

扩展单元中耦合的孔隙流体-机械分析的节点量（表 4-64）

表 4-64 扩展单元中耦合的孔隙流体-机械分析的节点量

标识符	. dat	. fil	. odb 场	. odb 历史	说明
GFVR			●	●	扩展单元中开裂面内的流体体积速率
PORPRES			●	●	扩展单元中开裂面内的孔隙压力
PORPRESURF			●	●	扩展单元中开裂面上的孔隙压力
LEAKVR			●	●	扩展单元中开裂面上的泄漏速度
ALEAKVR			●	●	扩展单元中开裂面上的累积泄漏流体体积

耦合的孔隙流体-力学分析的整个面量（表 4-65）

表 4-65 耦合的孔隙流体-力学分析的整个面量

标识符	. dat	. fil	. odb 场	. odb 历史	说明
TPFL	●	●			离开从面的总孔隙流体体积通量
TPTL	●	●			TPFL 的时间积分

粘结失效量（表 4-66）

表 4-66 粘结失效量

标识符	.dat	.fil	.odb 场	.odb 历史	说明
DBT	●	●	●	●	发生粘结失效的时刻
DBS	●	●	●	●	失效粘结中剩余应力的所有分量
DBSF	●	●	●	●	粘结失效时保留的应力分数
BDSTAT	●	●	●	●	粘结状态(从 1.0 变化到 0.0)
CSDMG	●	●	●	●	损伤变量
OPENBC	●	●	●	●	当满足开裂准则时，裂纹后面的相对位移
CRSTS	●	●	●	●	失效时临界应力的所有分量
ENRRT	●	●	●	●	应变能量释放率的所有分量
EFENRRTR	●	●	●	●	有效能量释放率比

腔辐射变量（表 4-67）

下面的变量与辐射热传导中组成腔的面片（单元的侧面）有关，并且包含由于与环境交换产生的贡献。用户可以请求将腔辐射变量输出到数据、结果或输出数据库文件中（见“腔辐射”中的“请求面变量输出”，《Abaqus 分析用户手册——指定条件、约束与相互作用卷》的第 6 章；“输出到输出数据库”中的“Abaqus/Standard 中的腔辐射输出”，4.1.3 节）。

表 4-67 腔辐射变量

标识符	.dat	.fil	.odb 场	.odb 历史	说明
RADFL	●	●	●	●	单位面积上的辐射通量
RADFLA	●	●	●	●	面片上的辐射通量
RADTL	●	●	●	●	单位面积上辐射的时间积分
RADTLA	●	●	●	●	面片上辐射的时间积分
VFTOT	●	●	●	●	面片的总角系数(对应于面片角系数矩阵行中的角系数值总和)
FTEMP	●	●	●	●	面片温度

截面变量（表 4-68～表 4-73）

用户可以将截面变量请求成数据文件或者结果文件的截面输出（见“输出到数据和结果文件”中的“来自 Abaqus/Standard 的截面输出”，4.1.2 节），或者输出数据库的积分输出（见“输出到输出数据库”中的“积分输出”，4.1.3 节）。如果为输出请求定义了局部坐标系，则所有分量是相对于局部坐标系给出的。通过在面上积分来计算输出量，此面是在

输出请求中直接指定的，或者通过关联具有积分输出请求的积分输出截面定义来指定（见“积分输出截面定义”，2.5 节）。

不同的分析类型可以使用不同的输出变量。对于耦合的分析，可以请求合适的变量组合。例如，在耦合的热-电分析中，SOH 和 SOE 都是有效的输出请求。输出截面变量不能用于线性动力学过程。

所有分析类型

表 4-68 所有分析类型中的截面变量

标识符	.dat	.fil	.odb 场	.odb 历史	说明
SOAREA	●	●		●	所定义截面的面积

应力/位移分析

表 4-69 应力/位移分析中的截面变量

标识符	.dat	.fil	.odb 场	.odb 历史	说明
SOF	●	●		●	截面中的总力
SOM	●	●		●	截面中的总力矩
SOCF	●	●		●	截面中总力的中心

热传导分析

表 4-70 热传导分析中的截面变量

标识符	.dat	.fil	.odb 场	.odb 历史	说明
SOH	●	●		●	与截面相关联的总热通量

电分析

表 4-71 电分析中的截面变量

标识符	.dat	.fil	.odb 场	.odb 历史	说明
SOE	●	●		●	与截面相关联的总电流

质量扩展分析

表 4-72 质量扩展分析中的截面变量

标识符	.dat	.fil	.odb 场	.odb 历史	说明
SOD	●	●		●	与截面相关联的总质量流量

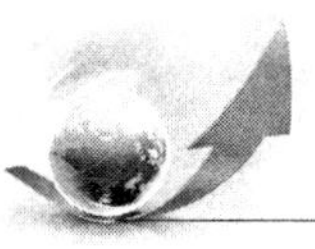

耦合的孔隙流体扩散-应力分析

表 4-73 耦合的孔隙流体扩散-应力分析中的截面变量

标识符	. dat	. fil	. odb 场	. odb 历史	说明
SOP	●	●		●	与截面相关联的总孔隙流体体积通量

整个和部分模型变量

以下输出变量可用于部分模型和整个模型。

自适应网格区域变量（表 4-74）

下面的变量仅用于自适应区域（见“在 Abaqus/Standard 中定义 ALE 自适应网格区域”，《Abaqus 分析用户手册——分析卷》的 7.2.6 节）。

表 4-74 自适应网格区域变量

标识符	. dat	. fil	. odb 场	. odb 历史	说明
VOLC	●	●		●	仅由于自适应网格划分产生的单元集合的面积变化或者体积变化

等效刚体运动变量（表 4-75）

用户可以请求将等效刚体运动整体单元集合变量输出到数据文件、结果文件或者输出数据库文件（见“输出到数据和结果文件”中的“来自 Abaqus/Standard 的截面输出”，4.1.2 节），或者请求成输出数据库的积分输出（见“输出到输出数据库”中的“积分输出”，4.1.3 节）。所列变量仅适用于使用直接积分的隐式动力学分析，除非另有说明。

表 4-75 等效刚体运动变量

标识符	. dat	. fil	. odb 场	. odb 历史	说明
XC	●	●		●	整个集合或者整个模型的质心的当前坐标。特征频率提取、特征值屈曲预测、复特征频率提取或者线性动力学过程不能使用此输出。也可用于静态分析，但只能来自输出数据库
XCn	●			●	整个集合或者整个模型的质心坐标 $n(n=1,2,3)$
UC	●	●		●	整个集合或者整个模型的质心当前位移。也可用于静态分析，但只能来自输出数据库
UCn	●			●	整个集合或者整个模型的质心位移分量 $n(n=1,2,3)$
URCn	●			●	整个集合或者整个模型的质心转动分量 $n(n=1,2,3)$
VC	●	●		●	在整个集合或者整个模型上进行求和的等效刚体速度

（续）

标识符	.dat	.fil	.odb		说　明
			场	历史	
VCn	●			●	在整个集合或者整个模型上求和的等效刚体速度分量 n(n=1,2,3)
VRCn	●			●	在整个集合或者整个模型上求和的等效刚体角速度分量 n(n=1,2,3)
HC	●	●		●	整个集合或者整个模型关于质心的当前角动量
HCn	●			●	整个集合或者整个模型关于质心的角动量分量 n(n=1,2,3)
HO	●	●		●	整个集合或者整个模型关于原点的当前角动量
HOn	●			●	整个集合或者整个模型关于原点的角动量分量 n(n=1,2,3)
RI	●	●			整个集合或者整个模型关于原点的当前转动惯量。特征频率提取、特征值屈曲预测、复特征频率提取或者线性动力学过程不能使用。也可用于静态分析,但只能来自输出数据库
RIij	●			●	整个集合或者整个模型关于原点的转动惯量的 ij 分量($i \le j \le 3$)
MASS	●	●		●	整个集合或者整个模型的当前质量。也可用于静态分析,但只能来自输出数据库
VOL	●	●		●	整个集合或者整个模型的当前体积。也可用于静态分析,但只能来自输出数据库(仅用于连续单元和不使用通用梁或者壳截面定义的结构单元)

惯性释放输出变量（表 4-76）

用户可以请求将惯性释放整个模型变量输出到数据文件或者输出数据库文件（见“输出到数据和结果文件”中的“单元输出”，4.1.2 节；“输出到输出数据库”中的“单元输出”，4.1.3 节）。因为这些变量对于整个模型具有唯一值，所以变量输出独立于所指定的区域。所列变量仅用于包含惯性释放载荷的分析（见“惯性释放”，《Abaqus 分析用户手册——分析卷》的 6.1 节）。

表 4-76　惯性释放输出变量

标识符	.dat	.fil	.odb		说　明
			场	历史	
IRX	●			●	参考点的当前坐标
IRXn	●			●	参考点的坐标 n(n=1,2,3)
IRA	●			●	等效刚体加速度
IRAn	●			●	等效刚体加速度分量 n(n=1,2,3)
IRARn	●			●	关于参考点的等效刚体角加速度的分量 n(n=1,2,3)
IRF	●			●	对应于等效刚体加速度的惯性释放载荷
IRFn	●			●	对应于等效刚体加速度的惯性释放载荷分量 n(n=1,2,3)
IRMn	●			●	对应于等效刚体角加速度的关于参考点的惯性释放力矩分量 n(n=1,2,3)
IRRI	●			●	关于参考点的转动惯量
IRRIij	●			●	关于参考点的转动惯量的 ij 分量($i \le j \le 3$)
IRMASS	●			●	整个模型质量

质量扩散分析（表 4-77）

用户可以请求从质量扩散分析中（“质量扩散分析”，《Abaqus 分析用户手册——分析卷》的 1.9 节）输出变量到数据文件、结果文件或者输出数据库文件（见“输出到数据和结果文件”中的“单元输出”，4.1.2 节；“输出到输出数据库”中的“单元输出”，4.1.3 节）。如果指定了输出区域，则在指定区域上计算变量；如果没有指定输出区域，则在整个模型上计算变量。

表 4-77　质量扩散分析

标识符	.dat	.fil	.odb 场	.odb 历史	说　明
SQL	●	●		●	单元集合中的解总和，计算成集合中所有单元上 ESOL（每个单元中解的大小）的总和

具有时间相关性的材料行为的分析（表 4-78）

表 4-78　具有时间相关性的材料行为的分析

标识符	.dat	.fil	.odb 场	.odb 历史	说　明
CRPTIME				●	蠕变时间，等于时间相关的材料行为的使用过程总时间（见“率相关的塑性：蠕变和溶胀”，《Abaqus 分析用户手册——单元卷》的 3.2.4 节）

特征值提取（表 4-79）

在频率提取分析中，自动输出下面的变量（“自然频率提取”，《Abaqus 分析用户手册——分析卷》的 1.3.5 节）。

表 4-79　特征值提取

标识符	.dat	.fil	.odb 场	.odb 历史	说　明
EIGVAL	○			○	特征值
EIGFREQ	○			○	特征频率
GM	○			○	广义质量
CD	○			○	复合阻尼因子
PFn	○			○	模态参与因子 1~7（n=1,2,3 对应于位移；n=4,5,6 对应于转动；n=7 对应于声学压力）
EMn	○			○	模态有效质量 1~7（n=1,2,3 对应于位移；n=4,5,6 对应于转动；n=7 对应于声学压力）

复特征值提取（表 4-80）

在复频率提取分析中，自动输出下面的变量（“复特征值提取”，《Abaqus 分析用户手册——分析卷》的 1.3.6 节）。

表 4-80　复特征值提取

标识符	.dat	.fil	.odb 场	.odb 历史	说　明
EIGREAL	○			○	特征值的实部
EIGIMAG	○			○	特征值的虚部
EIGFREQ	○			○	特征频率
DAMPRATIO	○			○	阻尼比

总能量输出变量（表 4-81）

如果后续整个模型变量与某个分析有关，则可以请求这些整个模型变量作为数据文件、结果文件或者输出数据库文件的输出（见“输出到数据和结果文件”中的“总能量输出”，4.1.2 节；“输出到输出数据库”中的“总能量输出”，4.1.3 节）。如果没有指定输出区域，则计算整个模型变量；如果指定了输出区域，则在指定区域上计算相关的能量总和。

这些变量不能用于特征值屈曲预测、特征值提取或者复频率提取分析。不能为模态动力学、随机响应、响应谱分析或者稳态动力学分析指定输出区域。

能量定义的详细内容见“能量平衡”（《Abaqus 理论手册》的 1.5.5 节）和“接触分析中的能量计算”（《Abaqus 例题手册》的 1.1.25 节）。在稳态动力学中，所有能量值都是每个循环的净值，除非另有说明。

表 4-81　总能量输出变量

标识符	.dat	.fil	.odb 场	.odb 历史	说　明
ALLAE	○	○		●	与用来删除奇异模式(如沙漏控制)的约束相关联的“人工”应变能，以及与用于使钻随壳单元平面内的转动而转动的约束相关联的应变能
ALLCCDW	○			●	接触约束不连续功
ALLCCEN	○			●	由于施加罚约束而产生的法向接触约束弹性能
ALLCCET	○			●	由于施加摩擦罚约束而产生的切向接触约束弹性能
ALLCCE	○			●	ALLCCEN 和 ALLCCET 的和
ALLCCSDN	○			●	法向接触约束稳定耗散
ALLCCSDT	○			●	切向接触约束稳定耗散
ALLCCSD	○			●	ALLCCSDN 和 ALLCCSDT 的和
ALLCD	○	○		●	由蠕变、溶胀、黏弹性产生的能量耗散，以及与粘结单元和胶黏剂接触的黏性正则化相关联的能量
ALLEE	○	○		●	静电能
ALLFD	○	○		●	通过摩擦效应耗散的总能量(仅用于整个模型)
ALLIE	○	○		●	总应变能(ALLIE = ALLSE+ALLPD+ALLCD+ALLAE+ALLQB+ALLEE+ALLDMD)
ALLJD	○	○		●	由于电流流动耗散的电能
ALLKE	○	○		●	动能。在稳态动力学分析中，是循环平均值
ALLKL	○	○		●	冲击动能损失(仅用于整个模型)

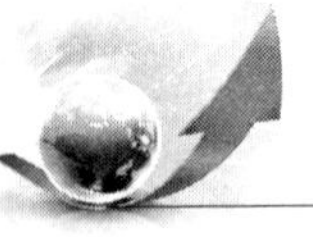

（续）

标识符	.dat	.fil	.odb		说　明
			场	历史	
ALLPD	○	○		●	率无关和率相关的塑性变形所耗散的能量
ALLQB	○	○		●	通过平静边界(无限单元)耗散的能量(仅用于整个模型)
ALLSD	○	○		●	自动稳定性耗散的能量,包括体积静态稳定性和接触对的自动接近(对于整个模型仅包括后者)
ALLSE	○	○		●	恢复应变能。在稳态动力学分析中,此值是循环平均值
ALLVD	○	○		●	由包含黏性正则化的黏性效应引起的能量耗散(除了粘结单元和胶黏接触),不包含由自动稳定性和黏弹性耗散的能量
ALLDMD	○	○		●	由损伤耗散的能量
ALLWK	○	○		●	外部功(仅用于整体模型)
ETOTAL	○	○		●	总能量平衡(仅用于整个模型)(ETOTAL = ALLKE + ALLIE + ALLVD + ALLSD + ALLKL + ALLFD + ALLJD + ALLCCE - ALLWK - ALLCCDW)

解相关幅值变量（表 4-82）

使用任何文件输出或者输出数据库请求都可以自动给出解相关幅值变量。

表 4-82　解相关幅值变量

标识符	.dat	.fil	.odb		说　明
			场	历史	
LPF		○		○	静态 Riks 分析中的载荷比例因子
AMPCU		○		○	解相关幅值的当前值
RATIO		○		○	蠕变应变率和目标蠕变应变率的当前最大比

结构优化变量（表 4-83～表 4-86）

由每个设计循环中的优化模块请求的结构优化输出变量（见“优化技术”，《Abaqus 分析用户手册——分析卷》的第 8 章）。

拓扑优化

在拓扑优化中，自动输出下面的变量（见“结构优化：概览”中的“拓扑优化”，《Abaqus 分析用户手册——分析卷》的 8.1 节）。

表 4-83　拓扑优化变量

标识符	.dat	.fil	.odb		说　明
			场	历史	
MAT_PROP_NORMALIZED			○		基于单元的名义材料值

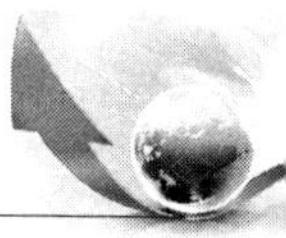

形状优化

在形状优化中，自动输出下面的变量（见“结构优化：概览”中的“形状优化”，《Abaqus 分析用户手册——分析卷》的 8.1 节）。

表 4-84 形状优化变量

标识符	.dat	.fil	.odb		说　明
			场	历史	
CTRL_INPUT			○		每个节点处的目标函数值
DISP_OPT_VAL			○		形状优化位移的值
DISP_OPT			○		代表形状优化位移的向量

尺寸优化

在尺寸优化中，自动输出下面的变量（见“结构优化：概览”中的“尺寸优化”，《Abaqus 分析用户手册——分析卷》的 8.1 节）。

表 4-85 尺寸优化变量

标识符	.dat	.fil	.odb		说　明
			场	历史	
THICKNESS			○		壳厚度的值
DELTA_THICKNESS			○		壳厚度的变化

起筋优化

在起筋优化中，自动输出下面的变量（见“结构优化：概览”中的“起筋优化”，《Abaqus 分析用户手册——分析卷》的 8.1 节）。

表 4-86 起筋优化变量

标识符	.dat	.fil	.odb		说　明
			场	历史	
DISP_NORMAL_VAL			○		沿着节点法向向量的起筋优化位移值
DISP_OPT_VAL			○		起筋优化位移值
DISP_OPT			○		代表起筋优化位移的向量

4.2.2 Abaqus/Explicit 输出变量标识符

产品：Abaqus/Explicit

参考

- “输出：概览”，4.1.1 节

- “输出到数据和结果文件”，4.1.2 节
- “输出到输出数据库”，4.1.3 节

概览

除了状态文件中的信息，只能通过后处理获取 Abaqus/Explicit 的结果。

此部分中的表列出了 Abaqus/Explicit 中所有可用输出变量。可以请求将这些输出变量输出到结果（.fil）文件（见“输出到数据和结果文件”，4.1.2 节），或者作为输出数据库的（.odb）场类型或者历史类型输出输出到输出数据库（见“输出到输出数据库”，4.1.3 节）。一般情况下，也可以将以 ODB 格式输出到输出数据库的场类型或者历史类型的输出，请求成 SIM 格式的输出（见“输出：概览”中的“输出数据库”，4.1.1 节）。当为结果文件的输出请求输出变量时，Abaqus/Explicit 会先将这些变量输出到选定结果（.sel）文件，然后在分析完成后将选定结果文件转换成结果文件。

表中使用的符号

不同输出变量标识符的可用性是通过表列中标题下的●来定义的。

.fil

表示此标识符可用作结果文件输出选择。

.odb 场

表示此标识符可用作输出数据库的场类型的输出选择。

.odb 历史

表示此标识符可用作输出数据库的历史类型的输出选择。

方向定义

取决于变量类型的方向定义。

单元变量的方向定义

对于应力、应变和类似材料变量的分量，1、2 和 3 是指正交坐标系中的方向。这些方向是实体单元的整体方向，壳单元和膜单元的面方向，以及梁和管单元的轴向和横向方向。然而，如果局部方向（“方向”，2.2.5 节）与已经请求了输出的单元相关联，则 1、2 和 3 是局部方向。

节点变量的方向定义

对于节点变量，1、2 和 3 是指整体方向（$1=X$，$2=Y$，$3=Z$；在轴对称单元中，$1=R$，

2=Z)。即使已经在节点处定义了局部坐标系（“坐标系变换”，2.1.5节），结果文件中的数据以及选定结果文件仍然是在整体方向上输出的。

如果为已经定义了局部坐标系的节点请求节点场输出，则将代表整体方向转动的四元数组写入输出数据库。Abaqus/CAE自动使用此四元数组将节点结果转换成局部方向。写入输出数据库的节点历史数据总是以整体方向来存储的。

积分变量的方向定义

对于总力、总力矩和类似的通过面上的积分得到的变量的分量，方向1、2和3是指正交坐标系中的方向。如果直接为积分输出请求定义了面，则使用固定的整体坐标系。如果通过积分输出截面定义来确定面（见“积分输出截面定义”，2.5节），此定义与积分输出请求相关联，则可以指定最初构型中的局部坐标系，并且此坐标系随着变形平移和转动。

分布载荷输出和用户子程序

在“载荷”（《Abaqus分析用户手册——指定条件、约束与相互作用卷》的1.4节）中讨论了可以为许多分布载荷请求的输出。然而，没有显示通过用户子程序定义的这些载荷的贡献（见“Abaqus/Explicit子程序”，《Abaqus用户子程序参考手册》的1.2节）。

主值输出

可以为应力、对数应变和名义应变请求主值输出。可以获取所有主值或者最小值、中间值、最大值。张量*ABC*的所有主值是使用*ABC*P请求得到的；使用请求*ABC*P1、*ABC*P2和*ABC*P3可分别请求最小值、中间值和最大值。对于三维平面应变和轴对称单元，可以得到三个主值。对于平面应力、膜和壳单元，仅为历史类型的输出获取平面中的主值，并且不能获取平面外的主值。对于场类型的输出，通过Abaqus/CAE来得到所有的三个主值。不能为梁、管和杆单元获取主值，并且不能获取塑性应变主值。

如果为场类型的输出请求一个主值或者不变量，则使用对应张量的分量输出请求来代替输出请求。Abaqus/CAE根据这些分量计算所有主值和不变量。如果希望主值是历史类型的输出，则必须进行明确的请求，因为Abaqus/CAE不对历史数据进行计算。

张量输出

作为场类型输出写入输出数据库的张量变量分量，位于“方向”（2.2.5节）中给出的约定所定义的默认方向上（实体单元的整体方向，壳和膜单元的面方向，以及梁和管单元的轴向和横向方向），或者用户定义的局部方向上。Abaqus/CAE为这些分量计算所有主值和不变量。不同类型的张量变量见“写场输出数据”（《Abaqus脚本用户手册》的9.6.4节）。

以单精度将张量变量的分量写入输出数据库。因此，计算变量的主值时会出现少量的精度圆整误差。例如，将相对小的非零值作为零值进行分析计算时，会观察到类似的圆整误差。

请求分量输出

在 Abaqus/CAE 中，可以请求将变量的单个分量作为历史类型的输出输出到输出数据库中，以绘制 *X-Y* 图。场类型的输出不能获取单个分量。如果要在 Abaqus/CAE 中云图显示一个具体的分量，则请求通用变量的场输出（如应力 *S*）。可以在 Abaqus/CAE 的 Visualization 模块中请求此场输出的单个分量输出。

单元积分点变量

用户可以请求将单元积分点变量输出到结果文件或者输出数据库文件中（见“输出到数据和结果文件”中的“单元输出”，4.1.2 节；“输出到输出数据库”中的“单元输出”，4.1.3 节）。

张量和不变量（表 4-87）

表 4-87　张量和不变量

标识符	.fil	.odb		说　明
		场	历史	
S	●	●	●	所有应力分量
MISESMAZ		●		所有截面点中的最大密塞斯应力。对于壳单元，它代表层中所有截面点中的最大密塞斯应力；对于梁或者管单元，它是横截面中所有截面点中的最大密塞斯应力；对于实体单元，它代表积分点处的密塞斯应力
S*ij*			●	应力的 *ij* 分量（$i \leqslant j \leqslant 3$）
SP	●	●	●	所有主应力分量
SP*n*			●	最小、中间和最大主应力分量（$i \leqslant j \leqslant 3$）
E	●	●	●	几何线性分析的所有无穷小应变分量
E*ij*			●	无穷小应变的 *ij* 分量（$i \leqslant j \leqslant 3$）
LE	●	●	●	所有对数应变分量
LE*ij*			●	对数应变的 *ij* 分量（$i \leqslant j \leqslant 3$）
LEP	●	●	●	所有主对数应变分量
LEP*n*			●	最小、中间和最大主对数应变分量（LEP1≤LEP2≤LEP3）
ER	●	●	●	所有对数应变率分量
ER*ij*			●	对数应变率的 *ij* 分量（$i \leqslant j \leqslant 3$）
ERP	●	●	●	所有主对数应变率分量
ERP*n*			●	最小、中间和最大主应变率分量（ERP1≤ERP2≤ERP3）
NE	●	●	●	所有名义应变分量
NE*ij*			●	名义应变的 *ij* 分量（$i \leqslant j \leqslant 3$）
NEP	●	●	●	所有主名义应变分量
NEP*n*			●	最小、中间和最大主名义应变分量（NEP1≤NEP2≤NEP3）
PE	●	●	●	所有塑性应变分量

（续）

标识符	.fil	.odb 场	.odb 历史	说明
PE*ij*			●	塑性应变的 *ij* 分量（$i \leqslant j \leqslant 3$）
PEP		●	●	所有主塑性应变
PEP*n*			●	最小、中间和最大主塑性应变
ERV	●	●	●	体积应变率
MISES	●	●	●	密塞斯等效应力， $$q=\sqrt{\frac{3}{2}\mathbf{S}:\mathbf{S}}$$ 式中，**S** 是偏应力张量，$\mathbf{S}+\boldsymbol{\sigma}+p\mathbf{I}$，其中 $\boldsymbol{\sigma}$ 是应力；p 是等效压应力，$p=-\frac{1}{3}\text{trace}(\boldsymbol{\sigma})$
PRESS	●	●	●	等效压应力，$p=-\frac{1}{3}\text{trace}(\boldsymbol{\sigma})$
TRIAX		●	●	三轴应力，$\eta=-p/q$
YIELDS		●	●	屈服应力 σ^0，可用于密塞斯、Johnson-Cook 和 Hill 塑性材料模型
MASSADJUST		●		每个单元中的调整质量或者重新分布质量，包含在使用质量调整的单元集合中。此输出仅用于第一个分析步的第一个输出帧
ALPHA	●	●	●	所有总运动硬化平移张量分量
ALPHA*ij*			●	总平移的张量的 *ij* 分量（$i \leqslant j \leqslant 3$）
ALPHAP	●	●	●	总平移张量的所有主值
ALPHAP*n*			●	总平移张量的最小、中间和最大主值（ALPHAP1 ≤ ALPHAP2 ≤ ALPHAP3）
SNET*k*		●	●	第 k 个网络中的所有应力分量（$0 \leqslant k \leqslant 10$）。仅用于平行流变框架
SNET*k*_*ij*			●	第 k 个网络中的 *ij* 应力分量（$i \leqslant j \leqslant 3, 0 \leqslant k \leqslant 10$）。仅用于平行流变框架
PEEQ	●	●	●	等效塑性应变 对于多孔金属塑性，PEEQ 是基材中的等效塑性应变，定义成 $\int \frac{\boldsymbol{\sigma}:\mathrm{d}\boldsymbol{\varepsilon}^{\mathrm{pl}}}{(1-f)\sigma_y}$ 对于盖塑性，PEEQ 给出 p_b（盖位置） 对于具有体积硬化的可压碎泡沫塑性，PEEQ 给出体积压缩塑性应变，定义成 $-\varepsilon_{\mathrm{vol}}^{\mathrm{pl}}$ 对于具有各向同性硬化的可压碎泡沫塑性，PEEQ 给出等效塑性应变，定义成 $\int \frac{\boldsymbol{\sigma}:\mathrm{d}\boldsymbol{\varepsilon}^{\mathrm{pl}}}{\sigma_c}$，其中 σ_c 是单轴压缩屈服应力
PEEQT		●	●	铸铁、Mohr-Coulomb 拉伸截止和混凝土损伤塑性的单轴拉伸中的等效塑性应变，定义成 $\int \dot{\varepsilon}_{\mathrm{t}}^{\mathrm{pl}}\mathrm{d}t$
PEEQR		●	●	等效塑性应变率
PEEQMAX		●		所有截面点中的最大等效塑性应变 PEEQ。对于壳单元，它代表层中所有截面点中的最大 PEEQ 值；对于梁或者管单元，它是横截面中所有截面点中的最大 PEEQ；对于实体单元，此值代表积分点处的 PEEQ

（续）

标识符	.fil	.odb		说　明
		场	历史	
DMICRTMAX		●		所有截面点中的最大损伤初始化以及所有损伤初始化准则 此输出变量生成以下三个输出量： DMICRTMAXVAL 输出最大损伤初始值 DMICRTPOS 输出层中的截面点，在此截面点处出现最大损伤初始化值。对于实体单元，输出值是 1 DMICRTTYPE 输出一个值来表示单元中可以达到的如下损伤初始准则类型中的最大值： 对于具有渐进损伤失效的单元：1—DUCTCRT；2—SHRCRT；3—JCCRT；4—FLDCRT；5—MSFLDCRT；6—FLSDCRT；7—MKCRT 对于具有纤维增强材料损伤的单元：11—HSNFTCRT；12—HSNFCCRT；13—HSNMTCRT；14 —HSNMCCRT 对于具有牵引分离行为的粘结单元：21—MAXSCRT；22—MAXECRT；23—QUADSCRT；24—QUADECRT 最大损伤初始输出值在整个请求的输出帧中保持不变，直到计算出更高的最大损伤初始值
STATUSMP		●		单元中每个材料点的状态（如果材料点是有效的，则为 1.0；如果材料点是无效的，则为 0.0）

几何量（表 4-88）

表 4-88　几何量

标识符	.fil	.odb		说　明
		场	历史	
COORD		●	●	实体单元积分点的坐标。如果使用大位移公式，则这些值是当前坐标
LOCALDIR*n*		○		各向异性超弹性材料模型的局部材料方向的方向余弦，或者织物材料模型的纱线方向。如果为各向异性超弹性材料或者织物材料请求了任何其他单元场输出，则自动输出此变量（见“各向异性的超弹性行为”中的“输出”，《Abaqus 分析用户手册——材料卷》的 2.5.3 节；“织物材料行为”中的“输出”，《Abaqus 分析用户手册——材料卷》的 3.4.1 节）

额外的单元应力（表 4-89）

表 4-89　额外的单元应力

标识符	.fil	.odb		说　明
		场	历史	
TSHR	●	●	●	三维传统壳单元的所有横向切应力分量
TSHR13			●	横向切应力的分量 13
TSHR23			●	横向切应力的分量 23

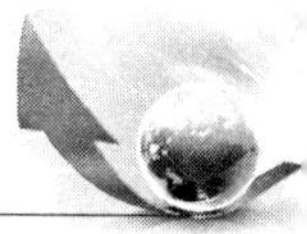

能量密度（表 4-90）

表 4-90 能量密度

标识符	.fil	.odb		说明
		场	历史	
ENER	●	●	●	所有能量密度
SENER		●	●	单位体积的弹性应变能密度
PENER		●	●	单位体积的由率无关和率相关的塑性耗散的能量
CENER		●	●	单位体积的由黏弹性耗散的能量(使用线性黏弹性的超弹性和超泡沫材料模型不支持)
VENER		●	●	单位体积的由黏性效应耗散的能量
DMENER		●	●	每单位体积的由损伤耗散的能量

状态变量和场变量（表 4-91）

表 4-91 状态变量和场变量

标识符	.fil	.odb		说明
		场	历史	
SDV	●	●	●	解相关的状态变量
SDV*n*		●	●	解相关的状态变量 *n*
TEMP	●	●	●	温度
DENSITY		●	●	材料密度
FV		●	●	场变量
FV*n*			●	场变量 *n*

复合材料失效度量（表 4-92）

表 4-92 复合材料失效度量

标识符	.fil	.odb		说明
		场	历史	
CFAILURE		●		所有失效度量分量
MSTRS				最大应力理论失效度量
TSAIH				蔡希尔理论失效度量
TSAIW				蔡吴理论失效度量
AZZIT				Azzi-蔡希尔理论失效度量
MSTRN				最大应变理论失效度量

额外的塑性量（表 4-93）

表 4-93 额外的塑性量

标识符	.fil	.odb		说明
		场	历史	
PEQC	●	●	●	当模型具有多个场/失效面时，为所有等效塑性应变

（续）

标识符	.fil	.odb 场	.odb 历史	说明
PEQC*n*			●	第 $n(n=1,2,3,4)$ 个等效塑性应变 对于盖塑性，PEQC 为所有三个可能的场/失效面提供等效塑性应变（Drucker-Prager 失效面 PEQC1，盖面 PEQC2 和过渡面 PEQC3）以及总体积塑性应变（PEQC4）。所有标识符也提供一个是/否标识（输出数据库中的 1/0），说明屈服面当前是有效的或者无效的（AC YIELD："有效的屈服"） 当请求将 PEQC 输出到输出数据库时，将每个分量的有效屈服标识命名成 AC YIELD1、AC YIELD2 等

多孔金属塑性量（表 4-94）

表 4-94 多孔金属塑性量

标识符	.fil	.odb 场	.odb 历史	说明
VVF	●	●	●	孔隙体积分数（多孔金属塑性）
VVFG	●	●	●	由增长产生的孔隙体积分数（多孔金属塑性）
VVFN	●	●	●	由成核产生的孔隙体积分数（多孔金属塑性）

混凝土损伤塑性量（表 4-95）

表 4-95 混凝土损伤塑性量

标识符	.fil	.odb 场	.odb 历史	说明
DAMAGEC		●	●	压缩损伤变量 d_c
DAMAGET		●	●	拉伸损伤变量 d_t
SDEG		●	●	标量刚度退化变量 d
PEEQ		●	●	单轴压缩中的等效塑性应变，定义成 $\int \dot{\varepsilon}_t^{pl} dt$
PEEQR		●	●	等效塑性应变率

开裂模型量（表 4-96）

表 4-96 开裂模型量

标识符	.fil	.odb 场	.odb 历史	说明
CKE	●			所有开裂应变分量
CKE*ij*				开裂应变的 ij 分量
CKLE	●			局部裂纹轴方向上的所有开裂应变分量
CKLE*ij*				局部裂纹轴方向上的开裂 ij 分量
CKEMAG	●			开裂应变大小，定义成 $\sqrt{(e_{nn}^{ck})^2+(e_{tt}^{ck})^2+(e_{ss}^{ck})^2}$

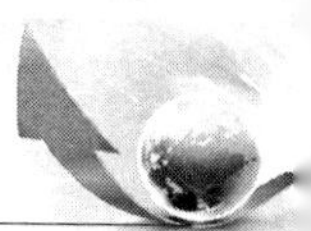

（续）

标识符	.fil	.odb		说明
		场	历史	
CKLS	●			局部裂纹轴上的所有应力分量
CKLS*ij*				局部裂纹轴上的应力 *ij* 分量
CRACK	●			裂纹方向
CKSTAT	●			每个裂纹的开裂状态。对于每个裂纹，CKSTAT 具有下面的值：0.0=未开裂；1.0=关闭的裂纹；2.0=有效的开裂；3.0=裂纹关闭/再开裂

渐进损伤失效量（表 4-97）

有 4-97　渐进损伤失效量

标识符	.fil	.odb		说明
		场	历史	
DMICRT		●	●	损伤初始准则的所有有效分量
DUCTCRT			●	韧性损伤初始准则
JCCRT			●	Johnson-Cook 损伤初始准则
SHRCRT			●	剪切损伤初始准则
FLDCRT			●	成形极限图（FLD）损伤初始准则
FLSDCRT			●	成形极限应力图（FLSD）损伤初始准则
MSFLDCRT			●	Müschenborn-Sonne 成形极限应力图（MSFLD）损伤初始准则
MKCRT			●	Marciniak-Kuczynski（M-K）损伤初始准则
SDEG		●	●	整体标量刚度退化
ERPRATIO		●	●	主应变率比 α，用于 MSFLD 损伤初始准则
SHRRATIO		●	●	切应力比 $\theta=(q+k_s p)/\tau_{max}$，用于剪切损伤初始准则

纤维增强的材料损伤变量（表 4-98）

表 4-98　纤维增强的材料损伤变量

标识符	.fil	.odb		说明
		场	历史	
DMICRT		●	●	损伤初始准则的所有有效分量
HSNFTCRT			●	哈辛纤维拉伸损伤初始准则
HSNFCCRT			●	哈辛纤维压缩损伤初始准则
HSNMTCRT			●	哈辛基材拉伸损伤初始准则
HSNMCCRT			●	哈辛基材压缩损伤初始准则
DAMAGEFT		●	●	纤维拉伸损伤变量
DAMAGEFC		●	●	纤维压缩损伤变量
DAMAGEMT		●	●	基材拉伸损伤变量
DAMAGEMC		●	●	基材压缩损伤变量
DAMAGESHR		●	●	剪切损伤变量

织物材料变量（表 4-99）

对于织物材料，自动将输出变量 LOCALDIR（如上文所述）输出。

表 4-99　织物材料变量

标识符	.fil	.odb		说　明
		场	历史	
SFABRIC		●	●	所有织物应力分量
EFABRIC		●	●	所有织物应变分量
SFABRIC*ij*			●	织物应力的 ij 分量($i \leqslant j \leqslant 3$)
EFABRIC*ij*			●	织物应变的 ij 分量($i \leqslant j \leqslant 3$)

状态方程变量（表 4-100）

表 4-100　状态方程变量

标识符	.fil	.odb		说　明
		场	历史	
BURNF		●	●	燃烧和生长材料的燃烧分数
DBURNF		●	●	燃烧和生长材料的反应速率
RHOE		●	●	燃烧和生长材料中未反应爆炸物的密度
RHOP		●	●	燃烧和生长材料中反应后气体产物的密度
PALPH		●	●	$P-\alpha$ 多孔材料的膨胀 α
PALPHMIN		●	●	$P-\alpha$ 多孔材料的塑性压实中达到的膨胀最小值 α_{min}

加强筋量（表 4-101）

表 4-101　加强筋量

标识符	.fil	.odb		说　明
		场	历史	
RBFOR	●	●	●	加强筋中的力
RBANG	●	●	●	加强筋和用户指定的等参方向之间的角度，以度(°)为单位。仅用于壳和膜单元
RBROT	●	●	●	加强筋和用户指定的等参方向之间的角度变化，以度(°)为单位。仅用于壳和膜单元

积分点坐标（表 4-102）

表 4-102　积分点坐标

标识符	.fil	.odb		说　明
		场	历史	
COORD		●	●	单元积分点的坐标

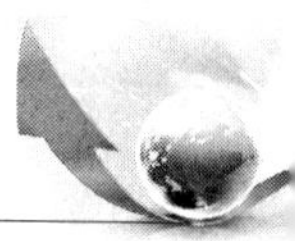

耦合的热-应力单元变量（表 4-103）

表 4-103 耦合的热-应力单元变量

标识符	.fil	.odb		说 明
		场	历史	
HFL	●	●	●	单位面积向量上热通量的当前大小和分量
HFLM			●	单位面积向量上热通量的当前大小
HFL*n*			●	热通量向量的分量 $n(n=1,2,3)$

粘结单元变量（表 4-104）

表 4-104 粘结单元变量

标识符	.fil	.odb		说 明
		场	历史	
MAXSCRT			●	最大名义应力损伤初始准则
MAXECRT			●	最大名义应变损伤初始准则
QUADSCRT			●	二次名义应力损伤初始准则
QUADECRT			●	二次名义应变损伤初始准则
DMICRT		●	●	损伤初始准则的所有有效分量
SDEG		●	●	整体标量刚度退化
STATUS		●	●	单元的状态(如果单元是有效的,则单元的状态是 1.0,如果单元是无效的,则单元的状态是 0.0)
MMIXDME		●	●	损伤演化中的模式混合比例。在损伤初始前值是-1.0
MMIXDMI		●	●	损伤初始化时的模式混合。在损伤初始之前值是-1.0

欧拉单元变量（表 4-105）

表 4-105 欧拉单元变量

标识符	.fil	.odb		说 明
		场	历史	
EVF		●	●	欧拉体积分数。输出包括欧拉截面中定义的每种材料的体积分数数据,以及空体积分数
DENSITYVAVG		●		密度,计算成单元中所有材料的体积分数的加权平均
MISESVAVG		●		密塞斯应力,计算成单元中所有材料的体积分数的加权平均
PEVAVG		●		塑性应变分量,计算成单元中所有材料的体积分数的加权平均
PEEQVAVG		●		等效塑性应变,计算成单元中所有材料的体积分数的加权平均
PRESSVAVG		●		等效压应力,计算成单元中所有材料的体积分数的加权平均
SVAVG		●		应力分量,计算成单元中所有材料的体积分数的加权平均
TEMPMAVG		●		温度,计算成单元中所有材料的体积分数的加权平均

单元截面变量（表 4-106）

用户可以请求将单元截面变量输出到结果文件或者输出数据库文件（见“输出到数据和结果文件”中的“单元输出”，4.1.2 节；“输出到输出数据库”中的“单元输出”，4.1.3 节）。这些变量仅用于梁、管和壳单元，STH 除外，膜单元和平面应力单元也可以使用此变量。为《Abaqus 分析用户手册——单元卷》中描述的特定单元定义了这些单元截面变量。

表 4-106 单元截面变量

标识符	.fil	.odb		说明
		场	历史	
STH	●	●	●	截面厚度(仅用于壳、膜和平面应变单元)
STHIN		●	●	截面减薄或者增厚定义成 $STHIN=1-\frac{STH}{STH_{orig}}$ 式中，STH_{orig} 是在壳、膜和平面应力单元截面定义中指定的原始厚度
SFAILRATIO		●		壳所有层上的截面失效比例，定义成 $Sfailratio=\frac{numfailedlayers}{numtotalLayers}$ 式中，*numfailedLayers* 是失效层的数量(当层中所有截面点都失效时，才将层视为失效的)；*numtOTalLayers* 是壳中总的层数量
SF	●	●	●	所有截面产生的分量，包括平动的(力)和转动的(力矩)
SF*n*			●	分量 *n* 的单位宽度截面力。对于传统的壳，*n*=1,2,3,4,5；对于连续的壳，*n*=1,2,3,4,5,6；对于梁和管，*n*=1,2,3
SM*n*			●	分量 *n*(*n*=1、2、3)的单位宽度截面力矩
SORIENT		●		复合材料壳截面方向
SE	●	●	●	所有名义应变，包括平动的和转动的(如壳中的中面应变和弯曲)
SE*n*			●	截面名义应变分量 *n*。对于壳，*n*=1,2,3,4,5,6；对于梁和管，*n*=1,2,3
SK*n*			●	截面弯曲变化或者扭转 *n*(*n*=1,2,3)
SSAVG	●	●		所有膜和横向切应力分量的平均(仅用于壳单元)
SSAVG*n*			●	膜或者横向切应力分量 *n*(*n*=1,2,3,4,5,6)的平均(仅用于壳单元)

整体单元变量（表 4-107）

用户可以请求将整体单元变量输出到结果文件或者输出数据库文件中（见“输出到数据和结果文件”中的“单元输出”，4.1.2 节；“输出到输出数据库”中的“单元输出”，4.1.3 节）。

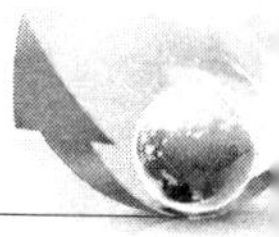

表 4-107 整体单元变量

标识符	.fil	.odb		说明
		场	历史	
ELEN	●	●	●	单元中的所有能量大小
ELSE		●	●	单元中的总弹性应变能(包括壳中横向剪切变形中的能量)
ELCD		●	●	单元中由黏弹性变形引起的总能量耗散(具有线性黏弹性的超弹性材料和超泡沫材料模型不支持)
ELPD		●	●	单元中由率无关和率相关的塑性变形引起的总能量耗散
ELVD		●	●	单元中由黏性效应引起的总能量耗散,包括体黏性和材料阻尼
ELASE		●	●	单元中的总“人工”应变能,包括壳中的沙漏能量和钻刚度能量
ELIHE		●	●	单元中的内热能
ELDMD		●	●	单元中由损伤引起的总能量耗散
ELDC		●	●	单元中由变形控制引起的总能量耗散
ELEDEN		●		所有单元能量密度分量
ESEDEN		●		单元中总弹性应变能量密度
EPDDEN		●		单元中由率无关和率相关的塑性变形引起的单位体积的总能量耗散
ECDDEN		●		单元中由黏弹性耗散的单位体积中的总能量
EVDDEN		●		单元中由黏性效应引起的单位体积的总能量耗散
EASEDEN		●		单元中的总“人工”应变能量密度(与删除奇异模式的约束相关的能量,如沙漏控制)
EIHEDEN		●		单元中内热能密度
EDMDDEN		●		单元中由损伤引起的单位体积耗散的总能量
EDCDEN		●		单元中由变形控制引起的单位体积耗散的总能量
EDT	●	●	●	单元稳定时间增量
EMSF	●	●	●	单元质量缩放因子
STATUS	●	●	●	单元状态(具有渐进损伤、剪切失效模型、拉伸失效模型、多孔失效准则、脆性失效模型、Johnson-Cook 塑性模型和 VUMAT 的材料失效)。如果单元是有效的,则单元的状态是 1.0;如果单是无效的,则单元的状态是 0.0
EVOL		●		当前单元体积(仅用于连续单元和不使用通用梁或者壳截面定义的结构单元)
NFORC		●	●	来自单元的沙漏模式和规则变形模式的该单元所有节点处的力(整体坐标系中的负内力)
GRAV		●		均匀分布的重力载荷
SBF		●		滞止体力
BF		●		均匀分布的体力,包括黏性体力
EDMICRTMAX		●		整个壳单元所有层中、所有损伤初始准则中,以及对于完全积分单元,在所有积分点上的最大损伤初始输出 此输出变量与实体单元和梁单元的 DMICRTMAX 输出相同,但与复合壳单元的 DMICRTMAX 输出变量不同,因为复合壳单元提取所有层中的最大损伤初始化 此输出变量生成如下四个单元输出量: EDMICRTMAXVAL 输出整个单元上的最大损伤初始值 EDMICRTLAYER 输出发生最大损伤初始化的层编号 EDMICRTTYPE 输出代表达到单元中的最大值损伤初始准则类型值,如 DMICRTMAX 输出变量所描述的那样 EDMICRTINTP 输出发生最大损伤值的积分点编号。对于缩减积分单元,此输出值是 1 最大损伤初始输出值在请求的输出帧中保持不变,直到计算出更高的最大损伤初始输出值

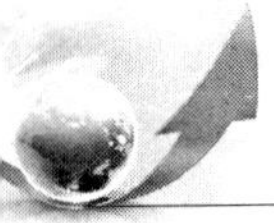

连接器单元变量（表 4-108）

表 4-108 连接器单元变量

标识符	.fil	.odb 场	.odb 历史	说明
CTF	●	●	●	连接器合力和合力矩的所有分量
CTF*n*			●	连接器合力分量 $n(n=1,2,3)$
CTM*n*			●	连接器合力矩分量 $n(n=1,2,3)$
CEF	●	●	●	连接器弹性力和力矩的所有分量
CEF*n*			●	连接器弹性力分量 $n(n=1,2,3)$
CEM*n*			●	连接器弹性力矩分量 $n(n=1,2,3)$
CUE	●	●	●	所有方向上的弹性位移和转动
CUE*n*			●	n 方向上的弹性位移$(n=1,2,3)$
CURE*n*			●	n 方向上的弹性转动$(n=1,2,3)$
CUP	●	●	●	所有方向上的塑性相对位移和转动
CUP*n*			●	n 方向上的塑性相对位移$(n=1,2,3)$
CURP*n*			●	n 方向上的塑性相对转动$(n=1,2,3)$
CUPEQ	●	●	●	所有方向上的等效塑性相对位移和转动，以及耦合塑性定义的等效塑性相对运动
CUPEQ*n*			●	n 方向上的等效塑性相对位移$(n=1,2,3)$
CURPEQ*n*			●	n 方向上的等效塑性相对转动$(n=1,2,3)$
CUPEQC			●	耦合塑性定义的等效塑性相对运动
CALPHAF	●		●	连接器运动硬化平移力和力矩的所有分量
CALPHAF*n*			●	连接器运动硬化平移力分量 $n(n=1,2,3)$
CALPHAM*n*			●	连接器运动硬化平移力矩分量 $n(n=1,2,3)$
CVF	●	●	●	连接器黏性力和力矩的所有分量
CVF*n*			●	连接器黏性力分量 $n(n=1,2,3)$
CVM*n*			●	连接器黏性力矩分量 $n(n=1,2,3)$
CUF		●	●	连接器单轴力和力矩的所有分量
CUF*n*			●	连接器单轴力分量 $n(n=1,2,3)$
CUM*n*			●	连接器单轴力矩分量 $n(n=1,2,3)$
CSF	●		●	连接器摩擦力和力矩的所有分量
CSF*n*			●	连接器摩擦力分量 $n(n=1,2,3)$
CSM*n*			●	连接器摩擦力矩分量 $n(n=1,2,3)$
CSFC			●	瞬时滑动方向上的连接器摩擦力。仅当在滑动方向上定义了摩擦时才有效
CNF	●		●	连接器生成摩擦的接触力和力矩的所有分量
CNF*n*			●	连接器生成摩擦的接触力分量 $n(n=1,2,3)$
CNM*n*			●	连接器生成摩擦的接触力矩分量 $n(n=1,2,3)$

（续）

标识符	.fil	.odb		说　明
		场	历史	
CNFC			●	瞬时滑动方向上的连接器生成摩擦的接触力。仅当在滑动方向上定义了摩擦时才有效
CDMG	●	●	●	整体损伤变量的所有分量
CDMG*n*			●	整体损伤变量分量 $n(n=1,2,3)$
CDMGR*n*			●	整体损伤变量分量 $n(n=1,2,3)$
CDIF	●		●	在所有方向上，连接器基于力的损伤初始准则分量
CDIF*n*			●	在 $n(n=1,2,3)$ 方向上，连接器基于力的损伤初始准则
CDIFR*n*			●	在 $n(n=1,2,3)$ 转动方向上，连接器基于力的损伤初始准则
CDIFC			●	在瞬时滑动方向上，连接器基于力的损伤初始准则
CDIM	●		●	在所有方向上，连接器基于运动的损伤初始准则分量
CDIM*n*			●	在 $n(n=1,2,3)$ 方向上，连接器基于运动的损伤初始准则分量
CDIMR*n*			●	在 $n(n=1,2,3)$ 转动方向上，连接器基于运动的损伤初始准则
CDIMC			●	在瞬时滑动方向上，连接器基于运动的损伤初始准则
CDIP	●	●	●	在所有方向上（包括瞬时滑动方向），连接器基于塑性运动的损伤初始准则分量
CDIP*n*			●	在 $n(n=1,2,3)$ 平动方向上，连接器基于塑性运动的损伤初始准则
CDIPR*n*			●	在 n 转动方向上，连接器基于塑性运动的损伤初始准则 $(n=1,2,3)$
CDIPC			●	在瞬时滑动方向上，连接器基于塑性运动的损伤初始准则
CSLST	●		●	连接器停止和连接器锁定状态的所有标识
CSLST*i*			●	在 $i(i=1,\cdots,6)$ 方向上，连接器停止和连接器锁定状态的标识
CASU	●		●	所有方向上的累积滑动分量
CASU*n*			●	$n(n=1,2,3)$ 方向上的连接器累积滑动
CASUR*n*			●	$n(n=1,2,3)$ 方向上的连接器累积角度滑动
CASUC			●	瞬态滑动方向上的连接器累积滑动。仅当在滑动方向上定义了摩擦时才有效
CIVC	●		●	滑动方向上的连接器瞬态速度。仅当在滑动方向上定义了摩擦时才有效
CRF	●		●	连接器反作用力和力矩的所有分量
CRF*n*			●	连接器反作用力分量 $n(n=1,2,3)$
CRM*n*			●	连接器反作用力矩分量 $n(n=1,2,3)$
CCF	●		●	连接器集中力和力矩的所有分量
CCF*n*			●	连接器集中力分量 $n(n=1,2,3)$
CCM*n*			●	连接器集中力矩分量 $n(n=1,2,3)$
CP	●	●	●	所有方向上的相对位置
CP*n*			●	$n(n=1,2,3)$ 方向上的相对位置
CPR*n*			●	$n(n=1,2,3)$ 方向上的相对角度位置

（续）

标识符	.fil	.odb		说　明
		场	历史	
CU	●	●	●	所有方向上的相对位移和转动
CU*n*			●	$n(n=1,2,3)$方向上的相对位移
CUR*n*			●	$n(n=1,2,3)$方向上的相对转动
CCU	●		●	所有方向上的本构位移和转动
CCU*n*			●	$n(n=1,2,3)$方向上的本构位移
CCUR*n*			●	$n(n=1,2,3)$方向上的本构转动
CV	●	●	●	所有方向上的相对速度
CV*n*			●	$n(n=1,2,3)$方向上的相对速度
CVR*n*			●	$n(n=1,2,3)$方向上的相对角速度
CA	●	●	●	所有方向上的相对加速度
CA*n*			●	$n(n=1,2,3)$方向上的相对加速度
CAR*n*			●	$n(n=1,2,3)$方向上的相对角加速度
CFAILST	●	●	●	连接器失效状态的所有标识
CFAILST*i*			●	$i(i=1,\cdots,6)$方向上的连接器失效状态标识
CDERU		●	●	连接器的导出位移
CDERF		●	●	连接器的导出力

粒子单元变量（表4-109）

表4-109　粒子单元变量

标识符	.fil	.odb		说　明
		场	历史	
SMOOTHLEN		●		使用SPH方程的连续粒子单元的光滑长度

单元面变量（表4-110）

用户可以请求将单元面变量输出到输出数据库文件（见“输出到输出数据库”中的“单元输出”，4.1.3节）。这些变量仅用于壳单元、膜单元和实体单元。

表4-110　单元面变量

标识符	.fil	.odb		说　明
		场	历史	
P		●		单元面上均匀分布的压力载荷。当使用*DLOAD定义压力时，自动将变量名变成PDLOAD
STAGP		●		单元面上的滞止压力载荷
VP		●		单元面上的黏性压力载荷

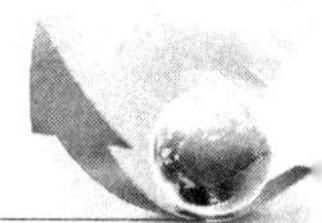

（续）

标识符	.fil	.odb		说 明
		场	历史	
IWCONWEP		●		单元面上来自 CONWEP 模型的鼓风压力载荷
TRNOR		●		单元面上牵引载荷的法向分量(沿着面法向的分量)
TRSHR		●		单元面上牵引分量的剪切分量(沿着面切向的分量)

节点变量（表 4-111）

用户可以请求将节点变量输出到结果或者输出数据库文件（见“输出到数据和结果文件”中的“节点输出”，4.1.2 节；“输出到输出数据库”中的“节点输出”，4.1.3 节）。

表 4-111 节点变量

标识符	.fil	.odb		说 明
		场	历史	
COORD	●	●	●	节点坐标。如果使用了大位移方程,则这些坐标是当前坐标。
COORn			●	坐标 n(n=1,2,3)
U	●	●	●	位移分量 结果文件和场类型的输出:平动和转动;历史类型的输出:仅平动,应使用分量请求转动结果
UT		●	●	平动位移分量
UMAG			●	平动位移的大小
UR		●	●	转动位移分量
Un			●	u_n 位移分量(n=1,2,3)
URn			●	ϕ_n 转动分量(n=1,2,3)
V	●	●	●	速度分量(平动和转动) 结果文件和场类型的输出:平动和转动;历史类型的输出:仅平动,应使用分量请求转动结果
VT		●	●	平动速度分量
VMAG			●	平动速度的大小
VR		●	●	转动速度分量
Vn			●	$\dot{u}_n$ 速度分量(n=1,2,3)
VRn			●	$\dot{\phi}_n$ 转动速度分量(n=1,2,3)
A	●	●	●	加速度分量(平动和转动) 结果文件和场类型的输出:平动和转动;历史类型的输出:仅平动,应使用分量请求转动结果
AT		●	●	平动加速度分量
AMAG			●	平动加速度的大小
AR		●	●	转动加速度分量
An			●	$\ddot{u}_n$ 加速度分量(n=1,2,3)
ARn			●	$\ddot{\phi}_n$ 转动加速度分量(n=1,2,3)

（续）

标识符	.fil	.odb		说　明
		场	历史	
POR	●	●	●	节点处的声学压力
PABS	●	●	●	节点处的声学绝对压力
NT	●	●	●	节点处的所有温度值。仅用于耦合的热-应力分析
NTn			●	节点处的温度自由度 n(n=11)。仅用于耦合的热-应力分析
RF	●	●	●	反作用力和力矩分量 结果文件和场类型的输出：平动和转动；历史类型的输出：仅平动，应使用分量请求转动结果
RT		●	●	反作用力分量
RFMAG			●	反作用力的大小
RM		●	●	反作用力矩分量
RFn			●	反作用力分量 n(n=1,2,3)（与指定的位移 u_n 共轭）
RFL	●	●	●	所有反作用通量值。仅用于耦合的热-应力分析
RFLn		●	●	节点处的反作用通量值 n(n=11)。仅用于耦合的热-应力分析
RMn			●	反作用力矩分量 n(n=1,2,3)（与指定的转动 ϕ_n 共轭）
CF		●	●	点载荷和集中力矩的所有分量
CFn			●	点载荷分量 n(n=1,2,3)
CMn			●	点力矩分量 n(n=1,2,3)
NVF		●		节点体积分数
STRAINFREE		●		初始位置的无应变调整（调整后的位置减去未调整的位置）。仅写入零时刻的原始场输出帧的输出数据库(.odb)文件中
TIEDSTATUS		●		绑定从节点的状态（如果未绑定从节点，则从节点的状态是2；如果绑定从节点，则从节点的状态是1；如果从节点没有参与绑定约束，则其状态是0）
TIEADJUST		●		被绑定从节点的位置调整向量分量。仅写入零时刻的原始场输出帧的输出数据库(.odb)文件中

流体腔变量（表4-112）

表4-112　流体腔变量

标识符	.fil	.odb		说　明
		场	历史	
PCAV	●		●	流体腔表压
CVOL	●		●	流体腔体积
CTEMP			●	绝热条件下理想气体模型的流体腔温度
CSAREA			●	流体腔表面积
CLAREA			●	流体腔未堵塞的泄漏面积
CBLARAT			●	堵塞的泄漏面积与未堵塞的泄漏面积之比
CMASS			●	流体腔中包含的流体质量

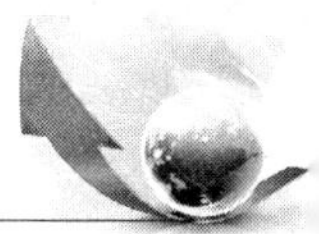

（续）

标识符	.fil	.odb		说　明
		场	历史	
APCAV			●	多流体腔的平均表压
TCVOL			●	多流体腔的总体积
ACTEMP			●	绝热条件下，多流体腔理想气体模型的平均流体腔温度
TCSAREA			●	多流体腔的总表面积
TCMASS			●	多流体腔中包含的流体总质量
CMF			●	流体腔中包含的流体类型的摩尔质量分数
CMFL			●	流出流体腔的质量流速
CMFLT			●	流出流体腔的累积质量流量
CEFL			●	流出流体腔的累积热能流速
CEFLT			●	流出流体腔的累积热能
MINFL			●	进入流体腔的充气质量流速
MINFLT			●	进入流体腔的累积充气质量流量
TINFL			●	充气温度

面变量

用户可以请求将面变量输出到输出数据库文件（见“输出到输出数据库”中的“Abaqus/Standard 和 Abaqus/Explicit 中的面输出”，4.1.3 节）；在“在 Abaqus/Explicit 中定义通用接触相互作用”，《Abaqus 分析用户手册——指定条件、约束与相互作用卷》的 3.4.1 节；“在 Abaqus/Explicit 中定义接触对”，《Abaqus 分析用户手册——指定条件、约束与相互作用卷》的 3.5.1 节；“热接触属性”，《Abaqus 分析用户手册——指定条件、约束与相互作用卷》的 4.2 节。

力学分析中的节点量（表 4-113）

表 4-113　力学分析中的节点量

标识符	.fil	.odb		说　明
		场	历史	
CFORCE		●		接触法向力（CNORMF）和摩擦切向力（CSHEARF）
CDISP		●		通用接触分析的接触打开（COPEN）和累积切向运动（CSLIP1、CSLIP2 和 CSLIPEQ）
CSLIPR		●		通用接触分析的瞬时接触滑动速度（CSLIPR1、CSLIPR2 和 CSLIPRMAG）
CSTATUS		●		通用接触分析的接触状态
CSTRESS		●		接触压力（CPRESS）和摩擦切应力（CSHEAR）。CSHEAR 不用于通用接触分析
CTANDIR		●		通用接触分析的瞬时接触切向方向（CTANDIR1 和 CTANDIR2）

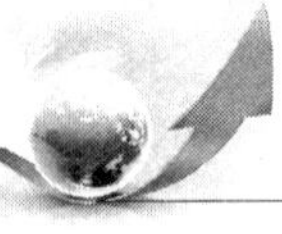

（续）

标识符	.fil	.odb		说　明
		场	历史	
CTHICK		●		通用接触分析的接触厚度
CSMAXSCRT		●		通用接触中基于最大应力的胶粘面损伤初始准则
CSQUADSCRT		●		通用接触中基于二次应力的胶粘面损伤初始准则
CSMAXUCRT		●		通用接触中基于最大分离的胶粘面损伤初始准则
CSQUADUCRT		●		通用接触中基于二次分离的胶粘面损伤初始准则
CSDMG		●		通用接触中胶粘面的损伤变量
FSLIP		●		接触过程中，从属节点处接触滑动路径的长度（FSLIPEQ），以及某些情况中（见“在 Abaqus/Explicit 中定义接触对”，《Abaqus 分析用户手册——指定条件、约束与相互作用卷》的 3.5.1 节）的局部切向上纯接触滑动的分量（FSLIP1 和 FSLIP2）。在从属节点参与不接触时，这些变量为常数
FSLIPR		●		接触中从属节点处接触滑动速率的大小（FSLIPR），以及某些情况中（见“在 Abaqus/Explicit 中定义接触对”，《Abaqus 分析用户手册——指定条件、约束与相互作用卷》的 3.5.1 节）的局部切向上的接触滑动分量（FSLIPR1 和 FSLIPR2）。在从属节点不参与接触时，将这些变量设置为零
BONDSTAT			●	点焊粘结状态
BONDLOAD			●	点焊粘结载荷

裂纹粘结失效量（表 4-114）

表 4-114　裂纹粘结失效量

标识符	.fil	.odb		说　明
		场	历史	
DBT		●		发生粘结失效的时间
DBS		●		失效粘结中剩余应力的所有分量
DBSF		●		粘结失效的残余应力分数
BDSTAT		●		粘结状态（如果粘结，则状态是 1.0；如果未粘结，则状态是 0.0）
OPENBC		●		满足开裂准则时裂纹后面的相对位移
CRSTS		●		失效时临界应力的所有分量
ENRRT		●		应变能量释放率的所有分量
EFENRRTR		●		有效能量释放率

力学分析中的整体面量（表 4-115）

表 4-115　力学分析中的整体面量

标识符	.fil	.odb		说　明
		场	历史	
CFN			●	由接触压力产生的合力 CFNn（n = 1，2、，3）
CFNM			●	由接触压力产生的合力大小

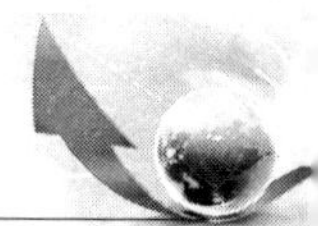

（续）

标识符	.fil	.odb		说　明
		场	历史	
CFS			●	由摩擦应力产生的合力 CFS*n*(*n* = 1,2,3)
CFSM			●	由摩擦应力产生的合力大小
CFT			●	由接触压力和摩擦应力产生的合力 CFT*n*(*n* = 1,2,3)
CFTM			●	由接触压力和摩擦应力产生的合力大小
CMN			●	由接触压力产生的关于原点的合力矩 CMN*n*(*n* = 1,2,3)
CMNM			●	由接触压力产生的关于原点的合力矩大小
CMS			●	由摩擦应力产生的关于原点的合力矩 CMS*n*(*n* = 1,2,3)
CMSM			●	由摩擦应力产生的关于原点的合力矩大小
CMT			●	由接触压力和摩擦应力产生的关于原点的合力矩(CMT*n*,*n* = 1、2、3)
CMTM			●	由接触压力和摩擦应力产生的关于原点的合力矩大小
CAREA			●	总接触面积
XN			●	由接触压力产生的合力中心 XN*n*(*n*=1,2,3)
XS			●	由摩擦应力产生的合力中心 XS*n*(*n*=1,2,3)
XT			●	由接触压力和摩擦应力产生的合力中心 XT*n*(*n*=1,2,3)

完全耦合的温度-位移分析变量（表 4-116）

表 4-116　完全耦合的温度-位移分析变量

标识符	.fil	.odb		说　明
		场	历史	
HFL		●		单位面积上离开表面的热通量
HFLA		●		HFL 乘以节点面积
HTL		●		HFL 的时间积分
HTLA		●		HTL 乘以节点面积
SFDR		●		由摩擦耗散产生的单位面积上的热通量
SFDRA		●		SFDR 乘以节点面积
SFDRT		●		SFDR 的时间积分
SFDRTA		●		SFDRT 的乘以节点面积

积分变量（表 4-117）

用户可以将积分变量输出到输出数据库（见“输出到输出数据库”中的“积分变量”，4.1.3 节）。通过在面或者单元集合上进行积分来计算输出量，单元集合可以在积分输出请求中直接指定，或者通过将积分输出截面定义（见“积分输出截面定义”，2.5 节）或者单元集合定义与积分输出请求进行关联来指定。

当积分输出截面定义与积分输出请求没有相关联时，向量输出变量的分量是关于整体坐标系给出的。当积分输出截面与积分输出请求相关联时，并且为积分输出截面定义了局部坐标系时，分量是在局部坐标系中给出的。当具有转动自由度的节点与截面定义相关联时，局部坐标系将随着变形而转动。

表 4-117 积分变量

标识符	.fil	.odb		说明
		场	历史	
SOAREA			●	投射在与平均面法向垂直的平面上的表面积
SOF			●	面上传递的合力
SOM			●	面上传递的合力矩。如果在积分输出截面上指定了参考节点的当前位置，并且该位置与积分输出请求相关，则将此参考节点的当前位置取成面上传递的力矩。如果截面定义与积分输出请求没有相关联，或者没有在相关联的截面定义中定义参考节点，则关于整体原点取力矩
MASS			●	单元集合的总质量
DMASS			●	由质量缩放引起的单元集合质量变化百分比
UCOM			●	单元集合的等效刚体平动位移
VCOM			●	单元集合的等效刚体平动速度
ACOM			●	单元集合的等效刚体平动加速度
COORDCOM			●	单元集合的质心坐标
MASSEUL			●	单元集合中每个欧拉材料实例的总质量
VOLEUL			●	单元集合中每个欧拉材料实例的总体积
PAVG			●	单元集合中，每个欧拉材料实例总体积上的平均压力
TAVG			●	单元集合中，每个欧拉材料实例总质量上的平均温度

总能量输出变量（表 4-118）

用户可以请求将总能量变量输出到结果文件或者输出数据库文件中（见“输出到数据和结果文件”中的“总能量输出”，4.1.2 节；“输出到输出数据库”中的“总能量输出”，4.1.3 节）。当请求了总能量输出时，写所有这些变量。可以请求将部分模型或者整个模型的能量历史总和输出到输出数据库。

表 4-118 总能量输出变量

标识符	.fil	.odb		说明
		场	历史	
ALLAE	●		●	与删除奇异模式（如沙漏控制）的约束相关的“人工”应变能，以及与使钻随壳单元的平面内转动而转动的约束相关的“人工”应变能
ALLCD	●		●	由黏弹性耗散的能量（不支持具有线性黏弹性的超弹性和超泡沫材料模型）
ALLFD	●		●	由摩擦效应耗散的总能量（仅用于整个模型）

（续）

标识符	.fil	.odb 场	.odb 历史	说　明
ALLIE	●		●	总应变能量(ALLIE=ALLSE+ALLPD+ALLCD+ALLAE+ALLDMD+ALLDC+ ALLFC)
ALLKE	●		●	动能
ALLPD	●		●	由率无关和率相关的塑性变形耗散的能量
ALLSE	●		●	可恢复的应变能
ALLVD	●		●	由黏性效应耗散的能量
ALLWK	●		●	外部功(仅用于整个模型)
ALLIHE	●		●	内部热能
ALLHF	●		●	穿过外流的外部热能
ALLDMD	●		●	由损伤耗散的能量
ALLDC	●		●	由扭曲控制耗散的能量
ALLFC			●	流体腔能量,定义成所有流体腔所做的负功(仅用于整个模型)
ALLPW			●	接触罚所做的功,包括通用接触和罚/运动接触对(仅用于整个模型)
ALLCW			●	约束罚所做的功(仅用于整个模型)
ALLMW			●	对质量缩放中添加的质量进行推动所做的功(仅用于整个模型)
ETOTAL	●		●	定义成能量平衡:ALLKE+ALLIE+ALLVD+ALLFD+ALLIHE-ALLWK-ALLPW-ALLCW-ALLMW-ALLHF(仅用于整个模型)

时间增量和质量输出变量（表 4-119）

当请求了任何结果文件输出时，总是写 DT 和 DMASS 变量（见“输出到数据和结果文件”中的“输出到 Abaqus/Explicit 结果文件”，4.1.2 节）。用户可以请求将时间增量和稳态检测变量 SSPEEQ、SSSPRD、SSFORC 和 SSTORQ 输出到输出数据库（见“输出到输出数据库”中的“Abaqus/Explicit 中的时间增量输出”，4.1.3 节）。

表 4-119　时间增量和质量输出变量

标识符	.fil	.odb 场	.odb 历史	说　明
DT	●		●	时间增量
DMASS	●		●	由于质量缩放产生的模型质量变化百分比
SSPEEQ			●	稳态等效塑性应变范数
SSPEEQ*n*			●	稳态等效塑性应变范数 *n*
SSSPRD			●	稳态扩展应变范数
SSSPRD*n*			●	稳态扩展应变范数 *n*
SSFORC			●	稳态力范数
SSFORC*n*			●	稳态力范数 *n*
SSTORQ			●	稳态转矩范数
SSTORQ*n*			●	稳态转矩范数 *n*

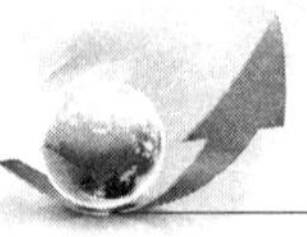

4.2.3 Abaqus/CFD 输出变量标识符

产品：Abaqus/CFD　　Abaqus/CAE

参考

- "输出：概览"，4.1.1 节
- "输出到数据和结果文件"，4.1.2 节
- "输出到输出数据库"，4.1.3 节

概览

仅可以通过后处理从 Abaqus/CFD 获取结果。

本部分的表中列出了 Abaqus/CFD 中所有可用的输出变量。可以请求将场类型或者历史类型的输出变量输出到输出数据库（.odb）文件（见"输出到输出数据库"，4.1.3 节）。可以采用 ODB 格式输出到数据库的场类型和历史类型的输出变量，也可以请求成 SIM 格式的输出。可以在连接到面的节点、单元或者单元面处请求场类型的变量。

表中使用的符号

由表中列表头下的 • 定义不同输出变量标识符是否可用。

.odb 场

表示此标识符可以作为场类型的输出选择来输出到输出数据库。

.odb 历史

表示此标识符可以作为历史类型的输出选择来输出到输出数据库。

方向定义

方向定义取决于变量类型。

单元变量的方向定义

对于单元变量，1、2 和 3 是指整体方向（$1=X$、$2=Y$ 和 $3=Z$）。即使在节点处定义了局部坐标系（"坐标系变换"，2.1.5 节），仍然在整体方向上输出数据。

节点变量的方向定义

对于节点变量，1、2 和 3 是指整体方向（$1=X$、$2=Y$ 和 $3=Z$）。即使在节点处定义了局

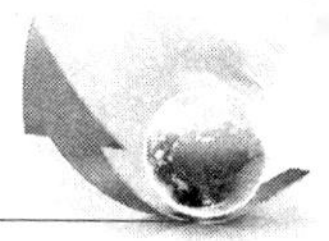

部坐标系（“坐标系变换”，2.1.5 节），仍然在整体方向上输出数据。

请求分量的输出

可以将变量的单个分量请求成输出数据库中历史类型的输出，用于 Abaqus/CAE 中的 *X*-*Y* 图。单个分量不能用作场类型的输出。如果希望在 Abaqus/CAE 中云图显示特定分量，可以请求输出通用变量的场输出（如速度 *V*）。可以在 Abaqus/CAE 的 Visulization 模块中请求此场输出的单个分量输出。

单元变量

用户可以请求将单元变量输出到输出数据库文件（见“输出到输出数据库”中的“单元输出”，4.1.3 节）。

几何量（表 4-120）

表 4-120　单元几何量

标识符	.odb		说　明
	场	历史	
COORD	●	●	实体单元的质心坐标。如果移动了网格，则这些值是当前坐标
EVOL	●	●	单元体积

状态变量和场变量（表 4-121）

表 4-121　单元状态变量和场变量

标识符	.odb		说　明
	场	历史	
DENSITY	●	●	流体密度
DIV	●	●	流体速度的散度
PRESSURE	●	●	流体压力
TEMP	●	●	流体温度
V	●	●	流体速度
VGINV2	●		应变率张量的第二不变量（速度梯度张量的对称部分）
VORTICITY	●	●	速度向量的旋度
QCRIT	●	●	相干结构显示器，即 Q 准则
VISCOSITY	●		单元分子黏度
SHEARRATE	●		使用应变率张量的第二不变量计算得到的剪切率

湍流变量（表 4-122）

表 4-122 单元湍流变量

标识符	.odb		说　明
	场	历史	
DIST	●	●	壁法向的距离
TURBEPS	●	●	能量耗散率
TURBKE	●	●	湍流动能
TURBOMEGA	●	●	比湍流能量耗散率
TURBNU	●	●	湍流涡黏度
TURBVISCOSITYRATIO	●	●	涡流与分子黏度比

节点变量

用户可以请求将节点变量输出到输出数据库（见“输出到输出数据库”中的“节点输出”，4.1.3 节）。

几何量（表 4-123）

表 4-123 节点几何量

标识符	.odb		说　明
	场	历史	
COORD	●		节点坐标。如果移动了网格，则这些坐标是当前坐标
COOR*n*	●		坐标 $n(n=1,2,3)$

状态变量和场变量（表 4-124）

表 4-124 节点状态变量和场变量

标识符	.odb		说　明
	场	历史	
DENSITY	●		节点处的流体密度
DIV	●		节点处的流速散度
PRESSURE	●		节点处的流体压力
TEMP	●		节点处的流体温度
U	●		节点处的流体位移分量
U*n*	●		流体位移分量 $u_n(n=1,2,3)$
V	●		节点处的流体速度分量
V*n*	●		流速分量 $\hat{u}_n(n=1,2,3)$
QCRIT	●		相干结构显示器，即 Q 准则

（续）

标识符	.odb		说　明
	场	历史	
VGINV2	●		应变率张量的第二不变量(速度梯度张量的对称部分)
VORTICITY	●		节点处的速度分量
VORTICITY*n*	●		第 *n* 个涡流分量(*n*=1,2,3)
SHEARRATE	●		使用应变率张量的第二不变量计算得到的节点处剪切率

湍流变量（表 4-125）

表 4-125　节点湍流变量

标识符	.odb		说　明
	场	历史	
DIST	●		壁法向的位移
TURBEPS	●		能量耗散率
TURBKE	●		湍流动能
TURBOMEGA	●		比湍流能量耗散率
TURBNU	●		节点处的湍流涡黏度
TURBVISCOSITYRATIO	●		涡流与分子黏度比

面变量

用户可以请求将面变量输出到输出数据库文件（见“输出到输出数据库”中的“Abaqus/CFD 中的面输出”，4.1.3 节）。场输出对应连接到面的单元面片。

几何量（表 4-126）

表 4-126　面几何量

标识符	.odb		说　明
	场	历史	
SURFAREA		●	面的面积。对于变形网格,此面积是当前构型中面的面积

状态变量和场变量（表 4-127）

表 4-127　面状态变量和场变量

标识符	.odb		说　明
	场	历史	
AVGPRESS		●	平均面积面压力
AVGTEMP		●	平均面积面温度

（续）

标识符	.odb		说　明
	场	历史	
AVGVEL		●	面积面速度平均向量
FORCE		●	面上的流体力分量合
HEATFLOW		●	给定面上的积分法向热通量。如果对系统加热,则热通量为正值;否则,热通量为负值。此输出请求不包括对流热流量
HFL	●		面上的热通量向量。此输出请求不包括对流热流量
HFLN	●		面上的法向热通量。此输出请求不包括对流热流量
MASSFLOW		●	穿过给定面的质量流动速率积分
NTRACTION	●		面上的流体法向拉伸
PRESSFORCE		●	给定面上的流体压力
STRACTION	●		面上的流体面(或者剪切)拉伸
TRACTION	●		面上的流体总拉伸。它等于法向拉伸和(NTRACTION)剪切拉伸的合(STRACTION)
VISCFORCE		●	给定面上的流体黏性力
VOLFLOW		●	穿过给定面的积分体积流速
WALLSHEAR	●		面上的流体剪切应力大小。此值是剪切拉伸(STRACTION)向量的大小

湍流变量（表 4-128）

表 4-128　面湍流变量

标识符	.odb		说　明
	场	历史	
YPLUS	●		在黏性长度或者壁单位上测量的壁法向距离。对于没有连接到壁边界的面,输出的默认值是 0
YSTAR	●		使用湍流动能和黏度得到的壁法向距离。仅当指定了湍流模型时,YSTAR 输出才有效。对于没有连接到壁边界的面,输出的默认值是 0

整个模型和部分模型变量

部分模型和整体模型可以获取下列输出变量。

几何量（表 4-129）

表 4-129　整个模型几何量

标识符	.odb		说　明
	场	历史	
VOL		●	整个集合或者整个模型的当前体积

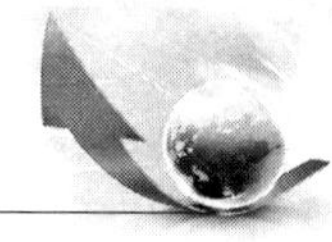

总能量输出量（表 4-130）

如果下面的整体模型变量与具体分析相关联，则可以请求将这些整体模型变量输出到输出数据库文件（见“输出到输出数据库”中的“总能量输出”，4.1.3 节）。如果没有指定输出区域，则计算整体模型变量。指定了输出区域时，则在用户指定的区域上计算相关的能量总和。

表 4-130　总能量输出量

标识符	.odb		说　明
	场	历史	
ALLKE		●	动能

4.3 后处理计算器

产品：Abaqus/Standard　　Abaqus/Explicit

参考

- “输出到输出数据库”，4.1.3 节
- “Abaqus/Standard 输出变量标识符”，4.2.1 节
- “Abaqus/Explicit 输出变量标识符”，4.2.2 节
- “Abaqus/Standard、Abaqus/Explicit 和 Abaqus/CFD 执行”，3.2.2 节

概览

后处理计算器可以对 Abaqus 写入输出数据库（作业名.odb）的输出量进行操作。通过将这些新输出量写入输出数据库来扩展输出数据库。一旦完成了此扩展，输出数据库便不能转换回原来的形式。后处理计算器仅可以在 Abaqus/CAE（Abaqus/Viewer）的 Visualization 模块中使用。

计算器的功能

后处理计算器对写入输出数据库的数据进行以下计算：

- 根据单元输出的用户指定位置，将积分点的量外插到节点或者内插到单元的质心（见“输出到输出数据库”中的“选择单元积分点和截面点的输出位置”，4.1.3 节）。
- 计算追踪粒子处的历史输出（见“输出到输出数据库”中的“Abaqus/Explicit 的示踪粒子输出”，4.1.3 节）。

运行计算器

在 Abaqus/Standard 中，通常不请求后处理计算器，因为在默认情况下，Abaqus/Standard 在分析过程中执行结果后处理。用户可以通过在 Abaqus 环境文件中使用 auto_calculate 环境变量来忽略此默认行为（详细情况见“环境文件设置”，3.3 节）。

Abaqus/Explicit 中在默认情况下，或者如果在 Abaqus/Standard 中进行了请求（在 Abaqus 环境文件中使用了 auto_calculate），则在分析完成时，将自动运行后处理计算器。在

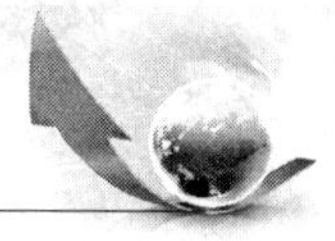

分析执行过程中，Abaqus 将决定是否在输出文件中请求使用计算器，如果请求使用，则在分析完成时启动计算器。用户可以通过在 Abaqus 环境文件中使用 auto_calculate 环境变量来忽略此默认行为（详细情况见“环境文件设置”，3.3 节）。

在 abaqus 执行程序中使用 convert=odb 选项，可以手动运行后处理计算器。

要在分析完成前预览后处理结果，可以在分析运行过程中手动运行后处理计算器，在 abaqus 执行程序中同时使用 oldjob 选项与 convert=odb 选项。后处理计算器将使用 job 参数值作为文件名来写一个新的输出数据库。由于在后处理计算器读取输出数据库时，分析也同时写入输出数据库，因此，输出数据库可能处于不一致的状态，导致无法读取。如果出现此问题，则后处理计算器将停止读取输出数据库并退出。将在屏幕上输出警告信息来提示这一问题。此时，用户可以尝试再次运行后处理计算器。如果清除了不一致的状态，则将正常运行后处理计算器。

在未使用 oldjob 选项的分析过程中运行后处理计算器时，Abaqus 将询问用户是否覆盖现有的输出数据库。在手动运行未使用 oldjob 选项的后处理计算器之前，用户应确认已经完成了分析。运行未使用 oldjob 选项的后处理计算器时，如果分析仍在运行，则输出数据库将崩溃。

关于手动运行后处理计算器过程的详细内容，见“Abaqus/Standard、Abaqus/Explicit 和 Abaqus/CFD 执行”（3.2.2 节）。

如果分析因为可用 CPU 时间已经过期而中止，并且用户重启动了分析，则后处理计算器不会自动从原始中止运行处扩展输出数据库。用户必须按上述过程，手动运行后处理计算器来扩展原始输出数据库。

5 文件输出格式

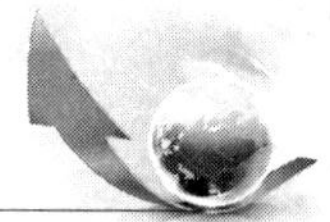

5.1 访问结果文件：概览

将信息写入结果文件

Abaqus 结果文件是一种媒介，通过此文件可以将分析结果传递到其他软件，如后处理程序。可以将以下类型的输出写入结果文件：

- 单元输出、节点输出、能量输出、模态输出、接触面输出和截面输出（见“输出到数据和结果文件”，4.1.2 节）。
- 单元矩阵输出（见“输出：概览”中的“Abaqus/Standard 中的单元矩阵输出”，4.1.1 节）。
- 子结构矩阵输出（见“定义子结构”中的“对一个文件写入恢复矩阵、简化的刚度矩阵、质量矩阵、载荷工况向量和重力向量”，《Abaqus 分析用户手册——分析卷》的 5.1.2 节）。
- 腔辐射显示因子矩阵（见“在 Abaqus 中定义腔辐射”中的“将显示因子矩阵写入结果文件”，《Abaqus 分析用户手册——指定条件、约束与相互作用卷》的第 8 章）。

“输出：概览”（4.1.1 节）介绍了结果文件的通用格式。

可以采用零件实例的装配形式来定义 Abaqus 模型（见“装配定义”，2.10 节）。然而，结果文件不是按零件组织的；文件中包含内部节点和单元编号（见“输出：概览”，4.1.1 节）。将原始编号与零件实例名称之间的映射和内部编号写入数据文件。

访问结果文件中的信息

本章内容包含结果文件的技术说明，供需要编写使用结果文件的程序的用户和程序员阅读。

- “结果文件输出格式”（5.2 节），介绍结果文件中各记录的格式。
- “访问结果文件信息”（5.3 节），介绍读取文件输出请求的子程序调用，包含使用 Abaqus 结果文件编写的程序示例，并演示如何使用 Abaqus 文件格式编写（或者更改）结果文件。
- “访问结果文件的工具程序”（5.4 节），介绍用来访问结果文件的工具程序。

5.2 结果文件输出格式

产品：Abaqus/Standard　　Abaqus/Explicit

参考

- “访问结果文件：概览”，5.1 节
- “Abaqus/Standard 输出变量标识符”，4.2.1 节
- “Abaqus/Explicit 输出变量标识符”，4.2.2 节

概览

本部分介绍 Abaqus 结果文件中各个记录的格式。在适用的情况下，将给定值写入文件过程中所使用的输出变量标识符打印在相应的记录类型说明下面。仅在 Abaqus/Standard 中可用的记录用(S) 表示；仅在 Abaqus/Explicit 中可用的记录用(E) 表示。某一记录的关键字在 Abaqus/Standard 与 Abaqus/Explicit 中可能有所不同。

记录格式

将结果文件写成一个时序文件。各个记录的格式见表 5-1。

表 5-1　记录格式

位置	长度	说明
1	1	记录长度(*NW*)
2	1	记录类型关键字
3,4…	*NW*-2	属性

结果文件中的所有词具有相同的长度，无论它们包括的是整型数据、浮点型数据或者字符串数据。词长度是双精度浮点数的长度（8 个字节）。

给定记录中的属性取决于所涉及的单元类型。例如，与三维壳单元相关联的应力分量是 σ_{11}、σ_{22} 和 σ_{12}（在局部方向上），而与三维实体相关联的应力分量是 σ_{xx}、σ_{yy}、σ_{zz}、σ_{xy}、σ_{xz} 和 σ_{yz}（如果没有指定局部方向，则在整体方向上）。因此，当对输出文件进行后处理时，在解释数据中必须谨慎。关于单元相关属性的顺序定义，参考《Abaqus 分析用户手册——单元卷》。

在稳态动力学分析中，将复数值存储成实部加虚部的形式。例如，与三维壳单元相关联

的应力分量是 $\Re(\sigma_{11})$、$\Re(\sigma_{22})$ 和 $\Re(\sigma_{12})$，后面跟随 $\Im(\sigma_{11})$、$\Im(\sigma_{22})$ 和 $\Im(\sigma_{12})$。

在以零件实例的装配形式定义的模型中，结果文件包含内部（整体）节点和单元编号（见“输出：概览”，4.1.1 节）。结果文件中不包含零件和装配记录。

局部坐标系

如果单元量的分量位于局部坐标方向上，当在 Abaqus/Standard 中请求局部坐标方向时，则为请求分量输出的每个点生成定义这些方向的，类型为 85 的记录（见“输出到数据和结果文件”中的“结果文件的局部方向输出”，4.1.2 节），并自动在 Abaqus/Explicit 中创建此记录。类似于壳和膜中的情况，局部坐标系可以是单元固有的，也可以通过局部方向来定义（见“方向”，2.2.5 节）。

对于壳单元，为截面中请求分量输出的每个材料点写方向记录，并为截面力和截面应变单独写一个方向记录。对于 Abaqus/Standard 中的几何非线性分析，记录包含当前更新后的方向，小应变壳除外，在此情况中给出原始的方向。不为杆、二维梁、轴对称的壳或者膜，或者多个节点处的平均值提供方向输出。

标签记录

一些记录类型包含以 A8 格式写的标签，如单元集合名称和节点集合名称。如果标签超过 8 个字符，则写整型标识符来代替此标签。然后可以使用此标识符交叉参考记录类型 1940 中以 10A8 格式存储的实际标签。

为任何文件输出请求写的记录（表 5-2～表 5-4）

表 5-2　记录关键字 1900

记录关键字	记录类型	属　　性
1900	单元定义	1. 单元编号 2. 单元类型(多个字符,A8 格式,左对齐) 3. 单元上的第一个节点 4. 单元上的第二个节点 5. ……
1990(S)	单元定义延续	1. 前 1900 个记录中单元上的节点 2. ……

在 Abaqus/Explicit 中，将退化四边形/六面体单元（即具有相同的节点）写在记录 1900 中作为对应的三角形/四面体/楔形单元。例如，将具有两个相同节点的 CPE4R 单元写成 CPE3 单元；将第三和第四节点相同、第七和第八节点相同的 C3D8R 单元写成 C3D6 单元。

表 5-3　记录关键字 1901

记录关键字	记录类型	属　　性
1901	节点定义	1. 节点编号 2. 第一个坐标 3. 第二个坐标 4. ……

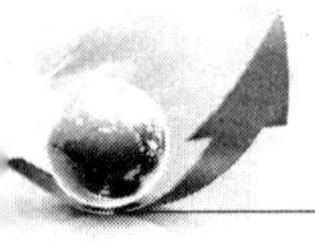

记录关键字 1902 定义每个有效自由度的位置。例如，如果模型仅包含二维梁单元，则有效自由度只有 1、2 和 6。因此，此记录将具有属性（1，2，0，0，0，3），表示自由度 1（u_x）是每个节点处的第一有效变量；自由度 2（u_y）是每个节点处的第二有效变量；自由度 3、4 和 5 在模型中无效；自由度 6 是每个节点处的第三有效变量。

表 5-4 记录关键字 1902~1940

记录关键字	记录类型	属性
1902	有效自由度	1. 自由度 1 在节点阵列中的位置(如果在模型中 DOF1 无效,则为 0) 2. 自由度 2 在节点阵列中的位置(如果在模型中 DOF2 无效,则为 0) 3. ……
1910[(S)]	子结构路径	1. 0 为子结构输入记录;1 为子结构离开记录 2. 使用层级上的单元编号 3. 子结构类型标识符(*Zn*) 4. 如果不是使用层级,则是之前层级上的单元编号 5. ……
1911	输出请求定义	1. 基于单元的输出标识(0)、节点输出标识(1)、模态输出标识(2)或者单元集合能量输出标识(3) 2. 请求(A8 格式)中使用的集合名称(节点或者单元集合)。如果没有指定集合,则此属性是空白的 3. 单元类型(仅用于单元输出,A8 格式)
1921	Abaqus 版本等	1. Abaqus 版本号(A8 格式) 2. 日期(2A8 格式) 3. 日期(续) 4. 时间(A8 格式) 5. 模型中单元的数量 6. 模型中节点的数量 7. 模型中的典型单元长度
1922	头信息	属性 1~10。将头信息输入成 * HEADING 选项(A8 格式)的第一个数据行。等效于 Abaqus/CAE 中的作业说明
1931	节点集合	1. 节点集合名称(A8 格式)。在 Abaqus/Explicit 中,仅将节点集合定义成所写模型定义的一部分 2. 节点集合中的第一个节点 3. 节点集合中的第二个节点 4. ……
1932	节点集合延续	之前 1931 记录的节点集合中的节点编号 ……
1933	单元集合	1. 单元集合名称(A8 格式)。在 Abaqus/Explicit 中,仅将单元集合定义成所写模型定义的一部分 2. 单元集合中的第一个单元 3. 单元集合中的第二个单元 4. ……
1934	单元集合延续	之前 1933 记录的单元集合中的单元编号 ……
1940	标签交叉参考	1. 整数参考 2. 标签(10A8 格式)

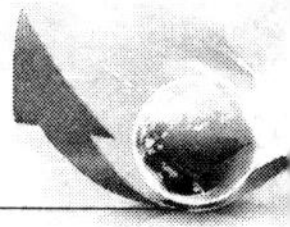

固有频率提取中每个特征值写一次记录（表5-5）

表5-5 记录关键字1980

记录关键字	记录类型	属性
1980(S)	模态	1. 特征值数量 2. 特征值 3. 广义质量 4. 复合阻尼 5. 自由度1的参与因子 6. 自由度1的有效质量 7. 自由度2的参与因子 8. 自由度2的有效质量 9. ……

此记录后的任何节点数据或者单元数据参考特征向量，直到遇到新的记录关键字1980或者2001。子结构的特征值输出（“定义子结构”中的“对一个文件写入恢复矩阵、简化的刚度矩阵、质量矩阵、载荷工况向量和重力向量”，《Abaqus分析用户手册——分析卷》的5.1.2节）也使用这些记录来划分单元结果和节点结果。如果请求任何特征值屈曲预测或者特征频率提取步的结果文件输出，则写此记录。不为特征值屈曲预测步写广义质量等。不为复特征频率提取步写此记录。

每个增量写一次的记录（表5-6）

表5-6 增量起始和末尾记录

记录关键字	记录类型	属性
2000	增量起始记录	1. 总时间 2. 步时间 3. Abaqus/Standard中的最大黏性应变率比值（解相关的幅值控制）；目前Abaqus/Explicit中不使用 4. Abaqus/Standard中解相关的幅值；目前Abaqus/Explicit中不使用 5. 过程类型：给出步类型的关键字。见此部分末尾处的表5-59 6. 步编号 7. 增量编号 8. Abaqus/Standard中的线性摄动标识：如果是通用步，则为0；如果是线性摄动步，则为1。目前Abaqus/Explicit中不使用 9. 载荷比例因子：仅在静态Riks步中不是零；目前Abaqus/Explicit中不使用 10. 稳态动力学响应分析中的频率（循环数/时间）或者稳态传输分析中的稳态传输角速度（弧度/时间）；目前Abaqus/Explicit中不使用 11. 时间增量 12. 属性12-21。步的小标题，输入成 * STEP选项（A8格式）的第一个数据行。等效于Abaqus/CAE中的步描述
2001①	增量末尾记录	无属性

① 每个增量写一次，在增量的所有数据写好之后

注意：当使用二进制时，对于每一个增量，结果文件写在512个字的块中。如果当前增量的最后一个块的字量少于512，则在2001记录后附加零，使得块的总长是512。这样，记录2001的长度是2+附加零的数量。对于ASCII格式的结果文件，记录2001扩展成一个80字符的逻辑记录，并且在此记录后面附加一个80个空字符的逻辑记录（见“访问结果文件信息”，5.3节）。

为任何单元文件输出请求写的记录

这些记录（表5-7）包含与单元中积分点处、单元质心处或者单元节点处的单元变量数据。

表5-7 为任何单元文件输出请求写的记录

记录关键字	记录类型	属性
1	单元头记录	1. 如果后续记录包含节点平均的单元值，则此记录为单元编号或者节点编号 2. 如果后续记录包含积分点数据，则此记录为积分点编号；如果后续记录包含单元节点处的数据，则此记录为节点编号；如果后续记录包含CAXA和SAXA单元的质心值，则此记录为积分平面编号；如果后续记录包含质心值或者节点平均值，则此记录为0 3. 如果是壳、梁或者分层实体单元，并且后续记录包含整个厚度上一个截面点处的数据，则此记录为截面点编号。对于连续单元，以及梁单元和壳单元中的截面值，此记录为0 4. 位置标识符。如果后续记录包含积分点处的数据，则此记录为0；如果后续记录包含单元质心处的值，则此记录为1；如果后续记录包含单元节点处的数据，则此记录为2；如果后续记录包含与单元中的加强筋相关的数据，则此记录为3；如果后续记录包含节点平均值，则此记录为4；如果后续记录包含与整个单元相关的值，则此记录为5 5. 如果后续记录包含与已命名加强筋相关的值，则此记录为加强筋名称 6. 一个点处的正应力编号(NDI) 7. 一个点处的切应力编号(NSHR) 8. 0，目前不用于Abaqus/Standard；在Abaqus/Explicit中，在单元(NDIR)中计算位移或者温度梯度的方向编号 9. 截面力或者截面应变分量(NSFC)的数量
2	温度 输出变量：TEMP	温度
3(S)	分布载荷 输出变量：LOADS	1. 载荷类型 2. 大小
4(S)	分布通量 输出变量：FLUXS	1. 通量类型 2. 大小
5	解相关的状态变量 输出变量：SDV	1. 状态变量1 2. 状态变量2 3. 其余状态变量 记录至多可以有80个ASCII格式的字，或者512个二进制格式的字。根据需要重复此记录来输出模型中的所有有效状态变量
6(S)	孔隙率 输出变量：VOIDR	孔隙率

（续）

记录关键字	记录类型	属　　性
7(S)	基础压力 输出变量:FOUND	1. 基础类型 2. 大小
8(S)	坐标 输出变量:COORD	1. 第一个坐标 2. ……
9(S)	场变量 输出变量:FV	1. 第一个场变量 2. ……
10(S)	由热产生的节点通量 输出变量:NFLUX	1. 节点编号 2. 第一流量分量 3. ……
11	应力 输出变量:S	1. 第一应力分量 2. 第二应力分量 3. ……(编号的定义和单元类型分量的类型,见《Abaqus 分析用手手册——单元卷》中的单元说明)
475(S)	平均接触压力(对于连杆和三维管路垫片单元) 输出变量:CS11	大小(仅当指定了垫片接触面积时才有效;见“使用垫片行为模型直接定义垫片行为”中的“定义平均接触压力输出的接触面积”,《Abaqus 分析用户手册——单元卷》的 6.6.6 节)
12(S)	应力不变量 输出变量:SINV	1. Mises 应力 2. Tresca 应力 3. 静水压力 4. 目前未使用 5. 目前未使用 6. 目前未使用 7. 第三应力不变量
13	截面力和力矩 输出变量:SF	1. 第一截面力 2. 第二截面力 3. ……(各梁单元或者壳单元类型可以使用哪一种截面力的说明见《Abaqus 分析用户手册——单元卷》)
449(S)	有效轴向截面力 输出变量:ESF1	承受压力载荷的梁或者管的有效轴向截面力
14(S)	能量密度 输出变量:ENER	1. 应变能。特征值提取中唯一可以使用的能量密度请求是弹性应变能。模态过程或者直接求解稳态动力学分析中没有可以使用的能量密度 2. 塑性耗散 3. 蠕变耗散 4. 黏弹性耗散 5. 电磁能 6. 由电导产生的能量耗散 7. 阻尼耗散
14(E)	能量密度 输出变量:ENER	1. 弹性应变能 2. 塑性耗散 3. 黏弹性耗散(不支持超弹性和超泡沫材料模型) 4. 黏性耗散 5. 当前未使用 6. 当前未使用 7. 损伤耗散

(续)

记录关键字	记录类型	属性
15[(S)]	应力产生的节点力 输出变量:NFORC	1. 节点编号 2. 第一个力分量 3. ……
16[(S)]	最大截面应力	截面上的最大应力

记录17（表5-8和表5-9）的数据顺序和数据项目数量取决于单元类型，对于LS3S单元：

表5-8 记录17（LS3S单元）

记录关键字	记录类型	属性
17[(S)]	LS3S线弹簧的J_S、K 输出变量:JK	1. J(J积分) 2. K(应力强度) 3. J^{el}(J积分的弹性部分) 4. J^{pl}(J积分的塑性部分)

对于LS6单元：

表5-9 LS6单元的记录

记录关键字	记录类型	属性
17[(S)]	LS6线弹簧的J_S、K 输出变量:JK	1. J(J积分) 2. J^{el}(J积分的弹性部分) 3. J^{pl}(J积分的塑性部分) 4. K_{I}(模式Ⅰ应力强度因子) 5. K_{II}(模式Ⅱ应力强度因子) 6. K_{III}(模式Ⅲ应力强度因子)
18[(S)]	孔隙或者声学压力 输出变量:POR	流体压力
19[(S)]	单元上的总能量 输出变量:ELEN	1. 动能 2. 应变能。弹性应变能是特征值提取中唯一可以使用的整体单元能量请求。在模态过程或者直接求解的稳态动力学分析中没有可以使用的单元能量 3. 塑性耗散 4. 蠕变耗散 5. 黏性耗散,不包括由稳定性产生的耗散 6. 静态耗散(由稳定性产生) 7. 人工应变能 8. 静电能 9. 导体上耗散的电能 10. 损伤耗散
19[(E)]	单元上的总能量 输出变量:ELEN	1. 目前未使用 2. 应变能 3. 塑性耗散 4. 黏弹性耗散(不支持超弹性和超泡沫材料模型) 5. 黏性耗散 6. 人工应变能 7. 变形控制耗散 8. 目前未使用 9. 内热能 10. 损伤耗散

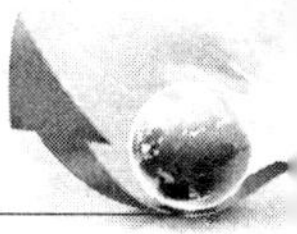

（续）

记录关键字	记录类型	属　　性
21	Abaqus/Standard 中的总应变；Abaqus/Explicit 中的极微小应变 输出变量：E	1. 第一应变分量 2. 第二应变分量 3. ……（给定单元类型的分量定义见《Abaqus 分析用户手册——单元卷》）
22	塑性应变 输出变量：PE	1. 第一塑性应变分量 2. 第二塑性应变分量 3. …… 在 Abaqus/Standard 中，后面跟随等效塑性应变、有效屈服标识（是或者否，A8 格式），以及塑性应变的大小；为了与 Abaqus/Standard 记录的长度保持一致，在 Abaqus/Explicit 中，后面跟随“0.0，UNUSED，0.0”（给定单元类型的分量定义见《Abaqus 分析用手手册——单元卷》）
23(S)	蠕变应变（包括膨胀） 输出变量：CE	1. 第一蠕变应变分量 2. 第二蠕变应变分量 3. ……（后面跟随等效蠕变应变、体积膨胀应变和蠕变应变的大小）
24(S)	总非弹性应变 输出变量：IE	1. 第一非弹性应变分量 2. 第二非弹性应变分量 3. ……（关于单元类型的分量数量和类型的定义，见《Abaqus 分析用户手册——单元卷》中的单元说明）
25(S)	总弹性应变 输出变量：EE	1. 第一弹性应变分量 2. 第二弹性应变分量 3. ……（关于单元类型的分量数量和类型的定义，见《Abaqus 分析用户手册——单元卷》中的单元说明）
26	与混凝土中的裂纹垂直的单位法向 输出变量：CRACK	1. 11 分量（一维、二维或者三维分析） 2. 12 分量（二维或者三维分析） 3. 13 分量（三维分析） 4. 21 分量（二维或者三维分析） 5. 22 分量（三维分析） 6. 23 分量（三维分析） 7. 31 分量（三维分析） 8. 32 分量（三维分析） 9. 33 分量（三维分析）
27	截面厚度 输出变量：STH	Abaqus/Standard 中膜和有限应变壳，以及 Abaqus/Explicit 中平面应力单元、膜和所有壳的当前截面厚度
28	热通量向量 输入变量：HFL	1. 大小 2. 第一分量 3. 第二分量 4. ……
29	截面应变和曲率 输出变量：SE	1. 第一截面应变 2. 第二截面应变 3. ……（关于各梁或者壳单元类型可以使用哪些截面应变定义，见《Abaqus 分析用户手册——单元卷》中的单元说明）
30(S)	变形梯度 输出变量：DG	1. F_{11} 2. 其余分量 记录包含 F 的 NDI 对角分量，然后是 NSHR 上三角分量（F_{12}，F_{13}，F_{23}），以及 NSHR 下三角分量（F_{21}，F_{31}，F_{32}），其中 NDI 和 NSHR 是在单元头记录中给出的（记录关键字 1）。仅用于超弹性、超泡沫和用户子程序 UMAT

（续）

记录关键字	记录类型	属　性
31(S)	混凝土失效 输出变量：CONF	混凝土材料点状态汇总。此值是裂纹的数量，如果混凝土已经压碎，则为-1
32(S)	节点处的应变跃变 输出变量：SJP	1. 第一应变跃变分量 2. 第二应变跃变分量 3. ……（关于单元类型的分量数量和类型的定义，见《Abaqus 分析用户手册——单元卷》中的单元说明）
33(S)	膜 输出变量：FILM	1. 类型 2. 散热器温度 3. 膜系数
34(S)	辐射 输出变量：RAD	1. 类型 2. 散热器温度 3. 辐射系数
35(S)	饱和度（孔隙压力分析） 输出变量：SAT	饱和度
36(S)	子应力（对于 ITT 单元） 输出变量：SS	1. 第一子应力 2. 第二子应力
38(S)	质量浓度（质量扩散分析） 输出变量：CONC	浓度
446(S)	积分点处的溶解量（质量扩散分析） 输出变量：ISOL	溶解度
447(S)	当前单元中的溶解量（质量扩散分析） 输出变量：ESOL	溶解度
448(S)	单元集合或者模型中的溶解量（质量扩散分析） 输出分量：SOL	溶解度

记录 39（表 5-10 和表 5-11）的数据项目数量取决于单元类型。对于孔隙压力单元和质量扩散分析：

表 5-10　记录 39（孔隙压力单元和质量扩散分析）

记录关键字	记录类型	属　性
39(S)	质量浓度通量向量 输出变量：MFL	1. 大小 2. 第一分量 3. 第二分量 4. ……

对于流体连接器单元：

表 5-11　流体连接器单元的记录

记录关键字	记录类型	属　性
39(S)	质量流速 输出变量：MFL	当前流速

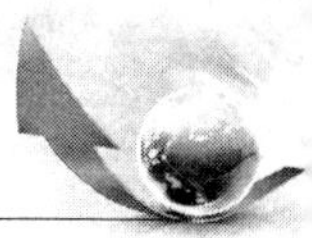

（续）

记录关键字	记录类型	属性
40[S]	凝胶（孔隙压力分析） 输出变量：GELVR	凝胶体积比
43[S]	总流体体积比 输出变量：FLUVR	总流体体积比
61[E]	单元状态 输出变量：STATUS	单元状态（剪切失效模型、拉伸失效模式、多孔失效准则、脆性失效模型、Johnson-Cook 塑性模型和 VUMAT）。如果单元是激活的，则单元状态是 1.0；如果单元未激活，则单元状态是 0.0
73[E]	等效塑性应变 输出变量：PEEQ	等效塑性应变。对于具有体积硬化的可压缩泡沫塑性，此等效塑性应变是体积压实塑性应变。对于盖塑性，此塑性应变是 p_b（盖位置）
74[E]	平均压应力 输出变量：PRESS	平均压应力
75[E]	Mises 等效应力 输出变量：MISES	Mises 应力
79[S]	蠕变应变率比 输出变量：RATIO	蠕变应变率和目标蠕变应变率的当前最大比
80[S]	解相关的幅值 输出变量：AMPCU	解相关的幅值的当前值
83[S]	平均壳截面应力 输出变量：SSAVG	1. 第一截面应力 2. 第二截面应力 3. ……（关于各壳单元类型可以使用哪些截面应力的说明见《Abaqus 分析用户手册——单元卷》）

当请求局部坐标方向，请求对材料或者截面点进行分量输出，并且在局部坐标系中给出分量时，在 Abaqus/Standard 中生成以下记录（表 5-12）（见“输出到数据和结果文件”中的“结果文件的局部方向输出”，4.1.2 节）；当对材料或者截面点请求分量输出时，并且分量是在局部坐标系中给出的，则在 Abaqus/Explicit 中自动生成此分量。只给出前两个方向；如果需要，则第三个方向是前两个方向的叉积。不为桁架、二维梁、轴对称的壳或者膜，或者节点处的平均值生成方向记录。

表 5-12 请求局部坐标方向时生成的记录

记录关键字	记录类型	属性
85	局部坐标方向	1. 第一个方向的第一分量 2. 第一个方向的第二分量 3. 第一个方向的第三分量 4. 第二个方向的第一分量 5. 第二个方向的第二分量 6. 第二个方向的第三分量
86	运动硬化塑性的背应力 输出变量：ALPHA	1. 第一个 α 分量 2. 第二个 α 分量 3. ……（分量的数量等于应力分量的数量，见《Abaqus 分析用户手册——单元卷》）
87[S]	用户定义的输出变量 输出变量：UVARM	1. 输出变量 1 2. 输出变量 2 3. 其余输出变量

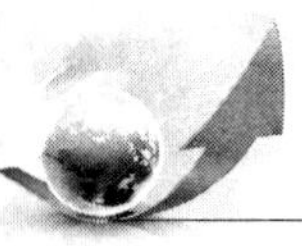

（续）

记录关键字	记录类型	属　性
88[S]	热应变 输出变量：THE	1. 第一热应变分量 2. 第二热应变分量 3. ……（关于单元类型的分量类型和数量见《Abaqus 分析用户手册——单元卷》中的单元说明）
89	对数应变 输出变量：LE	1. 第一对数应变分量 2. 第二对数应变分量 3. ……（关于单元类型的分量类型和数量见《Abaqus 分析用户手册——单元卷》中的单元说明）
90	名义应变 输出变量：NE	1. 第一名义应变分量 2. 第二名义应变分量 3. ……（关于单元类型的分量类型和数量见《Abaqus 分析用户手册——单元卷》中的单元说明）
91[S]	机械应变率 输出变量：ER	1. 第一应变率分量 2. 第二应变率分量 3. ……（关于单元类型的分量类型和数量见《Abaqus 分析用户手册——单元卷》中的单元说明）
96[S]	流过流体连接器的总质量流量 输出变量：MFLT	大小
97[S]	孔隙流体有效速度向量 输出变量：FLVEL	1. 大小 2. 第一分量 3. 第二分量 4. ……
476[E]	比例因子 输出变量：EMSF	单元质量比例因子
477[E]	单元时间增量 输出变量：EDT	单元稳定时间增量

主值记录（表 5-13）

对于所有主值，分量的数量等于 NDI，NDI=1 的情况除外，此时分量的数量等于 NDI+NSHR，其中 NDI 和 NSHR 是在单元头记录中给出的。在 NDI=2 的情况下，只给出平面中的值。

表 5-13　主值记录

记录关键字	记录类型	属　性
401	主应力 输出变量：SP	1. 最小主应力 2. ……
402	运动硬化塑性的背应力张量主值 输出变量：ALPHAP	1. 最小主应力 2. ……
403	主应变 输出变量：EP	1. 最小主应变 2. ……

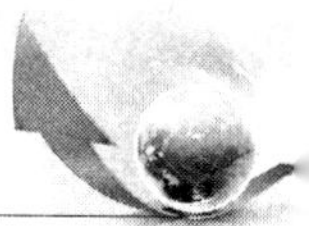

（续）

记录关键字	记录类型	属　　性
404	主名义应变 输出变量:NEP	1. 最小主名义应变 2. ……
405	主对数应变 输出变量:LEP	1. 最小主对数应变 2. ……
406(S)	主机械应变率 输出变量:ERP	1. 最小主应变率 2. ……
407(S)	变形梯度主值 输出变量:DGP	1. 最小主值 2. ……
408(S)	主弹性应变 输出变量:EEP	1. 最小主弹性应变 2. ……
409(S)	非弹性主应变 输出变量:IEP	1 最小非弹性主应变 2. ……
410(S)	主热应变 输出变量:THEP	1. 最小主热应变 2. ……
411(S)	主塑性应变 输出变量:PEP	1. 最小主塑性应变 2. ……
412(S)	主蠕变应变 输出变量:CEP	1. 最小主蠕变应变 2. ……

多孔金属塑性的记录（表 5-14）

表 5-14　多孔金属塑性的记录

记录关键字	记录类型	属　　性
413	孔隙体积分数 输出变量:VVF	f
414	孔隙体积分数(增长) 输出变量:VVFG	f_{gr}
415	孔隙体积分数(成核) 输出变量:VVFN	f_{nucl}
416(S)	相对密度 输出变量:RD	$r=1-f$

脆性开裂的记录（表 5-15）

表 5-15　脆性开裂的记录

记录关键字	记录类型	属　　性
421(E)	开裂应变 输出变量:CKE	1. 第一开裂应变分量 2. 第二开裂应变分量 3. ……(关于单元类型的分量类型和数量见《Abaqus 分析用户手册——单元卷》中的单元说明)

（续）

记录关键字	记录类型	属　　性
422(E)	局部开裂应变 输出变量:CKLE	1. 局部裂纹方向中的第一应变分量 2. 局部裂纹方向中的第二应变分量 3. ……(关于单元类型的分量类型和数量见《Abaqus 分析用户手册——单元卷》中的单元说明)
423(E)	局部开裂应力 输出变量:CKLS	1. 局部裂纹方向中的第一应力分量 2. 局部裂纹方向中的第二应力分量 3. ……(关于单元类型的分量类型和数量见《Abaqus 分析用户手册——单元卷》中的单元说明)
424(E)	裂纹的状态 输出变量:CKSTAT	1. 第一裂纹的状态(一维、二维或者三维分析)。CKSTAT 具有下面的值:0.0=未开裂;1.0=闭合的裂纹;2.0=有效的裂纹;3.0=裂纹闭合/再打开 2. 第二裂纹的状态(二维或者三维分析) 3. 第三裂纹的状态(三维分析)
441(E)	开裂应变大小 输出变量:CKEMAG	开裂应变大小

梁通用截面中非线弹性响应的记录（表 5-16）

表 5-16　梁通用截面中非线弹性响应的记录

记录关键字	记录类型	属　　性
42(S)	塑性应变分量 输出变量:SPE	1. 轴向塑性应变 2. 关于局部 1 轴的曲率变化 3. 关于局部 2 轴的曲率变化(仅用于三维梁) 4. 梁的扭转(仅用于三维梁)
47(S)	等效塑性应变 输出变量:SEPE	1. 轴向等效塑性应变 2. 关于局部 1 轴的曲率变化 3. 关于局部 2 轴的曲率变化(仅用于三维梁) 4. 梁的扭转(仅用于三维梁)

框单元中弹塑性响应的记录（表 5-17）

表 5-17　框单元中弹塑性响应的记录

记录关键字	记录类型	属　　性
462(S)	弹性截面应变分量 输出变量:SEE	1. 弹性轴向应变 2. 关于局部 1 轴的弹性曲率变化 3. 关于局部 2 轴的弹性曲率变化(仅用于三维梁) 4. 梁的弹性扭转(仅用于三维梁)
463(S)	框单元端部的塑性位移 输出变量:SEP	1. 塑性轴向位移 2. 关于局部 1 轴的塑性转动 3. 关于局部 2 轴的塑性转动(仅用于三维框单元) 4. 关于单元轴的塑性转动(仅用于三维框单元) 5. 框单元端部截面的有效屈服标识(是或者否,A8 格式) 6. 框单元端部截面的屈曲标识(是或者否,A8 格式)

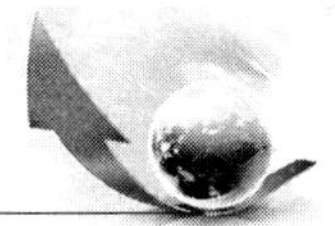

（续）

记录关键字	记录类型	属　　性
464[S]	广义背应力分量 输出变量:SALPHA	1. 轴向背应力分量 2. 关于局部 1 轴的弯曲背应力 3. 关于局部 2 轴的弯曲背应力(仅用于三维框单元) 4. 梁的扭转背应力(仅用于三维框单元)

连接器单元的记录（表 5-18）

表 5-18　连接器单元的记录

记录关键字	记录类型	属　　性
495	连接器总力 输出变量:CTF	1. 总力的第一分量 2. 总力的第二分量 3. ……
496	连接器弹性力 输出变量:CEF	1. 弹性力的第一分量 2. 弹性力的第二分量 3. ……
497	连接器黏性力 输出变量:CVF	1. 黏性力的第一分量 2. 黏性力的第二分量 3. ……
498	连接器摩擦力 输出变量:CSF	1. 摩擦力的第一分量 2. 摩擦力的第二分量 3. ……
499	连接器锁定和停止状态标识 输出变量:CSLST	1. 1 方向上的标识 2. 2 方向上的标识 3. ……
500	连接器反作用力 输出变量:CRF	1. 反作用力的第一分量 2. 反作用力的第二分量 3. ……
501	连接器集中力 输出变量:CCF	1. 集中力的第一分量 2. 集中力的第二分量 3. ……
502	连接器相对位置 输出变量:CP	1. 相对位置的第一分量 2. 相对位置的第二分量 3. ……
503	连接器相对位移 输出变量:CU	1. 相对位移的第一分量 2. 相对位移的第二分量 3. ……
504	连接器本构位移 输出变量:CCU	1. 本构位移的第一分量 2. 本构位移的第二分量 3. ……
505	连接器相对速度 输出变量:CV	1. 相对速度的第一分量 2. 相对速度的第二分量 3. ……
506	连接器相对加速度 输出变量:CA	1. 相对加速度的第一分量 2. 相对加速度的第二分量 3. ……

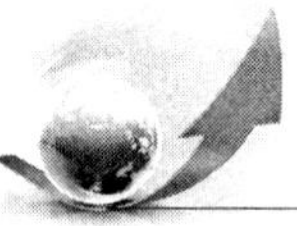

（续）

记录关键字	记录类型	属　　性
507[E]	连接器失效状态标识 输出变量:CFAILST	1. 1方向上的标识 2. 2方向上的标识 3. ……
542	生成连接器摩擦的接触力 输出变量:CNF	1. 生成摩擦的力的第一分量 2. 生成摩擦的力的第二分量 3. ……
546	瞬间滑动方向上的连接器相对速度 输出变量:CIVC	瞬间滑动方向上的相对速度
548	累积摩擦滑动 输出变量:CASU	1. 累积摩擦滑动的第一分量 2. 累积摩擦滑动的第二分量 3. ……
556	连接器的弹性位移 输出变量:CUE	1. 弹性位移的第一分量 2. 弹性位移的第二分量 3. ……
557	连接器的塑性相对位移 输出变量:CUP	1. 塑性相对位移的第一分量 2. 塑性相对位移的第二分量 3. ……
558	连接器的等效塑性相对位移 输出变量:CUPEQ	1. 等效塑性相对位移的第一分量 2. 等效塑性相对位移的第二分量 3. ……
559[E]	连接器的整体损伤变量 输出变量:CDMG	1. 整体损伤变量的第一分量 2. 整体损伤变量的第二分量 3. ……
560[E]	连接器基于力的损伤初始准则 输出变量:CDIF	1. 连接器基于力的损伤初始准则的第一分量 2. 连接器基于力的损伤初始准则的第二分量 3. ……
561[E]	连接器基于运动的损伤初始准则 输入变量:CDIM	1. 连接器基于运动的损伤初始准则的第一分量 2. 连接器基于运动的损伤初始准则的第二分量 3. ……
562[E]	连接器基于塑性运动的损伤初始准则 输出变量:CDIP	1. 连接器基于塑性运动的损伤初始准则的第一分量 2. 连接器基于塑性运动的损伤初始准则的第二分量 3. ……
563	连接器运动硬化力 输出变量:CALPHAF	1. 连接器运动硬化力的第一分量 2. 连接器运动硬化力的第二分量 3. ……

平面应力正交异性失效度量的记录（表5-19）

表5-19　平面应力正交异性失效度量的记录

记录关键字	记录类型	属　　性
44[S]	失效度量 输出变量:CFAILURE	1. 最大应力理论 2. 蔡-希尔理论 3. 蔡-吴理论 4. Azzi-蔡-希尔理论 5. 最大应变理论

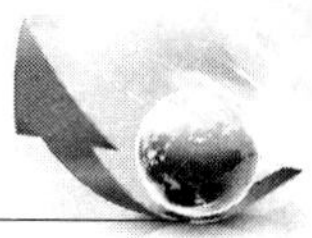

盖塑性等效塑性应变分量的记录（表 5-20）

表 5-20　盖塑性等效塑性应变分量的记录

记录关键字	记录类型	属　　性
45	等效塑性应变分量 输出变量:PEQC	1. Drucker-Prager 失效面的等效塑性应变 2. Drucker-Prager 失效面的有效屈服标识(是或者否,A8 形式) 3. 盖面的等效塑性应变 4. 盖面的有效屈服标识(是或者否,A8 格式) 5. 过渡面的等效塑性应变 6. 过渡面的有效屈服标识(是或者否,A8 格式) 7. 总体积非弹性应变 8. 有效屈服标识(是或者否,A8 格式)

节理材料等效塑性应变分量的记录（表 5-21）

表 5-21　节理材料等效塑性应变分量的记录

记录关键字	记录类型	属　　性
45(S)	等效塑性应变分量 输出变量:PEQC	1. 节理 1 的等效塑性应变 2. 节理 1 的有效屈服标识(是或者否,A8 形式) 3. 节理 2 的等效塑性应变 4. 节理 2 的有效屈服标识(是或者否,A8 格式) 5. 节理 3 的等效塑性应变 6. 节理 3 的有效屈服标识(是或者否,A8 格式) 7. 块材料的等效塑性应变 8. 块材料的有效屈服标识(是或者否,A8 格式)

铸铁塑性单轴拉伸中的等效塑性应变记录（表 5-22）

表 5-22　铸铁塑性单轴拉伸中的等效塑性应变记录

记录关键字	记录类型	属　　性
473(S)	单轴拉伸中的等效塑性应变 输出变量:PEEQT	1. 铸铁塑性模型单轴拉伸中的等效塑性应变 2. 有效屈服标识(是或者否,A8 形式)

双层黏塑性的记录（表 5-23）

表 5-23　双层黏塑性的记录

记录关键字	记录类型	属　　性
22(S)	弹塑性网络中的塑性应变 输出变量:PE	1. 第一塑性应变分量 2. 第二塑性应变分量 3. ……。后面跟随等效塑性应变、有效屈服标识(是或者否,A8 格式),以及塑性应变大小(给定单元类型分量的定义见《Abaqus 分析用户手册——单元卷》)
524(S)	黏弹性网络中的应力 输出变量:VS	1. 第一应力分量 2. 第二应力分量 3. ……(单元类型的分量数量和类型定义见《Abaqus 分析用户手册——单元卷》)

（续）

记录关键字	记录类型	属　　性
525(S)	弹塑性网络中的应力 输出变量:PS	1. 第一应力分量 2. 第二应力分量 3. ……(单元类型的分量数量和类型定义见《Abaqus 分析用户手册——单元卷》)
526(S)	黏弹性网络中的黏性应变 输出变量:VE	1. 第一黏性应变分量 2. 第二黏性应变分量 3. ……后面跟随等效黏性应变

具有电势自由度单元的记录（表 5-24）

表 5-24　具有电势自由度单元的记录

记录关键字	记录类型	属　　性
50(S)	电势梯度 输出变量:EPG	1. 大小 2. 第一势梯度 3. ……(单元类型的分量数量和类型定义见《Abaqus 分析用户手册——单元卷》)

加强筋量的记录（表 5-25）

表 5-25　加强筋量的记录

记录关键字	记录类型	属　　性
442	加强筋中的力 输出变量:RBFOR	大小
443	加强筋角度 输出变量:RBANG	加强方向与用户指定的等参方向之间的夹角,单位为度(°)。仅用于膜、壳和面单元
444	加强筋角度变化 输出变量:RBROT	加强方向与用户指定的等参方向之间的角度变化,单位为度(°)。仅用于膜、壳和面单元

强制对流/扩散热传导单元的记录（表 5-26）

表 5-26　强制对流/扩散热传导单元的记录

记录关键字	记录类型	属　　性
445(S)	质量流速 输出变量:MFR	1. 第一质量流速 2. ……

压电材料的记录（表 5-27）

表 5-27　压电材料的记录

记录关键字	记录类型	属　　性
46(S)	电势梯度的大小和相位角(仅用于线性动力学) 输出变量:PHEPG	1. 第一电势梯度的大小 2. 第二电势梯度的大小 3. ……(单元类型的分量数量和类型定义见《Abaqus 分析用户手册——单元卷》中的说明) 4. 第一电势梯度的相位角 5. 第二电势梯度的相位角 6. ……

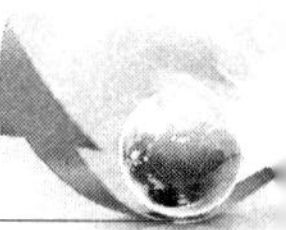

（续）

记录关键字	记录类型	属 性
49(S)	电荷通量的大小和相位角(仅用于线性动力学) 输出变量:PHEFL	1. 第一电荷通量的大小 2. 第二电荷通量的大小 3. ……(单元类型的分量数量和类型定义见《Abaqus 分析用户手册——单元卷》) 4. 第一电荷通量的相位角 5. 第二电荷通量的相位角 6. ……
51(S)	电荷通量 输出变量:EFLX	1. 大小 2. 第一电荷通量 3. ……(单元类型的分量数量和类型定义见《Abaqus 分析用户手册——单元卷》中的说明)
60(S)	分布电荷 输出变量:CHRGS	1. 电荷类型 2. 大小

耦合的热-电单元的记录（表 5-28）

表 5-28 耦合的热-电单元的记录

记录关键字	记录类型	属 性
425(S)	电流密度 输出变量:ECD	1. 大小 2. 第一电流密度 3. ……(单元类型的分量数量和类型定义见《Abaqus 分析用户手册——单元卷》中的说明)
426(S)	分布电流密度 输出变量:ECURS	1. 电流类型 2. 大小
427(S)	由电导产生的节点电流 输出变量:NCURS	1. 节点编号 2. 大小

粘结单元的记录（表 5-29）

表 5-29 粘结单元的记录

记录关键字	记录类型	属 性
252(S)	损伤初始准则的所有有效分量 输出变量:DMICRT	1. MAXSCRT,最大名义应力损伤初始准则 2. MAXECRT,最大名义应变损伤初始准则 3. QUADSCRT,二次名义应力损伤初始准则 4. QUADECRT,二次名义应变损伤初始准则
235(S)	整体标量刚度退化 输出变量:SDEG	大小
61(S)	单元状态 输出变量:STATUS	单元状态(如果单元是有效的,则单元状态是 1.0;如果单元是无效的,则单元状态是 0.0)

直接积分的隐式动力学分析中等效刚体变量的记录

记录 52~59（表 5-30）提供在单元集合上求和的值。这些变量仅用于直接积分的隐式动力学分析（见“使用直接积分的隐式动力学分析”，《Abaqus 分析用户手册——分析卷》的 1.3.2 节）。

表 5-30　记录 52～59

记录关键字	记录类型	属　　性
52(S)	质心的当前坐标 输出变量:XC	1. 坐标 1 2. 坐标 2 3. ……(分量的数量取决于单元集合的整体维度)
53(S)	质心的位移 输出变量:UC	1. 位移 1 2. 位移 2 3. ……(分量的数量取决于单元集合的整体维度)
54(S)	等效刚体速度 输出变量:VC	1. 分量 1 2. 分量 2 3. ……(分量的数量取决于单元集合的整体维度)
55(S)	关于质心的角动量 输出变量:HC	1. 分量 1 2. 分量 2 3. ……(分量的数量取决于单元集合的整体维度)
56(S)	关于原点的角动量 输出变量:HO	1. 分量 1 2. 分量 2 3. ……(分量的数量取决于单元集合的整体维度)
57(S)	关于原点的转动惯量 输出变量:RI	1. 分量 11 2. 分量 22 3. ……(分量的数量取决于单元集合的整体维度)
58(S)	单元集合的当前质量 输出变量:MASS	质量
59(S)	单元集合的当前体积 输出变量:VOL	体积(只用于不使用通用梁截面或者壳截面定义的连续单元和结构单元)

S3R、S4R、S8R 和 S8RT 等厚壳单元中横向切应力的记录（表 5-31）

表 5-31　厚壳单元中横向切应力的记录

记录关键字	记录类型	属　　性
48	13 和 23 平面中的横向切应力 输出变量:TSHR	1. 分量 13 2. 分量 23

线性动力学的记录（表 5-32）

表 5-32　线性动力学的记录

记录关键字	记录类型	属　　性
62(S)	应力分量的大小和相位角 输出变量:PHS	1. 第一应力分量的大小 2. 第二应力分量的大小 3. …… 4. 第一应力分量的相位角 5. 第二应力分量的相位角 6. ……

（续）

记录关键字	记录类型	属　　性
63[S]	应力分量的 RMS 值 输出变量:RS	1. 应力的第一分量 2. 应力的第二分量 3. ……
65[S]	应变分量的大小和相位角 输出变量:PHE	1. 第一应变分量的大小 2. 第二应变分量的大小 3. …… 4. 第一应变分量的相位角 5. 第二应变分量的相位角 6. ……
66[S]	应变分量的 RMS 值 输出变量:RE	1. 应变的第一分量 2. 应变的第二分量 3. ……

连接器单元的记录（仅用于线性动力学）（表 5-33）

表 5-33　连接器单元的记录

记录关键字	记录类型	属　　性
508[S]	连接器总力的大小和相位角 输出变量:PHCTF	1. 第一分量的大小 2. 第二分量的大小 3. …… 4. 第一分量的相位角 5. 第二分量的相位角 6. ……
509[S]	连接器弹性力的大小和相位角 输出变量:PHCEF	1. 第一分量的大小 2. 第二分量的大小 3. …… 4. 第一分量的相位角 5. 第二分量的相位角 6. ……
510[S]	连接器黏性力的大小和相位角 输出变量:PHCVF	1. 第一分量的大小 2. 第二分量的大小 3. …… 4. 第一分量的相位角 5. 第二分量的相位角 6. ……
511[S]	连接器反作用力的大小和相位角 输出变量:PHCRF	1. 第一分量的大小 2. 第二分量的大小 3. …… 4. 第一分量的相位角 5. 第二分量的相位角 6. ……
520[S]	连接器摩擦力的大小和相位角 输出变量:PHCSF	1. 第一分量的大小 2. 第二分量的大小 3. …… 4. 第一分量的相位角 5. 第二分量的相位角 6. ……

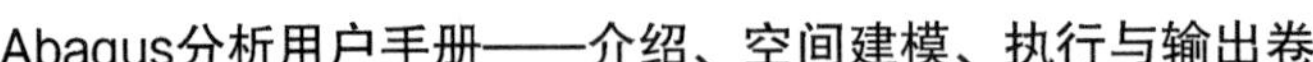

（续）

记录关键字	记录类型	属　　性
512(S)	连接器相对位移的大小和相位角 输出变量：PHCU	1. 第一分量的大小 2. 第二分量的大小 3. …… 4. 第一分量的相位角 5. 第二分量的相位角 6. ……
513(S)	连接器本构位移的大小和相位角 输出变量：PHCCU	1. 第一分量的大小 2. 第二分量的大小 3. …… 4. 第一分量的相位角 5. 第二分量的相位角 6. ……
522(S)	连接器相对速度的大小和相位角 输出变量：PHCV	1. 第一分量的大小 2. 第二分量的大小 3. …… 4. 第一分量的相位角 5. 第二分量的相位角 6. ……
523(S)	连接器相对加速度的大小和相位角 输出变量：PHCA	1. 第一分量的大小 2. 第二分量的大小 3. …… 4. 第一分量的相位角 5. 第二分量的相位角 6. ……
543(S)	摩擦生成的连接器力的大小和相位角 输出变量：PHCNF	1. 第一分量的大小 2. 第二分量的大小 3. …… 4. 第一分量的相位角 5. 第二分量的相位角 6. ……
547(S)	瞬时滑动方向上连接器相对速度的大小和相位角 输出变量：PHCIVSL	1. 瞬时滑动方向上连接器相对速度的大小 2. 瞬时滑动方向上连接器相对速度的相位角
514(S)	连接器总力的 RMS 值 输出变量：RCTF	1. 力的第一分量 2. 力的第二分量 3. ……
515(S)	连接器弹性力的 RMS 值 输出变量：RCEF	1. 力的第一分量 2. 力的第二分量 3. ……
516(S)	连接器黏性力的 RMS 值 输出变量：RCVF	1. 力的第一分量 2. 力的第二分量 3. ……
517(S)	连接器反作用力的 RMS 值 输出变量：RCRF	1. 力的第一分量 2. 力的第二分量 3. ……

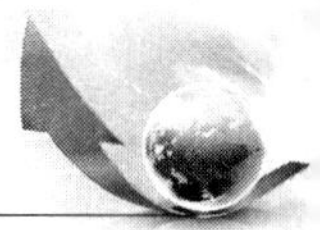

（续）

记录关键字	记录类型	属　　性
521[S]	连接器摩擦力的RMS值 输出变量：RCSF	1. 力的第一分量 2. 力的第二分量 3. ……
518[S]	连接器相对位移的RMS值 输出变量：RCU	1. 相对位移的第一分量 2. 相对位移的第二分量 3. ……
519[S]	连接器本构位移的RMS值 输出变量：RCCU	1. 本构位移的第一分量 2. 本构位移的第二分量 3. ……
544[S]	生成摩擦的连接器力的RMS值 输出变量：RCNF	1. 生成摩擦的连接器力第一分量的RMS值 2. 生成摩擦的连接器力第二分量的RMS值 3. ……

流体连接器单元的记录（仅用于线性动力学）（表5-34）

表5-34　流体连接器单元的记录

记录关键字	记录类型	属　　性
94[S]	质量流率的大小和相位角 输出变量：PHMFL	1. 大小 2. 相位角
95[S]	总质量流率的大小和相位角 输出变量：PHMFT	1. 大小 2. 相位角

单元体积的输出记录

表5-35中的三个变量不能用于特征频率提取、复特征频率提取、特征值屈曲预测或者线性动力学过程。它们只能用于未使用通用梁截面或者壳截面定义的连续单元和结构单元。

表5-35　记录76~78

记录关键字	记录类型	属　　性
76[S]	积分点体积 输出变量：IVOL	当前积分点体积。对于梁和壳为截面点体积
77[S]	截面体积 输出变量：SVOL	当前截面体积
78[S]	整个单元体积 输出变量：EVOL	当前单元体积

Abaqus/Standard中自适应网格划分区域中的实体单元记录（表5-36）

表5-36　记录264

记录关键字	记录类型	属　　性
264[S]	体积变化 输出变量：VOLC	完全由自适应网格划分产生的单元集合面积或者体积的变化

为任何节点文件输出请求写的记录（表 5-37）

表 5-37　为任何节点文件输出请求写的记录

记录关键字	记录类型	属　　性
101	位移 输出变量:U	1. 节点编号 2. 位移的第一分量 3. 位移的第二分量 4. ……
102	速度 输出变量:V	1. 节点编号 2. 速度的第一分量 3. 速度的第二分量 4. ……
103	加速度 输出变量:A	1. 节点编号 2. 加速度的第一分量 3. 加速度的第二分量 4. ……
104	反作用力 输出变量:RF	1. 节点编号 2. 反作用力的第一分量 3. 反作用力的第二分量 4. ……
105(S)	电压 输出变量:EPOT	1. 节点编号 2. 大小
106(S)	点载荷、力矩、通量 输出变量:CF	1. 节点编号 2. 载荷或者通量的第一分量 3. 载荷或者通量的第二分量 4. ……
107	坐标 输出变量:COORD	1. 节点编号 2. 第一坐标 3. 第二坐标 4. ……
108	孔隙或者声学压力 输出变量:POR	1. 节点编号 2. 压力
109(S)	反作用流体体积流量 输出变量:RVF	1. 节点编号 2. 反作用流体体积流量
110(S)	反作用流体总体积 输出变量:RVT	1. 节点编号 2. 反作用流体总体积
119(S)	反作用电荷 输出变量:RCHG	1. 节点编号 2. 电荷标量值
120(S)	集中节点电荷 输出变量:CECHG	1. 节点编号 2. 电流标量值
136	流体腔压力 输出变量:PCAV	1. 流体腔参考节点编号 2. 压力
137	流体腔体积 输出变量:CVOL	1. 流体腔参考节点编号 2. 体积

（续）

记录关键字	记录类型	属　　性
138(S)	反作用电流 输出变量：RECUR	1. 节点编号 2. 电流
139(S)	集中节点电流 输出变量：CECUR	1. 节点编号 2. 电流
145(S)	静态稳定产生的黏性力 输出变量：VF	1. 节点编号 2. 黏性力的第一分量 3. 黏性力的第二分量 4. ……
146(S)	总力 输出变量：TF	1. 节点编号 2. 总力的第一分量 3. 总力的第二分量 4. ……
151(E)	声学绝对压力 输出变量：PABS	1. 节点编号 2. 绝对压力
201	温度 输出变量：NT	1. 节点编号 2. 温度 3. ……（对于热壳）
204(S)	反作用通量 输出变量：RFL	1. 节点编号 2. 残余通量 3. ……（对于热壳）
204(E)	反作用通量 输出变量：RFL	1. 节点编号 2. 反作用通量的第一分量 3. 反作用通量的第二分量 4. ……
206(S)	集中通量 输出变量：CFL	1. 节点编号 2. 集中通量 3. ……（对于热壳）
214(S)	内部通量 输出变量：RFLE	1. 节点编号 2. 通量（不包括外部通量） 3. ……（对于热壳）
221(S)	归一化浓度（质量扩散分析） 输出变量：NNC	1. 节点编号 2. 浓度
237(S)	运动（腔辐射分析） 输出变量：MOT	1. 节点编号 2. 运动的第一分量 3. 运动的第二分量 4. ……
320(S)	集中流量 输出变量：CFF	1. 节点编号 2. 流量大小
111(S)	相对位移的大小和相位角 输出变量：PU	1. 节点编号 2. 第一位移分量的大小 3. 第二位移分量的大小 4. …… 5. 第一位移分量的相位角 6. 第二位移分量的相位角 7. ……

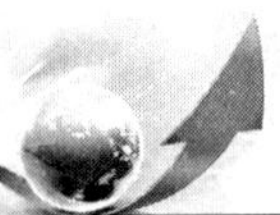

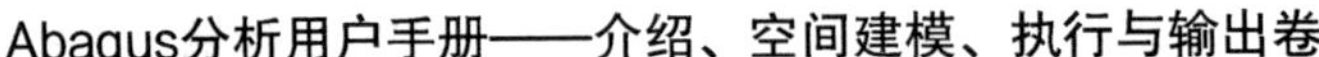

（续）

记录关键字	记录类型	属　　性
112(S)	总位移的大小和相位角 输出变量:PTU	1. 节点编号 2. 第一位移分量的大小 3. 第二位移分量的大小 4. …… 5. 第一位移分量的相位角 6. 第二位移分量的相位角 7. ……
113(S)	总位移 输出变量:TU	1. 节点编号 2. 位移的第一分量 3. 位移的第二分量 4. ……
114(S)	总速度 输出变量:TV	1. 节点编号 2. 速度的第一分量 3. 速度的第二分量 4. ……
115(S)	总加速度 输出变量:TA	1. 节点编号 2. 加速度的第一分量 3. 加速度的第二分量 4. ……
116(S)	声学或者流体腔压力的大小和相位角 输出变量:PPOR	1. 节点编号 2. 压力的大小 3. 压力的相位角
117(S)	电势的大小和相位角 输出变量:PHPOT	1. 节点编号 2. 电势的大小 3. 电势的相位角
118(S)	反作用电荷的大小和相位角(压电分析) 输出变量:PHCHG	1. 节点编号 2. 电荷的大小 3. 电荷的相位角
123(S)	相对位移的 RMS 值 输出变量:RU	1. 节点编号 2. 位移的第一分量 3. 位移的第二分量 4. ……
124(S)	总位移的 RMS 值 输出变量:RTU	1. 节点编号 2. 位移的第一分量 3. 位移的第二分量 4. ……
127(S)	相对速度的 RMS 值 输出变量:RV	1. 节点编号 2. 速度的第一分量 3. 速度的第二分量 4. ……
128(S)	总速度的 RMS 值 输出变量:RTV	1. 节点编号 2. 速度的第一分量 3. 速度的第二分量 4. ……

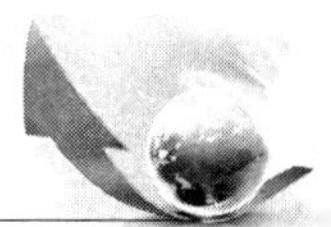

（续）

记录关键字	记录类型	属　　性
131^(S)	相对加速度的 RMS 值 输出变量:RA	1. 节点编号 2. 加速度的第一分量 3. 加速度的第二分量 4. ……
132^(S)	总加速度的 RMS 值 输出变量:RTA	1. 节点编号 2. 加速度的第一分量 3. 加速度的第二分量 4. ……
134^(S)	反作用力的 RMS 值 输出变量:RRF	1. 节点编号 2. 反作用力的第一分量 3. 反作用力的第二分量 4. ……
135^(S)	反作用力的大小和相位角 输出变量:PRF	1. 节点编号 2. 反作用力第一分量的大小 3. 反作用力第二分量的大小 4. …… 5. 反作用力第一分量的相位角 6. 反作用力第二分量的相位角 7. ……

在基于模态的动力学分析中，为任何模态文件输出请求所写的记录（表 5-38）

表 5-38　记录 301～310

记录关键字	记录类型	属　　性
301^(S)	广义位移 输出变量:GU	1. 第一广义位移 2. 第二广义位移 3. ……
302^(S)	广义速度 输出变量:GV	1. 第一广义速度 2. 第二广义速度 3. ……
303^(S)	广义加速度 输出变量:GA	1. 第一广义加速度 2. 第二广义加速度 3. ……
304^(S)	基础运动 输出变量:BM	1. 位移为 1,速度为 2,加速度为 3 2. x 方向的分量 3. y 方向的分量 4. z 方向的分量 5. x 转动分量 6. y 转动分量 7. z 转动分量 8. 基础名称
305^(S)	广义位移的相位角 输出变量:GPU	1. 第一模态的广义位移相位角 2. 第二模态的广义位移相位角 3. ……

（续）

记录关键字	记录类型	属　性
306[(S)]	广义速度的相位角 输出变量:GPV	1. 第一模态的广义速度相位角 2. 第二模态的广义速度相位角 3. ……
307[(S)]	广义加速度的相位角 输出变量:GPA	1. 第一模态的广义加速度相位角 2. 第二模态的广义加速度相位角 3. ……
308[(S)]	每种模态的应变能 输出变量:SNE	1. 第一模态的应变能 2. 第二模态的应变能 3. ……
309[(S)]	每种模态的动能 输出变量:KE	1. 第一模态的动能 2. 第二模态的动能 3. ……
310[(S)]	每种模态的外部功 输出变量:T	1. 第一模态的外部功 2. 第二模态的外部功 3. ……

为任何单元矩阵或者子结构矩阵文件输出请求所写的记录（表 5-39）

单元矩阵中变量的顺序与用户单元中的相同（见“用户定义的单元”，《Abaqus 分析用户手册——单元卷》的 6.17.1 节）：首先是单元第一个节点处的变量，然后是第二个节点处的量，依此类推。Abaqus 允许单元具有重复的节点。

表 5-39　为任何单元矩阵或者子结构矩阵文件输出请求所写的记录

记录关键字	记录类型	属　性
1001[(S)]	单元矩阵头记录	1. 单元编号(如果是子结构,则为零) 2. A8 格式的单元或者子结构类型 3. 单元中节点的数量 4. 单元中第一个节点的节点编号 5. 单元中第二个节点的节点编号 6. ……
1002[(S)]	单元或者子结构恢复矩阵节点 DOF(自由度)	1. 单元或者恢复矩阵的第一个保留节点处的第一个 DOF 2. 单元或者恢复矩阵的第一个保留节点处的第二个 DOF 3. ……
1003[(S)]	单元或者子结构恢复矩阵节点 DOF(自由度)变化	1. DOF 变化的节点 2. 此节点处的第一个 DOF 3. 此节点处的第二个 DOF 4. ……
1004[(S)]	单元矩阵记录大小	单元矩阵及其后的载荷向量记录的最大记录长度(包括记录长度和记录关键字)。根据需要将矩阵或者载荷向量记录分成多个记录以适应此最大长度。任何延续记录的记录关键字均与第一个记录的关键字相同
1005[(S)]	单元矩阵标题(续)	1. 从记录 1001 延续的单元节点编号(如果必要) 2. ……

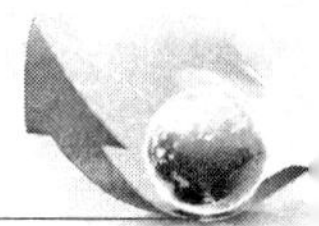

（续）

记录关键字	记录类型	属　　性
1011(S)	对称单元刚度矩阵	1. (1,1)刚度 2. (1,2)刚度 3. (2,2)刚度 4. ……,存储在列中,从每列的第一行到对角项
1012(S)	非对称单元刚度矩阵	1. (1,1)刚度 2. (2,1)刚度 3. (3,1)刚度 4. ……存储在列中
1021(S)	对称单元质量矩阵	1. (1,1)质量 2. (1,2)质量 3. (2,2)质量 4. ……存储在列中,从每列的第一行到对角项
1022(S)	非对称单元质量矩阵	1. (1,1)质量 2. (2,1)质量 3. (3,1)质量 4. ……存储在列中
1031(S)	载荷向量	1. 载荷工况 2. 第一个 DOF 上的载荷 3. 第二个 DOF 上的载荷 4. ……
1032(S)	子结构载荷工况向量	1. 载荷工况名称(A8 格式) 2. 第一个 DOF 上的载荷 3. 第二个 DOF 上的载荷 4. ……
1041(S)	子结构恢复矩阵标题记录	1. 零 2. A8 格式的单元或者子结构类型 3. 被消除节点的编号 4. 第一个被消除节点的节点编号 5. 第二个被消除节点的节点编号 6. ……
1042(S)	子结构恢复矩阵	1. 对应于保留 DOF 列表的列编号 2. 第一个被消除 DOF 的系数 3. 第二个被消除 DOF 的系数 4. ……
1043(S)	子结构恢复矩阵标题(续)	1. 从记录 1041 延续的节点编号(如果需要) 2. ……

为任何能量文件输出请求所写的记录

当用户未在 Abaqus/Standard 中指定请求能量输出的单元集合时，则记录 1999（表 5-40）将提供整个模型的数值总和；如果为能量输出指定了单元集合，则记录 1999 提供指定单元集合中所有单元的数值总和。用户可以通过搜索包含单元集合名称的 1911 输出请求定义记录来区分整个模型的 1999 能量记录与单元集合的 1999 能量记录。该 1911 记录将写在单元集合 1999 能量记录之前。此 1911 记录还将第一个属性设置成 3 表示单元集合输出。在 Abaqus/Explicit 中，用户不能为能量输出请求指定选定的单元集合；记录 1999 提供了整个模型的总能量。

表 5-40　记录 1999

记录关键字	记录类型	属　性
1999(S)	总能量记录	1. 总动能(ALLKE) 2. 总可恢复(弹性)应变能(ALLSE) 3. 总外部功(ALLWK,仅对于整个模型可用) 4. 总塑性耗散(ALLPD) 5. 总蠕变耗散(ALLCD) 6. 总黏性耗散(ALLVD),不包括由稳定性引起的耗散 7. 冲击时动能的总损失(ALLKI,仅对整个模型可用) 8. 总人工应变能(ALLAE) 9. 由静边界耗散的总能量(ALLQB,仅对整个模型可用) 10. 总静电能(ALLEE) 11. 总应变能(ALLIE) 12. 总能量平衡(ETOTAL,仅对整个模型可用) 13. 由摩擦效应耗散的总能量(ALLFD,仅对整个模型可用) 14. 导体中耗散的总电能(ALLJD) 15. 总静态耗散(由稳定性产生,ALLSD) 16. 总损伤耗散(ALLDMD) 17. 当前未使用 18. 当前未使用
1999(E)	总能量记录	1. 总动能(ALLKE) 2. 总可恢复(弹性)应变能(ALLSE) 3. 总外部功(ALLWK) 4. 总塑性耗散(ALLPD) 5. 总黏弹性耗散(ALLCD) 6. 总黏性耗散(ALLVD,不支持超弹性和超泡沫材料模型) 7. 当前未使用 8. 总人工应变能(ALLAE) 9. 总变形控制耗散能(ALLDC) 10. 当前未使用 11. 总应变能(ALLIE) 12. 总能量平衡(ETOTAL) 13. 由摩擦效应耗散的总能量(ALLFD) 14. 当前未使用 15. 质量变化百分比(DMASS) 16. 总损伤耗散(ALLDMD) 17. 内部热能(ALLIHE) 18. 外部热能(ALLHF)

为围线积分所写的记录（表 5-41）

可以要求计算 J 积分和 C_t 积分、应力强度因子、裂纹扩展方向和 T 应力。为每条裂纹写记录，每条裂纹前端位置写一条记录。线性弹簧单元的 J 积分值见记录关键字 17。

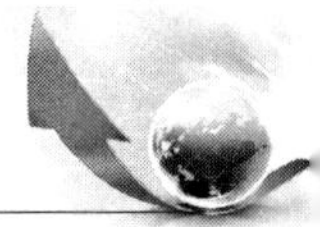

表 5-41 为围线积分所写的记录

记录关键字	记录类型	属 性
1991(S)	J 积分值	1. 裂纹编号 2. 节点集合(A8 格式) 3. 围线编号 4. 第一围线估计的 J 积分值 5. 第二围线估计的 J 积分值 6. ……
1992(S)	C_t 积分值	1. 裂纹编号 2. 节点集合(A8 格式) 3. 围线编号 4. 第一围线估计的 C_t 积分值 5. 第二围线估计的 C_t 积分值 6. ……
1995(S)	应力强度因子	1. 裂纹编号 2. 节点集合(A8 格式) 3. 围线编号 4. 第一围线估计的 K_{I}(模式Ⅰ应力强度因子) 5. 第一围线估计的 K_{II}(模式Ⅱ应力强度因子) 6. 第一围线估计的 K_{III}(模式Ⅲ应力强度因子)(仅对 3D 单元可用) 7. 第一围线估计的裂纹扩展方向(单位为度)(仅对均质、各向同性弹性材料才能使用) 8. 第一围线的压力强度因子估计的 J 积分值 9. 第二围线估计的 K_{I}(模式Ⅰ应力强度因子) 10. 第二围线估计的 K_{II}(模式Ⅱ应力强度因子) 11. 第二围线估计的 K_{III}(模式Ⅲ应力强度因子)(仅用于 3D 单元) 12. 第二围线估计的裂纹扩展方向(单位为度)(仅对均质、各向同性弹性材料才能使用) 13. 第二围线的压力强度因子估计的 J 积分值 14. ……
1996(S)	T 应力值	1. 裂纹编号 2. 节点集合(A8 格式) 3. 围线编号 4. 第一围线估计的 T 应力值 5. 第二围线估计的 T 应力值 6. ……

为裂纹扩展分析所写的记录

为裂纹扩展分析中确定的每个裂纹写表 5-42 中的记录。

表 5-42 记录 1993

记录关键字	记录类型	属 性
1993(S)	裂纹尖端位置和相关的量	1. 裂纹编号 2. 从面(A8 格式) 3. 主面(A8 格式) 4. 初始裂纹尖端的节点编号 5. 当前裂纹尖端的节点编号 6. 说明裂纹扩展准则的标识。裂纹长度准则为 1,临界应力准则为 2,裂纹打开位移准则为 3,VCCT 准则为 5 7. 累积增量裂纹长度 8. 如果使用了临界应力准则,则是 σ_f 的值;如果使用了裂纹打开位移准则,则是临界裂纹打开位移的当前值 9. 如果使用了临界应力准则,则是 τ_f 的值

在 Abaqus/Standard 中定义面时，为任何文件输出请求写一次记录

表 5-43 和表 5-44 中记录的条目数量取决于所定义面的类型。

刚性面

表 5-43　刚性面的记录

记录关键字	记录类型	属　性
1501(S)	面定义标题	1. 面名称 2. 尺寸关键字(1——维;2—二维;3—三维;4—轴对称) 3. 类型关键字(1-可变形的;2-刚性的) 4. 组成面的面片数量 5. 参考节点标签

可变形的面

表 5-44　可变形面的记录

记录关键字	记录类型	属　性
1501(S)	面定义标题	1. 面名称 2. 尺寸关键字(1——维;2—二维;3—三维;4—轴对称) 3. 类型关键字(1-可变形的;2-刚性的) 4. 组成面的面片数量 5. 通过接触对与此面相关联的接触主面的数量(如果此面是主面,则为 0) 6. 第一主面名称 7. 第二主面名称 8. ……
1502(S)	面片	1. 基底单元编号 2. 单元面关键字(1—S1;2—S2;3—S3;4—S4;5—S5;6—S6;7—SPOS;8—SNEG) 3. 面片中节点的数量 4. 面片第一节点的节点编号 5. 面片第二节点的节点编号 6. ……

为任何接触面文件输出请求所写的记录（表 5-45）

表 5-45　为任何接触面文件输出请求所写的记录

记录关键字	记录类型	属　性
5(S)	解相关的状态变量 输出变量:SDV	1. 状态变量 1 2. 状态变量 2 3. 其余状态变量。ASCII 格式的记录至多 80 个字,二进制格式的记录至多 512 个字。按需要重复此记录来输出模型中的所有有效状态变量
1503(S)	输出请求定义	1. 接触文件输出(0) 2. 从面名称 3. 主面名称 4. 节点集合,包含组成从面的节点子集合

（续）

记录关键字	记录类型	属性
1504(S)	节点标题	1. 节点编号 2. 拉伸分量的数量（二维或者轴对称情况下是 2，三维情况下是 3）
1511(S)	接触牵引 输出变量：CSTRESS	1. 从面上的节点与其接触到的主面之间的接触压力 2. 主面局部 1 方向上的摩擦剪切牵引分量 3. 三维主面局部 2 方向上的摩擦剪切牵引分量
1512(S)	黏性牵引 输出变量：CDSTRESS	1. 从面上的节点与其接触到的主面之间的黏性压力 2. 主面局部 1 方向上的黏性剪切牵引分量 3. 三维主面局部 2 方向上的黏性剪切牵引分量
1521(S)	接触间隙 输出变量：CDISP	1. 在与主面垂直方向上的面分离 2. 在主面局部 1 方向上累积的面相对切向位移 3. 三维主面局部 2 方向上累积的面相对切向位移
1522(S)	由接触压力产生的合力 输出变量：CFN	1. 大小 2. 整体 1 方向上的力分量 3. 整体 2 方向上的力分量 4. 整体 3 方向上的力分量
1523(S)	由摩擦应力产生的合力 输出变量：CFS	1. 大小 2. 整体 1 方向上的力分量 3. 整体 2 方向上的力分量 4. 整体 3 方向上的力分量
1575(S)	由接触压力和摩擦应力产生的合力 输出变量：CFT	1. 大小 2. 整体 1 方向上的力分量 3. 整体 2 方向上的力分量 4. 整体 3 方向上的力分量
1524(S)	接触总面积 输出变量：CFREA	大小
1526(S)	由接触压力产生的关于原点的合力矩 输出变量：CMN	1. 大小 2. 关于整体 1 轴的力矩分量 3. 关于整体 2 轴的力矩分量 4. 关于整体 3 轴的力矩分量
1527(S)	由摩擦应力产生的关于原点的合力矩 输出变量：CMS	1. 大小 2. 关于整体 1 轴的力矩分量 3. 关于整体 2 轴的力矩分量 4. 关于整体 3 轴的力矩分量
1576(S)	由接触压力和摩擦应力产生的关于原点的合力矩 输出变量：CMT	1. 大小 2. 关于整体 1 轴的力矩分量 3. 关于整体 2 轴的力矩分量 4. 关于整体 3 轴的力矩分量
1578(S)	在使用单位摩擦系数的轴对称分析中，由接触面传递的关于 z 轴的最大转矩 输出变量：CTRQ	大小
1573(S)	由接触压力产生的力的中心坐标 输出变量：XN	1. 整体 1 方向上的坐标 2. 整体 2 方向上的坐标 3. 整体 3 方向上的坐标

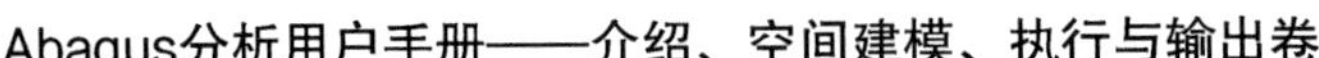

（续）

记录关键字	记录类型	属　性
1574(S)	由摩擦应力产生的力的中心坐标 输出变量:XS	1. 整体 1 方向上的坐标 2. 整体 2 方向上的坐标 3. 整体 3 方向上的坐标
1577(S)	由接触压力和摩擦应力产生的力的中心坐标 输出变量:XT	1. 整体 1 方向上的坐标 2. 整体 2 方向上的坐标 3. 整体 3 方向上的坐标
1528(S)	热通量密度 输出变量:HFL	大小
1529(S)	HFL 乘以节点面积 输出变量:HFL	大小
1530(S)	HFL 的时间积分 输出变量:HTL	大小
1531(S)	HFLA 的时间积分 输出变量:HTLA	大小
1532(S)	由摩擦产生的热通量密度 输出变量:SFDR	大小
1533(S)	SFDR 乘以节点面积 输出变量:SFDRA	大小
1534(S)	SFDR 的时间积分 输出变量:SFDRT	大小
1535(S)	SFDRA 的时间积分 输出变量:SFDRTA	大小
1536(S)	加权因子 输出变量:WEIGHT	大小
1537(S)	由电流产生的热通量密度 输出变量:SJD	大小
1538(S)	SJD 乘以节点面积 输出变量:SJDA	大小
1539(S)	SJD 的时间积分 输出变量:SJDT	大小
1540(S)	SJDA 的时间积分 输出变量:SJDTA	大小
1541(S)	电流密度 输出变量:ECD	大小
1542(S)	ECD 乘以面积 输出变量:ECDA	大小
1543(S)	ECD 的时间积分 输出变量:ECDT	大小
1544(S)	ECDA 的时间积分 输出变量:ECDTA	大小

（续）

记录关键字	记录类型	属　性
1545(S)	单位面积的孔隙流体体积流量 输出变量：PFL	大小
1546(S)	PFL 乘以节点面积 输出变量：PFLA	大小
1547(S)	PFL 的时间积分 输出变量：PTL	大小
1548(S)	PFLA 的时间积分 输出变量：PTLA	大小
1549(S)	流出从面的总孔隙流体体积流量 输出变量：TPFL	大小
1550(S)	TPFL 的时间积分 输出变量：TPTL	大小

裂纹扩展分析中粘结失效量的记录（表 5-46）

表 5-46　粘结失效量的记录

记录关键字	记录类型	属　性
1570(S)	发生粘结失效的时间 输出变量：DBT	大小
1571(S)	粘结失效的残余应力分数 输出变量：DBSF	大小
1572(S)	失效粘结中的残余应力 输出变量：DBS	1. 粘结应力的 11 分量 2. 粘结应力的 12 分量
290(S)	满足失效准则时裂纹后面的相对位移 输出变量：OPENBC	大小
293(S)	有效能量释放率 输出变量：EFENRRTR	大小
294(S)	粘结状态（从 1.0 变化到 0.0） 输出变量：BDSTAT	大小
235(S)	损伤变量 输出变量：CSDMG	大小
295(S)	失效时的临界应力 输出变量：CRSTS	1. 临界应力的 11 分量 2. 临界应力的 12 分量 3. 临界应力的 13 分量（仅用于三维模型）
296(S)	应变能释放率 输出变量：ENRRT	1. 应变能释放率的 11 分量 2. 应变能释放率的 12 分量 3. 应变能释放率的 13 分量（仅用于三维模型）

基于面的压力穿透分析的记录（表 5-47）

表 5-47　基于面的压力穿透分析的记录

记录关键字	记录类型	属　性
1592[S]	基于面的压力穿透分析中的流体压力 输出变量:PPRESS	大小

基于面的具有损伤的胶黏行为的记录（表 5-48）

表 5-48　基于面的具有损伤的胶黏行为的记录

记录关键字	记录类型	属　性
253[S]	标量损伤变量的整体值 输出变量:CSDMG	大小
345[S]	最大接触应力损伤初始化准则 输出变量:CSMAXSCRT	大小
346[S]	最大分离损伤初始化准则 输出变量:CSMAXUCRT	大小
347[S]	二次接触应力损伤初始化准则 输出变量:CSQUADSCRT	大小
348[S]	二次分离损伤初始化准则 输出变量:CSQUADUCRT	大小

定义了腔时，为任何文件输出请求写一次的记录（表 5-49）

表 5-49　记录 1601 和 1602

记录关键字	记录类型	属　性
1601[S]	腔定义标题	1. 组成腔的面数量 2. 腔名称 3. 腔的第一个面的名称 4. 腔的第二个面的名称 5. ……
1602[S]	面片顺序记录大小	后面跟随的腔面片顺序记录的最大记录长度(包括记录长度和记录关键字)。根据需要将腔面片顺序数据分成多个记录,以适应此最大长度。任何延续记录的记录关键字都与第一个记录相同
1602[S]	腔面片顺序	1. 组成腔的面片数量 2. 腔名称 3. 腔的第一个(基底)单元编号 4. 第一个单元面片关键字(1—S1;2—S2;3—S3;4—S4;5—S5;6—S6;7—SPOS;8—SNEG) 5. 腔的第二个(基底)单元编号 6. 第二个单元面片关键字(1—S1;2—S2;3—S3;4—S4;5—S5;6—S6;7—SPOS;8—SNEG) 7. ……

为任何显示因子矩阵的输出请求所写的记录（表 5-50）

面片的顺序（每一个面片对应显示因子矩阵的一行）是出现在腔面片顺序记录 1602 中的顺序。

表 5-50　记录 1605～1609

记录关键字	记录类型	属　　性
1608(S)	输出请求定义	1. 显示因子输出(0) 2. 腔名称
1605(S)	显示因子矩阵标题	1. 腔中面片的数量 2. 腔名称
1609(S)	显示因子矩阵记录的大小	后面跟随的显示因子矩阵记录的最大记录长度(包括记录长度和记录关键字)和面片面积记录。根据需要将矩阵或者面片面积记录分成多个记录，以适应此最大长度。任何延续记录的记录关键字都与第一个记录相同
1606(S)	非对称显示因子矩阵	1. 无因次显示因子(1,1) 2. 无因次显示因子(1,2) 3. 无因次显示因子(1,3) 4. ……,存储在行中
1607(S)	面片面积	1. 第一面片的面积 2. 第二面片的面积 3. 第三面片的面积 4. ……

为任何辐射文件输出请求所写的记录（表 5-51）

表 5-51　为任何辐射文件输出请求所写的记录

记录关键字	记录类型	属　　性
1603(S)	输出请求定义	1. 辐射文件输出(1) 2. 腔名称 3. 面名称 4. 单元集名称
1604(S)	面片标题记录	1.(基底)用户单元编号 2. 单元面片关键字(1—S1;2—S2;3—S3;4—S4;5—S5;6—S6;7—SPOS;8—SNEG) 3. 面片面积
231(S)	辐射通量密度	大小
232(S)	辐射通量	大小
233(S)	时间积分的辐射通量密度	大小
234(S)	时间积分的辐射通量	大小
235(S)	总显示因子(显示因子矩阵行的和)	大小
236(S)	面片温度	大小

为任何截面文件输出请求所写的记录（表 5-52）

随机响应分析不能使用下述输出变量。

表 5-52　为任何截面文件输出请求所写的记录

记录关键字	记录类型	属　　性
1580(S)	输出请求定义	1. 面截面输出(1) 2. 截面名称
1581(S)	截面输出标题记录	1. 面名称 2. 用来输出的坐标系(1—整体;2—局部) 3. 说明是否在分析中更新局部坐标系和输出的标识符(1—是;2—否)

对于所有分析类型

仅当在局部坐标系下要求截面输出时，才会生成表 5-53 中的记录。在这种情况下，力和力矩的所有分量是相对于局部坐标系给出的。只给出局部坐标系的前两个方向；如果需要，则第三个方向为前两个方向的叉积。

表 5-53　所有分析类型的记录

记录关键字	记录类型	属　　性
1582(S)	锚点的整体坐标	1. 第一个坐标 2. 其余坐标
1583(S)	局部坐标系的方向余弦	1. 第一方向的第一分量 2. 第一方向的第二分量 3. 第一方向的第三分量 4. 第二方向的第一分量 5. 第二方向的第二分量 6. 第二方向的第三分量
1584(S)	定义截面的面积 输出变量:SOAREA	大小

对于应力/位移分析（表 5-54）

表 5-54　应力/位移分析的记录

记录关键字	记录类型	属　　性
1585(S)	所选坐标系中截面上的合力 输出变量:SOF	1. 大小 2. 第一个力分量 3. ……
1586(S)	关于所选坐标系原点的截面中的合力矩 输出变量:SOM	1. 大小 2. 第一个力矩分量 3. ……
1584(S)	截面中合力中心的整体坐标 输出变量:SOCF	1. 第一个坐标 2. ……

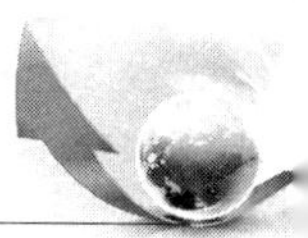

对于热传导分析（表 5-55）

表 5-55 热传导分析的记录

记录关键字	记录类型	属 性
1588(S)	穿过截面的总热通量 输出变量:SOH	大小

对于电分析（表 5-56）

表 5-56 电分析的记录

记录关键字	记录类型	属 性
1589(S)	穿过截面的总电流 输出变量:SOE	大小

对于质量扩散分析（表 5-57）

表 5-57 质量扩散分析的记录

记录关键字	记录类型	属 性
1590(S)	穿过截面的总质量流量 输出变量:SOD	大小

对于耦合的孔隙流体扩散应力分析（表 5-58）

表 5-58 耦合的孔隙流体扩散应力分析的记录

记录关键字	记录类型	属 性
1591(S)	穿过截面的总孔隙流体体积流量 输出变量:SOP	大小

对于耦合分析，可以使用合适的记录组合。例如，在热-电分析中，SOH 和 SOE 都是有效的输出请求。

过程类型关键字（表 5-59）

表 5-59 过程类型关键字

关键字	说 明
1	静态,自动增量
2	静态,直接增量
4	直接循环,自动时间增量
5	直接循环,固定时间增量
11	隐式动力学,给定半增量残余容差

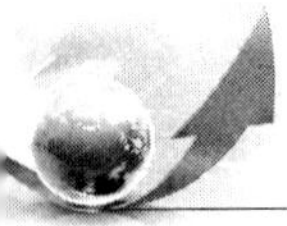

（续）

关键字	说　明
12	隐式动力学，固定时间增量
13	隐式动力学，子空间投影
17	显式动力学
21	准静态，显式时间增量
22	准静态，隐式积分
31	热传导，静态
32	热传导，瞬态，固定时间增量
33	热传导，瞬态，给定允许的最大节点温度变化
34	质量扩散，稳态
35	质量扩散，瞬态，固定时间增量
36	质量扩散，瞬态，给定允许的最大归一化浓度变化
41	特征值频率提取
42	特征值屈曲预测
51	子结构生成
61	地压应力场
62	孔隙流体扩散/应力耦合，稳态，固定时间增量
63	孔隙流体扩散/应力耦合，稳态，自动时间增量
64	孔隙流体扩散/应力耦合，瞬态，固定时间增量
65	孔隙流体扩散/应力耦合，瞬态，自动时间增量
71	热力耦合，稳态
72	热力耦合，瞬态，固定时间增量
73	热力耦合，瞬态，给定允许的最大节点变化和（或者）精确的容差参数
74	显式动态，耦合的热-应力
75	热电耦，稳态
75	热电耦，瞬态分析，固定时间增量
77	热电耦，瞬态分析，给定允许的最大节点温度变化
85	稳态传输，自动增量
86	稳态传输，直接增量
91	响应谱
92	模态动力学
93	稳态动力学
94	随机响应
95	直接求解的稳态动力学
98	退火
101	时谐电磁
102	电-温度-位移耦合，稳态
103	电-温度-位移耦合，瞬态，固定时间增量
104	电-温度-位移耦合，瞬态，自动增量

5.3 访问结果文件信息

产品：Abaqus/Standard　　Abaqus/Explicit

参考

- “访问结果文件：概览”，5.1 节
- “结果文件输出格式”，5.2 节
- “访问结果文件的工具程序”，5.4 节

概览

使用内部数据管理程序写 Abaqus 结果（.fil）文件，以使输入、输出成本最小化。后处理程序必须使用相同的 Abaqus 数据管理程序来读取结果文件。必须调用下面的工具程序以从 Abaqus 结果文件获取数据：

· INITPF

· DBRNU

· DBFILE

· POSFIL

也可以使用下面的工具子程序，采用 Abaqus 结果文件的格式来写文件。

· INITPF

· DBFILW

在“访问结果文件的工具程序”（5.4 节）中介绍了这些工具子程序的语法。

读取浮点型变量和整型变量

要读取记录中的浮点型变量和整型变量，可以在后处理程序中使用下面的程序：

```
INCLUDE 'aba_ param. inc'
        DIMENSION ARRAY (513), JRRAY (NPRECD, 513)
        EQUIVALENCE (ARRAY (1), JRRAY (1, 1) )
```

例如，使用此技术，在调用使用 Lop=0 的 DBFILE 后，可以获得以下记录关键字：

```
KEY=JRRAY (1, 2)
```

aba_param. inc 的使用免除了对单精度和双精度不同版本程序的需要。aba_param. inc 文

件定义了合适的 IMPLICIT REAL 语句，并根据机器是使用单精度还是双精度，将 NPRECD 的值设置成 1 或者 2。使用 abaqus make 工具完成后处理程序和链接后，从 Abaqus 安装的 site 子目录下参考 abaq_param. inc 文件（解释如下）。

链接后处理程序

运行 Abaqus 执行程序时，必须使用 make 参数来链接后处理程序（见“编制用户定义的可执行文件和子程序”，3.2.18 节）。为了正确地链接，后处理程序不能包含 Fortran PROGRAM 语句。程序必须以名为 ABQMAIN 的 Fortran SUBROUTIONE 开头。

编辑、链接和运行后处理程序由两步组成。例如，如果后处理程序的名称是 postproc. f，则使用下面的命令编辑和链接 postproc. f：

abaqus make job = postproc

然后使用下面的命令运行程序：

abaqus postproc

调用工具子程序读取结果文件

在访问任何结果文件之前，必须调用子程序 INITPF。该子程序为所有赋予结果文件的 Fortran 单元包含 Fortran OPEN 语句；因此，用户程序中不能包含这些单元的任何 OPEN 语句。Abaqus 基于 LRUNIT（1，K1）和 FNAME 形式的信息，为给定单元构建一个文件名。如“访问结果文件的工具程序”（5.4 节）中所讨论的那样。

在读取第一个结果文件之前，也必须调用子程序 DBRNU，然后在每次读取其他结果文件之前，再次调用子程序 DBRNU。此子程序只是简单地建立所读取结构文件的 Fortran 单元编号，而没有返回任何信息。可以在 INITPF 之前或者之后调用 DBRNU，但是必须在 DBFILE 之前调用它。

使用子程序 DBFILE 从结果文件读取每个记录。此子程序将在某个时刻返回一个记录，所采用的格式见“结果文件输出格式”（5.2 节）。

例子

下面的程序读取结果文件中的所有密塞斯应力，并获取其最大值。然后，程序打印此值和出现此值的单元、截面点和积分点编号。

在此例中，使用 Fortran 单元 8 读取结果文件，并假设结果文件的名称是 TEST. fil。假设此结果文件是二进制文件，且只读一个结果文件。因此，将 LRUNIT 设计成 LRUNIT（2，1）；并且在调用 INITPF 程序时，将 NRU 设置成 1，将 LRUNIT（1，1）设置成 8，将 LRUNIT（2，1）设置成 2。由于不写新的结果文件，因此将 LOUTF 设置成零。

```
      SUBROUTINE ABQMAIN
C     Calculate the maximum von Mises stress and its location
C
      INCLUDE 'aba_param.inc'
      CHARACTER * 80 FNAME
```

```
      DIMENSION ARRAY(513),JRRAY(NPRECD,513),LRUNIT(2,1)
      EQUIVALENCE(ARRAY(1),JRRAY(1,1))
C
C     File initialization
C
      FNAME='TEST'
      NRU=1
      LRUNIT(1,1)=8
      LRUNIT(2,1)=2
      LOUTF=0
      CALL INITPF(FNAME,NRU,LRUNIT,LOUTF)
      JUNIT=8
      CALL DBRNU(JUNIT)
C
C     Loop on all records in results file
C
      STRESS=0.
      DO 100 K1=1,99999
C
        CALL DBFILE(0,ARRAY,JRCD)
        IF(JRCD.NE.0)GO TO 110
        KEY=JRRAY(1,2)
C
        IF(KEY.EQ.1) THEN
C
C         Element header record:
C         extract element,sec pt,int pt numbers
C
          JEL=JRRAY(1,3)
          JPNT=JRRAY(1,4)
          JSPNT=JRRAY(1,5)
C
C     Stress invariant record for Abaqus/Standard
        ELSE IF(KEY.EQ.12)THEN
C     Stress invariant record for Abaqus/Explicit
        ELSE IF(KEY.EQ.75)THEN
C
C         Extract von Mises stress
C
```

```
            IF(ARRAY(3).GT.STRESS)THEN
               STRESS=ARRAY(3)
               KEL=JEL
               KPNT=JPNT
               KSPNT=JSPNT
            END IF
         END IF
C
  100 CONTINUE
  110 CONTINUE
C
            WRITE(6,120) KEL,KPNT,KSPNT,STRESS
120         FORMAT(5X,'ELEMENT',I5,5X,'POINT',I4,5X,'SECTION POINT',
         1 I4,5X,'STRESS',1PG12.3)
            STOP
            END
```

其他例子见“Abaqus 结果后处理”（《Abaqus 例题手册》的第 15 章）。

以结果文件的格式写文件

可以使用子程序 DBFILW，采用 Abaqus 结果文件的格式写文件，以更改文件信息，或者在后处理之前添加额外的信息。必须在 DBFILW 之前调用子程序 INITPF。

写入 Fortran 单元 9 的文件使用扩展名 .fin。在第一次调用 DBFILW 时，由 Abaqus 打开单元 9；用户程序不可以打开或者重新定义单元 9，但是用户必须确保在作业之后保存 Fortran 单元 9。

“连接来自多个结果文件的数据并转化文件格式：FJOIN”（《Abaqus 例题手册》的 15.1.2 节），包含使用子程序 DBFILW 合并不连续结果文件的特定记录的例子。后处理时需要连续的结果文件，如果在分析过程中写了一个结果文件，在重启动分析时又写了一个使文件不连续的新的结果文件，则必须在后处理前使它们连续。“承受地震运动的悬臂梁分析”（《Abaqus 基准校对手册》的 1.4.13 节）也显示了使用 DBFILW 来合并结果文件。另外，也可以使用 Abaqus append 工具来合并结果文件，如“连接结果（.fil）文件”（3.2.15 节）中所述。

也可以使用 DBFILW 子程序将 Abaqus 结果文件从二进制格式转换成 ASCII 格式，从而将结果文件从一台计算机转移到另一台计算机。另外，使用 abaqus ascfil 执行过程可以自动完成此转换，如“结果（.fil）文件的 ASCII 转换”（3.2.14 节）中所述。

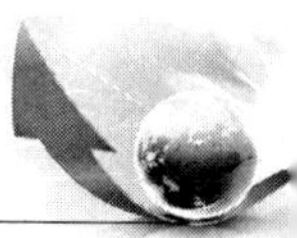

5.4 访问结果文件的工具程序

产品：Abaqus/Standard　　Abaqus/Explicit

参考

- “访问结果文件信息”，5.3 节
- “URDFIL”，《Abaqus 用户子程序参考手册》的 1.1.52 节
- “连接来自多个结果文件的数据并转换文件格式：FJOIN”，《Abaqus 例题手册》的 15.1.2 节
- “主应力和应变及其方向计算：FPRIN”，《Abaqus 例题手册》的 15.1.3 节
- “从原始的坐标数据和特征向量创建摄动网格：FPERT”，《Abaqus 例题手册》的 15.1.4 节

概览

可以使用本部分介绍的工具程序来访问 Abaqus 结果（.fil）文件。访问是在使用用户编写的后处理程序进行分析之后，或者在 Abaqus/Standard 中，通过用户子程序 URDFIL 从分析中访问结果文件。

可以使用下面的工具子程序：

- DBFILE（从文件中读）。
- DBFILW（写入文件中）。
- DBRNU（为文件设置单元编号）。
- INITPF（初始化文件）。
- POSFIL（在文件中确定位置仅在 Abaqus/Standard 中可用）。

下面按照字母顺序介绍这些工具子程序。

只能从用户子程序 URDFIL 调用子程序 DBFILE 和 POSFIL。

DBFILE（从文件中读）

界面

CALL DBFILE（LOP，ARRAY，JRCD）

提供给工具程序的变量

LOP

是在调用 DBFILE 之前必须设置的标识，用于指示操作。设置 LOP=0 可读取文件中的下一个记录；设置 LOP=2 可倒回当前读取的文件（例如，如果需要多次读取文件，则由于是顺序文件而必须倒回）。如果使用 LOP=2，则首先读文件末尾，只有在达到文件末尾时才倒回文件。

从工具程序返回的变量

ARRAY

包含文件中一条记录的数组，格式见“结果文件输出格式”（5.2 节）。当 LOP=0 时，在执行每个 DBFILE 调用时，数据管理程序将使用文件中下一个记录的内容来填充此数组。在用户程序中，数组必须有足够的大小，以便包含文件中最大的记录。对于几乎所有的情况，500 字是足够的。如果问题定义包括的用户单元或者用户材料使用的状态变量超过该数量，或者使用了具有大量保留自由度的子结构（有关子结构的更多内容见“使用子结构”，《Abaqus 分析用户手册——分析卷》的 5.1 节），则会出现例外的情况。当在以双精度运行的 Abaqus 系统中写结果文件时，在用户程序中必须指明 ARRAY 是双精度的。

JRCD

当使用 LOP=0 调用 DBFILE 时，如果读取了文件结尾标识，则返回非零的 JRCD。

DBFILW（写入文件中）

界面

CALL DBFILW（LOP，ARRAY，JRCD）

提供给工具程序的变量

ARRAY

包含写入文件中的一个记录的数组，采用“结果文件输出格式”（5.2 节）中的格式。

JRCD

返回程序（0—成功地写记录；1—没有写记录）。

LOP

当前未使用。

DBRNU（为文件设置单元编号）

界面

CALL DBRNU（JUNIT）

提供给工具程序的变量

JUNIT

所读取结果文件的 Fortran 单元编号。读取 . fil 文件的有效单元编号是 8，15~18，或者大于 100 的编号。

INITPF（初始化文件）

界面

CALL INITPF（FNAME，NRU，LRUNIT，LOUTF）

提供给工具程序的变量

FNAME

定义被读写的文件的根文件名（即没有扩展名的名称）的字符串。FNAME 必须声明成 CHARACTER * 80，并且可以包含目录规范和根文件名。通过下面的 LRUNIT 数组来定义每个单独文件的扩展名。文件命名约定见下面的讨论。

NRU

给出后处理程序将读取的结果文件数量的整数。通常仅读取一个结果文件，但有时需要读取几个结果文件，例如，需要将它们合并成一个单独的文件时。

LRUNIT

整数数组，必须在后处理程序中将其维数设置为 LRUNIT（2，NRU），并且在调用 INITPF 之前必须包含以下数据：

LRUNIT（1，K1）是 Fortran 单元编号，将读取第 K1 个结果文件。读取 . fil 文件的有效单元编号是 8，15~18，或大于 100 的编号。Abaqus 存储所有其他单元。见下文中基于单元编号命名的约定。

LRUNIT（2，K1）是一个整数，如果将第 K1 个结果文件写成二进制文件，则必须将其设置成 2；如果将第 K1 个文件写成 ASCII 格式，则必须将其设置成 1。

LOUTF

仅当调用 INITPF 的程序也以 abaqus 结果文件的格式写入输出文件时，才需要定义该变量（例如，当需要将多个结果文件合并成一个单独的结果文件时，或者需要将结果文件从二进制格式转换成 ASCII 格式时）。在此情况中，如果将输出文件写成二进制文件，则应将 LOUTF 设置成 2；如果将输出文件写成 ASCII 文件，则应将 LOUTF 设置成 1。所写的此结果文件将使用文件扩展名 . fin。写结果文件的内容见“访问结果文件信息”（5.3 节）；命名此文件的信息见下文。

文件命名约定

由 LRUNIT（1，K1）的值推导出文件扩展名。如果 LRUNIT（1，K1）是 8，则文件扩展名为 . fil。任何其他单元编号将生成文件扩展名 0nn，其中 nn 是赋予 LRUNIT（1，K1）

的编号。例如，如果 LRUNIT（1，K1）是 15，则文件扩展名是 .015。如果使用非零值的 LOUTF 指示了输出文件，则文件扩展名是 . fin。

例如，要读取文件 xxxx. fil，可使用赋予或者数据语句将 LRUNIT（1，K1）设置成 8，并将字符串变量 FNAME 设置为 xxxx。如果需要，FNAME 可以包含指定目录、装置名称或者路径。由于无法正确转换操作系统环境变量和壳变量，因此不应使用这些变量。

将 Abaqus 生成的所有错误信息写入 Fortran 单元 6。如果交互地运行程序，则在大部分机器上，默认将错误信息直接打印到屏幕。用户可以在主程序中包含单元 6 的打开语句，以便将信息重新指定回文件。如果希望读或者写的单元不是在 LRUNIT 中指定的那些单元，则必须在程序中包含这些单元的 OPEN 语句（取决于所使用的计算机）。这类辅助文件的单元编号应大于 100，以避免与 Abaqus 内部文件发生任何冲突。

POSFIL（确定文件中的位置）

POSFIL 工具程序仅在 Abaqus/Standard 中可用。

界面

CALL POSFIL（NSTEP，NINC，ARRAY，JRCD）

提供给工具程序的变量

NSTEP

所需的步。如果将变量设置为 0，则读取第一个可用步。

NINC

所需的增量。如果将变量设置为 0，则读取指定步的第一个可用增量。

从工具程序返回的变量

ARRAY

包含所求步和增量的结果文件中记录 2000 的实数数组。

JRCD

返回程序（0—找到了指定增量；1—未找到指定增量）。如果在结果文件中没有找到请求的步和增量，POSFIL 将返回一个错误，并将用户定位在结果文件的末尾处。

使用 POSFIL 定位

在将 NSTEP 和 NINC 都设置成 0 的情况下调用 POSFIL，可以很方便地跳过在分析开始时写入结果文件的信息（见“结果文件输出格式”，5.2 节），因此，从写入文件的第一个增量开始读取。

在结果文件中不能通过使用 POSFIL 来倒退：不能通过使用 POSFIL 来找到文件中的给定增量，然后在后续再次调用 POSFIL，以读取比找到的第一个增量更早的增量。如果尝试这样做，POSFIL 将返回一个错误，说明没有找到请求的分量。

附录

附录 A　Abaqus/Standard 输出变量索引

此索引（附表 1）提供 Abaqus/Standard 中可以使用的所有输出变量的参考。输出变量按字母顺序列出。

附表 1　Abaqus/Standard 输出变量索引

变量	页码	变量	页码
A	523	ALLSD	506
ACV	470	ALLSE	506
ACV*n*	470	ALLVD	506
ALEAKVR	499	ALLWK	506
ALEAKVRB	475	ALPHA	466
ALEAKVRBXFEM	484	ALPHA*ij*	466
ALEAKVRT	475	ALPHA*k*	466
ALEAKVRTXFEM	484	ALPHA*k_ij*	466
ALLAE	505	ALPHAN	466
ALLCCDW	505	ALPHAP	466
ALLCCE	505	ALPHAP*n*	467
ALLCCEN	505	AMPCU	506
ALLCCET	505	A*n*	489
ALLCCSD	505	AR	489
ALLCCSDN	505	AR*n*	489
ALLCCSDT	505	AT	489
ALLCD	505	AZZIT	471
ALLDMD	506	BDSTAT	500
ALLEE	505	BF	483
ALLFD	505	BICURV	481
ALLIE	505	BIMOM	480
ALLJD	505	BM	495
ALLKE	505	CA	486
ALLKL	505	CALPHAF	485
ALLPD	506	CALPHAF*n*	485
ALLQB	506	CALPHAM*n*	485

（续）

变量	页码	变量	页码
CA*n*	487	CEEQ	469
CAREA	497	CEERI	488
CAR*n*	487	CEF	484
CASU	486	CEF*n*	485
CASUC	486	CE*ij*	469
CASU*n*	486	CEMAG	469
CASUR*n*	486	CEM*n*	485
CCF	486	CENER	470
CCF*n*	486	CENTMAG	483
CCM*n*	486	CENTRIFMAG	483
CCU	486	CEP	469
CCU*n*	486	CEP*n*	469
CCUR*n*	486	CESW	469
CD	504	CF	490
CDIF	485	CFAILST	487
CDIFC	521	CFAILST*i*	487
CDIF*n*	485	CFAILURE	471
CDIFR*n*	485	CFF	490
CDIM	485	CFL	492
CDIMC	486	CFL*n*	492
CDIM*n*	485	CF*n*	490
CDIMR*n*	486	CFN	497
CDIP	486	CFNM	497
CDIPC	486	CFORCE	496
CDIP*n*	486	CFS	497
CDIPR*n*	486	CFSM	497
CDISP	496	CFT	497
CDISPETOS	496	CFTM	497
CDMG	485	CHRGS	482
CDMG*n*	485	CIVC	486
CDMGR*n*	485	CLINELOAD	496
CDSTRESS	496	CM*n*	490
CE	468	CMN	497
CEAVG	488	CMNM	497
CECHG	491	CMS	497
CECUR	491	CMSM	497

（续）

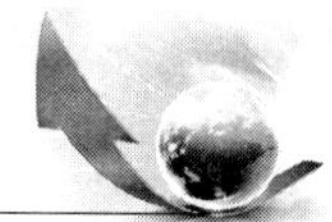

（续）

（续）

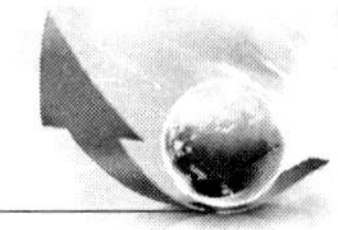

（续）

（续）

（续）

（续）

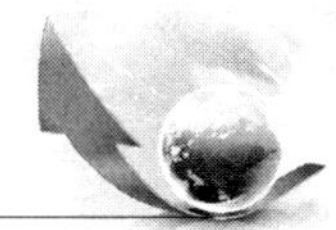

（续）

变量	页码	变量	页码
SE	481	SOE	501
SEE	481	SOF	501
SEE1	481	SOH	501
SE*n*	481	SOL	504
SENER	470	SOM	501
SEP	481	SOP	502
SEP1	481	SORIENT	480
SEPE	481	SP	466
SEPE*n*	481	SPE	481
SF	480	SPE*n*	481
SFDR	499	SPL	491
SFDRA	499	SP*n*	466
SFDRT	499	SQL	504
SFDRTA	499	SS	469
SF*n*	480	SSAVG	480
SHRCRT	479	SSAVG*n*	480
SHRRATIO	479	SS*n*	469
S*ij*	510	STATUS	474
SINKTEMP	487		479
SINV	466	STATUSXFEM	483
SJD	498	STH	481
SJDA	498	STRAINFREE	490
SJDT	498	SVOL	481
SJDTA	498	T	495
SJP	476	TA	493
SKE*n*	481	TA*n*	493
SK*n*	481	TAR*n*	493
SKP*n*	481	TEMP	471
SM*n*	480	TF	490
SNE	495	TF*n*	490
SNE*n*	495	THE	468
SNET*k*	467	THE*ij*	468
SNET*k_ij*	467	THEP	468
SOAREA	501	THEP*n*	468
SOCF	501	THICKNESS	507
SOD	501	TM*n*	490

（续）

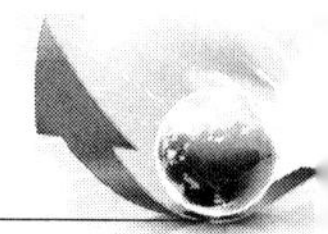

附录 B　Abaqus/Explicit 输出变量索引

此索引（附表 2）提供 Abaqus/Explicit 中可以使用的所有输出变量的参考。输出变量按字母顺序列出。

附表 2　Abaqus/Explicit 输出变量索引

（续）

（续）

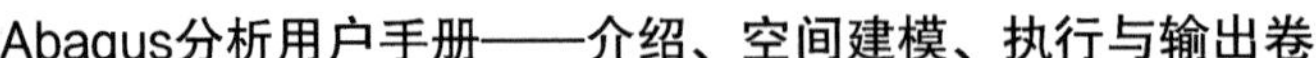

（续）

（续）

（续）

变量	页码	变量	页码
S*ij*	510	TIEADJUST	524
SK*n*	518	TIEDSTATUS	524
SM*n*	518	TINFL	525
SMOOTHLEN	522	TRIAX	511
SNET*k*	511	TRNOR	523
SNET*k*_*ij*	511	TRSHR	523
SOAREA	528	TSAIH	513
SOF	528	TSAIW	513
SOM	528	TSHR	512
SORIENT	518	TSHR13	512
SP	510	TSHR23	512
SP*n*	510	U	523
SSAVG	518	UCOM	528
SSAVG*n*	518	UMAG	523
SSFORC	529	U*n*	523
SSFORC*n*	529	UR	523
SSPEEQ	529	UR*n*	523
SSPEEQ*n*	529	UT	523
SSSPRD	529	V	523
SSSPRD*n*	529	VCOM	528
SSTORQ	529	VENER	513
SSTORQ*n*	529	VMAG	523
STAGP	522	V*n*	523
STATUS	517	VOLEUL	528
	519	VP	522
STATUSMP	512	VR	523
STH	518	VR*n*	523
STHIN	518	VT	523
STRAINFREE	524	VVF	514
SVAVG	517	VVFG	514
TAVG	528	VVFN	514
TCMASS	525	XN	527
TCSAREA	525	XS	527
TCVOL	525	XT	527
TEMP	513	YIELDS	511
TEMPMAVG	517		

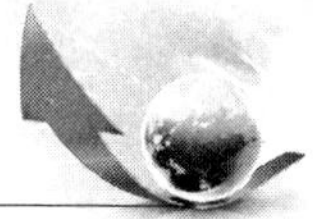

附录 C Abaqus/CFD 输出变量索引

此索引（附表 3）提供 Abaqus/CFD 中可以使用的所有输出变量的参考。输出变量按字母顺序列出。

附表 3 Abaqus/CFD 输出变量索引

变量	页码	变量	页码
ALLKE	534	TRACTION	534
AVGPRESS	533	TURBEPS	532
AVGTEMP	533		533
AVGVEL	534	TURBKE	532
COORD	531		533
	532	TURBNU	532
COOR*n*	532		533
DENSITY	531	TURBOMEGA	532
	532		533
DIST	532	TURBVISCOSITYRATION	532
	533		533
DIV	531	U	532
	532		
EVOL	531	U*n*	532
FORCE	534		
HEATFLOW	534	V	531
HFL	534		532
HFLN	534	VGINV2	531
MASSFLOW	534		533
NTRACTION	534	VISCFORCE	534
PRESSFORCE	534	VISCOSITY	531
PRESSURE	531	V*n*	532
	532	VOL	534
QCRIT	531	VOLFLOW	534
	532	VORTICITY	531
SHEARRATE	531		533
	533	VORTICITY*n*	533
STRACTION	534	WALLSHEAR	534
SURFAREA	533	YPLUS	534
TEMP	531	YSTAR	534
	532